计算机理论基础与应用丛书

矩阵计算与应用

胡茂林　编著

科学出版社
北京

内 容 简 介

矩阵计算不仅是一门数学分支学科，也是众多理工科的重要的数学工具，计算机科学和工程的问题最终都变成关于矩阵的运算.

本书主要针对计算机科学、电子工程和计算数学等学科中的研究需求，以各种类型的线性方程组求解为主线进行阐述. 内容侧重于分析各种矩阵分解及其应用，而不是矩阵的理论分析. 介绍了各类算法在计算机上的实现方法，并讨论了各种算法的敏感性分析. 在广度上和深度上较同类教材都有所加强.

本书适合相关领域广大研究生与高年级本科生阅读，也可作为这些领域中学者的参考书.

图书在版编目 CIP 数据

矩阵计算与应用/胡茂林编著. —北京：科学出版社，2008
(计算机理论基础与应用丛书)
ISBN 978-7-03-021226-9

Ⅰ. 矩… Ⅱ. 胡… Ⅲ. ①矩阵-计算方法 ②矩阵-应用 Ⅳ. O241.6

中国版本图书馆 CIP 数据核字(2008)第 027556 号

责任编辑：姚庆爽 / 责任校对：陈玉凤
责任印制：吴兆东 / 封面设计：王 浩

科学出版社 出版
北京东黄城根北街 16 号
邮政编码：100717
http://www.sciencep.com
北京凌奇印刷有限责任公司印刷
科学出版社发行 各地新华书店经销
*
2008 年 5 月第 一 版 开本：B5(720×1000)
2024 年 1 月第五次印刷 印张：23 3/4
字数：464 000

定价：108.00 元

(如有印装质量问题，我社负责调换)

前　言

随着计算机硬件的发展和处理复杂算法能力的提高，近 30 年来，以人工智能为核心的相关学科群：计算机视觉、模式识别(含机器学习)、数字图像处理、数字信号处理和计算机图形学得到了迅速的发展. 20 世纪 90 年代，这些学科的发展逐步走向成熟，相关技术的融合和实际应用显著增长. 而且，随着计算机应用深入到社会科学和生物学等学科，加之计算机网络的迅速扩展，数据的维数激增和数据量按指数增长，计算机所处理的数据发生了根本性的变化，这些都将进一步推动相关学科向纵深发展.

在这些学科研究的过程中，涉及数学知识的广度和深度都超出了人们的想象. 在广度上，几乎所有数学科目都在这些学科的研究中出现过，而不像传统的学科，如物理主要应用微分几何、偏微分方程和群论；不仅如此，这些学科研究过程中所用的数学理论往往是当前数学界最新的研究成果，比如图像处理中所用的偏微分方程理论. 这对没有受过严格数学训练的计算机学者提出了严峻挑战.

传统的计算机学科研究所用到的数学主要集中在离散数学、算法设计、数值计算和组合数学，这些 19 世纪的数学已经无法满足当前计算机科学发展的要求. 为此，众多的计算机学者一方面呼吁数学工作者加入到计算机科学的研究中，同时也积极地将相关的数学理论引入到研究中. 近年来，在国外著名大学的计算机系(或学院)都开设了介绍近代数学基础的课程，在这些学科近年出版的专著中，加入了相当篇幅的数学知识，另外在各类学术网站上，像著名的计算机视觉网站 http://homepages. inf. ed. ac. uk/rbf/CVonline/，开设有专门介绍相关数学知识的网页. 但这些介绍仅是零散的，缺乏系统性. 另外，在这些学科专著中介绍数学知识往往是菜单式的，很少给出证明，因此相关研究人员如果没有很强的数学背景，是难以理解其中的内容的，这为他们理解和设计算法带来了困难，使他们难以将理论研究的成果尽快地转化到实际应用中.

由于这些学科涉及众多数学知识，且分散在数学的不同学科中，所以要求计算机和工程专业的研究人员去学习和掌握这些知识是困难的. 另外数学的理论研究与应用学科的研究对象不同，即使有学者愿意到数学学科去参考这些资料，也难以找到需要的内容. 对于作者——一个有较强的数学背景(从本科到博士所学专业都是基础数学)的学者来说，这些问题也常常让他感到困惑. 特别是要为计算机视觉和模式识别方向的研究生补充相关数学知识时，却苦于没有这方面的教材. 鉴于此，作者最近几年以来，主要以计算机视觉和模式识别理论研究中所涉及的数学为主线，将相关的数学知识收集起来，初步完成了《空间和变换》(已出版)、《矩阵计算与应用》、《优化算法》、《数据分析》等四本作为计算机科学中的数学基础读本. 另外三本书《图论和组合优化》、《几何分析与计算》和《偏微分方程在计算机科学中的应用》(题目暂定)也将争取尽快完成. 这部丛书着重介绍计算，而不是理论分析. 这样有助于计算机等相关学科的研究人员和研究生能在最短的时间内掌握现代数学的一些知识和方法，为计算机科学的理论研究打下坚实的数学基础.

为了使丛书适合计算机及其相关学科的研究者阅读，所选内容基本是作者阅读计算机科学论文和专著中遇到过的. 写作方式优先参考计算机学科的专著和论文，然后是工程类图书和论文，最后加以补充数学方面的材料使其完整. 虽然丛书作为计算机科学中的数学基础读本，但并不表示书中的数学内容是简单的，只不过是把它们收集起来，方便相关人员参考而已.

最后，材料的选取是以作者个人对计算机学科的认识为主，加之涉及内容比较广泛，成书的时间较短，难免有疏漏和不适之处，希望读者给予批评和指正，以便再版时改进.

胡茂林

2007 年 12 月

于中国科学院上海微系统与信息技术研究所

《矩阵计算与应用》内容介绍

矩阵计算又称为数值线性代数.作为一门数学学科,它是众多理工学科重要的数学工具.矩阵理论既是经典数学的基础课程,是数学的一个重要且目前仍然非常活跃的领域,又是一门最有实用价值的数学理论,是计算机科学与工程计算的核心,已成为现代各科技领域处理大量有限维空间形式与数量关系强有力的工具,计算机科学和工程的问题最终都转化成矩阵的运算与求解.特别是计算机的广泛应用为矩阵论的应用开辟了广阔的前景.例如,系统工程、优化方法以及稳定性理论等,都与矩阵论有着密切的联系.目前,国内外已经出版了许多深受读者喜爱的有关矩阵理论的著作,但是大部分都以介绍理论为主,很少给出应用和算法实现上的说明,面向对象主要是数学专业.本卷只介绍了计算机科学应用中所涉及的矩阵理论,详细地讨论了具体的计算方法.与一般著作不同的是,本书更强调了矩阵的应用、算法、分解及其实际中非常重要的敏感性分析.

本书包含17章,分为五个部分.第一部分包含第1～3章,这是矩阵计算的基础,也是高等代数有关内容的复习和深入.第二部分包含第4～7章,介绍矩阵的各种分解,这是矩阵计算的核心.如果从线性方程组的求解角度看,这可以看做是系数矩阵从方阵求解开始,到最小二乘问题,到约束二次优化,到最后对任何类型的线性方程组(含过定和欠定)给出统一的描述.第三部分包含第8～12章,是关于矩阵的特征值和特征向量求解问题.第四部分包含第12～14章,是关于系数矩阵是大规模稀疏矩阵的迭代求解算法.第五部分包含第15～17章,是三个独立的内容,分别为矩阵函数、矩阵的点积和直积及非负矩阵.后面三个部分,相对比较独立,读者在阅读第一、二部分后,可以根据需要,选读后面的任意一部分.以下是这些章的内容介绍.

第1章介绍了本书所用到矩阵的记号和定义,详细研究了方阵的特征问题,尤其是求方阵的特征值所涉及的有关内容.基于这些讨论,给出了矩阵的实、复Schur分解.然后介绍了许多特殊的矩阵,简单描述了它们的性质.最后讨论了分块矩阵的计算及其应用,给出了矩阵逆和线性方程组的更新算法.

第2章详细地讨论了对称矩阵和正定矩阵的性质,相对一般矩阵,对称矩阵具有非常好的性质,实际应用时通常可以看做是对角矩阵.给出了广义特征值问题的定义,在此基础上给出了对称和正定矩阵同时对角化的方法.然后介绍了对称矩阵的变分原理,这是研究对称矩阵的特征值问题的好的载体,基于这个工具,讨论了对称矩阵扰动的特征值问题.再介绍了约束特征问题和广义特征问题的变分原理,利用正交补空间将约束问题化成无约束问题,给出了约束特征问题与一般特征问题之间的关系. 最后给出了广义特征问题的变分原理.

第 3 章介绍了向量和矩阵范数的各种定义,同时给出了与范数有关的一些定义,比如误差和收敛率. 对矩阵范数,着重讨论了诱导范数,给出了计算机科学中常用的三种范数表达式. 最后介绍了向量和矩阵范数在线性方程组求解和方阵逆中的敏感性分析的应用.

第 4 章首先给出了矩阵的三角分解和满秩分解,三角分解是求解阶数不太大的线性方程组的主要手段. 虽然理论上这两个分解是基于初等变换,但在计算机科学中的应用却非常广泛,且具有计算代价低的优点. 根据 Gauss 消去法给出矩阵可以三角分解的充分必要条件,介绍选主元法,并给出了实际的执行方法. 然后介绍对称正定矩阵的 Cholesky 分解,这虽然可以看做三角分解的特例,但具有独特的性质,因此给出了 Cholesky 分解的更新算法. 最后介绍矩阵的满秩分解.

第 5 章给出了矩阵的 QR 分解,即正交三角分解,它是矩阵计算中大多数算法的基础:包括最小二乘问题、特征值和奇异值问题的求解. 这些迭代算法中的关键步骤就是 QR 分解. 首先给出了两个正交变换——Givens 变换和 Householder 变换,讨论了它们的性质. 然后给出了各种形式的 QR 分解算法,尤其是修正的 Gram-Schmidt,这是目前求矩阵的 QR 分解的通用算法,研究矩形矩阵的 QR 分解;最后介绍了矩阵的 QR 分解的更新算法和在最小二乘法中的应用.

第 6 章介绍了矩阵的奇异值分解,奇异值分解就是将矩阵分解成最简化形式的矩阵——对角矩阵与正交矩阵的乘积,因此在欧氏范数下,矩阵可以看做是对角矩阵. 首先给出矩阵的奇异值分解的标准方法,然后解释分解的几何意义,讨论了其性质. 在矩阵的奇异值分解下,给出一些矩阵范数的表达式. 其次给出了如何利用奇异值分解来研究子空间之间的关系,基于矩阵奇异值分解来简化一些二次规划的问题. 最后讨论了奇异值的极性和扰动理论.

第 7 章介绍了广义逆和伪逆,它们可以给出线性方程组求解的统一理论. 首先从单边逆开始引入广义逆的概念,给出了基于广义逆的线性方程组的通解表达式. 然后给出了伪逆的定义,讨论了伪逆的性质和不同的计算方法. 基于伪逆给出了欠定和过定线性方程组具有特殊性质解的表达式,将伪逆的定义推广到有线性约束的情形. 最后给出了伪逆的扰动理论,分析了最小二乘问题的敏感性.

第 8 章首先介绍了求特征向量的幂法,逆迭代和移位逆迭代,详细分析了 Rayleigh 商迭代,这些算法虽然比较简单,但它们是后来介绍的高级算法的重要成分和思想. 然后简单介绍求矩阵特征值和特征向量最常用的 QR 算法,目前这个算法还在发展中. 最后给出了基于移位的 QR 算法加速收敛方法,讨论了不同情况下的移位策略.

第 9 章介绍了 QR 算法具体实现问题. 首先介绍了常用 QR 算法的执行方

法——隐 QR 算法，即不显示地进行移位；为了在实域中来解实矩阵的特征值，对实矩阵讨论了双步 QR 算法. 其次介绍了运用 QR 算法计算特征向量的方法、矩阵奇异值分解的有效计算方法，最后介绍了线性子空间的迭代，这是在高层次上讨论矩阵特征值和特征向量的计算方法. 并且介绍了子空间的迭代，说明了同时迭代和 QR 算法之间的关系.

第 10 章是关于特征值的估计和敏感性分析. 首先对矩阵的特征值所在复平面上的位置进行估计，介绍了著名的 Gershgorin 定理和它在对角占优矩阵中的应用. 然后给出了特征值整体和单个的敏感性分析. 最后讨论了特征向量的敏感性.

第 11 章介绍了对称矩阵的特征计算方法. 针对矩阵的对称性，给出了有些独特且有效的算法. 首先给出求对称矩阵特征值经典的 Jacobi 算法，介绍了这个算法的各种推广. 然后介绍三对角矩阵的特征求解算法，因为一般对称矩阵都可以很容易化简到三对角矩阵，这些是目前求对称矩阵常用的方法；对三对角矩阵给出了特征值不同的求解方法. 最后给出用逆迭代计算对称矩阵的特征向量的各种方法.

第 12 章介绍了线性方程组的迭代求解方法. 首先给出了线性方程组求解的一些经典迭代方法——Jacobi 方法、Gauss-Seidel 以及超松弛迭代. 其次对这些迭代方法进行了收敛性分析，给出了基于迭代矩阵的范数的判断收敛的充分条件. 最后给出了迭代收敛的例子，主要讨论了对角占优矩阵超松弛迭代的最佳收敛参数，也简单地给出了关于正定矩阵的结论.

第 13 章对系数矩阵是对称正定矩阵的线性方程组介绍了最速下降方法，这是优化问题基于下降方法的重要求解方法和推广其他算法的基础；同时介绍了预优化的重要思想，通过应用预优方法，下降方法的收敛率将显著提高. 然后描述了计算上非常有效的共轭梯度法. 共轭梯度方法只是 Krylov 子空间方法这一大类中的一个. 本章以对非正定和非对称问题进行简单的 Krylov 子空间方法的讨论作为结束.

第 14 章给出了大规模稀疏矩阵的线性方程组求解和特征问题的计算. 首先讨论了如何有效地对大规模稀疏矩阵进行 LU 分解，介绍缩减矩阵带宽的 CM 算法和将矩阵分解为块矩阵的结构分解矩阵. 然后介绍经典的 Arnoldi 算法及其矩阵表达式；对对称矩阵给出了 Lanczos 计算方法. 最后介绍特殊的隐重新开始的 Arnoldi 算法.

第 15 章是关于矩阵函数的. 首先定义了矩阵序列收敛性，说明收敛矩阵序列具有一般收敛数列所具有的性质. 给出了幂级数的定义. 其次利用函数的 Taylor 级数展开，引入了矩阵函数. 最后给出了矩阵的微积分及其应用.

第 16 章介绍了矩阵之间的特殊运算——Hadamard 积和直积(或称 Kronecker 积)．它们不仅在实际中经常出现，而且在矩阵的理论研究和计算方法中都有十分重要的应用．特别地，运用矩阵的直积，能够将线性矩阵方程转化为线性代数方程组进行讨论或计算.

第 17 章介绍了非负矩阵的某些性质,包括著名的关于正矩阵的 Perron 定理和不可约非负矩阵的 Frobenius 定理;介绍了素矩阵,它对应于正矩阵的结论,是非负矩阵的中心理论. 在实际应用中,矩阵的逆是非负矩阵也非常重要,称为单调矩阵,对此也进行了简单介绍.

目　录

第1章　矩阵的基本知识

本章和第2、3章主要讨论有关矩阵的一些基础知识,它们是高等代数中有关矩阵知识的总结和提高.在1.1节,首先给出本书有关矩阵的记号和定义,对矩阵知识进行了简单总结,讨论了矩阵计算的复杂度问题,然后详细地研究了方阵特征值的问题,给出了基于已知特征向量和特征值的矩阵简化方法.在1.2节研究了一些特殊矩阵及其性质,最后讨论了分块矩阵的计算及其应用.本章是本书以后各章的思想和知识基础.

1.1　基本概念

在高等代数中,我们已经学习过矩阵的一些基本概念和性质,为了以后行文方便和避免不必要的重复,首先对本书所用的一些记号和术语做简要说明.

基本定义和符号　本书的记号采用国际标准记号.大写字母 R 表示实数,R^n 表示实 n 维向量空间,所有 $m\times n$ 实矩阵的集合用 $R^{m\times n}$ 表示;与实元素对应的复元素集合分别用 C,C^n 和 $C^{m\times n}$ 表示.记号 $\mathrm{diag}(a_1,\cdots,a_n)$ 表示对角元素为 $a_1,\cdots,a_n$ 的 n 阶对角阵,当 a_i 被方阵 $\boldsymbol{A}_i$ 代替后,表示块对角阵,见1.2节.矩阵 $\boldsymbol{A}$ 的**秩**表示 $\boldsymbol{A}$ 的列(或行)向量中最大线性无关个数,记为 $\mathrm{rank}\boldsymbol{A}$. $R_r^{m\times n}$ 表示 $R^{m\times n}$ 中所有秩为 r 的矩阵集合.

对矩阵 $\boldsymbol{A}\in R^{m\times n}$,$\boldsymbol{A}^{\mathrm{T}}$ 表示矩阵 $\boldsymbol{A}$ 的转置.对复矩阵 $\boldsymbol{A}\in C^{m\times n}$,$\overline{\boldsymbol{A}}$ 和 $\boldsymbol{A}^{\mathrm{H}}$ 分别表示它的共轭和共轭转置矩阵.本书主要讨论实矩阵,对于复矩阵的情形,只要将转置换成共轭转置,通常就可以进行类似推导.

当 $m=n$ 时,矩阵 $\boldsymbol{A}\in R^{n\times n}$ 称为 $\boldsymbol{n}$ **阶方阵**,方阵比长方阵具有更多的代数性质. $\boldsymbol{I}_n$ 表示 n 阶单位方阵,它的第 k 列记为 $\boldsymbol{e}_k^{(n)}$,即

$$\boldsymbol{I}_n=\begin{bmatrix}1&0&\cdots&0\\0&1&\cdots&0\\\vdots&\vdots&&\vdots\\0&0&\cdots&1\end{bmatrix},\quad \boldsymbol{e}_k^{(n)}=(0,\cdots,0,1,0,\cdots,0)^{\mathrm{T}}\in R^n$$

当维数在上下文中是清楚的,就略去指标 n,简记为 $\boldsymbol{I}$ 和 $\boldsymbol{e}_k$.

n 阶方阵 $\boldsymbol{A}$ 的**行列式**和**迹**分别记为 $\det\boldsymbol{A}$ 和 $\mathrm{tr}\boldsymbol{A}$.如果 $\det\boldsymbol{A}\neq0$,则 $\boldsymbol{A}$ 是**可逆**的,它的逆矩阵用 $\boldsymbol{A}^{-1}$ 表示,即 $\boldsymbol{A}^{-1}\boldsymbol{A}=\boldsymbol{A}\boldsymbol{A}^{-1}=\boldsymbol{I}$.可逆矩阵也称为**非奇异**的,不可

逆矩阵也称为**奇异**的.

若$\boldsymbol{A}\in C^{n\times n}$满足$\boldsymbol{A}^{\mathrm{H}}\boldsymbol{A}=\boldsymbol{I}$,则称$\boldsymbol{A}$是**酉矩阵**,$n$阶酉矩阵的全体记作$U(n)$;如果$\boldsymbol{A}^{\mathrm{H}}=\boldsymbol{A}$,则称$\boldsymbol{A}$是**Hermite 矩阵**;如果$\boldsymbol{A}^{\mathrm{H}}\boldsymbol{A}=\boldsymbol{A}\boldsymbol{A}^{\mathrm{H}}$,则称$\boldsymbol{A}$是**正规矩阵**. 显然,酉矩阵和 Hermite 矩阵都是正规矩阵. 实酉矩阵称作**实正交矩阵**,n阶实正交矩阵的集合记为$O(n)$;实 Hermite 矩阵称作**实对称矩阵**. 如果$\boldsymbol{A}=-\boldsymbol{A}^{\mathrm{H}}$,则称$\boldsymbol{A}$为**反 Hermite 矩阵**,对应的实矩阵就是**反对称矩阵**. 对于一个 Hermite 矩阵$\boldsymbol{A}$,如果对任意的非零向量$\boldsymbol{x}\in C^n$,都有$\boldsymbol{x}^{\mathrm{H}}\boldsymbol{A}\boldsymbol{x}>0$,则称$\boldsymbol{A}$是**正定的**;如果对任意向量$\boldsymbol{x}\in C^n$,都有$\boldsymbol{x}^{\mathrm{H}}\boldsymbol{A}\boldsymbol{x}\geqslant 0$,则称$\boldsymbol{A}$是**半正定的**.

如果向量$\boldsymbol{a}_k\in R^m$为$\boldsymbol{A}\in R^{m\times n}$的第$k$列,则$\boldsymbol{A}$可记为

$$\boldsymbol{A}=[\boldsymbol{a}_1,\cdots,\boldsymbol{a}_n]$$

同样,如果$\boldsymbol{r}_k\in R^n$表示$\boldsymbol{A}$的第k行的n维列向量,则$\boldsymbol{A}$可记为

$$\boldsymbol{A}=\begin{bmatrix}\boldsymbol{r}_1^{\mathrm{T}}\\ \vdots\\ \boldsymbol{r}_m^{\mathrm{T}}\end{bmatrix}$$

下面的内容在文献(胡茂林,2007)中介绍过,现在简单回顾一下. 设$L\subset R^n$是一个子空间. $L^{\perp}$记为L的**正交补空间**,即$L^{\perp}=\{\boldsymbol{x}\in R^n:\boldsymbol{x}^{\mathrm{T}}\boldsymbol{y}=0,\forall\,\boldsymbol{y}\in L\}$. 给定$m$个向量$\boldsymbol{a}_1,\cdots,\boldsymbol{a}_m\in R^n$,$\boldsymbol{a}_1,\cdots,\boldsymbol{a}_m$所有线性组合构成的集合称为$\boldsymbol{a}_1,\cdots,\boldsymbol{a}_m$的**扩张子空间**,记为$\mathrm{span}\{\boldsymbol{a}_1,\cdots,\boldsymbol{a}_m\}$.

给定矩阵$\boldsymbol{A}\in R^{m\times n}$,与$\boldsymbol{A}$有关的两个重要的子空间是$\boldsymbol{A}$的**值域**(或**像空间**),定义为

$$R(\boldsymbol{A})=\{\boldsymbol{y}\in R^m:\boldsymbol{y}=\boldsymbol{A}\boldsymbol{x},\boldsymbol{x}\in R^n\}$$

根据扩张子空间的定义,$R(\boldsymbol{A})=\mathrm{span}\{\boldsymbol{a}_1,\cdots,\boldsymbol{a}_n\}$,即$\boldsymbol{A}$的值域是$\boldsymbol{A}$的列的扩张子空间;$\boldsymbol{A}$的**零空间**(或**核**),定义为

$$\ker\boldsymbol{A}=\{\boldsymbol{x}\in R^n:\boldsymbol{A}\boldsymbol{x}=\boldsymbol{0}\}$$

特别地,$\ker\boldsymbol{A}^{\mathrm{T}}$表示$\boldsymbol{A}$的左零空间. 这两个子空间的维数与$\boldsymbol{A}$的秩有如下关系:

$$\dim\ker(\boldsymbol{A})=n-\mathrm{rank}(\boldsymbol{A}),\quad \dim\ker(\boldsymbol{A}^{\mathrm{T}})=m-\mathrm{rank}(\boldsymbol{A}) \tag{1.1}$$

具体请参见文献(胡茂林,2007).

算法复杂度 计算机科学和工程中问题的求解最终都归结为矩阵运算. 在本书中,将介绍各种与矩阵有关的算法. 算法一般分成直接法和迭代法两类. **直接法**是指在没有误差的情况下,可在有限步得到所计算问题精确解的算法,比如,将在第 3 章介绍的求解线性方程组$\boldsymbol{A}\boldsymbol{x}=\boldsymbol{b}$的 Gauss 消去法和求解最小二乘问题等方

法都是直接方法. 相对地,另一类算法是**迭代法**,即采取逐次逼近的方法来逼近问题的精确解,而在任意有限步都不能得到精确解的算法. 迭代法产生的是一序列收敛到问题真正解的逼近解,算法的每一步或迭代都产生一个新的逼近. 理论上逼近序列是无限的,但在实际中,算法不能永远进行下去. 一旦逼近解足够好,或可以被接受时,算法就停止,见第 3 章. 达到这一目标的迭代步骤通常预先是不知道的,虽然有时能估计出.

对给定的算法来说,算法的快慢是衡量其性能优劣的一个重要标志. 对于直接法,其运算量的大小通常可作为其快慢的一个主要标志. 算法复杂度分析就是计算或估计算法的运算量,它是一个算法的所有运算次数的总和,即所有四则运算+,−,×,÷的总和. 运算量是基于 flop(floating octal point,浮点八进制)来计量的,一个 flop 就是一个浮点运算. 例如,计算两个长度为 n 的向量内积需要 n 次乘法和 $n-1$ 次加法,因此需要 $2n-1$ 个 flops. 对于 $\boldsymbol{A}\in R^{m\times n}$,$\boldsymbol{x}\in R^n$,$\boldsymbol{b}\in R^m$,计算 $\boldsymbol{Ax}+\boldsymbol{b}$ 需要 $2mn$ 个 flops,同样,矩阵 $\boldsymbol{A}$ 秩一更新 $\boldsymbol{A}+\boldsymbol{xy}^{\mathrm{T}}$,其中 $\boldsymbol{x}\in R^m$,$\boldsymbol{y}\in R^n$ 也需要 $2mn$ 个 flops,因此,对 $\boldsymbol{A}\in R^{m\times p}$,$\boldsymbol{B}\in R^{p\times n}$ 和 $\boldsymbol{C}\in R^{m\times n}$,计算 $\boldsymbol{AB}+\boldsymbol{C}$ 需要 $2mnp$ 个 flops.

flops 数的计算可以通过对算法最基本循环的运算数相加得到,例如,对矩阵乘法和加法,基本的算法是 $a_{ik}b_{kj}+c_{ij}$,它有 2 个 flops. 通过简单的循环计数得到此计算需要进行 mnp 次,所以一般矩阵相乘和加法的计算需要 $2mnp$ flops.

现在考虑两个上三角矩阵乘积的运算量. 矩阵 $\boldsymbol{A}$ 称为上三角的,如果 $\boldsymbol{A}$ 的元素 a_{ij} 在 $i>j$ 时为零(见 1.2 节). 因为对任意上三角矩阵 $\boldsymbol{A},\boldsymbol{B}\in R^{n\times n}$,乘积 $\boldsymbol{C}=\boldsymbol{AB}$ 也是上三角的,即对任何 $k<i$ 或 $j<k$,都有 $a_{ik}b_{kj}=0$,因此

$$c_{ij}=\sum_{k=i}^{j}a_{ik}b_{kj}$$

所以,计算 c_{ij} $(i\leqslant j)$需要 $2(j-i+1)$个 flops. 两个矩阵乘积的运算量是

$$\sum_{i=1}^{n}\sum_{j=1}^{n}2(j-i+1)=\sum_{i=1}^{n}\sum_{j=1}^{n-i+1}2j\approx\sum_{i=1}^{n}\frac{2(n-i+1)^2}{2}=\sum_{i=1}^{n}i^2\approx\frac{n^3}{3}$$

因此三角矩阵乘积的计算量仅是一般稠密矩阵的六分之一.

对较大的 n,低阶项对 flops 数的影响较小,因此通常被舍去. 例如,通过精确的浮点运算数的计算,上述算法需要 $3n^3+n^2+2n$ 个 flops. 当 $n=10^3$ 时,精确的浮点数 3001000200 与近似数 3000000000 相对误差非常小. 因此精确的 flops 数与近似估计 $3n^3$ 相比,多出的两项没有实质的意义.

应该指出,虽然运算量在一定程度上反映了算法的快慢程度,但它不是确定算法快慢的唯一因素. 现代计算机的运算速度远远高于数据传输速度,因此,一个算法实际运行的效率在很大程度上依赖于数据传输量的快慢. 基于 flops 数来衡量

算法的效率是粗糙的，因此讨论计算的效率不能过分地依赖于 flops 数的比较. 例如，不能断定三角矩阵相乘要比满矩阵快 6 倍. flops 数只是一种简洁、但不一定完全准确的评价方式，它仅是影响效率的多个因素之一.

对于迭代法，除了对每步所需的运算量进行分析外，还需要对其收敛速度进行分析，将在第 3 章介绍向量范数后，讨论迭代的收敛速度问题.

特征值和特征向量　特征值和特征向量的求解是矩阵计算的基本问题之一，这里复习一下矩阵特征值和特征向量的一些基本性质，相关的求解算法将在第8～12 章介绍.

设 $\boldsymbol{A}\in C^{n\times n}$，如果对于 $\lambda\in C$，存在非零向量 $\boldsymbol{x}\in C^n$ 使得

$$\boldsymbol{Ax}=\lambda\boldsymbol{x} \tag{1.2}$$

则称 λ 是 $\boldsymbol{A}$ 的**特征值**，$\boldsymbol{x}$ 是 $\boldsymbol{A}$ 属于 λ 的**特征向量**，偶对 $(\lambda,\boldsymbol{v})$ 称为 $\boldsymbol{A}$ 的**特征对**. 求解一个方阵的特征值和特征向量称为**特征问题**. 式(1.2)表示，$\boldsymbol{A}$ 对 $\boldsymbol{x}$ 的作用等价于用标量乘以 $\boldsymbol{x}$. 如果 $\boldsymbol{x}$ 是 $\boldsymbol{A}$ 对应 λ 的特征向量，则 $\boldsymbol{x}$ 的非零数乘也是 $\boldsymbol{A}$ 对应 λ 的特征向量，即特征向量是与尺度无关的，通常取特征向量为单位向量，即 $\hat{\boldsymbol{x}}=\boldsymbol{x}/\|\boldsymbol{x}\|$.

$\boldsymbol{A}$ 的全体特征值组成的集合称为 $\boldsymbol{A}$ 的谱，记作 $\lambda(\boldsymbol{A})$. 由式(1.1)，$\lambda\in\lambda(\boldsymbol{A})$ 的充要条件是

$$\det(\lambda\boldsymbol{I}-\boldsymbol{A})=0$$

这是关于 λ 的 n 次多项式，称 $p(\lambda)=\det(\lambda\boldsymbol{I}-\boldsymbol{A})$ 为 $\boldsymbol{A}$ 的**特征多项式**. 因为特征多项式的根一般是复数，所以研究矩阵的特征问题一般是在复域中进行的.

根据方阵的行列式和它的转置的行列式是相同的，则 $\det(\lambda\boldsymbol{I}-\boldsymbol{A})=\det(\lambda\boldsymbol{I}-\boldsymbol{A}^{\mathrm{T}})$，因此 $\lambda(\boldsymbol{A})=\lambda(\boldsymbol{A}^{\mathrm{T}})$. 于是，对任意的 $\lambda\in\lambda(\boldsymbol{A})$，一定存在非零向量 $\boldsymbol{y}\in C^n$，使得 $\boldsymbol{A}^{\mathrm{T}}\boldsymbol{y}=\lambda\boldsymbol{y}$，即 $\boldsymbol{y}^{\mathrm{T}}\boldsymbol{A}=\lambda\boldsymbol{y}^{\mathrm{T}}$，称 $\boldsymbol{y}$ 为 $\boldsymbol{A}$ 属于 λ 的**左特征向量**；相对应地，属于 λ 的特征向量亦称作 $\boldsymbol{A}$ 属于 λ 的**右特征向量**. 需要注意的是虽然矩阵和它的转置的特征值是相同的，但是通常左、右特征向量是不相等的，读者可以举例说明.

几何重数与代数重数　方阵 $\boldsymbol{A}$ 的代数重数就是它的特征多项式根的重数，即如果 $\boldsymbol{A}$ 有 r 个互不相同的特征值 $\lambda_1,\lambda_2,\cdots,\lambda_r$，且

$$p(\lambda)=\prod_{i=1}^{r}(\lambda-\lambda_i)^{n(\lambda_i)},\quad \lambda_i\neq\lambda_j\,(i\neq j),\quad \sum_{i=1}^{r}n(\lambda_i)=n$$

正整数 $n(\lambda_i)$ 称为 λ_i 的**代数重数**.

对应 λ 的特征向量组成的子空间称为 $\boldsymbol{A}$ 的**特征空间**，即 $\lambda_i\boldsymbol{I}-\boldsymbol{A}$ 的零空间，记为 L_λ，它是 $\boldsymbol{A}$ 的不变子空间，即 $\boldsymbol{A}L_\lambda\subseteq L_\lambda$. 由式(1.1)，$\lambda_i$ 的特征空间的维数是

$$m(\lambda_i)=n-\operatorname{rank}(\lambda_i\boldsymbol{I}-\boldsymbol{A})$$

称为 λ_i 的**几何重数**，它表示属于 λ_i 的线性无关特征向量的个数. 显然有

$$1 \leqslant m(\lambda_i) \leqslant n(\lambda_i) \leqslant n$$

即几何重数总不大于代数重数. 例如，矩阵 $\boldsymbol{A}=\begin{pmatrix}1 & 1\\ 0 & 1\end{pmatrix}$ 的特征值 1 的代数重数是 2，而几何重数是 1，因此几何重数和代数重数是两个不同的概念. 习惯上，将**代数重数**简称为**重数**. 在今后的叙述中，说 λ 是 $\boldsymbol{A}$ 的 k 重特征值，是指 λ 的代数重数是 k. 通常将代数重数为 1 的特征值称作**单特征值**.

代数重数等于几何重数的特征值称为**半单特征值**，否则称为**亏损特征值**. 如果 $\boldsymbol{A}$ 的所有特征值都是半单的，则称 $\boldsymbol{A}$ 为**半单矩阵**(或**非亏损**的)，有一个或多个亏损特征值的矩阵称为**亏损矩阵**. 所有对角矩阵都是非亏损的，对于这样的矩阵，特征值 λ 的代数重数和几何重数均等于 λ 在对角线上出现的个数.

相似矩阵　下面介绍矩阵的相似变换，相似变换保持矩阵的谱，因此是一个非常重要的变换，矩阵的特征值求解算法的思想就是用相似变换将矩阵变换到特征值容易求解的形式.

两个矩阵 $\boldsymbol{A},\boldsymbol{B}\in C^{n\times n}$ 称为**相似**的，如果存在 n 阶非奇异方阵 $\boldsymbol{X}$，使得 $\boldsymbol{A}=\boldsymbol{X}^{-1}\boldsymbol{B}\boldsymbol{X}$. 与对角矩阵相似的矩阵称为**可对角化矩阵**.

容易验证，如果 $\boldsymbol{A}$ 与 $\boldsymbol{B}$ 相似，则 $\det(\lambda\boldsymbol{I}-\boldsymbol{A})=\det(\lambda\boldsymbol{I}-\boldsymbol{B})$. 因此，相似矩阵有相同的特征多项式，从而有相同的特征值和代数重数. 事实上，由于 $\boldsymbol{X}$ 是非奇异的，可以得到，相似矩阵也有相同的几何重数.

基于相似矩阵就能证明特征值的代数重数不小于几何重数. 假设 $\boldsymbol{A}$ 的特征值 λ 的几何重数为 k，取特征空间 L_λ 的 k 个标准正交基 $\boldsymbol{x}_1,\cdots,\boldsymbol{x}_k$. 由 $\boldsymbol{A}\boldsymbol{x}_i=\lambda\boldsymbol{x}_i$，得

$$\boldsymbol{x}_i^{\mathrm{H}}\boldsymbol{A}\boldsymbol{x}_j=\begin{cases}\lambda, & i=j\\ 0, & i\neq j\end{cases}$$

再补充 $n-k$ 个向量，使它们构成 C^n 的一组标准正交基. 因此，它们按列组成一个酉矩阵 $\boldsymbol{V}$，则由上式得

$$\boldsymbol{B}=\boldsymbol{V}^{\mathrm{H}}\boldsymbol{A}\boldsymbol{V}=\begin{bmatrix}\lambda\boldsymbol{I} & \boldsymbol{C}\\ \boldsymbol{0} & \boldsymbol{D}\end{bmatrix}$$

其中 $\boldsymbol{I}\in C^{k\times k}$ 是单位矩阵，$\boldsymbol{C}\in C^{k\times(n-k)}$，$\boldsymbol{D}\in C^{(n-k)\times(n-k)}$. 根据行列式的定义，有

$$\det(z\boldsymbol{I}-\boldsymbol{B})=\det(z\boldsymbol{I}-\lambda\boldsymbol{I})\det(z\boldsymbol{I}-\boldsymbol{D})=(z-\lambda)^k\det(z\boldsymbol{I}-\boldsymbol{D})$$

因此，$\boldsymbol{B}$ 的特征值 λ 的代数重数至少为 k. 由于相似变换保持重数不变，因此 $\boldsymbol{A}$ 的特征值 λ 的代数重数至少为 k，即矩阵特征值的代数重数大于几何重数.

特征值求解和多项式求解等价性　上面说明了求矩阵 $\boldsymbol{A}$ 的特征值等价于求

解多项式$\det(\lambda \boldsymbol{I}-\boldsymbol{A})=0$的根. 因此,如果能有方法求任意多项式的根,则理论上就能求出任意矩阵的特征值. 下面的定理1表明反过来也是正确的,即如果能有方法求任意矩阵的特征值,则理论上能求任意阶多项式的根.

给定n次多项式$q(\lambda)=b_n\lambda^n+b_{n-1}\lambda^{n-1}+\cdots+b_0$,其中$b_n\neq 0$. 如果$q(\lambda)$的所有的系数除以$b_n$,则得到新的方程$p(\lambda)=\lambda^n+a_{n-1}\lambda^{n-1}+\cdots+a_0\ (a_k=b_k/b_n)$,它与原方程有相同的根. 因为$p(\lambda)$的首项系数$a_n=1$,所以称为**首一多项式**. 因为多项式$q(\lambda)=0$总是能被等价的$p(\lambda)=0$代替,所以只要考虑首一多项式就可以了. 给定首一多项式p,定义它的$n\times n$**友矩阵**为

$$\boldsymbol{A}=\begin{bmatrix} -a_{n-1} & -a_{n-2} & -a_{n-3} & \cdots & -a_0 \\ 1 & & & & \\ & 1 & & & \\ & & \ddots & & \\ & & & 1 & \end{bmatrix} \tag{1.3}$$

其中次对角上元素全为1,第一行元素依次由多项式p的后n项系数的负值组成,其余元素都是零.

定理1 设$p(\lambda)=\lambda^n+a_{n-1}\lambda^{n-1}+\cdots+a_0$是次数为$n$的首一多项式,且它的友矩阵$\boldsymbol{A}$为式(1.3),则$\boldsymbol{A}$的特征多项式是$p(\lambda)$,即方程$p(\lambda)=0$的根是$\boldsymbol{A}$的特征值.

迭代的必要性 定理1给出了求矩阵的特征值问题和多项式求解问题的等价性. 多项式求解是一个古老的问题,引起了许多著名科学家的兴趣. 特别地,在1824年,Abel证明了对$n>4$的n次多项式,没有类似于二次多项式的求根公式. Abel理论表明,没有直接的方法求解矩阵的特征值. 因为如果存在有限步的方法将表明存在任意多项式方程的求解公式,即使很复杂. 因此,由定理1,对$n>4$的$n\times n$矩阵的特征值没有解的表达式,必须用迭代的方法求解.

矩阵多项式 因为方阵的任何正整数幂和线性组合都是同阶的矩阵,所以多项式

$$q(t)=a_kt^k+a_{k-1}t^{k-1}+\cdots+a_1t+a_0$$

在矩阵$\boldsymbol{A}\in R^{n\times n}$处取值是有意义的. 定义**矩阵多项式**为

$$q(\boldsymbol{A})\equiv a_k\boldsymbol{A}^k+a_{k-1}\boldsymbol{A}^{k-1}+\cdots+a_1\boldsymbol{A}+a_0\boldsymbol{I}$$

矩阵多项式$q(\boldsymbol{A})$与$\boldsymbol{A}$的特征向量是相同的,而其特征值与$\boldsymbol{A}$的特征值有如下的简单关系.

定理2 给定多项式$q(t)$,如果λ是$\boldsymbol{A}\in R^{n\times n}$的特征值,$\boldsymbol{x}$是对应的特征向量,那么$q(\lambda)$是矩阵$q(\boldsymbol{A})$的特征值,且$\boldsymbol{x}$是对应$q(\lambda)$的特征向量.

证明　首先,反复应用特征值-特征向量方程(1.2),得

$$\boldsymbol{A}^j\boldsymbol{x}=\boldsymbol{A}^{j-1}(\boldsymbol{A}\boldsymbol{x})=\lambda\boldsymbol{A}^{j-1}\boldsymbol{x}=\cdots=\lambda^j\boldsymbol{x}$$

于是

$$\begin{aligned}q(\boldsymbol{A})\boldsymbol{x}&=a_k\boldsymbol{A}^k\boldsymbol{x}+a_{k-1}\boldsymbol{A}^{k-1}\boldsymbol{x}+\cdots+a_1\boldsymbol{A}\boldsymbol{x}+a_0\boldsymbol{x}\\&=a_k\lambda^k\boldsymbol{x}+\cdots+a_1\lambda\boldsymbol{x}+a_0\boldsymbol{x}\\&=(a_k\lambda^k+\cdots+a_1\lambda+a_0)\boldsymbol{x}=q(\lambda)\boldsymbol{x}\end{aligned}$$

因此,$q(\boldsymbol{A})$的特征值是$q(\lambda)$,而特征向量是相同的.　□

矩阵的对角化　根据代数基本定理,特征多项式$p(\lambda)$最多有n个根,它们分别是$\boldsymbol{A}\in R^{n\times n}$的特征值.

如果$\boldsymbol{A}$有线性独立的特征向量$\{\boldsymbol{x}_1,\boldsymbol{x}_2,\cdots,\boldsymbol{x}_n\}$,它们构成了$R^n$的基称为**完备特征向量系**.在这个基下,矩阵$\boldsymbol{A}$是可对角化的(胡茂林,2007).此时有下面的定理.

定理3　n阶矩阵$\boldsymbol{A}$与对角矩阵相似,当且仅当$\boldsymbol{A}$有n个线性无关的特征向量.

证明　如果$\boldsymbol{A}$与对角矩阵相似,即存在非奇异矩阵$\boldsymbol{X}=[\boldsymbol{x}_1,\boldsymbol{x}_2,\cdots,\boldsymbol{x}_n]$,使得

$$\boldsymbol{X}^{-1}\boldsymbol{A}\boldsymbol{X}=\mathrm{diag}(\lambda_1,\lambda_2,\cdots,\lambda_n)$$

两边左乘以$\boldsymbol{X}$,得

$$\boldsymbol{A}[\boldsymbol{x}_1,\boldsymbol{x}_2,\cdots,\boldsymbol{x}_n]=\boldsymbol{X}\mathrm{diag}(\lambda_1,\lambda_2,\cdots,\lambda_n)=[\lambda_1\boldsymbol{x}_1,\lambda_2\boldsymbol{x}_2,\cdots,\lambda_n\boldsymbol{x}_n]$$

即

$$\boldsymbol{A}\boldsymbol{x}_i=\lambda_i\boldsymbol{x}_i,\quad i=1,2,\cdots,n$$

这就表明$\boldsymbol{X}$的列向量是$\boldsymbol{A}$的特征向量.又因为$\boldsymbol{X}$是非奇异的,所以$\boldsymbol{x}_1,\boldsymbol{x}_2,\cdots,\boldsymbol{x}_n$是$\boldsymbol{A}$的$n$个线性无关的特征向量.

反之,如果$\boldsymbol{A}$有n个线性无关的特征向量$\boldsymbol{x}_1,\boldsymbol{x}_2,\cdots,\boldsymbol{x}_n$,则

$$\boldsymbol{A}\boldsymbol{x}_i=\lambda_i\boldsymbol{x}_i,\quad i=1,2,\cdots,n$$

记$\boldsymbol{X}=[\boldsymbol{x}_1,\boldsymbol{x}_2,\cdots,\boldsymbol{x}_n]$,显然$\boldsymbol{X}$是非奇异的.又因为

$$\begin{aligned}\boldsymbol{A}\boldsymbol{X}&=[\boldsymbol{A}\boldsymbol{x}_1,\boldsymbol{A}\boldsymbol{x}_2,\cdots,\boldsymbol{A}\boldsymbol{x}_n]=[\lambda_1\boldsymbol{x}_1,\lambda_2\boldsymbol{x}_2,\cdots,\lambda_n\boldsymbol{x}_n]\\&=[\boldsymbol{x}_1,\boldsymbol{x}_2,\cdots,\boldsymbol{x}_n]\mathrm{diag}(\lambda_1,\lambda_2,\cdots,\lambda_n)=\boldsymbol{X}\mathrm{diag}(\lambda_1,\lambda_2,\cdots,\lambda_n)\end{aligned}$$

所以

$$\boldsymbol{X}^{-1}\boldsymbol{A}\boldsymbol{X}=\mathrm{diag}(\lambda_1,\lambda_2,\cdots,\lambda_n)$$

故 A 与对角矩阵 $\mathrm{diag}(\lambda_1,\lambda_2,\cdots,\lambda_n)$ 相似. □

需要指出,在 X 的构造中,应该保证 $\lambda_1,\lambda_2,\cdots,\lambda_n$ 与 $x_1,x_2,\cdots,x_n$ 的排列顺序保持一致,否则 X 就不是原来的形式. 矩阵 A 有 n 个特征向量,即映射 A 有 n 个不变子空间,根据不变子空间的理论,A 一定可对角化(胡茂林,2007),因此这个定理是这个结论的不同叙述.

现在说明,如果 A 有 n 个不同的特征值 $\lambda_1,\lambda_2,\cdots,\lambda_n$,则对应的特征向量 $x_1,x_2,\cdots,x_n$ 是线性独立的. 这可以通过反证法证明. 如果 $x_1,x_2,\cdots,x_n$ 是线性相关的,不妨假设其最大线性无关向量个数是 k,且前 k 个向量是线性无关的(如有必要,可以重排编序). 因此存在 $\alpha_1,\cdots,\alpha_k\in C$,使得

$$x_{k+1}=\alpha_1 x_1+\cdots+\alpha_r x_k$$

用 A 对上式作用,得

$$\lambda_{k+1}x_{k+1}=Ax_{k+1}=A(\alpha_1 x_1+\cdots+\alpha_k x_k)=\alpha_1\lambda_1 x_1+\cdots+\alpha_k\lambda_k x_k$$

将 x_{k+1} 的表达式代入到上式,得

$$\alpha_1(\lambda_1-\lambda_{k+1})x_1+\cdots+\alpha_k(\lambda_k-\lambda_{k+1})x_k=\mathbf{0}$$

而 $x_1,\cdots,x_k$ 线性无关,且 $\lambda_i-\lambda_{k+1}\neq 0, i=1,\cdots,k$,因此 $\alpha_1=\cdots=\alpha_k=0$. 这与 x_{k+1} 线性依赖于 $x_1,\cdots,x_k$ 矛盾,因此假设是错误的,$x_1,x_2,\cdots,x_n$ 线性无关.

因此,由定理 3, 如果 n 阶矩阵有 n 个不同的特征值,则它与对角矩阵相似.

特征问题简化 在特征值求解过程中,通常是把一个给定的问题分解为若干小的问题来逐一解决,即将矩阵分块为较小的矩阵,对小矩阵求解特征问题,得到对大的矩阵特征求解. 下面是相关的简化理论.

定理 4 如果 $A\in C^{n\times n}$ 有如下分块形式:

$$A=\begin{bmatrix} A_{11} & A_{12} \\ \mathbf{0} & A_{22} \end{bmatrix}\begin{matrix} k \\ n-k \end{matrix}$$
$$\qquad\quad k \qquad n-k$$

则 $\lambda(A)=\lambda(A_{11})\cup\lambda(A_{22})$.

证明 若 λ,x 是 A 的特征对,则

$$Ax=\begin{bmatrix} A_{11} & A_{12} \\ \mathbf{0} & A_{22} \end{bmatrix}\begin{pmatrix} x_1 \\ x_2 \end{pmatrix}=\begin{pmatrix} A_{11}x_1+A_{22}x_2 \\ A_{22}x_2 \end{pmatrix}=\lambda\begin{pmatrix} x_1 \\ x_2 \end{pmatrix}$$

其中 $x_1\in C^k$ 和 $x_2\in C^{n-k}$ 是 x 的分划. 如果 $x_2\neq\mathbf{0}$,那么 $A_{22}x_2=\lambda x_2$,因此 λ 是 A_{22} 的特征值,即 $\lambda\in\lambda(A_{22})$. 如果 $x_2=\mathbf{0}$,则 $A_{11}x_1=\lambda x_1$,此时 λ 是 A_{11} 的特征值,即 $\lambda\in\lambda(A_{11})$. 由此可得

$$\lambda(A)\subseteq\lambda(A_{11})\cup\lambda(A_{22})$$

又因为 $\lambda(\boldsymbol{A})$ 和 $\lambda(\boldsymbol{A}_{11})\cup\lambda(\boldsymbol{A}_{22})$ 的个数都是 n，所以，上面的集合包含关系应该是等价的，得到结论. □

注意这个结论只是关于特征值的，对特征向量没有类似的结果，特征向量的求解必须整体地考虑；但是如果知道特征值，求矩阵的特征向量并不是特别困难的，见第 9 章.

我们知道相似变换可以将矩阵简化，且简化后的矩阵与原矩阵的特征值相同. 将这个事实与定理 4 结合起来，有下面的结论.

定理 5　如果矩阵 $\boldsymbol{A}\in C^{n\times n}$，$\boldsymbol{B}\in C^{k\times k}$ 和 $\boldsymbol{X}\in C^{n\times k}$，其中 rank $\boldsymbol{X}=k$，满足

$$\boldsymbol{AX}=\boldsymbol{XB} \tag{1.4}$$

则存在 Hermite 矩阵 $\boldsymbol{Q}\in C^{n\times n}$，使得

$$\boldsymbol{Q}^{\mathrm{H}}\boldsymbol{AQ}=\boldsymbol{T}=\underset{\quad k \qquad n-k}{\begin{bmatrix}\boldsymbol{T}_{11} & \boldsymbol{T}_{12}\\ \boldsymbol{0} & \boldsymbol{T}_{22}\end{bmatrix}}\begin{matrix}k\\ n-k\end{matrix} \tag{1.5}$$

且 $\lambda(\boldsymbol{T}_{11})=\lambda(\boldsymbol{A})\cap\lambda(\boldsymbol{B})$.

证明　记 $\boldsymbol{X}=[\boldsymbol{x}_1,\cdots,\boldsymbol{x}_k]$，由 rank $\boldsymbol{X}=k$，$\boldsymbol{AX}=\boldsymbol{XB}$ 说明 $\boldsymbol{AX}$ 的每一列可以用 $\boldsymbol{X}$ 的列向量的线性组合表示，即子空间 span$\{\boldsymbol{x}_1,\cdots,\boldsymbol{x}_k\}$ 是 $\boldsymbol{A}$ 的不变子空间. 对向量 $\boldsymbol{x}_1,\cdots,\boldsymbol{x}_k$ 进行 Gram-Schmidt 正交化，得

$$\begin{aligned}&\boldsymbol{x}_1=r_{11}\boldsymbol{q}_1\\&\boldsymbol{x}_2=r_{21}\boldsymbol{q}_1+r_{22}\boldsymbol{q}_2\\&\vdots\\&\boldsymbol{x}_k=r_{k1}\boldsymbol{q}_1+r_{k2}\boldsymbol{q}_2+\cdots+r_{kk}\boldsymbol{q}_k\end{aligned}$$

因此

$$\boldsymbol{X}=[\boldsymbol{q}_1,\vdots,\boldsymbol{q}_k]\begin{bmatrix}r_{11} & r_{12} & \cdots & r_{1k}\\ & r_{22} & \cdots & r_{2k}\\ & & \ddots & \vdots\\ & & & r_{kk}\end{bmatrix}$$

记

$$\boldsymbol{R}_1=\begin{bmatrix}r_{11} & r_{12} & \cdots & r_{1k}\\ & r_{22} & \cdots & r_{2k}\\ & & \ddots & \vdots\\ & & & r_{kk}\end{bmatrix}$$

由 $\boldsymbol{x}_1,\cdots,\boldsymbol{x}_k$ 是线性无关的，得 $\boldsymbol{R}_1\in C^{k\times k}$ 是非奇异的. 将向量 $\boldsymbol{q}_1,\cdots,\boldsymbol{q}_k$ 扩展到 C^n

的标准正交基 $\boldsymbol{q}_1,\cdots,\boldsymbol{q}_k,\boldsymbol{q}_{k+1},\cdots,\boldsymbol{q}_n$，且记 $\boldsymbol{Q}=[\boldsymbol{q}_1,\cdots,\boldsymbol{q}_n]$，则

$$\boldsymbol{X}=\boldsymbol{Q}\boldsymbol{R} \tag{1.6}$$

其中 $\boldsymbol{R}=\begin{bmatrix}\boldsymbol{R}_1\\ \boldsymbol{0}\end{bmatrix}$. 上式称为 $\boldsymbol{X}$ 的 QR 分解（见第 5 章）. 将式(1.6)代入到式(1.4)中，得

$$\begin{bmatrix}\boldsymbol{T}_{11} & \boldsymbol{T}_{12}\\ \boldsymbol{T}_{21} & \boldsymbol{T}_{22}\end{bmatrix}\begin{bmatrix}\boldsymbol{R}_1\\ \boldsymbol{0}\end{bmatrix}=\begin{bmatrix}\boldsymbol{R}_1\\ \boldsymbol{0}\end{bmatrix}\boldsymbol{B}$$

其中

$$\boldsymbol{Q}^{\mathrm{H}}\boldsymbol{A}\boldsymbol{Q}=\boldsymbol{T}=\begin{bmatrix}\boldsymbol{T}_{11} & \boldsymbol{T}_{12}\\ \boldsymbol{T}_{21} & \boldsymbol{T}_{22}\end{bmatrix}$$

因此得到两个方程组 $\boldsymbol{T}_{21}\boldsymbol{R}_1=\boldsymbol{0}$ 和 $\boldsymbol{T}_{11}\boldsymbol{R}_1=\boldsymbol{R}_1\boldsymbol{B}$. 因为 $\boldsymbol{R}_1$ 是非奇异的，由前一个方程得 $\boldsymbol{T}_{21}=\boldsymbol{0}$，后一个方程表示 $\boldsymbol{T}_{11}$ 与 $\boldsymbol{B}$ 是相似矩阵，因此 $\lambda(\boldsymbol{T}_{11})=\lambda(\boldsymbol{B})$. 由定理 4，$\lambda(\boldsymbol{A})=\lambda(\boldsymbol{T}_{11})\cup\lambda(\boldsymbol{T}_{22})$得到结论. □

式(1.5)实际上表示由不变子空间可以将矩阵简化.

Schur 分解　下面在复空间中，介绍将给定的向量变换成与坐标向量 $\boldsymbol{e}_1$ 平行的线性变换. 对于任意的 $\boldsymbol{x}=(x_1,\cdots,x_n)^{\mathrm{T}}\in C^n$，$\boldsymbol{x}\neq\boldsymbol{0}$，记

$$p=\begin{cases}\|\boldsymbol{x}\|_2, & x_1=0\\ -\mathrm{e}^{\mathrm{i}\arg x_1}\|\boldsymbol{x}\|_2, & x_1\neq 0\end{cases}$$

其中 $\|\boldsymbol{x}\|_2=\sqrt{x_1^2+\cdots+x_n^2}$是复平面上的欧氏范数. 定义

$$\boldsymbol{H}(\boldsymbol{\omega})=\boldsymbol{I}-2\boldsymbol{\omega}\boldsymbol{\omega}^{\mathrm{H}} \tag{1.7}$$

其中

$$\boldsymbol{\omega}=(\boldsymbol{x}-p\boldsymbol{e}_1)/\|\boldsymbol{x}-p\boldsymbol{e}_1\|_2$$

则可以直接验证有

$$\boldsymbol{H}(\boldsymbol{\omega})\boldsymbol{x}=p\boldsymbol{e}_1$$

容易证明，式(1.7)所定义的矩阵 $\boldsymbol{H}(\boldsymbol{\omega})$既是 Hermite 矩阵又是酉矩阵，即

$$\boldsymbol{H}(\boldsymbol{\omega})^{\mathrm{H}}=\boldsymbol{H}(\boldsymbol{\omega})=\boldsymbol{H}(\boldsymbol{\omega})^{-1}$$

在实空间中，$\boldsymbol{H}(\boldsymbol{\omega})$对应的是 Housholder 矩阵，其几何意义见第 4 章. 利用变换 $\boldsymbol{H}(\boldsymbol{\omega})$和数学归纳法可以证明下面的定理.

定理 6(Schur 分解)　给定 $\boldsymbol{A}\in C^{n\times n}$，则存在酉矩阵 $\boldsymbol{U}$，使得

$$\boldsymbol{U}^{\mathrm{H}}\boldsymbol{A}\boldsymbol{U}=\boldsymbol{T} \tag{1.8}$$

其中$\boldsymbol{T}$是上三角矩阵，且适当选取$\boldsymbol{U}$，可使$\boldsymbol{T}$的对角元素按任意指定的顺序排列.

证明 用数学归纳法对矩阵的阶数n进行归纳证明.

当$n=1$时，定理显然成立. 下面考虑$n>1$的情形，并假设定理在$n-1$时成立.

如果$\lambda\in\lambda(\boldsymbol{A})$是排在左上角的特征值，且$\boldsymbol{x}\in C^n$是对应$\lambda$的特征向量，即$\boldsymbol{A}\boldsymbol{x}=\lambda\boldsymbol{x}$. 构造 Hermite 酉矩阵$\boldsymbol{H}$和非零常数$p$，使得$\boldsymbol{H}\boldsymbol{x}=p\boldsymbol{e}_1$. 由$\boldsymbol{H}=\boldsymbol{H}^{-1}$得

$$\boldsymbol{H}\boldsymbol{e}_1=\frac{1}{p}\boldsymbol{x}$$

因此

$$\boldsymbol{H}\boldsymbol{A}\boldsymbol{H}\boldsymbol{e}_1=\boldsymbol{H}\boldsymbol{A}\left(\frac{1}{p}\boldsymbol{x}\right)=\lambda\boldsymbol{e}_1$$

这表明$\boldsymbol{HAH}$有如下形式：

$$\boldsymbol{HAH}=\boldsymbol{HAHI}=\begin{pmatrix}\lambda & * \\ \boldsymbol{0} & \boldsymbol{A}_1\end{pmatrix}$$

其中$\boldsymbol{A}_1$是$n-1$阶方阵. 由定理4，$\lambda(\boldsymbol{A}_1)=\lambda(\boldsymbol{A})-\{\lambda\}$，再由归纳假设知，存在$\boldsymbol{U}_1\in U(n-1)$使得

$$\boldsymbol{U}_1^{\mathrm{H}}\boldsymbol{A}_1\boldsymbol{U}_1=\boldsymbol{T}_1$$

其中$\boldsymbol{T}_1$是上三角矩阵，而且$\boldsymbol{T}_1$的对角元素可以按指定的次序排列. 记

$$\boldsymbol{U}=\boldsymbol{H}\begin{bmatrix}1 & \boldsymbol{0} \\ \boldsymbol{0}^{\mathrm{T}} & \boldsymbol{U}_1\end{bmatrix}$$

则$\boldsymbol{U}$是酉矩阵，且$\boldsymbol{U}^{\mathrm{H}}\boldsymbol{A}\boldsymbol{U}$是上三角矩阵. □

定理6的证明过程给出了求一个矩阵特征值的思想：可以依次求一个阶数较低的矩阵，来得到原矩阵的其余特征值. 具体地说，在已知矩阵$\boldsymbol{A}$的一个特征值和对应的特征向量时，如果需要求其他的特征值和特征向量，可以对低一阶的矩阵$\boldsymbol{A}_1$进行处理，这个方法称为**收缩**.

分解式(1.8)称作$\boldsymbol{A}$的**Schur 分解**，其右端的$\boldsymbol{T}$称作$\boldsymbol{A}$的**Schur 标准型**，可记为

$$\boldsymbol{T}=\boldsymbol{D}+\boldsymbol{M},\quad \boldsymbol{D}=\mathrm{diag}(\lambda_1,\cdots,\lambda_n)$$

其中$\boldsymbol{M}$为严格上三角矩阵，$\lambda(\boldsymbol{A})=\{\lambda_1,\lambda_2,\cdots,\lambda_n\}$.

如果$\boldsymbol{A}$是 Hermite 矩阵，即$\boldsymbol{A}=\boldsymbol{A}^{\mathrm{H}}$，则$(\boldsymbol{U}^{\mathrm{H}}\boldsymbol{A}\boldsymbol{U})^{\mathrm{H}}=\boldsymbol{U}^{\mathrm{H}}\boldsymbol{A}^{\mathrm{H}}\boldsymbol{U}^{\mathrm{HH}}=\boldsymbol{U}^{\mathrm{H}}\boldsymbol{A}\boldsymbol{U}$，即

$\boldsymbol{U}^{\mathrm{H}}\boldsymbol{A}\boldsymbol{U}$ 也是 Hermite 矩阵，而 Hermite 上三角矩阵一定是对角矩阵，因此 $\boldsymbol{T}$ 是对角矩阵. 又因为上三角正规矩阵也是对角矩阵，所以从定理 6 可立即得到下面的结论.

推论 1　设 $\boldsymbol{A}\in C^{n\times n}$，则：

(1) $\boldsymbol{A}$ 是正规矩阵当且仅当存在酉矩阵 $\boldsymbol{U}$，使得 $\boldsymbol{U}^{\mathrm{H}}\boldsymbol{A}\boldsymbol{U}=\mathrm{diag}(\lambda_1,\lambda_2,\cdots,\lambda_n)$.

(2) $\boldsymbol{A}$ 是 Hermite 矩阵当且仅当存在酉矩阵 $\boldsymbol{U}$ 和实对角矩阵 $\boldsymbol{D}$，使得 $\boldsymbol{U}^{\mathrm{H}}\boldsymbol{A}\boldsymbol{U}=\boldsymbol{D}$.

实 Schur 分解　在实际问题中，大部分特征问题的求解都是关于实矩阵的，因此给出实的 Schur 分解是有意义的. 所谓实 Schur 分解就是分解式(1.8)中的矩阵元素都是实的. 因为实矩阵的特征值可能是复的，所以不会有“特征值显现”的三角阵，必须降低要求.

定理 7(实 Schur 分解)　若 $\boldsymbol{A}\in R^{n\times n}$，则存在正交矩阵 $\boldsymbol{Q}\in R^{n\times n}$，使得

$$\boldsymbol{Q}^{\mathrm{T}}\boldsymbol{A}\boldsymbol{Q}=\begin{bmatrix}\boldsymbol{R}_{11} & \boldsymbol{R}_{12} & \cdots & \boldsymbol{R}_{1k}\\ \boldsymbol{0} & \boldsymbol{R}_{22} & \cdots & \boldsymbol{R}_{2k}\\ \vdots & \vdots & & \vdots\\ \boldsymbol{0} & \boldsymbol{0} & \cdots & \boldsymbol{R}_{kk}\end{bmatrix}\tag{1.9}$$

其中每个 $\boldsymbol{R}_{ii}(i=1,\cdots,k)$ 是实数或二阶实矩阵.

证明　因为 $\boldsymbol{A}$ 的特征多项式 $\det(\lambda\boldsymbol{I}-\boldsymbol{A})$ 的系数都是实数，所以复特征值一定是共轭出现的. 记 $\lambda(\boldsymbol{A})$ 中复共轭对的个数为 l. 对 l 进行归纳证明. 当 $l=0$ 时，此时特征值都是实的，且特征向量也是实向量，这就是分解式(1.8)，其中元素都是实的. 现在假设 $l\geqslant 1$，如果 $\lambda=\alpha+\beta\mathrm{i}$，且 $\beta\neq 0$，那么一定存在线性无关向量 $\boldsymbol{y},\boldsymbol{z}\in R^n$，使得

$$\boldsymbol{A}(\boldsymbol{y}+\mathrm{i}\boldsymbol{z})=(\alpha+\mathrm{i}\beta)(\boldsymbol{y}+\mathrm{i}\boldsymbol{z})$$

否则 $\beta=0$，即

$$\boldsymbol{A}[\boldsymbol{y},\boldsymbol{z}]=[\boldsymbol{y},\boldsymbol{z}]\begin{bmatrix}\alpha & \beta\\ -\beta & \alpha\end{bmatrix}$$

因此 $\boldsymbol{y}$ 和 $\boldsymbol{z}$ 张成 $\boldsymbol{A}$ 的一个二维不变子空间. 由定理 5，存在正交矩阵 $\boldsymbol{U}\in R^{n\times n}$，使得

$$\boldsymbol{U}^{\mathrm{T}}\boldsymbol{A}\boldsymbol{U}=\begin{bmatrix}\boldsymbol{T}_{11} & \boldsymbol{T}_{12}\\ \boldsymbol{0} & \boldsymbol{T}_{22}\end{bmatrix}\begin{matrix}2\\ n-2\end{matrix}$$
$$\quad\ \ 2 \qquad n-2$$

其中 $\lambda(\boldsymbol{T}_{11})=\{\lambda,\bar{\lambda}\}$. 由归纳法，存在正交矩阵 $\widetilde{\boldsymbol{U}}\in R^{(n-2)\times(n-2)}$ 使得 $\widetilde{\boldsymbol{U}}^{\mathrm{T}}\boldsymbol{T}_{22}\widetilde{\boldsymbol{U}}$ 具有所需的结构. 记 $\boldsymbol{Q}=\boldsymbol{U}\begin{bmatrix}\boldsymbol{I}_{2\times 2} & \boldsymbol{0}\\ \boldsymbol{0} & \widetilde{\boldsymbol{U}}\end{bmatrix}$，则分解式(1.9)成立. □

实 Schur 分解式(1.9)的右边称为拟上三角阵,这是一个简单的拟上三角阵(见 1.2 节).这个定理表明任一实阵可以正交相似于一个拟上三角阵,显然复特征值的实部和虚部都可以由 2×2 的对角块阵得到.

1.2　特殊矩阵及其性质

在计算机科学和工程研究中,经常会遇到一些特殊形式的矩阵,其中矩阵元素之间存在着一定关系.了解这些矩阵的内部结构,有助于灵活地使用这些矩阵,简化一些问题的表达和求解.本节将介绍本书所用到的一些特殊矩阵.

对角矩阵　如果矩阵 $\boldsymbol{D}=[d_{ij}]\in R^{n\times n}$,当 $i\neq j$ 时,有 $d_{ij}=0$,就称 $\boldsymbol{D}$ 为**对角矩阵**,即对角矩阵的主对角线以外的元素全为零,主对角线上的元素也可以为零,如果全部是零,则为零矩阵.通常记对角矩阵为 $\boldsymbol{D}=\mathrm{diag}(d_{11},\cdots,d_{nn})$ 或 $\boldsymbol{D}=\mathrm{diag}\boldsymbol{d}$,其中 $\boldsymbol{d}$ 是由 $\boldsymbol{D}$ 的对角元素组成的 n 维向量.对一般的矩阵 $\boldsymbol{X}\in C^{n\times n}$,$\mathrm{diag}\boldsymbol{X}$ 表示取 $\boldsymbol{X}$ 的对角元素组成的对角矩阵.如果一个对角矩阵的所有对角元都是正(非负)实数,就称它为**正(非负)对角矩阵**.注意,术语正对角矩阵指的是,矩阵是对角的,且对角元素是正的,而不是指所有对角元素是正的一般矩阵.正对角矩阵的一个例子是单位矩阵.如果对角矩阵 $\boldsymbol{D}$ 的各对角元素都是相等的,就称 $\boldsymbol{D}$ 为**纯量矩阵**,即存在数 $\alpha\in C$,有 $\boldsymbol{D}=\alpha\boldsymbol{I}$.矩阵左乘或右乘纯量矩阵等价于数乘矩阵.

对角矩阵的行列式正好是对角元素的乘积,即 $\det\boldsymbol{D}=\prod_{i=1}^{n}d_{ii}$.因而,一个对角矩阵是非奇异的,当且仅当所有对角元素非零.对角矩阵 $\boldsymbol{D}$ 左乘 $\boldsymbol{A}\in R^{n\times n}$,即 $\boldsymbol{DA}$,就是用 $\boldsymbol{D}$ 的各对角元素乘 $\boldsymbol{A}$ 的各行,即 $\boldsymbol{A}$ 的第 i 行乘 d_{ii},$i=1,2,\cdots,n$.而 $\boldsymbol{D}$ 右乘 $\boldsymbol{A}$,即 $\boldsymbol{AD}$,就是用 $\boldsymbol{D}$ 的各对角元素乘 $\boldsymbol{A}$ 的各列.特别地,两个对角矩阵的乘积是可交换的.

分块对角矩阵　具有形式

$$\boldsymbol{A}=\begin{bmatrix}\boldsymbol{A}_{11} & & & \boldsymbol{0}\\ & \boldsymbol{A}_{22} & & \\ & & \ddots & \\ \boldsymbol{0} & & & \boldsymbol{A}_{kk}\end{bmatrix}$$

的矩阵 $\boldsymbol{A}\in R^{n\times n}$ 称为**分块对角矩阵**,其中 $\boldsymbol{A}_{ii}\in R^{n_i\times n_i}$,$i=1,2,\cdots,k$ 且 $\sum_{i=1}^{k}n_i=n$.由文献(胡茂林,2007)知,这样的矩阵对应的映射有 k 个不变子空间,因此,这个矩阵一般用 $\boldsymbol{A}=\boldsymbol{A}_{11}\oplus\boldsymbol{A}_{22}\oplus\cdots\oplus\boldsymbol{A}_{kk}$ 来表示,简记作 $\oplus\sum_{i=1}^{k}\boldsymbol{A}_{ii}$,称矩阵 $\boldsymbol{A}$ 是 $\boldsymbol{A}_{11},\cdots,\boldsymbol{A}_{kk}$

的直和. 从乘法角度来考虑分块矩阵,分块对角矩阵的许多性质是对角矩阵的推广,例如,$\det(\oplus \sum_{i=1}^{k} \boldsymbol{A}_{ii}) = \prod_{i=1}^{k} \det(\boldsymbol{A}_{ii})$,因而,$\boldsymbol{A} = \oplus \sum_{i=1}^{k} \boldsymbol{A}_{ii}$ 是非奇异的,当且仅当每个 $\boldsymbol{A}_{ii}, i=1,\cdots,k$ 是非奇异的. 另外,给定矩阵 $\boldsymbol{A} = \oplus \sum_{i=1}^{k} \boldsymbol{A}_{ii}$ 与 $\boldsymbol{B} = \oplus \sum_{i=1}^{k} \boldsymbol{B}_{ii}$,其中 $\boldsymbol{A}_{ii}, \boldsymbol{B}_{ii}$ 都是同阶的,则 $\boldsymbol{A}+\boldsymbol{B} = \oplus \sum_{i=1}^{k} (\boldsymbol{A}_{ii}+\boldsymbol{B}_{ii})$,$\boldsymbol{AB}$ 可交换当且仅当 $\boldsymbol{A}_{ii}$ 和 $\boldsymbol{B}_{ii}$ 的乘积可交换.

三角矩阵　如果当 $i>j$ 时,$r_{ij}=0$,称矩阵 $\boldsymbol{R}=[r_{ij}] \in C^{n\times n}$ 为**上三角矩阵**,如果当 $i \geqslant j$ 时,$r_{ij}=0$,就称 $\boldsymbol{R}$ 是**严格上三角矩阵**,类似地,$\boldsymbol{L}$ 称为**下三角(或严格下三角)矩阵**,是指它的转置是上三角(或严格上三角)矩阵. 如果实三角矩阵 $\boldsymbol{R}$ 的主对角元素全为正数,则称为**正线上三角矩阵**. 与对角矩阵类似,三角矩阵的行列式是它的各对角元素的乘积,因此 $\boldsymbol{R}$ 是非奇异的当且仅当主对角元素全不为零. 上三角矩阵的乘积是上三角矩阵,上三角矩阵的逆是上三角矩阵. 三角矩阵的秩至少是(可能大于)主对角线上非零元的个数. 以上这些性质对下三角矩阵也成立.

分块三角矩阵　矩阵 $\boldsymbol{A} \in C^{n\times n}$ 称为**分块上三角矩阵**,如果它具有形状

$$\boldsymbol{A} = \begin{bmatrix} \boldsymbol{A}_{11} & & * \\ & \boldsymbol{A}_{22} & & \\ & & \ddots & \\ \boldsymbol{0} & & & \boldsymbol{A}_{kk} \end{bmatrix}$$

其中 $\boldsymbol{A}_{ii} \in C^{n_i \times n_i}, i=1,\cdots,k, \sum_{i=1}^{k} n_i = n$,而“ * ”表示可以为任意的元素,分块上三角矩阵称为**严格分块上三角矩阵**,如果它的所有对角子块都是零方阵. 类似地,可以定义**分块下三角矩阵**、**严格分块下三角矩阵**. 分块三角矩阵的行列式是各对角子块的行列式的乘积. 分块三角矩阵的秩至少是(可能大于)诸对角子块秩的和.

三角方程组　经典线性方程组的求解通常是将给定的方程组转化为具有同解的两个三角方程组,即 Gauss 消元法(见第 4 章). 下面讨论三角方程组的求解算法.

前代法　考虑如下非奇异的 3×3 下三角方程组:

$$\begin{bmatrix} l_{11} & 0 & 0 \\ l_{21} & l_{22} & 0 \\ l_{31} & l_{32} & l_{33} \end{bmatrix} \begin{pmatrix} x_1 \\ x_2 \\ x_3 \end{pmatrix} = \begin{pmatrix} b_1 \\ b_2 \\ b_3 \end{pmatrix}$$

因为矩阵是非奇异的,对角元素 $l_{ii} \neq 0, i=1,2,3$,所以未知数 $x_i, i=1,2,3$ 可依次确定为

$$x_1=b_1/l_{11}$$
$$x_2=(b_2-l_{21}x_1)/l_{22}$$
$$x_3=(b_3-l_{31}x_1-l_{32}x_2)/l_{33}$$

这就是方程组的**前代算法**,此算法可以立即推广到非奇异的 $n\times n$ 三角方程组 $\boldsymbol{Lx}=\boldsymbol{b}$. 这个算法的一般形式是

$$x_1=\frac{b_1}{l_{11}}$$
$$x_i=\frac{1}{l_{ii}}\left(b_i-\sum_{j=1}^{i-1}l_{ij}x_j\right),\quad i=2,\cdots,n$$

算法所需要的+,-,×,÷运算次数是 $\sum\limits_{i=1}^{n}(2i-1)=2\times\frac{n(n+1)}{2}-n=n^2$,因此该算法计算量是 n^2 flops.

回代法　类似地,给定 $n(n\geqslant 2)$ 阶非奇异的下三角矩阵 $\boldsymbol{R}$,从下到上解上三角方程组 $\boldsymbol{Rx}=\boldsymbol{b}$ 的算法叫**回代法**. 其计算公式为

$$x_n=\frac{b_n}{r_{nn}}$$
$$x_i=\frac{1}{r_{ii}}\left(b_i-\sum_{j=i+1}^{n}r_{ij}x_j\right),\quad i=n-1,\cdots,1$$

此算法计算量也是 n^2 flops.

从上述讨论可以看出,对三角方程组,解有非常简单的表达式,因此对一般的线性方程组,一般都是将它们转化为三角方程组来求解,转化的方法有三角(或LU)分解和QR分解,将分别在第4、5章介绍.

Hessenberg 矩阵　在矩阵的特征值求解中,Hessenberg 矩阵起着重要的作用. 矩阵 $\boldsymbol{A}=[a_{ij}]\in C^{n\times n}$ 称为**上 Hessenberg 矩阵**,如果对任何 $i>j+1$,都有 $a_{ij}=0$,即

$$\boldsymbol{A}=\begin{bmatrix}a_{11}&a_{12}&&\cdots&a_{1,n-1}&a_{1n}\\a_{21}&a_{22}&&\cdots&a_{2,n-1}&a_{2n}\\0&a_{32}&&\cdots&a_{3,n-1}&a_{3n}\\0&0&&&&\\\vdots&\vdots&&&\vdots&\vdots\\0&0&\cdots&0&a_{n,n-1}&a_{n,n}\end{bmatrix}$$

如果 $\boldsymbol{A}^{\mathrm{T}}$ 是上 Hessenberg 矩阵,就称 $\boldsymbol{A}$ 是**下 Hessenberg 矩阵**. 如果 $\boldsymbol{A}$ 的所有次对角元素非零,则称为**不可约的**(见第10章,不可约矩阵部分).

在实际问题中，主要研究不可约的上 Hessenberg 矩阵，因为当某个次主对角元素为零时(对超大规模矩阵，这是常有的)，上 Hessenberg 矩阵能被看做是两个不可约上 Hessenberg 矩阵，所以可以分别处理，这样就可以简化问题，即它能被分割成两个小问题. 比如求某个上 Hessenberg 矩阵 $\boldsymbol{A}$ 的特征值问题，如果 $a_{i,i+1}=0$，即

$$\boldsymbol{A}=\begin{bmatrix}\boldsymbol{B}_{11} & \boldsymbol{B}_{12}\\ \boldsymbol{0} & \boldsymbol{B}_{22}\end{bmatrix}$$

其中 $\boldsymbol{B}_{11}\in C^{j\times j}$，$\boldsymbol{B}_{22}\in C^{k\times k}$，$j+k=n$. 由定理 4，可以分别求 $\boldsymbol{B}_{11}$ 和 $\boldsymbol{B}_{22}$ 的特征值来得到 $\boldsymbol{A}$ 的特征值. 如果分割点在矩阵的中间，就能节省许多计算量. 因为如果对 Hessenberg 矩阵 $\boldsymbol{A}$ 求特征值的计算量是 $O(n^2)$，将 n 分割一半，求 $\boldsymbol{B}_{11}$ 和 $\boldsymbol{B}_{22}$ 特征值的计算量就分别减少 1/4，整个计算量减少 1/2.

三对角矩阵 如果矩阵 $\boldsymbol{A}=[a_{ij}]\in R^{n\times n}$ 既是上 Hessenberg 矩阵，又是下 Hessenberg 矩阵，就称为**三对角矩阵**，即当 $|i-j|>1$ 时，$a_{ij}=0$，三对角矩阵的形式是

$$\boldsymbol{A}=\begin{bmatrix}a_{11} & a_{12} & & & \boldsymbol{0}\\ a_{21} & a_{22} & a_{23} & & \\ & a_{32} & a_{33} & & \\ & & & \ddots & \\ & & \ddots & \ddots & a_{n-1,n}\\ & \boldsymbol{0} & & a_{n,n-1} & a_{n,n}\end{bmatrix}$$

三对角矩阵的行列式可以用递推公式计算：记 $\boldsymbol{A}_k$ 为 k 阶三对角矩阵，对 $k=2,\cdots,n-1$，有

$$\det \boldsymbol{A}_{(k+1)\times(k+1)}=a_{k+1,k+1}\det\boldsymbol{A}_{k\times k}-a_{k+1,k}a_{k,k+1}\det\boldsymbol{A}_{(k-1)\times(k-1)}.$$

正交矩阵 如果实方阵 $\boldsymbol{U}$ 的转置等于它的逆矩阵，即 $\boldsymbol{U}^{\mathrm{T}}\boldsymbol{U}=\boldsymbol{I}$，其中 $\boldsymbol{I}$ 是恒等矩阵，则称 $\boldsymbol{U}$ 为正交矩阵. 它表示 $\boldsymbol{U}$ 的列向量的长度都是 1，且任意两个不同的列都是正交的. 用 Kronecker 记号表示为 $\boldsymbol{u}_i^{\mathrm{T}}\boldsymbol{u}_j=\delta_{ij}$. 由条件 $\boldsymbol{U}^{\mathrm{T}}\boldsymbol{U}=\boldsymbol{I}$，可以推出 $\boldsymbol{U}\boldsymbol{U}^{\mathrm{T}}=\boldsymbol{I}$. 所以 $\boldsymbol{U}$ 的行向量长度也都是 1，并且两两是正交的. 对矩阵等式 $\boldsymbol{U}^{\mathrm{T}}\boldsymbol{U}=\boldsymbol{I}$ 两边取行列式，由 $\det\boldsymbol{U}=\det\boldsymbol{U}^{\mathrm{T}}$，得到 $(\det\boldsymbol{U})^2=1$. 因此，对正交矩阵 $\boldsymbol{U}$，有 $\det\boldsymbol{U}=\pm1$.

如果 $\boldsymbol{U}$ 和 $\boldsymbol{V}$ 是正交的，则 $(\boldsymbol{U}\boldsymbol{V})^{\mathrm{T}}(\boldsymbol{U}\boldsymbol{V})=\boldsymbol{V}^{\mathrm{T}}\boldsymbol{U}^{\mathrm{T}}\boldsymbol{U}\boldsymbol{V}=\boldsymbol{I}$，即正交矩阵的乘积仍然是正交矩阵，且正交矩阵的逆也是正交矩阵，因此所有 n 阶正交矩阵形成一个群，记为 $O(n)$. 此外，行列式为正的 n 阶正交矩阵也形成一个子群，称为 n 维**旋转群**，记为 $SO(n)$.

正交矩阵的保范性质 向量 $\boldsymbol{x}$ 的长度定义为 $\|\boldsymbol{x}\|_2=(\boldsymbol{x}^{\mathrm{T}}\boldsymbol{x})^{1/2}$，也称为欧氏范数(胡茂林，2007). 正交矩阵的一个重要性质是向量乘以正交矩阵后，欧氏范数保

持不变.这可通过下面的简单计算进行验证

$$\|\boldsymbol{Ux}\|^2=(\boldsymbol{Ux})^{\mathrm{T}}(\boldsymbol{Ux})=\boldsymbol{x}^{\mathrm{T}}\boldsymbol{U}^{\mathrm{T}}\boldsymbol{Ux}=\boldsymbol{x}^{\mathrm{T}}\boldsymbol{x}=\|\boldsymbol{x}\|^2$$

因此正交矩阵对应的变换是**保距**的,即保持变换前后两点之间的距离.由上面的证明过程可以看出,正交变换也是保持内积的,因此正交变换也保持向量之间的夹角.

半正交矩阵 下面介绍具有正交矩阵部分性质的长方阵.

矩阵 $\boldsymbol{Q}\in R^{m\times n},m\geqslant n$ 称为**半正交矩阵**,如果它的列向量在 R^m 中是正交的,即 $\boldsymbol{Q}^{\mathrm{T}}\boldsymbol{Q}=\boldsymbol{I}_n$.因为只有方阵才有逆矩阵,因此 $\boldsymbol{Q}^{-1}\neq\boldsymbol{Q}^{\mathrm{T}}$,且 $\boldsymbol{QQ}^{\mathrm{T}}$ 也不是单位矩阵.

对半正交矩阵 $\boldsymbol{Q}\in R^{m\times n},m\geqslant n$,记它的列向量为 $\boldsymbol{q}_1,\boldsymbol{q}_2,\cdots,\boldsymbol{q}_n$,则可以简单地证明下面的三个结论:

(1) 如果 $\boldsymbol{x}\in R^m$ 与 $\boldsymbol{q}_1,\boldsymbol{q}_2,\cdots,\boldsymbol{q}_n$ 正交,则 $\boldsymbol{QQ}^{\mathrm{T}}\boldsymbol{x}=\boldsymbol{0}$.

(2) 对 $i=1,\cdots,n,\boldsymbol{QQ}^{\mathrm{T}}\boldsymbol{q}_i=\boldsymbol{q}_i$.因此在 R^m 的子空间 $\mathrm{span}\{\boldsymbol{q}_1,\cdots,\boldsymbol{q}_n\}$ 上,$\boldsymbol{QQ}^{\mathrm{T}}$ 类似于单位矩阵.

(3) $(\boldsymbol{QQ}^{\mathrm{T}})^2=\boldsymbol{QQ}^{\mathrm{T}}$,因此 $\boldsymbol{QQ}^{\mathrm{T}}$ 是一个投影矩阵.又因为 $(\boldsymbol{QQ}^{\mathrm{T}})^{\mathrm{T}}=\boldsymbol{QQ}^{\mathrm{T}}$,因此是正交投影矩阵.

半正交矩阵也是保持距离的,即如果 $\boldsymbol{Q}\in R^{m\times n}$ 是半正交矩阵,则对所有的 $\boldsymbol{x},\boldsymbol{y}\in R^n$,有

$$\langle\boldsymbol{Qx},\boldsymbol{Qy}\rangle=\langle\boldsymbol{x},\boldsymbol{y}\rangle \text{和} \|\boldsymbol{Qx}\|=\|\boldsymbol{x}\|$$

置换矩阵 如果矩阵 $\boldsymbol{P}\in R^{n\times n}$ 的每一行和每一列恰好有一个元素等于1,而其余的元素都是0,就称 $\boldsymbol{P}$ 是一个**置换矩阵**.置换矩阵实际上就是对 n 阶单位矩阵的 n 个列向量进行重新排列而组成的矩阵.一个矩阵左(或右)乘以置换矩阵就是将被乘矩阵的行(或列)作相应的置换.例如,取置换矩阵

$$\boldsymbol{P}=\begin{bmatrix}0&1&0\\1&0&0\\0&0&1\end{bmatrix}\in R^{3\times 3}$$

则

$$\boldsymbol{P}\begin{pmatrix}1\\2\\3\end{pmatrix}=\begin{pmatrix}2\\1\\3\end{pmatrix}$$

$\boldsymbol{P}$ 将向量 $(1,2,3)^{\mathrm{T}}$ 的行分量进行互换,即它把第一个元素换到第二个位置,而把第二个元素换到第一个位置,第三项保持不动.一般,矩阵 $\boldsymbol{A}\in R^{m\times n}$ 左乘置换矩阵 $\boldsymbol{P}\in R^{m\times m}$ 就是互换 $\boldsymbol{A}$ 的行,右乘置换矩阵 $\boldsymbol{P}\in R^{n\times n}$ 就是互换 $\boldsymbol{A}$ 的列.

根据行列式展开公式,置换矩阵的行列式是 ± 1,因而置换矩阵一定是非奇异

的. 虽然置换矩阵关于矩阵乘法是不可交换的,但两个置换矩阵的乘积还是置换矩阵. 因为单位矩阵是一个置换矩阵,且对每个置换矩阵 $\boldsymbol{P}$,有 $\boldsymbol{P}^{\mathrm{T}}=\boldsymbol{P}^{-1}$. 所以,置换矩阵集合构成 $R^{n\times n}$ 中的正交变换群 $O(n)$ 的一个子群,该子群有 $n!$ 个元素.

如果置换矩阵 $\boldsymbol{P}\in R^{n\times n}$ 置换矩阵的行,则 $\boldsymbol{P}^{\mathrm{T}}=\boldsymbol{P}^{-1}\in R^{n\times n}$ 就是置换相同标号的列,所以变换 $\boldsymbol{A}\to\boldsymbol{PAP}^{\mathrm{T}}$ 置换 $\boldsymbol{A}\in R^{n\times n}$ 相同标号的行和列,这个变换相当于重排这两行和列的各元素.

方阵 $\boldsymbol{A}\in R^{n\times n}$ 称为**本性三角矩阵**,如果存在某个置换矩阵 $\boldsymbol{P}$ 使得 $\boldsymbol{PAP}^{\mathrm{T}}$ 是三角矩阵. 本性三角矩阵与三角矩阵之间有许多共同的性质.

1.3 分块矩阵

在矩阵计算中,采用分块处理可以简化许多核心算法,目前在高性能计算中,"分块算法"越来越重要. 分块算法实质上是指大量运用矩阵乘矩阵的算法. 在许多计算环境下,这类算法比基于低层线性代数的算法更为有效. 通过合理地利用矩阵的结构,可以优化储存空间和减少求解线性方程组的计算量. 因此熟悉和掌握矩阵分块计算是很重要的.

块矩阵记号 通常的矩阵按行和列分划可以看做是矩阵分块的特殊情形. 在一般情况下,对 $n\times n$ 矩阵 $\boldsymbol{A}$ 的行和列的指标集进行分划,并用 $q\times r$ 个子矩阵把 $\boldsymbol{A}$ 记成

$$\boldsymbol{A}=\begin{bmatrix}\boldsymbol{A}_{11} & \cdots & \boldsymbol{A}_{1r}\\ \vdots & & \vdots\\ \boldsymbol{A}_{q1} & \cdots & \boldsymbol{A}_{qr}\end{bmatrix}\begin{matrix}m_1\\ \vdots\\ m_q\end{matrix} \tag{1.10}$$
$$\qquad\begin{matrix}n_1 & \cdots & n_r\end{matrix}$$

其中 $m_1+\cdots+m_q=n_1+\cdots+n_r=n$, $\boldsymbol{A}_{\alpha\beta}\in R^{m_\alpha\times n_\beta}$,表示在 α 行 β 列的**块矩阵**,也称为**子矩阵**,称 $\boldsymbol{A}=[\boldsymbol{A}_{\alpha\beta}]$ 是一个 $q\times r$ 的**分块矩阵**.

分块矩阵的运算 只要满足对应的阶数条件,分块矩阵的运算就和普通矩阵的运算完全一致. 例如,若 $n\times n$ 矩阵 $\boldsymbol{B}$ 也有与式(1.10)相同的分划,即

$$\boldsymbol{B}=\begin{bmatrix}\boldsymbol{B}_{11} & \cdots & \boldsymbol{B}_{1r}\\ \vdots & & \vdots\\ \boldsymbol{B}_{q1} & \cdots & \boldsymbol{B}_{qr}\end{bmatrix}$$

则矩阵 $\boldsymbol{C}=\boldsymbol{A}+\boldsymbol{B}$ 也可看做是 $q\times r$ 分块矩阵

$$\boldsymbol{C}=\begin{bmatrix}\boldsymbol{C}_{11} & \cdots & \boldsymbol{C}_{1r}\\ \vdots & & \vdots\\ \boldsymbol{C}_{q1} & \cdots & \boldsymbol{C}_{qr}\end{bmatrix}=\begin{bmatrix}\boldsymbol{A}_{11}+\boldsymbol{B}_{11} & \cdots & \boldsymbol{A}_{1r}+\boldsymbol{B}_{1r}\\ \vdots & & \vdots\\ \boldsymbol{A}_{q1}+\boldsymbol{B}_{q1} & \cdots & \boldsymbol{A}_{qr}+\boldsymbol{B}_{qr}\end{bmatrix}$$

类似地，可以定义分块矩阵的乘法. 设 $\boldsymbol{A},\boldsymbol{B}\in R^{n\times n}$ 的分划为

$$\boldsymbol{A}=\begin{bmatrix}\boldsymbol{A}_{11} & \cdots & \boldsymbol{A}_{1s}\\ \vdots & & \vdots\\ \boldsymbol{A}_{q1} & \cdots & \boldsymbol{A}_{qs}\end{bmatrix}\begin{matrix}m_1\\ \vdots\\ m_q\end{matrix} \quad 和 \quad \boldsymbol{B}=\begin{bmatrix}\boldsymbol{B}_{11} & \cdots & \boldsymbol{B}_{1r}\\ \vdots & & \vdots\\ \boldsymbol{B}_{s1} & \cdots & \boldsymbol{B}_{sr}\end{bmatrix}\begin{matrix}p_1\\ \vdots\\ p_s\end{matrix}$$
$$\qquad p_1 \quad \cdots \quad p_s \qquad\qquad\qquad n_1 \quad \cdots \quad n_r$$

则 $\boldsymbol{C}=\boldsymbol{A}\boldsymbol{B}$ 可以按如下方式分块计算：

$$\boldsymbol{C}=\begin{bmatrix}\boldsymbol{C}_{11} & \cdots & \boldsymbol{C}_{1r}\\ \vdots & & \vdots\\ \boldsymbol{C}_{q1} & \cdots & \boldsymbol{C}_{qr}\end{bmatrix}\begin{matrix}m_1\\ \vdots\\ m_q\end{matrix}$$
$$n_1 \quad \cdots \quad n_r$$

其中 $\boldsymbol{C}_{\alpha\beta}=\sum_{r=1}^{s}\boldsymbol{A}_{\alpha r}\boldsymbol{B}_{r\beta},\alpha=1,\cdots,q,\beta=1,\cdots,r.$

分块矩阵的应用　在对高阶方阵进行计算时分块计算无疑会带来便利，并能极大地减少计算的工作量. 下面为简单计，只限于考虑在纵向及横向各分划成两块的矩阵运算，反复使用所得结果，很容易得到在纵向及横向分划成三块或更多块情况下的计算公式.

给定 $\boldsymbol{A}\in R^{n\times n}$，将 $\boldsymbol{A}$ 分划成

$$\boldsymbol{A}=\begin{bmatrix}\boldsymbol{A}_{11} & \boldsymbol{A}_{12}\\ \boldsymbol{A}_{21} & \boldsymbol{A}_{22}\end{bmatrix} \tag{1.11}$$

其中 $\boldsymbol{A}_{11}$ 是 n_1 阶矩阵，$\boldsymbol{A}_{22}$ 是 n_2 阶矩阵，$n_1+n_2=n$.

如果 $\boldsymbol{A}_{11}$ 可逆，构造拟下三角矩阵

$$\begin{bmatrix}\boldsymbol{I}_{n_1} & \boldsymbol{0}\\ -\boldsymbol{A}_{21}\boldsymbol{A}_{11}^{-1} & \boldsymbol{I}_{n_2}\end{bmatrix}$$

并用它左乘 $\boldsymbol{A}$ 得

$$\begin{bmatrix}\boldsymbol{I}_{n_1} & \boldsymbol{0}\\ -\boldsymbol{A}_{21}\boldsymbol{A}_{11}^{-1} & \boldsymbol{I}_{n_2}\end{bmatrix}\begin{bmatrix}\boldsymbol{A}_{11} & \boldsymbol{A}_{12}\\ \boldsymbol{A}_{21} & \boldsymbol{A}_{22}\end{bmatrix}=\begin{bmatrix}\boldsymbol{A}_{11} & \boldsymbol{A}_{12}\\ \boldsymbol{0} & \boldsymbol{A}_{22}-\boldsymbol{A}_{21}\boldsymbol{A}_{11}^{-1}\boldsymbol{A}_{12}\end{bmatrix}$$

这相当于对 $\boldsymbol{A}$ 进行 n_1 个倍加的初等变换. 由上式得到分块矩阵式(1.11)的拟三角分解(见第 4 章)

$$\begin{bmatrix}\boldsymbol{A}_{11} & \boldsymbol{A}_{12}\\ \boldsymbol{A}_{21} & \boldsymbol{A}_{22}\end{bmatrix}=\begin{bmatrix}\boldsymbol{I}_{n_1} & \boldsymbol{0}\\ \boldsymbol{A}_{21}\boldsymbol{A}_{11}^{-1} & \boldsymbol{I}_{n_2}\end{bmatrix}\begin{bmatrix}\boldsymbol{A}_{11} & \boldsymbol{A}_{12}\\ \boldsymbol{0} & \boldsymbol{A}_{22}-\boldsymbol{A}_{21}\boldsymbol{A}_{11}^{-1}\boldsymbol{A}_{12}\end{bmatrix}$$

上式右边第二个矩阵还可再分解成一个分块对角矩阵和一个拟上三角矩阵的乘积,即

$$\begin{bmatrix} A_{11} & A_{12} \\ A_{21} & A_{22} \end{bmatrix} = \begin{bmatrix} I_{n_1} & 0 \\ A_{21}A_{11}^{-1} & I_{n_2} \end{bmatrix} \begin{bmatrix} A_{11} & 0 \\ 0 & A_{22}-A_{21}A_{11}^{-1}A_{12} \end{bmatrix} \begin{bmatrix} I_{n_1} & A_{11}^{-1}A_{12} \\ 0 & I_{n_2} \end{bmatrix} \tag{1.12}$$

这可以看做是分块矩阵式(1.11)的 LDU 分解(见第 4 章).

如果 A_{22} 可逆,类似于式(1.12)的推导,可得分块矩阵式(1.11)的另一个拟三角分解

$$\begin{bmatrix} A_{11} & A_{12} \\ A_{21} & A_{22} \end{bmatrix} = \begin{bmatrix} I_{n_1} & A_{12}A_{22}^{-1} \\ 0 & I_{n_2} \end{bmatrix} \begin{bmatrix} A_{11}-A_{12}A_{22}^{-1}A_{21} & 0 \\ 0 & A_{22} \end{bmatrix} \begin{bmatrix} I_{n_1} & 0 \\ A_{22}^{-1}A_{21} & I_{n_2} \end{bmatrix} \tag{1.13}$$

分解式(1.12)表明,当 A_{11} 可逆时,有

$$\det A = \det A_{11} \det(A_{22}-A_{21}A_{11}^{-1}A_{12}) \tag{1.14}$$

因此 $\det A \neq 0$ 当且仅当 $\det(A_{22}-A_{21}A_{11}^{-1}A_{12}) \neq 0$. 矩阵 $A_{11}-A_{12}A_{22}^{-1}A_{21}$ 称为 A 关于 A_{11} 的 **Schur 余量**. 类似地,分解式(1.13)表明,当 A_{22} 可逆时,有

$$\det A = \det A_{22} \det(A_{11}-A_{12}A_{22}^{-1}A_{21}) \tag{1.15}$$

$\det A \neq 0$ 当且仅当 $\det(A_{11}-A_{12}A_{22}^{-1}A_{21}) \neq 0$.

对可逆矩阵,由式(1.13),利用三角矩阵和对角矩阵的逆的表达式,可以很容易给出原矩阵逆的表达式,见本章习题 12,13.

考虑下面单位矩阵的修正问题,这个结论在系统理论中经常用到.

例 1 设 $A \in R^{m\times n}$, $B \in R^{n\times m}$,则

$$\det(I_m + AB) = \det(I_n + BA)$$

特别地,当 $a \in R^{n\times 1}$, $b \in R^{1\times n}$ 时,有 $\det(I_n + ba^{\mathrm{T}}) = 1 + a^{\mathrm{T}}b$.

证明 对下面的矩阵:

$$\begin{bmatrix} I_n & B \\ -A & I_m \end{bmatrix}$$

运用式(1.14)和式(1.15)得

$$\det\begin{bmatrix} I_n & B \\ -A & I_m \end{bmatrix} = \det(I_n + BA) = \det(I_m + AB)$$

特别地,

$$\det\begin{bmatrix} I_n & b \\ -a^{\mathrm{T}} & 1 \end{bmatrix} = \det(I_n + ba^{\mathrm{T}}) = \det(1 + a^{\mathrm{T}}b) = 1 + a^{\mathrm{T}}b$$

□

现在基于矩阵分块来给出线性方程组的求解方法，得到分块矩阵的逆的表达式，这个算法经常运用在大规模问题的求解中.

例 2　考虑如下问题：

$$\begin{bmatrix} \boldsymbol{A} & \boldsymbol{B} \\ \boldsymbol{B}^{\mathrm{T}} & \boldsymbol{C} \end{bmatrix}\begin{pmatrix} \boldsymbol{x} \\ \boldsymbol{y} \end{pmatrix}=\begin{pmatrix} \boldsymbol{u} \\ \boldsymbol{v} \end{pmatrix}$$

且假设系数矩阵和 $\boldsymbol{A}$ 都是可逆的. 从第一行的块方程中解出 $\boldsymbol{x}=\boldsymbol{A}^{-1}\boldsymbol{u}-\boldsymbol{A}^{-1}\boldsymbol{B}\boldsymbol{y}$，并代入第二行的块方程中，得到

$$\boldsymbol{v}=\boldsymbol{B}^{\mathrm{T}}\boldsymbol{A}^{-1}\boldsymbol{u}+\boldsymbol{S}\boldsymbol{y}$$

其中 $\boldsymbol{S}=\boldsymbol{C}-\boldsymbol{B}^{\mathrm{T}}\boldsymbol{A}^{-1}\boldsymbol{B}$ 是系数矩阵关于 $\boldsymbol{A}$ 的 Schur 余量，也是可逆的，因此

$$\boldsymbol{y}=\boldsymbol{S}^{-1}(\boldsymbol{v}-\boldsymbol{B}^{\mathrm{T}}\boldsymbol{A}^{-1}\boldsymbol{u})$$

将上式代入到第一个块方程中，得

$$\boldsymbol{x}=(\boldsymbol{A}^{-1}+\boldsymbol{A}^{-1}\boldsymbol{B}\boldsymbol{S}^{-1}\boldsymbol{B}^{\mathrm{T}}\boldsymbol{A}^{-1})\boldsymbol{u}-\boldsymbol{A}^{-1}\boldsymbol{B}\boldsymbol{S}^{-1}\boldsymbol{v}$$

由以上两式得

$$\begin{pmatrix} \boldsymbol{x} \\ \boldsymbol{y} \end{pmatrix}=\begin{bmatrix} \boldsymbol{A}^{-1}+\boldsymbol{A}^{-1}\boldsymbol{B}\boldsymbol{S}^{-1}\boldsymbol{B}^{\mathrm{T}}\boldsymbol{A}^{-1} & -\boldsymbol{A}^{-1}\boldsymbol{B}\boldsymbol{S}^{-1} \\ -\boldsymbol{S}^{-1}\boldsymbol{B}^{\mathrm{T}}\boldsymbol{A}^{-1} & \boldsymbol{S}^{-1} \end{bmatrix}\begin{pmatrix} \boldsymbol{u} \\ \boldsymbol{v} \end{pmatrix}$$

因此，分块矩阵 $\begin{bmatrix} \boldsymbol{A} & \boldsymbol{B} \\ \boldsymbol{B}^{\mathrm{T}} & \boldsymbol{C} \end{bmatrix}$ 的逆是

$$\begin{bmatrix} \boldsymbol{A} & \boldsymbol{B} \\ \boldsymbol{B}^{\mathrm{T}} & \boldsymbol{C} \end{bmatrix}^{-1}=\begin{bmatrix} \boldsymbol{A}^{-1}+\boldsymbol{A}^{-1}\boldsymbol{B}\boldsymbol{S}^{-1}\boldsymbol{B}^{\mathrm{T}}\boldsymbol{A}^{-1} & -\boldsymbol{A}^{-1}\boldsymbol{B}\boldsymbol{S}^{-1} \\ -\boldsymbol{S}^{-1}\boldsymbol{B}^{\mathrm{T}}\boldsymbol{A}^{-1} & \boldsymbol{S}^{-1} \end{bmatrix}$$ □

由上面的公式，可以得到实对称矩阵逆的更新公式，记对称矩阵的分块形式为

$$\boldsymbol{A}_{m+1}=\begin{bmatrix} \boldsymbol{A}_m & \boldsymbol{r}_m \\ \boldsymbol{r}_m^{\mathrm{T}} & \rho_m \end{bmatrix}$$

如果知道 $\boldsymbol{A}_m^{-1}$，则 $\boldsymbol{A}_{m+1}$ 的逆为

$$\begin{aligned}\boldsymbol{A}_{m+1}^{-1}&=\begin{bmatrix} \boldsymbol{A}_m^{-1}+\dfrac{\boldsymbol{A}_m^{-1}\boldsymbol{r}_m(\boldsymbol{A}_m^{-1}\boldsymbol{r}_m)^{\mathrm{T}}}{\rho_m-\boldsymbol{r}_m^{\mathrm{T}}\boldsymbol{A}_m^{-1}\boldsymbol{r}_m} & \dfrac{-\boldsymbol{A}_m^{-1}\boldsymbol{r}_m}{\rho_m-\boldsymbol{r}_m^{\mathrm{T}}\boldsymbol{A}_m^{-1}\boldsymbol{r}_m} \\ \dfrac{-\boldsymbol{A}_m^{-1}\boldsymbol{r}_m^{\mathrm{T}}}{\rho_m-\boldsymbol{r}_m^{\mathrm{T}}\boldsymbol{A}_m^{-1}\boldsymbol{r}_m} & \dfrac{1}{\rho_m-\boldsymbol{r}_m^{\mathrm{T}}\boldsymbol{A}_m^{-1}\boldsymbol{r}_m} \end{bmatrix}\\&=\begin{bmatrix} \boldsymbol{A}_m^{-1} & \boldsymbol{0} \\ \boldsymbol{0}^{\mathrm{T}} & 0 \end{bmatrix}+\frac{1}{\rho_m-\boldsymbol{r}_m^{\mathrm{T}}\boldsymbol{A}_m^{-1}\boldsymbol{r}_m}\begin{bmatrix} \boldsymbol{A}_m^{-1}\boldsymbol{r}_m(\boldsymbol{A}_m^{-1}\boldsymbol{r}_m)^{\mathrm{T}} & -\boldsymbol{A}_m^{-1}\boldsymbol{r}_m \\ -\boldsymbol{A}_m^{-1}\boldsymbol{r}_m^{\mathrm{T}} & 1 \end{bmatrix}\end{aligned}$$

因此若已知A_m^{-1},只要计算矩阵与向量乘积$A_m^{-1}r_m$就可以得到A_{m+1}^{-1},计算量是$O(n^2)$,简化了计算.对于一般的Hermite矩阵,也存在类似的结论,见(张贤达,2004).

对于长方矩阵$A\in R^{m\times n}$和$B\in R^{n\times m}$,因为$AB\in R^{m\times m}$和$BA\in R^{n\times n}$,所以$AB\neq BA$,但是它们的非零特征值完全相同.进一步,如果A和B是阶数相同的方阵,则AB和BA的谱完全相同.

定理8　给定矩阵$A\in R^{m\times n}$和$B\in R^{n\times m}$,其中$m\leqslant n$,那么BA的特征值是AB的特征值(重特征值按重数计算)加上$n-m$个0组成,即它们的特征值多项式有下面的关系:

$$p_{BA}(\lambda)=\lambda^{n-m}p_{AB}(\lambda)$$

进一步,如果$m=n$,且A和B至少有一个是非奇异的,那么AB和BA是相似的.

证明　考虑以下两个R^{m+n}中的分块矩阵的恒等式:

$$\begin{bmatrix}AB & 0\\ B & 0\end{bmatrix}\begin{bmatrix}I & A\\ 0 & I\end{bmatrix}=\begin{bmatrix}AB & ABA\\ B & BA\end{bmatrix}$$

$$\begin{bmatrix}I & A\\ 0 & I\end{bmatrix}\begin{bmatrix}0 & 0\\ B & BA\end{bmatrix}=\begin{bmatrix}AB & ABA\\ B & BA\end{bmatrix}$$

因为分块矩阵$\begin{bmatrix}I & A\\ 0 & I\end{bmatrix}\in R^{m+n}$的行列式为1,所以是非奇异的,由上面两式可得

$$\begin{bmatrix}I & A\\ 0 & I\end{bmatrix}^{-1}\begin{bmatrix}AB & 0\\ B & 0\end{bmatrix}\begin{bmatrix}I & A\\ 0 & I\end{bmatrix}=\begin{bmatrix}0 & 0\\ B & BA\end{bmatrix}$$

即两个$(m+n)\times(m+n)$矩阵

$$C_1=\begin{bmatrix}AB & 0\\ B & 0\end{bmatrix}\quad 和\quad C_2=\begin{bmatrix}0 & 0\\ B & BA\end{bmatrix}$$

相似.C_1的特征值是AB的特征值再加上n个0,C_2的特征值是BA的特征值再加上m个零,因为相似矩阵有相同的特征值,所以C_1与C_2的特征值相同(重特征值按重数计算),以上证明了定理的主要结论.最后一个结论是针对方阵的,如果A是非奇异的,则由$AB=A(BA)A^{-1}$,得AB与BA相似.　□

根据上面的结论,特别地,A^TA和AA^T的非零特征值是相同的.

矩阵逆公式　线性方程组求解的消元法的思想是消去变量,然后求解较小的方程组.现在反过来运用这个思想,即引入新的变量,求解一个更大的方程组.在大多数情况下,由于要处理较大的方程组,这样做的益处并不大.但是当较大的方程组具有一些特殊的结构,并便于用来求解方程组时,引入新的变量能导致非常有效的计算.通常的情形是从较大的方程组入手,可以消去一整块的变量.

考虑线性方程组

$$(\boldsymbol{A}+\boldsymbol{BC})\boldsymbol{x}=\boldsymbol{b} \tag{1.16}$$

其中 $\boldsymbol{A}\in R^{n\times n}$ 是非奇异的，$\boldsymbol{B}\in R^{n\times p}$，$\boldsymbol{C}\in R^{p\times n}$. 引入新的变量 $\boldsymbol{y}=\boldsymbol{Cx}$，重新记这个方程组为

$$\boldsymbol{Ax}+\boldsymbol{By}=\boldsymbol{b}, \quad \boldsymbol{y}=\boldsymbol{Cx}$$

它的矩阵形式是

$$\begin{bmatrix} \boldsymbol{A} & \boldsymbol{B} \\ \boldsymbol{C} & -\boldsymbol{I} \end{bmatrix}\begin{pmatrix} \boldsymbol{x} \\ \boldsymbol{y} \end{pmatrix}=\begin{pmatrix} \boldsymbol{b} \\ \boldsymbol{0} \end{pmatrix} \tag{1.17}$$

在某些情况下，求解较大的方程组(1.17)比求解原方程组(1.16)更方便. 比如，当 $\boldsymbol{A}$，$\boldsymbol{B}$ 和 $\boldsymbol{C}$ 是稀疏的矩阵，而 $\boldsymbol{A}+\boldsymbol{BC}$ 是稠密的矩阵时.

在引入新的变量 $\boldsymbol{y}$ 后，从较大的方程组(1.17)，用 $\boldsymbol{x}=\boldsymbol{A}^{-1}(\boldsymbol{b}-\boldsymbol{By})$ 可以消去原来的变量 $\boldsymbol{x}$. 将这个代入到方程 $\boldsymbol{y}=\boldsymbol{Cx}$ 中，得

$$(\boldsymbol{I}+\boldsymbol{CA}^{-1}\boldsymbol{B})\boldsymbol{y}=\boldsymbol{CA}^{-1}\boldsymbol{b}$$

因此

$$\boldsymbol{y}=(\boldsymbol{I}+\boldsymbol{CA}^{-1}\boldsymbol{B})^{-1}\boldsymbol{CA}^{-1}\boldsymbol{b}$$

利用 $\boldsymbol{x}=\boldsymbol{A}^{-1}(\boldsymbol{b}-\boldsymbol{By})$，得到

$$\boldsymbol{x}=(\boldsymbol{A}^{-1}-\boldsymbol{A}^{-1}\boldsymbol{B}(\boldsymbol{I}+\boldsymbol{CA}^{-1}\boldsymbol{B})^{-1}\boldsymbol{CA}^{-1})\boldsymbol{b}$$

由于 $\boldsymbol{b}$ 的任意性，可以得到

$$(\boldsymbol{A}+\boldsymbol{BC})^{-1}=\boldsymbol{A}^{-1}-\boldsymbol{A}^{-1}\boldsymbol{B}(\boldsymbol{I}+\boldsymbol{CA}^{-1}\boldsymbol{B})^{-1}\boldsymbol{CA}^{-1}$$

这就是著名的**矩阵逆公式**，称为 Sherman-Woodbury-Morrison 公式.

上面的矩阵求逆的方法有许多的应用，比如，当 $\boldsymbol{A}$ 的阶数比较小(或只要不是很大)时，如果有求解 $\boldsymbol{Au}=\boldsymbol{v}$ 的有效方法，就能给出求解 $(\boldsymbol{A}+\boldsymbol{BC})\boldsymbol{x}=\boldsymbol{b}$ 的更新算法.

秩一更新　假设 $\boldsymbol{A}\in R^{n\times n}$ 是非奇异的，$\boldsymbol{u},\boldsymbol{v}\in R^{n}$，且 $1+\boldsymbol{v}^{\mathrm{T}}\boldsymbol{A}^{-1}\boldsymbol{u}\neq 0$，求解下面的两个线性方程组：

$$\boldsymbol{Ax}=\boldsymbol{b}, \quad (\boldsymbol{A}+\boldsymbol{uv}^{\mathrm{T}})\tilde{\boldsymbol{x}}=\boldsymbol{b}$$

第二个方程组的解 $\tilde{\boldsymbol{x}}$ 称为 $\boldsymbol{x}$ 的秩一更新. 一旦计算出 $\boldsymbol{x}$，就可以简单地用矩阵逆公式来计算秩一更新 $\tilde{\boldsymbol{x}}$. 根据矩阵逆公式，有

$$\tilde{\boldsymbol{x}}=(\boldsymbol{A}+\boldsymbol{uv}^{\mathrm{T}})^{-1}\boldsymbol{b}=\left(\boldsymbol{A}^{-1}-\frac{1}{1+\boldsymbol{v}^{\mathrm{T}}\boldsymbol{A}^{-1}\boldsymbol{u}}\boldsymbol{A}^{-1}\boldsymbol{uv}^{\mathrm{T}}\boldsymbol{A}^{-1}\right)\boldsymbol{b}=\boldsymbol{x}-\frac{\boldsymbol{v}^{\mathrm{T}}\boldsymbol{x}}{1+\boldsymbol{v}^{\mathrm{T}}\boldsymbol{A}^{-1}\boldsymbol{u}}\boldsymbol{A}^{-1}\boldsymbol{u}$$

因此，基于 $\boldsymbol{A}$ 的逆，第二个方程组的解可以通过计算 $\boldsymbol{x}=\boldsymbol{A}^{-1}\boldsymbol{b}, \boldsymbol{w}=\boldsymbol{A}^{-1}\boldsymbol{u}$ 得到

$$\tilde{\boldsymbol{x}}=\boldsymbol{x}-\frac{\boldsymbol{v}^{\mathrm{T}}\boldsymbol{x}}{1+\boldsymbol{v}^{\mathrm{T}}\boldsymbol{w}}\boldsymbol{w}$$

习　题　1

1. 设 $\boldsymbol{A}$ 和 $\boldsymbol{B}$ 都是 n 阶方阵，证明：$\operatorname{tr}(\boldsymbol{AB})=\operatorname{tr}(\boldsymbol{BA})$.

2. 证明：$\det\begin{bmatrix}\boldsymbol{A} & \boldsymbol{C}\\ \boldsymbol{0} & \boldsymbol{B}\end{bmatrix}=\det\boldsymbol{A}\det\boldsymbol{B}$.

3. 证明：相似矩阵有相同的迹.

4. 若 $\boldsymbol{A}\in R^{12\times 12}$ 满足 $\boldsymbol{A}^6=3\boldsymbol{A}$，试求 $\det\boldsymbol{A}$ 的所有可能的值.

5. 证明：方阵是可逆的当且仅当它的列(或行)向量是线性无关的.

6. 证明：任意实方阵 $\boldsymbol{A}$ 都可以分解为对称矩阵和反对称矩阵之和.

7. 若 $\boldsymbol{A}\in R^{m\times n}$，且 $\operatorname{rank}\boldsymbol{A}=r(<n)$. 设 $\boldsymbol{C}=\begin{bmatrix}\boldsymbol{A} & \boldsymbol{A}\\ \boldsymbol{A} & \boldsymbol{0}\end{bmatrix}$，求 $\operatorname{rank}\boldsymbol{C}$ 和 $\dim\ker\boldsymbol{C}$.

8. 已知非奇次方程组

$$\boldsymbol{Ax}=\begin{pmatrix}2\\4\\2\end{pmatrix}$$

的解是

$$\boldsymbol{x}=\begin{pmatrix}2\\0\\0\end{pmatrix}+c\begin{pmatrix}1\\1\\0\end{pmatrix}+d\begin{pmatrix}0\\0\\1\end{pmatrix},\quad c,d\in R$$

试求 $\boldsymbol{A}$.

9. 已知 $\boldsymbol{A}\in R^{m\times n}, \boldsymbol{b}\in R^m$，试给出 $\boldsymbol{Ax}=\boldsymbol{b}$ 有解的充分必要条件.

10. 已知

$$\boldsymbol{B}=\begin{bmatrix}1 & 1 & 0\\ 0 & 1 & 0\\ 1 & 0 & 1\end{bmatrix}\begin{bmatrix}1 & 0 & -1 & 2\\ 0 & 1 & 1 & -1\\ 0 & 0 & 0 & 0\end{bmatrix}$$

不必通过计算，求矩阵 $\boldsymbol{B}$ 的右零空间的基向量.

11. 非零向量 $\boldsymbol{x}\in R^n$ 能否既在非零矩阵 $\boldsymbol{A}\in R^{m\times n}$ 的零空间，也在 $\boldsymbol{A}$ 的行空间中.

12. 证明：若 $\boldsymbol{A}^{\mathrm{T}}\boldsymbol{A}=\boldsymbol{A}$，则 $\boldsymbol{A}=\boldsymbol{A}^{\mathrm{T}}=\boldsymbol{A}^2$.

13. 设

$$\boldsymbol{A}=\begin{bmatrix}\boldsymbol{A}_{11} & \boldsymbol{A}_{12}\\ \boldsymbol{A}_{21} & \boldsymbol{A}_{22}\end{bmatrix}$$

其中 $\boldsymbol{A}_{11}\in R^{r\times r}$ 是非奇异的，$r=\operatorname{rank}\boldsymbol{A}$，证明 $\boldsymbol{A}_{22}=\boldsymbol{A}_{21}\boldsymbol{A}_{11}^{-1}\boldsymbol{A}_{12}$.

14. 求下面矩阵的行列式：

$$\begin{bmatrix} a & b & \cdots & b \\ b & a & \cdots & b \\ \vdots & \vdots & & \vdots \\ b & b & \cdots & a \end{bmatrix}$$

15. 已知 $\boldsymbol{X}=[\boldsymbol{A},\boldsymbol{B}]$是一个分块矩阵，证明

$$(\det \boldsymbol{X})^2=\det(\boldsymbol{A}\boldsymbol{A}^{\mathrm{T}}+\boldsymbol{B}\boldsymbol{B}^{\mathrm{T}})=\det\begin{bmatrix} \boldsymbol{A}^{\mathrm{T}}\boldsymbol{A} & \boldsymbol{A}^{\mathrm{T}}\boldsymbol{B} \\ \boldsymbol{B}^{\mathrm{T}}\boldsymbol{A} & \boldsymbol{B}^{\mathrm{T}}\boldsymbol{B} \end{bmatrix}$$

16. 设

$$\boldsymbol{A}=\begin{bmatrix} \boldsymbol{A}_{11} & \boldsymbol{A}_{12} \\ \boldsymbol{A}_{21} & \boldsymbol{A}_{22} \end{bmatrix}$$

其中 $\boldsymbol{A}_{ij}, i,j=1,2$ 均为方阵，并满足 $\boldsymbol{A}_{11}\boldsymbol{A}_{21}=\boldsymbol{A}_{21}\boldsymbol{A}_{11}$. 证明

$$\det\boldsymbol{A}=\det(\boldsymbol{A}_{11}\boldsymbol{A}_{22}-\boldsymbol{A}_{21}\boldsymbol{A}_{12})$$

17. 证明：分块矩阵的求逆公式

$$\begin{bmatrix} \boldsymbol{A} & \boldsymbol{U} \\ \boldsymbol{V} & \boldsymbol{D} \end{bmatrix}^{-1}=\begin{bmatrix} (\boldsymbol{A}-\boldsymbol{U}\boldsymbol{D}^{-1}\boldsymbol{V})^{-1} & -\boldsymbol{A}^{-1}\boldsymbol{U}(\boldsymbol{D}-\boldsymbol{V}\boldsymbol{A}^{-1}\boldsymbol{U})^{-1} \\ -\boldsymbol{D}^{-1}\boldsymbol{V}(\boldsymbol{D}-\boldsymbol{U}\boldsymbol{D}^{-1}\boldsymbol{V})^{-1} & (\boldsymbol{D}-\boldsymbol{V}\boldsymbol{A}^{-1}\boldsymbol{U})^{-1} \end{bmatrix}$$

18. 证明：分块矩阵的求逆公式

$$\begin{bmatrix} \boldsymbol{A} & \boldsymbol{U} \\ \boldsymbol{V} & \boldsymbol{D} \end{bmatrix}^{-1}=\begin{bmatrix} (\boldsymbol{A}-\boldsymbol{U}\boldsymbol{D}^{-1}\boldsymbol{V})^{-1} & -(\boldsymbol{A}-\boldsymbol{U}\boldsymbol{D}^{-1}\boldsymbol{V})^{-1}\boldsymbol{U}\boldsymbol{D}^{-1} \\ -(\boldsymbol{D}-\boldsymbol{V}\boldsymbol{A}^{-1}\boldsymbol{U})^{-1}\boldsymbol{V}\boldsymbol{A}^{-1} & (\boldsymbol{D}-\boldsymbol{V}\boldsymbol{A}^{-1}\boldsymbol{U})^{-1} \end{bmatrix}$$

19. 根据 Sherman-Woodbury-Morrison 公式，写出方程组$(\boldsymbol{A}+\boldsymbol{B}\boldsymbol{C})\boldsymbol{x}=\boldsymbol{b}$ 求解的更新算法.

第 2 章　对称矩阵的特征问题

在实际问题中,遇到的矩阵大多数是对称的,对称矩阵也是研究其他矩阵的基础,比如矩阵的奇异值分解,因此,在理论研究与实际应用中,对称矩阵都占有非常重要的地位. 本章主要讨论对称矩阵的一些特殊性质. 介绍了在计算机科学中,经常用到的广义特征问题. 在 2.2 节利用变分原理,讨论了对称矩阵的极值问题,给出了特征值的新的描述方法,同时给出了有关的应用. 最后介绍了约束特征问题和广义特征问题的极值原理. 对称矩阵的特征值和特征向量的计算方法将在第 12 章介绍.

2.1　特征值问题

本节首先简单讨论实对称矩阵的有关性质,这些结论对 Hermite 矩阵也成立,然后介绍广义特征问题.

对称矩阵的特征问题　与一般矩阵的特征问题相比,实对称矩阵的特征问题有非常好的性质. 下面来介绍它们.

定理 1　实对称矩阵 $\boldsymbol{A}\in R^{n\times n}$ 的特征值是实的.

证明　对 $\forall \boldsymbol{x}\in C^n$,因为 $(\boldsymbol{x}^{\mathrm{H}}\boldsymbol{A}\boldsymbol{x})^{\mathrm{H}}=\boldsymbol{x}^{\mathrm{H}}\boldsymbol{A}^{\mathrm{H}}\boldsymbol{x}^{\mathrm{HH}}=\boldsymbol{x}^{\mathrm{H}}\boldsymbol{A}\boldsymbol{x}$,因此,$\boldsymbol{x}^{\mathrm{H}}\boldsymbol{A}\boldsymbol{x}$ 是实数. 如果 $\boldsymbol{A}\boldsymbol{x}=\lambda\boldsymbol{x}$,且 $\boldsymbol{x}^{\mathrm{H}}\boldsymbol{x}=1$,则

$$\lambda=\lambda\boldsymbol{x}^{\mathrm{H}}\boldsymbol{x}=\boldsymbol{x}^{\mathrm{H}}\lambda\boldsymbol{x}=\boldsymbol{x}^{\mathrm{H}}\boldsymbol{A}\boldsymbol{x} \tag{2.1}$$

因此 λ 是实数. □

由特征值是实的,可以得到对称矩阵的特征向量也是实向量.

定理 2　对称矩阵对应于不同特征值的特征向量是正交的.

证明　设 λ 和 μ 是对称矩阵 $\boldsymbol{A}$ 的两个不同的实特征值,且 $\boldsymbol{x}$ 和 $\boldsymbol{y}$ 是分别对应的特征向量,则

$$\lambda\boldsymbol{y}^{\mathrm{H}}\boldsymbol{x}=\boldsymbol{y}^{\mathrm{H}}(\boldsymbol{A}\boldsymbol{x})=(\boldsymbol{A}\boldsymbol{y})^{\mathrm{H}}\boldsymbol{x}=\mu\boldsymbol{y}^{\mathrm{H}}\boldsymbol{x}$$

即 $(\lambda-\mu)\boldsymbol{y}^{\mathrm{H}}\boldsymbol{x}=0$,而 $\lambda\neq\mu$,因此,$\boldsymbol{y}^{\mathrm{H}}\boldsymbol{x}=0$. □

下面证明对称矩阵的特征向量组成了 R^n 的一组基,因此由第 1 章的定理 3,在这组基下,对称矩阵是可对角化的. 矩阵可对角化是一个重要的性质,在下面的定理中,将再次给出对称矩阵可对角化的证明,而不是利用已知的结论,比如 1.1 节定理 6 的推论 2. 定理证明的思路与 1.1 节的定理 6 是一样的,因为这个方法是

矩阵计算中常用的技巧，鉴于它的重要性，再次详细描述.

定理 3　对称矩阵是可以对角化的.

证明　用归纳法证明. 设 $\boldsymbol{A}\in R^{n\times n}$ 是对称矩阵，当 $n=1$，结论显然成立. 现在假设对 $n-1$ 结论成立，证明对 n 也是成立的. 假设 λ_1 是 $\boldsymbol{A}$ 的一个特征值，由定理 1，λ_1 是实数，因此 $\lambda_1\boldsymbol{I}-\boldsymbol{A}$ 的零空间含有一个实向量 $\boldsymbol{x}_1$，设为单位向量. 由 $\boldsymbol{x}_1$ 可以扩张到 R^n 上的标准正交基 $\boldsymbol{x}_1,\boldsymbol{x}_2,\cdots,\boldsymbol{x}_n$，记 $\boldsymbol{U}_1=[\boldsymbol{x}_1,\boldsymbol{x}_2,\cdots,\boldsymbol{x}_n]$，则 $\boldsymbol{U}_1$ 是正交矩阵，且有

$$\boldsymbol{U}_1^{\mathrm{T}}\boldsymbol{A}\boldsymbol{U}_1=\boldsymbol{U}_1^{\mathrm{T}}[\boldsymbol{A}\boldsymbol{x}_1,\cdots,\boldsymbol{A}\boldsymbol{x}_n]=[\boldsymbol{x}_i^{\mathrm{T}}\boldsymbol{A}\boldsymbol{x}_j] \tag{2.2}$$

因为 $\boldsymbol{A}$ 是对称矩阵，因此有

$$\boldsymbol{x}_i^{\mathrm{T}}\boldsymbol{A}\boldsymbol{x}_j=\boldsymbol{x}_j^{\mathrm{T}}\boldsymbol{A}\boldsymbol{x}_i \tag{2.3}$$

当 $i=1$ 时，有

$$\boldsymbol{x}_1^{\mathrm{T}}\boldsymbol{A}\boldsymbol{x}_j=(\boldsymbol{A}\boldsymbol{x}_1)^{\mathrm{T}}\boldsymbol{x}_j=\lambda_1\boldsymbol{x}_1^{\mathrm{T}}\boldsymbol{x}_j=\lambda_1\delta_{1j}$$

当 $j=1$ 时，有

$$\boldsymbol{x}_i^{\mathrm{T}}\boldsymbol{A}\boldsymbol{x}_1=\lambda_1\boldsymbol{x}_i^{\mathrm{T}}\boldsymbol{x}_1=\lambda_1\delta_{i1}$$

因此式(2.2)可以记为分块的形式

$$\boldsymbol{U}_1^{\mathrm{T}}\boldsymbol{A}\boldsymbol{U}_1=\begin{bmatrix}\lambda_1 & \boldsymbol{0}^{\mathrm{T}}\\ \boldsymbol{0} & \boldsymbol{B}\end{bmatrix}$$

由式(2.3)，$\boldsymbol{B}=[\boldsymbol{x}_i^{\mathrm{T}}\boldsymbol{A}\boldsymbol{x}_j]_{i,j=2,\cdots,n}$ 是 $R^{(n-1)\times(n-1)}$ 中的对称矩阵. 因此由归纳假设，存在正交矩阵 $\boldsymbol{V}\in R^{(n-1)\times(n-1)}$，使得

$$\boldsymbol{V}^{\mathrm{T}}\boldsymbol{B}\boldsymbol{V}=\mathrm{diag}(\lambda_2,\cdots,\lambda_n)$$

其中 $\lambda_2,\cdots,\lambda_n$ 是 $\boldsymbol{B}$ 的特征值(重数重复计算)，也是 $\boldsymbol{A}$ 的特征值. 记 $\boldsymbol{U}_2=\begin{bmatrix}1 & \boldsymbol{0}^{\mathrm{T}}\\ \boldsymbol{0} & \boldsymbol{V}\end{bmatrix}$，则 $\boldsymbol{U}=\boldsymbol{U}_1\boldsymbol{U}_2$ 是正交矩阵，且

$$\boldsymbol{U}^{\mathrm{T}}\boldsymbol{A}\boldsymbol{U}=\boldsymbol{U}_2^{\mathrm{T}}\begin{bmatrix}\lambda_1 & \boldsymbol{0}^{\mathrm{T}}\\ \boldsymbol{0} & \mathbf{B}\end{bmatrix}\boldsymbol{U}_2=\mathrm{diag}(\lambda_1,\lambda_2,\cdots,\lambda_n)$$

因此由归纳证明，任何对称矩阵都可以对角化. □

对称矩阵可对角化说明在一定意义下，对称矩阵可以看做是对角矩阵. 由这个定理也可以得出，对称矩阵的特征向量都是实向量，因此几何重数等于代数重数，实对称矩阵是非亏损的.

例 1 证明矩阵

$$A=\begin{bmatrix}1&2&2\\2&1&2\\2&2&1\end{bmatrix}$$

与对角矩阵相似,并求出相似变换.

证明 先求出矩阵 $\boldsymbol{A}$ 的特征值,它们分别是

$$\lambda_1=\lambda_2=-1,\quad \lambda_3=5$$

其对应的特征向量分别是

$$\boldsymbol{x}_1=(1,0,-1)^{\mathrm{T}},\quad \boldsymbol{x}_2=(0,1,1)^{\mathrm{T}},\quad \boldsymbol{x}_3=(1,1,1)^{\mathrm{T}}$$

记

$$\boldsymbol{X}=\begin{bmatrix}1&0&1\\0&1&1\\-1&1&1\end{bmatrix}$$

则

$$\boldsymbol{X}^{-1}\boldsymbol{A}\boldsymbol{X}=\mathrm{diag}(-1,-1,5)$$

正定矩阵 对称矩阵的一个重要子类是正定矩阵,它们一般出现在最小二乘问题、统计和偏微分方程的数值解中. 由 1.1 节的定义,一个 $n\times n$ 对称矩阵 $\boldsymbol{A}$ 是**正定矩阵**,如果对任意的非零向量 $\boldsymbol{x}\in R^n$,都有

$$\boldsymbol{x}^{\mathrm{T}}\boldsymbol{A}\boldsymbol{x}>0 \tag{2.4}$$

特别的,对对角矩阵 $\boldsymbol{A}=\mathrm{diag}(a_1,\cdots,a_n)$,式(2.4)表示 $a_i>0,i=1,\cdots,n$.

下面说明正定矩阵的意义,为简单计,考虑 2×2 矩阵. 如果

$$\boldsymbol{A}=\begin{bmatrix}a&b\\b&c\end{bmatrix}$$

是正定的,则分别取 $\boldsymbol{x}=(1,0)^{\mathrm{T}}$ 和 $\boldsymbol{x}=(0,1)^{\mathrm{T}}$ 代入到式(2.4),得 $a,c>0$;分别取 $\boldsymbol{x}=(1,1)^{\mathrm{T}}$ 和 $\boldsymbol{x}=(1,-1)^{\mathrm{T}}$,得

$$a+2b+c>0 \quad 和 \quad a-2b+c>0$$

因此 $|b|<(a+c)/2$. 由此可得,$\boldsymbol{A}$ 中的最大元素位于对角线上,且都是正的. 这结论对一般正定矩阵也成立,类似于对角占优矩阵,正定矩阵有一条很"重"的对角线,尽管不是明显地将重量集中在对角线上.

定理 4 如果 $\boldsymbol{A}$ 是正定矩阵,则 $\boldsymbol{A}$ 是非奇异的.

证明 采用反证法,如果 $\boldsymbol{A}$ 是奇异的,证明 $\boldsymbol{A}$ 不是正定的. 事实上,假设 $\boldsymbol{A}$ 是奇异的,则存在一个非零向量 $\boldsymbol{y}\in R^n$,使得 $\boldsymbol{A}\boldsymbol{y}=\boldsymbol{0}$. 因此 $\boldsymbol{y}^{\mathrm{T}}\boldsymbol{A}\boldsymbol{y}=0$,这与式(2.4)

矛盾. □

因此，如果 $\boldsymbol{A}$ 是正定矩阵，则线性方程组 $\boldsymbol{Ax}=\boldsymbol{b}$ 有唯一解. 第 14 章大规模线性方程组的迭代算法理论中将会用到这个结论. 正定矩阵不仅是非奇异的，事实上，它的行列式是正的.

现在给出正定矩阵常用的构造方法. 因为对称正定矩阵是非奇异的，因此可以通过非奇异矩阵来构造. 即若 $\boldsymbol{M}$ 是 $n\times n$ 的非奇异矩阵，记 $\boldsymbol{A}=\boldsymbol{M}^{\mathrm{T}}\boldsymbol{M}$，则 $\boldsymbol{A}$ 是正定矩阵. 首先 $\boldsymbol{A}$ 显然是对称矩阵，因此只要证明对所有非零向量 $\boldsymbol{x}$，$\boldsymbol{x}^{\mathrm{T}}\boldsymbol{Ax}>0$ 即可. 事实上，对任意非零的向量 $\boldsymbol{x}$，有 $\boldsymbol{x}^{\mathrm{T}}\boldsymbol{Ax}=\boldsymbol{x}^{\mathrm{T}}\boldsymbol{M}^{\mathrm{T}}\boldsymbol{Mx}$，记 $\boldsymbol{y}=\boldsymbol{Mx}$，则有 $\boldsymbol{x}^{\mathrm{T}}\boldsymbol{Ax}=\boldsymbol{y}^{\mathrm{T}}\boldsymbol{y}=\|\boldsymbol{y}\|^2$. 因为 $\boldsymbol{M}$ 是非奇异，且 $\boldsymbol{x}\neq\boldsymbol{0}$，则 $\boldsymbol{y}=\boldsymbol{Mx}\neq\boldsymbol{0}$，所以 $\boldsymbol{x}^{\mathrm{T}}\boldsymbol{Ax}=\|\boldsymbol{y}\|^2>0$，$\boldsymbol{A}$ 是正定矩阵.

在式(2.4)中，取 $\boldsymbol{x}$ 为单位特征向量，则由式(2.1)，正定矩阵的特征值都是正的，因此它的行列式是正的. 下面将式(2.4)推广，即用矩阵代替向量 $\boldsymbol{x}$.

定理 5　如果 $\boldsymbol{A}$ 是正定矩阵，$\boldsymbol{X}\in R^{n\times k}$ 的秩为 k，则 $\boldsymbol{B}=\boldsymbol{X}^{\mathrm{T}}\boldsymbol{AX}\subset R^{k\times k}$ 也是正定的.

证明　$\boldsymbol{B}$ 是对称的是显然的. 对 $\boldsymbol{z}\in R^k$，如果 $\boldsymbol{0}=\boldsymbol{z}^{\mathrm{T}}\boldsymbol{Bz}=(\boldsymbol{Xz})^{\mathrm{T}}\boldsymbol{A}(\boldsymbol{Xz})$，则 $\boldsymbol{Xz}=\boldsymbol{0}$. 因为 $\boldsymbol{X}$ 是满秩的，所以 $\boldsymbol{z}=\boldsymbol{0}$. □

由定理 3，对正定矩阵 $\boldsymbol{A}$，有 $\boldsymbol{A}=\boldsymbol{U}^{\mathrm{T}}\mathrm{diag}(\lambda_1,\cdots,\lambda_n)\boldsymbol{U}$，其中 $\boldsymbol{U}$ 是正交矩阵. 因为 $\boldsymbol{UAU}^{\mathrm{T}}$ 是正定的，所以 $\lambda_i>0$，$i=1,\cdots,n$. 再次得到正定矩阵的特征值是正的结论. 记 $\boldsymbol{B}=\mathrm{diag}(\sqrt{\lambda_1},\cdots,\sqrt{\lambda_n})\boldsymbol{U}$，则 $\boldsymbol{A}=\boldsymbol{B}^{\mathrm{T}}\boldsymbol{B}$，即正定矩阵可以分解成非奇异矩阵的转置和它本身的乘积. 事实上，第 4 章将证明正定矩阵可以分解更加特殊矩阵的转置和它本身的乘积，即 Cholesky 分解，其中 $\boldsymbol{B}$ 是非奇异上三角矩阵.

一个矩阵的**顺序主子阵**是由矩阵的前 k 行和前 k 列组成子矩阵，这些子矩阵的行列式，称为**顺序主子式**，记为 Δ_k，$k=1,\cdots,n$. 顺序主子式可以用来刻画正定矩阵. 在定理 5 中，取 $\boldsymbol{X}=[\boldsymbol{e}_1,\cdots,\boldsymbol{e}_k]$，则 $\boldsymbol{A}$ 的 k 阶主子阵是正定矩阵，因此顺序主子式是正的. 特别地，正定矩阵对角线上的元素都是正的. 判断矩阵 $\boldsymbol{A}$ 是否为实对称正定矩阵，只要考查其顺序主子式，如果它们全为正，即对 $k=1,2,\cdots,n$，有 $\Delta_k>0$，则 $\boldsymbol{A}$ 是实对称正定矩阵. 证明将在定理 11 后给出.

广义特征值问题　在数据分析中，比如在模式识别中的 Fisher 线性分类器，需要处理如下形式的特征值问题：设 $\boldsymbol{A},\boldsymbol{B}\in R^{n\times n}$，求满足下面方程的 λ 和非零向量 $\boldsymbol{x}$：

$$\boldsymbol{Ax}=\lambda\boldsymbol{Bx} \tag{2.5}$$

当 $\boldsymbol{B}=\boldsymbol{I}$ 时，式(2.5)就成为普通的特征值问题，因此式(2.5)可以看做一般特征值问题的推广.

形式为式(2.5)的特征值问题称为矩阵 $\boldsymbol{A}$ 相对于矩阵 $\boldsymbol{B}$ 的**广义特征值问题**；满足式(2.5)的 λ 称为矩阵 $\boldsymbol{A}$ 相对于矩阵 $\boldsymbol{B}$ 的**特征值**；与 λ 对应的非零解 $\boldsymbol{x}$ 称为属

于λ的**特征向量**.

广义特征值问题式(2.5)称为**正则**的,如果特征多项式 $p_{A,B}(\lambda)=\det(\boldsymbol{A}-\lambda\boldsymbol{B})$ 不恒等于零,否则称为**奇异**的. 对正则的情形,若记特征多项式 $p_{A,B}(\lambda)$ 的次数为 k,则特征值定义为:

(1) 当 $k=n$ 时,特征值为 $p_{A,B}(\lambda)=0$ 的根.

(2) 当 $k<n$ 时,特征值为 $p_{A,B}(\lambda)=0$ 的根和∞,它的重数是 $n-k$.

例 2

$$\boldsymbol{A}=\begin{bmatrix}-1 & 0\\ 0 & 1\end{bmatrix},\quad \boldsymbol{B}=\begin{bmatrix}0 & 1\\ 1 & 0\end{bmatrix},\quad p(\lambda)=\lambda^2+1\Rightarrow\lambda=\pm i$$

$$\boldsymbol{A}=\begin{bmatrix}-1 & 0\\ 0 & 0\end{bmatrix},\quad \boldsymbol{B}=\begin{bmatrix}0 & 0\\ 0 & 1\end{bmatrix},\quad p(\lambda)=\lambda\Rightarrow\lambda=0,\infty$$

$$\boldsymbol{A}=\begin{bmatrix}1 & 2\\ 0 & 0\end{bmatrix},\quad \boldsymbol{B}=\begin{bmatrix}1 & 0\\ 0 & 0\end{bmatrix},\quad p(\lambda)=0\Rightarrow\lambda\in C$$

广义特征值的等价形式 由例 2 可以看出一般的广义特征问题是十分复杂的,因此现在只考虑特定矩阵的广义特征问题,即假设 $\boldsymbol{A}$ 是对称的,$\boldsymbol{B}$ 是对称正定的. 由于 $\boldsymbol{B}$ 正定,所以广义特征值式(2.5) 可以转化为下面两种等价形式.

第一种等价形式:因为正定矩阵是可逆的,所以用 $\boldsymbol{B}^{-1}$左乘式(2.5)两边,得

$$\boldsymbol{B}^{-1}\boldsymbol{A}\boldsymbol{x}=\lambda\boldsymbol{x} \tag{2.6}$$

这样就把广义特征值问题式(2.5)等价转化为关于矩阵 $\boldsymbol{B}^{-1}\boldsymbol{A}$ 的特征值问题. 虽然 $\boldsymbol{A}$ 和 $\boldsymbol{B}^{-1}$都是对称矩阵,但 $\boldsymbol{B}^{-1}\boldsymbol{A}$ 一般不再是对称矩阵. 此方法失去了对称矩阵的良好性质,因此很少如此求解广义特征问题.

第二种等价形式:对正定矩阵 $\boldsymbol{B}$ 进行分解,使得 $\boldsymbol{B}=\boldsymbol{R}^{\mathrm{T}}\boldsymbol{R}$,其中 $\boldsymbol{R}$ 是非奇异的(如第 4 章的 Cholesky 分解),因此式(2.5)变为

$$\boldsymbol{A}\boldsymbol{x}=\lambda\boldsymbol{R}^{\mathrm{T}}\boldsymbol{R}\boldsymbol{x}$$

记 $\boldsymbol{y}=\boldsymbol{R}\boldsymbol{x}$,则 $\boldsymbol{x}=\boldsymbol{R}^{-1}\boldsymbol{y}$,代入式(2.5)并整理得

$$\boldsymbol{S}\boldsymbol{y}=\lambda\boldsymbol{y} \tag{2.7}$$

其中 $\boldsymbol{S}=\boldsymbol{R}^{-\mathrm{T}}\boldsymbol{A}\boldsymbol{R}^{-1}$是对称矩阵. 于是广义特征值问题式(2.5)就可以等价地转化为关于对称矩阵 $\boldsymbol{S}$ 的普通特征值问题.

定理 6 如果 $\boldsymbol{A}$ 是对称的,$\boldsymbol{B}$ 是对称正定的,则特征问题式(2.5)有实的特征值和线性独立的特征向量. 进一步,矩阵 $\boldsymbol{A}$ 和 $\boldsymbol{B}$ 可以同时对角化,即存在非奇异矩阵 $\boldsymbol{X}\in R^{n\times n}$使得

$$\boldsymbol{X}^{\mathrm{T}}\boldsymbol{A}\boldsymbol{X}=\boldsymbol{D}=\mathrm{diag}(\lambda_1,\lambda_2,\cdots,\lambda_n),\quad \boldsymbol{X}^{\mathrm{T}}\boldsymbol{B}\boldsymbol{X}=\boldsymbol{I}$$

其中 $\lambda_i,i=1,\cdots,n$ 是式(2.5)的特征值.

证明 因为 $\boldsymbol{B}$ 是对称正定矩阵的,有唯一分解 $\boldsymbol{B}=\boldsymbol{R}^{\mathrm{T}}\boldsymbol{R}$,其中 $\boldsymbol{R}$ 是非奇异矩阵. 由式(2.5),得 $\boldsymbol{S}\boldsymbol{y}=\lambda\boldsymbol{y}$,其中 $\boldsymbol{S}=\boldsymbol{R}^{-\mathrm{T}}\boldsymbol{A}\boldsymbol{R}^{-1}$. 因为矩阵 $\boldsymbol{S}$ 是对称的,所以它的特征

值是实的，且存在正交特征向量 $\boldsymbol{y}_1,\cdots,\boldsymbol{y}_n$. 容易证明，由特征值问题式(2.7)和所确定的 λ_i 及由 $\boldsymbol{y}_i=\boldsymbol{Rx}_i$ 所确定的 $\boldsymbol{x}_i$ 满足方程

$$\boldsymbol{Ax}_i=\lambda_i\boldsymbol{Bx}_i,\quad i=1,\cdots,n$$

因此，λ_i 就是广义特征值问题式(2.5)的特征值，而 $\boldsymbol{x}_i$ 为属于 λ_i 的特征向量. 由于 $\boldsymbol{x}_1,\boldsymbol{x}_2,\cdots,\boldsymbol{x}_n$ 线性无关，所以它们构成一个完备的特征向量系，即它们的扩张空间是 R^n.

记 $\boldsymbol{Y}=[\boldsymbol{y}_1,\cdots,\boldsymbol{y}_n]$和 $\boldsymbol{X}=\boldsymbol{R}^{-1}\boldsymbol{Y}$，有

$$\boldsymbol{X}^{\mathrm{T}}\boldsymbol{AX}=\boldsymbol{Y}^{\mathrm{T}}\boldsymbol{R}^{-\mathrm{T}}\boldsymbol{AR}^{-1}\boldsymbol{Y}=\boldsymbol{Y}^{\mathrm{T}}\boldsymbol{SY}=\boldsymbol{D}=\mathrm{diag}(\lambda_1,\cdots,\lambda_n)$$

$$\boldsymbol{X}^{\mathrm{T}}\boldsymbol{BX}=\boldsymbol{Y}^{\mathrm{T}}\boldsymbol{R}^{-\mathrm{T}}\boldsymbol{BR}^{-1}\boldsymbol{Y}=\boldsymbol{Y}^{\mathrm{T}}\boldsymbol{Y}=\boldsymbol{I}$$

因此 $\boldsymbol{A}$ 和 $\boldsymbol{B}$ 可以同时对角化. □

广义特征向量的共轭性　由于普通特征值问题式(2.7)中的 $\boldsymbol{S}$ 是实对称矩阵，所以它的特征值 $\lambda_1,\lambda_2,\cdots,\lambda_n$ 均为实数，且存在着完备的标准正交特征向量系 $\boldsymbol{y}_1,\boldsymbol{y}_2,\cdots,\boldsymbol{y}_n$，记 $\boldsymbol{x}_i=\boldsymbol{R}^{-1}\boldsymbol{y}_i,i=1,2,\cdots,n$. 则

$$\boldsymbol{x}_i^{\mathrm{T}}\boldsymbol{Bx}_j=\boldsymbol{x}_i^{\mathrm{T}}\boldsymbol{R}^{\mathrm{T}}\boldsymbol{Rx}_j=(\boldsymbol{Rx}_i)^{\mathrm{T}}(\boldsymbol{Rx}_j)=\boldsymbol{y}_i^{\mathrm{T}}\boldsymbol{y}_j$$

即

$$\boldsymbol{x}_i^{\mathrm{T}}\boldsymbol{Bx}_j=\begin{cases}1, & i=j\\ 0, & i\neq j\end{cases}\tag{2.8}$$

满足式(2.8)的向量系 $\boldsymbol{x}_1,\boldsymbol{x}_2,\cdots,\boldsymbol{x}_n$ 称为**按 $\boldsymbol{B}$ 的标准正交向量系**；式(2.8)称作 **$\boldsymbol{B}$ 正交(共轭)条件**.

对于对称正定矩阵 $\boldsymbol{B}$，按 $\boldsymbol{B}$ 的标准正交向量系 $\boldsymbol{x}_1,\boldsymbol{x}_2,\cdots,\boldsymbol{x}_n$ 具有一般的正交系的性质：

(1) $\boldsymbol{x}_i\neq\boldsymbol{0},i=1,2,\cdots,n$.

(2) $\boldsymbol{x}_1,\boldsymbol{x}_2,\cdots,\boldsymbol{x}_n$ 线性无关.

事实上，假设 $\alpha_1\boldsymbol{x}_1+\alpha_2\boldsymbol{x}_2+\cdots+\alpha_n\boldsymbol{x}_n=\boldsymbol{0}$，用 $\boldsymbol{x}_i^{\mathrm{T}}\boldsymbol{B}$ 左乘等式两边，得

$$\sum_{j=1}^{n}\alpha_j\boldsymbol{x}_i^{\mathrm{T}}\boldsymbol{Bx}_j=0$$

根据式(2.8)，得 $\alpha_i=0,i=1,\cdots,n$，故 $\boldsymbol{x}_1,\boldsymbol{x}_2,\cdots,\boldsymbol{x}_n$ 线性无关.

2.2　对称矩阵的变分原理

许多实际问题中所产生的矩阵往往都具有对称性；理论上，实对称矩阵具有非常好的性质. 相对于一般矩阵，实对称矩阵的研究也是比较完善的. 本节将介绍实对称矩阵的极值性质，它将优化算法引入到特征值的计算中，所得到的结果对复域中的 Hermite 矩阵也成立.

Rayleigh 商 理论上，对于一般矩阵 $\boldsymbol{A}\in R^{n\times n}$，特征值的求解方法是通过求解特征多项式得到的. 但是，对对称矩阵，特征问题可以作为最优化问题来研究，通过求代价函数的极值得到. 在第 13 章，将用类似的方法求解系数矩阵是正定的线性方程组. 首先给出这个最优化问题的代价函数.

给定 n 阶实对称矩阵 $\boldsymbol{A}$，对 $\boldsymbol{x}\neq\boldsymbol{0}$，称

$$R(\boldsymbol{x})=\frac{\boldsymbol{x}^{\mathrm{T}}\boldsymbol{A}\boldsymbol{x}}{\boldsymbol{x}^{\mathrm{T}}\boldsymbol{x}}$$

为矩阵 $\boldsymbol{A}$ 的 **Rayleigh 商**(Rayleigh 为英国物理学家).

Rayleigh 商具有以下性质：

(1) $\boldsymbol{R(x)}$是连续的，零次齐次函数.

$\boldsymbol{R(x)}$连续是显然的，零次齐次是因为对任何实数 $\lambda\neq0$，有

$$R(\lambda\boldsymbol{x})=\frac{(\lambda\boldsymbol{x})^{\mathrm{T}}\boldsymbol{A}(\lambda\boldsymbol{x})}{(\lambda\boldsymbol{x})^{\mathrm{T}}(\lambda\boldsymbol{x})}=\frac{\boldsymbol{x}^{\mathrm{T}}\boldsymbol{A}\boldsymbol{x}}{\boldsymbol{x}^{\mathrm{T}}\boldsymbol{x}}=R(\boldsymbol{x})=\lambda^0R(\boldsymbol{x})$$

(2) $R(\boldsymbol{x})$存在着最大值和最小值，且在单位球面 $S=\{\boldsymbol{x}\,|\,\boldsymbol{x}\in R^n,\ \|\boldsymbol{x}\|=1\}$上达到.

事实上，因为 S 是有界闭集(即紧集)，而 $R(\boldsymbol{x})$是 S 上的连续函数，所以存在 $\boldsymbol{y}_1,\boldsymbol{y}_2\in S$，使

$$R(\boldsymbol{y}_1)=\min_{x\in S}R(\boldsymbol{x}),\quad R(\boldsymbol{y}_2)=\max_{x\in S}R(\boldsymbol{x})$$

任取 $\boldsymbol{0}\neq\boldsymbol{x}\in R^n$，令 $\boldsymbol{x}_0=\dfrac{1}{\|\boldsymbol{x}\|}\boldsymbol{x}$，则 $\boldsymbol{x}_0\in S$. 又因为 $R(\boldsymbol{x})$是零次齐次函数，所以$R(\boldsymbol{x})=R(\boldsymbol{x}_0)$，从而 $R(\boldsymbol{y}_1)\leqslant R(\boldsymbol{x})\leqslant R(\boldsymbol{y}_2)$.

现在说明有关 Rayleigh 商的极值等价问题，即下式成立：

$$\max_{x\neq0}\frac{\boldsymbol{x}^{\mathrm{T}}\boldsymbol{A}\boldsymbol{x}}{\boldsymbol{x}^{\mathrm{T}}\boldsymbol{x}}=\max_{\|x\|=1}\boldsymbol{x}^{\mathrm{T}}\boldsymbol{A}\boldsymbol{x},\quad \min_{x\neq0}\frac{\boldsymbol{x}^{\mathrm{T}}\boldsymbol{A}\boldsymbol{x}}{\boldsymbol{x}^{\mathrm{T}}\boldsymbol{x}}=\min_{\|x\|=1}\boldsymbol{x}^{\mathrm{T}}\boldsymbol{A}\boldsymbol{x}$$

只要证明第一个等式就可以了. $\max\limits_{x\neq0}\dfrac{\boldsymbol{x}^{\mathrm{T}}\boldsymbol{A}\boldsymbol{x}}{\boldsymbol{x}^{\mathrm{T}}\boldsymbol{x}}\geqslant\max\limits_{\|x\|=1}\boldsymbol{x}^{\mathrm{T}}\boldsymbol{A}\boldsymbol{x}$ 是显然的. 若$\dfrac{\boldsymbol{x}^{\mathrm{T}}\boldsymbol{A}\boldsymbol{x}}{\boldsymbol{x}^{\mathrm{T}}\boldsymbol{x}}$的最大值在 $\boldsymbol{x}_0$ 点达到，利用齐次性，有

$$\max_{x\neq0}\frac{\boldsymbol{x}^{\mathrm{T}}\boldsymbol{A}\boldsymbol{x}}{\boldsymbol{x}^{\mathrm{T}}\boldsymbol{x}}=\frac{\boldsymbol{x}_0^{\mathrm{T}}\boldsymbol{A}\boldsymbol{x}_0}{\boldsymbol{x}_0^{\mathrm{T}}\boldsymbol{x}_0}=\frac{\boldsymbol{x}_0^{\mathrm{T}}}{\sqrt{\boldsymbol{x}_0^{\mathrm{T}}\boldsymbol{x}_0}}\boldsymbol{A}\frac{\boldsymbol{x}_0}{\sqrt{\boldsymbol{x}_0^{\mathrm{T}}\boldsymbol{x}_0}}\leqslant\max_{\|x\|=1}\boldsymbol{x}^{\mathrm{T}}\boldsymbol{A}\boldsymbol{x}$$

基于上面的讨论，在研究 $R(\boldsymbol{x})$的极值时，只在单位球面 $\|\boldsymbol{x}\|=1$ 上进行就可以了. 本节以下将假设对称矩阵 $\boldsymbol{A}$ 的实特征值按大小顺序排列为

$$\lambda_1\leqslant\lambda_2\leqslant\cdots\leqslant\lambda_n$$

对应的特征向量为

$$\boldsymbol{x}_1, \boldsymbol{x}_2, \cdots, \boldsymbol{x}_n$$

它们组成 R^n 的标准正交基,则有下面的结论.

定理 7　设 $\boldsymbol{A}$ 是实对称矩阵,则

$$\lambda_1 = \min_{x \neq \boldsymbol{0}} R(\boldsymbol{x}), \quad \lambda_n = \max_{x \neq \boldsymbol{0}} R(\boldsymbol{x}) \tag{2.9}$$

证明　任取 $\boldsymbol{0} \neq \boldsymbol{x} \in R^n$,因为 $\boldsymbol{x}_1, \boldsymbol{x}_2, \cdots, \boldsymbol{x}_n$ 是 R^n 的标准正交基,因此

$$\boldsymbol{x} = \alpha_1 \boldsymbol{x}_1 + \cdots + \alpha_n \boldsymbol{x}_n, \quad \alpha_1^2 + \cdots + \alpha_n^2 \neq 0$$

于是

$$\boldsymbol{A}\boldsymbol{x} = \alpha_1 \lambda_1 \boldsymbol{x}_1 + \cdots + \alpha_n \lambda_n \boldsymbol{x}_n$$
$$\boldsymbol{x}^{\mathrm{T}} \boldsymbol{A} \boldsymbol{x} = \alpha_1^2 \lambda_1 + \cdots + \alpha_n^2 \lambda_n$$
$$\boldsymbol{x}^{\mathrm{T}} \boldsymbol{x} = \alpha_1^2 + \cdots + \alpha_n^2$$

记 $k_i = \dfrac{\alpha_i^2}{\alpha_1^2 + \cdots + \alpha_n^2}, i = 1, \cdots, n$,则 $k_1 + \cdots + k_n = 1, k_i \geqslant 0$,且

$$R(\boldsymbol{x}) = k_1 \lambda_1 + \cdots + k_n \lambda_n$$

由此得 $\lambda_1 \leqslant R(\boldsymbol{x}) \leqslant \lambda_n$. 因为 $R(\boldsymbol{x}_1) = \lambda_1, R(\boldsymbol{x}_n) = \lambda_n$,且 $R(\boldsymbol{x})$ 是零次齐次的,因此 $\boldsymbol{x}_1$ 和 $\boldsymbol{x}_n$ 分别是 $R(\boldsymbol{x})$ 在 R^n 上的最小点和最大点,即

$$R(\boldsymbol{x}_1) = \min_{x \neq \boldsymbol{0}} R(\boldsymbol{x}), \quad R(\boldsymbol{x}_n) = \max_{x \neq \boldsymbol{0}} R(\boldsymbol{x})$$

故式(2.9)成立. □

如果 λ_1 是 k 重的,即 $\lambda_1 = \cdots = \lambda_k (1 \leqslant k \leqslant n)$,因此,在 $\| \boldsymbol{x} \| = 1$ 上,$R(\boldsymbol{x})$ 的所有最小点集合为

$$\beta_1 \boldsymbol{x}_1 + \cdots + \beta_k \boldsymbol{x}_k$$

其中实数 $\beta_i, i = 1, \cdots, k$ 满足 $\beta_1^2 + \cdots + \beta_k^2 = 1$.

下面讨论定理 7 的进一步结论.

因为 $\boldsymbol{x}_1, \cdots, \boldsymbol{x}_n$ 构成 R^n 的一组标准正交基,因此 $L^{\perp}(\boldsymbol{x}_1, \boldsymbol{x}_n) = \mathrm{span}\{\boldsymbol{x}_2, \cdots, \boldsymbol{x}_{n-1}\}$. 对 $\forall \boldsymbol{x} \in L^{\perp}(\boldsymbol{x}_1, \boldsymbol{x}_n)$,且 $\boldsymbol{x} \neq \boldsymbol{0}$ 时,存在唯一的表示

$$\boldsymbol{x} = \alpha_2 \boldsymbol{x}_2 + \cdots + \alpha_{n-1} \boldsymbol{x}_{n-1}, \quad \alpha_2^2 + \cdots + \alpha_{n-1}^2 \neq 0$$

于是

$$R(\boldsymbol{x}) = k_2 \lambda_2 + \cdots + k_{n-1} \lambda_{n-1}$$

其中 $k_i = \dfrac{\alpha_i^2}{\alpha_2^2 + \cdots + \alpha_{n-1}^2}, i = 2, \cdots, n-1$,且 $k_2 + \cdots + k_{n-1} = 1$.

类似定理 7 的证明可得,对任取非零向量 $\boldsymbol{x} \in L^{\perp}(\boldsymbol{x}_1, \boldsymbol{x}_n)$,$\lambda_2 \leqslant R(\boldsymbol{x}) \leqslant \lambda_{n-1}$,且

$R(\boldsymbol{x}_2)=\lambda_2, R(\boldsymbol{x}_{n-1})=\lambda_{n-1}$. 因此，对于 $\boldsymbol{x}\in L^{\perp}(\boldsymbol{x}_1,\boldsymbol{x}_n)$，有

$$\lambda_2=\min_{x\neq 0}R(\boldsymbol{x}),\quad \lambda_{n-1}=\max_{x\neq 0}R(\boldsymbol{x})$$

一般有如下的结论.

定理 8　对 $\forall\, \boldsymbol{x}\in \mathrm{span}\{\boldsymbol{x}_r,\boldsymbol{x}_{r+1},\cdots,\boldsymbol{x}_s\}, 1\leqslant r\leqslant s\leqslant n$，有

$$\lambda_r=\min_{x\neq 0}R(\boldsymbol{x}),\quad \lambda_s=\max_{x\neq 0}R(\boldsymbol{x}) \tag{2.10}$$

定理 7 和定理 8 是根据已知矩阵的特征值和特征向量，且特征值按照非降的次序排列，来讨论 Rayleigh 商 $R(\boldsymbol{x})$ 的极值的. 在 $\boldsymbol{A}$ 的特征向量 $\boldsymbol{x}_1,\cdots,\boldsymbol{x}_n$ 事先未知的情况下，如果直接用式(2.10)来求对称矩阵 $\boldsymbol{A}$ 的第 k $(1\leqslant k\leqslant n)$ 个特征值是不可行的. 为此介绍下面的定理.

定理 9(Courant-Fisher)　设实对称矩阵 $\boldsymbol{A}\in R^{n\times n}$ 特征值是按升序排列，则 $\boldsymbol{A}$ 的第 k 个特征值是

$$\lambda_k=\min_{V_k}\max_{x\in V_k,\|x\|=1}\boldsymbol{x}^{\mathrm{T}}\boldsymbol{A}\boldsymbol{x}=\max_{V_{n-k+1}}\min_{x\in V_{n-k+1},\|x\|=1}\boldsymbol{x}^{\mathrm{T}}\boldsymbol{A}\boldsymbol{x}$$

其中 V_k 是 R^n 的任意一个 k 维子空间，$1\leqslant k\leqslant n$.

证明　这里只证明结论中的第一个等式，通过对 $-\boldsymbol{A}$ 进行类似的讨论，并由 $\boldsymbol{A}$ 的第 k 个小的特征值就是 $-\boldsymbol{A}$ 第 $n-k+1$ 个大的特征值的负数，就可以从第一个等式得到第二个等式.

构造 R^n 的子空间 $W_k=\mathrm{span}\{\boldsymbol{x}_k,\boldsymbol{x}_{k+1},\cdots,\boldsymbol{x}_n\}$，则 $\dim W_k=n-k+1$. 由于 $V_k+W_k\subset R^n$，所以有

$$n\geqslant \dim(V_k+W_k)=\dim V_k+\dim W_k-\dim(V_k\cap W_k)=n+1-\dim(V_k\cap W_k)$$

即 $\dim(V_k+W_k)\geqslant 1$，于是存在非零向量 $\boldsymbol{x}_0\in V_k\cap W_k$. 假设 $\|\boldsymbol{x}_0\|=1$，即有

$$\boldsymbol{x}_0=\alpha_k\boldsymbol{x}_k+\cdots+\alpha_n\boldsymbol{x}_n,\quad \alpha_k^2+\cdots+\alpha_n^2=1$$

因此

$$\boldsymbol{x}_0^{\mathrm{T}}\boldsymbol{A}\boldsymbol{x}_0=\alpha_k^2\lambda_k+\cdots+\alpha_n^2\lambda_n\geqslant\lambda_k$$

所以

$$\max_{x\in V_k,\|x\|=1}\boldsymbol{x}^{\mathrm{T}}\boldsymbol{A}\boldsymbol{x}\geqslant \boldsymbol{x}_0^{\mathrm{T}}\boldsymbol{A}\boldsymbol{x}_0\geqslant\lambda_k$$

根据 V_k 的任意性，可得

$$\min_{V_k}\max_{x\in V_k,\|x\|=1}\boldsymbol{x}^{\mathrm{T}}\boldsymbol{A}\boldsymbol{x}\geqslant\lambda_k \tag{2.11}$$

现在证明上面的不等式反过来也成立，记 $V_k^0=\mathrm{span}\{\boldsymbol{x}_1,\cdots,\boldsymbol{x}_k\}$，取满足 $\|\boldsymbol{x}\|=1$

的 $\boldsymbol{x}\in V_k^0$，则

$$\boldsymbol{x}_0=\gamma_1\boldsymbol{x}_1+\cdots+\gamma_k\boldsymbol{x}_k,\quad \gamma_1^2+\cdots+\gamma_k^2=1$$

于是

$$\boldsymbol{x}^{\mathrm{T}}\boldsymbol{A}\boldsymbol{x}=\lambda_1\gamma_1^2+\cdots+\lambda_k\gamma_k^2\leqslant\lambda_k(\gamma_1^2+\cdots+\gamma_k^2)=\lambda_k$$

所以

$$\max_{x\in V_k^0,\ \|x\|=1}\ \boldsymbol{x}^{\mathrm{T}}\boldsymbol{A}\boldsymbol{x}\leqslant\lambda_k \tag{2.12}$$

结合式(2.11)和式(2.12)，得到定理中的第一个等式. □

变分原理的应用　在 Courant-Fisher 定理的许多重要应用中，最简单的是关于 $\boldsymbol{A}+\boldsymbol{B}$ 的特征值与 $\boldsymbol{A}$ 的特征值的比较问题.

定理 10(Weyl)　设 $\boldsymbol{A},\boldsymbol{B}\in R^{n\times n}$ 是对称矩阵，且 $\boldsymbol{A},\boldsymbol{B},\boldsymbol{A}+\boldsymbol{B}$ 的特征值 $\lambda_i(\boldsymbol{A})$，$\lambda_i(\boldsymbol{B})$，$\lambda_i(\boldsymbol{A}+\boldsymbol{B})$ 按升序排列，则对 $k=1,2,\cdots,n$，有

$$\lambda_k(\boldsymbol{A})+\lambda_1(\boldsymbol{B})\leqslant\lambda_k(\boldsymbol{A}+\boldsymbol{B})\leqslant\lambda_k(\boldsymbol{A})+\lambda_n(\boldsymbol{B})$$

证明　由定理 7，对任意的 $\boldsymbol{x}\in R^n$，且 $\|\boldsymbol{x}\|=1$，有

$$\lambda_1(\boldsymbol{B})\leqslant\boldsymbol{x}^{\mathrm{T}}\boldsymbol{B}\boldsymbol{x}\leqslant\lambda_n(\boldsymbol{B})$$

因此对 $k=1,2,\cdots,n$，有

$$\begin{aligned}\lambda_k(\boldsymbol{A}+\boldsymbol{B})&=\min_{V_k}\max_{x\in V_k,\ \|x\|=1}\boldsymbol{x}^{\mathrm{T}}(\boldsymbol{A}+\boldsymbol{B})\boldsymbol{x}\\&\geqslant\min_{V_k}\max_{x\in V_k,\ \|x\|=1}\boldsymbol{x}^{\mathrm{T}}\boldsymbol{A}\boldsymbol{x}+\lambda_1(\boldsymbol{B})=\lambda_k(\boldsymbol{A})+\lambda_1(\boldsymbol{B})\end{aligned}$$

类似地，可以确定上界. □

给定对称矩阵 $\boldsymbol{A}$，对任意的对称矩阵 $\boldsymbol{B}$，定理 10 给出了 $\boldsymbol{A}+\boldsymbol{B}$ 矩阵的特征值的上、下界. 如果 $\boldsymbol{B}$ 进一步具有特殊的形式，例如，$\boldsymbol{B}$ 为正定的、秩 1 矩阵或秩 k 矩阵，还可以得到更为精确的结论. 特别地，当 $\boldsymbol{B}$ 是半正定矩阵时，即对 $\forall\,\boldsymbol{x}\in R^n$，有

$$\boldsymbol{x}^{\mathrm{T}}\boldsymbol{B}\boldsymbol{x}\geqslant0$$

$$\lambda_k(\boldsymbol{A})\leqslant\lambda_k(\boldsymbol{A}+\boldsymbol{B})$$

即对称矩阵加上一个半正定矩阵，它的所有特征值都是增加的.

定理 11　给定对称矩阵 $\boldsymbol{A}\in R^{n\times n}$，考虑对称更新矩阵

$$\boldsymbol{B}=\begin{bmatrix}\boldsymbol{A} & \boldsymbol{a}\\ \boldsymbol{a}^{\mathrm{T}} & \boldsymbol{\alpha}\end{bmatrix}$$

其中 $\boldsymbol{a}\in R^n$，$\boldsymbol{\alpha}\in R$；且它们的特征值 λ_k，μ_k 分别是按升序排列的，则

$$\mu_1 \leqslant \lambda_1 \leqslant \mu_2 \leqslant \lambda_2 \leqslant \cdots \leqslant \lambda_{n-1} \leqslant \mu_n \leqslant \lambda_n \leqslant \mu_{n+1}$$

证明　我们只证明 $\mu_k \leqslant \lambda_k \leqslant \mu_{k+1}$. 分别记 R^n, R^{n+1} 中的 k 维子空间为 V_k 和 W_k. 因为对任意 k 维子空间为 V_k，有 $\{(\boldsymbol{x}^{\mathrm{T}},0)^{\mathrm{T}} \in R^{n+1}: \boldsymbol{x} \in V_k\} \subseteq W_{k+1}$. 因此，由定理 9 得

$$\max_{\boldsymbol{y}\in W_{k+1}, \|\boldsymbol{y}\|=1} \boldsymbol{y}^{\mathrm{T}}\boldsymbol{B}\boldsymbol{y} \geqslant \max_{(\boldsymbol{x}^{\mathrm{T}},0)^{\mathrm{T}}\in W_{k+1}, \|\boldsymbol{x}\|=1} \boldsymbol{x}^{\mathrm{T}}\boldsymbol{A}\boldsymbol{x} = \max_{\boldsymbol{x}\in V_k, \|\boldsymbol{x}\|=1} \boldsymbol{x}^{\mathrm{T}}\boldsymbol{A}\boldsymbol{x} \geqslant \min_{V_k \subseteq R^n} \max_{\boldsymbol{x}\in V_k, \|\boldsymbol{x}\|=1} \boldsymbol{x}^{\mathrm{T}}\boldsymbol{A}\boldsymbol{x} = \lambda_k$$

因此

$$\mu_{k+1} = \min_{W_{k+1}\subseteq R^{n+1}} \max_{\boldsymbol{y}\in W_{k+1}, \|\boldsymbol{y}\|=1} \boldsymbol{y}^{\mathrm{T}}\boldsymbol{B}\boldsymbol{y} \geqslant \lambda_k$$

类似地，由 $\{(\boldsymbol{x}^{\mathrm{T}},0)^{\mathrm{T}} \in R^{n+1}: \|\boldsymbol{x}\|=1, \boldsymbol{x}\in V_k\} \subseteq \{\boldsymbol{y}\in R^{n+1}: \|\boldsymbol{y}\|=1, \boldsymbol{y}\in W_k\}$，得

$$\mu_k = \max_{W_{n-k+1}} \min_{\boldsymbol{y}\in W_{n-k+1}, \|\boldsymbol{y}\|=1} \boldsymbol{y}^{\mathrm{T}}\boldsymbol{B}\boldsymbol{y} \leqslant \max_{V_{n-k+1}} \min_{\boldsymbol{x}\in V_{n-k+1}, \|\boldsymbol{x}\|=1} \boldsymbol{x}^{\mathrm{T}}\boldsymbol{A}\boldsymbol{x} = \lambda_k$$ □

这个定理称为加边矩阵的特征值交错定理. 由此可以说明对对称矩阵 $\boldsymbol{A}$，如果所有的 $k(1\leqslant k\leqslant n)$ 阶顺序主子式都是正的，则 $\boldsymbol{A}$ 是正定矩阵. 这可采用归纳法证明，首先对 1×1 矩阵，显然是正确的. 假设对 k 也成立，即所有阶数小于或等于 k 的顺序主子阵都是正定的，因此，它们的特征值都是正的. 对 $k+1$ 阶顺序主子阵，它可以看做是 k 阶矩阵的更新，由定理 12 的特征值交错性质，除了最小特征值外，其余都大于零；又由主子阵的行列式大于零，因此，最小的特征值也是正的，即得 $k+1$阶顺序主子阵也是正定的；因此，整个矩阵 $\boldsymbol{A}$ 是正定的.

最后基于定理 9，还可以得到下面关于对称矩阵特征值的扰动定理.

定理 12　设实对称矩阵 $\boldsymbol{A}$ 和 $\boldsymbol{A}+\boldsymbol{Q}$ 的特征值分别为 $\lambda_1\leqslant\lambda_2\leqslant\cdots\leqslant\lambda_n$ 和 $\mu_1\leqslant\mu_2\leqslant\cdots\leqslant\mu_n$，则对 $k=1,\cdots,n$，有

$$|\lambda_k - \mu_k| \leqslant \|\boldsymbol{Q}\|$$

其中 $\|\boldsymbol{Q}\| = \left(\sum_{i,j=1}^{n} q_{ij}^2\right)^{1/2}$，即矩阵 $\boldsymbol{Q}=[q_{ij}]$的 Frobenius 范数（见第 3 章）.

证明　记 $\gamma=\|\boldsymbol{Q}\|$，因为对 $\forall \boldsymbol{x}\in R^n$，根据 Schwartz 不等式，有

$$\left|\sum_{i,j=1}^{n} q_{ij}x_ix_j\right| \leqslant \left(\sum_{i,j=1}^{n} q_{ij}^2\right)^{1/2} \left(\sum_{i,j=1}^{n} x_i^2x_j^2\right)^{1/2} = \|\boldsymbol{Q}\| \, \|\boldsymbol{x}\|^2$$

因此

$$\boldsymbol{x}^{\mathrm{T}}(\boldsymbol{Q}+\gamma\boldsymbol{I})\boldsymbol{x} \geqslant 0$$

这说明 $\boldsymbol{Q}+\gamma\boldsymbol{I}$ 是半正定矩阵. 因为 $\boldsymbol{A}+\boldsymbol{Q}+\gamma\boldsymbol{I}$ 的特征值为

$$\mu_1+r\leqslant\mu_2+\gamma\leqslant\cdots\leqslant\mu_n+\gamma$$

所以由定理9,对 $k=1,\cdots,n$,任取 R^n 的 k 维子空间 V_k,有

$$\mu_k+\gamma=\min_{V_k}\max_{\|\boldsymbol{x}\|=1}\boldsymbol{x}^{\mathrm{T}}(\boldsymbol{A}+\boldsymbol{Q}+\gamma\boldsymbol{I})\boldsymbol{x}\geqslant\min_{V_k}\max_{\|\boldsymbol{x}\|=1}\boldsymbol{x}^{\mathrm{T}}\boldsymbol{A}\boldsymbol{x}=\lambda_k$$

因此 $\lambda_k-\mu_k\leqslant\gamma$.

类似地,因为 $\boldsymbol{Q}-\gamma\boldsymbol{I}$ 半负定,且 $\boldsymbol{A}+\boldsymbol{Q}-\gamma\boldsymbol{I}$ 的特征值为

$$\mu_1-\gamma\leqslant\mu_2-\gamma\leqslant\cdots\leqslant\mu_n-\gamma$$

于是可得,对 $k=1,\cdots,n$,任取 R^n 的 k 维子空间 V_k,有

$$\mu_k-\gamma=\min_{V_k}\max_{\|\boldsymbol{x}\|=1}\boldsymbol{x}^{\mathrm{T}}(\boldsymbol{A}+\boldsymbol{Q}-\gamma\boldsymbol{I})\boldsymbol{x}\leqslant\min_{V_k}\max_{\|\boldsymbol{x}\|=1}\boldsymbol{x}^{\mathrm{T}}\boldsymbol{A}\boldsymbol{x}=\lambda_k$$

所以 $\lambda_k-\mu_k\geqslant-\gamma$.

综上所述,即得定理中的结论.　□

2.3　约束特征问题和广义特征问题的变分原理

本节将介绍约束特征问题和广义特征问题的变分原理,这是对称矩阵的特征问题的扩展,与后面的内容无关,初次阅读时,可以略去.首先对约束问题的处理是利用正交补空间将约束化成无约束问题;其次讨论了约束特征问题与一般特征问题之间的关系;最后给出了广义特征问题的变分原理,它是一般特征问题的变分原理的直接推广.

约束问题　在 Courant-Fisher 定理(定理9)出现以前,数学家们就开始研究带约束的特征值问题,即给定非零向量 $\boldsymbol{a}\in R^n$,求解在约束条件 $\boldsymbol{a}^{\mathrm{T}}\boldsymbol{x}=0$ 下的 $R(\boldsymbol{x})$ 的驻点.

对这个问题,由于 $\boldsymbol{a}$ 是非零向量,当然可以假设某个分量 $\alpha_i\neq0$,解出 x_i,代入 $R(\boldsymbol{x})$ 中,这样就得到关于 $n-1$ 个变量的代价函数,通过求这个无约束问题的极值,可以直接得到原问题的解.但是这个方法不是最有效的,特别地,当约束是线性方程组时,求解方程组本身就是个难题.下面将基于正交子空间给出这个问题的计算方法.

考虑有 r 个约束的特征值问题

$$\boldsymbol{a}_i^{\mathrm{T}}\boldsymbol{x}=0,\quad i=1,2,\cdots,r \tag{2.13}$$

其中 $\boldsymbol{a}_1,\boldsymbol{a}_2,\cdots,\boldsymbol{a}_r$ 是 R^n 中线性独立的向量.对对称矩阵 $\boldsymbol{A}\in R^{n\times n}$,希望求解 $\boldsymbol{A}$ 在上面的约束下的特征值,即实数 $\lambda\in R$ 和 $\boldsymbol{0}\neq\boldsymbol{x}\in R^n$ 满足

$$\boldsymbol{A}\boldsymbol{x}=\lambda\boldsymbol{x}\quad 和\quad \boldsymbol{a}_i^{\mathrm{T}}\boldsymbol{x}=0,\quad i=1,2,\cdots,r \tag{2.14}$$

记 $V=\mathrm{span}\{\boldsymbol{a}_1,\boldsymbol{a}_2,\cdots,\boldsymbol{a}_r\}$，$V$ 的正交补空间记为 $V^{\perp}$，且 $\boldsymbol{b}_1,\boldsymbol{b}_2,\cdots,\boldsymbol{b}_{n-r}$ 是它的标准正交基. 记 $\boldsymbol{B}=[\boldsymbol{b}_1,\boldsymbol{b}_2,\cdots,\boldsymbol{b}_{n-r}]$，显然 $\boldsymbol{B}\in R^{n\times(n-r)}$ 是半正交矩阵，即 $\boldsymbol{B}^{\mathrm{T}}\boldsymbol{B}=\boldsymbol{I}_{n-r}$，且 $\boldsymbol{B}\boldsymbol{B}^{\mathrm{T}}$ 是 R^n 到 $V^{\perp}$ 的正交投影，见 1.2 节半正交矩阵部分. 向量 $\boldsymbol{x}\in R^n$ 满足式(2.13)的充要条件是 $\boldsymbol{x}\in V^{\perp}$，即 $\boldsymbol{x}=\boldsymbol{B}\boldsymbol{y}$，其中 $\boldsymbol{y}\in R^{n-r}$. 因此，约束特征问题的 Rayleigh 商的定义是：对 $\boldsymbol{x}\neq\boldsymbol{0}$，

$$R_{\boldsymbol{A}}(\boldsymbol{x})=\frac{\boldsymbol{x}^{\mathrm{T}}\boldsymbol{A}\boldsymbol{x}}{\boldsymbol{x}^{\mathrm{T}}\boldsymbol{x}}=\frac{(\boldsymbol{B}\boldsymbol{y})^{\mathrm{T}}\boldsymbol{A}(\boldsymbol{B}\boldsymbol{y})}{(\boldsymbol{B}\boldsymbol{y})^{\mathrm{T}}(\boldsymbol{B}\boldsymbol{y})}=\frac{\boldsymbol{y}^{\mathrm{T}}(\boldsymbol{B}^{\mathrm{T}}\boldsymbol{A}\boldsymbol{B})\boldsymbol{y}}{\boldsymbol{y}^{\mathrm{T}}(\boldsymbol{B}^{\mathrm{T}}\boldsymbol{B})\boldsymbol{y}}$$

因为 $\boldsymbol{B}^{\mathrm{T}}\boldsymbol{B}=\boldsymbol{I}_{n-r}$，得

$$R(\boldsymbol{x})\equiv R_{\boldsymbol{A}}(\boldsymbol{x})=R_{\boldsymbol{B}^{\mathrm{T}}\boldsymbol{A}\boldsymbol{B}}(\boldsymbol{y}) \tag{2.15}$$

约束问题式(2.14)变成了对标准的 $(n-r)\times(n-r)$ 对称矩阵 $\boldsymbol{B}^{\mathrm{T}}\boldsymbol{A}\boldsymbol{B}$ 求 Rayleigh 商，而在式(2.15)中出现的值只能是 $\boldsymbol{B}^{\mathrm{T}}\boldsymbol{A}\boldsymbol{B}$ 的特征值，因此 λ 是 $\boldsymbol{A}$ 的有约束的对应特征向量 $\boldsymbol{x}$ 的特征值当且仅当 λ 是 $\boldsymbol{B}^{\mathrm{T}}\boldsymbol{A}\boldsymbol{B}$ 的对应特征向量 $\boldsymbol{y}$ 的特征值，其中 $\boldsymbol{x}=\boldsymbol{B}\boldsymbol{y}$.

设约束特征值是 $\lambda_1\leqslant\lambda_2\leqslant\cdots\leqslant\lambda_{n-r}$，且 $\boldsymbol{y}_1,\boldsymbol{y}_2,\cdots,\boldsymbol{y}_{n-r}$ 是矩阵 $\boldsymbol{B}^{\mathrm{T}}\boldsymbol{A}\boldsymbol{B}$ 的对应的标准正交特征向量. 则

$$\boldsymbol{x}_1=\boldsymbol{B}\boldsymbol{y}_1,\quad \cdots,\quad \boldsymbol{x}_{n-r}=\boldsymbol{B}\boldsymbol{y}_{n-r}$$

是对应的约束特征向量. 它们也是正交的，因为对 $i,j=1,2,\cdots,n-k$，有

$$\langle\boldsymbol{x}_i,\boldsymbol{x}_j\rangle=\langle\boldsymbol{B}\boldsymbol{y}_i,\boldsymbol{B}\boldsymbol{y}_j\rangle=\langle\boldsymbol{B}^{\mathrm{T}}\boldsymbol{B}\boldsymbol{y}_i,\boldsymbol{y}_j\rangle=\langle\boldsymbol{y}_i,\boldsymbol{y}_j\rangle=\delta_{ij}$$

对 $k=1,\cdots,n-r$，设 W_k 是由向量 $\boldsymbol{x}_k,\boldsymbol{x}_{k+1},\cdots,\boldsymbol{x}_{n-r}$ 生成的子空间，通过在空间 R^{n-r} 中，对 $\boldsymbol{B}^{\mathrm{T}}\boldsymbol{A}\boldsymbol{B}$ 运用定理 8，然后将结果转化到 R^n 中去，再利用式(2.15)，我们能很容易得到下面的结论.

定理 13 如果 $\lambda_1\leqslant\lambda_2\leqslant\cdots\leqslant\lambda_{n-r}$ 是约束特征值问题(2.14)的特征值，且对应的特征向量是 $\boldsymbol{x}_1,\boldsymbol{x}_2,\cdots,\boldsymbol{x}_{n-r}$，则对 $k=1,2,\cdots,n-r$，有

$$\lambda_k=\min_{0\neq x\in W_k}R(\boldsymbol{x})=\max_{0\neq x\in W_{n-r-k+1}}R(\boldsymbol{x})$$

其中 $W_k=\mathrm{span}\{\boldsymbol{x}_k,\boldsymbol{x}_{k+1},\cdots,\boldsymbol{x}_{n-r}\}$ 和 $W_{n-r-k+1}=\mathrm{span}\{\boldsymbol{x}_{n-r-k+1},\cdots,\boldsymbol{x}_{n-r}\}$

现在考虑有约束的特征值问题的特征值和无约束的特征值问题的特征值之间的关系. 在 Courant-Fisher 定理 9 下，容易证明：

定理 14 如果 $\lambda_1\leqslant\lambda_2\leqslant\cdots\leqslant\lambda_{n-r}$ 是对称矩阵 $\boldsymbol{A}$ 在 r 个约束下的问题(2.14)的特征值，而 $\mu_1\leqslant\mu_2\leqslant\cdots\leqslant\mu_n$ 是 $\boldsymbol{A}$ 在无约束下的特征值，则对 $k=1,\cdots,n-r$，有

$$\mu_k\leqslant\lambda_k\leqslant\mu_{k+r}$$

证明　由定理 13 中子空间 W_k 的定义，$\dim W_k=n-r-k+1$，根据定理 8 和定理 9，对 k 维的线性子空间 V_k，有

$$\mu_{k+r}=\max_{V_{k+r}}\min_{0\neq x\in V_{k+r}}R(\boldsymbol{x})\geqslant\min_{0\neq x\in W_k}R(\boldsymbol{x})=\lambda_k$$

因此，定理中的右边不等式成立.

对另一个不等式，假设矩阵 $-\boldsymbol{A}$ 的特征值是 $v_1\leqslant v_2\leqslant\cdots\leqslant v_n$，显然 $v_k=-\mu_{n+1-k}$. 类似地，设 $-\boldsymbol{A}$ 在 r 个约束下的问题(2.14)的特征值是 $\omega_1\leqslant\omega_2\leqslant\cdots\leqslant\omega_{n-r}$，且 $\omega_k=-\lambda_{n-r+1-k}$，$k=1,\cdots,n-r$. 对矩阵 $-\boldsymbol{A}$ 应用刚才的结论，对 $k=1,\cdots,n-r$，有 $v_{k+r}\geqslant\omega_k$，即

$$-\mu_{n+1-k-r}\geqslant-\lambda_{n-r+1-k}$$

记 $j=n+1-r-k$，则对 $j=1,2,\cdots,n-r$，有 $\mu_j\leqslant\lambda_j$. □

下面的推论 1 是定理 14 的特殊情形，其中约束和无约束特征值是交替的，由于它的重要性，在此作为一个推论单独列出来.

推论 1(分割定理)　设对称矩阵 $\boldsymbol{A}$ 在一个约束下的特征值是 $\lambda_1\leqslant\lambda_2\leqslant\cdots\leqslant\lambda_{n-1}$，在无约束下的特征值是 $\mu_1\leqslant\mu_2\leqslant\cdots\leqslant\mu_n$，则

$$\mu_1\leqslant\lambda_1\leqslant\mu_2\leqslant\lambda_2\leqslant\cdots\leqslant\lambda_{n-1}\leqslant\mu_n$$

矩阵 $\boldsymbol{A},\boldsymbol{C}\in R^n$ 称为**合同**的，如果存在非奇异矩阵 $\boldsymbol{B}\in R^n$，使得 $\boldsymbol{C}=\boldsymbol{B}^{\mathrm{T}}\boldsymbol{AB}$. 对 $\boldsymbol{A}$ 在一个约束下的特征值问题(2.14)可以理解为与 $\boldsymbol{A}$ 合同矩阵的主子式的无约束问题.

更具体地，设 $\boldsymbol{A}$ 是对称矩阵，它的 Rayleigh 商记为 $R(\boldsymbol{x})$，设 $\boldsymbol{B}\in R^{n\times(n-r)}$ 是由补空间 $V^{\perp}$ 中标准正交基$\{\boldsymbol{b}_1,\boldsymbol{b}_2,\cdots,\boldsymbol{b}_{n-r}\}$组成的，即 $\boldsymbol{B}=[\boldsymbol{b}_1,\boldsymbol{b}_2,\cdots,\boldsymbol{b}_n]$. 考虑 $\boldsymbol{C}=[\boldsymbol{B}\quad\boldsymbol{B}']$，其中 $\boldsymbol{B},\boldsymbol{B}'$ 的列向量组成 V 的标准正交基. 因为 $\boldsymbol{C}$ 是正交矩阵，所以 $\boldsymbol{C}^{\mathrm{T}}\boldsymbol{AC}$ 与 $\boldsymbol{A}$ 有相同的特征值. 因为

$$\boldsymbol{C}^{\mathrm{T}}\boldsymbol{AC}=\begin{bmatrix}\boldsymbol{B}^{\mathrm{T}}\\\boldsymbol{B}'^{\mathrm{T}}\end{bmatrix}\boldsymbol{A}[\boldsymbol{B}\quad\boldsymbol{B}']=\begin{bmatrix}\boldsymbol{B}^{\mathrm{T}}\boldsymbol{AB}&\boldsymbol{B}^{\mathrm{T}}\boldsymbol{AB}'\\\boldsymbol{B}'^{\mathrm{T}}\boldsymbol{AB}&\boldsymbol{B}'^{\mathrm{T}}\boldsymbol{AB}'\end{bmatrix}$$

因此，$\boldsymbol{B}^{\mathrm{T}}\boldsymbol{AB}$ 是矩阵 $\boldsymbol{C}^{\mathrm{T}}\boldsymbol{AC}$ 的$(n-r)\times(n-r)$的主子式. 所以，上面描述的 $\boldsymbol{A}$ 的有约束特征值是与 $\boldsymbol{A}$ 合同矩阵的主子式的特征值.

广义特征问题的变分原理　类似于 2.2 节，这里来讨论对称广义特征问题的极值问题.

对称矩阵的极小极大原理　设 $\boldsymbol{A},\boldsymbol{B}$ 为 n 阶实对称矩阵，且 $\boldsymbol{B}$ 正定，对 $\boldsymbol{0}\neq\boldsymbol{x}\in R^n$，有

$$R(\boldsymbol{x})=\frac{\boldsymbol{x}^{\mathrm{T}}\boldsymbol{Ax}}{\boldsymbol{x}^{\mathrm{T}}\boldsymbol{Bx}}\tag{2.16}$$

称为**矩阵 $\boldsymbol{A}$ 相对于矩阵 $\boldsymbol{B}$ 的广义 Rayleigh 商**.

广义 Rayleigh 商式(2.16)有着和普通 Rayleigh 商相同的性质,例如,在考虑它的极值时,可以只在椭球面 $S_B=\{\boldsymbol{x}\mid \boldsymbol{x}\in R^n, \boldsymbol{x}^{\mathrm{T}}\boldsymbol{B}\boldsymbol{x}=1\}$ 上讨论. 首先讨论广义 Rayleigh 商和广义特征问题的关系.

定理 15 假设 $\boldsymbol{A}$ 是对称矩阵和 $\boldsymbol{B}$ 是对称正定矩阵,非零向量 $\boldsymbol{x}_0$ 是广义 Rayleigh商 $R(\boldsymbol{x})$的驻点的充分必要条件是 $\boldsymbol{x}_0$ 为 $\boldsymbol{A}\boldsymbol{x}=\lambda\boldsymbol{B}\boldsymbol{x}$ 的属于某个特征值 λ 的特征向量.

证明 将式(2.16)改写为

$$(\boldsymbol{x}^{\mathrm{T}}\boldsymbol{B}\boldsymbol{x})R(\boldsymbol{x})=\boldsymbol{x}^{\mathrm{T}}\boldsymbol{A}\boldsymbol{x}$$

两边关于向量 $\boldsymbol{x}$ 求导数,可得

$$2\boldsymbol{B}\boldsymbol{x}R(\boldsymbol{x})+(\boldsymbol{x}^{\mathrm{T}}\boldsymbol{B}\boldsymbol{x})\frac{\mathrm{d}R}{\mathrm{d}\boldsymbol{x}}=2\boldsymbol{A}\boldsymbol{x}$$

因此

$$\frac{\mathrm{d}R}{\mathrm{d}\boldsymbol{x}}=\frac{2}{\boldsymbol{x}^{\mathrm{T}}\boldsymbol{B}\boldsymbol{x}}[\boldsymbol{A}\boldsymbol{x}-R(\boldsymbol{x})\boldsymbol{B}\boldsymbol{x}] \tag{2.17}$$

必要性 设 $\boldsymbol{x}_0$ 是 $R(\boldsymbol{x})$的驻点,则

$$\left.\frac{\mathrm{d}R}{\mathrm{d}\boldsymbol{x}}\right|_{\boldsymbol{x}=\boldsymbol{x}_0}=\boldsymbol{0}$$

由式(2.17)可得

$$\boldsymbol{A}\boldsymbol{x}_0=R(\boldsymbol{x}_0)\boldsymbol{B}\boldsymbol{x}_0$$

即 $\boldsymbol{x}_0$ 为 $\boldsymbol{A}\boldsymbol{x}=\lambda\boldsymbol{B}\boldsymbol{x}$ 的属于特征值 $R(\boldsymbol{x}_0)$的特征向量.

充分性 设 $\boldsymbol{x}_0$ 满足 $\boldsymbol{A}\boldsymbol{x}_0=\lambda\boldsymbol{B}\boldsymbol{x}_0$,则 $\lambda=R(\boldsymbol{x}_0)$,且由式(2.18)可得

$$\left.\frac{\mathrm{d}R}{\mathrm{d}\boldsymbol{x}}\right|_{\boldsymbol{x}=\boldsymbol{x}_0}=\boldsymbol{0}$$

即 $\boldsymbol{x}_0$ 为 $R(\boldsymbol{x})$的驻点. □

由定理 15 的证明过程可得这样的结论:若 $\boldsymbol{x}_0$ 是 $\boldsymbol{A}\boldsymbol{x}=\lambda\boldsymbol{B}\boldsymbol{x}$ 的特征向量,则 $R(\boldsymbol{x}_0)$是与之对应的特征值.

下面论述广义特征值的极小极大原理. 为此将广义特征值问题式(2.6)的特征值(都是实数)按其大小顺序排列为

$$\lambda_1\leqslant\lambda_2\leqslant\cdots\leqslant\lambda_n$$

与之对应的按 $\boldsymbol{B}$ 的标准正交的特征向量为

$$\boldsymbol{x}_1,\boldsymbol{x}_2,\cdots,\boldsymbol{x}_n$$

于是有如下的定理.

定理 16　设 V_k 为 R^n 中的任意一个 k 维子空间,则广义特征值问题式(2.6)的第 k 个特征值和第 $n-k+1$ 个特征值具有下列的极小极大性质

$$\lambda_k=\min_{V_k}\max_{\boldsymbol{0}\neq\boldsymbol{x}\in V_k}R(\boldsymbol{x}) \tag{2.18}$$

$$\lambda_{n-k+1}=\max_{V_k}\min_{\boldsymbol{0}\neq\boldsymbol{x}\in V_k}R(\boldsymbol{x}) \tag{2.19}$$

证明　证明类似于定理 8 的证明. 构造 R^n 的子空间 $W_k=\mathrm{span}\{\boldsymbol{x}_k,\boldsymbol{x}_{k+1},\cdots,\boldsymbol{x}_n\}$,则 $\dim W_k=n-k+1$. 由于 $V_k+W_k\subset R^n$,所以

$$n\geqslant\dim(V_k+W_k)=\dim V_k+\dim W_k-\dim(V_k\cap W_k)=n+1-\dim(V_k\cap W_k)$$

即 $\dim(V_k\cap W_k)\geqslant 1$. 于是存在 $\boldsymbol{0}\neq\boldsymbol{x}_0\in V_k\cap W_k$,使

$$\boldsymbol{x}_0=\alpha_k\boldsymbol{x}_k+\cdots+\alpha_n\boldsymbol{x}_n,\quad \alpha_k^2+\cdots+\alpha_n^2\neq 0$$

所以有

$$\begin{aligned}&\boldsymbol{A}\boldsymbol{x}_0=\alpha_k\lambda_k\boldsymbol{B}\boldsymbol{x}_k+\cdots+\alpha_n\lambda_n\boldsymbol{B}\boldsymbol{x}_n\\&\boldsymbol{x}_0^{\mathrm{T}}\boldsymbol{A}\boldsymbol{x}_0=\alpha_k^2\lambda_k+\cdots+\alpha_n^2\lambda_n\\&\boldsymbol{x}_0^{\mathrm{T}}\boldsymbol{B}\boldsymbol{x}_0=\alpha_k^2+\cdots+\alpha_n^2\\&R(\boldsymbol{x}_0)=\frac{\boldsymbol{x}_0^{\mathrm{T}}\boldsymbol{A}\boldsymbol{x}_0}{\boldsymbol{x}_0^{\mathrm{T}}\boldsymbol{B}\boldsymbol{x}_0}=\frac{\alpha_k^2\lambda_k+\cdots+\alpha_n^2\lambda_n}{\alpha_k^2+\cdots+\alpha_n^2}\geqslant\lambda_k\end{aligned}$$

即

$$\max_{\boldsymbol{0}\neq\boldsymbol{x}\in V_k}R(\boldsymbol{x})\geqslant R(\boldsymbol{x}_0)\geqslant\lambda_k$$

根据 V_k 的任意性,可得

$$\min_{V_k}\max_{\boldsymbol{0}\neq\boldsymbol{x}\in V_k}R(\boldsymbol{x})\geqslant\lambda_k \tag{2.20}$$

为了证明相反的不等式,记 $V_k^0=\mathrm{span}\{\boldsymbol{x}_1,\cdots,\boldsymbol{x}_k\}$,任取 $\boldsymbol{0}\neq\boldsymbol{x}\in V_k^0$,则

$$\boldsymbol{x}=\beta_1\boldsymbol{x}_1+\cdots+\beta_k\boldsymbol{x}_k,\quad \beta_1^2+\cdots+\beta_k^2\neq 0$$

易得

$$R(\boldsymbol{x})=\frac{\boldsymbol{x}^{\mathrm{T}}\boldsymbol{A}\boldsymbol{x}}{\boldsymbol{x}^{\mathrm{T}}\boldsymbol{B}\boldsymbol{x}}=\frac{\beta_1^2\lambda_1+\cdots+\beta_k^2\lambda_k}{\beta_1^2+\cdots+\beta_k^2}\leqslant\lambda_k$$

所以

$$\max_{0\neq x\in V_k^0} R(\boldsymbol{x})\leqslant\lambda_k$$

从而可得

$$\min_{V_k}\max_{0\neq x\in V_k} R(\boldsymbol{x})\leqslant\lambda_k \tag{2.21}$$

综合式(2.20) 与式(2.21)可得结论式(2.18).

因为广义特征值问题$(-\boldsymbol{A})\boldsymbol{x}=\lambda\boldsymbol{B}\boldsymbol{x}$ 的第 k 个特征值(由小到大排列)为$-\lambda_{n-k+1}$,应用式(2.18)可得

$$\begin{aligned}-\lambda_{n-k+1}&=\min_{V_k}\left[\max_{0\neq x\in V_k}\frac{\boldsymbol{x}^{\mathrm{T}}(-\boldsymbol{A})\boldsymbol{x}}{\boldsymbol{x}^{\mathrm{T}}\boldsymbol{B}\boldsymbol{x}}\right]=\min_{V_k}\left[(-1)\min_{0\neq x\in V_k} R(\boldsymbol{x})\right]\\&=(-1)\max_{V_k}\min_{0\neq x\in V_k} R(\boldsymbol{x})\end{aligned}$$

即式(2.19)成立. □

设 V_k 为 R^n 中的任意一个 k 维子空间,则实对称矩阵 $\boldsymbol{A}$ 的第 k 个特征值和第 $n-k+1$ 个特征值(特征值按升序排列)具有以下的极性质

$$\lambda_k=\min_{V_k}\max_{0\neq x\in V_k} R(\boldsymbol{x}) \tag{2.22}$$

$$\lambda_{n-k+1}=\max_{V_k}\min_{0\neq x\in V_k} R(\boldsymbol{x}) \tag{2.23}$$

其中 $R(\boldsymbol{x})$是一般的 Rayleigh 商.

对于 $R(\boldsymbol{x})=\dfrac{\boldsymbol{x}^{\mathrm{T}}\boldsymbol{A}\boldsymbol{x}}{\boldsymbol{x}^{\mathrm{T}}\boldsymbol{x}}(\boldsymbol{x}\neq\boldsymbol{0})$,根据 Rayleigh 商的齐次性质,有

$$\max_{x\in V_k,x\neq 0} R(\boldsymbol{x})=\max_{x\in V_k,\|x\|=1} R(\boldsymbol{x})=\max_{x\in V_k,\|x\|=1}\boldsymbol{x}^{\mathrm{T}}\boldsymbol{A}\boldsymbol{x}$$

因此式(2.22)、(2.23)就是定理 8 对应的结论,定理 8 可以看作定理 16 中 $\boldsymbol{B}=\boldsymbol{I}$ 时的特殊情形.

式(2.18)或式(2.22) 称为**特征值的极小极大原理**,式(2.19)或式(2.23)称为**特征值的极大极小原理**.

设 V_{n-k+1} 是 R^n 的任意一个 $n-k+1$ 维子空间,在式(2.18)或式(2.22)中,令 $n-k+1=k'$,则 $k=n-k'+1$,于是

$$\lambda_{k'}=\lambda_{n-k+1}=\max_{V_k}\min_{0\neq x\in V_k} R(\boldsymbol{x})=\max_{V_{n-k'+1}}\min_{0\neq x\in V_{n-k'+1}} R(\boldsymbol{x})$$

上式两边换 k'为 k,则定理 8 和定理 16 的结论可写成如下形式:

$$\lambda_k=\max_{V_{n-k+1}}\min_{0\neq x\in V_{n-k+1}} R(\boldsymbol{x})$$

即得式(2.22). 同理可得

$$\lambda_{n-k+1}=\min_{V_{n-k+1}}\max_{\mathbf{0}\neq \boldsymbol{x}\in V_{n-k+1}} R(\boldsymbol{x})$$

习　题　2

1. 设 $\lambda_1,\cdots,\lambda_n$ 为实对称矩阵 $\boldsymbol{A}$ 相对于正定矩阵 $\boldsymbol{B}$ 的特征值,证明:$\lambda_1,\cdots,\lambda_n$ 都是实数.

2. 设 $\lambda_1,\cdots,\lambda_n$ 为实对称矩阵 $\boldsymbol{A}$ 相对于正定矩阵 $\boldsymbol{B}$ 的特征值,相应的特征向量 $\boldsymbol{x}_1,\cdots,\boldsymbol{x}_n$ 为按 $\boldsymbol{B}$ 的标准正交向量系. 记 $\boldsymbol{X}=[\boldsymbol{x}_1,\cdots,\boldsymbol{x}_n]$,试证

$$\boldsymbol{X}^{\mathrm{T}}\boldsymbol{A}\boldsymbol{X}=\boldsymbol{D},\quad \boldsymbol{X}^{\mathrm{T}}\boldsymbol{B}\boldsymbol{X}=\boldsymbol{I}$$

其中 $\boldsymbol{D}=\mathrm{diag}(\lambda_1,\cdots,\lambda_n)$.

3. 设 $\boldsymbol{A}=[\alpha_{ij}]_{i,j=1}$ 是实对称矩阵,$\lambda_1,\cdots,\lambda_n$ 是其特征值,证明:

(1) 对 $i=1,2,\cdots,n,\lambda_1\leqslant\alpha_{ii}\leqslant\lambda_n$.

(2) 如果 $\alpha=n^{-1}\sum\limits_{i,j=1}^{n}h_{ij}$,则 $\lambda_1\leqslant\alpha\leqslant\lambda_n$.

4. 对非零对称矩阵 $\boldsymbol{A}$,证明

$$\mathrm{rank}\boldsymbol{A}\geqslant\frac{(\mathrm{tr}\boldsymbol{A})^2}{\mathrm{tr}\boldsymbol{A}^2}$$

并给出等号成立的条件.

5. 若 $\boldsymbol{A}\in R^{n\times n}$ 是正定矩阵,$\boldsymbol{B}\in R^{n\times n}$ 是半正定矩阵,证明:$\det(\boldsymbol{A}+\boldsymbol{B})\geqslant\det\boldsymbol{A}$.

6. 设 $\boldsymbol{A}$ 为正定矩阵,$\boldsymbol{B}$ 是与 $\boldsymbol{A}$ 同阶的对称矩阵. 试证:$\boldsymbol{A}+\boldsymbol{B}$ 为正定矩阵的充要条件是 $\boldsymbol{A}^{-1}\boldsymbol{B}$ 的特征值均大于 1.

7. 对任意的对称矩阵 $\boldsymbol{C}\in R^{n\times n}$,证明:存在满足 $\boldsymbol{AB}=\mathbf{0}$ 的两个唯一非负定矩阵 $\boldsymbol{A}$ 和 $\boldsymbol{B}$,使得 $\boldsymbol{C}=\boldsymbol{A}-\boldsymbol{B}$.

8. 如果对称矩阵 $\boldsymbol{A}$ 至少有一个正的特征值,则 $\max\limits_{\boldsymbol{x}\neq\mathbf{0}}\dfrac{\boldsymbol{x}^{\mathrm{T}}\boldsymbol{A}\boldsymbol{x}}{\boldsymbol{x}^{\mathrm{T}}\boldsymbol{x}}=\max\limits_{\boldsymbol{x}^{\mathrm{T}}\boldsymbol{A}\boldsymbol{x}\neq 1}\dfrac{1}{\boldsymbol{x}^{\mathrm{T}}\boldsymbol{x}}$.

9. 对实对称矩阵 $\boldsymbol{A}$,设 $\boldsymbol{x}\in R^n$ 且 $\|\boldsymbol{x}\|=1$,证明:所有 $\boldsymbol{x}^{\mathrm{T}}\boldsymbol{A}\boldsymbol{x}$ 的集合是它的特征值组成的凸集.

10. 设实对称矩阵 $\boldsymbol{A}$ 和 $\boldsymbol{B}$ 的特征值分别是

$$\lambda_1\leqslant\lambda_2\leqslant\cdots\leqslant\lambda_n\quad\text{和}\quad\mu_1\leqslant\mu_2\leqslant\cdots\leqslant\mu_n$$

如果对于任何单位向量 $\boldsymbol{x}$,恒有

$$|\boldsymbol{x}^{\mathrm{T}}(\boldsymbol{B}-\boldsymbol{A})\boldsymbol{x}|\leqslant\varepsilon$$

证明:$|\mu_k-\lambda_k|\leqslant\varepsilon,k=1,\cdots,n$.

11. 若对称矩阵 $\boldsymbol{A}\in R^{n\times n}$ 的特征值为 $\lambda_i,i=1,\cdots,n$,它的谱半径定义为 $\rho(\boldsymbol{A})=\max_i|\lambda_i|$,用 Weyl 定理 10 证明:对对称矩阵 $\boldsymbol{A},\boldsymbol{B}$,记 $\boldsymbol{A}+\boldsymbol{B}$ 的特征值为 $\mu_i,i=1,\cdots,n$,有

$$|\lambda_i-\mu_i|\leqslant\rho(\boldsymbol{B})$$

12. 基于定理 14 的推论 1 推导对称矩阵 $\boldsymbol{A}$ 的秩 1 更新矩阵的特征值与 $\boldsymbol{A}$ 的特征值之间的关系.

第3章　向量和矩阵的范数及其应用

在计算数学中，特别是在数值代数中，研究算法的收敛性、稳定性及进行误差分析等，都需要用到向量和矩阵的范数，因此，有必要学习向量和矩阵的范数理论. 本章在向量空间 R^n 和矩阵空间 $R^{n\times n}$ 中，研究向量和矩阵范数. 首先分别介绍向量和矩阵范数的各种定义，并讨论它们性质及其应用；最后介绍向量和矩阵范数在线性方程组和矩阵逆的敏感性分析中的应用.

3.1　向量范数

文献(胡茂林，2007)讨论了向量的欧几里得(欧氏)范数，它是由向量内积引出的. 范数是用来度量向量的大小或长度的. 本节将基于范数的公理来定义向量范数，并给出各种向量范数的定义，讨论了它们的性质和应用. 3.2 节将在此基础上，介绍矩阵的范数.

向量范数的定义　R^n 上的一个非负实值函数 $\|\ \|$ 称为**向量范数**，如果对任意的 $\boldsymbol{x},\boldsymbol{y}\in R^n$ 和 $\alpha\in R$，有：

(1) 正定性：$\boldsymbol{x}\neq 0\Rightarrow\|\boldsymbol{x}\|>0$，且 $\|\boldsymbol{x}\|=0$ 当且仅当 $\boldsymbol{x}=\boldsymbol{0}$.

(2) 齐次性：$\|\alpha\boldsymbol{x}\|=|\alpha|\,\|\boldsymbol{x}\|$.

(3) 半可加性：$\|\boldsymbol{x}+\boldsymbol{y}\|\leqslant\|\boldsymbol{x}\|+\|\boldsymbol{y}\|$.

范数是 R^n 中向量的长度或大小的一种度量，即 $\|\boldsymbol{x}\|$ 表示向量 $\boldsymbol{x}$ 的长度. 我们知道向量 $\boldsymbol{x},\boldsymbol{y}$ 和 $\boldsymbol{x}+\boldsymbol{y}$ 可以组成一个三角形，条件(3)的几何意义是三角形两边的和大于等于第三边，因此也称之为**三角不等式**.

由条件(3)还可以得到向量范数关于向量是连续函数，即对 $\forall\,\boldsymbol{x},\boldsymbol{y}\in R^n$，有

$$\big|\,\|\boldsymbol{x}\|-\|\boldsymbol{y}\|\,\big|\leqslant\|\boldsymbol{x}-\boldsymbol{y}\| \tag{3.1}$$

这是因为 $\boldsymbol{x}=(\boldsymbol{x}-\boldsymbol{y})+\boldsymbol{y}$，由条件(3)得

$$\|\boldsymbol{x}\|-\|\boldsymbol{y}\|\leqslant\|\boldsymbol{x}-\boldsymbol{y}\|$$

类似可以证明

$$\|\boldsymbol{y}\|-\|\boldsymbol{x}\|\leqslant\|\boldsymbol{y}-\boldsymbol{x}\|$$

所以式(3.1)成立.

例 1　在 n 维向量空间 R^n 中，对 $\boldsymbol{x}=(x_1,\cdots,x_n)^{\mathrm{T}}$，定义 $\|\boldsymbol{x}\|=$

$\sqrt{x_1^2+x_2^2+\cdots+x_n^2}$，它满足向量范数的三个条件，因此是向量空间 R^n 中的一个范数，称为向量空间 R^n 的**欧氏范数**或**标准范数**.

R^n 上的范数 在向量空间 R^n 上常用的范数是 **l^p**$(1\leqslant p\leqslant\infty)$**范数**，简称 **$p$ 范数**，也称 **Hölder 范数**，其具体定义为：对 $\boldsymbol{x}=(x_1,x_2,\cdots,x_n)^{\mathrm{T}}\in R^n$，有

$$\|\boldsymbol{x}\|_p=(|x_1|^p+\cdots+|x_n|^p)^{1/p} \tag{3.2}$$

在计算机科学和工程上，最常用的 p 范数是 $p=1,2,+\infty$，即

$$\|\boldsymbol{x}\|_1=|x_1|+\cdots+|x_n|$$
$$\|\boldsymbol{x}\|_2=(|x_1|^2+\cdots+|x_n|^2)^{1/2}$$
$$\|\boldsymbol{x}\|_\infty=\max_{1\leqslant i\leqslant n}|x_i|$$

其中 l^1 范数也称为**和范数**，l^∞ 称为**极大范数**，l^2 范数就是通常的欧氏范数.

验证这三个函数满足向量范数公理的三个条件是容易的，而要证明一般的式(3.2)是 R^n 上的向量范数，则需要用到下面的著名 **Hölder 不等式**，见文献(程云鹏，2000).

对 $\boldsymbol{x}=(x_1,x_2,\cdots,x_n)^{\mathrm{T}}$，$\boldsymbol{y}=(y_1,y_2,\cdots,y_n)^{\mathrm{T}}\in R^n$，有

$$\sum_{i=1}^{n}|x_iy_i|\leqslant\|\boldsymbol{x}\|_p\|\boldsymbol{y}\|_q$$

其中 $p,q>1$，且 $\frac{1}{p}+\frac{1}{q}=1$. 当 $p=q=2$ 时，就是 Cauchy-Schwarz 不等式.

在同一个向量空间中，有多种不同的范数可供选择，这是非常重要的，因为对于具体问题来说，某种范数可能更方便或更合适. 例如，因为 l^2 范数除了原点以外是连续可微的，所以适用于优化问题，比如线性最小二乘法. 而 l^1 范数不仅只在一个较小的集合上可微，且在旋转变换下是改变的，但是与 l^2 范数相比，由于没有平方，对较大误差有较好的抑制，所以在统计学中较为常用，它导出的估计比经典的回归估计(即在 l^2 范数下)更合理. l^∞ 范数是取所有分量中最大的，因此是最自然的范数，然而，遗憾的是，不论在分析还是代数上，使用起来都不方便. 需要注意的是在实际应用中，基于一种范数可以很容易地建立起一套理论，但是与这种范数很容易计算可能不是同一回事. 因此，知道两种不同的范数之间的关系是很重要的. 幸运的是，在有限维空间中，所有范数都在很强的意义下是“等价”的(见下面的范数等价性).

诱导范数 在实际应用中，经常需要根据给定范数来构造新的范数，称为诱导范数. 下面的定理1给出一种最简单的构造方法.

定理1 给定 R^m 上的范数 $\|\ \|$，对矩阵 $\boldsymbol{A}\in R_n^{m\times n}(m\geqslant n)$，则

$$v_{\boldsymbol{A}}(\boldsymbol{x})=\|\boldsymbol{A}\boldsymbol{x}\|,\quad \boldsymbol{x}\in R^n$$

所定义的非负实函数 $v_{\boldsymbol{A}}$ 是 R^n 上的范数.

基于矩阵向量乘法的线性性,很容易验证 $v_{\boldsymbol{A}}$ 满足范数定义的三个条件,其中条件 $\boldsymbol{A}\in R_n^{m\times n}(m\geqslant n)$ 的满秩条件保证了范数公理中的第一条成立,即 $v_{\boldsymbol{A}}(\boldsymbol{x})=0$ 的充要条件是 $\boldsymbol{x}=\boldsymbol{0}$.

因为正定矩阵 $\boldsymbol{A}\in R^{n\times n}$ 可以分解为 $\boldsymbol{A}=\boldsymbol{B}^{\mathrm{T}}\boldsymbol{B}$,其中 $\boldsymbol{B}\in R_n^{n\times n}$,所以,二次型 $\boldsymbol{x}^{\mathrm{T}}\boldsymbol{A}\boldsymbol{x}=\|\boldsymbol{B}\boldsymbol{x}\|_2^2$,根据上面的定理有下面的推论.

推论 1 给定正定矩阵 $\boldsymbol{A}\in R^{n\times n}$,则由

$$\|\boldsymbol{x}\|_{\boldsymbol{A}}=(\boldsymbol{x}^{\mathrm{T}}\boldsymbol{A}\boldsymbol{x})^{1/2},\quad \boldsymbol{x}\in R^n \tag{3.3}$$

定义的 $\|\ \|_{\boldsymbol{A}}$ 是 R^n 上的范数,称为**加权范数或椭圆范数**.

根据式(3.3),$\|\ \|_{\boldsymbol{A}}$ 是由 R^n 上的欧氏范数诱导的. 在计算机科学中,式(3.3)所定义的范数是非常重要的,在模式分类理论中常常基于这样的范数对样本进行分类,其中 $\boldsymbol{A}$ 是样本的协方差矩阵.

向量的距离 有了范数,就可以定义两个向量 $\boldsymbol{x},\boldsymbol{y}$ 之间的距离

$$\mathrm{dist}(\boldsymbol{x},\boldsymbol{y})=\|\boldsymbol{x}-\boldsymbol{y}\|$$

可以验证,由范数的三个条件可以推导出上面的定义满足距离公理的三个条件. 在计算机科学中,$\|\ \|_1$ 和 $\|\ \|_\infty$ 诱导的距离分别称为城市方块和棋盘距离,见文献(胡茂林,2007). 向量的 $\|\ \|_2$ 范数表示通常的向量长度,它定义的距离就是欧氏距离,在不混淆的情况下,将用 $\|\ \|$ 表示 $\|\ \|_2$. 特别地在模式识别理论中,由式(3.3)诱导的距离称为 **Mahalanobis 距离**,简称**马氏距离**.

绝对误差和相对误差 有了向量范数,就可以描述向量的近似误差. 假设 $\hat{\boldsymbol{x}}\in R^n$ 是 $\boldsymbol{x}\in R^n$ 的一个近似.

对给定向量范数 $\|\ \|$,称 $e=\|\hat{\boldsymbol{x}}-\boldsymbol{x}\|$ 为 $\hat{\boldsymbol{x}}$ 的**绝对误差**. 如果 $\boldsymbol{x}\neq\boldsymbol{0}$,则称

$$e_{\mathrm{r}}=\frac{\|\hat{\boldsymbol{x}}-\boldsymbol{x}\|}{\|\boldsymbol{x}\|}$$

为 $\hat{\boldsymbol{x}}$ 的**相对误差**.

特别地,在 l^∞ 范数下的相对误差可以看做是 $\hat{\boldsymbol{x}}$ 具有正确有效位数的说法,即表示正确数字的个数. 例如,如果

$$\frac{\|\hat{\boldsymbol{x}}-\boldsymbol{x}\|_\infty}{\|\boldsymbol{x}\|_\infty}\approx 10^{-p}$$

则 $\hat{\boldsymbol{x}}$ 的最大分量至少有 p 位有效数字.

例 2 若 $\boldsymbol{x}=(1.234,0.05674)^{\mathrm{T}}$,$\hat{\boldsymbol{x}}=(1.235,0.05128)^{\mathrm{T}}$,则

$$\|\hat{\boldsymbol{x}}-\boldsymbol{x}\|_\infty/\|\boldsymbol{x}\|_\infty\approx 0.0043\approx 10^{-3}$$

因此 $\hat{x}_1$ 有三位有效数字是正确的，而 $\hat{x}_2$ 仅有一位有效数字是正确的.

范数等价性　在同一个线性空间中，可以引入各种不同的范数. 按照不同的法则规定的范数，其大小一般不等. 例如，对 R^n 中的向量 $\boldsymbol{x}=(1,1,\cdots 1)^{\mathrm{T}}$，有

$$\|\boldsymbol{x}\|_1=n,\quad \|\boldsymbol{x}\|_2=\sqrt{n},\quad \|\boldsymbol{x}\|_\infty=1$$

虽然在 R^n 中，向量的不同范数有不同的值，但是这些范数之间存在着重要的关系. 比如，在分析向量序列收敛性时，它们都表现出明显的一致性，即在一种范数下，向量序列是收敛的，则在所有范数下，向量序列都是收敛的，这种性质称为**范数等价性**.

定理 2　对于 R^n 中任意两种范数 $\|\ \|_\alpha$ 和 $\|\ \|_\beta$(不只限于 p 范数)，总存在正数 C_1,C_2，使得对 R^n 中的任意向量 $\boldsymbol{x}$，都有

$$C_1\|\boldsymbol{x}\|_\beta\leqslant\|\boldsymbol{x}\|_\alpha\leqslant C_2\|\boldsymbol{x}\|_\beta$$

证明　首先对 $\boldsymbol{x}=\boldsymbol{0}$ 结论显然成立，下面对 $\boldsymbol{x}\neq\boldsymbol{0}$ 来证明. 我们知道在 R^n 空间的有界闭集(称为紧集)上的连续函数能达到最大、最小值. 记

$$S^{n-1}=\{\boldsymbol{x}\in R^n:\ \|\boldsymbol{x}\|_\beta=1\}$$

利用范数的连续性，得到 S^{n-1} 是 R^n 中的有界闭集(证明留作习题). 因此，连续范数 $\|\ \|_\alpha$ 在 S^{n-1} 达到最大值 C_2 和最小值 C_1，即对 $\forall\,\boldsymbol{x}\in S^{n-1}$，有

$$C_1\leqslant\|\boldsymbol{x}\|_\alpha\leqslant C_2$$

因此，对 $\boldsymbol{0}\neq\boldsymbol{x}\in R^n$，有

$$C_1\leqslant\left\|\frac{\boldsymbol{x}}{\|\boldsymbol{x}\|_\beta}\right\|_\alpha\leqslant C_2$$

再由范数的齐次性得

$$C_1\|\boldsymbol{x}\|_\beta\leqslant\|\boldsymbol{x}\|_\alpha\leqslant C_2\|\boldsymbol{x}\|_\beta \qquad \square$$

注意定理中的 C_1 和 C_2 只依赖于具体的范数，与空间中的向量 $\boldsymbol{x}$ 没有关系. 对于常用的三个 p 范数，容易证明，对任意的 $\boldsymbol{x}\in R^n$，有

$$\|\boldsymbol{x}\|_\infty\leqslant\|\boldsymbol{x}\|_2\leqslant\|\boldsymbol{x}\|_1\leqslant\sqrt{n}\|\boldsymbol{x}\|_2\leqslant n\|\boldsymbol{x}\|_\infty \tag{3.4}$$

收敛性　定理 2 说明，虽然在向量空间 R^n 上可以定义各种范数，但是在 R^n 上的连续概念却是一致的，即对 R^n 中的任意向量序列 $\boldsymbol{x}_k=(x_1^{(k)},\cdots,x_n^{(k)})^{\mathrm{T}}$，$k=0,1,$

2,…,在范数‖ ‖下,$\lim\limits_{k\to\infty}\|\boldsymbol{x}_k-\boldsymbol{x}_0\|=0$ 当且仅当对 $i=1,2,\cdots,n$,$\lim\limits_{k\to\infty}x_i^{(k)}=x_i^{(0)}$,即按任意范数收敛都等价于按坐标收敛.

收敛率 在理论上,判断一序列是否收敛当然是重要的问题,但是在数值计算中,更重要的是收敛速率.如果给定的迭代算法收敛很慢,比如,产生一个有用的结果需要数百万次迭代,算法就没有实际意义了.

一般,序列$\{\boldsymbol{x}_j\}$称为 k **次收敛**到 $\boldsymbol{x}$,如果存在正数 k 和非零常数 $C>0$,使得

$$\lim_{j\to\infty}\frac{\|\boldsymbol{x}_{j+1}-\boldsymbol{x}\|}{\|\boldsymbol{x}_j-\boldsymbol{x}\|^k}=C \tag{3.5}$$

即对充分大的 j,有 $\|\boldsymbol{x}_{j+1}-\boldsymbol{x}\|\approx C\|\boldsymbol{x}_j-\boldsymbol{x}\|^k$.

在实际中,式(3.5)的一些特殊情形是:

(1) 当 $k=1$ 和 $C<1$,收敛称为**线性**的.

(2) 当 $k>1$,收敛称为**超线性**的.

(3) 当 $k=2$,收敛称为**二次**的.

(4) 当 $k=3$,收敛称为**三次**的.

例如,对 $0<r<1$,r^j、r^{2j} 分别是线性和二次收敛到零的.

对 $k>1$,k 次收敛意味着每迭代一次,正确的数字将 k 倍增加.比如二次收敛,迭代一次,正确的数字加倍.如果在式(3.5)中 $C\approx1$,这是正确的.这是因为若 $\boldsymbol{x}_j$ 与 $\boldsymbol{x}$ 有 s_j 个小数是相等的,即 $\|\boldsymbol{x}_i-\boldsymbol{x}\|\approx10^{-s_j}$,由式(3.5)和 $C\approx1$,得 $\|\boldsymbol{x}_{j+1}-\boldsymbol{x}\|\approx10^{-2s_j}$,即 $\boldsymbol{x}_{j+1}$与 $\boldsymbol{x}$ 有 $2s_j$ 个小数是相同的.即使 $C\gg1$,在极限的情况下,这个说法也是有效的.如果 $C\approx10^t$,则 $\|\boldsymbol{x}-\boldsymbol{x}_{j+1}\|\approx10^{t-2s_j}$.因此,$\boldsymbol{x}_{j+1}$与 $\boldsymbol{x}$ 有 $2s_j-t$ 个小数是相同的.随着 j 的增长,t 变得越来越不重要.一旦 j 充分大,t 就可以被忽略.

现在对线性收敛来估计误差达到一定精度所需要的迭代次数.具体地说,对一次收敛,来估计经过多少次迭代以后,误差减少 10 倍.由式(3.5),有

$$\frac{\|\boldsymbol{x}^{(k+j)}-\boldsymbol{x}\|}{\|\boldsymbol{x}^{(k)}-\boldsymbol{x}\|}\approx C^j$$

假设 j 步迭代后,误差减少 10 倍,即 $C^j\approx10^{-1}$.两边取对数得

$$j\approx\frac{\ln10}{-\ln C}$$

例如,对 $C=0.9969$,$j\approx742$,即大约需要 743 次迭代,误差才减少 10 倍.如果希望误差减少 10^{-8},则需要 $8\times742\approx5930$ 次迭代.

在 j 的计算中,可以用任何基底,通常以 10 为基,但是在理论分析中一般选择基 e.迭代序列的**渐渐收敛率**,定义为

$$R_\infty=-\ln C$$

下标∞表示当迭代次数较大时，即当 $k\to\infty$ 时，这个数才有意义，对小的 k 不一定正确.

由渐渐收敛率 R_∞，当 $C=1$，$R_\infty=0$，表示没有收敛. 当 $C<1$，$R_\infty>0$. C 越小，R_∞ 越大. 随着 $C\to 0$，$R_\infty\to\infty$. R_∞ 加倍表示收敛率的加倍，意味着只需要迭代次数的一半就可以将误差减少给定的倍数.

3.2 矩阵范数

本节将定义各种矩阵范数. 首先将向量范数推广到矩阵情形；其次给出矩阵的诱导范数，这是实际中经常用的矩阵范数；最后给出各种特殊的矩阵范数和基于矩阵范数的子空间距离定义.

矩阵范数　在数学上，矩阵空间 $R^{n\times n}$ 可以看做 n^2 维的实向量空间，如果将 $n\times n$ 矩阵 $\boldsymbol{A}$ 看作向量空间 R^{n^2} 中的"向量"，则可以按照向量的形式定义 $\boldsymbol{A}$ 的范数. 但是矩阵之间还有乘法运算，因此在度量矩阵的"大小"时，需要建立 $\boldsymbol{AB}$ 的"大小"与 $\boldsymbol{A}$ 和 $\boldsymbol{B}$ 的"大小"之间的关系.

在 $R^{n\times n}$ 上的非负实值函数 $\|\ \|$ 称为 $R^{n\times n}$ 的**矩阵范数**，如果对任意的 $\boldsymbol{A},\boldsymbol{B}\in R^{n\times n}$ 和 $\alpha\in R$ 都有：

(1) 正定性. $\boldsymbol{A}\neq\boldsymbol{0}\Leftrightarrow\|\boldsymbol{A}\|>0$，且 $\|\boldsymbol{A}\|=0$ 的充要条件是 $\boldsymbol{A}=\boldsymbol{0}$.

(2) 齐次性. $\|\alpha\boldsymbol{A}\|=|\alpha|\,\|\boldsymbol{A}\|$.

(3) 半可加性. $\|\boldsymbol{A}+\boldsymbol{B}\|\leqslant\|\boldsymbol{A}\|+\|\boldsymbol{B}\|$.

(4) 次乘性. $\|\boldsymbol{AB}\|\leqslant\|\boldsymbol{A}\|\,\|\boldsymbol{B}\|$.

由上面的条件(4)，对任意非零矩阵 $\boldsymbol{A}$，有 $\|\boldsymbol{AI}\|\leqslant\|\boldsymbol{A}\|\,\|\boldsymbol{I}\|$，因此 $\|\boldsymbol{I}\|\geqslant 1$. 如果 $\boldsymbol{A}$ 是可逆矩阵，则由 $\boldsymbol{I}=\boldsymbol{AA}^{-1}$，得 $\|\boldsymbol{I}\|=\|\boldsymbol{AA}^{-1}\|\leqslant\|\boldsymbol{A}\|\,\|\boldsymbol{A}^{-1}\|$，因此逆矩阵范数的下界是

$$\|\boldsymbol{A}^{-1}\|\geqslant\frac{\|\boldsymbol{I}\|}{\|\boldsymbol{A}\|}$$

矩阵的 p 范数　因为矩阵范数定义中的条件(1)～(3)与向量范数的定义是一致的，所以将向量范数引进到矩阵空间时，只要验证条件(4)即可. 下面来考虑 $p=1,2,\infty$ 时的 l^p 矩阵范数.

l^1 范数　对 $\boldsymbol{A}=[a_{ij}]\in R^{n\times n}$，类似向量的 l^1 范数，定义矩阵的 **l^1 范数**为

$$\|\boldsymbol{A}\|_1=\sum_{i,j=1}^{n}|a_{ij}|$$

这是矩阵范数. 因为对 $\boldsymbol{B}=[b_{ij}]\in R^{n\times n}$，有

$$\|\boldsymbol{AB}\|_1=\sum_{i,j=1}^{n}\left|\sum_{k=1}^{n}a_{ik}b_{kj}\right|\leqslant\sum_{i,j,k=1}^{n}|a_{ik}b_{kj}|\leqslant\sum_{i,j,k,m=1}^{n}|a_{ik}b_{mj}|$$

$$= \sum_{i,k=1}^{n} | a_{ik} | \sum_{j,m=1}^{n} | b_{mj} | = \| \boldsymbol{A} \|_1 \| \boldsymbol{B} \|_1$$

l^2 范数 对 $\boldsymbol{A}=[a_{ij}]\in R^{n\times n}$,定义 **$l^2$ 范数**

$$\| \boldsymbol{A} \|_2 = \left(\sum_{i,j=1}^{n} | a_{ij} |^2 \right)^{1/2}$$

这是矩阵范数. 因为由 Cauchy-Schwarz 不等式,得

$$\| \boldsymbol{AB} \|_2^2 = \sum_{i,j=1}^{n} \left| \sum_{k=1}^{n} a_{ik} b_{kj} \right|^2 \leqslant \sum_{i,j=1}^{n} \left(\sum_{k=1}^{n} | a_{ik} |^2 \right) \left(\sum_{k=1}^{n} | b_{kj} |^2 \right)$$
$$\leqslant \left(\sum_{i,k=1}^{n} | a_{ik} |^2 \right) \left(\sum_{j,k=1}^{n} | b_{kj} |^2 \right) = \| \boldsymbol{A} \|_2^2 \| \boldsymbol{B} \|_2^2$$

根据 l^2 范数的定义,可以验证

$$\| \boldsymbol{A} \|_2^2 = \mathrm{tr}(\boldsymbol{A}^{\mathrm{T}} \boldsymbol{A}) = \sum_{i=1}^{n} \lambda_i (\boldsymbol{A}^{\mathrm{T}} \boldsymbol{A})$$

其中 $\mathrm{tr}(\boldsymbol{A}^{\mathrm{T}}\boldsymbol{A})$是 $\boldsymbol{A}^{\mathrm{T}}\boldsymbol{A}$ 的迹,$\lambda_i(\boldsymbol{A}^{\mathrm{T}}\boldsymbol{A})$表示 n 阶对称矩阵 $\boldsymbol{A}^{\mathrm{T}}\boldsymbol{A}$ 的第 i 个特征值.

矩阵 $\boldsymbol{A}$ 的 l^2 矩阵范数是向量空间 R^n 上的欧氏范数 $\| \ \|_2$ 的自然推广,通常也称为 **Frobenius 范数或欧氏范数**,记为 $\| \boldsymbol{A} \|_F$. 当矩阵用列向量表示 $\boldsymbol{A}=[\boldsymbol{a}_1, \boldsymbol{a}_2, \cdots, \boldsymbol{a}_n]$时,有

$$\| \boldsymbol{A} \|_F^2 = \sum_{i=1}^{n} \| \boldsymbol{a}_i \|_2^2$$

即矩阵的 l^2 范数可以表示成 n 个列(或行)向量的 l^2 范数和. 因为在 R^n 上,向量的 l^2 范数在正交变换下是保持不变的,所以对于任意 n 阶正交矩阵 $\boldsymbol{U}$ 和 $\boldsymbol{V}$,都有

$$\| \boldsymbol{A} \|_2 = \| \boldsymbol{UA} \|_2 = \| \boldsymbol{A}^{\mathrm{H}} \|_2 = \| \boldsymbol{AV} \|_2 = \| \boldsymbol{UAV} \|_2$$

这是因为记 $\boldsymbol{A}=[\boldsymbol{a}_1, \boldsymbol{a}_2, \cdots, \boldsymbol{a}_n]$,则

$$\| \boldsymbol{UA} \|_2^2 = \| \boldsymbol{U}[\boldsymbol{a}_1, \boldsymbol{a}_2, \cdots, \boldsymbol{a}_n] \|_2^2 = \| [\boldsymbol{Ua}_1, \boldsymbol{Ua}_2, \cdots, \boldsymbol{Ua}_n] \|_2^2$$
$$= \| \boldsymbol{Ua}_1 \|_2^2 + \| \boldsymbol{Ua}_2 \|_2^2 + \cdots + \| \boldsymbol{Ua}_n \|_2^2$$
$$= \| \boldsymbol{a}_1 \|_2^2 + \| \boldsymbol{a}_2 \|_2^2 + \cdots + \| \boldsymbol{a}_n \|_2^2 = \| \boldsymbol{A} \|_2^2$$

故 $\| \boldsymbol{UA} \|_2 = \| \boldsymbol{A} \|_2$. 类似地可以证明其他的等式.

l^∞ 范数 对 $\boldsymbol{A}=[a_{ij}]\in R^{n\times n}$,定义 **$l^\infty$ 范数**

$$\| \boldsymbol{A} \|_\infty = \max_{1\leqslant i,j\leqslant n} | a_{ij} |$$

这不是矩阵范数. 例如,对矩阵 $\boldsymbol{J}=\begin{bmatrix} 1 & 1 \\ 1 & 1 \end{bmatrix}\in R^{2\times 2}$,可计算得

$$J^2=2J,\quad \|J^2\|_\infty=\|2J\|_\infty=2\|J\|_\infty=2$$

因此不满足 $\|J^2\|_\infty\leqslant\|J\|_\infty\|J\|_\infty=\|J\|_\infty^2$,因而 $\|\ \|_\infty$ 不满足范数定义的次乘性.但是,如果对 $\boldsymbol{A}$ 定义

$$\|\boldsymbol{A}\|_{\max}=n\|\boldsymbol{A}\|_\infty$$

则

$$\begin{aligned}\|\boldsymbol{AB}\|_{\max}&=n\max_{1\leqslant i,j\leqslant n}\left|\sum_{k=1}^n a_{ik}b_{kj}\right|\leqslant n\max_{1\leqslant i,j\leqslant n}\sum_{k=1}^n|a_{ik}b_{kj}|\\&\leqslant n\max_{1\leqslant i,j\leqslant n}\sum_{k=1}^n\|\boldsymbol{A}\|_\infty\|\boldsymbol{B}\|_\infty=n^2\|\boldsymbol{A}\|_\infty\|\boldsymbol{B}\|_\infty\\&=\|\boldsymbol{A}\|_{\max}\|\boldsymbol{B}\|_{\max}\end{aligned}$$

因此,只需要对向量范数 $\|\ \|_\infty$ 作稍微修改就可以使它成为矩阵范数.

诱导矩阵范数　下面讨论由向量范数诱导出的矩阵范数,它将向量范数和矩阵范数联系起来.因此,在矩阵分析中,这类矩阵范数是一类十分重要的范数,通常所谓的矩阵范数就是诱导范数.

给定 R^n 上的向量范数 $\|\ \|$,定义矩阵 $\boldsymbol{A}\in R^{n\times n}$ 的**诱导范数** $|||\ |||$ 为

$$|||\boldsymbol{A}|||=\max_{\|\boldsymbol{x}\|\neq 0}\frac{\|\boldsymbol{Ax}\|}{\|\boldsymbol{x}\|}\tag{3.6}$$

因为矩阵可以看作是线性空间到线性空间的算子,所以诱导范数也称为**算子范数**.在式(3.6)的定义中,因为向量 $\boldsymbol{x}$ 是零次齐次的,所以容易证明式(3.6)等价于

$$|||\boldsymbol{A}|||=\max_{\|\boldsymbol{x}\|=1}\|\boldsymbol{Ax}\|=\max_{\|\boldsymbol{x}\|\leqslant 1}\|\boldsymbol{Ax}\|$$

当把 $\boldsymbol{A}$ 看做是从 R^n 到 R^n 的线性算子时,就可以解释诱导范数的几何意义:每一个 $\boldsymbol{x}\in R^n$ 被映射到向量 $\boldsymbol{Ax}\in R^n$,比值 $\|\boldsymbol{Ax}\|/\|\boldsymbol{x}\|$ 是将 $\boldsymbol{x}$ 变换到 $\boldsymbol{Ax}$ 的放大率.数 $|||\boldsymbol{A}|||$ 则是 $\boldsymbol{A}$ 所能达到的最大放大率,特别对单位矩阵 $\boldsymbol{I}$,有 $|||\boldsymbol{I}|||=1$,即最大放大率是1.

注意可以在不同的空间中,或者在同一空间基于不同的范数来定义诱导范数,因为有关的性质可以类似地推导,所以为了简单计,这里只介绍式(3.6)的定义,读者可以参考文献(Boyd,2004).

在证明诱导范数满足矩阵范数定义的条件之前,首先陈述下面简单但重要的事实.

定理3　对 $\boldsymbol{x}\in R^n$,向量范数和诱导的矩阵范数满足下面不等式:

$$\|\boldsymbol{Ax}\|\leqslant|||\boldsymbol{A}|||\,\|\boldsymbol{x}\|\tag{3.7}$$

且存在非零向量 $x\in R^n$ 使得等式成立.

证明 显然,如果 $x=0$,等式成立. 否则

$$\frac{\| Ax \|}{\| x \|}\leqslant\max_{y\neq 0}\frac{\| Ay \|}{\| y \|}=\| A \|$$

因此 $\| Ax \|\leqslant\| A \|\ \| x \|$. 因为 $\| Ax \|$ 是 x 的连续函数,所以在有界闭集 $\{x\in R^n : \| x \|=1\}$ 上存在 x_0,使得

$$\| Ax_0 \|=\max_{\| x \|=1}\| Ax \|=\| A \|$$

即存在达到最大放大率的向量 x_0,使得式(3.7)中等号成立. □

下面证明诱导范数是矩阵范数.

定理 4 诱导范数是矩阵范数.

证明 由向量范数的定义,可以证明诱导范数满足矩阵范数定义的前三条. 首先证明正定性,即如果 $A\neq 0$,则 $\| A \|>0$. 如果 $A\neq 0$,存在非零向量 $\bar{x}$,使得 $A\bar{x}\neq 0$,由向量范数的定义,$\| A\bar{x} \|>0$ 和 $\| \bar{x} \|>0$. 因此

$$\| A \|=\max_{x\neq 0}\frac{\| Ax \|}{\| x \|}\geqslant\frac{\| A\bar{x} \|}{\| \bar{x} \|}>0$$

现在证明齐次性,因为 Ax 是向量,所以满足向量范数的齐次性,即对 $x\in R^n$ 和 $\alpha\in R$,有 $\| \alpha Ax \|=|\alpha|\,\| Ax \|$. 因此

$$\| \alpha A \|=\max_{x\neq 0}\frac{\| (\alpha A)x \|}{\| x \|}=\max_{x\neq 0}\frac{\| \alpha(Ax) \|}{\| x \|}=\max_{x\neq 0}\frac{|\alpha|\,\| Ax \|}{\| x \|}$$

$$=|\alpha|\max_{x\neq 0}\frac{\| Ax \|}{\| x \|}=|\alpha|\,\| A \|$$

类似地,有

$$\begin{aligned}\| A+B \|&=\max_{x\neq 0}\frac{\| (A+B)x \|}{\| x \|}=\max_{x\neq 0}\frac{\| Ax+Bx \|}{\| x \|}\\&\leqslant\max_{x\neq 0}\frac{\| Ax \|+\| Bx \|}{\| x \|}\leqslant\max_{x\neq 0}\frac{\| Ax \|}{\| x \|}+\max_{x\neq 0}\frac{\| Bx \|}{\| x \|}\\&=\| A \|+\| B \|\end{aligned}$$

这证明了它满足条件(3). 最后用 Bx 代替式(3.7)中的 x,有

$$\| (AB)x \|=\| A(Bx) \|\leqslant\| A \|\ \| Bx \|\leqslant\| A \|\ \| B \|\ \| x \|$$

对非零的 x,不等式两边除以正数 $\| x \|$,有

$$\| AB \|=\max_{x\neq 0}\frac{\| ABx \|}{\| x \|}\leqslant\| A \|\ \| B \|$$

这证明了诱导范数式(3.6)满足矩阵范数的四个条件,因此是矩阵范数. □

诱导矩阵 l^p 范数　下面介绍几个重要的诱导矩阵范数,它们都是由熟知的向量 l^p 范数诱导的. 对 $1\leqslant p\leqslant\infty$,由 l^p 范数诱导的范数称为**诱导矩阵 l^p 范数**,简称**矩阵 l^p 范数**,注意这与前面定义的矩阵 l^p 范数的术语重合,读者应根据上下文进行区别.

根据式(3.6),可以定义诱导的矩阵 l^p 范数为

$$|||\boldsymbol{A}|||_p=\max_{\boldsymbol{x}\neq\boldsymbol{0}}\frac{\|\boldsymbol{A}\boldsymbol{x}\|_p}{\|\boldsymbol{x}\|_p}$$

对于在 $1\leqslant p\leqslant\infty$ 范围的矩阵 l^p 范数,理论上都极其重要,但缺点是计算量比较大,下面只考虑 $p=1,2,\infty$ 三种特殊情形.

诱导矩阵 l^2 范数　矩阵 $\boldsymbol{A}$ 的 l^2 诱导范数也称为**谱范数**,它对应 $\boldsymbol{A}^{\mathrm{T}}\boldsymbol{A}$ 的最大特征值,即

$$|||\boldsymbol{A}|||_2=(\lambda_{\max}(\boldsymbol{A}^{\mathrm{T}}\boldsymbol{A}))^{1/2}$$

这是因为 $\boldsymbol{A}^{\mathrm{T}}\boldsymbol{A}$ 是对称半正定矩阵,所以存在正交矩阵 $\boldsymbol{U}$,使得

$$\boldsymbol{U}^{\mathrm{T}}(\boldsymbol{A}^{\mathrm{T}}\boldsymbol{A})\boldsymbol{U}=\mathrm{diag}(\lambda_1,\lambda_2,\cdots,\lambda_n)$$

其中 $\lambda_i\geqslant0,i=1,\cdots,n$. 记 $\boldsymbol{x}=\boldsymbol{U}\boldsymbol{y}$,则 $\|\boldsymbol{x}\|_2=\|\boldsymbol{y}\|_2$. 根据诱导矩阵范数的定义,

$$\begin{aligned}\|\boldsymbol{A}\boldsymbol{x}\|_2^2=(\boldsymbol{A}\boldsymbol{x})^{\mathrm{T}}\boldsymbol{A}\boldsymbol{x}&=\boldsymbol{x}^{\mathrm{T}}\boldsymbol{A}^{\mathrm{T}}\boldsymbol{A}\boldsymbol{x}=\boldsymbol{y}^{\mathrm{T}}\boldsymbol{U}^{\mathrm{T}}(\boldsymbol{A}^{\mathrm{T}}\boldsymbol{A})\boldsymbol{U}\boldsymbol{y}\\&=\|\mathrm{diag}(\sqrt{\lambda_1},\sqrt{\lambda_2},\cdots,\sqrt{\lambda_n})\boldsymbol{y}\|_2^2\end{aligned}$$

因此

$$|||\boldsymbol{A}|||_2=\max_{\|\boldsymbol{x}\|_2=1}\|\boldsymbol{A}\boldsymbol{x}\|_2=\max_{\|\boldsymbol{y}\|_2=1}\|\mathrm{diag}(\sqrt{\lambda_1},\sqrt{\lambda_2},\cdots,\sqrt{\lambda_n})\boldsymbol{y}\|_2=\max_j\sqrt{\lambda_j}\tag{3.8}$$

由 1.3 节定理 8 的结论,$\boldsymbol{A}^{\mathrm{T}}\boldsymbol{A}$ 和 $\boldsymbol{A}\boldsymbol{A}^{\mathrm{T}}$ 的最大特征值是相同的,因此

$$|||\boldsymbol{A}|||_2=|||\boldsymbol{A}^{\mathrm{T}}|||_2$$

类似谱范数,根据定义可以证明,对正交矩阵 $\boldsymbol{U}$ 和 $\boldsymbol{V}$,有

$$|||\boldsymbol{A}|||_2=|||\boldsymbol{U}\boldsymbol{A}|||_2=|||\boldsymbol{A}\boldsymbol{V}|||_2$$

这是因为对正交矩阵 $\boldsymbol{U}$,有 $\|(\boldsymbol{U}\boldsymbol{A})\boldsymbol{x}\|_2=\|\boldsymbol{U}(\boldsymbol{A}\boldsymbol{x})\|_2=\|\boldsymbol{A}\boldsymbol{x}\|_2$,所以第一个等式成立;对任意正交矩阵 $\boldsymbol{V}$,记 $\boldsymbol{y}=\boldsymbol{V}\boldsymbol{x}$,有 $\|\boldsymbol{y}\|_2=\|\boldsymbol{V}\boldsymbol{x}\|_2=\|\boldsymbol{x}\|_2$,则

$$\frac{\|\boldsymbol{A}\boldsymbol{U}\boldsymbol{x}\|_2}{\|\boldsymbol{x}\|_2}=\frac{\|\boldsymbol{A}\boldsymbol{y}\|_2}{\|\boldsymbol{y}\|_2}$$

所以第二个等式成立.这个结论也可以直接由式(3.8)得到.

下面的例子将在后面用到.

例 3 给定矩阵

$$A=\begin{bmatrix}\mathbf{0} & B\\ C & \mathbf{0}\end{bmatrix}\in R^{n\times n}$$

其中 $B\in R^{k\times(n-k)}$,$C\in R^{(n-k)\times k}$,则

$$|||A|||_2=\max\{|||B|||_2,|||C|||_2\}$$

证明 对 $x\in R^n$ 进行同样的划分,即 $x=(x_1^T,x_2^T)^T$,其中 $x_1\in R^k$,$x_2\in R^{n-k}$.有

$$\begin{aligned}\|Ax\|_2&=(\|Bx_2\|_2^2+\|Cx_1\|_2^2)^{1/2}\leqslant(|||B|||_2^2\|x_2\|_2^2+|||C|||_2^2\|x_1\|_2^2)^{1/2}\\&\leqslant\max\{|||B|||_2,|||C|||_2\}\|x\|\end{aligned}$$

因此

$$|||A|||_2\leqslant\max\{|||B|||_2,|||C|||_2\}$$

下面证明相反的不等式成立.对单位向量 $x_1\in R^k$,记 $y=(x_1^T,\mathbf{0}^T)^T$,则

$$|||C|||_2=\max_{\|x_1\|_2=1}\|Cx_1\|_2=\max_{\|x_1\|_2=1}\|Ay\|_2\leqslant\max_{\|x\|_2=1}\|Ax\|_2=|||A|||_2$$

同理,可证 $|||B|||_2\leqslant|||A|||_2$.因此

$$\max\{|||B|||_2,|||C|||_2\}\leqslant|||A|||_2$$

结合以上两个不等式,得到结论. □

诱导的矩阵 l^1 范数 诱导范数中还有的重要情形是 $p=1$ 和 $p=\infty$,这些范数也比较容易计算.首先考虑由 R^n 上的向量 l^1 范数诱导的矩阵范数,定义为

$$|||A|||_1=\max_{\|x\|_1=1}\|Ax\|_1=\max_{1\leqslant j\leqslant n}\sum_{i=1}^n|a_{ij}| \tag{3.9}$$

记为 $|||A|||_1$.因为它对应矩阵列向量的 l^1 范数中的最大值,所以称为**最大列和范数**.其证明如下.

证明 记 $A=[a_1,a_2,\cdots,a_n]$,且 $x=(x_1,x_2,\cdots,x_n)^T$,则由 l^1 向量范数的半可加性,得

$$\begin{aligned}\|Ax\|_1&=\|x_1a_1+x_2a_2+\cdots+x_na_n\|_1\leqslant|x_1|\|a_1\|_1+|x_2|\|a_2\|_1+\cdots+|x_n|\|a_n\|_1\\&\leqslant(|x_1|+|x_2|+\cdots+|x_n|)\max_{1\leqslant j\leqslant n}\|a_j\|_1=\|x\|_1\max_{1\leqslant j\leqslant n}\|a_j\|_1\end{aligned}$$

因此

$$|||\boldsymbol{A}|||_1=\max_{\boldsymbol{x}\neq\boldsymbol{0}}\frac{\|\boldsymbol{A}\boldsymbol{x}\|_1}{\|\boldsymbol{x}\|_1}\leqslant\max_{1\leqslant i\leqslant n}\|\boldsymbol{a}_i\|_1 \tag{3.10}$$

下面证明上面不等式反过来也成立，为此，只要在 $\|\boldsymbol{x}\|_1=1$ 上找到一点 $\boldsymbol{x}_0$，使得 $\|\boldsymbol{A}\boldsymbol{x}_0\|_1=\max\limits_{1\leqslant j\leqslant n}\|\boldsymbol{a}_j\|_1$，因此 $\max\limits_{1\leqslant j\leqslant n}\|\boldsymbol{a}_j\|\leqslant|||\boldsymbol{A}|||_1$. 设第 k 列的列和最大，即

$$\|\boldsymbol{a}_k\|_1=\max_{1\leqslant j\leqslant n}\|\boldsymbol{a}_j\|_1$$

对 $\boldsymbol{e}_k=(0,\cdots,0,1,0,\cdots,0)^{\mathrm{T}}$，其中 $\|\boldsymbol{e}_k\|_1=1$，有

$$|||\boldsymbol{A}|||_1\geqslant\|\boldsymbol{A}\boldsymbol{e}_k\|_1=\|\boldsymbol{a}_k\|_1=\max_{1\leqslant j\leqslant n}\|\boldsymbol{a}_j\|_1$$

因此

$$|||\boldsymbol{A}|||_1\geqslant\max_{1\leqslant j\leqslant n}\|\boldsymbol{a}_j\|_1 \tag{3.11}$$

结合式(3.10)和式(3.11)，得到式(3.9). □

诱导的矩阵 l^∞ 范数　由 R^n 上的 l^∞ 范数诱导的矩阵范数定义为

$$|||\boldsymbol{A}|||_\infty=\max_{\|\boldsymbol{x}\|_\infty=1}\|\boldsymbol{A}\boldsymbol{x}\|_\infty=\max_{1\leqslant i\leqslant n}\sum_{j=1}^n|a_{ij}| \tag{3.12}$$

记为 $|||\boldsymbol{A}|||_\infty$. 它对应着行和中最大的值，因此也称为**最大行和范数**. 其证明与最大列和范数的证明类似.

证明　首先

$$\|\boldsymbol{A}\boldsymbol{x}\|_\infty\leqslant\max_{1\leqslant i\leqslant n}\left|\sum_{j=1}^n a_{ij}x_j\right|\leqslant\max_{1\leqslant i\leqslant n}\sum_{j=1}^n|a_{ij}x_j|\leqslant\max_{1\leqslant i\leqslant n}\sum_{j=1}^n|a_{ij}|\ \|\boldsymbol{x}\|_\infty$$

因此

$$|||\boldsymbol{A}|||_\infty=\max_{\boldsymbol{x}\neq\boldsymbol{0}}\frac{\|\boldsymbol{A}\boldsymbol{x}\|_\infty}{\|\boldsymbol{x}\|_\infty}\leqslant\max_{i=1,\cdots,n}\sum_{j=1}^n|a_{ij}|$$

下面证明相反的不等式也成立. 如果 $\boldsymbol{A}=\boldsymbol{0}$，显然成立，不妨假设 $\boldsymbol{A}\neq\boldsymbol{0}$. 假定 $\boldsymbol{A}$ 的第 k 行非零，定义向量 $\boldsymbol{z}=(z_1,\cdots,z_n)^{\mathrm{T}}\in R^n$ 为

$$\begin{cases}z_j=\mathrm{sgn}a_{kj}, & a_{kj}\neq 0\\ z_j=1, & a_{kj}=0\end{cases}$$

它们分别是第 k 行对应分量的符号函数. 于是 $\|\boldsymbol{z}\|_\infty=1$，且对 $j=1,\cdots,n$，有 $a_{kj}z_j=|a_{kj}|$，因此

$$\max_{x\neq 0}\frac{\|\boldsymbol{A}\boldsymbol{x}\|_\infty}{\|\boldsymbol{x}\|_\infty}\geqslant\|\boldsymbol{A}\boldsymbol{z}\|_\infty=\max_{1\leqslant i\leqslant n}\left|\sum_{j=1}^n a_{ij}z_j\right|\geqslant\left|\sum_{j=1}^n a_{kj}z_j\right|=\sum_{j=1}^n|a_{kj}|$$

因为上式对 $1\leqslant k\leqslant n$ 都成立，所以

$$\|A\|_\infty = \max_{\|x\|_\infty=1} \|Ax\|_\infty \geqslant \max_{1\leqslant i\leqslant n} \sum_{j=1}^{n} |a_{ij}|$$

结合两个不等式，就得到式(3.12). □

从以上三种诱导的矩阵 l^p 范数的计算可以看出，与 $\|A\|_1$ 和 $\|A\|_\infty$ 相比，$\|A\|_2$ 的计算是复杂的. 然而，如果只是需要估计 $\|A\|_2$ 的值，就可以利用下面关于方阵的等价性结论：

$$\max_{i,j}|a_{ij}| \leqslant \|A\|_2 \leqslant n \max_{i,j}|a_{ij}|$$

$$\frac{1}{\sqrt{n}}\|A\|_\infty \leqslant \|A\|_2 \leqslant \sqrt{n}\|A\|_\infty$$

$$\frac{1}{\sqrt{n}}\|A\|_1 \leqslant \|A\|_2 \leqslant \sqrt{n}\|A\|_1$$

$$\|A\|_2 \leqslant \sqrt{\|A\|_1 \|A\|_\infty}$$

进一步，如果 A 是正规矩阵，对 $p\geqslant 2$，有 $\|A\|_2 \leqslant \|A\|_p$.

注意实际过程中，很少用到矩阵的 l^p 范数，主要是诱导矩阵 l^p 范数. 因此，通常诱导矩阵 l^p 范数也称为矩阵 l^p 范数，且用相同的符号表示，即用 $\|\ \|_p$ 表示 $\|\ \|_p$，以后在上下文不产生混乱的情况下，也将采用类似的符号.

矩阵谱半径及其性质 在特征值估计，广义逆矩阵，数值分析以及数值代数等领域的研究中，矩阵 $A\in R^{n\times n}$ 的谱半径都占有极其重要的地位. 现在介绍有关知识. 特征值的研究一般是在复数域中，因此下面将在复数范围内展开讨论，虽然在计算机科学中遇到的矩阵大多数都是实的.

定义 $A\in C^{n\times n}$ 的 n 个特征值为 $\lambda_1,\lambda_2,\cdots,\lambda_n$ 的最大模为

$$\rho(A)=\max_i|\lambda_i|$$

称为 A 的**谱半径**.

定理 5 设 $A\in C^{n\times n}$，对 $C^{n\times n}$ 上任何一种矩阵范数 $\|\ \|$，都有

$$\rho(A)\leqslant \|A\| \tag{3.13}$$

证明 设 x 为矩阵 A 的属于特征值 λ 的特征向量，取 $X=[x,\cdots,x]$，则由 $Ax=\lambda x$，得 $AX=\lambda X$. 因此对矩阵范数，由次乘性，得

$$|\lambda|\,\|X\| = \|\lambda X\| = \|AX\| \leqslant \|A\|\,\|X\|$$

因此

$$|\lambda| \leqslant \|A\|$$

因为上式对 $\boldsymbol{A}$ 的任意特征值都成立,所以 $\rho(\boldsymbol{A})\leqslant\|\boldsymbol{A}\|$. □

例 4 试用矩阵

$$\boldsymbol{A}=\begin{bmatrix}1-i & 3\\ 2 & 1+i\end{bmatrix}$$

验证式(3.13)对三种常用矩阵诱导范数的正确性.

解 因为 $\det(\lambda\boldsymbol{I}-\boldsymbol{A})=(\lambda-1)^2-5$,所以 $\lambda_1=1+\sqrt{5},\lambda_1=1-\sqrt{5}$,从而

$$\rho(\boldsymbol{A})=1+\sqrt{5}$$

又 $\|\boldsymbol{A}\|_1=\|\boldsymbol{A}\|_\infty=3+\sqrt{2}$,这里矩阵范数是诱导范数.

对谱范数,有

$$\boldsymbol{A}^{\mathrm{H}}\boldsymbol{A}=\begin{bmatrix}6 & 5+5i\\ 5-5i & 11\end{bmatrix},\quad \det(\lambda\boldsymbol{I}-\boldsymbol{A}^{\mathrm{H}}\boldsymbol{A})-\lambda^2-17\lambda+16$$

因此 $\lambda_1(\boldsymbol{A}^{\mathrm{H}}\boldsymbol{A})=16,\lambda_2(\boldsymbol{A}^{\mathrm{H}}\boldsymbol{A})=1$. 于是

$$\|\boldsymbol{A}\|_2=\sqrt{\lambda_1(\boldsymbol{A}^{\mathrm{H}}\boldsymbol{A})}=4$$

故得

$$\rho(\boldsymbol{A})<\|\boldsymbol{A}\|_1,\quad \rho(\boldsymbol{A})<\|\boldsymbol{A}\|_2,\quad \rho(\boldsymbol{A})<\|\boldsymbol{A}\|_\infty$$

例 5 设 $\boldsymbol{A}\in C^{n\times n}$,则 $\rho(\boldsymbol{A}^k)=[\rho(\boldsymbol{A})]^k,k=1,2,\cdots$.

证明 设 $\boldsymbol{A}$ 的 n 个特征值为 $\lambda_1,\lambda_2,\cdots,\lambda_n$,因此,$\boldsymbol{A}^k$ 的 n 个特征值为 $\lambda_1^k,\lambda_2^k,\cdots,\lambda_n^k$. 于是

$$\rho(\boldsymbol{A}^k)=\max_i|\lambda_i^k|=(\max_i|\lambda_i|)^k=[\rho(\boldsymbol{A})]^k$$ □

例 6 对任意非奇异矩阵 $\boldsymbol{A}\in C^{n\times n}$,$\boldsymbol{A}$ 的 l^2 范数为

$$\|\boldsymbol{A}\|_2=\rho^{1/2}(\boldsymbol{A}^{\mathrm{H}}\boldsymbol{A})=\rho^{1/2}(\boldsymbol{A}\boldsymbol{A}^{\mathrm{H}})$$

特别地,当 $\boldsymbol{A}$ 是 Hermite 矩阵时,有

$$\|\boldsymbol{A}\|_2=\rho(\boldsymbol{A})$$

证明 因为

$$\begin{aligned}\|\boldsymbol{A}\|_2&=(\boldsymbol{A}^{\mathrm{H}}\boldsymbol{A}\text{ 的最大特征值})^{1/2}=(\max_i|\lambda_i(\boldsymbol{A}^{\mathrm{H}}\boldsymbol{A})|)^{1/2}\\&=(\rho(\boldsymbol{A}^{\mathrm{H}}\boldsymbol{A}))^{1/2}=\rho^{1/2}(\boldsymbol{A}^{\mathrm{H}}\boldsymbol{A})\end{aligned}$$

当 $\boldsymbol{A}$ 是 Hermite 矩阵时,有

$$\|A\|_2=\rho^{1/2}(A^HA)=\rho^{1/2}(A^2)=\rho(A)$$

故有

$$\|A\|_2=\rho(A)$$ □

一般说来,l^2 范数 $\|A\|_2$ 和谱半径 $\rho(A)$ 可能相差很大,请读者自己举例说明.定理 5 说明矩阵谱半径比任何矩阵范数都小,下面的定理 6 说明谱半径可以非常接近某个矩阵范数.

定理 6 设 $A\in C^{n\times n}$,对任意正数 ε,存在某种矩阵范数 $\|\ \|_M$,使得

$$\|A\|_M\leqslant\rho(A)+\varepsilon \tag{3.14}$$

证明 由 1.1 节定理 6 的 Schur 分解,存在酉矩阵 Q,使得

$$B=Q^HAQ=\begin{bmatrix} b_{11} & b_{12} & b_{13} & \cdots & b_{1n} \\ & b_{22} & b_{23} & \cdots & b_{2n} \\ & & b_{33} & \cdots & b_{3n} \\ & & & \ddots & \vdots \\ & & & & b_{nn} \end{bmatrix}$$

其中右边是上三角矩阵,且 A 的特征值是 $\lambda_i=b_{ii},i=1,\cdots,n$. 记

$$\beta=\max_{1\leqslant j\leqslant k\leqslant n}|b_{jk}| \quad 和 \quad \delta=\min\left(1,\frac{\varepsilon}{(n-1)\beta}\right)$$

记对角矩阵 $D=\mathrm{diag}(1,\delta,\delta^2,\cdots,\delta^{n-1})$,则

$$C=D^{-1}BD=\begin{bmatrix} b_{11} & \delta b_{12} & \delta^2 b_{13} & \cdots & \delta^{n-1}b_{1n} \\ & b_{22} & \delta b_{23} & \cdots & \delta^{n-2}b_{2n} \\ & & b_{33} & \cdots & \delta^{n-3}b_{3n} \\ & & & \ddots & \vdots \\ & & & & b_{nn} \end{bmatrix}$$

根据 l^∞ 范数的定义,有估计式

$$\|C\|_\infty\leqslant\max_{1\leqslant i\leqslant n}|b_{ii}|+(n-1)\delta\beta\leqslant\rho(A)+\varepsilon$$

取 $V=QD$,定义 C^n 上的向量范数 $\|x\|=\|V^{-1}x\|_\infty$,由 $C=V^{-1}AV$ 得,对 $\forall x\in C^n$,有

$$\|Ax\|=\|V^{-1}Ax\|_\infty=\|CV^{-1}x\|_\infty\leqslant\|C\|_\infty\|V^{-1}x\|_\infty=\|C\|_\infty\|x\|$$

因此,由向量范数 $\|x\|=\|V^{-1}x\|_\infty$ 诱导的矩阵范数满足

$$\|A\| \leqslant \|C\|_{\infty} \leqslant \rho(A)+\varepsilon$$ □

定理 6 说明虽然谱半径不是 $C^{n\times n}$ 上的矩阵范数，但是对给定的矩阵 A，它是 A 的所有矩阵范数的最大下界. 需要指出，从定理 6 证明的过程可以看出，矩阵范数是由向量范数 $\|x\|=\|V^{-1}x\|_{\infty}$ 诱导的，其中 V 依赖于给定的矩阵 A. 因此式(3.14)对其他的矩阵不一定成立.

对偶范数　下面考虑特殊的向量诱导的矩阵范数，它是由 R^n 到 R 上的线性映射诱导的，称为对偶范数.

设 $\|\ \|$ 是 R^n 上的向量范数，它的**对偶范数**定义为

$$\|z\|_{*}=\max_{\|x\|=1}|z^{\mathrm{T}}x| \tag{3.15}$$

记为 $\|\ \|_{*}$. 因为点 x 和 $-x$ 都在单位圆 $\|x\|=1$ 上，所以式(3.13)与下面的定义是等价的：

$$\|z\|_{*}=\max_{\|x\|=1}z^{\mathrm{T}}x \tag{3.16}$$

因为 R^n 上的范数是 $\|\ \|$，而 R 上的范数就是绝对值 $|\ |$，所以，对偶范数能看作 $1\times n$ 的矩阵 z^{T} 的诱导(或算子)范数.

容易直接证明 $\|\ \|_{*}$ 是 R^n 上的向量范数. 首先由式(3.13)，$\|\ \|_{*}$ 是正齐次的. 对向量 $z\neq \mathbf{0}$，因为点 $z/\|z\|$ 在单位圆 $\|x\|=1$ 上，所以

$$\|z\|_{*}=\max_{\|x\|=1}(z^{\mathrm{T}}x)\geqslant z^{\mathrm{T}}\frac{z}{\|z\|}=\|z\|$$

即 $\|\ \|_{*}$ 是正定的. 对 $\forall\, y,z\in R^n$，有

$$\begin{aligned}\|y+z\|_{*}&=\max_{\|x\|=1}|(y+z)^{\mathrm{T}}x|\leqslant\max_{\|x\|=1}(|y^{\mathrm{T}}x|+|z^{\mathrm{T}}x|)\\&\leqslant\max_{\|x\|=1}|y^{\mathrm{T}}x|+\max_{\|x\|=1}|z^{\mathrm{T}}x|=\|y\|_{*}+\|z\|_{*}\end{aligned}$$

因此 $\|\ \|_{*}$ 满足三角不等式. 所以 $\|\ \|_{*}$ 是 R^n 上的向量范数.

从对偶范数的定义式(3.15)，可以得到下面的不等式：对 $\forall\, x,z\in R^n$，有

$$|z^{\mathrm{T}}x|\leqslant\|x\|\ \|z\|_{*}$$

且对任取的 x，存在使等式成立的 z(同样地，对任取的 z，存在使等式成立的 x).

对偶范数的对偶是原来的范数：对任意的 x，有 $\|x\|_{**}=\|x\|$，即

$$\|z\|=\max_{\|x\|_{*}=1}z^{\mathrm{T}}x$$

下面考虑向量 l^p 范数的对偶，首先考虑欧氏范数，由 Cauchy-Schwarz 不等式，对任何非零的 z，在 $\|x\|_2=1$ 上，使 $z^{\mathrm{T}}x$ 最大的向量是 $z/\|z\|_2$，因此

$$\max_{\|x\|_2=1} z^{\mathrm{T}}x = \|z\|_2$$

所以欧氏范数的对偶是欧氏范数.

l^1 范数的对偶是 l^∞ 范数,即 $\max\limits_{\|x\|_1=1} z^{\mathrm{T}}x = \max\limits_{1\leqslant i\leqslant n}|z_i| = \|z\|_\infty$. 同理,$l^\infty$ 范数的对偶是 l^1 范数,即 $\max\limits_{\|x\|_\infty=1} z^{\mathrm{T}}x = \sum\limits_{i=1}^{n} |z_i| = \|z\|_1$.

一般,l^p 范数的对偶是 l^q 范数,其中 q 满足 $1/p+1/q=1$,即 $q=p/(1-p)$,见文献(张恭庆,1987).

作为另一个例子,考虑 $R^{n\times n}$ 上谱范数. 对应的对偶范数是

$$\|Z\|_{\mathrm{F}^*} = \max_{\|X\|_{\mathrm{F}}=1} \mathrm{tr}(Z^{\mathrm{T}}X)$$

它是 $Z^{\mathrm{T}}Z$ 的非零特征值,记为 $\lambda_1(Z),\cdots,\lambda_r(Z)$,$r\leqslant n$ 的和,即

$$\|Z\|_{\mathrm{F}^*} = \lambda_1(Z)+\cdots+\lambda_r(Z) = \mathrm{tr}(Z^{\mathrm{T}}Z)^{1/2}$$

其中 $r=\mathrm{rank}Z$. 这个范数有时也称为**核范数**.

子空间之间的距离 第 9 章将要讨论维数相同的子空间序列的收敛性,因此需要定义两个子空间的距离. 文献(胡茂林,2007)讨论了空间上的点到子空间的正交投影,下面利用正交投影算子和矩阵范数来定义两个子空间之间的距离,即度量它们之间的差异.

给定 R^n 中维数相同的两个子空间 L_1 和 L_2,设 P_i 是 R^n 到 L_i 上的正交投影矩阵,定义这两个**子空间距离**为

$$d(L_1,L_2) = \|P_1 - P_2\|_2$$

其中的范数是在向量 l^2 范数诱导下的矩阵范数.

例如,在二维实空间 R^2 上,考虑两个一维子空间 $L_1=\mathrm{span}\{x\}$ 和 $L_2=\mathrm{span}\{y\}$ 之间的距离. 它们是两条过原点的直线,假设它们之间的夹角为 $\theta(0\leqslant\theta\leqslant\pi/2)$,则通过简单的计算可得(见本章习题 10)

$$\mathrm{dist}(L_1,L_2)=\sin\theta$$

即两条直线之间的距离就是这两条直线之间夹角的正弦. 一般,两个子空间的距离可以用正交矩阵的分块来刻画.

定理 7 给定 $n\times n$ 正交矩阵 $W=[\underset{k}{W_1}\quad \underset{n-k}{W_2}]$,$Z=[\underset{k}{Z_1}\quad \underset{n-k}{Z_2}]$,如果 $L_1=R(W_1)$ 和 $L_2=R(Z_1)$,则

$$d(L_1,L_2)=\|W_1^{\mathrm{T}}Z_2\|_2=\|Z_1^{\mathrm{T}}W_2\|_2$$

证明 由 1.2 节的半正交矩阵的有关结论,R^n 到 L_1 和 L_2 上的正交投影分别

为 $\boldsymbol{W}_1\boldsymbol{W}_1^{\mathrm{T}}$ 和 $\boldsymbol{Z}_1\boldsymbol{Z}_1^{\mathrm{T}}$,因此,利用矩阵 l^2 在正交变换下的不变性,得

$$d(L_1,L_2)=\|\boldsymbol{W}_1\boldsymbol{W}_1^{\mathrm{T}}-\boldsymbol{Z}_1\boldsymbol{Z}_1^{\mathrm{T}}\|_2=\|\boldsymbol{W}^{\mathrm{T}}(\boldsymbol{W}_1\boldsymbol{W}_1^{\mathrm{T}}-\boldsymbol{Z}_1\boldsymbol{Z}_1^{\mathrm{T}})\boldsymbol{Z}\|_2$$

而

$$\begin{aligned}\boldsymbol{W}^{\mathrm{T}}(\boldsymbol{W}_1\boldsymbol{W}_1^{\mathrm{T}}-\boldsymbol{Z}_1\boldsymbol{Z}_1^{\mathrm{T}})\boldsymbol{Z}&=(\boldsymbol{W}^{\mathrm{T}}\boldsymbol{W}_1)(\boldsymbol{W}_1^{\mathrm{T}}\boldsymbol{Z})-(\boldsymbol{W}^{\mathrm{T}}\boldsymbol{Z}_1)(\boldsymbol{Z}_1^{\mathrm{T}}\boldsymbol{Z})\\&=\left(\begin{bmatrix}\boldsymbol{W}_1^{\mathrm{T}}\\\boldsymbol{W}_2^{\mathrm{T}}\end{bmatrix}\boldsymbol{W}_1\right)(\boldsymbol{W}_1^{\mathrm{T}}[\boldsymbol{Z}_1\quad\boldsymbol{Z}_2])-\left(\begin{bmatrix}\boldsymbol{W}_1^{\mathrm{T}}\\\boldsymbol{W}_2^{\mathrm{T}}\end{bmatrix}\boldsymbol{Z}_1\right)(\boldsymbol{Z}_1^{\mathrm{T}}[\boldsymbol{Z}_1\quad\boldsymbol{Z}_2])\\&=\begin{bmatrix}\boldsymbol{I}_{k\times k}\\\boldsymbol{0}_{(n-k)\times k}\end{bmatrix}[\boldsymbol{W}_1^{\mathrm{T}}\boldsymbol{Z}_1\quad\boldsymbol{W}_1^{\mathrm{T}}\boldsymbol{Z}_2]-\begin{bmatrix}\boldsymbol{W}_1^{\mathrm{T}}\boldsymbol{Z}_1\\\boldsymbol{W}_2^{\mathrm{T}}\boldsymbol{Z}_1\end{bmatrix}[\boldsymbol{I}_{k\times k}\quad\boldsymbol{0}_{(n-k)\times k}]\\&=\begin{bmatrix}\boldsymbol{W}_1^{\mathrm{T}}\boldsymbol{Z}_1&\boldsymbol{W}_1^{\mathrm{T}}\boldsymbol{Z}_2\\\boldsymbol{0}&\boldsymbol{0}\end{bmatrix}-\begin{bmatrix}\boldsymbol{W}_1^{\mathrm{T}}\boldsymbol{Z}_1&\boldsymbol{0}\\\boldsymbol{W}_2^{\mathrm{T}}\boldsymbol{Z}_1&\boldsymbol{0}\end{bmatrix}=\begin{bmatrix}\boldsymbol{0}&\boldsymbol{W}_1^{\mathrm{T}}\boldsymbol{Z}_2\\-\boldsymbol{W}_2^{\mathrm{T}}\boldsymbol{Z}_1&\boldsymbol{0}\end{bmatrix}\end{aligned}$$

因此,由例 3 得

$$d(L_1,L_2)=\left\|\begin{bmatrix}\boldsymbol{0}_{k\times k}&\boldsymbol{W}_1^{\mathrm{T}}\boldsymbol{Z}_2\\-\boldsymbol{W}_2^{\mathrm{T}}\boldsymbol{Z}_1&\boldsymbol{0}_{(n-k)\times(n-k)}\end{bmatrix}\right\|_2=\max(\|\boldsymbol{W}_1^{\mathrm{T}}\boldsymbol{Z}_2\|_2,\|\boldsymbol{W}_2^{\mathrm{T}}\boldsymbol{Z}_1\|_2)$$

下面证明 $\|\boldsymbol{W}_1^{\mathrm{T}}\boldsymbol{Z}_2\|_2=\|\boldsymbol{Z}_1^{\mathrm{T}}\boldsymbol{W}_2\|_2$. 因为 $\boldsymbol{W}_2^{\mathrm{T}}\boldsymbol{Z}_1$ 和 $\boldsymbol{W}_1^{\mathrm{T}}\boldsymbol{Z}_2$ 都是正交矩阵

$$\boldsymbol{Q}=\begin{bmatrix}\boldsymbol{Q}_{11}&\boldsymbol{Q}_{12}\\\boldsymbol{Q}_{21}&\boldsymbol{Q}_{22}\end{bmatrix}=\begin{bmatrix}\boldsymbol{W}_1^{\mathrm{T}}\boldsymbol{Z}_1&\boldsymbol{W}_1^{\mathrm{T}}\boldsymbol{Z}_2\\\boldsymbol{W}_2^{\mathrm{T}}\boldsymbol{Z}_1&\boldsymbol{W}_2^{\mathrm{T}}\boldsymbol{Z}_2\end{bmatrix}=\boldsymbol{W}^{\mathrm{T}}\boldsymbol{Z}$$

的子矩阵,现在将基于正交矩阵 $\boldsymbol{Q}$ 保持 R^n 中向量的 l^2 范数不变性来证明. 对 $\boldsymbol{x}\in R^k$,且 $\|\boldsymbol{x}\|_2=1$,因为

$$\boldsymbol{Q}\begin{pmatrix}\boldsymbol{x}\\\boldsymbol{0}\end{pmatrix}=\begin{pmatrix}\boldsymbol{Q}_{11}\boldsymbol{x}\\\boldsymbol{Q}_{21}\boldsymbol{x}\end{pmatrix}$$

所以 $\|\boldsymbol{Q}_{11}\boldsymbol{x}\|_2^2+\|\boldsymbol{Q}_{21}\boldsymbol{x}\|_2^2=1$. 于是

$$\|\boldsymbol{Q}_{21}\|_2^2=\max_{\|\boldsymbol{x}\|_2=1}\|\boldsymbol{Q}_{21}\boldsymbol{x}\|_2^2=1-\min_{\|\boldsymbol{x}\|_2=1}\|\boldsymbol{Q}_{11}\boldsymbol{x}\|_2^2$$

对 $\boldsymbol{Q}^{\mathrm{T}}$ 进行类似的讨论,有

$$\|\boldsymbol{Q}_{12}^{\mathrm{T}}\|_2^2=\max_{\|\boldsymbol{x}\|_2=1}\|\boldsymbol{Q}_{21}\boldsymbol{x}\|_2^2=1-\min_{\|\boldsymbol{x}\|_2=1}\|\boldsymbol{Q}_{11}^{\mathrm{T}}\boldsymbol{x}\|_2^2$$

因为 $\|\boldsymbol{Q}_{12}^{\mathrm{T}}\|_2=\|\boldsymbol{Q}_{12}\|_2$ 和 $\min\limits_{\|\boldsymbol{x}\|_2=1}\|\boldsymbol{Q}_{11}^{\mathrm{T}}\boldsymbol{x}\|=\min\limits_{\|\boldsymbol{x}\|_2=1}\|\boldsymbol{Q}_{11}\boldsymbol{x}\|$,所以

$$\|\boldsymbol{Q}_{12}\|_2^2=1-\min_{\|\boldsymbol{x}\|_2=1}\|\boldsymbol{Q}_{11}\boldsymbol{x}\|_2^2$$

$\|\boldsymbol{Q}_{21}\|_2=\|\boldsymbol{Q}_{12}\|_2$,即 $\|\boldsymbol{W}_1^{\mathrm{T}}\boldsymbol{Z}_2\|_2=\|\boldsymbol{Z}_1^{\mathrm{T}}\boldsymbol{W}_2\|_2$. □

注意当 L_1 和 L_2 是 R^n 中的同维子空间时,一般有

$$0 \leqslant d(L_1, L_2) \leqslant 1$$

当 $L_1 = L_2$ 时,左边等号成立;当 $L_1 \cap L_2^{\perp} \neq \{\mathbf{0}\}$ 时,右边等号成立.

在第 6 章,基于矩阵的奇异值分解,将给出子空间之间距离的进一步解释,同时引入不同维子空间的距离定义.

3.3 范数的应用

在实际问题中,线性方程组的系数矩阵和非齐次项都是从实验中得到的,不可避免地存在测量误差,因此很少是精确的. 另外,即使在计算机中存储的方程组是精确的,因为数字计算机的计算是用有限长的字符来完成的,所以在求解过程中,也不可避免地产生舍入误差和舍位误差. 为此,必须要分析线性方程组的解对这些扰动的敏感性,下面将基于向量和矩阵的范数来讨论解的敏感性和扰动对逆矩阵的影响.

首先在一般的背景下介绍数值方法中有关稳定性的概念,对问题研究提供一致的框架;然后讨论特定问题——线性方程组和逆矩阵的稳定性.

良定和问题的条件数 考虑如下问题:求下面问题中的变量 x,

$$F(x,d) = 0 \tag{3.17}$$

其中 d 是测量数据,F 是 x 和 d 之间的函数关系. 在不同的具体问题中,式(3.17)中的变量 x 和 d 可以是实数、向量或者矩阵,甚至是函数. 通常如果给定 F 和 d,求解 x 的问题称为**直接问题**;如果 F 和 x 给定,求解 d 的问题称为**逆问题**;如果 x 和 d 给定,求函数关系 F 则称为**模型问题**,一般的参数估计问题和概率论中的参数和非参数估计都属于这个情形.

一个给定的问题称为**良定**的,如果这个问题存在解,解是唯一的,且解连续地依赖于数据的变化,即给定的数据发生微小改变,解也相应进行微小变化. 良定有时也称**稳定性**,本书主要讨论良定问题. 比如,对直接问题,如果解 x 存在且唯一,并连续地依赖于数据 d,则称为是**良定**的.

如果给定的问题不满足以上三个条件中的任意一条,则称为**病态**或**不稳定**的. 在对病态问题进行数值计算前,必须进行正质化处理,即将它转化成良定问题. 实际上,病态问题本质上不依赖于所采用的数值方法.

例如,在实数范围内求解方程 $x^2 = a$ 就是一个病态的问题,在 $a < 0$ 时不存在解;在 $a = 0$ 时,存在唯一解,但因为在零点一个很小的扰动,解就发生很大的变化,所以解是不稳定的;在 $a > 0$ 时,存在两个解,解不唯一.

对直接问题,连续依赖于数据,意味着数据 d 的小的扰动,解 x 相应地发生"小的"改变. 准确地说,定义 δd 是数据可能的扰动,δx 是解的对应变化,它们满足

$$F(x+\delta x, d+\delta d)=0 \tag{3.18}$$

解的小的改变的意思是:对$\forall d$,$\exists \eta_0=\eta_0(d)>0, K_0=K_0(\eta_0)$,使得

$$\forall \delta d,\quad \|\delta d\| \leqslant \eta_0 \Rightarrow \|\delta x\| \leqslant K_0 \|\delta d\|$$

其中当d和x表示不同类型的变量时,数据和解的范数可以是不同的.

为了进行定量的分析,引入下面的定义.

对问题(3.17),**相对条件数**定义为

$$\kappa(d)=\sup_{\delta d \in D} \frac{\|\delta x\| / \|x\|}{\|\delta d\| / \|d\|} \tag{3.19}$$

其中D是包含原点的邻域,表示数据所允许的扰动范围.当$d=0$或$x=0$时,就必须引入**绝对条件数**

$$\kappa_{\text{abs}}(d)=\sup_{\delta d \in D} \frac{\|\delta x\|}{\|\delta d\|} \tag{3.20}$$

如果对任何可行的数据d,$\kappa(d)$"很大",则问题(3.17)称为**病态**的,其中"小"和"大"的准确含义与具体问题有关.

即使条件数不存在,即为无穷大,问题也不一定是病态的.事实上,存在着条件数是无穷大的良定问题,但是这样的问题可以重新转化为具有有限条件数的等价问题,如代数方程求根问题可以转化为与之有相同的解的良定问题.

问题的良定性是本质的,与用来求解它的数值方法无关.事实上,对良定问题,可以有稳定和不稳定的数值求解方法.算法或数值方法的稳定性概念类似于上面的定义,下面将给出准确的定义.

如果问题(3.17)有唯一的解,则存在映射G,称为数据集到解空间的**解函数**,满足

$$x=G(d)$$

即$F(G(d),d)=0$.根据定义,由式(3.18)得到$x+\delta x=G(d+\delta d)$.假设G关于d是可微的,导数记为$G'(d)$;如果$G: R^n \to R^m$,则$G'(d)$是关于向量d的 Jacobi 矩阵.当$\delta d \to 0$,G的一阶 Taylor 展开式为

$$G(d+\delta d)-G(d)=G'(d)\delta d+o(\|\delta d\|)$$

其中$\|\ \|$是关于d的适当范数,$o(\cdot)$是相对于变量的高阶无穷小量.忽略关于$\|\delta d\|$的高阶无穷小项,由式(3.19)和式(3.20)可以分别得到

$$\kappa(d) \approx \|G'(d)\| \frac{\|d\|}{\|G(d)\|},\quad \kappa_{\text{abs}}(d) \approx \|G'(d)\| \tag{3.21}$$

符号$\|\ \|$表示矩阵范数.在问题(3.17)中,式(3.21)中的估计式有着重要的实际应用价值,见下面的例子.

例 7 代数方程 $x^2-2px+1=0$(其中 $p\geqslant 1$)的解是 $x_\pm=p\pm\sqrt{p^2-1}$. 此时 $F(x,p)=x^2-2px+1$,数据 d 是系数 p,x 是分量为$\{x_+,x_-\}$的向量. 注意这里 x 是二维向量,而不是实数,否则就是病态的. 因此可以构造映射 $G:R\to R^2$,$G(p)=\{x_+,x_-\}$,且令 $G_\pm(p)=x_\pm$,得到 $G'_\pm(p)=1\pm p/\sqrt{p^2-1}$. 在式(3.20)中,取 $\|\ \|=\|\ \|_2$,有

$$\kappa(p)\approx\frac{|p|}{\sqrt{p^2-1}},\quad p>1 \tag{3.22}$$

式(3.22)表明在两个根分开的情形下(如 $p\geqslant\sqrt{2}$),问题 $F(x,p)=0$ 是良定的. 在 $p=1$ 处,根的重数改变很大. 首先,因为 $G_\pm(p)=p\pm\sqrt{p^2-1}$在 $p=1$ 处不可微,它使得式(3.22)没有意义. 另外,式(3.22)表明,当 p 接近于 1 时,所处理的问题就是病态的. 然而这个问题本质上并不是病态的. 事实上,由前面的解释,可以将这个问题转化到形式 $F(x,t)=x^2-((1+t^2)/t)x+1=0$,其中 $t=p+\sqrt{p^2-1}$,当 $t=1$ 时,解 $x_+=t$ 和 $x_-=1/t$ 重合. 所以参数的引入去除了前一个表达式作为 p 的函数的根的奇异性. 在 $t=1$ 的邻域中,两个根 $x_-=x_-(t)$ 和 $x_+=x_+(t)$ 是 t 的正值函数. 对任何 t 的值,式(3.21)中的条件数 $\kappa(t)\approx 1$. 因此变化后的问题是良定的.

方阵的条件数 在这一部分,给出可逆矩阵的条件数的定义,先从线性方程组开始讨论.

例 8 给定非奇异矩阵 $\boldsymbol{A}\in R^{n\times n}$ 和向量 $\boldsymbol{b}\in R^n$,考虑线性方程组 $\boldsymbol{Ax}=\boldsymbol{b}$,其中 $\boldsymbol{x}\in R^n$. 在这种情形下,x 是未知的解向量 $\boldsymbol{x}$,数据 d 是矩阵 $\boldsymbol{A}$ 和向量 $\boldsymbol{b}$.

如果只有方程组的非齐次项 $\boldsymbol{b}$ 存在扰动. 则有 $d=\boldsymbol{b}$,$\boldsymbol{x}=G(\boldsymbol{b})=\boldsymbol{A}^{-1}\boldsymbol{b}$,因此 $G'(\boldsymbol{b})=\boldsymbol{A}^{-1}$. 由式(3.19),得

$$\kappa(d)\approx\frac{\|\boldsymbol{A}^{-1}\|\,\|\boldsymbol{b}\|}{\|\boldsymbol{A}^{-1}\boldsymbol{b}\|}=\frac{\|\boldsymbol{Ax}\|}{\|\boldsymbol{x}\|}\|\boldsymbol{A}^{-1}\|\leqslant\|\boldsymbol{A}\|\,\|\boldsymbol{A}^{-1}\|$$

其中矩阵范数是向量诱导范数. 因此,当 $\boldsymbol{A}$ 是可逆的,在 $\boldsymbol{b}$ 存在扰动时,求解线性方程组 $\boldsymbol{Ax}=\boldsymbol{b}$ 是一个稳定的问题. 因此,可以给出可逆矩阵的条件数定义.

给定可逆矩阵 $\boldsymbol{A}$ 和矩阵范数 $\|\ \|$,$\boldsymbol{A}$ 的**条件数**定义为$\kappa(\boldsymbol{A})=\|\boldsymbol{A}\|\,\|\boldsymbol{A}^{-1}\|$.

例如,$\kappa(\boldsymbol{I})=1$. 对一般可逆矩阵 $\boldsymbol{A}$,由 $\boldsymbol{I}=\boldsymbol{AA}^{-1}$,得

$$1=\|\boldsymbol{I}\|=\|\boldsymbol{AA}^{-1}\|\leqslant\|\boldsymbol{A}\|\,\|\boldsymbol{A}^{-1}\|=\kappa(\boldsymbol{A})$$

因此 $\kappa(\boldsymbol{A})\geqslant 1$,即方阵的条件数至少是 1.

方阵的条件数 $\kappa(\boldsymbol{A})$ 依赖于矩阵范数,基于不同范数的条件数是不同的;可以选择两个范数,使得在一个范数下,条件数很小,在另一个范数下却很大. 对于基于诱导的 l^p 矩阵范数的条件数,一般加下标来区分,例如,$\kappa_\infty(\boldsymbol{A})=\|\boldsymbol{A}\|_\infty\|\boldsymbol{A}^{-1}\|_\infty$,即

$\kappa_p(\boldsymbol{A})$表示矩阵在诱导 l^p 范数下的条件数. 比较有意义的是 $p=1,p=2$ 和 $p=\infty$的条件数.

对 $p=2$,$\boldsymbol{A}$ 的矩阵的诱导 l^2 范数是 $\boldsymbol{A}^{\mathrm{T}}\boldsymbol{A}$ 的最大特征值,因此

$$\kappa_2(\boldsymbol{A})=\|\boldsymbol{A}\|_2\|\boldsymbol{A}^{-1}\|_2=\frac{\sigma_1(\boldsymbol{A})}{\sigma_n(\boldsymbol{A})}$$

其中 $\sigma_1(\boldsymbol{A})$和 $\sigma_n(\boldsymbol{A})$分别是 $\boldsymbol{A}^{\mathrm{T}}\boldsymbol{A}$ 的最大和最小特征值. 对对称正定矩阵,因为

$$\|\boldsymbol{A}\|_2=\sqrt{\rho(\boldsymbol{A}^{\mathrm{T}}\boldsymbol{A})}=\sqrt{\rho(\boldsymbol{A}^2)}=\sqrt{\lambda_{\max}^2}=\lambda_{\max}$$

又因为 $\lambda(\boldsymbol{A}^{-1})=1/\lambda(\boldsymbol{A})$,即有 $\|\boldsymbol{A}^{-1}\|_2=1/\lambda_{\min}$,所以

$$\kappa_2(\boldsymbol{A})=\frac{\lambda_{\max}(\boldsymbol{A})}{\lambda_{\min}(\boldsymbol{A})}=\rho(\boldsymbol{A})\rho(\boldsymbol{A}^{-1})$$

其中 $\lambda_{\max}$和 $\lambda_{\min}$分别是 $\boldsymbol{A}$ 的最大和最小特征值. 故条件数 $\kappa_2(\boldsymbol{A})$可以看做是映射 $\boldsymbol{A}$ 的最大放大率与最小放大率的比.

矩阵逆的扰动分析　因为方阵的行列式是矩阵元素的连续函数,所以非奇异矩阵小的扰动仍然是非奇异的. 下面基于条件数给出小的扰动的度量,从而确保扰动矩阵是非奇异的.

定理 8　如果 $\boldsymbol{A}$ 是非奇异的,且

$$\frac{\|\delta\boldsymbol{A}\|}{\|\boldsymbol{A}\|}<\frac{1}{\kappa(\boldsymbol{A})}\tag{3.23}$$

则 $\boldsymbol{A}+\delta\boldsymbol{A}$ 是非奇异的.

证明　根据条件数的定义,式(3.23)等价于 $\|\delta\boldsymbol{A}\|\ \|\boldsymbol{A}^{-1}\|<1$. 利用反证法,如果 $\boldsymbol{A}+\delta\boldsymbol{A}$ 是奇异的,则存在非零向量 $\boldsymbol{y}$,使得$(\boldsymbol{A}+\delta\boldsymbol{A})\boldsymbol{y}=\boldsymbol{0}$,即 $\boldsymbol{y}=-\boldsymbol{A}^{-1}\delta\boldsymbol{A}\boldsymbol{y}$. 因此

$$\|\boldsymbol{y}\|=\|\boldsymbol{A}^{-1}\delta\boldsymbol{A}\boldsymbol{y}\|\leqslant\|\boldsymbol{A}^{-1}\|\ \|\delta\boldsymbol{A}\|\ \|\boldsymbol{y}\|$$

因为 $\|\boldsymbol{y}\|>0$,不等式两边消去因子 $\|\boldsymbol{y}\|$,得 $1\leqslant\|\boldsymbol{A}^{-1}\|\ \|\delta\boldsymbol{A}\|$,这与 $\|\delta\boldsymbol{A}\|\ \|\boldsymbol{A}^{-1}\|<1$ 矛盾. □

类似于本节的其他定理,对由任何向量范数诱导的矩阵范数定义的条件数,定理 8 都成立. 定理 8 给出了条件数的另一个应用,条件数给出了从 $\boldsymbol{A}$ 到奇异矩阵的最小距离:如果 $\boldsymbol{A}+\delta\boldsymbol{A}$ 是奇异的,则 $\|\delta\boldsymbol{A}\|/\|\boldsymbol{A}\|$ 至少是 $1/\kappa(\boldsymbol{A})$. 在矩阵的范数 l^2 下,这个结果是精确的:如果 $\boldsymbol{A}+\delta\boldsymbol{A}$ 是离 $\boldsymbol{A}$ 最近的奇异矩阵,即如果 $\|\delta\boldsymbol{A}\|_2$ 是使 $\boldsymbol{A}+\delta\boldsymbol{A}$ 奇异的最小值,则 $\|\delta\boldsymbol{A}\|_2/\|\boldsymbol{A}\|_2$ 正好是 $1/\kappa_2(\boldsymbol{A})$(见第 6 章).

现在可以考虑对线性方程组 $\boldsymbol{A}\boldsymbol{x}=\boldsymbol{b}$ 的系数矩阵存在扰动的问题. 只要式(3.23)满足,就能肯定方程组$(\boldsymbol{A}+\delta\boldsymbol{A})\hat{\boldsymbol{x}}=\boldsymbol{b}$ 存在唯一的解. 注意到,如果 $\boldsymbol{A}$ 是病

态的，即$\kappa(\boldsymbol{A})$非常大，则式(3.23)很难满足，只能对非常小的扰动$\delta\boldsymbol{A}$成立. 在另一方面，如果$\boldsymbol{A}$是良定的，$\kappa(\boldsymbol{A})$非常小，式(3.22)对相对较大的扰动也成立.

对$\boldsymbol{A}\in R^{n\times n}$，如果$\|\boldsymbol{A}\|<1$，取定理8的$\boldsymbol{A}$和$\delta\boldsymbol{A}$分别为$\boldsymbol{I}$和$-\boldsymbol{A}$，则可以得到$\boldsymbol{I}-\boldsymbol{A}$是非奇异矩阵. 再由$(\boldsymbol{I}-\boldsymbol{A})^{-1}(\boldsymbol{I}-\boldsymbol{A})=\boldsymbol{I}$，得

$$(\boldsymbol{I}-\boldsymbol{A})^{-1}=\boldsymbol{I}+(\boldsymbol{I}-\boldsymbol{A})^{-1}\boldsymbol{A}$$

于是

$$\|(\boldsymbol{I}-\boldsymbol{A})^{-1}\|\leqslant\|\boldsymbol{I}\|+\|(\boldsymbol{I}-\boldsymbol{A})^{-1}\|\,\|\boldsymbol{A}\|$$

即

$$\|(\boldsymbol{I}-\boldsymbol{A})^{-1}\|\leqslant\frac{\|\boldsymbol{I}\|}{1-\|\boldsymbol{A}\|} \tag{3.24}$$

现在基于式(3.24)证明严格对角占优矩阵是非奇异的，先给出定义. 矩阵$\boldsymbol{A}=[a_{ij}]\in R^{n\times n}$称为**严格对角占优矩阵**，如果对$i=1,2,\cdots,n$，有

$$|a_{ii}|>\sum_{j=1,j\neq i}^{n}|a_{ij}|$$

严格对角占优矩阵的定义保证对角元素a_{ii}，$i=1,\cdots,n$都非零. 记$\boldsymbol{D}=\mathrm{diag}(a_{11},\cdots,a_{nn})$，则$\boldsymbol{D}$是可逆对角矩阵，$\boldsymbol{D}^{-1}\boldsymbol{A}$的主对角线上元素都是1，因此，$\boldsymbol{B}=[b_{ij}]=\boldsymbol{I}-\boldsymbol{D}^{-1}\boldsymbol{A}$的主对角线上元素都是零，且当$i\neq j$时，$b_{ij}=-a_{ij}/a_{ii}$. 考虑最大行和范数$\|\ \|_\infty$，严格对角占优保证$\|\boldsymbol{B}\|_\infty<1$，因此，$\boldsymbol{I}-\boldsymbol{B}=\boldsymbol{D}^{-1}\boldsymbol{A}$可逆，因而$\boldsymbol{A}$可逆.

当矩阵$\boldsymbol{A}$的范数$\|\boldsymbol{A}\|$很小，由于$\|\boldsymbol{A}\|$是它的元素的连续函数，所以，矩阵$\boldsymbol{A}$接近于零矩阵$\boldsymbol{0}$，$(\boldsymbol{I}-\boldsymbol{A})^{-1}$将接近于$\boldsymbol{I}$. 现在考虑$(\boldsymbol{I}-\boldsymbol{A})^{-1}$与单位矩阵$\boldsymbol{I}$逼近程度的度量，即$\|\boldsymbol{I}-(\boldsymbol{I}-\boldsymbol{A})^{-1}\|$的大小. 因为$\|\boldsymbol{A}\|$很小，不妨设$\|\boldsymbol{A}\|<1$，所以$(\boldsymbol{I}-\boldsymbol{A})^{-1}$存在. 又因为

$$(\boldsymbol{I}-\boldsymbol{A})-\boldsymbol{I}=-\boldsymbol{A}$$

两边右乘$(\boldsymbol{I}-\boldsymbol{A})^{-1}$，得$\boldsymbol{I}-(\boldsymbol{I}-\boldsymbol{A})^{-1}=-\boldsymbol{A}(\boldsymbol{I}-\boldsymbol{A})^{-1}$；再左乘$\boldsymbol{A}$，并整理得

$$\boldsymbol{A}(\boldsymbol{I}-\boldsymbol{A})^{-1}=\boldsymbol{A}+\boldsymbol{A}[\boldsymbol{A}(\boldsymbol{I}-\boldsymbol{A})^{-1}]$$

取范数，并利用矩阵范数的次可加性，得

$$\|\boldsymbol{A}(\boldsymbol{I}-\boldsymbol{A})^{-1}\|\leqslant\|\boldsymbol{A}\|+\|\boldsymbol{A}\|\,\|\boldsymbol{A}(\boldsymbol{I}-\boldsymbol{A})^{-1}\|$$

整理后得

$$\|\boldsymbol{A}(\boldsymbol{I}-\boldsymbol{A})^{-1}\|\leqslant\frac{\|\boldsymbol{A}\|}{1-\|\boldsymbol{A}\|}$$

故

$$\|\boldsymbol{I}-(\boldsymbol{I}-\boldsymbol{A})^{-1}\|=\|-\boldsymbol{A}(\boldsymbol{I}-\boldsymbol{A})^{-1}\|\leqslant\frac{\|\boldsymbol{A}\|}{1-\|\boldsymbol{A}\|} \tag{3.25}$$

近似矩阵逆的误差（逆矩阵的摄动） 上面讨论了对单位矩阵逆的扰动分析，

下面研究对一般矩阵逆的敏感性分析. 设$\boldsymbol{A}=[a_{ij}]\in R^{n\times n}$的元素$a_{ij}$有误差$\delta a_{ij}$, $i,j=1,2,\cdots,n$,则精确矩阵应为$\boldsymbol{A}+\delta\boldsymbol{A}$,其中$\delta\boldsymbol{A}=[\delta a_{ij}]$. 若$\boldsymbol{A}$为非奇异矩阵,自然要考虑$\boldsymbol{A}^{-1}$与$(\boldsymbol{A}+\delta\boldsymbol{A})^{-1}$的近似程度. 关于这个问题,有如下的扰动定理.

定理 9　给定$\boldsymbol{A},\boldsymbol{B}\in R^{n\times n}$,其中$\boldsymbol{A}$是非奇异的,如果存在$R^{n\times n}$上的某种矩阵范数$\|\ \|$,使得$\|\boldsymbol{A}^{-1}\boldsymbol{B}\|<1$,则:

(1) $\boldsymbol{A}+\boldsymbol{B}$非奇异.

(2) $\|\boldsymbol{I}-(\boldsymbol{I}+\boldsymbol{A}^{-1}\boldsymbol{B})^{-1}\|\leqslant\dfrac{\|\boldsymbol{A}^{-1}\boldsymbol{B}\|}{1-\|\boldsymbol{A}^{-1}\boldsymbol{B}\|}$.

(3) $\dfrac{\|\boldsymbol{A}^{-1}-(\boldsymbol{A}+\boldsymbol{B})^{-1}\|}{\|\boldsymbol{A}^{-1}\|}\leqslant\dfrac{\|\boldsymbol{A}^{-1}\boldsymbol{B}\|}{1-\|\boldsymbol{A}^{-1}\boldsymbol{B}\|}$.

证明　(1) 由于$\|\boldsymbol{A}^{-1}\boldsymbol{B}\|<1$,所以$\|-\boldsymbol{A}^{-1}\boldsymbol{B}\|<1$. 由定理8, $\boldsymbol{I}+\boldsymbol{A}^{-1}\boldsymbol{B}$是非奇异的,因为两个非奇异矩阵的乘积非奇异,所以$\boldsymbol{A}+\boldsymbol{B}=\boldsymbol{A}(\boldsymbol{I}+\boldsymbol{A}^{-1}\boldsymbol{B})$是非奇异的.

(2) 在式(3.25)中,将$\boldsymbol{A}$换作$-\boldsymbol{A}^{-1}\boldsymbol{B}$,即得结论.

(3) 对$\boldsymbol{A}^{-1}-(\boldsymbol{A}+\boldsymbol{B})^{-1}=[\boldsymbol{I}-(\boldsymbol{I}+\boldsymbol{A}^{-1}\boldsymbol{B})^{-1}]\boldsymbol{A}^{-1}$取范数,并利用结论(2)可得

$$\|\boldsymbol{A}^{-1}-(\boldsymbol{A}+\boldsymbol{B})^{-1}\|\leqslant\frac{\|\boldsymbol{A}^{-1}\boldsymbol{B}\|}{1-\|\boldsymbol{A}^{-1}\boldsymbol{B}\|}\|\boldsymbol{A}^{-1}\|$$

即得结论. □

从定理9的(1)可以得到,如果$\boldsymbol{A}$是满秩的,则所有与$\boldsymbol{A}$充分接近的矩阵也是满秩的. 这些满秩矩阵的每一个被其他的满秩矩阵包围着. 基于拓扑语言,满秩矩阵的集合是$R^{n\times n}$中开的稠密集. 而它的补集,即秩亏矩阵的集合,是无处稠密的闭集. 所以,在某种意义上,几乎所有的矩阵都是满秩的(见第6章).

在定理9中,若采用条件数的记号,则当$\|\boldsymbol{A}\|\ \|(\delta\boldsymbol{A})^{-1}\|<1$时,结论(2)与(3)可以分别记为

$$\|\boldsymbol{I}-(\boldsymbol{I}+\boldsymbol{A}^{-1}\delta\boldsymbol{A})^{-1}\|\leqslant\frac{\kappa(\boldsymbol{A})\dfrac{\|\delta\boldsymbol{A}\|}{\|\boldsymbol{A}\|}}{1-\kappa(\boldsymbol{A})\dfrac{\|\delta\boldsymbol{A}\|}{\|\boldsymbol{A}\|}}$$

$$\frac{\|\boldsymbol{A}^{-1}-(\boldsymbol{A}+\delta\boldsymbol{A})^{-1}\|}{\|\boldsymbol{A}^{-1}\|}\leqslant\frac{\kappa(\boldsymbol{A})\dfrac{\|\delta\boldsymbol{A}\|}{\|\boldsymbol{A}\|}}{1-\kappa(\boldsymbol{A})\dfrac{\|\delta\boldsymbol{A}\|}{\|\boldsymbol{A}\|}}$$

由此可见,矩阵$\boldsymbol{A}$的条件数是决定矩阵逆扰动的一个重要参数. 一般说来,条件数越大, $(\boldsymbol{A}+\delta\boldsymbol{A})^{-1}$与$\boldsymbol{A}^{-1}$的相对误差就越大.

线性方程组解的扰动分析　本节一开始在一般框架下讨论了稳定性与病态问题,引入了条件数. 现在,为了完整起见,直接来讨论线性方程组解的稳定性问题,说明系数矩阵的条件数是度量线性方程组$\boldsymbol{Ax}=\boldsymbol{b}$解的敏感性的唯一重要量.

非齐次项的扰动　考虑线性方程组 $\boldsymbol{Ax}=\boldsymbol{b}$,其中 $\boldsymbol{A}$ 是非奇异的方阵,且 $\boldsymbol{b}$ 是非零向量,因此方程组有唯一的非零解 $\boldsymbol{x}$. 现在假设 $\boldsymbol{b}$ 有一个小的扰动 $\delta\boldsymbol{b}$,考虑扰动方程组 $\boldsymbol{A}\hat{\boldsymbol{x}}=\boldsymbol{b}+\delta\boldsymbol{b}$. 这个方程组也有唯一的解 $\hat{\boldsymbol{x}}$,现在研究它与 $\boldsymbol{x}$ 的近似程度. 记 $\delta\boldsymbol{x}$ 为 $\hat{\boldsymbol{x}}$ 和 $\boldsymbol{x}$ 之间的差,即 $\hat{\boldsymbol{x}}=\boldsymbol{x}+\delta\boldsymbol{x}$. 希望得到这样的结论:当 $\delta\boldsymbol{b}$ 很小时,$\delta\boldsymbol{x}$ 也很小,即式(3.20)有界;当 $\delta\boldsymbol{b}$ 和 $\delta\boldsymbol{x}$ 分别与 $\boldsymbol{b}$ 和 $\boldsymbol{x}$ 相比很小时,即相对误差很小,得到式(3.19)的界. 下面利用向量范数 $\|\ \|$ 来表示这些量的大小. 因为 $\delta\boldsymbol{b}$ 相对于 $\boldsymbol{b}$、$\delta\boldsymbol{x}$ 相对于 $\boldsymbol{x}$ 的大小可以分别用 $\|\delta\boldsymbol{b}\|/\|\boldsymbol{b}\|$ 和 $\|\delta\boldsymbol{x}\|/\|\boldsymbol{x}\|$ 表示,所以,希望得到的结论是:当 $\|\delta\boldsymbol{b}\|/\|\boldsymbol{b}\|$ 很小时,$\|\delta\boldsymbol{x}\|/\|\boldsymbol{x}\|$ 也很小,即式(3.19)有界.

由方程组 $\boldsymbol{Ax}=\boldsymbol{b}$ 和 $\boldsymbol{A}(\boldsymbol{x}+\delta\boldsymbol{x})=\boldsymbol{b}+\delta\boldsymbol{b}$ 可得,$\boldsymbol{A}\delta\boldsymbol{x}=\delta\boldsymbol{b}$,即 $\delta\boldsymbol{x}=\boldsymbol{A}^{-1}\delta\boldsymbol{b}$. 因此对向量范数和它诱导的矩阵范数,有

$$\|\delta\boldsymbol{x}\|=\|\boldsymbol{A}^{-1}\delta\boldsymbol{b}\|\leqslant\|\boldsymbol{A}^{-1}\|\,\|\delta\boldsymbol{b}\|$$

由方程组 $\boldsymbol{b}=\boldsymbol{Ax}$ 得 $\|\boldsymbol{b}\|\leqslant\|\boldsymbol{A}\|\,\|\boldsymbol{x}\|$,即

$$\frac{1}{\|\boldsymbol{x}\|}\leqslant\|\boldsymbol{A}\|\frac{1}{\|\boldsymbol{b}\|}$$

两式结合起来,得

$$\frac{\|\delta\boldsymbol{x}\|}{\|\boldsymbol{x}\|}\leqslant\|\boldsymbol{A}\|\,\|\boldsymbol{A}^{-1}\|\frac{\delta\boldsymbol{b}}{\|\boldsymbol{b}\|} \tag{3.26}$$

式(3.26)表明,当 $\|\delta\boldsymbol{b}\|/\|\boldsymbol{b}\|$ 很小时,$\|\delta\boldsymbol{x}\|/\|\boldsymbol{x}\|$ 也很小. 在条件数 $\kappa(\boldsymbol{A})$ 的记号下,式(3.26)可记为

$$\frac{\|\delta\boldsymbol{x}\|}{\|\boldsymbol{x}\|}\leqslant\kappa(\boldsymbol{A})\frac{\|\delta\boldsymbol{b}\|}{\|\boldsymbol{b}\|} \tag{3.27}$$

因为推导式(3.26)的两式是紧的,所以上式也是紧的,即存在 $\boldsymbol{b}$ 和 $\delta\boldsymbol{b}$(和相应的 $\boldsymbol{x}$ 和 $\delta\boldsymbol{x}$)使得式(3.27)中的等式成立.

从式(3.27)可以看出,如果 $\kappa(\boldsymbol{A})$ 不是很大,则较小的 $\|\delta\boldsymbol{b}\|/\|\boldsymbol{b}\|$ 可以推导出较小的 $\|\delta\boldsymbol{x}\|/\|\boldsymbol{x}\|$. 即方程组对 $\boldsymbol{b}$ 的扰动不太敏感. 因此如果 $\kappa(\boldsymbol{A})$ 不大,则称 $\boldsymbol{A}$ 是良定的. 如果 $\kappa(\boldsymbol{A})$ 很大,则较小的 $\|\delta\boldsymbol{b}\|/\|\boldsymbol{b}\|$ 仍不能保证有较小的 $\|\delta\boldsymbol{x}\|/\|\boldsymbol{x}\|$. 由于式(3.27)是紧的,所以一定存在 $\boldsymbol{b}$ 和 $\delta\boldsymbol{b}$ 使得 $\|\delta\boldsymbol{x}\|/\|\boldsymbol{x}\|$ 比 $\|\delta\boldsymbol{b}\|/\|\boldsymbol{b}\|$ 大很多. 也就是说,方程组对 $\boldsymbol{b}$ 的扰动非常敏感. 因此如果 $\kappa(\boldsymbol{A})$ 很大,则称 $\boldsymbol{A}$ 是病态的.

系数矩阵的扰动　前面讨论了对非齐次项 $\boldsymbol{b}$ 的扰动分析,下面考虑对 $\boldsymbol{A}$ 的扰动分析. 在 $\|\delta\boldsymbol{A}\|/\|\boldsymbol{A}\|$ 很小的情况下,比较方程组 $\boldsymbol{Ax}=\boldsymbol{b}$ 和 $(\boldsymbol{A}+\delta\boldsymbol{A})\hat{\boldsymbol{x}}=\boldsymbol{b}$ 的解.

为了考虑 $\boldsymbol{Ax}=\boldsymbol{b}$ 和 $(\boldsymbol{A}+\delta\boldsymbol{A})\hat{\boldsymbol{x}}=\boldsymbol{b}$ 解之间的关系,记 $\delta\boldsymbol{x}=\hat{\boldsymbol{x}}-\boldsymbol{x}$,即 $\hat{\boldsymbol{x}}=\boldsymbol{x}+\delta\boldsymbol{x}$. 因为得到 $\|\delta\boldsymbol{x}\|/\|\hat{\boldsymbol{x}}\|$ 的上界较为容易,所以先估计 $\|\delta\boldsymbol{x}\|/\|\hat{\boldsymbol{x}}\|$,最后给出

$\|\delta \boldsymbol{x}\| / \|\boldsymbol{x}\|$ 的上界. 在许多情况下, $\|\boldsymbol{x}\|$ 和 $\|\hat{\boldsymbol{x}}\|$ 的差别不大,因此在分母中可以用任何一个.

假设 $\boldsymbol{A}$ 是非奇异的,若 $\boldsymbol{b} \neq \boldsymbol{0}$,设 $\boldsymbol{x}$ 和 $\hat{\boldsymbol{x}}=\boldsymbol{x}+\delta \boldsymbol{x}$ 分别是 $\boldsymbol{A}\boldsymbol{x}=\boldsymbol{b}$ 和 $(\boldsymbol{A}+\delta \boldsymbol{A})\hat{\boldsymbol{x}}=\boldsymbol{b}$ 的解. 将方程组 $(\boldsymbol{A}+\delta \boldsymbol{A})\hat{\boldsymbol{x}}=\boldsymbol{b}$ 分解成 $\boldsymbol{A}\boldsymbol{x}+\boldsymbol{A}\delta \boldsymbol{x}+\delta \boldsymbol{A}\hat{\boldsymbol{x}}=\boldsymbol{b}$,由 $\boldsymbol{A}\boldsymbol{x}=\boldsymbol{b}$ 知,方程组可简化为

$$\delta \boldsymbol{x}=-\boldsymbol{A}^{-1}\delta \boldsymbol{A}\hat{\boldsymbol{x}}$$

因此

$$\|\delta \boldsymbol{x}\| \leqslant \|\boldsymbol{A}^{-1}\| \ \|\delta \boldsymbol{A}\| \ \|\hat{\boldsymbol{x}}\|$$

两边除以 $\|\hat{\boldsymbol{x}}\|$,且由条件数的定义,得

$$\frac{\|\delta \boldsymbol{x}\|}{\|\hat{\boldsymbol{x}}\|} \leqslant \kappa(\boldsymbol{A}) \frac{\|\delta \boldsymbol{A}\|}{\|\boldsymbol{A}\|} \tag{3.28}$$

式(3.28)再次表明 $\boldsymbol{A}$ 的条件数起着决定性的作用. 如果 $\kappa(\boldsymbol{A})$ 不是太大,则 $\boldsymbol{A}$ 的较小的扰动导致 $\boldsymbol{x}$ 的较小的变化,也即 $\|\delta \boldsymbol{x}\| / \|\hat{\boldsymbol{x}}\|$ 很小. 注意上面的结论不需要假设 $\boldsymbol{A}+\delta \boldsymbol{A}$ 的非奇异性,也没有要求 $\delta \boldsymbol{A}$ 的影响比较小. 下面推导 $\|\delta \boldsymbol{x}\| / \|\boldsymbol{x}\|$ 的界却需要这样的假设.

如果 $\boldsymbol{A}$ 是非奇异的矩阵, $\boldsymbol{b} \neq \boldsymbol{0}$,考虑方程组 $\boldsymbol{A}\boldsymbol{x}=\boldsymbol{b}$ 和 $(\boldsymbol{A}+\delta \boldsymbol{A})\hat{\boldsymbol{x}}=\boldsymbol{b}$,在式(3.28)中,用 $\boldsymbol{x}+\delta \boldsymbol{x}$ 代替 $\hat{\boldsymbol{x}}$,由三角不等式,得

$$\|\delta \boldsymbol{x}\| \leqslant \|\boldsymbol{A}^{-1}\| \ \|\delta \boldsymbol{A}\| (\|\boldsymbol{x}\|+\|\delta \boldsymbol{x}\|)=\kappa(\boldsymbol{A}) \frac{\|\delta \boldsymbol{A}\|}{\|\boldsymbol{A}\|}(\|\boldsymbol{x}\|+\|\delta \boldsymbol{x}\|)$$

将包含 $\|\delta \boldsymbol{x}\|$ 的项都移到不等式的左边,得

$$\left(1-\kappa(\boldsymbol{A}) \frac{\|\delta \boldsymbol{A}\|}{\|\boldsymbol{A}\|}\right)\|\delta \boldsymbol{x}\| \leqslant \kappa(\boldsymbol{A}) \frac{\|\delta \boldsymbol{A}\|}{\|\boldsymbol{A}\|}\|\boldsymbol{x}\|$$

如果 $\delta \boldsymbol{A}$ 满足 $\|\delta \boldsymbol{A}\| / \|\boldsymbol{A}\| \leqslant 1 / \kappa(\boldsymbol{A})$,即保证 $\|\delta \boldsymbol{x}\|$ 的系数是正的,因此

$$\frac{\|\delta \boldsymbol{x}\|}{\|\hat{\boldsymbol{x}}\|} \leqslant \frac{\kappa(\boldsymbol{A}) \frac{\|\delta \boldsymbol{A}\|}{\|\boldsymbol{A}\|}}{1-\kappa(\boldsymbol{A}) \frac{\|\delta \boldsymbol{A}\|}{\|\boldsymbol{A}\|}} \tag{3.29}$$

如果 $\boldsymbol{A}$ 是良定的,且 $\|\delta \boldsymbol{A}\| / \|\boldsymbol{A}\|$ 充分小,则 $\|\delta \boldsymbol{A}\| / \|\boldsymbol{A}\| \ll 1 / \kappa(\boldsymbol{A})$. 在这种情形下,式(3.29)右边的分母接近于 1,则式(3.29)可以近似地表示为

$$\frac{\|\delta \boldsymbol{x}\|}{\|\hat{\boldsymbol{x}}\|} \leqslant \kappa(\boldsymbol{A}) \frac{\|\delta \boldsymbol{A}\|}{\|\boldsymbol{A}\|}$$

这与式(3.28)是相同的. 这表明如果 $\boldsymbol{A}$ 是良定的,且 $\|\delta \boldsymbol{A}\| / \|\boldsymbol{A}\|$ 充分小,则

$\|\delta x\|/\|x\|$很小.

在另一个方面,如果A是病态的,即使$\|\delta A\|/\|A\|$很小,式(3.29)说明$\|\delta x\|/\|x\|$仍然可能很大.

到目前为止,我们分别考虑了只对b和A的扰动的影响.这样做只是为了分析上的简单.事实上,可以在单个不等式中同时表示对b和A的扰动的影响,这就是下面的两个定理.

定理 10 设A是非奇异的,且x和$\hat{x}$分别是$Ax=b$和$(A+\delta A)\hat{x}=b+\delta b$的解,若记$\hat{x}=x+\delta x\neq 0$和$\hat{b}=b+\delta b\neq 0$,则

$$\frac{\|\delta x\|}{\|\hat{x}\|}\leqslant\kappa(A)\left(\frac{\|\delta A\|}{\|A\|}+\frac{\|\delta b\|}{\|b\|}+\frac{\|\delta A\|}{\|A\|}\frac{\|\delta b\|}{\|\hat{b}\|}\right)$$

在实际中,不等式右边的最后乘积项通常是高阶无穷小量,因此可以被略去.

定理 11 如果A是非奇异的,$\|\delta A\|/\|A\|<1/\kappa(A)$,$b\neq 0$,$Ax=b$,且$(A+\delta A)(x+\delta x)=b+\delta b$,则

$$\frac{\|\delta x\|}{\|x\|}\leqslant\frac{\kappa(A)\left(\dfrac{\|\delta A\|}{\|A\|}+\dfrac{\|\delta b\|}{\|b\|}\right)}{1-\kappa(A)\dfrac{\|\delta A\|}{\|A\|}}$$

习　题　3

1. 证明对每个$x\in R^n$,$\|x\|_\infty=\lim\limits_{p\to\infty}\|x\|_p$.

2. 证明:如果$0<p<1$,则式(3.2)定义的R^n上的一个函数,这个函数只不满足向量范数定义中的一个条件,这个条件是哪一个?试给一个例子说明.

3. 证明定理 1.

4. 证明式(2.4).

5. 证明关于任何向量范数的等距变换一定是非奇异变换.

6. 在l^1和l^∞范数下的等距变换群是什么?

7. 证明 Frobenius 范数满足$\|AB\|_F\leqslant\|A\|_F\|B\|_F$.

8. 求矩阵$A=[-1\quad 2\quad 1]$和$B=\begin{bmatrix}-i & 2 & 3\\ 1 & 0 & i\end{bmatrix}$的$\|\ \|_1$,$\|\ \|_\infty$和$\|\ \|_2$.

9. 设λ为矩阵$A\in C^{m\times m}$的特征值,证明:$|\lambda|\leqslant\sqrt[m]{\|A^m\|}$.

10. 直接证明平面上两条过原点的直线之间的距离是它们夹角的正弦.

11. 若$A=\begin{bmatrix}B & 0\\ 0 & C\end{bmatrix}$,其中$B\in R^{k\times k}$,$C\in R^{(n-k)\times(n-k)}$,证明:$\|A\|_2=\max\{\|B\|_2,\|C\|_2\}$.

12. 设矩阵A非奇异,λ是它的任意一个特征值,证明

$$|\lambda|\geqslant\frac{1}{\|A^{-1}\|}$$

13. 证明:如果$\| \boldsymbol{I} \| \geqslant 1$,则$\kappa(\mathbf{A}) \geqslant 1$.

14. 证明对任意给定的范数,$\kappa(\boldsymbol{AB}) \leqslant \kappa(\mathbf{A})\kappa(\boldsymbol{B})$,且对任意正数$\alpha$,有$\kappa(\alpha\mathbf{A}) = \alpha\kappa(\mathbf{A})$.

15. 设$\boldsymbol{A} \in C^{n\times n}$可逆,$\boldsymbol{B} \in C^{n\times n}$,证明:若对某种矩阵范数有$\| \boldsymbol{B} \| < \dfrac{1}{\| \mathbf{A}^{-1} \|}$,则$\boldsymbol{A}+\boldsymbol{B}$可逆.

16. 证明$R^{n\times n}$上的l^1范数$\| \mathbf{A} \|_1 = \sum\limits_{i,j=1}^{n} |\alpha_{ij}|$不是诱导范数.

17. 如果$\mathbf{A} \in R^{n\times n}$是奇异的,证明对任意矩阵范数$\| \ \|$,都有$\| \boldsymbol{I} - \mathbf{A} \| \geqslant 1$.

18. 已知$\mathbf{A} = \begin{bmatrix} 2 & 1 \\ 1 & 2 \end{bmatrix}$,$\delta\mathbf{A} = \begin{bmatrix} 0 & 0.5 \\ 0.2 & 0 \end{bmatrix}$,试估计

$$\frac{\| \mathbf{A}^{-1} - (\mathbf{A}+\delta\mathbf{A})^{-1} \|_\infty}{\| \mathbf{A}^{-1} \|_\infty}$$

19. 证明在$R^{n\times n}$空间中,所有可逆矩阵的集合是稠密的开集;所有不可逆矩阵的集合是稀疏的闭集.

第4章 三角分解和满秩分解

矩阵分解就是把矩阵分解为形式简单或具有某种特殊形式的矩阵乘积.一方面,这些分解形式能明显地反映出原矩阵的某些数值特征,如矩阵的秩、行列式、特征值及奇异值等;另一方面分解的方法与过程提供了某些有效的数值检索方法和理论分析依据,因此矩阵分解在矩阵理论的研究与应用中,都是十分重要的.本章和第5、6两章将介绍在计算机科学中常用的矩阵分解.本章主要基于初等变换对一般矩阵进行三角分解,对正定矩阵,即为Cholesky分解,并讨论了不同的分解方法,最后介绍基于初等变换的矩阵满秩分解.

4.1 Gauss消去法与矩阵的三角分解

本节从求解线性方程组的最基本方法——Gauss消去法开始,引入矩阵的三角分解.Gauss消去法与矩阵的三角分解在本质上是一样的,只是处理的问题不同.

Gauss消去法 在计算方法中,已经学习过求解n元线性方程组

$$\begin{cases}a_{11}x_1+a_{12}x_2+\cdots+a_{1n}x_n=b_1\\ a_{21}x_1+a_{22}x_2+\cdots+a_{2n}x_n=b_2\\ \quad\vdots\\ a_{n1}x_1+a_{n2}x_2+\cdots+a_{nn}x_n=b_n\end{cases}\tag{4.1}$$

的Gauss主元消去法.对中小规模线性方程组的求解,即阶数不太高(如不超过1000),Gauss消去法是最常用的方法.在1.2节,已经说明对系数矩阵是三角形的线性方程组,求解是非常容易的,只要用向前或向后代入法就可以给出解的表达式.Gauss消去法的基本思想就是将系数矩阵$\boldsymbol{A}$(或增广矩阵$[\boldsymbol{A}\quad \boldsymbol{b}]$)简化为上三角矩阵(或上阶梯矩阵)来求解.消去法有三种形式:按自然顺序选主元法,即按主对角元的顺序,按列选主元法以及整体选主元法.

矩阵的**三角分解**就是将矩阵$\boldsymbol{A}$分解成两个矩阵的乘积,即$\boldsymbol{A}=\boldsymbol{LU}$,其中$\boldsymbol{L}$和$\boldsymbol{U}$分别为下、上三角矩阵.为了建立矩阵的三角分解理论,现在用矩阵语言描写Gauss消元法的消元过程,记方程(4.1)的矩阵形式为

$$\boldsymbol{Ax}=\boldsymbol{b}\tag{4.2}$$

其中$\boldsymbol{A}=[a_{ij}]_{n\times n}$,$\boldsymbol{x}=(x_1,x_2,\cdots,x_n)^{\mathrm{T}}$,$\boldsymbol{b}=(b_1,b_2,\cdots,b_n)^{\mathrm{T}}$.首先介绍按自然顺序

选主元进行消元，即按行进行初等变换将矩阵 $\boldsymbol{A}$ 化为上三角矩阵.

Gauss 变换　对矩阵进行三角分解就是对矩阵进行一系列的初等变换(由下三角矩阵表示)，逐步将矩阵简化为一个上三角矩阵. 对矩阵的列向量来说，矩阵三角分解的核心算法是：对于任意给定的向量 $\boldsymbol{x}\in R^n$，找一个下三角矩阵，使得 $\boldsymbol{x}$ 经过矩阵作用后的第 $k+1$ 到第 n 个分量为零. 为此，构造如下形式的初等下三角阵：

$$\boldsymbol{L}_k=\boldsymbol{I}-\boldsymbol{l}_k\boldsymbol{e}_k^{\mathrm{T}}$$

其中 $\boldsymbol{l}_k=(0,\cdots,0,l_{k+1,k},\cdots,l_{n,k})^{\mathrm{T}}$，即

$$\boldsymbol{L}_k=\begin{bmatrix}1 & & & & & \\ & \ddots & & & & \\ & & 1 & & & \\ & & -l_{k+1,k} & 1 & & \\ & & \vdots & & \ddots & \\ & & -l_{n,k} & & & 1\end{bmatrix}$$

其中未写出的元素都是零(以下类似). 这种类型的初等下三角矩阵称为 **Gauss 变换**，而称向量 $\boldsymbol{l}_k$ 为 **Gauss 向量**.

对于给定向量 $\boldsymbol{x}=(x_1,\cdots,x_n)^{\mathrm{T}}\in R^n$，有

$$\boldsymbol{L}_k\boldsymbol{x}=(x_1,\cdots,x_k,x_{k+1}-x_kl_{k+1,k},\cdots,x_n-x_kl_{n,k})^{\mathrm{T}}$$

因此，当 $x_k\neq0$ 时，只要取

$$l_{ik}=\frac{x_i}{x_k},\quad i=k+1,\cdots,n$$

就有

$$\boldsymbol{L}_k\boldsymbol{x}=(x_1,\cdots,x_k,0,\cdots,0)^{\mathrm{T}}$$

Gauss 变换 $\boldsymbol{L}_k$ 具有许多非常好的性质，例如，可以直接得到它的逆矩阵. 因为 $\boldsymbol{l}_k$ 的前 k 个分量为零，$\boldsymbol{e}_k^{\mathrm{T}}\boldsymbol{l}_k=0$，所以

$$(\boldsymbol{I}-\boldsymbol{l}_k\boldsymbol{e}_k^{\mathrm{T}})(\boldsymbol{I}+\boldsymbol{l}_k\boldsymbol{e}_k^{\mathrm{T}})=\boldsymbol{I}-\boldsymbol{l}_k\boldsymbol{e}_k^{\mathrm{T}}\boldsymbol{l}_k\boldsymbol{e}_k^{\mathrm{T}}=\boldsymbol{I}$$

即

$$\boldsymbol{L}_k^{-1}=\boldsymbol{I}+\boldsymbol{l}_k\boldsymbol{e}_k^{\mathrm{T}}$$

对给定 $\boldsymbol{A}\in R^{n\times n}$，有

$$\boldsymbol{L}_k\boldsymbol{A}=(\boldsymbol{I}-\boldsymbol{l}_k\boldsymbol{e}_k^{\mathrm{T}})\boldsymbol{A}=\boldsymbol{A}-\boldsymbol{l}_k(\boldsymbol{e}_k^{\mathrm{T}}\boldsymbol{A})$$

即 Gauss 变换对矩阵的作用就是对矩阵进行秩一修正.

三角分解　Gauss 消去法实际上是利用初等变换，将矩阵 $\boldsymbol{A}$ 转化成一个上三

角矩阵 $\boldsymbol{U}$，记这些初等变换矩阵为 $\boldsymbol{L}_1,\cdots,\boldsymbol{L}_{n-1}$，则

$$\boldsymbol{L}_{n-1}\cdots\boldsymbol{L}_1\boldsymbol{A}=\boldsymbol{U}$$

这样就将方程组(4.2)转化到等价的方程组 $\boldsymbol{U}\boldsymbol{x}=\boldsymbol{b}'$，其中 $\boldsymbol{b}'=\boldsymbol{L}_n\cdots\boldsymbol{L}_1\boldsymbol{b}$，一般线性方程组的求解变换成一个比较容易求解的三角方程组.

例 1 通过初等变换将下面矩阵转化为上三角矩阵：

$$\boldsymbol{A}=\begin{bmatrix}1 & -1 & 2\\ 2 & 0 & 5\\ 3 & 5 & 13\end{bmatrix}$$

解 首先将 $\boldsymbol{A}$ 的第一列中的两个元素 a_{21}, a_{31} 转化为零，因此构造初等矩阵为

$$\boldsymbol{L}_1=\begin{bmatrix}1 & & \\ -2 & 1 & \\ -3 & & 1\end{bmatrix}$$

记

$$\boldsymbol{A}^{(1)}=\boldsymbol{L}_1\boldsymbol{A}=\begin{bmatrix}1 & -1 & 2\\ 0 & 2 & 1\\ 0 & 8 & 7\end{bmatrix}$$

再进行对应于 $\boldsymbol{L}_2$ 的初等行变换，就可以将 $\boldsymbol{A}^{(1)}$ 的元素 $a_{32}^{(1)}$ 变成零

$$\boldsymbol{L}_2=\begin{bmatrix}1 & & \\ & 1 & \\ & -4 & 1\end{bmatrix}$$

即

$$\boldsymbol{L}_2\boldsymbol{A}^{(1)}=\boldsymbol{L}_2\boldsymbol{L}_1\boldsymbol{A}=\begin{bmatrix}1 & -1 & 2\\ 0 & 2 & 1\\ 0 & 0 & 3\end{bmatrix}$$

现在说明对一般矩阵 $\boldsymbol{A}=[a_{ij}]_{n\times n}$，在一定条件下，$n-1$ 个 Gauss 变换 $\boldsymbol{L}_1,\cdots,\boldsymbol{L}_{n-1}$ 就可以使得 $\boldsymbol{L}_{n-1}\cdots\boldsymbol{L}_1\boldsymbol{A}$ 为上三角矩阵. 事实上，记 $\boldsymbol{A}^{(0)}=\boldsymbol{A}$，并假定已求出 $k-1$ 个 Gauss 变换 $\boldsymbol{L}_1,\cdots,\boldsymbol{L}_{k-1}\in R^{n\times n}(k<n)$，使得

$$\boldsymbol{A}^{(k-1)}=\boldsymbol{L}_{k-1}\cdots\boldsymbol{L}_1\boldsymbol{A}=\begin{bmatrix}\boldsymbol{A}_{11}^{(k-1)} & \boldsymbol{A}_{12}^{(k-1)}\\ \boldsymbol{0} & \boldsymbol{A}_{22}^{(k-1)}\end{bmatrix} \tag{4.3}$$

其中 $\boldsymbol{A}_{11}^{(k-1)}$ 是 $k-1$ 阶上三角阵，$\boldsymbol{A}_{22}^{(k-1)}$ 为

$$A_{22}^{(k-1)}=\begin{bmatrix} a_{kk}^{(k-1)} & \cdots & a_{kn}^{(k-1)} \\ \vdots & & \vdots \\ a_{nk}^{(k-1)} & \cdots & a_{nn}^{(k-1)} \end{bmatrix}$$

如果 $a_{kk}^{(k-1)}\neq 0$,则可以构造 Gauss 变换 $\boldsymbol{L}_k$,使得 $\boldsymbol{L}_k\boldsymbol{A}^{(k-1)}$ 中第 k 列中最后 $n-k$ 个元素为 0. 由前面介绍的 Gauss 变换可知,这样的 $\boldsymbol{L}_k$ 应为

$$\boldsymbol{L}_k=\boldsymbol{I}-\boldsymbol{l}_k\boldsymbol{e}_k^{\mathrm{T}}$$

其中 $\boldsymbol{l}_k=(0,\cdots,0,l_{k+1,k},\cdots,l_{nk})^{\mathrm{T}},l_{ik}=\dfrac{a_{ik}^{(k-1)}}{a_{kk}^{(k-1)}},i=k+1,\cdots,n$. 因为 $a_{kk}^{(k-1)}\neq 0$,所以 $\boldsymbol{L}_k$ 是唯一确定的. 对于这样确定的 $\boldsymbol{L}_k$,有

$$\boldsymbol{A}^{(k)}=\boldsymbol{L}_k\boldsymbol{A}^{(k-1)}=\begin{bmatrix} \boldsymbol{A}_{11}^{(k)} & \boldsymbol{A}_{12}^{(k)} \\ \boldsymbol{0} & \boldsymbol{A}_{22}^{(k)} \end{bmatrix}$$

其中 $\boldsymbol{A}_{11}^{(k)}$ 是 k 阶上三角阵.

注意根据 Gauss 变换的表达式,$\boldsymbol{L}_k$ 对 $\boldsymbol{A}^{(k-1)}$ 的作用只改变式(4.3)中的 $\boldsymbol{A}_{22}^{(k-1)}$,对 $\boldsymbol{A}^{(k-1)}$ 的前 $k-1$ 行,即 $\boldsymbol{A}_{11}^{(k-1)}$ 和 $\boldsymbol{A}_{12}^{(k-1)}$,没有影响. 利用这个特点,在实际对矩阵进行三角分解编程时,可以节省计算量和存储空间.

从 $k=1$ 出发,如此进行 $n-1$ 步,最终所得矩阵 $\boldsymbol{A}^{(n-1)}$ 即为所要求的上三角形式. 记

$$\boldsymbol{L}=(\boldsymbol{L}_{n-1}\boldsymbol{L}_{n-2}\cdots\boldsymbol{L}_1)^{-1},\quad \boldsymbol{U}=\boldsymbol{A}^{(n-1)}$$

则 $\boldsymbol{A}=\boldsymbol{L}\boldsymbol{U}$.

$\boldsymbol{L}$ 是下三角阵是因为下三角阵的乘积和逆都是下三角阵. 事实上,根据 Gauss 变换的性质,可以很容易给出 $\boldsymbol{L}$ 的表达式. 注意到对 $j<i$,有 $\boldsymbol{e}_j^{\mathrm{T}}\boldsymbol{l}_i=0$,因此

$$\begin{aligned}\boldsymbol{L}&=\boldsymbol{L}_1^{-1}\cdots\boldsymbol{L}_{n-1}^{-1}=(\boldsymbol{I}+\boldsymbol{l}_1\boldsymbol{e}_1^{\mathrm{T}})(\boldsymbol{I}+\boldsymbol{l}_2\boldsymbol{e}_2^{\mathrm{T}})\cdots(\boldsymbol{I}+\boldsymbol{l}_{n-1}\boldsymbol{e}_{n-1}^{\mathrm{T}})\\&=\boldsymbol{I}+\boldsymbol{l}_1\boldsymbol{e}_1^{\mathrm{T}}+\cdots+\boldsymbol{l}_{n-1}\boldsymbol{e}_{n-1}^{\mathrm{T}}\end{aligned}$$

即 $\boldsymbol{L}$ 的形式是

$$\boldsymbol{L}=\boldsymbol{I}+[\boldsymbol{l}_1\quad \boldsymbol{l}_2\quad \cdots\quad \boldsymbol{l}_{n-1}\quad \boldsymbol{0}]=\begin{bmatrix} 1 & & & & \\ l_{21} & 1 & & & \\ l_{31} & l_{32} & 1 & & \\ \vdots & \vdots & \vdots & \ddots & \\ l_{n1} & l_{n2} & l_{n3} & \cdots & 1 \end{bmatrix}\tag{4.4}$$

因此,$\boldsymbol{L}$ 是一个容易计算的单位下三角矩阵.

Gauss 消去法的运算次数是

$$\sum_{k=1}^{n-1}((n-k)+2(n-k)^2)=\frac{n(n-1)}{2}+\frac{n(n-1)(2n-1)}{3}=\frac{2}{3}n^3+O(n^2)$$

即该算法的运算量是$\frac{2}{3}n^3$ flop.

$\boldsymbol{L}$ 的主对角元素都是 1,因此称为**单位下三角矩阵**;类似地,上三角矩阵 $\boldsymbol{U}$ 也可以分解成对角矩阵与单位上三角矩阵的乘积.

给定矩阵 $\boldsymbol{A}\in R^{n\times n}$,将方阵 $\boldsymbol{A}$ 分解成一个下三角矩阵 $\boldsymbol{L}$ 和一个上三角矩阵 $\boldsymbol{U}$ 的乘积的分解称为 $\boldsymbol{A}$ 的**三角分解**或 **LU 分解**. 类似地,可以将方阵 $\boldsymbol{A}$ 分解成 $\boldsymbol{A}=\boldsymbol{LDU}$,其中 $\boldsymbol{L}$ 是单位下三角矩阵,$\boldsymbol{D}$ 是对角矩阵,$\boldsymbol{U}$ 是单位上三角矩阵,这样的分解称为 $\boldsymbol{A}$ 的 **LDU 分解**.

三角分解的存在性和唯一性 下面研究方阵三角分解的存在性和唯一性问题. 在上面介绍的三角分解中,通常称 Gauss 消去过程中的 $a_{kk}^{(k-1)}$ 为**主元**. 因为主元出现在分母中,因此只有当 $a_{kk}^{(k-1)}\neq 0,k=1,\cdots,n-1$ 时,分解才能进行到底. 下面的定理给出主元不为零的条件.

定理 1 给定矩阵 $\boldsymbol{A}\in R^{n\times n}$,主元 $a_{ii}^{(i-1)},i=1,\cdots,k$ 均不为零的充分必要条件是 $\boldsymbol{A}$ 的顺序主子式 $\Delta_i,i=1,\cdots,k$ 都不为零.

因为所进行的初等变换只是用矩阵的一行乘以某个常数加到另一行,所以保持顺序主子式,即有 $\Delta_i=a_{ii}^{(i)}\cdots a_{11}^{(1)},i=1,\cdots,k$;这也可以由 Gauss 变换矩阵的行列式是 1 得到. 因此可以证明此定理.

关于唯一性,在通常意义下,方阵的 LU 分解不是唯一的,这是因为如果 $\boldsymbol{A}=\boldsymbol{LU}$ 是 $\boldsymbol{A}$ 的一个三角分解,对非奇异的对角矩阵 $\boldsymbol{D}$,有 $\boldsymbol{A}=\boldsymbol{LU}=\boldsymbol{LDD}^{-1}\boldsymbol{U}=\widetilde{\boldsymbol{L}}\widetilde{\boldsymbol{U}}$. 因为 $\boldsymbol{LD}=\widetilde{\boldsymbol{L}},\boldsymbol{D}^{-1}\boldsymbol{U}=\widetilde{\boldsymbol{U}}$ 也分别是上、下三角矩阵,所以 $\widetilde{\boldsymbol{L}}\widetilde{\boldsymbol{U}}$ 也是 $\boldsymbol{A}$ 的一个三角分解. 这说明了矩阵的三角分解不是唯一的,但在一定的条件下,分解是唯一的.

定理 2 设 $\boldsymbol{A}=[a_{ij}]$是 n 阶矩阵,$\boldsymbol{A}$ 可以唯一地分解为单位下三角矩阵 $\boldsymbol{L}$ 和上三角矩阵 $\boldsymbol{U}$ 的乘积当且仅当 $\boldsymbol{A}$ 的前 $n-1$ 个顺序主子式 $\Delta_i\neq 0,i=1,\cdots,n-1$.

证明 LU 分解的存在性可以用 Gauss 消去法得到. 这里给出另一种证明方法,它同时证明了唯一性.

假设顺序主子式 $\Delta_i\neq 0,i=1,\cdots,n-1$,用归纳法证明 $\boldsymbol{A}$ 存在唯一的 LU 分解,其中 $l_{ii}=1,i=1,\cdots,n$. 记 $\boldsymbol{A}$ 的主子阵为 $\boldsymbol{A}_i,i=1,\cdots,n-1$,下面对 i 进行归纳证明.

对 $i=1$ 是显然存在的. 假设对 $i-1$,$\boldsymbol{A}_{i-1}$ 存在唯一的 LU 分解 $\boldsymbol{A}_{i-1}=\boldsymbol{L}^{(i-1)}\boldsymbol{U}^{(i-1)}$,其中 $l_{kk}^{(i-1)}=1,k=1,\cdots,i-1$,下面证明对 $\boldsymbol{A}_i$ 也存在唯一的分解. 记 $\boldsymbol{A}_i$ 的分块形式为

$$\boldsymbol{A}_i=\begin{bmatrix}\boldsymbol{A}_{i-1} & \boldsymbol{c}\\ \boldsymbol{d}^{\mathrm{T}} & a_{ii}\end{bmatrix}$$

假设 $\boldsymbol{A}_i$ 可以进行如下形式的分解：

$$\boldsymbol{A}_i=\boldsymbol{L}^{(i)}\boldsymbol{U}^{(i)}=\begin{bmatrix}\boldsymbol{L}^{(i-1)} & \boldsymbol{0}\\ \boldsymbol{l}^{\mathrm{T}} & 1\end{bmatrix}\begin{bmatrix}\boldsymbol{U}^{(i-1)} & \boldsymbol{u}\\ \boldsymbol{0}^{\mathrm{T}} & u_{ii}\end{bmatrix}\tag{4.5}$$

式(4.5)右边是所需要的分块矩阵乘积；与 $\boldsymbol{A}$ 对应元素进行比较，得到向量 $\boldsymbol{l}$ 和 $\boldsymbol{u}$ 分别是线性方程组 $\boldsymbol{L}^{(i-1)}\boldsymbol{u}=\boldsymbol{c}$ 和 $\boldsymbol{l}^{\mathrm{T}}\boldsymbol{U}^{(i-1)}=\boldsymbol{d}^{\mathrm{T}}$ 的解.

因为 $0\neq\det(\boldsymbol{A}_{i-1})=\det(\boldsymbol{L}^{(i-1)})\det(\boldsymbol{U}^{(i-1)})$，矩阵 $\boldsymbol{L}^{(i-1)}$ 和 $\boldsymbol{U}^{(i-1)}$ 是非奇异的，所以 $\boldsymbol{l}$ 和 $\boldsymbol{u}$ 存在且唯一.

因此 $\boldsymbol{A}_i$ 分解唯一存在，其中 $u_{ii}=a_{ii}-\boldsymbol{l}^{\mathrm{T}}\boldsymbol{u}$ 是唯一确定的. 这就完成了充分性的证明.

下面证明必要性，即如果 $\boldsymbol{A}$ 的 LU 分解存在唯一，则 $\boldsymbol{A}$ 的前 $n-1$ 个主子式非零. 以下分 $\boldsymbol{A}$ 是奇异的和非奇异的两种情形处理. 假设 $\boldsymbol{A}$ 是非奇异的，则由分解式(4.4)，有

$$\det(\boldsymbol{A}_i)=\det(\boldsymbol{L}^{(i)})\det(\boldsymbol{U}^{(i)})=u_{11}u_{22}\cdots u_{ii}\tag{4.6}$$

取 $i=n$，因为 $\boldsymbol{A}$ 是非奇异的，所以 $u_{11}u_{22}\cdots u_{nn}\neq 0$. 因此对 $i=1,\cdots,n-1$，有 $\det(\boldsymbol{A}_i)=u_{11}u_{22}\cdots u_{ii}\neq 0$，由 $\boldsymbol{A}_i$ 的定义知，$\boldsymbol{A}$ 的顺序主子式都不为零.

如果 $\boldsymbol{A}$ 是奇异的，则 $\boldsymbol{U}$ 的主对角元素中至少有一个零. 设 k 是所有零元素中的最小指标，由式(4.6)，在前 k 步的分解是没有问题的. 对 $k+1$ 步，因为矩阵 $\boldsymbol{U}^{(k)}$ 是奇异的，$\boldsymbol{l}^{\mathrm{T}}$ 的存在唯一性当然失去，所以分解不是唯一的. 因此为了使整个矩阵 $\boldsymbol{A}$ 的唯一分解能进行下去，直到 $k=n-1$，元素 u_{kk} 一定非零，因此由式(4.6)，所有顺序主子式一定满足 $\Delta_i\neq 0, i=1,2,\cdots,n-1$. □

基于式(4.5)的分解算法可以看做是矩阵 LU 分解的更新算法. 现在举例说明定理中顺序主子式不为零的条件是必要的，如果定理的条件不满足，即对 $i=1,\cdots,n-1$，存在一个主子式 Δ_i 是奇异的，则三角分解可能不存在或存在不唯一.

例如，考虑矩阵

$$\boldsymbol{B}=\begin{bmatrix}1 & 2\\ 1 & 2\end{bmatrix},\quad \boldsymbol{C}=\begin{bmatrix}0 & 1\\ 2 & 0\end{bmatrix},\quad \boldsymbol{D}=\begin{bmatrix}0 & 1\\ 0 & 2\end{bmatrix}$$

根据定理 1，奇异矩阵 $\boldsymbol{B}$，有非奇异的主子式 $\Delta_1=1$，因此存在唯一的 LU 分解. 对矩阵 $\boldsymbol{C}$、$\boldsymbol{D}$，第一主子式都是零，不满足定理的条件，因此，它们的 LU 分解分别是不存在和不唯一的.

对矩阵 $\boldsymbol{C}$，如果 $\boldsymbol{C}$ 可以分解成

$$\boldsymbol{C}=\boldsymbol{L}\boldsymbol{U}=\begin{bmatrix}l_{11} & 0\\ l_{21} & l_{22}\end{bmatrix}\begin{bmatrix}u_{11} & u_{12}\\ 0 & u_{22}\end{bmatrix}$$

则由 $l_{11}u_{11}=0$ 得 l_{11},u_{11} 中至少有一个为零,因此 $\boldsymbol{L}$ 或 $\boldsymbol{U}$ 是奇异的,这与 $\boldsymbol{LU}=\boldsymbol{A}$ 非奇异矛盾. 分解不存在.

可以验证,矩阵 $\boldsymbol{D}$ 存在多个分解 $\boldsymbol{D}=\boldsymbol{L}_\alpha\boldsymbol{U}_\alpha$,其中

$$\boldsymbol{L}_\alpha=\begin{bmatrix}1&0\\\alpha&1\end{bmatrix},\quad \boldsymbol{U}_\alpha=\begin{bmatrix}0&1\\0&2-\alpha\end{bmatrix},\quad \forall\alpha\in R$$

在实际问题中,满足主子式不为零的矩阵通常有行对角占优、列对角占优和对称正定矩阵.

下面推论说明,矩阵可以进行三角分解与有唯一的 LDU 分解是等价的.

推论 1 如果矩阵 $\boldsymbol{A}$ 的顺序主子式 $\Delta_i\neq0,i=1,2,\cdots,n-1$,则 $\boldsymbol{A}$ 可唯一地分解为 $\boldsymbol{A}=\boldsymbol{LDU}$,其中 $\boldsymbol{L}$ 是单位下三角矩阵,$\boldsymbol{U}$ 是单位上三角矩阵,$\boldsymbol{D}$ 是对角矩阵

$$\boldsymbol{D}=\mathrm{diag}(d_1,d_2,\cdots,d_n)$$

其中 $d_i=\dfrac{\Delta_i}{\Delta_{i-1}},i=1,2,\cdots,n,\Delta_0=1$.

证明 由定理 1,$\boldsymbol{A}$ 存在着唯一分解 $\boldsymbol{A}=\boldsymbol{L}\widetilde{\boldsymbol{U}}$,其中 $l_{ii}=1,i=1,\cdots,n$. 记对角元素为 $u_{ii},i=1,\cdots,n$ 的对角矩阵为 $\boldsymbol{D}$,其中 $u_{ii}=\Delta_k/\Delta_{k-1},k=1,\cdots,n$. 如果 $\boldsymbol{A}$ 是非奇异的,则 $\boldsymbol{U}$ 也是非奇异的,因此 u_{ii} 都不为零,则 $\boldsymbol{A}=\boldsymbol{LD}(\boldsymbol{D}^{-1}\widetilde{\boldsymbol{U}})$. 记 $\boldsymbol{U}=\boldsymbol{D}^{-1}\widetilde{\boldsymbol{U}}$,它是单位上三角矩阵. 如果 $\boldsymbol{A}$ 是奇异的,记 $\boldsymbol{U}=\mathrm{diag}(d_1,\cdots,d_{n-1},1)^{-1}\overline{\boldsymbol{U}}$,其中 $\overline{\boldsymbol{U}}$ 与 $\widetilde{\boldsymbol{U}}$ 的差别只是元素 $u_{nn}=1$,其他元素都相同,因此 $\boldsymbol{A}=\boldsymbol{LDU}$ 总成立. 分解的唯一性由 LU 分解的唯一性保证. □

例 2 求矩阵

$$\boldsymbol{A}=\begin{bmatrix}2&-1&3\\1&2&1\\2&4&2\end{bmatrix}$$

的 LDU 分解.

解 因为 $\Delta_1=2,\Delta_2=5$,所以 $\boldsymbol{A}$ 有唯一的 LDU 分解. 构造 Gauss 矩阵

$$\boldsymbol{L}_1=\begin{bmatrix}1&&\\-\dfrac{1}{2}&1&\\-1&0&1\end{bmatrix},\quad \boldsymbol{L}_1^{-1}=\begin{bmatrix}1&&\\\dfrac{1}{2}&1&\\1&0&1\end{bmatrix}$$

计算

$$\boldsymbol{L}_1\boldsymbol{A}^{(0)}=\begin{bmatrix}2&-1&3\\0&\dfrac{5}{2}&-\dfrac{1}{2}\\0&5&-1\end{bmatrix}=\boldsymbol{A}^{(1)}$$

对 $\boldsymbol{A}^{(1)}$ 构造矩阵

$$\boldsymbol{L}_2=\begin{bmatrix}1 & & \\ 0 & 1 & \\ 0 & -2 & 1\end{bmatrix}\quad \boldsymbol{L}_2^{-1}=\begin{bmatrix}1 & & \\ 0 & 1 & \\ 0 & 2 & 1\end{bmatrix}$$

计算

$$\boldsymbol{L}_2\boldsymbol{A}^{(1)}=\begin{bmatrix}2 & -1 & 3\\ 0 & \frac{5}{2} & -\frac{1}{2}\\ 0 & 0 & 0\end{bmatrix}=\begin{bmatrix}2 & 0 & 0\\ 0 & \frac{5}{2} & 0\\ 0 & 0 & 0\end{bmatrix}\begin{bmatrix}1 & -\frac{1}{2} & \frac{3}{2}\\ 0 & 1 & -\frac{1}{5}\\ 0 & 0 & 1\end{bmatrix}=\boldsymbol{A}^{(2)}$$

由式(4.4),得

$$\boldsymbol{L}=\boldsymbol{L}_1^{-1}\boldsymbol{L}_2^{-1}=\begin{bmatrix}1 & & \\ \frac{1}{2} & 1 & \\ 1 & 2 & 1\end{bmatrix}$$

于是 $\boldsymbol{A}^{(0)}=\boldsymbol{A}$ 的分解为

$$\boldsymbol{A}=\boldsymbol{L}_1^{-1}\boldsymbol{L}_2^{-1}\boldsymbol{A}^{(2)}=\begin{bmatrix}1 & 0 & 0\\ \frac{1}{2} & 1 & 0\\ 1 & 2 & 1\end{bmatrix}\begin{bmatrix}2 & 0 & 0\\ 0 & \frac{5}{2} & 0\\ 0 & 0 & 0\end{bmatrix}\begin{bmatrix}1 & -\frac{1}{2} & \frac{3}{2}\\ 0 & 1 & -\frac{1}{5}\\ 0 & 0 & 1\end{bmatrix}$$

选主元法　对于方程组 $\boldsymbol{Ax}=\boldsymbol{b}$ 来说,只要 $\boldsymbol{A}$ 非奇异,方程组就存在唯一的解. 然而,$\boldsymbol{A}$ 是非奇异的并不能保证其顺序主子式 $\Delta_i, i=1,\cdots,n-1$ 均不为零. 因此,$\boldsymbol{A}$ 的非奇异性并不能保证 Gauss 消去过程能够进行到底. 为此,必须对 Gauss 消去法进行修改以适合非奇异矩阵. 另外,即使位于分母上的主元不为零,但当它很小时,由于计算机的精度限制,也会使分解算法不稳定. 因此需要借助所谓的选主元方法,即适当交换矩阵的行(或列),以得到较大的非零主元.

在选主元的过程中,如果最大非零元素是在当前元素所在列(或行)的位置下中寻找,则称为**部分选主元法**;它只需进行行(或列)交换即可. 如果主元是在余下的矩阵中选取,则称为**整体选主元法**;它需要对矩阵进行行和列的交换.

一般在进行 LU 分解时,为了使算法稳定,都选取列(或行)中绝对值最大元素作为主元.

对部分选主元法,只考虑行交换的情形. 它等价于对 $\boldsymbol{A}$ 左乘置换矩阵 $\boldsymbol{P}$(见

1.2节)，就可以把 $\boldsymbol{A}$ 的行的次序重新排列，使当前的元素是此列以下元素中绝对值最大的. 从而就有如下的带行交换的矩阵分解算法.

部分选主元法的 LU 分解算法 首先在第一列中找出最大模的元素 a_{r1}，置换矩阵 $\boldsymbol{P}_1$ 将交换第一和第 r 行(如果 $r=1$，$\boldsymbol{P}_1$ 为单位矩阵). 对矩阵 $\boldsymbol{P}_1\boldsymbol{A}$ 运用 Gauss 变换 $\boldsymbol{L}_1$，记 $\boldsymbol{A}^{(1)}=\boldsymbol{L}_1\boldsymbol{P}_1\boldsymbol{A}^{(0)}$. 类似地，对 $\boldsymbol{A}^{(1)}$ 用置换矩阵 $\boldsymbol{P}_2$ 进行行交换，使得在第二列中，当前在(2,2)位置的元素的绝对值是从 2 到 n 中最大的，进行新的 Gauss 变换 $\boldsymbol{L}_2$，使得

$$\boldsymbol{A}^{(2)}=\boldsymbol{L}_2\boldsymbol{P}_2\boldsymbol{A}^{(1)}=\boldsymbol{L}_2\boldsymbol{P}_2\boldsymbol{L}_1\boldsymbol{P}_1\boldsymbol{A}$$

如此继续进行下去，直到得到上三角矩阵

$$\boldsymbol{U}=\boldsymbol{A}^{(n-1)}=\boldsymbol{L}_{n-1}\boldsymbol{P}_{n-1}\cdots\boldsymbol{L}_1\boldsymbol{P}_1\boldsymbol{A}$$

记 $\widetilde{\boldsymbol{L}}=\boldsymbol{L}_{n-1}\boldsymbol{P}_{n-1}\cdots\boldsymbol{L}_1\boldsymbol{P}_1$ 和 $\boldsymbol{P}=\boldsymbol{P}_{n-1}\cdots\boldsymbol{P}_1$，则 $\boldsymbol{U}=\widetilde{\boldsymbol{L}}\boldsymbol{A}$，因此

$$\boldsymbol{U}=(\widetilde{\boldsymbol{L}}\boldsymbol{P}^{-1})\boldsymbol{P}\boldsymbol{A}$$

记 $\boldsymbol{L}^{-1}=\widetilde{\boldsymbol{L}}\boldsymbol{P}$，可以证明 $\boldsymbol{L}$ 是一个单位下三角阵，且它的第 k 列对角线以下的元素是由构成 Gauss 向量 $\boldsymbol{l}_k$ 的分量进行相应的排列得到的. 因此，$\boldsymbol{L}$ 所有元素的绝对值均不会超过 1.

事实上，由于

$$\boldsymbol{L}=\boldsymbol{P}_{n-1}\cdots\boldsymbol{P}_2\boldsymbol{L}_1^{-1}\boldsymbol{P}_2\boldsymbol{L}_2^{-1}\cdots\boldsymbol{P}_{n-1}\boldsymbol{L}_{n-1}^{-1}$$

置换矩阵 $\boldsymbol{P}_2\boldsymbol{L}_1^{-1}\boldsymbol{P}_2$ 只是交换 $\boldsymbol{L}_1$ 第一列第一个元素以下的二个元素，没有改变其他元素的值；类似地，$\boldsymbol{L}^{(k)}=\boldsymbol{P}_k\boldsymbol{L}^{(k-1)}\boldsymbol{P}_k$，$k=2,\cdots,n-1$，其中 $\boldsymbol{L}^{(1)}=\boldsymbol{L}_1^{-1}$，只交换了 $\boldsymbol{L}^{(k-1)}$ 中前 k 列中的第 k 个元素以下的两个元素，其他元素没有改变. 因此 $\boldsymbol{L}$ 是一个单位下三角阵.

定理 3 给定 n 阶非奇异矩阵 $\boldsymbol{A}$，存在置换矩阵 $\boldsymbol{P}$，使得

$$\boldsymbol{P}\boldsymbol{A}=\boldsymbol{L}\widetilde{\boldsymbol{U}}=\boldsymbol{L}\boldsymbol{D}\boldsymbol{U}$$

其中 $\boldsymbol{L}$ 是单位下三角矩阵，$\widetilde{\boldsymbol{U}}$ 是上三角矩阵，$\boldsymbol{U}$ 是单位上三角矩阵，$\boldsymbol{D}$ 是对角矩阵.

定理 3 的非奇异条件可减弱为前 $n-1$ 个顺序主子式全不为 0；事实上，对任何 n 阶矩阵都存在置换矩阵 $\boldsymbol{P},\boldsymbol{Q}$，使得 $\boldsymbol{P}\boldsymbol{A}\boldsymbol{Q}=\boldsymbol{L}\widetilde{\boldsymbol{U}}=\boldsymbol{L}\boldsymbol{D}\boldsymbol{U}$.

线性方程组的求解 在高等代数中，线性方程组的数学理论已经发展的相当完善了. 但是理论上非常漂亮的结果在实际计算时往往是行不通的. 例如，线性方程组的 Cramer 法则表明，如果 n 阶线性方程组 $\boldsymbol{A}\boldsymbol{x}=\boldsymbol{b}$ 的系数矩阵 $\boldsymbol{A}$ 的行列式不为零，则此方程组有唯一的解，并且解可以通过系数表示为

$$x_i=\frac{\det\boldsymbol{A}_i}{\det\boldsymbol{A}},\quad i=1,2,\cdots,n$$

其中 $\boldsymbol{A}_i$ 是将 $\boldsymbol{A}$ 的第 i 列换为 $\boldsymbol{b}$ 而得到的矩阵. 这一结论理论上是非常漂亮的,它把线性方程组的求解问题归结为计算 $n+1$ 个 n 阶行列式的问题. 而对于行列式的计算,理论上有著名的 Laplace 展开定理

$$\det\boldsymbol{A}=a_{i1}\boldsymbol{A}_{i1}+a_{i2}\boldsymbol{A}_{i2}+\cdots+a_{in}\boldsymbol{A}_{in}$$

其中 $\boldsymbol{A}_{ij}$ 表示元素 a_{ij} 的代数余子式. 按照这一定理,可从二阶行列式出发逐步递推地计算任意阶行列式的值. 这样,理论上就有了一种非常漂亮的求解线性方程组的方法. 然而做一简单的分析就会发现,这一方法的运算量大得惊人,以至于完全不能用于实际计算.

设计算 k 阶行列式所需要的代数运算次数为 m_k,则

$$m_k=k+km_{k-1}>km_{k-1}$$

于是

$$m_n>n!$$

这样,利用 Cramer 法则和 Laplace 展开定理来求解一个 n 阶线性方程组,所需要的乘法运算的次数就大于 $(n+1)n!=(n+1)!$. 因此,若在一个百亿次计算机上求解一个 25 阶线性方程组,则至少需要

$$\frac{26!}{10^{10}\times3600\times24\times365}\approx\frac{4.0329\times10^{26}}{3.1536}\approx13\text{ 亿年}$$

这远远超出目前人类文明史! 然而如果改用 Gauss 消元法,则可在不到一秒钟之内完成这一计算任务.

如果方程组 $\boldsymbol{Ax}=\boldsymbol{b}$ 的系数矩阵 $\boldsymbol{A}$ 非奇异,且 $\Delta_k\neq0,k=1,2,\cdots,n-1$,则存在三角分解 $\boldsymbol{A}=\boldsymbol{LU}$. 利用它便可得到与方程组同解的,具有以三角矩阵为系数矩阵的联立方程组

$$\begin{cases}\boldsymbol{Ly}=\boldsymbol{b}\\ \boldsymbol{Ux}=\boldsymbol{y}\end{cases}$$

由联立方程组的第一个方程组解出 $\boldsymbol{y}$,再代入第二个方程组解出 $\boldsymbol{x}$,这就是线性方程组 $\boldsymbol{Ax}=\boldsymbol{b}$ 的三角求解法.

如果方程组 $\boldsymbol{Ax}=\boldsymbol{b}$ 的系数矩阵 $\boldsymbol{A}$ 的某个顺序主子式 $\Delta_k=0(k<n)$,可按定理 3 考虑与其同解的方程组

$$\boldsymbol{PAx}=\boldsymbol{Pb}$$

于是,仍可用三角求解法(或 Gauss 消去法)求解.

Gauss 消去法的计算量是 $2(n-1)n(n+1)/3+n(n-1)$ flops,加上 n^2 flops 的三角方程回代求解,因此,利用 Gauss 消去法求解线性方程组的计算量是 $2n^3/3+$

$2n^2$ flops. 略去低阶项，求解线性方程组的计算量是 $2n^3/3$ flops.

逆矩阵的计算　可以利用矩阵的 LU 分解来显式地计算一个矩阵的逆. 设 $\boldsymbol{X}$ 是非奇异矩阵 $\boldsymbol{A}\in R^{n\times n}$ 的逆，则 $\boldsymbol{X}$ 的列向量是线性方程组 $\boldsymbol{A}\boldsymbol{x}_i=\boldsymbol{e}_i\,(i=1,2,\cdots,n)$ 的解.

假设 $\boldsymbol{PA}=\boldsymbol{LU}$，其中 $\boldsymbol{P}$ 是主元素置换矩阵，需要求解下面 $2n$ 个三角方程组：

$$\boldsymbol{L}\boldsymbol{y}_i=\boldsymbol{P}\boldsymbol{e}_i,\quad \boldsymbol{U}\boldsymbol{x}_i=\boldsymbol{y}_i,\quad i=1,\cdots,n$$

逆矩阵的计算量是非常大的，有时比 Gauss 消去法更不稳定.

在线性代数中，计算矩阵 $\boldsymbol{A}$ 的逆是对增补矩阵 $[\boldsymbol{A},\boldsymbol{I}]$ 进行初等变换，将增补矩阵变换到 $[\boldsymbol{I},\boldsymbol{X}]$. 如果能有效地执行，这个算法的计算量也是 $2n^3$ flops. 事实上，这个算法与矩阵的三角分解基本上是相同的. 计算矩阵逆的另一个方法是余因子方法，它可以用下面方程表示：

$$\boldsymbol{A}^{-1}=\frac{1}{\det\boldsymbol{A}}\operatorname{adj}\boldsymbol{A}$$

这个方法需要计算许多行列式. 如果按经典的行(或列)展开的方法计算行列式，这个求逆的计算量是 $n!$ flops. 因为 $n!$ 增长比 n^3 迅速，所以余因子方法只对非常小的 n 才有效.

三角分解算法　现在介绍直接计算矩阵 $\boldsymbol{A}$ 的三角分解的方法.

设矩阵 $\boldsymbol{A}$ 有唯一的 LDU 分解. 若把 $\boldsymbol{A}=\boldsymbol{LDU}$ 中的 $\boldsymbol{D}$ 与 $\boldsymbol{U}$ 结合起来，并用 $\tilde{\boldsymbol{U}}$ 来表示，就得到唯一的分解

$$\boldsymbol{A}=\boldsymbol{L}(\boldsymbol{DU})=\boldsymbol{L}\tilde{\boldsymbol{U}}$$

称为 $\boldsymbol{A}$ 的 **Doolittle 分解**；若把 $\boldsymbol{A}=\boldsymbol{LDU}$ 中的 $\boldsymbol{L}$ 与 $\boldsymbol{D}$ 结合起来，并用 $\tilde{\boldsymbol{L}}$ 来表示，就得到唯一的分解

$$\boldsymbol{A}=(\boldsymbol{LD})\boldsymbol{U}=\tilde{\boldsymbol{L}}\boldsymbol{U}$$

称为 $\boldsymbol{A}$ 的 **Crout 分解**.

下面讨论 Crout 分解的实用算法，它也是不用选主元的矩阵 LU 分解的标准算法. 设

$$\tilde{\boldsymbol{L}}=\begin{bmatrix} l_{11} & & & \\ l_{12} & l_{22} & & \\ \vdots & \vdots & \ddots & \\ l_{n1} & l_{n2} & \cdots & l_{nn}\end{bmatrix},\quad \boldsymbol{U}=\begin{bmatrix} 1 & u_{12} & \cdots & u_{1n} \\ & 1 & \cdots & u_{2n} \\ & & \ddots & \vdots \\ & & & 1\end{bmatrix}$$

根据 $\boldsymbol{A}=\tilde{\boldsymbol{L}}\boldsymbol{U}$ 可得

$$a_{i1}=l_{i1},\quad l_{i1}=a_{i1},\quad i=1,2,\cdots,n$$

$$a_{1j}=l_{11}u_{1j},\quad u_{1j}=\frac{a_{1j}}{l_{11}},\quad j=2,3,\cdots,n$$

对于 $k=2,3,\cdots,n$，当 $i\geqslant k$ 时，有

$$a_{ik}=l_{i1}u_{1k}+\cdots+l_{i,k-1}u_{k-1,k}+l_{ik}$$

于是

$$l_{ik}=a_{ik}-(l_{i1}u_{1k}+\cdots+l_{i,k-1}u_{k-1,k}) \tag{4.7}$$

而当 $j>k$ 时，有

$$a_{kj}=l_{k1}u_{1j}+\cdots+l_{k,k-1}u_{k-1,j}+l_{kk}u_{kj}$$

于是

$$u_{kj}=\frac{1}{l_{kj}}[a_{kj}-(l_{k1}u_{1j}+\cdots+l_{k,k-1}u_{k-1,j})] \tag{4.8}$$

对于 $\widetilde{\boldsymbol{L}}$ 和 $\boldsymbol{U}$ 的元素的存储，因为 $\boldsymbol{A}$ 中的元素 a_{ij} 在计算出 l_{ij} 和 u_{ij} 以后就不再使用了，所以 $\widetilde{\boldsymbol{L}}$ 和 $\boldsymbol{U}$ 的非零元素便可以存放在 $\boldsymbol{A}$ 中相应元素的位置上. 最终 $\boldsymbol{A}$ 的位置上所存放的元素就是

$$\begin{bmatrix} l_{11} & u_{12} & u_{13} & \cdots & u_{1n} \\ l_{21} & l_{22} & u_{23} & \cdots & u_{2n} \\ \vdots & \vdots & \vdots & & \vdots \\ l_{n1} & l_{n2} & l_{n3} & \cdots & l_{nn} \end{bmatrix}$$

由式(4.7)和式(4.8)可以看出，第 k 步计算 l_{ik} 和 u_{kj} 分别需要 $(n-k)k+2k-n+1$ 次加减法和乘法，故 n 步共需要完成约 $2\sum(n-k)k\approx\frac{1}{3}n^3+O(n^2)$ flops. 因此，**Crout** 分解与 Gauss 消去法的计算量基本相同.

完全类似地可得到 n 阶矩阵 $\boldsymbol{A}=[a_{ij}]$ 的 **Doolittle** 分解算法的公式为

$$\begin{cases} u_{ik}=a_{ik}-\sum\limits_{r=1}^{i-1}l_{ir}u_{rk}, & k=i,i+1,\cdots,n \\ l_{ki}=\dfrac{1}{u_{ki}}\left(a_{ki}-\sum\limits_{r=1}^{i-1}l_{kr}u_{ri}\right), & k=i+1,\cdots,n \end{cases}$$

4.2　对称正定矩阵的 Cholesky 分解

本节将讨论特殊形式的矩阵——正定矩阵的分解，这个分解称为 Cholesky 分解. 在 2.1 节，已经介绍过正定矩阵的一些性质，并用到了矩阵的 Cholesky 分解. 本节将详细讨论它的各种分解算法.

Cholesky 分解 当 $\boldsymbol{A}$ 为实对称正定矩阵时，$\Delta_k>0,k=1,2,\cdots,n$. 于是 $\boldsymbol{A}$ 有唯一的 LDU 分解，即

$$\boldsymbol{A}=\boldsymbol{LDU}$$

其中 $\boldsymbol{D}=\mathrm{diag}(d_1,d_2,\cdots,d_n)$，且 $d_i>0,i=1,2,\cdots,n$. 由 $\boldsymbol{A}^{\mathrm{T}}=\boldsymbol{A}$，得

$$\boldsymbol{LDU}=\boldsymbol{U}^{\mathrm{T}}\boldsymbol{DL}^{\mathrm{T}}$$

因为矩阵的三角分解是唯一的，所以 $\boldsymbol{L}=\boldsymbol{U}^{\mathrm{T}},\boldsymbol{U}=\boldsymbol{L}^{\mathrm{T}}$. 因此，$\boldsymbol{A}$ 有分解式

$$\boldsymbol{A}=\boldsymbol{LDL}^{\mathrm{T}}$$

记 $\widetilde{\boldsymbol{D}}=\mathrm{diag}(\sqrt{d_1},\sqrt{d_2},\cdots,\sqrt{d_n})$，于是 $\boldsymbol{A}=\boldsymbol{L}\widetilde{\boldsymbol{D}}^2\boldsymbol{L}^{\mathrm{T}}$，即

$$\boldsymbol{A}=\boldsymbol{L}\widetilde{\boldsymbol{D}}^2\boldsymbol{L}^{\mathrm{T}}=(\boldsymbol{L}\widetilde{\boldsymbol{D}})(\boldsymbol{L}\widetilde{\boldsymbol{D}})^{\mathrm{T}}=\boldsymbol{R}^{\mathrm{T}}\boldsymbol{R} \tag{4.9}$$

其中 $\boldsymbol{R}=(\boldsymbol{L}\widetilde{\boldsymbol{D}})^{\mathrm{T}}$ 是上三角矩阵.

分解式(4.9)称为实对称正定矩阵的 **Cholesky 分解**，或**对称三角分解**. 对于正实数，式(4.9)就是平方根，因此分解式(4.9)也称为**平方根分解**.

由于 Cholesky 分解中的 $\boldsymbol{R}$ 和 $\boldsymbol{R}^{\mathrm{T}}$ 都是三角矩阵，所以这个分解非常有用. 对方程组 $\boldsymbol{Ax}=\boldsymbol{b}$ 来说，其中 $\boldsymbol{A}$ 是正定矩阵. 如果知道矩阵 $\boldsymbol{A}$ 的 Cholesky 分解的因子 $\boldsymbol{R}$，就能把这个方程组记为 $\boldsymbol{R}^{\mathrm{T}}\boldsymbol{Rx}=\boldsymbol{b}$. 记 $\boldsymbol{y}=\boldsymbol{Rx}$，$\boldsymbol{y}$ 显然满足 $\boldsymbol{R}^{\mathrm{T}}\boldsymbol{y}=\boldsymbol{b}$. 因为 $\boldsymbol{R}^{\mathrm{T}}$ 是下三角矩阵，所以能通过前代法解出 $\boldsymbol{y}$，再通过回代法求解上三角方程组 $\boldsymbol{Rx}=\boldsymbol{y}$，即得所需的解 $\boldsymbol{x}$. 易见，如果知道 Cholesky 分解的因子 $\boldsymbol{R}$，整个的计算量只是 $2n^2$ flops.

由于正定矩阵的主子式都是大于零的，所以 Cholesky 分解可以用不选主元的 Gauss 消去法来实现. 然而，更简单且实用的算法是通过直接比较 $\boldsymbol{A}=\boldsymbol{R}^{\mathrm{T}}\boldsymbol{R}$ 两边对应元素来计算. 记

$$\boldsymbol{R}=\begin{bmatrix} r_{11} & r_{12} & \cdots & r_{1n} \\ & r_{21} & \cdots & r_{2n} \\ & & \ddots & \vdots \\ & & & r_{nn} \end{bmatrix}$$

比较 $\boldsymbol{A}=\boldsymbol{R}^{\mathrm{T}}\boldsymbol{R}$ 两边对应的元素，得关系式

$$a_{ij}=\sum_{p=1}^{i} r_{ip}r_{pj},\quad 1\leqslant i\leqslant j\leqslant n \tag{4.10}$$

即矩阵 $\boldsymbol{A}$ 的元素 a_{ij} 是 $\boldsymbol{R}^{\mathrm{T}}$ 的第 i 行与 $\boldsymbol{R}$ 的第 j 列的乘积(内积).

首先，由 $a_{11}=r_{11}^2$，得

$$r_{11}=\sqrt{a_{11}}$$

再由 $a_{1j}=r_{11}r_{1j}$，可以计算 $\boldsymbol{R}$ 第一行余下的元素

$$r_{1j}=a_{1j}/r_{11}, \quad j=1,\cdots,n$$

这也是 $\boldsymbol{R}^{\mathrm{T}}$ 的第一列中的元素.

假设已经算出了 $\boldsymbol{R}$ 的前 $k-1$ 行元素，由

$$a_{kk}=\sum_{p=1}^{k} r_{pk}^{2} \tag{4.11}$$

得

$$r_{kk}=\left(a_{kk}-\sum_{p=1}^{k-1} r_{pk}^{2}\right)^{\frac{1}{2}} \tag{4.12}$$

再由

$$a_{ki}=\sum_{p=1}^{k-1} r_{pi}r_{pk}+r_{ki}r_{kk}, \quad i=k+1,\cdots,n$$

得

$$r_{ki}=\left(a_{ki}-\sum_{p=1}^{k-1} r_{pi}r_{pj}\right)/r_{kk}, \quad i=k+1,\cdots,n$$

这样便又求出了 $\boldsymbol{R}$ 的第 k 行的元素.

由式(4.11)可知，$|r_{ij}|\leqslant\sqrt{a_{ii}}\,(j\leqslant i)$，Cholesky 分解中的中间量 r_{ij} 完全得以控制，从而计算过程是稳定的.

例 3　求下面矩阵的 Cholesky 分解：

$$\boldsymbol{A}=\begin{bmatrix} 5 & -2 & 0 \\ -2 & 3 & -1 \\ 0 & -1 & 1 \end{bmatrix}$$

解　容易验证 $\boldsymbol{A}$ 是对称正定的，因此

$$r_{11}=\sqrt{a_{11}}=\sqrt{5}$$

$$r_{21}=\frac{a_{21}}{r_{11}}=-\frac{2}{\sqrt{5}}, \quad r_{22}=(a_{22}-r_{21}^{2})^{1/2}=\sqrt{\frac{11}{5}}$$

$$r_{31}=\frac{a_{31}}{r_{11}}=0, \quad r_{32}=\frac{a_{32}-r_{31}r_{21}}{r_{22}}=-\sqrt{\frac{5}{11}}$$

$$r_{33}=(a_{33}-r_{31}^{2}-r_{32}^{2})^{1/2}=\left(1-\frac{5}{11}\right)^{1/2}=\sqrt{\frac{6}{11}}$$

从而

$$A=\begin{bmatrix}\sqrt{5} & 0 & 0\\ -\frac{2}{\sqrt{5}} & \sqrt{\frac{11}{5}} & 0\\ 0 & -\sqrt{\frac{5}{11}} & \sqrt{\frac{6}{11}}\end{bmatrix}\begin{bmatrix}\sqrt{5} & -\frac{2}{\sqrt{5}} & 0\\ 0 & \sqrt{\frac{11}{5}} & -\sqrt{\frac{5}{11}}\\ 0 & 0 & \sqrt{\frac{6}{11}}\end{bmatrix}$$

上面介绍的算法称为**Cholesky 算法**. 因为在计算过程中式(4.10)的和可以看做是向量的内积,所以推导的公式称为**内积公式**.

从上面的推导过程,可以得到一些重要的结果. 首先如果 $\boldsymbol{R}$ 是主对角元素是正的上三角矩阵,则 Cholesky 分解 $\boldsymbol{A}=\boldsymbol{R}^{\mathrm{T}}\boldsymbol{R}$ 是唯一的. 其次因为矩阵 $\boldsymbol{A}$ 是正定的充分必要条件是存在一个主对角元素是正的上三角矩阵 $\boldsymbol{R}$,使得 $\boldsymbol{A}=\boldsymbol{R}^{\mathrm{T}}\boldsymbol{R}$. 所以 Cholesky 分解可以用来检验一个矩阵是否是正定的. 给定一个对称矩阵 $\boldsymbol{A}$,可以试图用 Cholesky 方法来计算矩阵 $\boldsymbol{R}$. 因为满足式(4.10)的 $\boldsymbol{R}$ 必须满足 $\boldsymbol{A}=\boldsymbol{R}^{\mathrm{T}}\boldsymbol{R}$,所以,如果 $\boldsymbol{A}$ 不是正定的,则在式(4.12)中出现被开方数是负数或零的情形, 在第一种情形中,没有实根;在第二种情形中,$r_{ii}=0$,这时算法失败. 也就是说,如果 $\boldsymbol{A}$ 不是正定的,计算过程一定出现一步求一个非正实数的平方根. 反过来,如果 $\boldsymbol{A}$ 是正定的,算法不可能失败. 方程 $\boldsymbol{A}=\boldsymbol{R}^{\mathrm{T}}\boldsymbol{R}$ 保证在每一步,式(4.12)中的平方根的符号是正的. 因此 Cholesky 方法成功的充要条件是 $\boldsymbol{A}$ 是正定的. 这是迄今为止所知道的检验对称矩阵是否是正定的最好方法.

注意到在式(4.11)和式(4.12)中,只用到了 $i\leqslant j$ 的 a_{ij},这是不奇怪的,因为对称矩阵主对角线以上的元素等于主对角线以下的元素. 基于这样的事实,在计算机编程中,不需要存储整个对称矩阵 $\boldsymbol{A}$,因为复制信息是没有意义的. 如果存储空间是优先考虑的,可以选择用一维数组 $a_{11},a_{12},\cdots,a_{1n}$,跟着 $a_{22},a_{23},\cdots,a_{2n}$,再跟着 $a_{33},\cdots,a_{3n},\cdots\cdots$来存储 $\boldsymbol{A}$.

最后,在式(4.11)和式(4.12)中,每一个元素 a_{ij} 只是用来计算 r_{ij} 的. 由于 $\boldsymbol{A}$ 的元素 a_{ij} 在计算出 r_{ij} 以后不再使用,所以在编程中,可以将 r_{ij} 存储在 a_{ij} 所在的位置上. 因为不用分别存储矩阵 $\boldsymbol{R}$ 和 $\boldsymbol{A}$,这可进一步节省空间.

上面 Cholesky 分解的计算复杂度是 $n^3/3+O(n^2)$ flops. 如果希望用Cholesky 分解求解方程组 $\boldsymbol{Ax}=\boldsymbol{b}$,必须首先计算 $\boldsymbol{A}$ 的 Cholesky 分解,其计算量是 $n^3/3$. 然后必须利用 Cholesky 因子进行向前和向后代入,这个计算量是 $2n^2$. 所以,计算量的主体是在计算 $\boldsymbol{A}$ 的 Cholesky 因子,前代法和回代法的计算量可以忽略. 因此,运用 Cholesky 算法求解大规模线性方程组的计算量是 $n^3/3$. 由此可见,当方程组的阶数倍增时,用 Cholesky 方法求解 $\boldsymbol{Ax}=\boldsymbol{b}$ 的计算量只增加 8 倍.

由式(4.12)可以看出,用 Cholesky 分解求解对称正定线性方程组时,计算 $\boldsymbol{R}$ 的对角元素 r_{ii} 需用到开方运算. 为了避免开方,可求 $\boldsymbol{A}$ 的如下形式分解:

$$A = R^{\mathrm{T}} D R$$

其中 $\boldsymbol{R}$ 是单位下三角矩阵，$\boldsymbol{D}$ 是对角元素均为正数的对角矩阵. 这一分解称作 $\boldsymbol{R}^{\mathrm{T}}\boldsymbol{D}\boldsymbol{R}$ 分解，是 Cholesky 分解的变形. 通过比较两边对应元素，可以得到计算表达式.

一旦得到 $\boldsymbol{A}$ 的 $\boldsymbol{R}^{\mathrm{T}}\boldsymbol{D}\boldsymbol{R}$ 分解，只需求解如下两个三角方程组：

$$\boldsymbol{R}\boldsymbol{y} = \boldsymbol{b} \quad \text{和} \quad \boldsymbol{D}\boldsymbol{R}^{\mathrm{T}}\boldsymbol{x} = \boldsymbol{y}$$

即可得到线性方程组的解. 利用这种方法求解对称正定线性方程组所需要的运算量仅是 Gauss 消去法的一半，而且还不需要选主元.

Cholesky 分解的更新算法　通过对 $\boldsymbol{A} = \boldsymbol{R}^{\mathrm{T}}\boldsymbol{R}$ 进行分块计算可以得到 Cholesky 分解的更新算法

$$\begin{bmatrix} a_{11} & \boldsymbol{b}^{\mathrm{T}} \\ \boldsymbol{b} & \hat{\boldsymbol{A}} \end{bmatrix} = \begin{bmatrix} r_{11} & 0 \\ \boldsymbol{s} & \hat{\boldsymbol{R}}^{\mathrm{T}} \end{bmatrix} \begin{bmatrix} r_{11} & \boldsymbol{s}^{\mathrm{T}} \\ 0 & \hat{\boldsymbol{R}} \end{bmatrix} \tag{4.13}$$

比较等式两边矩阵的对应元素，得

$$a_{11} = r_{11}^2, \quad \boldsymbol{b}^{\mathrm{T}} = r_{11}\boldsymbol{s}^{\mathrm{T}}, \quad \hat{\boldsymbol{A}} = \boldsymbol{s}\boldsymbol{s}^{\mathrm{T}} + \hat{\boldsymbol{R}}^{\mathrm{T}}\hat{\boldsymbol{R}} \tag{4.14}$$

其中略去了重复方程 $\boldsymbol{b} = r_{11}\boldsymbol{s}$. 式(4.14)给出了 r_{11}，$\boldsymbol{s}^{\mathrm{T}}$ 和 $\hat{\boldsymbol{R}}$(因此 $\boldsymbol{R}$)的计算方法

$$\begin{aligned} & r_{11} = \sqrt{a_{11}} \\ & \boldsymbol{s}^{\mathrm{T}} = r_{11}^{-1}\boldsymbol{b}^{\mathrm{T}} \\ & \widetilde{\boldsymbol{A}} = \hat{\boldsymbol{A}} - \boldsymbol{s}\boldsymbol{s}^{\mathrm{T}} \\ & \text{由 } \widetilde{\boldsymbol{A}} = \hat{\boldsymbol{R}}^{\mathrm{T}}\hat{\boldsymbol{R}} \text{ 解出 } \hat{\boldsymbol{R}} \end{aligned} \tag{4.15}$$

这个方法将求解 $n \times n$ 矩阵的 Cholesky 因子变成求解 $(n-1) \times (n-1)$ 矩阵的 Cholesky 因子. 类似地，可以变成求解 $(n-2) \times (n-2)$ 矩阵的 Cholesky 因子，继续下去，最终这个问题变成平凡的 1×1 情形. 因为在每一步，外积 $\boldsymbol{s}\boldsymbol{s}^{\mathrm{T}}$ 被从余下的子矩阵中减去，因此这个方法也称为**外积公式**. 它能毫无困难地递归或非递归地执行.

分块 Cholesky 分解　所有形式的 Cholesky 分解都有对应的分块计算方法. 正如在 1.3 节所论述的，由于分块更有效的运用了高速缓冲存储器和平行算法，对于较大的矩阵，分块算法具有较高的优越性.

下面来描述外积形式的分块算法. 推广式(4.13)，记方程 $\boldsymbol{A} = \boldsymbol{R}^{\mathrm{T}}\boldsymbol{R}$ 的分块形式为

$$\begin{bmatrix} \boldsymbol{A}_{11} & \boldsymbol{B} \\ \boldsymbol{B}^{\mathrm{T}} & \hat{\boldsymbol{A}} \end{bmatrix} = \begin{bmatrix} \boldsymbol{R}_{11}^{\mathrm{T}} & \boldsymbol{0} \\ \boldsymbol{S}^{\mathrm{T}} & \hat{\boldsymbol{R}}^{\mathrm{T}} \end{bmatrix} \begin{bmatrix} \boldsymbol{R}_{11} & \boldsymbol{S} \\ \boldsymbol{0} & \hat{\boldsymbol{R}} \end{bmatrix}$$

$\boldsymbol{A}_{11}$ 和 $\boldsymbol{R}_{11}$ 是 $d_1 \times d_1$ 的方阵，$\boldsymbol{A}_{11}$ 是对称正定的. 由两边的对应块相等，得到下列

方程：

$$\boldsymbol{A}_{11}=\boldsymbol{R}_{11}^{\mathrm{T}}\boldsymbol{R}_{11},\quad \boldsymbol{B}=\boldsymbol{R}_{11}^{\mathrm{T}}\boldsymbol{S},\quad \hat{\boldsymbol{A}}=\boldsymbol{S}^{\mathrm{T}}\boldsymbol{S}+\hat{\boldsymbol{R}}^{\mathrm{T}}\hat{\boldsymbol{R}}$$

由此得到计算 Cholesky 因子 $\boldsymbol{R}$ 的步骤

$$\begin{gathered}\boldsymbol{R}_{11}=\text{Cholesky}(\boldsymbol{A}_{11})\\ \boldsymbol{S}=\boldsymbol{R}_{11}^{-\mathrm{T}}\boldsymbol{B}\\ \widetilde{\boldsymbol{A}}=\hat{\boldsymbol{A}}-\boldsymbol{S}^{\mathrm{T}}\boldsymbol{S}\\ \hat{\boldsymbol{R}}=\text{Cholesky}(\widetilde{\boldsymbol{A}})\end{gathered}\tag{4.16}$$

其中由 $\boldsymbol{S}=\boldsymbol{R}_{11}^{-\mathrm{T}}\boldsymbol{B}$ 得到 $\boldsymbol{S}$，不需要显示计算 $\boldsymbol{R}_{11}^{-\mathrm{T}}$，可以通过解方程 $\boldsymbol{R}_{11}^{\mathrm{T}}\boldsymbol{S}=\boldsymbol{B}$ 来实现. 记 $\boldsymbol{S}$ 和 $\boldsymbol{B}$ 的列分别为 $\boldsymbol{s}$ 和 $\boldsymbol{b}$，有 $\boldsymbol{R}_{11}^{\mathrm{T}}\boldsymbol{s}=\boldsymbol{b}$，因为 $\boldsymbol{R}_{11}^{\mathrm{T}}$ 是下三角矩阵，通过向后代入，从 $\boldsymbol{b}$ 可以得到 $\boldsymbol{s}$. 对 $\boldsymbol{S}$ 的每一列都进行这样的运算，就能从 $\boldsymbol{B}$ 得到 $\boldsymbol{S}$. 这就是通常计算 $\boldsymbol{S}=\boldsymbol{R}_{11}^{-\mathrm{T}}\boldsymbol{B}$ 的方法.

矩阵 $\hat{\boldsymbol{A}},\boldsymbol{B},\hat{\boldsymbol{R}}$ 和 $\boldsymbol{S}$ 可以进一步分块. 考虑 $\boldsymbol{A}$ 的加细分划

$$\boldsymbol{A}=\begin{matrix} \\ d_1\\ d_2\\ \vdots\\ d_s\end{matrix}\begin{matrix} d_1 & d_2 & d_3 & d_4\\ \end{matrix}\begin{bmatrix}\boldsymbol{A}_{11} & \boldsymbol{A}_{12} & \cdots & \boldsymbol{A}_{1s}\\ & \boldsymbol{A}_{22} & \cdots & \boldsymbol{A}_{2s}\\ & & \ddots & \vdots\\ & & & \boldsymbol{A}_{ss}\end{bmatrix}$$

因为 $\boldsymbol{A}$ 是对称矩阵，上式只显示了上一半. 则

$$\boldsymbol{B}=[\boldsymbol{A}_{12}\quad\cdots\quad\boldsymbol{A}_{1s}]$$

运算 $\boldsymbol{S}=\boldsymbol{R}_{11}^{-\mathrm{T}}\boldsymbol{B}$ 变成

$$\boldsymbol{S}_{1j}=\boldsymbol{R}_{11}^{-\mathrm{T}}\boldsymbol{A}_{1j},\quad j=2,\cdots,s$$

其中 $\boldsymbol{R}$ 的分割与 $\boldsymbol{A}$ 一致，且 $\widetilde{\boldsymbol{A}}=\hat{\boldsymbol{A}}-\boldsymbol{S}^{\mathrm{T}}\boldsymbol{S}$ 的计算变成

$$\widetilde{\boldsymbol{A}}_{ij}=\hat{\boldsymbol{A}}_{ij}-\boldsymbol{R}_{1i}^{\mathrm{T}}\boldsymbol{R}_{1j},\quad i,j=1,\cdots,s$$

一旦有 $\widetilde{\boldsymbol{A}}$，就可以用式(4.16)计算它的 Cholesky 因子.

4.3 矩阵的满秩分解

本节讨论如何将非零矩阵分解为列满秩与行满秩矩阵的乘积问题，称为满秩分解. 由线性代数知道，可以对矩阵 $\boldsymbol{A}$ 只作初等行变换得到矩阵的秩. 同样，也可只作初等行变换得到矩阵的满秩分解.

设 $\boldsymbol{A}\in R_r^{m\times n}(r>0)$，即 $\boldsymbol{A}$ 的秩是 r，如果存在矩阵 $\boldsymbol{F}\in R_r^{m\times r}$，$\boldsymbol{G}\in R_r^{r\times n}$，使得

$$\boldsymbol{A}=\boldsymbol{F}\boldsymbol{G}\tag{4.17}$$

则称式(4.17)是矩阵 $\boldsymbol{A}$ 的**满秩分解**.

当 $\boldsymbol{A}$ 是满秩(列满秩或行满秩)矩阵时,$\boldsymbol{A}$ 可分解为单位矩阵与 $\boldsymbol{A}$ 本身的乘积,称此满秩分解为**平凡分解**.

定理 4　设 $\boldsymbol{A}\in R_r^{m\times n}$,则 $\boldsymbol{A}$ 有满秩分解式(4.17).

证明　当 $\mathrm{rank}\boldsymbol{A}=r$ 时,根据矩阵的初等变换理论,对 $\boldsymbol{A}$ 进行初等变换,可将 $\boldsymbol{A}$ 化为阶梯矩阵 $\boldsymbol{B}$,

$$\boldsymbol{A}\xrightarrow{\text{行}}\boldsymbol{B}=\begin{bmatrix}\boldsymbol{G}\\ \boldsymbol{0}\end{bmatrix},\quad \boldsymbol{G}\in R_r^{r\times n}$$

即存在有限个 m 阶初等矩阵,它们的乘积记作 $\boldsymbol{C}$,使得

$$\boldsymbol{CA}=\boldsymbol{B}\quad \text{或}\quad \boldsymbol{A}=\boldsymbol{C}^{-1}\boldsymbol{B}$$

将 $\boldsymbol{C}^{-1}$ 分块为

$$\boldsymbol{C}^{-1}=[\boldsymbol{F}\,|\,\boldsymbol{S}]$$

其中 $\boldsymbol{F}\in R_r^{m\times r}$,$\boldsymbol{S}\in R_{n-r}^{m\times(m-r)}$,则

$$\boldsymbol{A}=\boldsymbol{C}^{-1}\boldsymbol{B}=[\boldsymbol{F}\,|\,\boldsymbol{S}]\begin{bmatrix}\boldsymbol{G}\\ \boldsymbol{0}\end{bmatrix}=\boldsymbol{FG}$$

其中 $\boldsymbol{F}$ 是列满秩矩阵,$\boldsymbol{G}$ 是行满秩矩阵.　□

例 4　求矩阵

$$\boldsymbol{A}=\begin{bmatrix}-1 & 0 & 1 & 2\\ 1 & 2 & -1 & 1\\ 2 & 2 & -2 & -1\end{bmatrix}$$

的满秩分解.

解　根据定理 4 的证明,需要对矩阵 $\boldsymbol{A}$ 进行下列初等行变换:

$$[\boldsymbol{A}\,|\,\boldsymbol{I}]=\left[\begin{array}{cccc|ccc}-1 & 0 & 1 & 2 & 1 & 0 & 0\\ 1 & 2 & -1 & 1 & 0 & 1 & 0\\ 2 & 2 & -2 & -1 & 0 & 0 & 1\end{array}\right]$$

$$\xrightarrow{\text{行}}\left[\begin{array}{cccc|ccc}-1 & 0 & 1 & 2 & 1 & 0 & 0\\ 0 & 2 & 0 & 3 & 1 & 1 & 0\\ 0 & 0 & 0 & 0 & 1 & -1 & 1\end{array}\right]$$

所以

$$\boldsymbol{B}=\begin{bmatrix}-1 & 0 & 1 & 2\\ 0 & 2 & 0 & 3\\ 0 & 0 & 0 & 0\end{bmatrix},\quad \boldsymbol{C}=\begin{bmatrix}1 & 0 & 0\\ 1 & 1 & 0\\ 1 & -1 & 1\end{bmatrix}$$

可求得

$$C^{-1}=\begin{bmatrix}1&0&0\\-1&1&0\\-2&1&1\end{bmatrix}$$

于是有

$$A=\begin{bmatrix}1&0\\-1&1\\-2&1\end{bmatrix}\begin{bmatrix}-1&0&1&2\\0&2&0&3\end{bmatrix}$$

因为矩阵的满秩分解要求比较低,所以分解肯定是不唯一的.虽然矩阵的满秩分解式(4.17)不是唯一的,但是不同分解之间有着密切的关系.

定理 5 若 $A=BC=B_1C_1$ 均为 A 的满秩分解,则:

(1) 存在 $D\in R_r^{r\times r}$,满足 $B=B_1D, C=D^{-1}C_1$.

(2) $C^{\mathrm T}(CC^{\mathrm T})^{-1}(B^{\mathrm T}B)^{-1}B^{\mathrm T}=C_1^{\mathrm T}(C_1C_1^{\mathrm T})^{-1}(B_1^{\mathrm T}B_1)^{-1}B_1^{\mathrm T}$.

证明 (1)由 $BC=B_1C_1$,得

$$BCC^{\mathrm T}=B_1C_1C^{\mathrm T} \tag{4.18}$$

因为 $\mathrm{rank}C=\mathrm{rank}CC^{\mathrm T}=r, CC^{\mathrm T}\in R_r^{r\times r}$,由式(4.18)得

$$B=B_1C_1C^{\mathrm T}(CC^{\mathrm T})^{-1}=B_1D \tag{4.19}$$

其中 $D=C_1C^{\mathrm T}(CC^{\mathrm T})^{-1}$.

类似地,等式 $BC=B_1C_1$,两边左乘 $B^{\mathrm T}$,可得

$$C=(B^{\mathrm T}B)^{-1}B^{\mathrm T}B_1C_1=D'C_1 \tag{4.20}$$

其中 $D'=(B^{\mathrm T}B)^{-1}B^{\mathrm T}B_1\in R^{r\times r}$.

现在证明 $D^{-1}=D'$.将式(4.19)和式(4.20)代入 $BC=B_1C_1$,得

$$B_1C_1=B_1DD'C_1$$

因此

$$B_1^{\mathrm T}B_1C_1C_1^{\mathrm T}=B_1^{\mathrm T}B_1DD'C_1C_1^{\mathrm T}$$

因为 $B_1^{\mathrm T}B_1, C_1C_1^{\mathrm T}$ 都是可逆矩阵,于是

$$DD'=I,\quad DD'\in R_r^{r\times r}$$

所以(1)成立.

(2) 把(1)结论代入 $C^{\mathrm T}(CC^{\mathrm T})^{-1}(B^{\mathrm T}B)^{-1}B^{\mathrm T}$,即可得(2)的结论. □

习　题　4

1. 求下面矩阵的 LDU 分解和 Doolittle 分解：

$$A=\begin{bmatrix}5 & 2 & -4 & 0\\ 2 & 1 & -2 & 1\\ -4 & -2 & 5 & 0\\ 0 & 1 & 0 & 2\end{bmatrix}$$

2. 设 A 是实对称正定矩阵，且 Gauss 消去法第一步得到的矩阵为

$$A^{(1)}=\begin{bmatrix}a_{11} & a_{12} & \cdots & a_{1n}\\ 0 & & & \\ \vdots & & B & \\ 0 & & & \end{bmatrix}$$

证明：B 仍是实对称正定矩阵，且对角元素不增加.

3. 求下面对称正定矩阵的 Cholesky 分解：

$$A=\begin{bmatrix}5 & 2 & -4\\ 2 & 1 & -2\\ -4 & -2 & 5\end{bmatrix}$$

4. 利用 Cholesky 分解证明对对称矩阵 A，下面两个条件是等价的：

(1) A 是正定的.

(2) 在 R^n 中，存在线性独立向量 $x_1, x_2, \cdots, x_n$，使得 $a_{ij}=x_i^{\mathrm{T}}x_j$.

5. 记 $A=I+uu^{\mathrm{T}}$，其中 $u\in R^n$，且 $\|u\|=1$，求矩阵 A 的 Cholesky 因子的主对角线和次对角线元素的显式表达式.

6. 设 $B\in R_r^{m\times r}(r>0)$，证明：$B^{\mathrm{T}}B$ 非奇异.

7. 设 A_1 与 A_2 都是 $m\times n$ 矩阵，证明：$\mathrm{rank}(A_1+A_2)\leqslant \mathrm{rank}(A_1)+\mathrm{rank}(A_2)$.

8. 设 B 和 A 依次是 $m\times n$ 和 $n\times m$ 矩阵. 若 $BA=I$，则称 B 是 A 的**左逆矩阵**，A 为 B 的**右逆矩阵**. 证明：A 有左逆矩阵当且仅当 A 为列满秩矩阵.

9. 给定矩阵 $A\in R^{m\times n}$，证明：$\mathrm{rank}A=\mathrm{rank}(A^{\mathrm{T}}A)=\mathrm{rank}(AA^{\mathrm{T}})$.

第 5 章　矩阵的 QR 分解

本章将介绍基于正交变换的矩阵分解. 这个分解是通过矩阵的线性变换来实现的,它将原矩阵某些特定位置上的元素变换为零. 因为等距变换是保持结构的变换,因此等距变换将保留矩阵的几何性质. 由于反射与旋转是等距变换中的两种基本变换,本章主要讨论这两个变换,及其导出的矩阵分解,称为 QR 分解. 在线性方程组求解、最小二乘问题、计算机视觉中摄像机矩阵的分解中,QR 分解都起着重要的应用. 首先讨论 Givens 变换(旋转变换)和 Householder 变换(反射变换)的基本性质,其次介绍了各种形式的矩阵 QR 分解方法,最后讨论了 QR 分解的更新算法及在最小二乘问题中的应用.

5.1　Givens 变换和 Householder 变换

文献(胡茂林,2007)的 7.2 节详细研究了平面的旋转变换. 在平面上将向量 $\boldsymbol{x}$ 逆时针旋转 θ 角到向量 $\boldsymbol{y}$ 的变换是

$$\boldsymbol{y}=\begin{bmatrix}\cos\theta & -\sin\theta \\ \sin\theta & \cos\theta\end{bmatrix}\boldsymbol{x}=\boldsymbol{Q}^{\mathrm{T}}\boldsymbol{x}$$

其中 $\boldsymbol{Q}$ 是正交矩阵,且 $\det\boldsymbol{Q}=1$(这可以直接用上面的旋转矩阵来验证). 旋转变换是没有改变向量大小的正交变换. 对向量 $\boldsymbol{x}$,如果将它旋转到坐标轴上,就可以使向量中的某些元素变为零. 例如,如果 $\boldsymbol{x}=(x_1,x_2)^{\mathrm{T}}$ 的第二个分量 $x_2\neq 0$,我们总能将它转到 x_1 轴上,使得 $x_2=0$. 事实上,因为 $\boldsymbol{Q}$ 对向量 $\boldsymbol{x}$ 的作用是

$$\boldsymbol{Q}^{\mathrm{T}}\boldsymbol{x}=\begin{bmatrix}\cos\theta & -\sin\theta \\ \sin\theta & \cos\theta\end{bmatrix}\begin{pmatrix}x_1 \\ x_2\end{pmatrix}=\begin{pmatrix}x_1\cos\theta+x_2\sin\theta \\ -x_1\sin\theta+x_2\cos\theta\end{pmatrix}$$

所以,$\boldsymbol{Q}^{\mathrm{T}}\boldsymbol{x}$ 在 x_1 轴上当且仅当 $-x_1\sin\theta+x_2\cos\theta=0$,即 $x_1\sin\theta=x_2\cos\theta$. 因此只要选取旋转角 θ 满足下式就可以了:

$$\cos\theta\,\frac{x_1}{\sqrt{x_1^2+x_2^2}}\quad \text{和}\quad \sin\theta=\frac{x_2}{\sqrt{x_1^2+x_2^2}}$$

这个变换把向量 $\boldsymbol{x}$ 旋转到与单位基向量 $\boldsymbol{e}_1$ 平行的位置(见图 5.1).

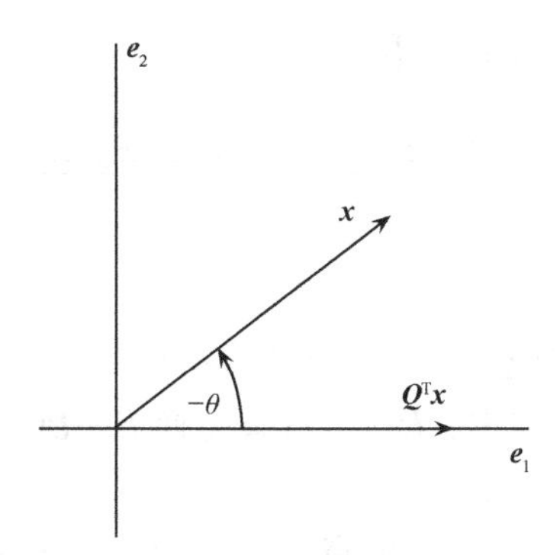

图 5.1　变换 $\boldsymbol{Q}^{\mathrm{T}}$ 将 $\boldsymbol{x}$ 变换到与 $\boldsymbol{e}_1$ 同方向上

一般,在 n 维欧氏空间 R^n 中,记标准正交基为 $\boldsymbol{e}_1,\boldsymbol{e}_2,\cdots,\boldsymbol{e}_n$,则可以定义在坐标平面 $\mathrm{span}\{\boldsymbol{e}_i,\boldsymbol{e}_j\}$ 中的旋转变换

$$\boldsymbol{Q}_{ij}=\begin{bmatrix}1 &&&&&&&&&& \\ &\ddots &&&&&&&&& \\ &&1&&&&&&&& \\ &&&c&&&&-s&&& \\ &&&&1&&&&&& \\ &&&&&\ddots&&&&& \\ &&&&&&1&&&& \\ &&&s&&&&c&&& \\ &&&&&&&&1&& \\ &&&&&&&&&\ddots& \\ &&&&&&&&&&1\end{bmatrix},\quad i<j$$

其中 $c=\cos\theta, s=\sin\theta$,矩阵中没有写出的元素都是 0(以下类似),称为 **Givens 矩阵**(或**初等旋转矩阵**),记为 $\boldsymbol{Q}_{ij}=\boldsymbol{Q}_{ij}(c,s)$. 由 Givens 矩阵确定的线性变换称为 **Givens 变换**(或**初等旋转变换**).

类似于平面上的变换,容易验证 Givens 矩阵是正交矩阵,即

$$[\boldsymbol{Q}_{ij}(c,s)]^{-1}=[\boldsymbol{Q}_{ij}(c,s)]^{\mathrm{T}}=\boldsymbol{Q}_{ij}(c,-s),\quad \det[\boldsymbol{Q}_{ij}(c,s)]=1 \tag{5.1}$$

式(5.1)的第一个式子说明 Givens 矩阵的逆也是 Givens 矩阵,即 Givens 矩阵是正交矩阵;第二个式子说明 Givens 矩阵确定的线性变换是旋转,而不是反射.

对 R^n 空间中的向量 $\boldsymbol{x}=(x_1,x_2,\cdots,x_n)^{\mathrm{T}}$,记 $\boldsymbol{y}=\boldsymbol{Q}_{ij}\boldsymbol{x}=(y_1,y_2,\cdots,y_n)^{\mathrm{T}}$,则

$$\begin{cases}y_i=cx_i+sx_j\\ y_j=-sx_i+cx_j\\ y_k=x_k\quad(k\neq i,j)\end{cases} \tag{5.2}$$

式(5.2)表明,当 $x_i^2+x_j^2\neq 0$ 时,选取

$$c=\frac{x_i}{\sqrt{x_i^2+x_j^2}},\quad s=\frac{x_j}{\sqrt{x_i^2+x_j^2}}$$

就可使 $y_i=\sqrt{x_i^2+x_j^2}>0, y_j=0$.

因此,给定 Givens 矩阵 $\boldsymbol{Q}_{ij}$,对 $\boldsymbol{A}\in R^{n\times m}$,左乘变换 $\boldsymbol{A}\to\boldsymbol{Q}_{ij}\boldsymbol{A}$ 和 $\boldsymbol{A}\to\boldsymbol{Q}_{ij}^{\mathrm{T}}\boldsymbol{A}$ 只改变矩阵 $\boldsymbol{A}$ 的第 i 行和第 j 行;对 $\boldsymbol{B}\in R^{m\times n}$,右乘变换 $B\to\boldsymbol{B}\boldsymbol{Q}_{ij}$ 和 $\boldsymbol{B}\to\boldsymbol{B}\boldsymbol{Q}_{ij}^{\mathrm{T}}$ 只改变矩阵 $\boldsymbol{B}$ 的第 i 列和第 j 列.

现在说明 Givens 变换 $\boldsymbol{Q}_{ij}$ 的几何意义. 经过 Givens 变换 $\boldsymbol{Q}_{ij}$,在 $\mathrm{span}\{\boldsymbol{e}_i,\boldsymbol{e}_j\}$ 平面上所有向量都旋转 θ 角度,所有与 $\mathrm{span}\{\boldsymbol{e}_i,\boldsymbol{e}_j\}$ 平面垂直的向量保持不变. 对空间中任意向量 $\boldsymbol{x}$ 进行分解,$\boldsymbol{x}=\boldsymbol{p}+\boldsymbol{p}^{\perp}$,见文献(胡茂林,2007)。其中 $\boldsymbol{p}$ 在 $\mathrm{span}\{\boldsymbol{e}_i,\boldsymbol{e}_j\}$ 平面上,$\boldsymbol{p}^{\perp}$ 是与 $\mathrm{span}\{\boldsymbol{e}_i,\boldsymbol{e}_j\}$ 平面正交的向量. Givens 变换使得 $\boldsymbol{p}$ 旋转一个角度,而保持 $\boldsymbol{p}^{\perp}$ 不动,即 $\boldsymbol{Q}_{ij}\boldsymbol{x}=\boldsymbol{Q}_{ij}\boldsymbol{p}+\boldsymbol{p}^{\perp}$.

定理 1 对任意向量 $\boldsymbol{x}=(x_1,x_2,\cdots,x_n)^{\mathrm{T}}\neq\boldsymbol{0}$,存在有限个 Givens 矩阵的乘积 $\boldsymbol{Q}$,使得

$$\boldsymbol{Q}^{\mathrm{T}}\boldsymbol{x}=\|\boldsymbol{x}\|\boldsymbol{e}_1$$

证明 首先假设 $x_1\neq 0$. 对 $\boldsymbol{x}$ 构造 Givens 矩阵 $\boldsymbol{Q}_{12}(c,s)$,使得 $\boldsymbol{Q}_{12}^{\mathrm{T}}\boldsymbol{x}$ 的第二个分量为零,为此,取

$$c=\frac{x_1}{\sqrt{x_1^2+x_2^2}},\quad s=\frac{x_2}{\sqrt{x_1^2+x_2^2}}$$

$$\boldsymbol{Q}_{12}^{\mathrm{T}}\boldsymbol{x}=(\sqrt{x_1^2+x_2^2},0,x_3,\cdots,x_n)^{\mathrm{T}}$$

再对 $\boldsymbol{Q}_{12}^{\mathrm{T}}\boldsymbol{x}$ 构造 Givens 矩阵 $\boldsymbol{Q}_{13}(c,s)$,使得 $\boldsymbol{Q}_{13}^{\mathrm{T}}\boldsymbol{Q}_{12}^{\mathrm{T}}\boldsymbol{x}$ 的第三个分量为零,取

$$c=\frac{\sqrt{x_1^2+x_1^2}}{\sqrt{x_1^2+x_2^2+x_3^2}},\quad s=\frac{x_3}{\sqrt{x_1^2+x_2^2+x_3^2}}$$

$$\boldsymbol{Q}_{13}^{\mathrm{T}}\boldsymbol{Q}_{12}^{\mathrm{T}}\boldsymbol{x}=(\sqrt{x_1^2+x_2^2+x_3^2},0,0,x_4,\cdots,x_n)^{\mathrm{T}}$$

如此继续下去,最后对 $\boldsymbol{Q}_{1,n-1}^{\mathrm{T}}\cdots\boldsymbol{Q}_{12}^{\mathrm{T}}\boldsymbol{x}$ 构造 Givens 矩阵 $\boldsymbol{Q}_{1n}^{\mathrm{T}}(c,s)$,使得

$$c=\frac{\sqrt{x_1^2+\cdots+x_{n-1}^2}}{\sqrt{x_1^2+\cdots+x_{n-1}^2+x_n^2}},\quad s=\frac{x_n}{\sqrt{x_1^2+\cdots+x_{n-1}^2+x_n^2}}$$

$$\boldsymbol{Q}_{1,n-1}^{\mathrm{T}}\cdots\boldsymbol{Q}_{12}^{\mathrm{T}}\boldsymbol{x}=(\sqrt{x_1^2+\cdots+x_{n-1}^2+x_n^2},0,\cdots,0)^{\mathrm{T}}$$

记 $\boldsymbol{Q}=\boldsymbol{Q}_{12}\cdots\boldsymbol{Q}_{1n-1}\boldsymbol{Q}_{1n}$,则 $\boldsymbol{Q}^{\mathrm{T}}\boldsymbol{x}=\|\boldsymbol{x}\|\boldsymbol{e}_1$.

如果 $x_1=0$,因为 $\boldsymbol{x}\neq\boldsymbol{0}$,不妨假设 $x_1=\cdots=x_{k-1}=0, x_k\neq 0, 1<k\leqslant n$,此时

$\|x\|=\sqrt{x_k^2+\cdots+x_n^2}$,将上面的计算步骤从 Q_{ki}, $i=k+1,\cdots,n$ 开始进行,即可. □

推论　对非零向量 $x\in R^n$ 和单位向量 $z\in R^n$,存在有限个 Givens 矩阵乘积 Q,使得

$$Q^{\mathrm{T}}x=\|x\|z$$

证明　根据定理1,对于向量 x,存在有限个 Givens 矩阵的乘积 $Q^{(1)}$,使得 $Q^{(1)\mathrm{T}}x=\|x\|e_1$. 对于向量 z,也存在有限个 Givens 矩阵的乘积 $Q^{(2)}$,使得 $Q^{(2)\mathrm{T}}z=\|z\|e_1=e_1$. 于是

$$Q^{(1)\mathrm{T}}x=\|x\|e_1=\|x\|Q^{(2)\mathrm{T}}z$$

即 $Q^{(2)}Q^{(1)\mathrm{T}}x=\|x\|z$. 因为 $Q^{(1)},Q^{(2)}$ 是有限个 Givens 变换的乘积,所以 $Q=Q^{(1)}Q^{(2)\mathrm{T}}$ 也是有限个 Givens 矩阵的乘积. □

例1　设 $x=(3,4,5)^{\mathrm{T}}$,构造将 x 转换为与 e_1 同方向的正交变换.

解　对 x 构造 $Q_{12}(c,s)$: $c=\dfrac{3}{5},s=\dfrac{4}{5}$,因此

$$Q_{12}^{\mathrm{T}}x=(5,0,5)^{\mathrm{T}}$$

对 $Q_{12}^{\mathrm{T}}x$ 构造 $Q_{13}(c,s)$: $c=\dfrac{1}{\sqrt{2}},s=\dfrac{1}{\sqrt{2}}$,因此

$$Q_{13}^{\mathrm{T}}(Q_{12}^{\mathrm{T}}x)=(5\sqrt{2},0,0)^{\mathrm{T}}$$

于是

$$Q^{\mathrm{T}}=Q_{13}^{\mathrm{T}}Q_{12}^{\mathrm{T}}=\begin{bmatrix}\dfrac{1}{\sqrt{2}} & 0 & \dfrac{1}{\sqrt{2}}\\ 0 & 1 & 0\\ -\dfrac{1}{\sqrt{2}} & 0 & \dfrac{1}{\sqrt{2}}\end{bmatrix}\begin{bmatrix}\dfrac{3}{5} & \dfrac{4}{5} & 0\\ -\dfrac{4}{5} & \dfrac{3}{5} & 0\\ 0 & 0 & 1\end{bmatrix}=\frac{1}{5\sqrt{2}}\begin{bmatrix}3 & 4 & 5\\ -4\sqrt{2} & 3\sqrt{2} & 0\\ -3 & -4 & 5\end{bmatrix}$$

所以 $Q^{\mathrm{T}}x=5\sqrt{2}e_1$.

Householder 变换　Givens 变换是有选择地一次一次消去元素,逐步地将向量变换到 e_1. 下面介绍的 Householder 变换是大量引入零元素,一步就将空间中的向量变换到 e_1. 我们知道,在平面 R^2 中,将向量 x 映射到关于 e_1 轴对称的向量 y 的变换,称为关于 e_1 轴的**反射**(或**镜像**)**变换**(见图5.2). 设 $x=(x_1,x_2)^{\mathrm{T}}$,则有

$$y=\begin{pmatrix}x_1\\ -x_2\end{pmatrix}=\begin{bmatrix}1 & 0\\ 0 & -1\end{bmatrix}\begin{pmatrix}x_1\\ x_2\end{pmatrix}=(I-2e_2e_2^{\mathrm{T}})x=Hx$$

其中 $e_2=(0,1)^{\mathrm{T}}$, H 是正交矩阵,且 $\det H=-1$.

类似地，可以定义关于平面上任何过原点直线的反射. 用单位向量 $\boldsymbol{u}$ 记这条直线的法线，将向量 $\boldsymbol{x}$ 映射为关于此直线对称的向量 $\boldsymbol{y}$ 的变换可如下推导，参考(胡茂林，2007)的 7.2 节.

由图 5.3 所示，$\boldsymbol{x}-\boldsymbol{y}=2\boldsymbol{u}(\boldsymbol{u}^{\mathrm{T}}\boldsymbol{x})$，因此

$$\boldsymbol{y}=\boldsymbol{x}-2\boldsymbol{u}(\boldsymbol{u}^{\mathrm{T}}\boldsymbol{x})=(\boldsymbol{I}-2\boldsymbol{u}\boldsymbol{u}^{\mathrm{T}})\boldsymbol{x}=\boldsymbol{H}\boldsymbol{x}$$

其中 $\boldsymbol{H}=\boldsymbol{I}-2\boldsymbol{u}\boldsymbol{u}^{\mathrm{T}}$. 可以验证 $\boldsymbol{H}$ 是正交矩阵，且 $\det\boldsymbol{H}=1-2\boldsymbol{u}^{\mathrm{T}}\boldsymbol{u}=-1$，见 1.3 节例 1.

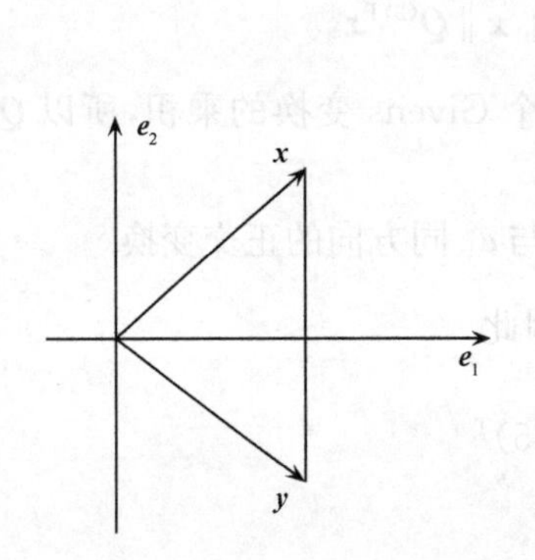

图 5.2　向量关于 $\boldsymbol{e}_1$ 的反射　　图 5.3　向量关于任一条直线的反射

一般，在 R^n 中，可以定义关于"法线为单位向量 $\boldsymbol{u}$ 的 $n-1$ 维子空间"对称的变换.

设单位向量 $\boldsymbol{u}\in R^n$，称

$$\boldsymbol{H}=\boldsymbol{I}-2\boldsymbol{u}\boldsymbol{u}^{\mathrm{T}} \tag{5.3}$$

为 **Householder 矩阵**(**或初等反射矩阵**)，由 Householder 矩阵确定的变换称为 **Householder 变换**(**或初等反射变换**).

下面这些 Householder 矩阵的性质是容易验证的：

(1) Householder 矩阵是对称矩阵，即 $\boldsymbol{H}^{\mathrm{T}}=\boldsymbol{H}$.

(2) Householder 矩阵是正交矩阵，即 $\boldsymbol{H}^{\mathrm{T}}\boldsymbol{H}=\boldsymbol{I}$.

(3) Householder 矩阵是对合矩阵，即 $\boldsymbol{H}^2=\boldsymbol{I}$.

(4) Householder 矩阵是自逆矩阵，即 $\boldsymbol{H}^{-1}=\boldsymbol{H}$.

(5) Householder 矩阵的行列式为 -1，即 $\det\boldsymbol{H}=-1$.

性质(1)～(5)可以直接验证，性质(6)是 1.3 节例 1 的结论.

定理 2　对任意非零向量 $\boldsymbol{x}\in R^n$ 和单位向量 $\boldsymbol{z}\in R^n$，存在 Householder 矩阵 $\boldsymbol{H}$，使得

$$\boldsymbol{Hx}=\|\boldsymbol{x}\|\boldsymbol{z}$$

证明　若 $\boldsymbol{x}=\|\boldsymbol{x}\|\boldsymbol{z}$,则取与 $\boldsymbol{x}$ 正交的单位向量 $\boldsymbol{u}$,即 $\boldsymbol{u}^{\mathrm{T}}\boldsymbol{x}=0$,因此

$$\boldsymbol{Hx}=(\boldsymbol{I}-2\boldsymbol{uu}^{\mathrm{T}})\boldsymbol{x}=\boldsymbol{x}-2\boldsymbol{u}(\boldsymbol{u}^{\mathrm{T}}\boldsymbol{x})=\boldsymbol{x}=\|\boldsymbol{x}\|\boldsymbol{z}$$

当 $\boldsymbol{x}\neq\|\boldsymbol{x}\|\boldsymbol{z}$ 时,可以定义反射直线的法线为(见图 5.4)

$$\boldsymbol{u}=\frac{\boldsymbol{x}-\|\boldsymbol{x}\|\boldsymbol{z}}{\|\boldsymbol{x}-\|\boldsymbol{x}\|\boldsymbol{z}\|}\tag{5.4}$$

则

$$\boldsymbol{Hx}=\left[\boldsymbol{I}-2\frac{(\boldsymbol{x}-\|\boldsymbol{x}\|\boldsymbol{z})(\boldsymbol{x}-\|\boldsymbol{x}\|\boldsymbol{z})^{\mathrm{T}}}{\|\boldsymbol{x}-\|\boldsymbol{x}\|\boldsymbol{z}\|^{2}}\right]\boldsymbol{x}=\boldsymbol{x}-2\langle\boldsymbol{x}-\|\boldsymbol{x}\|\boldsymbol{z},\boldsymbol{x}\rangle\frac{\boldsymbol{x}-\|\boldsymbol{x}\|\boldsymbol{z}}{\|\boldsymbol{x}-\|\boldsymbol{x}\|\boldsymbol{z}\|^{2}}$$

由等式 $\|\boldsymbol{x}-\|\boldsymbol{x}\|\boldsymbol{z}\|^{2}=2\|\boldsymbol{x}\|^{2}-2\langle\|\boldsymbol{x}\|\boldsymbol{z},\boldsymbol{x}\rangle=2\langle\boldsymbol{x}-\|\boldsymbol{x}\|\boldsymbol{z},\boldsymbol{x}\rangle$,上式可以化简为

$$\boldsymbol{Hx}=\boldsymbol{x}-(\boldsymbol{x}\|\boldsymbol{x}\|\boldsymbol{z})=\|\boldsymbol{x}\|\boldsymbol{z}$$ □

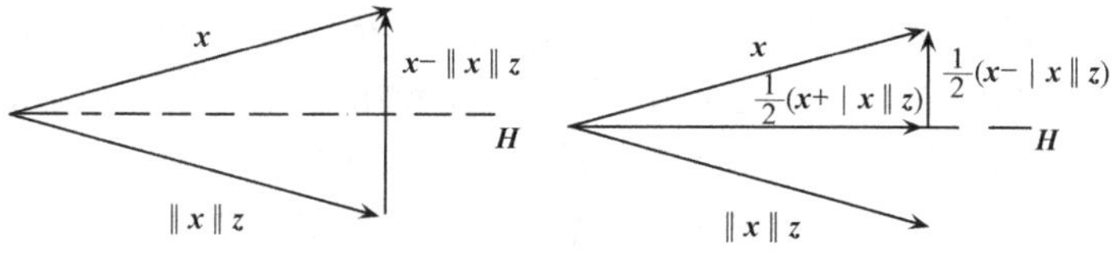

图 5.4　Householder 变换的构造

推论　对任何非零向量 $\boldsymbol{x}\in R^{n}$,都存在反射变换 $\boldsymbol{Q}$,使得

$$\boldsymbol{Q}\begin{pmatrix}x_1\\x_2\\\vdots\\x_n\end{pmatrix}=\begin{pmatrix}*\\0\\\vdots\\0\end{pmatrix}$$

证明　取 $\boldsymbol{z}=\mp\boldsymbol{e}_1$,则 $\boldsymbol{z}$ 是单位向量. 通过适当的选取符号,可以保证 $\boldsymbol{x}\neq\|\boldsymbol{x}\|\boldsymbol{z}$. 因此由定理 2,存在反射变换 $\boldsymbol{Q}$,使得 $\boldsymbol{Qx}=\|\boldsymbol{x}\|\boldsymbol{z}$. □

现在讨论推论的结论. 在实数情形下,构造将向量 $\boldsymbol{x}$ 映射到 $\boldsymbol{e}_1$ 上的 Householder 变换有两种选择:将向量映射到 $\|\boldsymbol{x}\|\boldsymbol{e}_1$ 或映射到 $-\|\boldsymbol{x}\|\boldsymbol{e}_1$(在复数情形下,则有更多的选择,可以映射到任意向量 $\alpha\|\boldsymbol{x}\|\boldsymbol{e}_1$,其中 $|\alpha|=1$). 理论上,只要 $\boldsymbol{x}$ 不在 $\boldsymbol{e}_1$ 上,两种选择都可行. 然而,为了数值计算的稳定性,希望将 $\boldsymbol{x}$ 映射到与其偏远的向量,这样就保证了 $\boldsymbol{x}-\|\boldsymbol{x}\|\boldsymbol{z}$ 不是相近向量的差,在式(5.4)的计算时,就不会受舍入误差的影响. 为此,选择

$$\alpha=-\text{sign}(x_1)=\begin{cases}-1, & x_1\leqslant 0\\ 1, & x_1>0\end{cases}$$

即将向量 $\boldsymbol{x}$ 映射到与它的第一个分量符号不同的向量. 这时

$$\boldsymbol{x}-\|\boldsymbol{x}\|\boldsymbol{z}=\boldsymbol{x}+\text{sign}(x_1)\|\boldsymbol{x}\|\boldsymbol{e}_1$$

因此 $\|\boldsymbol{x}-\|\boldsymbol{x}\|\boldsymbol{z}\|$ 总是比 $\|\boldsymbol{x}\|$ 大,避免了舍入的影响.

例 2 用 Householder 变换将 $\boldsymbol{x}=(1,2,2)^{\mathrm{T}}$ 化为与 $\boldsymbol{e}_1$ 同方向的向量.

解 由 $\|\boldsymbol{x}\|=3, x-\|\boldsymbol{x}\|\boldsymbol{e}_1=2(-1,1,1)^{\mathrm{T}}$. 根据式(5.4),取 $\boldsymbol{u}=\frac{1}{\sqrt{3}}(-1,1,1)^{\mathrm{T}}$,构造 Householder 矩阵

$$\boldsymbol{H}=\boldsymbol{I}-2\boldsymbol{u}\boldsymbol{u}^{\mathrm{T}}=\begin{bmatrix}1 & & \\ & 1 & \\ & & 1\end{bmatrix}-\frac{2}{3}\begin{bmatrix}-1\\ 1\\ 1\end{bmatrix}(-1,1,1)=\frac{1}{3}\begin{bmatrix}1 & 2 & 2\\ 2 & 1 & -2\\ 2 & -2 & 1\end{bmatrix}$$

则 $\boldsymbol{H}\boldsymbol{x}=3\boldsymbol{e}_1$.

Givens 变换和 Householder 变换的关系 对任何两个反射变换 $\boldsymbol{H}_1,\boldsymbol{H}_2$ 的乘积 $\boldsymbol{H}_1\boldsymbol{H}_2$,有 $\det(\boldsymbol{H}_1\boldsymbol{H}_2)=\det\boldsymbol{H}_1\det\boldsymbol{H}_2=1$,即正交变换 $\boldsymbol{H}_1\boldsymbol{H}_2$ 是旋转变换,因此可以用两个反射变换的乘积来构造 Givens 变换. 下面的定理 3 给出了具体的构造方法.

定理 3 初等旋转矩阵是两个初等反射矩阵的乘积.

证明 给定 Givens 变换的初等旋转矩阵 $\boldsymbol{Q}_{ij}$,如果取单位向量

$$\boldsymbol{u}=\left(0,\cdots,0,\sin\frac{\theta}{4},0,\cdots,0,\cos\frac{\theta}{4},0,\cdots,0\right)^{\mathrm{T}}$$

其中 $\sin\frac{\theta}{4}$ 是 $\boldsymbol{u}$ 的第 i 个分量, $\cos\frac{\theta}{4}$ 是 $\boldsymbol{u}$ 的第 j 个分量,则由式(5.3)得初等反射矩阵

$$\boldsymbol{H}_1=\boldsymbol{I}-2\boldsymbol{u}\boldsymbol{u}^{\mathrm{T}}=\begin{bmatrix}1 & & & & & & & & \\ & \ddots & & & & & & & \\ & & 1 & & & & & & \\ & & & \cos\frac{\theta}{2} & & & -\sin\frac{\theta}{2} & & \\ & & & & 1 & & & & \\ & & & & & \ddots & & & \\ & & & & & & 1 & & \\ & & & -\sin\frac{\theta}{2} & & & -\cos\frac{\theta}{2} & & \\ & & & & & & & 1 & \\ & & & & & & & & \ddots \\ & & & & & & & & & 1\end{bmatrix}$$

再取单位向量

$$\boldsymbol{v}=\left(0,\cdots,0,\sin\frac{3\theta}{4},0,\cdots,0,\cos\frac{3\theta}{4},0,\cdots,0\right)^{\mathrm{T}}$$

其中 $\sin\frac{3\theta}{4}$是 $\boldsymbol{v}$ 的第 i 个分量，$\cos\frac{3\theta}{4}$是 $\boldsymbol{v}$ 的第 j 个分量，又由式 (5.3)得初等反射矩阵

$$\boldsymbol{H}_2=\boldsymbol{I}-2\boldsymbol{v}\boldsymbol{v}^{\mathrm{T}}=\begin{bmatrix}1 &&&&&&&&&& \\ & \ddots &&&&&&&&& \\ && 1 &&&&&&&& \\ &&& \cos\frac{3\theta}{2} &&&& -\sin\frac{3\theta}{2} &&& \\ &&&& 1 &&&&&& \\ &&&&& \ddots &&&&& \\ &&&&&& 1 &&&& \\ &&& -\sin\frac{3\theta}{2} &&&& -\cos\frac{3\theta}{2} &&& \\ &&&&&&&& 1 && \\ &&&&&&&&& \ddots & \\ &&&&&&&&&& 1\end{bmatrix}$$

直接计算可得 $\boldsymbol{Q}_{ij}=\boldsymbol{H}_2\boldsymbol{H}_1$. □

需要指出，因为 $\det\boldsymbol{H}=-1$，而 $\det\boldsymbol{Q}_{ij}=1$，所以初等反射矩阵不可能由若干个初等旋转矩阵的乘积表示.

5.2　矩阵的 QR 分解

一个矩阵的 QR 分解是指将矩阵 $\boldsymbol{A}$ 分解为 $\boldsymbol{A}=\boldsymbol{Q}\boldsymbol{R}$，其中 $\boldsymbol{Q}$ 是正交矩阵，$\boldsymbol{R}$ 是上三角阵. 因此，QR 分解有时也称为**正交三角分解**. 字母 R 是英文单词“右”的第一个字母，此处表示上三角矩阵. 与 QR 分解类似的有 QL，RQ，LQ 分解，其中 L 表示左或下三角矩阵. 在计算机科学与工程中，矩阵的 QR 分解是应用最广泛的一种矩阵分解. 下面叙述如何利用 Givens 和 Householder 变换来计算矩阵的 QR 分解；同时说明 QR 分解等价于对矩阵列向量进行 Gram-Schmidt 正交化法，给出了计算 QR 分解更稳定的修正 Gram-Schmidt 算法.

基于 Givens 变换的 QR 分解　利用 Givens 变换或旋转变换能简化矩阵. 例如，对 $R^{2\times 2}$ 中矩阵

$$A=\begin{bmatrix} a_{11} & a_{12} \\ a_{21} & a_{22} \end{bmatrix}$$

可以构造旋转变换 Q,使得

$$Q^{\mathrm{T}}\begin{pmatrix} a_{11} \\ a_{21} \end{pmatrix}=\begin{pmatrix} r_{11} \\ 0 \end{pmatrix}$$

其中 $r_{11}=\sqrt{a_{11}^2+a_{21}^2}$. 记 r_{12} 和 r_{22} 为

$$\begin{pmatrix} r_{12} \\ r_{22} \end{pmatrix}=Q^{\mathrm{T}}\begin{pmatrix} a_{12} \\ a_{22} \end{pmatrix}$$

则

$$Q^{\mathrm{T}}A=\begin{bmatrix} r_{11} & r_{12} \\ 0 & r_{22} \end{bmatrix}$$

这说明了通过对矩阵 A 右乘一个正交矩阵 Q^{T},可以使它变成上三角矩阵.

定理 4 设 $A\in R^{n\times n}$,则存在正交矩阵 Q 和上三角矩阵 $R\in R^{n\times n}$,使得 $A=QR$.

证明 由定理 1,存在由 Givens 变换的乘积构成的正交矩阵 Q_1,使得 $Q_1^{\mathrm{T}}A$ 的第一列,除了第一个元素外,即在矩阵(1,1)位置,其余都是零.

对于第二列,令 Q_{32} 是在平面 span$\{e_2,e_3\}$上的 Givens 变换,使得 $Q_1^{\mathrm{T}}A$ 在位置(3,2)的元素为零,这样的旋转不改变第一列中已经是零的元素. 同样地,对第二列继续进行 Givens 变换 $Q_{42},Q_{52},\cdots,Q_{n2}$,使得 $Q_{n2}^{\mathrm{T}}\cdots Q_{32}^{\mathrm{T}}Q_1A$ 在第一、二列主对角元以下全为零.

类似考虑第三列,直到第 n 列. 由此得到一系列的变换 $Q_1,Q_{32},\cdots,Q_{n,n-1}$,使得

$$R=Q_{n,n-1}^{\mathrm{T}}Q_{n,n-2}^{\mathrm{T}}\cdots Q_1^{\mathrm{T}}A$$

其中 R 是上三角矩阵. 记 $Q=Q_1\cdots Q_{n,n-1}$,Q 是 Givens 矩阵的乘积,因此 Q 是正交矩阵. 上式可以简记为 $R=Q^{\mathrm{T}}A$,即 $A=QR$. □

定理 4 的证明是构造性的,它给出了计算 Q 和 R 的算法. 将 A 变换到上三角矩阵 R 的计算复杂度是 $O(n^3)$.

类似于三角分解的应用,矩阵的 QR 分解也可用来求解线性方程组 $Ax=b$. 如果 $A=QR$,则可将上述方程组记为 $QRx=b$. 因为 Q 是正交矩阵,所以 $Rx=Q^{\mathrm{T}}b$,通过向后代入法即可得到解向量 x.

基于 Householder 变换的 QR 分解 在 Givens 变换下,定理 4 证明了任何 $A\in R^{n\times n}$都可以分解为 $A=QR$,其中 Q 是正交矩阵,R 是上三角矩阵. 现在用 Householder 变换来对矩阵进行 QR 分解.

基于 Householder 变换的定理 4 证明 用归纳法证明. 当 $n=1$ 时,取 $Q=[1]$

和 $\boldsymbol{R}=[a_{11}]$，得到 $\boldsymbol{A}=\boldsymbol{QR}$. 现在对 $n\geqslant 2$ 归纳证明，假设对任意的 $(n-1)\times(n-1)$ 矩阵，存在 QR 分解，证明对 $n\times n$ 矩阵 QR 分解也存在. 设 $\boldsymbol{Q}_1\in R^{n\times n}$ 是使 $\boldsymbol{A}$ 的第一列变成与 $\boldsymbol{e}_1$ 同方向的变换，这里用 $\boldsymbol{Q}$ 来代替 $\boldsymbol{H}$ 是为了与 QR 分解表达式中的符号一致，即 $\boldsymbol{Q}_1^{\mathrm{T}}\boldsymbol{a}_1=\|\boldsymbol{a}_1\|\boldsymbol{e}_1$. 因此 $\boldsymbol{Q}_1^{\mathrm{T}}\boldsymbol{A}$ 可记为

$$\boldsymbol{Q}_1^{\mathrm{T}}\boldsymbol{A}=\boldsymbol{Q}_1\boldsymbol{A}=\begin{bmatrix}\|\boldsymbol{a}_1\| & \hat{a}_{12} & \cdots & \hat{a}_{1n}\\ 0 & & & \\ \vdots & & \hat{\boldsymbol{A}}_2 & \\ 0 & & & \end{bmatrix}$$

由归纳假设，$\hat{\boldsymbol{A}}_2$ 有 QR 分解，记为 $\hat{\boldsymbol{A}}_2=\hat{\boldsymbol{Q}}_2\hat{\boldsymbol{R}}_2$，其中 $\hat{\boldsymbol{Q}}_2\in R^{(n-1)\times(n-1)}$ 是正交矩阵，$\hat{\boldsymbol{R}}_2\in R^{(n-1)\times(n-1)}$ 是上三角矩阵. 记 $\widetilde{\boldsymbol{Q}}_2\in R^{n\times n}$ 为正交矩阵

$$\widetilde{\boldsymbol{Q}}_2=\begin{bmatrix}1 & 0 & \cdots & 0\\ 0 & & & \\ \vdots & & \hat{\boldsymbol{Q}}_2 & \\ 0 & & & \end{bmatrix}$$

则

$$\widetilde{\boldsymbol{Q}}_2^{\mathrm{T}}\boldsymbol{Q}_1^{\mathrm{T}}\boldsymbol{A}=\widetilde{\boldsymbol{Q}}_2^{\mathrm{T}}\boldsymbol{A}=\begin{bmatrix}1 & 0 & \cdots & 0\\ 0 & & & \\ \vdots & & \hat{\boldsymbol{Q}}_2 & \\ 0 & & & \end{bmatrix}\begin{bmatrix}\|\boldsymbol{a}_1\| & \hat{a}_{12} & \cdots & \hat{a}_{1n}\\ 0 & & & \\ \vdots & & \hat{\boldsymbol{A}}_2 & \\ 0 & & & \end{bmatrix}=\begin{bmatrix}\|\boldsymbol{a}_1\| & \hat{a}_{12} & \cdots & \hat{a}_{1n}\\ 0 & & & \\ \vdots & & \hat{\boldsymbol{R}}_2 & \\ 0 & & & \end{bmatrix}$$

将上式右边的上三角矩阵记为 $\boldsymbol{R}$，并记 $\boldsymbol{Q}=\boldsymbol{Q}_1\widetilde{\boldsymbol{Q}}_2$，则 $\boldsymbol{Q}$ 是正交的，且 $\boldsymbol{Q}^{\mathrm{T}}\boldsymbol{A}=\boldsymbol{R}$，得到分解 $\boldsymbol{A}=\boldsymbol{QR}$. □

类似于 Givens 分解方法，这个算法的实际过程也是按列的顺序进行，计算复杂度也是 $O(n^3)$.

QR 分解的唯一性　理论上分解的唯一性是非常重要的，它保证了不同的分解方法得到相同的结果. 下面定理说明，对非奇异矩阵，QR 分解是唯一的.

定理 5　若 $\boldsymbol{A}\in R^{n\times n}$ 是非奇异的，则存在唯一正交矩阵 $\boldsymbol{Q}\in R^{n\times n}$ 和主对角线元素全为正的上三角矩阵 $\boldsymbol{R}\in R^{n\times n}$，使得 $\boldsymbol{A}=\boldsymbol{QR}$.

证明　由定理 4，$\boldsymbol{A}=\hat{\boldsymbol{Q}}\hat{\boldsymbol{R}}$，其中 $\hat{\boldsymbol{Q}}$ 是正交的，$\hat{\boldsymbol{R}}$ 是上三角矩阵，但是 $\hat{\boldsymbol{R}}$ 的主对角元素不一定全是正数. 因为 $\boldsymbol{A}$ 是非奇异的，所以 $\hat{\boldsymbol{R}}$ 是非奇异的，即它的主对角元素都非零. 定义对角矩阵 $\boldsymbol{D}=\mathrm{diag}(d_1,\cdots,d_n)$，其中

$$d_i=\begin{cases}1, & \text{如果 } \hat{r}_{ii}>0\\ -1, & \text{如果 } \hat{r}_{ii}<0\end{cases}$$

则 $\boldsymbol{D}=\boldsymbol{D}^{\mathrm{T}}=\boldsymbol{D}^{-1}$ 是正交的. 记 $\boldsymbol{Q}=\hat{\boldsymbol{Q}}\boldsymbol{D}^{-1}$ 和 $\boldsymbol{R}=\boldsymbol{D}\hat{\boldsymbol{R}}$, 则 $\hat{\boldsymbol{Q}}$ 是正交的, $\boldsymbol{R}$ 是对角元素全为正的上三角矩阵, 即 $r_{ii}=d_{ii}\hat{r}_{ii}>0$, 且 $\boldsymbol{A}=\boldsymbol{QR}$. 这证明了满足条件的分解存在性.

下面基于正定矩阵的 Cholesky 分解唯一性来证明 QR 分解的唯一性, 在后面的定理 6 中将给出另一种证明. 假设 $\boldsymbol{A}=\boldsymbol{QR}=\boldsymbol{Q}'\boldsymbol{R}'$, 其中 $\boldsymbol{Q},\boldsymbol{Q}'$ 是正交矩阵, $\boldsymbol{R},\boldsymbol{R}'$ 是对角元素全为正的上三角矩阵. 因为 $\boldsymbol{A}^{\mathrm{T}}\boldsymbol{A}$ 是正定矩阵, 且 $\boldsymbol{A}^{\mathrm{T}}\boldsymbol{A}=\boldsymbol{R}^{\mathrm{T}}\boldsymbol{Q}^{\mathrm{T}}\boldsymbol{QR}=\boldsymbol{R}^{\mathrm{T}}\boldsymbol{R}$, 所以 $\boldsymbol{R}$ 是 $\boldsymbol{A}^{\mathrm{T}}\boldsymbol{A}$ 的 Cholesky 因子. 类似地, $\boldsymbol{R}'$ 也是 $\boldsymbol{A}^{\mathrm{T}}\boldsymbol{A}$ 的 Cholesky 因子. 由 Cholesky 分解的唯一性, 得 $\boldsymbol{R}=\boldsymbol{R}'$. 由此, $\boldsymbol{Q}=\boldsymbol{AR}^{-1}=\boldsymbol{AR}'^{-1}=\boldsymbol{Q}'$. □

Givens 变换和 Householder 变换都是正交变换, 因此, 基于它们的 QR 分解的计算稳定性都非常好. 下面给出一些例子来说明矩阵的 QR 分解.

例 3 基于 Givens 变换求下面矩阵的 QR 分解:

$$\boldsymbol{A}=\begin{bmatrix}0 & 1 & 1\\ 1 & 1 & 0\\ 1 & 0 & 1\end{bmatrix}$$

解 第一步, 对 $\boldsymbol{A}$ 的第一列 $\boldsymbol{b}^{(1)}=(0,1,1)^{\mathrm{T}}$ 构造 $\boldsymbol{Q}_1$, 使 $\boldsymbol{Q}_1^{\mathrm{T}}\boldsymbol{b}^{(1)}=\|\boldsymbol{b}^{(1)}\|\boldsymbol{e}_1$, 为此, 可得 Givens 变换

$$\boldsymbol{Q}_1=\begin{bmatrix}0 & \frac{1}{\sqrt{2}} & -\frac{1}{\sqrt{2}}\\ -1 & 0 & 0\\ 0 & \frac{1}{\sqrt{2}} & \frac{1}{\sqrt{2}}\end{bmatrix} \quad 和 \quad \boldsymbol{Q}_1^{\mathrm{T}}\boldsymbol{A}=\begin{bmatrix}\sqrt{2} & \frac{1}{\sqrt{2}} & \frac{1}{\sqrt{2}}\\ 0 & -1 & -1\\ 0 & -\frac{1}{\sqrt{2}} & \frac{1}{\sqrt{2}}\end{bmatrix}$$

第二步, 对

$$\boldsymbol{A}^{(1)}=\begin{bmatrix}-1 & -1\\ -\frac{1}{\sqrt{2}} & \frac{1}{\sqrt{2}}\end{bmatrix}$$

的第一列 $\boldsymbol{b}^{(2)}=\left(-1,-\frac{1}{\sqrt{2}}\right)^{\mathrm{T}}$ 构造 $\tilde{\boldsymbol{Q}}_2$, 使 $\tilde{\boldsymbol{Q}}_2^{\mathrm{T}}\boldsymbol{b}^{(2)}=\|\boldsymbol{b}^{(2)}\|\boldsymbol{e}_1$, 其中 $\boldsymbol{e}_1$ 是二维向量, 为此, 可求得 Givens 变换

$$\tilde{\boldsymbol{Q}}_2=\begin{bmatrix}-\sqrt{\frac{2}{3}} & \frac{1}{\sqrt{3}}\\ -\frac{1}{\sqrt{3}} & -\sqrt{\frac{2}{3}}\end{bmatrix} \quad 和 \quad \tilde{\boldsymbol{Q}}_2^{\mathrm{T}}\boldsymbol{A}^{(2)}=\begin{bmatrix}\sqrt{\frac{3}{2}} & \frac{1}{\sqrt{6}}\\ 0 & -\frac{2}{\sqrt{3}}\end{bmatrix}$$

最后, 记

$$Q=Q_1\begin{bmatrix}1 & \\ & \widetilde{Q}_2\end{bmatrix}=\begin{bmatrix}0 & \frac{2}{\sqrt{6}} & -\frac{1}{\sqrt{3}} \\ \frac{1}{\sqrt{2}} & \frac{1}{\sqrt{6}} & \frac{1}{\sqrt{3}} \\ \frac{1}{\sqrt{2}} & \frac{1}{\sqrt{6}} & -\frac{1}{\sqrt{3}}\end{bmatrix} \quad 和 \quad R=\begin{bmatrix}\sqrt{2} & \frac{1}{\sqrt{2}} & \frac{1}{\sqrt{2}} \\ & \frac{3}{\sqrt{6}} & \frac{1}{\sqrt{6}} \\ & & -\frac{2}{\sqrt{3}}\end{bmatrix}$$

则 $A=QR$.

值得注意的是在使用Givens变换求 n 阶矩阵 A 的QR分解时，上三角矩阵 R 的第一行元素与 $Q_1^{\mathrm{T}}A$ 的第一行元素相同；R 的第二行后 $n-1$ 个元素与 $Q_2^{\mathrm{T}}A^{(1)}$ 的第一行元素相同；……；R 的第 n 行最后一个元素与 $Q_{n-1}^{\mathrm{T}}A^{(n-2)}$ 的第二行元素相同. 此外，$Q_1^{\mathrm{T}}A$ 的第一列一定是 $(\|a_1\|,0,\cdots,0)^{\mathrm{T}}$，在实际进行QR分解编程时，考虑这些因素可以避免重复计算.

例4 基于Householder变换求下面矩阵的QR分解：

$$A=\begin{bmatrix}3 & 14 & 9 \\ 6 & 43 & 3 \\ 6 & 22 & 15\end{bmatrix}$$

解 对 A 的第一列，构造Householder矩阵

$$b^{(1)}=(3,6,6)^{\mathrm{T}}, \quad b^{(1)}-\|b^{(1)}\|e_1=6(-1,1,1)^{\mathrm{T}}, \quad u=\frac{1}{\sqrt{3}}(-1,1,1)^{\mathrm{T}}$$

$$H_1=I-2uu^{\mathrm{T}}=\frac{1}{3}\begin{bmatrix}1 & 2 & 2 \\ 2 & 1 & -2 \\ 2 & -2 & 1\end{bmatrix}$$

因此

$$H_1A=\begin{bmatrix}9 & 48 & 15 \\ 0 & 9 & -3 \\ 0 & -12 & 9\end{bmatrix}$$

对

$$A^{(1)}=\begin{bmatrix}9 & -3 \\ -12 & 9\end{bmatrix}$$

的第一列，构造如下的Householder矩阵：

$$b^{(2)}=(9,-12)^{\mathrm{T}}, \quad b^{(2)}-\|b^{(2)}\|e_1=6(-1,-2)^{\mathrm{T}}, \quad u=\frac{1}{\sqrt{5}}(-1,-2)^{\mathrm{T}}$$

$$H_2 = I - 2uu^{\mathrm{T}} = \frac{1}{5}\begin{bmatrix} 3 & -4 \\ -4 & -3 \end{bmatrix}$$

则

$$H_2 A^{(1)} = \begin{bmatrix} 15 & -9 \\ 0 & -3 \end{bmatrix}$$

最后,记

$$Q^{\mathrm{T}} = \begin{bmatrix} 1 & \\ & H_2 \end{bmatrix} H_1 = \frac{1}{15}\begin{bmatrix} 5 & 10 & 10 \\ -2 & 11 & -10 \\ -14 & 2 & 5 \end{bmatrix}$$

则 $A = QR$,其中

$$Q = \frac{1}{15}\begin{bmatrix} 5 & -2 & -14 \\ 10 & 11 & 2 \\ 10 & -10 & 5 \end{bmatrix}, \quad R = \begin{bmatrix} 9 & 48 & 15 \\ & 15 & -9 \\ & & -3 \end{bmatrix}$$

基于 Gram-Schmidt 正交化的 QR 分解 在(胡茂林,2007)的 3.1 节中,讨论了向量组的 Gram-Schmidt 标准正交化,下面用这个方法来计算矩阵的 QR 分解. 本质上,矩阵的 QR 分解就是向量 Gram-Schmidt 标准正交化的矩阵表示.

定理 6 给定非奇异矩阵 $A \in R^{n\times n}$,则 A 可以唯一地分解为

$$A = QR \tag{5.5}$$

或

$$A = L_1 Q_1$$

其中 $Q, Q_1 \in O(n)$,R 是对角元素全为正的上三角阵,L_1 是对角元素全为正的下三角阵.

证明 按列向量记 A 为

$$A = [a_1, a_2, \cdots, a_n]$$

由于 A 是非奇异的,因此 $a_1, a_2, \cdots, a_n$ 线性无关. 用 Gram-Schmidt 方法将 $a_1, a_2, \cdots, a_n$ 正交化,得到单位正交向量 $q_1, q_2, \cdots, q_n$,使得

$$\begin{aligned} a_1 &= r_{11} q_1 \\ a_2 &= r_{21} q_1 + r_{22} q_2 \\ a_3 &= r_{31} q_1 + r_{32} q_2 + r_{33} q_3 \\ &\vdots \\ a_n &= r_{n1} q_1 + r_{n2} q_2 + \cdots + r_{nn} q_n \end{aligned} \tag{5.6}$$

其中 $r_{ii}>0$，于是有

$$\boldsymbol{A}=[\boldsymbol{a}_1,\boldsymbol{a}_2,\cdots,\boldsymbol{a}_n]=[r_{11}\boldsymbol{q}_1,r_{21}\boldsymbol{q}_1+r_{22}\boldsymbol{q}_2,\cdots,r_{n1}\boldsymbol{q}_1+r_{n2}\boldsymbol{q}_2+\cdots+r_{nn}\boldsymbol{q}_n]$$

$$=[\boldsymbol{q}_1,\boldsymbol{q}_2,\cdots,\boldsymbol{q}_n]\begin{bmatrix} r_{11} & r_{21} & \cdots & r_{n1} \\ 0 & r_{22} & \cdots & r_{2n} \\ \vdots & \vdots & & \vdots \\ 0 & 0 & \cdots & r_{nn} \end{bmatrix}=\boldsymbol{QR}$$

其中 $\boldsymbol{Q}=[\boldsymbol{q}_1,\boldsymbol{q}_2,\cdots,\boldsymbol{q}_n]\in O(n)$，$\boldsymbol{R}$ 是对角元素全为正的上三角阵.

下面证明分解的唯一性. 设 $\boldsymbol{A}$ 有两个分解

$$\boldsymbol{A}=\boldsymbol{QR}=\boldsymbol{Q}'\boldsymbol{R}'$$

则

$$\boldsymbol{Q}'^{-1}\boldsymbol{Q}-\boldsymbol{R}'\boldsymbol{R}^{-1}$$

由于 $\boldsymbol{Q}'^{-1}\boldsymbol{Q}$ 是正交矩阵，而 $\boldsymbol{R}'\boldsymbol{R}^{-1}$ 是对角元素全为正的上三角矩阵. 因为正交三角矩阵必为单位矩阵，所以 $\boldsymbol{Q}'^{-1}\boldsymbol{Q}=\boldsymbol{R}'\boldsymbol{R}^{-1}=\boldsymbol{I}$，即有

$$\boldsymbol{Q}=\boldsymbol{Q}' \quad \text{和} \quad \boldsymbol{R}=\boldsymbol{R}'$$

另外对 $\boldsymbol{A}^{\mathrm{T}}$ 进行分解后再转置，即可得到 $\boldsymbol{A}$ 的 LQ 分解. □

修正的 Gram-Schmidt 方法　虽然经典的 Gram-Schmidt 正交化方法能得到矩阵的 QR 分解，但在数值上，这个方法是不稳定的，很小的舍入误差就可以使得计算出的向量不再是正交的. 然而，对这个方法进行稍微修正就可以得到一个非常稳定的算法.

在 $\boldsymbol{q}_k$ 的计算中，经典的 Gram-Schmidt 方法是一次计算出所有的 r_{ik}，

$$\hat{\boldsymbol{q}}_k=\boldsymbol{a}_k-\sum_{i=1}^{k-1}r_{ik}\boldsymbol{q}_i$$

修正的 Gram-Schmidt 方法一次只计算一个向量 $\boldsymbol{a}_k$ 的系数

$$\boldsymbol{a}_k^{(1)}=\boldsymbol{a}_k-r_{1k}\boldsymbol{q}_1$$

现在 $\boldsymbol{a}_k^{(1)}$ 与 $\boldsymbol{q}_1$ 是正交的. 下一步用 $\boldsymbol{a}_k^{(1)}$ 代替 $\boldsymbol{a}_k$ 计算 r_{2k}，即取 $r_{2k}=\langle\boldsymbol{a}_k^{(1)},\boldsymbol{q}_2\rangle$，再进行另一次计算

$$\boldsymbol{a}_k^{(2)}=\boldsymbol{a}_k^{(1)}-r_{2k}\boldsymbol{q}_2$$

得到与 $\boldsymbol{q}_1,\boldsymbol{q}_2$ 正交的向量 $\boldsymbol{a}_k^{(2)}$. 现在 $\boldsymbol{a}_k^{(2)}$ 用来代替 $\boldsymbol{a}_k$ 计算 r_{3k}，如此进行下去，直到第 k 步为止. 这样就得到式(5.6)，实现了 QR 分解.

长方阵的 QR 分解　前面考虑了方阵的 QR 分解，在实际问题中，经常遇到的是长方(或矩形)阵，即矩阵 $\boldsymbol{A}\in R^{m\times n}$，其中 $m>n$. 下面研究长方阵 $\boldsymbol{A}$ 的 QR 分解，

分为满秩和秩亏两种情形. 首先考虑满秩情形.

定理 7 设 $\boldsymbol{A}\in R_n^{m\times n}$, $m>n$, 则存在矩阵 $\boldsymbol{Q}\in R^{m\times m}$ 和 $\boldsymbol{R}\in R^{m\times n}$, 使得 $\boldsymbol{A}=\boldsymbol{QR}$, 其中 $\boldsymbol{Q}$ 是正交矩阵, 且 $\boldsymbol{R}=\begin{bmatrix}\hat{\boldsymbol{R}}\\ \boldsymbol{0}\end{bmatrix}$, $\hat{\boldsymbol{R}}\in R^{n\times n}$ 是上三角矩阵.

证明 取 $\tilde{\boldsymbol{A}}=[\boldsymbol{A}\quad \boldsymbol{B}]\in R^{m\times m}$, 其中 $\boldsymbol{B}\in R^{m\times(m-n)}$ 是使 $\tilde{\boldsymbol{A}}$ 的秩为 m 的任意矩阵. 则由定理 4, 存在 $\boldsymbol{Q}\in R^{m\times m}$ 和上三角矩阵 $\tilde{\boldsymbol{R}}\in R^{m\times m}$, 使得 $\tilde{\boldsymbol{A}}=\boldsymbol{Q}\tilde{\boldsymbol{R}}$. 现在把 $\tilde{\boldsymbol{R}}$ 分块为 $\tilde{\boldsymbol{R}}=[\boldsymbol{R}\quad \tilde{\boldsymbol{T}}]$, 其中 $\boldsymbol{R}\in R^{m\times n}$, $\tilde{\boldsymbol{T}}\in R^{m\times(m-n)}$, 则 $\boldsymbol{A}=\boldsymbol{QR}$. 因为 $\tilde{\boldsymbol{R}}$ 是上三角矩阵, 所以 $\boldsymbol{R}$ 的形式是 $\begin{bmatrix}\hat{\boldsymbol{R}}\\ \boldsymbol{0}\end{bmatrix}$, 其中 $\hat{\boldsymbol{R}}\in R^{n\times n}$ 是上三角矩阵. □

定理 7 证明过程中的 QR 分解只是保留了 $m\times m$ 矩阵 QR 分解的前一部分, 因此计算方阵的 QR 分解的任何算法都可以很容易地修改为计算 $m\times n$ 矩阵的 QR 分解. 实际计算时并不需要用矩阵 $\boldsymbol{B}$ 来增补 $\boldsymbol{A}$, 因为这一部分的矩阵最终要舍弃. 只是对 $\boldsymbol{A}$ 的列进行相应的运算, 比如 Gram-Schmidt 标准正交法, 直到 n 步, 即对所有的列处理结束为止.

对 $m\times n$ 矩阵的 QR 分解的计算复杂度是 $2mn^2-2n^3/3$, 因此当 $m\gg n$ 时, 计算量约为 $2mn^2$ flops.

定理 7 只是对满秩矩阵 $\boldsymbol{A}$ 成立. 我们知道, 矩阵的秩是列(或行)向量中最大线性无关向量的个数. 矩阵 $\boldsymbol{A}\in R^{m\times n}$ $(m\geqslant n)$ 是满秩的, 即秩是 n, 列向量是线性无关的, 由定理 7 的方程 $\boldsymbol{A}=\boldsymbol{QR}$ 可得 $\mathrm{rank}\boldsymbol{A}\leqslant\mathrm{rank}\boldsymbol{R}$; 另一方面, 由方程 $\boldsymbol{R}=\boldsymbol{Q}^{\mathrm{T}}\boldsymbol{A}$, 得 $\mathrm{rank}\boldsymbol{R}\leqslant\mathrm{rank}\boldsymbol{A}$, 因此 $\mathrm{rank}\boldsymbol{R}=\mathrm{rank}\boldsymbol{A}$, 即 $\boldsymbol{A}$ 满秩当且仅当 $\boldsymbol{R}$ 满秩. 显然 $\mathrm{rank}\boldsymbol{R}=\mathrm{rank}\hat{\boldsymbol{R}}$, 且 $\hat{\boldsymbol{R}}$ 满秩当且仅当它是非奇异的. 因此 $\boldsymbol{A}$ 满秩当且仅当 $\hat{\boldsymbol{R}}$ 是非奇异的, 即 $\hat{\boldsymbol{R}}$ 的主对角线上元素都不为零.

秩亏长方阵的 QR 分解 虽然在实际问题中, 大多数的长方矩形矩阵都是满秩的, 但是我们也希望有处理不是满秩矩阵的方法. 这个问题可以通过 QR 分解方法的一种变形来解决. 在第 6 章我们将介绍在算法上更加可靠的奇异值分解来处理这类问题.

如果 $\boldsymbol{A}$ 不是满秩的, 则 $\hat{\boldsymbol{R}}$ 是奇异的, 其主对角元素 $r_{11},\cdots,r_{nn}$ 中至少有一个为零, 因此, 理论上, 通常的 QR 分解是要失败的. 类似于选主元的 Gauss 消去法, 必须进行列交换, 使得零主元被移到 $\hat{\boldsymbol{R}}$ 更下的右角, 这个方法称为**主列 QR 分解**.

首先不考虑舍入误差的影响. 在第一步, 计算 $\boldsymbol{A}$ 每一列的 l^2 范数, 即欧氏范数. 如果第 j 列有更大的范数, 则交换第 1 和第 j 列. 步骤一的余下部分与以前相同, 构造将第一列变成 $(\tau_1,0,\cdots,0)^{\mathrm{T}}$ 的反射变换. 这个反射也对列 2 到列 n 进行了变换. 因为 $|\tau_1|$ 等于第一列的 l^2 范数, 列交换使得 $|\tau_1|$ 是最大的, 特别地, $\tau_1\neq 0$, 否则 $\boldsymbol{A}=\boldsymbol{0}$.

第二步对略去第一行和第一列的子矩阵进行计算. 但在交换列时, 整个矩阵的列都要进行交换，而不只是子矩阵的列进行交换，其余的跟第一步完全一样，这表明在实施 QR 分解前进行列交换与在过程中进行列交换的效果是一致的.

如果矩阵的秩是满的，算法在 n 步后结束，所得到的分解是 $\hat{\boldsymbol{A}}=\boldsymbol{QR}$，其中 $\hat{\boldsymbol{A}}$ 是 $\boldsymbol{A}$ 进行列交换后的矩阵. $\boldsymbol{R}=\begin{bmatrix}\hat{\boldsymbol{R}}\\ \boldsymbol{0}\end{bmatrix}$，其中 $\hat{\boldsymbol{R}}$ 是上三角矩阵且非奇异. 如果 $\boldsymbol{A}$ 不是满秩的，一定存在一步，使得 $\tau_i=0$. 当且仅当余下的子矩阵是 $\boldsymbol{0}$ 时，才会发生这种情况. 假设在完成 r 步后发生这种情况，记 $\boldsymbol{Q}_i\in R^{m\times m}$ 表示第 i 步的反射变换，有

$$\boldsymbol{Q}_r\boldsymbol{Q}_{r-1}\cdots\boldsymbol{Q}_1\hat{\boldsymbol{A}}=\begin{bmatrix}\boldsymbol{R}_{11} & \boldsymbol{R}_{22}\\ \boldsymbol{0} & \boldsymbol{0}\end{bmatrix}=\boldsymbol{R}$$

其中 $\boldsymbol{R}_{11}$ 是上三角矩阵，且主对角元素 $\tau_1,\tau_2,\cdots,\tau_r$ 都非零，因此 $\boldsymbol{R}_{11}$ 是 $r\times r$ 非奇异矩阵. 记 $\boldsymbol{Q}=\boldsymbol{Q}_1\boldsymbol{Q}_2\cdots\boldsymbol{Q}_r$，则 $\boldsymbol{Q}^{\mathrm{T}}\hat{\boldsymbol{A}}=\boldsymbol{R}$ 和 $\hat{\boldsymbol{A}}=\boldsymbol{QR}$. 由 $\mathrm{rank}\boldsymbol{A}=\mathrm{rank}\hat{\boldsymbol{A}}=\mathrm{rank}\boldsymbol{R}$，得 $\mathrm{rank}\boldsymbol{A}=r$. 将这些结论总结为下面的定理.

定理 8　若 $\boldsymbol{A}\in R^{m\times n}$，且 $\mathrm{rank}\boldsymbol{A}=r>0$，则存在矩阵 $\hat{\boldsymbol{A}}$，$\boldsymbol{Q}$ 和 $\boldsymbol{R}$，使得

$$\hat{\boldsymbol{A}}=\boldsymbol{QR}$$

其中 $\hat{\boldsymbol{A}}$ 是交换 $\boldsymbol{A}$ 的列后的矩阵，$\boldsymbol{Q}\in R^{m\times m}$ 是正交矩阵，$\boldsymbol{R}=\begin{bmatrix}\boldsymbol{R}_{11} & \boldsymbol{R}_{22}\\ \boldsymbol{0} & \boldsymbol{0}\end{bmatrix}\in R^{m\times n}$，$\boldsymbol{R}_{11}\in R^{r\times r}$ 是非奇异的上三角矩阵.

QR 分解的紧凑形式　对长方阵，根据 1.2 节定义的半正交变换，可以给出更加紧凑的 QR 分解，见图 5.5.

定理 9　若 $\boldsymbol{A}\in R^{m\times n}$，$m\geqslant n$，则存在半正交矩阵 $\hat{\boldsymbol{Q}}\in R^{m\times n}$ 和上三角矩阵 $\hat{\boldsymbol{R}}\in R^{n\times n}$，使得 $\boldsymbol{A}=\hat{\boldsymbol{Q}}\hat{\boldsymbol{R}}$.

证明　如果 $m=n$，这就是定理 3. 如果 $m>n$，由定理 7，存在矩阵 $\boldsymbol{Q}\in R^{m\times m}$ 和 $\boldsymbol{R}\in R^{m\times n}$，使得 $\boldsymbol{A}=\boldsymbol{QR}$，其中 $\boldsymbol{Q}$ 是正交的，$\boldsymbol{R}=\begin{bmatrix}\hat{\boldsymbol{R}}\\ \boldsymbol{0}\end{bmatrix}$，$\hat{\boldsymbol{R}}\in R^{n\times n}$ 是上三角矩阵. 记 $\hat{\boldsymbol{Q}}$ 为矩阵 $\boldsymbol{Q}$ 的前 n 列组成的子矩阵，$\tilde{\boldsymbol{Q}}\in R^{m\times(m-n)}$ 是 $\boldsymbol{Q}$ 的后 $m-n$ 列组成的子矩阵. 则

$$\boldsymbol{A}=\boldsymbol{QR}=[\hat{\boldsymbol{Q}}\quad\tilde{\boldsymbol{Q}}]\begin{bmatrix}\hat{\boldsymbol{R}}\\ \boldsymbol{0}\end{bmatrix}=\hat{\boldsymbol{Q}}\hat{\boldsymbol{R}}+\tilde{\boldsymbol{Q}}\boldsymbol{0}=\hat{\boldsymbol{Q}}\hat{\boldsymbol{R}}$$

即 $\boldsymbol{A}=\hat{\boldsymbol{Q}}\hat{\boldsymbol{R}}$，其中 $\hat{\boldsymbol{Q}}$ 和 $\hat{\boldsymbol{R}}$ 满足定理中的条件. □

如果 $\boldsymbol{A}$ 是满秩的，则定理的分解是唯一的.

定理 10　若 $\boldsymbol{A}\in R^{m\times n}$，$m\geqslant n$，且 $\mathrm{rank}\boldsymbol{A}=n$，则存在唯一半正交矩阵 $\hat{\boldsymbol{Q}}\in R^{m\times n}$ 和上三角矩阵 $\hat{\boldsymbol{R}}\in R^{n\times n}$，使得 $\boldsymbol{A}=\hat{\boldsymbol{Q}}\hat{\boldsymbol{R}}$.

证明类似于定理 6. 下一节我们将介绍 QR 分解更新算法和应用.

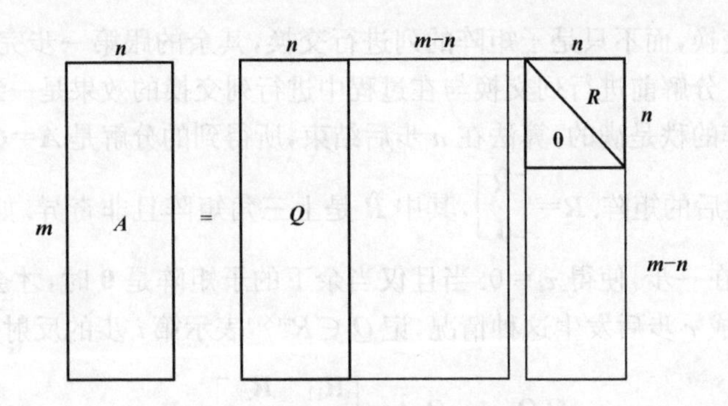

图 5.5　紧凑形式的 QR 分解

5.3　QR 分解的更新和应用

在实际应用中,组成矩阵的数据往往是实时更新的,比如,在信号处理中,矩阵的每一行数据表示在给定时间内的测量值. 在每一时间,随着新的测量数据产生,矩阵都增加新的一行. 现在假设在一个特定的时间前,已经计算了矩阵的 QR 分解,是否需要从头计算新矩阵的 QR 分解呢? 实践证明更新旧的 QR 分解比重新计算 QR 分解更加简便.

增加一行　假设 $\boldsymbol{A}\in R^{m\times n}, m\geqslant n, \mathrm{rank}\boldsymbol{A}=n$,且有分解式 $\boldsymbol{A}=\boldsymbol{QR}$,其中 $\boldsymbol{Q}\in R^{m\times m}$ 是正交矩阵,$\boldsymbol{R}\in R^{m\times n}$ 是三角矩阵,即 $\boldsymbol{R}$ 上面的 $n\times n$ 矩阵是上三角的,其余部分是零. 记 $\widetilde{\boldsymbol{A}}=\begin{bmatrix}\boldsymbol{A}_1\\ \boldsymbol{z}^{\mathrm{T}}\\ \boldsymbol{A}_2\end{bmatrix}\in R^{(m+1)\times n}$,其中 $\boldsymbol{A}=\begin{bmatrix}\boldsymbol{A}_2\\ \boldsymbol{A}_2\end{bmatrix}$, $\boldsymbol{A}_1\in R^{n\times n}$, $\boldsymbol{A}_2\in R^{(m-n)\times n}$. $\boldsymbol{z}^{\mathrm{T}}$ 是新增加的行,它插入到矩阵 $\boldsymbol{A}$ 的行中. 通常新增的行 $\boldsymbol{z}^{\mathrm{T}}$ 放在矩阵的最后一行,通过交换行的初等变换,可以被插入到 $\boldsymbol{A}$ 中任意一行. 下面考虑如何从 $\boldsymbol{A}$ 的 QR 分解来计算 $\widetilde{\boldsymbol{A}}$ 的 QR 分解 $\widetilde{\boldsymbol{A}}=\widetilde{\boldsymbol{Q}}\widetilde{\boldsymbol{R}}$.

与 $\boldsymbol{A}$ 对应的分块方式对矩阵 $\boldsymbol{Q}$ 进行分划,则 $\boldsymbol{A}$ 的 QR 分解可记为

$$\begin{bmatrix}\boldsymbol{A}_1\\ \boldsymbol{A}_2\end{bmatrix}=\begin{bmatrix}\boldsymbol{Q}_1\\ \boldsymbol{Q}_2\end{bmatrix}\boldsymbol{R}$$

由此立即得到

$$\widetilde{\boldsymbol{A}}=\begin{bmatrix}\boldsymbol{A}_1\\ \boldsymbol{z}^{\mathrm{T}}\\ \boldsymbol{A}_2\end{bmatrix}=\begin{bmatrix}\boldsymbol{0} & \boldsymbol{Q}_1\\ 1 & \boldsymbol{0}^{\mathrm{T}}\\ \boldsymbol{0} & \boldsymbol{Q}_2\end{bmatrix}\begin{bmatrix}\boldsymbol{z}^{\mathrm{T}}\\ \boldsymbol{R}\end{bmatrix}\tag{5.7}$$

这已接近于 QR 分解,现在的问题是$\begin{bmatrix} \boldsymbol{z}^{\mathrm{T}} \\ \boldsymbol{R} \end{bmatrix}$不是三角矩阵,而是 Hessenberg 矩阵.只需要将它变换到三角矩阵的形式就可以了.对矩阵

$$\begin{bmatrix} \boldsymbol{z}^{\mathrm{T}} \\ \boldsymbol{R} \end{bmatrix}=\begin{bmatrix} z_1 & z_2 & \cdots \\ r_{11} & r_{12} & \cdots \\ 0 & r_{22} & \cdots \\ 0 & 0 & \ddots \\ \vdots & \vdots & \vdots \end{bmatrix}$$

的第一列进行 Givens 变换 $\boldsymbol{U}_1^{\mathrm{T}}$,使得 $\boldsymbol{U}_1^{\mathrm{T}}\begin{bmatrix} \boldsymbol{z}^{\mathrm{T}} \\ \boldsymbol{R} \end{bmatrix}$的(1,2)位置($r_{11}$所在的位置)的元素为零.显然这个变换不改变矩阵中已经是零的其他元素.一旦消去了 r_{11},再对第二列进行 Givens 变换 $\boldsymbol{U}_2^{\mathrm{T}}$,就可以消去 r_{22},并且不改变已经是零的元素.因为 $r_{21}=0$,所以在 r_{11}位置的零仍然是零.下一步对第三列进行 Givens 变换 $\boldsymbol{U}_3^{\mathrm{T}}$,消去 r_{33}.如此进行 n 步,就可以得到上三角矩阵

$$\widetilde{\boldsymbol{R}}=\boldsymbol{U}_n^{\mathrm{T}}\cdots\boldsymbol{U}_2^{\mathrm{T}}\boldsymbol{U}_1^{\mathrm{T}}\begin{bmatrix} \boldsymbol{z}^{\mathrm{T}} \\ \boldsymbol{R} \end{bmatrix}\in R^{(m+1)\times n}$$

记

$$\widetilde{\boldsymbol{Q}}=\begin{bmatrix} \boldsymbol{0} & \boldsymbol{Q}_1 \\ 1 & \boldsymbol{0}^{\mathrm{T}} \\ \boldsymbol{0} & \boldsymbol{Q}_2 \end{bmatrix}\boldsymbol{U}_1\boldsymbol{U}_2\cdots\boldsymbol{U}_n$$

就有 $\widetilde{\boldsymbol{A}}=\widetilde{\boldsymbol{Q}}\widetilde{\boldsymbol{R}}$,其中 $\widetilde{\boldsymbol{Q}}\in R^{(m+1)\times(m+1)}$是正交矩阵,$\widetilde{\boldsymbol{R}}\in R^{(m+1)\times n}$是上三角矩阵.

不难看出,计算 $\widetilde{\boldsymbol{Q}}$ 的代价是非常低的.只需要进行 n 次 Givens 变换,且每一次只是对长度为 n 或更短的行进行, 对应的浮点计算量显然是 $O(n^2)$,精确估计为 $3n^2+O(n)$.与具体的应用有关,可能需要也可能不需要更新 $\boldsymbol{Q}$.如果需要更新,就必须显示地存储 $\boldsymbol{Q}$,通过右乘 n 个 Givens 变换得到 $\widetilde{\boldsymbol{Q}}$,这个计算量是 $6mn+O(n)$.回忆一下,重新计算 QR 分解的计算量是 $2mn^2$,因此,更新的计算量是很低的,特别是只需要更新 $\boldsymbol{R}$ 的情形.

删除一行　在对一个矩阵不停地增加新的行的同时,也需要删除老的、“过时”的行,因此需要考虑删除一行的 QR 分解的更新算法,这通常称为**下更新**.假设有分解 $\widetilde{\boldsymbol{A}}=\widetilde{\boldsymbol{Q}}\widetilde{\boldsymbol{R}}$,其中 $\widetilde{\boldsymbol{A}}=\begin{bmatrix} \boldsymbol{A}_1 \\ \boldsymbol{z}^{\mathrm{T}} \\ \boldsymbol{A}_2 \end{bmatrix}$,求 $\boldsymbol{A}=\begin{bmatrix} \boldsymbol{A}_1 \\ \boldsymbol{A}_2 \end{bmatrix}$的 QR 分解.更新过程基本上是增加一行的反过程,但是反过程需要知道 $\widetilde{\boldsymbol{Q}}$ 的信息,因此有较多的计算量.首先的目标是将

$\widetilde{\boldsymbol{Q}}$ 变换到如下形式：

$$\begin{bmatrix} \boldsymbol{0} & \boldsymbol{Q}_1 \\ 1 & \boldsymbol{0}^{\mathrm{T}} \\ \boldsymbol{0} & \boldsymbol{Q}_2 \end{bmatrix}$$

如同式(5.7)一样，记

$$\widetilde{\boldsymbol{Q}} = \begin{bmatrix} \widetilde{\boldsymbol{Q}}_1 \\ \boldsymbol{w}^{\mathrm{T}} \\ \widetilde{\boldsymbol{Q}}_2 \end{bmatrix}$$

其中行 $\boldsymbol{w}^{\mathrm{T}}$ 与 $\widetilde{\boldsymbol{A}}$ 中要删除的行处在同一个位置. 需要将 $\boldsymbol{w}^{\mathrm{T}}$ 变换到$(r,0,\cdots,0)$(其中$|r|=1$). 记 $\boldsymbol{U}_m$ 是对第 m 个和 $m+1$ 个元素进行的 Givens 变换，使得 $\boldsymbol{w}^{\mathrm{T}}\boldsymbol{U}_m$ 在最后的(即第 $m+1$ 个)元素为零. $\boldsymbol{U}_{m+1}$ 是对第 $m-1$ 个和 m 个元素进行的 Givens 变换，使得 $\boldsymbol{w}^{\mathrm{T}}\boldsymbol{U}_m\boldsymbol{U}_{m-1}$ 在最后两个位置的元素为零. 按这种方式进行下去，得到 Givens 变换 $\boldsymbol{U}_{m-2},\cdots,\boldsymbol{U}_1$，使得 $\boldsymbol{w}^{\mathrm{T}}\boldsymbol{U}_m\boldsymbol{U}_{m-1}\cdots\boldsymbol{U}_1$ 的形式是$(r,0,\cdots,0)$. 如果对矩阵 $\widetilde{\boldsymbol{Q}}$ 运用这一系列的 Givens 变换，得到如下形式的矩阵 $\breve{\boldsymbol{Q}}=\widetilde{\boldsymbol{Q}}\boldsymbol{U}_m\cdots\boldsymbol{U}_1$：

$$\breve{\boldsymbol{Q}} = \begin{bmatrix} \boldsymbol{0} & \boldsymbol{Q}_1 \\ r & \boldsymbol{0}^{\mathrm{T}} \\ \boldsymbol{0} & \boldsymbol{Q}_2 \end{bmatrix} \tag{5.8}$$

其中第一列只有一个非零元素 r，其余的都是零是因为 $\breve{\boldsymbol{Q}}$ 是正交矩阵，它的所有行和列都是单位向量.

记 $\breve{\boldsymbol{R}}=\boldsymbol{U}_1^{\mathrm{T}}\cdots\boldsymbol{U}_m^{\mathrm{T}}\widetilde{\boldsymbol{R}}$，则 $\widetilde{\boldsymbol{A}}=\widetilde{\boldsymbol{Q}}\widetilde{\boldsymbol{R}}=(\widetilde{\boldsymbol{Q}}\boldsymbol{U}_m\cdots\boldsymbol{U}_1)(\boldsymbol{U}_1^{\mathrm{T}}\cdots\boldsymbol{U}_m^{\mathrm{T}}\widetilde{\boldsymbol{R}})=\breve{\boldsymbol{Q}}\breve{\boldsymbol{R}}$，其中 $\widetilde{\boldsymbol{R}}$ 是$(m+1)\times n$ 的矩阵，它的前 n 行是上三角矩阵，其余的 $m+1-n$ 行是零. 现在来分析，在进行 Givens 变换 $\boldsymbol{U}_m^{\mathrm{T}},\cdots,\boldsymbol{U}_1^{\mathrm{T}}$ 后，$\widetilde{\boldsymbol{R}}$ 是如何变化的. 因为前 $m-n$ 个变换 $\boldsymbol{U}_m^{\mathrm{T}},\cdots,\boldsymbol{U}_{n+1}^{\mathrm{T}}$ 只是对元素全是零的行进行的，所以对 $\widetilde{\boldsymbol{R}}$ 没有任何影响. 第一个有影响的行是 $\boldsymbol{U}_n^{\mathrm{T}}$，它是对行 n 和 $n+1$ 进行的. 行 n 有一个非零元素，即 $\tilde{r}_{m}$. 当进行 $\boldsymbol{U}_n^{\mathrm{T}}$ 变换时，这个非零元素与在位置$(n+1,n)$的零结合起来，因此在这个位置产生一个非零元素. 由这个变换，显然只产生一个非零元素. 类似地，对行 $n-1$ 和 n 进行变换 $\boldsymbol{U}_{n-1}^{\mathrm{T}}$，因为 $\tilde{r}_{n-1,n-1}$ 是非零，所以它在位置$(n,n-1)$产生一个新的非零元素(别的地方没有). 这个变化模式是明显的，变换 $\boldsymbol{U}_n^{\mathrm{T}},\cdots,\boldsymbol{U}_1^{\mathrm{T}}$ 在位置$(n+1,n),(n,n-1),\cdots,(2,1)$依次产生非零的元素，在其他位置的零元素没有变化. 这意味着 $\breve{\boldsymbol{R}}$ 是上 Hessenberg 形式. 因此能将 $\breve{\boldsymbol{R}}$ 分块为

$$\breve{\boldsymbol{R}} = \begin{bmatrix} \boldsymbol{v}^{\mathrm{T}} \\ \boldsymbol{R} \end{bmatrix}$$

其中 $\boldsymbol{v}^{\mathrm{T}}$ 是 $\breve{\boldsymbol{R}}$ 的首行，且 $\boldsymbol{R}$ 是上三角的. 将这个与式(5.8)结合起来，有

$$\begin{bmatrix}\boldsymbol{A}_1\\ \boldsymbol{z}^{\mathrm{T}}\\ \boldsymbol{A}_2\end{bmatrix}=\widetilde{\boldsymbol{A}}=\breve{\boldsymbol{Q}}\breve{\boldsymbol{R}}=\begin{bmatrix}\boldsymbol{0} & \boldsymbol{Q}_1\\ \gamma & \boldsymbol{0}^{\mathrm{T}}\\ \boldsymbol{0} & \boldsymbol{Q}_2\end{bmatrix}\begin{bmatrix}\boldsymbol{v}^{\mathrm{T}}\\ \boldsymbol{R}\end{bmatrix}$$

对上面的分块有 $\boldsymbol{A}_1=\boldsymbol{0}\boldsymbol{v}^{\mathrm{T}}+\boldsymbol{Q}_1\boldsymbol{R}=\boldsymbol{Q}_1\boldsymbol{R}$，对下面的分块有 $\boldsymbol{A}_2=\boldsymbol{0}\boldsymbol{v}^{\mathrm{T}}+\boldsymbol{Q}_2\boldsymbol{R}=\boldsymbol{Q}_2\boldsymbol{R}$. 略去中间的行，将这两个块放在一起，记 $\boldsymbol{Q}=\begin{bmatrix}\boldsymbol{Q}_2\\ \boldsymbol{Q}_2\end{bmatrix}$，则有

$$\boldsymbol{A}=\begin{bmatrix}\boldsymbol{A}_1\\ \boldsymbol{A}_2\end{bmatrix}=\begin{bmatrix}\boldsymbol{Q}_1\\ \boldsymbol{Q}_2\end{bmatrix}\boldsymbol{R}=\boldsymbol{Q}\boldsymbol{R}$$

因为 $\boldsymbol{Q}$ 的行是相互正交的，所以 $\boldsymbol{Q}$ 是正交矩阵. 这就得到了 $\boldsymbol{A}$ 的 QR 分解.

上面的更新步骤运用了正交矩阵 $\widetilde{\boldsymbol{Q}}$，因此对从 $\widetilde{\boldsymbol{A}}$ 去掉一行的下更新，不能用 Cholesky 分解 $\widetilde{\boldsymbol{A}}^{\mathrm{T}}\widetilde{\boldsymbol{A}}=\widetilde{\boldsymbol{R}}^{\mathrm{T}}\widetilde{\boldsymbol{R}}$ 来计算. 幸运的是，下更新的 Cholesky 分解算法的确存在，它的计算量是 $O(n^2)$，但是计算非常技巧，涉及双曲变换，见(Watkins，2002).

增加一列　考虑这样的实验，对大量的个体，比如果蝇、豚鼠，需要比较各种形式的特征，如翼长、体重、耳朵的长度. 如果对 m 种个体，测量了 n 个特征，这个数据可以组成一个 $m\times n$ 矩阵 $\boldsymbol{A}$，其中的每一行对应着一个个体，每一列对应着一个特征. 运用最小二乘法，可以从这些数据样本中得到许多有用的信息. 如果在研究中希望增加一个新的特征，就必须对矩阵 $\boldsymbol{A}$ 增加新的一列，现在考虑能否通过对 $\boldsymbol{A}$ 的 QR 分解的更新，得到对新矩阵有效的 QR 分解.

记 $\boldsymbol{A}=[\boldsymbol{A}_1\quad \boldsymbol{A}_2]$和 $\widetilde{\boldsymbol{A}}=[\boldsymbol{A}_1\quad \boldsymbol{z}\quad \boldsymbol{A}_2]$，其中 $\boldsymbol{z}$ 是新增的列向量，并且已有矩阵分解 $\boldsymbol{A}=\boldsymbol{Q}\boldsymbol{R}$，其中 $\boldsymbol{Q}\in R^{m\times m}$是正交的，$\boldsymbol{R}\in R^{m\times n}$是上三角矩阵. 将 $\boldsymbol{R}$ 与 $\boldsymbol{A}$ 进行相同的分块，有

$$[\boldsymbol{A}_1\quad \boldsymbol{A}_2]=\boldsymbol{Q}[\boldsymbol{R}_1\quad \boldsymbol{R}_2]$$

下面考虑如何更新这个分解来得到 $\widetilde{\boldsymbol{A}}$ 的 QR 分解. 记 $\boldsymbol{w}=\boldsymbol{Q}^{\mathrm{T}}\boldsymbol{z}=\boldsymbol{Q}^{-1}\boldsymbol{z}$，则

$$\widetilde{\boldsymbol{A}}=[\boldsymbol{A}_1\quad \boldsymbol{z}\quad \boldsymbol{A}_2]=\boldsymbol{Q}[\boldsymbol{R}_1\quad \boldsymbol{w}\quad \boldsymbol{R}_2]$$

其中矩阵$[\boldsymbol{R}_1\quad \boldsymbol{w}\quad \boldsymbol{R}_2]$已不再是上三角形式，现在的任务就是用 Givens 变换来恢复它. 假设 $\boldsymbol{w}$ 是第 k 列，为了得到三角形式，必须消除 $\boldsymbol{w}$ 后的 $m-k$ 个元素. 若 $\boldsymbol{U}_m$ 是对行 m 和行 $m-1$ 作用的 Givens 变换，使得 $\boldsymbol{U}_m\boldsymbol{w}$ 的第 m 个位置为零. $\boldsymbol{U}_{m-1}$是对行 $m-1$ 和行 $m-2$ 作用的 Givens 变换，使得 $\boldsymbol{U}_{m-1}\boldsymbol{U}_m\boldsymbol{w}$ 的第 $m-1$ 个位置为零，并使在前一个步骤产生的零保持不变. 按这种方式进行下去，能得到一组 Givens 变换 $\boldsymbol{U}_{m-2},\cdots,\boldsymbol{U}_{k+1}$ 使得 $\boldsymbol{U}_{k+1}\cdots\boldsymbol{U}_m\boldsymbol{w}$ 在位置 $k+1,\cdots,m$ 的位置为零. 记

$$\widetilde{\boldsymbol{R}}=\boldsymbol{U}_{k+1}\cdots\boldsymbol{U}_m[\boldsymbol{R}_1\quad \boldsymbol{w}\quad \boldsymbol{R}_2]$$

容易验证 $\widetilde{\boldsymbol{R}}$ 是上三角矩阵. Givens 变换没有改变 $\boldsymbol{R}_1$，它们只影响 $\boldsymbol{R}_2$，但是也只是在 $\widetilde{\boldsymbol{R}}$ 是完整的上三角矩阵内变化. 记 $\widetilde{\boldsymbol{Q}}=\boldsymbol{Q}\boldsymbol{U}_m^{\mathrm{T}}\cdots\boldsymbol{U}_{k+1}^{\mathrm{T}}$，则 $\widetilde{\boldsymbol{A}}=\widetilde{\boldsymbol{Q}}\widetilde{\boldsymbol{R}}$，这就是所需要的分解.

不幸的是，这个更新方法在计算上不是特别节省的. 运算 $\boldsymbol{w}=\boldsymbol{Q}^{\mathrm{T}}\boldsymbol{z}$ 已经需要 $2m^2$ flops，且还需要知道 $\boldsymbol{Q}$. 如果 $m\geqslant n^2$，这个更新是不值得的.

消去一列　现在需要从样本中消去一个特征，这对应着从 $\boldsymbol{A}$ 中消去一列. 怎样实现这样的更新，或在这种情形下，怎样下更新？幸运的是，消去一列比增加一列容易得多.

记 $\widetilde{\boldsymbol{A}}=[\boldsymbol{A}_1\quad \boldsymbol{z}\quad \boldsymbol{A}_2]$和 $\boldsymbol{A}=[\boldsymbol{A}_1\quad \boldsymbol{A}_2]$，假设已经有了分解 $\widetilde{\boldsymbol{A}}=\widetilde{\boldsymbol{Q}}\widetilde{\boldsymbol{R}}$，希望得到 $\boldsymbol{A}$ 的 QR 分解. 记 $\widetilde{\boldsymbol{R}}=[\widetilde{\boldsymbol{R}}_1\quad \boldsymbol{w}\quad \widetilde{\boldsymbol{R}}_2]$，从 $\widetilde{\boldsymbol{A}}=\widetilde{\boldsymbol{Q}}\widetilde{\boldsymbol{R}}$ 中移去一列，得到

$$\boldsymbol{A}=[\boldsymbol{A}_1\quad \boldsymbol{A}_2]=\widetilde{\boldsymbol{Q}}[\widetilde{\boldsymbol{R}}_1\quad \widetilde{\boldsymbol{R}}_2] \tag{5.9}$$

这不一定是 QR 分解，因为“$\boldsymbol{R}$”不是上三角矩阵. 比如，从 7×5 的上三角矩阵中消去第三列，能得到如下形式的矩阵：

$$\begin{bmatrix} * & * & * & * \\ 0 & * & * & * \\ 0 & 0 & * & * \\ 0 & 0 & * & * \\ 0 & 0 & 0 & * \\ 0 & 0 & 0 & 0 \\ 0 & 0 & 0 & 0 \end{bmatrix}$$

它是上 Hessenberg 矩阵，但是通过两次 Givens 变换，即对行 3 和行 5 作变换 $\boldsymbol{U}_3^{\mathrm{T}}$，跟着对行 4 和行 5 作变换 $\boldsymbol{U}_5^{\mathrm{T}}$，可将它变成三角形式. 更一般地，在式(5.9)中，如果从 $\widetilde{\boldsymbol{R}}$ 中消去的行 $\boldsymbol{w}$ 是在第 k 行，则需要 $m-k+1$ 个 Givens 变换 $\boldsymbol{U}_k^{\mathrm{T}},\cdots,\boldsymbol{U}_n^{\mathrm{T}}$ 使得这个矩阵变成三角形式. 记 $\boldsymbol{R}=\boldsymbol{U}_n^{\mathrm{T}}\cdots\boldsymbol{U}_k^{\mathrm{T}}[\widetilde{\boldsymbol{R}}_1\quad \widetilde{\boldsymbol{R}}_2]$和 $\boldsymbol{Q}=\widetilde{\boldsymbol{Q}}\boldsymbol{U}_k\cdots\boldsymbol{U}_n$，有 $\boldsymbol{A}=\boldsymbol{Q}\boldsymbol{R}$.

执行这个步骤不需要正交矩阵 $\widetilde{\boldsymbol{Q}}$ 的知识，因此它也能作为当一列从 $\widetilde{\boldsymbol{A}}$ 中消去的 Cholesky 分解 $\widetilde{\boldsymbol{A}}^{\mathrm{T}}\widetilde{\boldsymbol{A}}$ 的下更新. 从 $\widetilde{\boldsymbol{R}}$ 得到 $\boldsymbol{R}$ 的计算量依赖于消去的那一列. 在最坏的情形，即消去第一列，需要 n 个 Givens 变换，因此它们作用的有效长度是 n 或更少，浮点计算是 $O(n^2)$. 对于最好的情形，即消去最后一列，甚至不需要进行计算.

最小二乘问题的求解　在计算机科学和工程研究中，经常需要求解曲线拟合问题. 比如，直线拟合问题：给定一组数据点，求最佳拟合这些点的直线. 这类问题都可以看作求解过定的线性方程组

$$\boldsymbol{A}\boldsymbol{x}=\boldsymbol{b} \tag{5.10}$$

其中 $\boldsymbol{A}\in R^{m\times n}$，$m>n$，且 $\boldsymbol{b}\in R^m$. 除非非齐次项 $\boldsymbol{b}$ 在 $\boldsymbol{A}$ 的列向量组成的子空间中，否则过定方程组通常没有精确解. 因此代替求精确解，考虑求最优的解：求解 $\hat{\boldsymbol{x}}=\underset{x\in R^n}{\operatorname{argmin}}\|\boldsymbol{Ax}-\boldsymbol{b}\|$，其中的范数可以是任何向量范数. 也就是说，向量 $\hat{\boldsymbol{x}}$ 使得 $\boldsymbol{Ax}-\boldsymbol{b}$ 最小. 一般把 $\boldsymbol{A}\hat{\boldsymbol{x}}-\boldsymbol{b}$ 称为**残差**，记为 $\boldsymbol{r}$. 从计算上考虑，通常用向量的 $l^p(1\leqslant p\leqslant\infty)$ 范数.

需要注意的是，虽然在有限维空间中，向量的范数是等价的，但是不同范数给出最优解是不同的，例如，考虑关于一元变量的三个方程组的简单例子：$\boldsymbol{A}=[1,1,1]^{\mathrm{T}}$，$\boldsymbol{b}=(b_1,b_2,b_3)^{\mathrm{T}}$，其中 $b_1\geqslant b_2\geqslant b_3\geqslant 0$. 可以验证，在 $p=1,2,\infty$ 的范数下，有不同的解(见本章习题 10)：

(1) 当 $p=1$ 时，$\hat{x}=b_2$.

(2) 当 $p=2$ 时，$\hat{x}=(b_1+b_2+b_3)/3$.

(3) 当 $p=\infty$ 时，$\hat{x}=(b_1+b_2)/2$.

在 l^1 和 l^∞ 范数下，因为范数不再是变量的可微函数，所以最小化计算非常复杂. 但是近年来，在这些范数下研究优化问题是一个热点问题，特别是 l^1 范数，由于它比经典的 l^2 范数在回归中计算出的估计更加符合数据，所以得到了广泛的研究，见(Donoho，2004).

在 l^2 范数下，求解方程组(5.10)优化问题称为**最小二乘问题**，即寻求 $\hat{\boldsymbol{x}}\in R^n$，使得残差的范数 $\|\boldsymbol{r}\|_2=\|\boldsymbol{b}-\boldsymbol{Ax}\|_2$ 最小. 在 l^2 范数下，不仅计算上是简单的，同时也有统计和几何上的意义，有关研究也比较完善，见(Lawson，1974). 现在基于上面介绍的 QR 分解，给出最小二乘问题(5.10)的解.

对任何方程求解问题都需要回答的基本问题是是否有解？如果有的话，解是否唯一？下面对线性方程组(5.10)回答这两个问题.

由于正交矩阵保持欧氏距离，因此对任何正交矩阵 $\boldsymbol{Q}\in O(n)$，都有

$$\|\boldsymbol{b}-\boldsymbol{Ax}\|_2=\|\boldsymbol{Qb}-\boldsymbol{QAx}\|_2$$

对最小二乘问题，当 $\boldsymbol{A}$ 和 $\boldsymbol{b}$ 分别用 $\boldsymbol{QA}$ 和 $\boldsymbol{Qb}$ 代替时，解没有改变. 因此寻找简单形式的 $\boldsymbol{QA}$，使得最小二乘问题的解能够很容易地确定.

若 $\boldsymbol{Q}\in R^{m\times m}$ 是正交矩阵，考虑变换后的方程组

$$\boldsymbol{Q}^{\mathrm{T}}\boldsymbol{Ax}=\boldsymbol{Q}^{\mathrm{T}}\boldsymbol{b} \tag{5.11}$$

变换后方程组的残差用 $\boldsymbol{s}$ 表示. 因为

$$\|\boldsymbol{s}\|_2=\|\boldsymbol{Q}^{\mathrm{T}}\boldsymbol{b}-\boldsymbol{Q}^{\mathrm{T}}\boldsymbol{Ax}\|_2=\|\boldsymbol{b}-\boldsymbol{Ax}\|_2=\|\boldsymbol{r}\|_2$$

所以求使 $\|\boldsymbol{r}\|_2$ 取最小值的 $\boldsymbol{x}\in R^n$ 等价于求使 $\|\boldsymbol{s}\|_2$ 取最小值的 $\boldsymbol{x}$，即这两个过定方程组有相同的最小二乘解.

满秩问题 根据上面的讨论,寻找正交的$Q\in R^{m\times n}$,使得方程组(5.10)有特别简单的形式是合理的. 对满秩的情形,即$\boldsymbol{A}$的秩是n,由定理7,将式(5.10)变换为$\boldsymbol{Rx}=\boldsymbol{c}$,其中$\boldsymbol{c}=\boldsymbol{Q}^{\mathrm{T}}\boldsymbol{b}$,记$\boldsymbol{c}=\begin{pmatrix}\hat{\boldsymbol{c}}\\ \boldsymbol{d}\end{pmatrix}$,其中$\hat{\boldsymbol{c}}\in R^n$,残差$\boldsymbol{s}=\boldsymbol{c}-\boldsymbol{Rx}$可写成

$$\boldsymbol{s}=\begin{pmatrix}\hat{\boldsymbol{c}}\\ \boldsymbol{d}\end{pmatrix}-\begin{bmatrix}\hat{\boldsymbol{R}}\\ \boldsymbol{0}\end{bmatrix}\boldsymbol{x}=\begin{pmatrix}\hat{\boldsymbol{c}}-\boldsymbol{Rx}\\ \boldsymbol{d}\end{pmatrix}$$

因此

$$\|\boldsymbol{s}\|_2^2=\|\hat{\boldsymbol{c}}-\hat{\boldsymbol{R}}\boldsymbol{x}\|_2^2+\|\hat{\boldsymbol{d}}\|_2^2$$

因为项$\|\hat{\boldsymbol{d}}\|_2^2$与$\boldsymbol{x}$无关,所以求$\|\boldsymbol{s}\|_2^2$的最小值等价于求$\|\hat{\boldsymbol{c}}-\hat{\boldsymbol{R}}\boldsymbol{x}\|_2^2$的最小值. 而$\|\hat{\boldsymbol{c}}-\hat{\boldsymbol{R}}\boldsymbol{x}\|_2^2\geqslant 0$,且$\|\hat{\boldsymbol{c}}-\hat{\boldsymbol{R}}\boldsymbol{x}\|_2=0$当且仅当$\hat{\boldsymbol{R}}\boldsymbol{x}=\hat{\boldsymbol{c}}$,即$\|\boldsymbol{s}\|_2^2$的最小值在$\hat{\boldsymbol{R}}\boldsymbol{x}=\hat{\boldsymbol{c}}$时达到. 因为$\boldsymbol{A}$是满秩的,$\hat{\boldsymbol{R}}$是非奇异的,所以方程组$\hat{\boldsymbol{R}}\boldsymbol{x}=\hat{\boldsymbol{c}}$有唯一的解,它正是唯一使$\|\boldsymbol{s}\|_2^2$达到最小值的解.

将以上讨论归结为如下定理.

定理 11 给定$\boldsymbol{A}\in R^{m\times n}$和$\boldsymbol{b}\in R^m$,$m>n$,且$\operatorname{rank}\boldsymbol{A}=n$. 如果$\boldsymbol{A}=\boldsymbol{QR}$,其中$\boldsymbol{Q}\in O(m)$,$\boldsymbol{R}\in R^{m\times n}$是上三角矩阵. 则过定方程组$\boldsymbol{Ax}=\boldsymbol{b}$的最小二乘问题存在唯一解,解是非奇异方程组$\hat{\boldsymbol{R}}\boldsymbol{x}=\hat{\boldsymbol{c}}$的解,其中$\begin{bmatrix}\hat{\boldsymbol{c}}\\ \boldsymbol{d}\end{bmatrix}=\boldsymbol{c}=\boldsymbol{Q}^{\mathrm{T}}\boldsymbol{b}$,$\hat{\boldsymbol{R}}\in R^{n\times n}$,是$\boldsymbol{R}$的前$n$行组成的子矩阵.

在计算机上求解最小二乘问题时,所用到的 QR 分解一般基于 Householder 变换计算的. 在这种情况下,$\boldsymbol{Q}$是用 Householder 变换的乘积$\boldsymbol{Q}_1\boldsymbol{Q}_2\cdots\boldsymbol{Q}_m$表示的,$\boldsymbol{c}=\boldsymbol{Q}^{\mathrm{T}}\boldsymbol{b}=\boldsymbol{Q}_m\cdots\boldsymbol{Q}_1\boldsymbol{b}$也是用 Householder 变换计算的,整个计算的浮点数为$4m+4(m-1)+\cdots+4(m-n+1)\approx 4mn-2n^2$;方程$\hat{\boldsymbol{R}}\boldsymbol{x}=\hat{\boldsymbol{c}}$是用向后代入法计算的,其计算量为$n^2$;度量拟合好坏的残差范数$\|\boldsymbol{d}\|_2$的计算量是$2(m-n)$. 因此,在整个过程中,计算矩阵$\boldsymbol{A}$的 QR 分解是计算量最大的部分.

秩亏问题 虽然实际中大多数最小二乘问题都是满秩的,但是从理论完整角度上说,希望有求解不是满秩问题的方法. 下面基于非满秩矩阵的 QR 分解定理 8 来讨论秩亏的最小二乘问题. 给定$\boldsymbol{x}\in R^n$,因为秩亏矩阵的 QR 分解是要进行列交换的,假设对$\boldsymbol{A}$进行列交换变成$\hat{\boldsymbol{A}}$,对$\boldsymbol{x}$的元素进行对应的行交换变成$\hat{\boldsymbol{x}}$,所以有$\hat{\boldsymbol{A}}\hat{\boldsymbol{x}}=\boldsymbol{Ax}$. 求$\|\boldsymbol{b}-\boldsymbol{Ax}\|_2$的最小值与求$\|\boldsymbol{b}-\hat{\boldsymbol{A}}\hat{\boldsymbol{x}}\|_2$的最小值相同. 对过定方程组$\hat{\boldsymbol{A}}\hat{\boldsymbol{x}}=\boldsymbol{b}$进行正交变换$\boldsymbol{Q}^{\mathrm{T}}$后变换为$\boldsymbol{R}\hat{\boldsymbol{x}}=\boldsymbol{Q}^{\mathrm{T}}\boldsymbol{b}=\boldsymbol{c}$,即

$$\begin{bmatrix}\boldsymbol{R}_{11} & \boldsymbol{R}_{12}\\ \boldsymbol{0} & \boldsymbol{0}\end{bmatrix}\begin{pmatrix}\hat{\boldsymbol{x}}_1\\ \boldsymbol{x}_2\end{pmatrix}=\begin{pmatrix}\hat{\boldsymbol{c}}\\ \boldsymbol{d}\end{pmatrix}$$

其中$\hat{\boldsymbol{x}}_1\in R^r$且$\hat{\boldsymbol{c}}\in R^r$. 变换后方程组的残差是

$$s=\begin{pmatrix}\hat{c}-R_{11}\hat{x}_1-R_{12}\hat{x}_2\\ d\end{pmatrix}$$

它的范数是

$$\|s\|_2^2=\|\hat{c}-R_{11}\hat{x}_1-R_{12}\hat{x}_2\|_2^2+\|d\|_2^2$$

显然对 $\|d\|_2^2$ 不需要处理,求 $\|s\|_2^2$ 的最小值等于求 $\|\hat{c}-R_{11}\hat{x}_1-R_{12}\hat{x}_2\|_2^2$ 的最小值. 这样一来，方程组 $\hat{c}-R_{11}\hat{x}_1-R_{12}\hat{x}_2=0$ 的每一个解都是过定方程组 $\hat{A}\hat{x}=b$ 的最小二乘问题的解.

下面考虑如何计算这些 $\hat{x}$,因为 R_{11} 是非奇异的,所以对任意的 $\hat{x}_2\in R^{n-r}$,存在唯一的 $\hat{x}_1\in R^r$,使得

$$R_{11}\hat{x}_1=\hat{c}-R_{12}\hat{x}_2$$

因为 R_{11} 是上三角的,可以用向后代入法求解 $\hat{x}_1$,则 $\hat{c}-R_{11}\hat{x}_1-R_{12}\hat{x}_2=0$,且 $\hat{x}=\begin{pmatrix}\hat{x}_1\\ \hat{x}_2\end{pmatrix}$ 是最小二乘问题 $\hat{A}\hat{x}=b$ 的一个解. 通过上面的讨论,有下面的定理.

定理 12　若 $A\in R^{m\times n}$ 和 $b\in R^m$,$m>n$. 则对过定方程组 $Ax=b$ 的最小二乘问题总是有一个解. 如果 $\mathrm{rank}A<n$,则解空间是 $n-r$ 的仿射空间.

如果每一步直接计算列的范数,则整个的计算量是 $mn^2-\frac{1}{3}n^3$. 但是在第 2,3,…,n 步,可以利用前一步的信息,而不是从头计算范数,可以大大减少计算量. 对秩亏问题,一个有意义的问题是求最小二乘问题的最小范数解,这是唯一的,见第 7 章.

秩的确定　到目前为止,我们不仅证明了最小二乘问题解的存在性,而且给出了计算最小二乘问题解的构造算法. 因此理论上解决了最小二乘问题,以后,将介绍具有秩亏最小二乘问题的最小范数解和讨论解的敏感性分析.

在实际中,因为秩亏矩阵 A 的秩通常预先是不知道的,所以首要问题是如何确定矩阵的秩. 下面来讨论确定矩阵秩的方法. 由于计算上存在着舍入误差,这个问题变得非常复杂. 在进行主列 r 次 QR 分解后,A 的形式是

$$Q_r\cdots Q_1A=\begin{bmatrix}R_{11} & R_{12}\\ 0 & R_{22}\end{bmatrix}$$

其中 $R_{11}\in R^{r\times r}$ 是非奇异的. 如果 $\mathrm{rank}A=r$,则理论上,$R_{22}=0$,算法终止. 实际上,受舍入误差的影响,R_{22} 不可能正好为零,在确定矩阵的秩时必须要将这个因素考虑进去. 如果它的最大列的范数小于 $\varepsilon\|A\|$,其中 ε 是与机器精度和数据精确率有关的参数,就决定 R_{22} 数值上是零. 对一般矩阵,这个方法能较好地确定矩阵的秩,但不是百分之百可靠的. 例如,对如下形式的矩阵:

$$R=\begin{bmatrix}-\tau_1 & & * \\ & -\tau_2 & \\ & & \ddots \\ 0 & & & -\tau_m\end{bmatrix}$$

其中没有一个$|\tau_i|$非常小,但却接近于秩亏的,见(Watkins,2002). 因此用简单的定义是无法确定接近秩亏矩阵的秩的. 在第 6 章,我们将介绍基于奇异值分解定义的"数值秩".

习 题 5

1. 用 Givens 变换将向量 $\boldsymbol{x}=(2,3,0,5)^{\mathrm{T}}$ 变换为与 $\boldsymbol{e}_1$ 同方向.

2. 如果 $\boldsymbol{Qx}=\boldsymbol{y}$,其中 $\boldsymbol{Q}=\boldsymbol{I}-\gamma\boldsymbol{uu}^{\mathrm{T}}\in R^{n\times n}$,则 $\boldsymbol{u}$ 一定与 $\boldsymbol{x}-\boldsymbol{y}$ 平行.

3. 设变换 $\boldsymbol{Hx}=\boldsymbol{x}-\alpha(\boldsymbol{x},w)w$, $\forall\,\boldsymbol{x}\in R^n$,其中 w 是在欧氏范数下的单位向量. 问 α 取何值时,$\boldsymbol{H}$ 是正交矩阵.

4. 已知向量 $\boldsymbol{x}=(x_1,x_2,\cdots,x_n)^{\mathrm{T}}\in R^n$,求初等反射矩阵 $\boldsymbol{H}$,使 $\boldsymbol{Hx}=(x_1,y_2,0,\cdots,0)^{\mathrm{T}}$.

5. 用 Givens 变换求矩阵的 QR 分解

$$\boldsymbol{A}=\begin{bmatrix}2 & 2 & 1\\ 0 & 2 & 2\\ 2 & 1 & 2\end{bmatrix}$$

6. 用 Householder 变换求矩阵的 QR 分解

$$\boldsymbol{A}=\begin{bmatrix}0 & 4 & 1\\ 1 & 1 & 1\\ 0 & 3 & 2\end{bmatrix}$$

7. 矩阵 $\boldsymbol{A}\in R^{n\times n}$可以分解为$\boldsymbol{A}=\boldsymbol{QR}$,其中 $\boldsymbol{Q}$ 是正交矩阵,$\boldsymbol{R}$ 是正线上三角矩阵,记 $\boldsymbol{A}$ 的第 i 列为 $\boldsymbol{a}_i$,证明:

(1) $\det\boldsymbol{A}=(-1)^{n-1}\det\boldsymbol{R}$;

(2) $|\det\boldsymbol{A}|\leqslant\prod_{i=1}^{n}\|\boldsymbol{a}_i\|_2$.

这个结果称为 Hadamard 定理.

8. 证明对选主元的 QR 分解,$\boldsymbol{R}$ 的主对角元素满足$|\tau_1|\geqslant|\tau_2|\geqslant\cdots\geqslant|\tau_n|$.

9. 分别用 Gram-Schmidt 正交化方法和修正 Gram-Schmidt 正交化方法来求矩阵

$$\boldsymbol{A}=\begin{bmatrix}4 & 2 & 1\\ 2 & 0 & 1\\ 2 & 0 & -1\\ 1 & 2 & 1\end{bmatrix}$$

的 QR 分解,并比较两种方法的结果.

10. 在 l^p，$p=1,2,\infty$范数下，求解过定方程组 $\boldsymbol{Ax}=\boldsymbol{b}$，其中 $\boldsymbol{A}=[1,1,1]^{\mathrm{T}}$，$\boldsymbol{b}=(b_1,b_2,b_3)^{\mathrm{T}}$，且 $b_1\geqslant b_2\geqslant b_3\geqslant 0$.

11. 求解下面过定方程组的解：

$$\begin{bmatrix}1 & 1 & 1\\ 2 & 2 & 1\\ 1 & 0 & 1\\ 3 & 1 & 2\end{bmatrix}\begin{pmatrix}x_1\\ x_2\\ x_3\end{pmatrix}=\begin{pmatrix}1\\ 2\\ 3\\ 4\end{pmatrix}$$

12. 已知矩阵 $\boldsymbol{A}\in R^n$ 的 QR 分解，求秩一更新矩阵 $\boldsymbol{A}+\boldsymbol{v}\boldsymbol{w}^{\mathrm{T}}$ 的 QR 分解的更新算法，其中 $\boldsymbol{v}$，$\boldsymbol{w}\in R^n$.

第 6 章　奇异值分解

矩阵分解就是将矩阵分解成较简单矩阵的乘积，比如，矩阵的三角分解和正交分解是将矩阵分解成三角矩阵或正交矩阵与三角矩阵的乘积. 还有一种最重要的矩阵分解称为矩阵奇异值分解，它将矩阵分解成正交矩阵和对角矩阵的乘积. 从理论和计算角度来看，奇异值分解都有重要意义. 奇异值分解是数值线性代数的最有用和最有效的工具之一，在最优化问题、特征值问题、最小二乘问题、广义逆矩阵问题等方面都有应用. 同时在计算机科学和工程中，奇异值分解广泛出现在统计分析、信号与图像处理、系统理论和控制中. 本章只对实矩阵介绍奇异值分解理论，但所得到的结果可以直接地推广到复矩阵.

6.1　奇异值分解

本节将给出矩阵的奇异值分解，这是在理论上和应用上都非常重要的矩阵分解；将介绍它的各种形式，建立矩阵的奇异值与范数和条件数的关系；也介绍在舍入误差和数据不确定性的情况下，怎样用奇异值分解确定矩阵的秩，以及怎样计算与最近秩亏矩阵的距离.

奇异值分解　对矩阵 $\boldsymbol{A}\in R^{m\times n}$，其中 m 和 n 是任意正整数(不约定大小)，有下面的矩阵分解定理.

定理 1(奇异值分解)　给定 $\boldsymbol{A}\in R_r^{m\times n}$，$r>0$，则存在正交矩阵 $\boldsymbol{U}\in O(m)$ 和 $\boldsymbol{V}\in O(n)$，使得

$$\boldsymbol{A}=\boldsymbol{U}\boldsymbol{D}\boldsymbol{V}^{\mathrm{T}} \tag{6.1}$$

其中 $\boldsymbol{D}\in R^{m\times n}$ 是矩形对角矩阵

$$\boldsymbol{D}=\begin{bmatrix} \sigma_1 & & & & & \\ & \sigma_2 & & & & \\ & & \ddots & & & \\ & & & \sigma_r & & \\ & & & & 0 & \\ & & & & & \ddots \end{bmatrix}$$

且 $\sigma_1\geqslant\cdots\geqslant\sigma_r>0$.

证明　由于 $\boldsymbol{A}^{\mathrm{T}}\boldsymbol{A}\in R^{n\times n}$ 是半正定对称矩阵，且 $\operatorname{rank}(\boldsymbol{A}^{\mathrm{T}}\boldsymbol{A})=\operatorname{rank}(\boldsymbol{A}\boldsymbol{A}^{\mathrm{T}})=\operatorname{rank}\boldsymbol{A}$，所以 $\boldsymbol{A}^{\mathrm{T}}\boldsymbol{A}$ 的所有特征值是非负的，且有 r 个正的. 不妨将 $\boldsymbol{A}^{\mathrm{T}}\boldsymbol{A}$ 的 n 特征值按降序排列 $\sigma_1^2\geqslant\sigma_2^2\geqslant\cdots\geqslant\sigma_r^2=0=\cdots=0$，记对应的正交特征向量为 $\boldsymbol{x}_1,\boldsymbol{x}_2,\cdots,\boldsymbol{x}_n$，且记 $\boldsymbol{D}_1=\operatorname{diag}(\sigma_1,\sigma_2,\cdots,\sigma_r)$，则

$$\boldsymbol{A}^{\mathrm{T}}\boldsymbol{A}[\boldsymbol{x}_1,\boldsymbol{x}_2,\cdots,\boldsymbol{x}_n]=[\boldsymbol{x}_1,\boldsymbol{x}_2,\cdots,\boldsymbol{x}_n]\begin{bmatrix}\boldsymbol{D}_1^2 & \boldsymbol{0}\\ \boldsymbol{0} & \boldsymbol{0}_{n-r}\end{bmatrix}$$

记 $\boldsymbol{V}_1=[\boldsymbol{x}_1,\boldsymbol{x}_2,\cdots,\boldsymbol{x}_r]$，$\boldsymbol{V}_2=[\boldsymbol{x}_{r+1},\boldsymbol{x}_{r+2},\cdots,\boldsymbol{x}_n]$，则 $\boldsymbol{A}^{\mathrm{T}}\boldsymbol{A}\boldsymbol{V}_1=\boldsymbol{V}_1\boldsymbol{D}_1^2$，由此得到

$$\boldsymbol{D}_1^{-1}\boldsymbol{V}_1^{\mathrm{T}}\boldsymbol{A}^{\mathrm{T}}\boldsymbol{A}\boldsymbol{V}_1\boldsymbol{D}_1^{-1}=\boldsymbol{D}_1^{-1}\boldsymbol{V}_1^{\mathrm{T}}\boldsymbol{V}_1\boldsymbol{D}_1^2\boldsymbol{D}_1^{-1}=\boldsymbol{I}_r \tag{6.2}$$

记 $\boldsymbol{U}_1=\boldsymbol{A}\boldsymbol{V}_1\boldsymbol{D}_1^{-1}\in R^{m\times r}$，则由式(6.2)，有 $\boldsymbol{U}_1^{\mathrm{T}}\boldsymbol{U}_1=\boldsymbol{I}_r$，即 $\boldsymbol{U}_1$ 的列是互相正交的. 因为 R^m 中任意一组正交向量都可扩展成整个空间的一组正交基，所以存在 $\boldsymbol{U}_2\in R^{m\times(m-r)}$，使得 $\boldsymbol{U}=[\boldsymbol{U}_1,\boldsymbol{U}_2]\in O(m)$.

另外，由 $\boldsymbol{A}^{\mathrm{T}}\boldsymbol{A}\boldsymbol{V}_2=\boldsymbol{V}_2\boldsymbol{0}_{n-r}$，得 $\boldsymbol{V}_2^{\mathrm{T}}\boldsymbol{A}^{\mathrm{T}}\boldsymbol{A}\boldsymbol{V}_2=\boldsymbol{0}_{n-r}$，因此 $\boldsymbol{A}\boldsymbol{V}_2=\boldsymbol{0}$，即 $\boldsymbol{A}\boldsymbol{V}_2$ 的列都是零向量. 这些子矩阵满足

$$\boldsymbol{U}_1^{\mathrm{T}}\boldsymbol{A}\boldsymbol{V}_1=\boldsymbol{D}_r^{-\mathrm{T}}\boldsymbol{V}_1^{\mathrm{T}}\boldsymbol{A}^{\mathrm{T}}\boldsymbol{A}\boldsymbol{V}_1=\boldsymbol{D}_r,\quad \boldsymbol{U}_1^{\mathrm{T}}\boldsymbol{A}\boldsymbol{V}_2=\boldsymbol{0}$$
$$\boldsymbol{U}_2^{\mathrm{T}}\boldsymbol{A}\boldsymbol{V}_1=\boldsymbol{U}_2^{\mathrm{T}}\boldsymbol{U}_1\boldsymbol{D}_r=\boldsymbol{0},\quad \boldsymbol{U}_2^{\mathrm{T}}\boldsymbol{A}\boldsymbol{V}_2=\boldsymbol{0}$$

因此

$$\boldsymbol{U}^{\mathrm{T}}\boldsymbol{A}\boldsymbol{V}=\begin{bmatrix}\boldsymbol{U}_1^{\mathrm{T}}\boldsymbol{A}\boldsymbol{V}_1 & \boldsymbol{U}_1^{\mathrm{T}}\boldsymbol{A}\boldsymbol{V}_2\\ \boldsymbol{U}_2^{\mathrm{T}}\boldsymbol{A}\boldsymbol{V}_1 & \boldsymbol{U}_2^{\mathrm{T}}\boldsymbol{A}\boldsymbol{V}_2\end{bmatrix}=\begin{bmatrix}\boldsymbol{D}_1 & \boldsymbol{0}\\ \boldsymbol{0} & \boldsymbol{0}\end{bmatrix}=\boldsymbol{D}$$

即 $\boldsymbol{A}=\boldsymbol{U}\boldsymbol{D}\boldsymbol{V}^{\mathrm{T}}$.　□

现在引进有关的定义.

若 $\boldsymbol{A}\in R^{m\times n}$，$\boldsymbol{A}^{\mathrm{T}}\boldsymbol{A}$ 非零特征值的非负平方根称作 $\boldsymbol{A}$ 的**奇异值**，$\boldsymbol{A}$ 的奇异值的全体记作 $\sigma(\boldsymbol{A})$. 分解式(6.1)称作 $\boldsymbol{A}$ 的**奇异值分解**，简记为 **SVD 分解**；$\boldsymbol{V}$ 的第 i 列 $\boldsymbol{v}_i=\boldsymbol{V}\boldsymbol{e}_i$ 称作 $\boldsymbol{A}$ 的属于 σ_i 的**单位右奇异向量**；$\boldsymbol{U}$ 的第 i 列 $\boldsymbol{u}_i=\boldsymbol{U}\boldsymbol{e}_i$ 称作 $\boldsymbol{A}$ 的属于 σ_i 的**单位左奇异向量**.

由 1.3 节定理 8，$\boldsymbol{A}^{\mathrm{T}}\boldsymbol{A}$ 和 $\boldsymbol{A}\boldsymbol{A}^{\mathrm{T}}$ 的非零特征值是相同的，因此 $\boldsymbol{A}$ 的奇异值也可以由 $\boldsymbol{A}\boldsymbol{A}^{\mathrm{T}}$ 来计算. 事实上，定理 1 也可以从 $\boldsymbol{A}\boldsymbol{A}^{\mathrm{T}}$ 开始证明(见本章习题 1).

由定理 1 的证明，$\boldsymbol{A}$ 的 SVD 分解是通过计算 $\boldsymbol{A}^{\mathrm{T}}\boldsymbol{A}$(或 $\boldsymbol{A}\boldsymbol{A}^{\mathrm{T}}$)的特征值得到的，下面将举例说明. 在以后，我们还要介绍奇异值的更精确的计算方法，它不需要显式构成 $\boldsymbol{A}^{\mathrm{T}}\boldsymbol{A}$ 和 $\boldsymbol{A}\boldsymbol{A}^{\mathrm{T}}$.

例 1　求下面矩阵的奇异值和右与左特征向量：

$$\boldsymbol{A}=\begin{bmatrix}1 & 2 & 0\\ 2 & 0 & 2\end{bmatrix}$$

解 因为 $\boldsymbol{A}^{\mathrm{T}}\boldsymbol{A}$ 是 3×3 和 $\boldsymbol{AA}^{\mathrm{T}}$ 是 2×2 的,故由 $\boldsymbol{AA}^{\mathrm{T}}$ 计算奇异值较为方便.矩阵

$$\boldsymbol{AA}^{\mathrm{T}}=\begin{bmatrix}5&2\\2&8\end{bmatrix}$$

的特征值是 $\lambda_1=9$ 和 $\lambda_2=4$,因此 $\boldsymbol{A}$ 的奇异值是

$$\sigma_1=3 \quad 和 \quad \sigma_2=2$$

因为 $\boldsymbol{A}$ 的左奇异向量是 $\boldsymbol{AA}^{\mathrm{T}}$ 的特征向量,可以求出与 λ_1 和 λ_2 对应的特征向量分别是 $(1,2)^{\mathrm{T}}$ 和 $(2,-1)^{\mathrm{T}}$. 因为奇异向量用单位特征向量来表示,则

$$\boldsymbol{u}_1=\frac{1}{\sqrt{5}}\begin{bmatrix}1\\2\end{bmatrix} \quad 和 \quad \boldsymbol{u}_2=\frac{1}{\sqrt{5}}\begin{bmatrix}2\\-1\end{bmatrix}$$

右奇异向量可以由计算 $\boldsymbol{A}^{\mathrm{T}}\boldsymbol{A}$ 的特征向量得到,然而运用公式 $\boldsymbol{v}_i=\sigma_i^{-1}\boldsymbol{A}^{\mathrm{T}}\boldsymbol{u}_i$, $i=1,2$ 更为简便. 由此得

$$\boldsymbol{v}_1=\frac{1}{3\sqrt{5}}\begin{bmatrix}5\\2\\4\end{bmatrix} \quad 和 \quad \boldsymbol{v}_2=\frac{1}{\sqrt{5}}\begin{bmatrix}0\\2\\1\end{bmatrix}$$

注意到这些特征向量是正交的. 第三个向量一定满足 $\boldsymbol{A}\boldsymbol{v}_3=\boldsymbol{0}$,求解这个方程,并归一化,得到

$$\boldsymbol{v}_3=\frac{1}{3}\begin{bmatrix}-2\\1\\2\end{bmatrix}$$

$\boldsymbol{v}_3$ 也可以通过 Gram-Schmidt 正交化方法来求与 $\boldsymbol{v}_1$ 和 $\boldsymbol{v}_2$ 都正交的单位向量得到.

现在有了 $\boldsymbol{A}$ 的奇异值和奇异向量,能很容易构造奇异值分解 $\boldsymbol{A}=\boldsymbol{UDV}^{\mathrm{T}}$,其中 $\boldsymbol{U}\in R^{2\times2}$ 和 $\boldsymbol{V}\in R^{3\times3}$ 是正交矩阵,且 $\boldsymbol{D}\in R^{2\times3}$ 是对角矩阵,有

$$\boldsymbol{U}=[\boldsymbol{u}_1 \quad \boldsymbol{u}_2]=\frac{1}{\sqrt{5}}\begin{bmatrix}1&2\\2&-1\end{bmatrix}$$

$$\boldsymbol{D}=\begin{bmatrix}\sigma_1&0&0\\0&\sigma_2&0\end{bmatrix}=\begin{bmatrix}3&0&0\\0&2&0\end{bmatrix}$$

$$\boldsymbol{V}=[\boldsymbol{v}_1 \quad \boldsymbol{v}_2 \quad \boldsymbol{v}_3]=\frac{1}{3\sqrt{5}}\begin{bmatrix}5&0&-2\sqrt{5}\\2&6&\sqrt{5}\\4&-3&2\sqrt{5}\end{bmatrix}$$

利用 A^TA 或 AA^T 的特征值来计算 SVD 的方法，即使对实际中维数较大的矩阵也是可行的，因为计算对称矩阵的特征值有非常有效的算法. 然而，这个方法有一个严重的缺点：对 A 的较小(但非零)奇异值，它们的计算可能不是精确的. 这是因为在计算 A^TA 时，平方运算将产生下溢，从而损失信息.

可以通过一个简单的例子说明发生信息损失的情况. 考虑如下矩阵：

$$A=\begin{bmatrix}1 & 1 & 1\\ \varepsilon & 0 & 0\\ 0 & \varepsilon & 0\\ 0 & 0 & \varepsilon\end{bmatrix}$$

有

$$A^TA=\begin{bmatrix}1+\varepsilon^2 & 1 & 1\\ 1 & 1+\varepsilon^2 & 1\\ 1 & 1 & 1+\varepsilon^2\end{bmatrix}$$

假设 $\varepsilon=10^{-3}$，如果计算机的精度是在 10^{-5} 或 10^{-6}，则 $1+\varepsilon^2=1+10^{-6}$ 被取整为 1，因此矩阵 A^TA 的秩是 1，而不是 3，因此只有一个奇异值.

为了克服这个困难，将在第 9 章介绍 QR 算法来求解矩阵的 SVD 分解，它不需要形成矩阵乘积 A^TA，因此避免了下溢.

SVD 分解的几何意义　在研究将一个空间变换到同一个空间时，矩阵的特征值起着重要的作用，而研究将一个空间映射到不同空间，特别是不同维数的空间时，比如超定或欠定方程组所表示的情况，就需要用矩阵的奇异值来描述算子对空间的作用了. 下面来考察一下 SVD 分解的几何意义，先考虑一个简单的例子

$$A=\frac{1}{\sqrt{2}}\begin{bmatrix}\sqrt{3} & \sqrt{3}\\ -3 & 3\\ 1 & 1\end{bmatrix}$$

我们来研究二维平面上的单位圆 $\{x\in R^2:\|x\|=1\}$ 在映射 A 下是如何变换的.

因为 V 是 2×2 的正交矩阵，所以它是二维空间的一个旋转，只改变 R^2 中的基. 记 $V=[v_1\quad v_2]$，则点 x 的新的坐标是 $y=V^Tx$.

因为矩阵 D 的形式是

$$D=\begin{bmatrix}\sigma_1 & 0\\ 0 & \sigma_2\\ 0 & 0\end{bmatrix}$$

所以它将平面上的圆变换到三维空间中坐标平面上的椭圆.

最后，3×3 的正交矩阵 $\boldsymbol{U}$ 对这个椭圆进行了一个旋转. 图 6.1 显示了映射 $\boldsymbol{A}$ 的分解.

对于一般的情形，不妨设 $m=n$，也有

$$E_n=\{\boldsymbol{y}\in C^n:\boldsymbol{y}=\boldsymbol{A}\boldsymbol{x},\boldsymbol{x}\in C^n,\|\boldsymbol{x}\|_2=1\}$$

是一个超椭球面. 它的 n 个半轴长正好是 $\boldsymbol{A}$ 的 n 个奇异值 $\sigma_1\geqslant\sigma_2\geqslant\cdots\geqslant\sigma_n\geqslant 0$，这些轴由 $\boldsymbol{A}$ 的左奇异向量构成，它们分别是对应的右奇异向量的像.

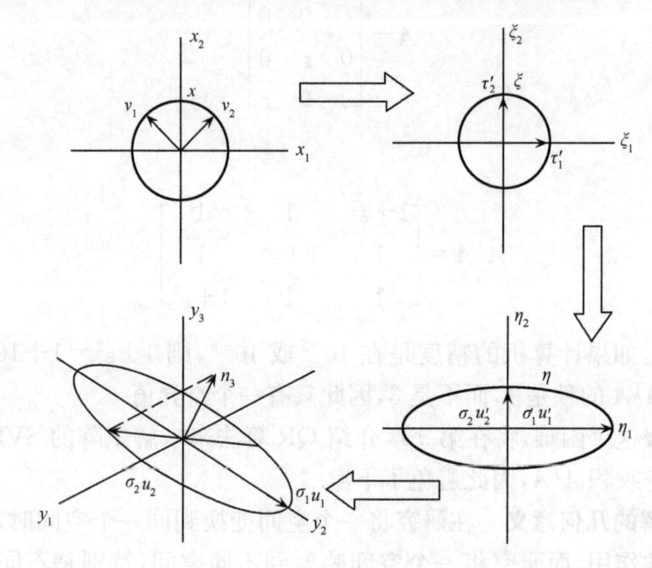

图 6.1　映射 $\boldsymbol{A}$ 的分解过程

在给定矩阵 $\boldsymbol{A}$ 的情况下，一般可以选取空间的标准正交基，使得下面的定理成立.

定理 2(几何 SVD 分解)　若 $\boldsymbol{A}\in R_r^{m\times n}$，$r\neq 0$，则在 R^n 中存在标准正交基 $\boldsymbol{v}_1,\cdots,\boldsymbol{v}_n$，在 R^m 中存在标准正交基 $\boldsymbol{u}_1,\cdots,\boldsymbol{u}_m$，和正实数 $\sigma_1\geqslant\cdots\geqslant\sigma_r>0$，使得

$$\boldsymbol{A}\boldsymbol{v}_i=\begin{cases}\sigma_i\boldsymbol{u}_i, & i=1,\cdots,r\\ \boldsymbol{0}, & i=r+1,\cdots,n\end{cases}\quad 和\quad \boldsymbol{A}^{\mathrm{T}}\boldsymbol{u}_i=\begin{cases}\sigma_i\boldsymbol{v}_i, & i=1,\cdots,r\\ \boldsymbol{0}, & i=r+1,\cdots,m\end{cases}\tag{6.3}$$

证明　由式(6.1)得 $\boldsymbol{AV}=\boldsymbol{UD}$，即 $[\boldsymbol{A}\boldsymbol{v}_1,\cdots,\boldsymbol{A}\boldsymbol{v}_n]=[\sigma_1\boldsymbol{u}_1,\cdots,\sigma_r\boldsymbol{u}_r,\boldsymbol{0},\cdots,\boldsymbol{0}]$，所以上面第一式成立. 对第二式，利用 $\boldsymbol{A}^{\mathrm{T}}\boldsymbol{U}=\boldsymbol{V}\boldsymbol{D}^{\mathrm{T}}$，同样可以得到证明. □

如果把 $\boldsymbol{A}$ 看作是从向量空间 $\boldsymbol{x}\in R^n$ 到 $\boldsymbol{A}\boldsymbol{x}\in R^m$ 的线性变换，则由(胡茂林，2007)的第六章，可以选择中的基向量，将任何映射表示成矩阵形式. 定理 2 表明在 R^n 和 R^m 空间分别存在标准正交基，使得 $\boldsymbol{A}$ 映射 R^n 第 i 个基向量到 R^m 的第 i 个基向量的数乘. 定理 2 说明了对角矩阵 $\boldsymbol{D}$ 是变换 $\boldsymbol{A}$ 在标准正交基 $\boldsymbol{v}_1,\cdots,\boldsymbol{v}_n$ 和 $\boldsymbol{u}_1$，

$\cdots,\boldsymbol{u}_m$ 下的矩阵. $\boldsymbol{A}$ 的作用可以用下面的图表简单表示：

$$\begin{array}{c}
\boldsymbol{A} \\
\boldsymbol{v}_1 \xrightarrow{\sigma_1} \boldsymbol{u}_1 \\
\boldsymbol{v}_2 \xrightarrow{\sigma_2} \boldsymbol{u}_2 \\
\vdots \\
\boldsymbol{v}_r \xrightarrow{\sigma_r} \boldsymbol{u}_r \\
\left.\begin{array}{c} \boldsymbol{v}_{r+1} \\ \vdots \\ \boldsymbol{v}_n \end{array}\right\} \to \boldsymbol{0}
\end{array}$$

类似地，对 $\boldsymbol{A}^{\mathrm{T}}$ 也存在同样图表表示. 如果将两个图表排在一起，有

$$\begin{array}{ccccc}
 & \boldsymbol{A} & & \boldsymbol{A}^{\mathrm{T}} & \\
\boldsymbol{v}_1 & \xrightarrow{\sigma_1} & \boldsymbol{u}_1 & \xrightarrow{\sigma_1} & \boldsymbol{v}_1 \\
\boldsymbol{v}_2 & \xrightarrow{\sigma_2} & \boldsymbol{u}_2 & \xrightarrow{\sigma_2} & \boldsymbol{v}_2 \\
\vdots & & & & \vdots \\
\boldsymbol{v}_r & \xrightarrow{\sigma_r} & \boldsymbol{u}_r & \xrightarrow{\sigma_r} & \boldsymbol{v}_r \\
\multicolumn{2}{c}{\left.\begin{array}{c} \boldsymbol{v}_{r+1} \\ \vdots \\ \boldsymbol{v}_n \end{array}\right\} \to \boldsymbol{0}} & & \multicolumn{2}{c}{\left.\begin{array}{c} \boldsymbol{u}_{r+1} \\ \vdots \\ \boldsymbol{u}_n \end{array}\right\} \to \boldsymbol{0}}
\end{array} \tag{6.4}$$

奇异值分解的性质　在对矩阵进行奇异值分解时，需要注意的是分解式(6.1)中的 $\boldsymbol{D}$ 是由 $\boldsymbol{A}$ 唯一确定的，但每个奇异值 σ_i 对应的单位奇异向量一般是不唯一的，仅当 $\sigma_i^2(\sigma_i\neq 0)$ 是 $\boldsymbol{A}^{\mathrm{T}}\boldsymbol{A}$ 的单特征值时才唯一；当 σ_i^2 是 $\boldsymbol{A}^{\mathrm{T}}\boldsymbol{A}$ 的重特征值时，对应的单位奇异向量可取作相应特征空间中的任何一个单位向量. 但是一旦右奇异向量 $\boldsymbol{v}_i$ 选定，则相应的左奇异向量 $\boldsymbol{u}_i$ 亦随之而确定下来，即 $\boldsymbol{u}_i=\sigma_i^{-1}\boldsymbol{A}\boldsymbol{v}_i$. 反过来，如果一旦 $\boldsymbol{u}_i$ 选定，则 $\boldsymbol{v}_i$ 亦由 $\boldsymbol{A}^{\mathrm{T}}\boldsymbol{u}_i=\sigma_i\boldsymbol{v}_i(\sigma_i\neq 0)$ 唯一确定.

从定理 1 的证明过程可以看出，当 $\boldsymbol{A}\in R^{m\times n}$ 时，分解式(6.1)中的 $\boldsymbol{U}$ 和 $\boldsymbol{V}$ 是正交矩阵. $\boldsymbol{A}$ 的奇异值分解分别给出了四个基本空间 $R(\boldsymbol{A})$，$\ker(\boldsymbol{A})$，$R(\boldsymbol{A}^{\mathrm{T}})$ 和 $\ker(\boldsymbol{A}^{\mathrm{T}})$ 的标准正交基，从 $\boldsymbol{A}$ 和 $\boldsymbol{A}^{\mathrm{T}}$ 的作用图表表示(6.4)，可以得到下面的结论.

设 $\boldsymbol{A}\in R^{m\times n}$，且秩为 r，则：

(1) $\boldsymbol{A}$ 的非零奇异值的个数等于它的秩 r，即 $r=\mathrm{rank}\boldsymbol{A}$.

(2) $\boldsymbol{v}_{r+1},\cdots,\boldsymbol{v}_n$ 是 $\ker(\boldsymbol{A})$ 的标准正交基.

(3) $\boldsymbol{u}_1,\cdots,\boldsymbol{u}_r$ 是 $R(\boldsymbol{A})$ 的标准正交基.

(4) $\boldsymbol{v}_1, \cdots, \boldsymbol{v}_r$ 是 $R(\boldsymbol{A}^{\mathrm{T}})$ 的标准正交基.

(5) $\boldsymbol{u}_{r+1}, \cdots, \boldsymbol{u}_n$ 是 $\ker(\boldsymbol{A}^{\mathrm{T}})$ 的标准正交基.

从上面的结论可以得到 $R(\boldsymbol{A}^{\mathrm{T}})=\ker(\boldsymbol{A})^{\perp}$ 和 $R(\boldsymbol{A})=\ker(\boldsymbol{A}^{\mathrm{T}})^{\perp}$. 从(1)和(2)可以直接得到式(1.1) $\dim R(\boldsymbol{A})+\dim(\ker \boldsymbol{A})=n$.

SVD 的紧凑的表示　在分解式(6.1)中出现的各种矩阵的大小分别是:$\boldsymbol{U}$ 是 $m\times m$,$\boldsymbol{D}$ 是 $m\times n$,$\boldsymbol{V}$ 是 $n\times n$,其中 $\boldsymbol{D}$ 和 $\boldsymbol{A}$ 的大小是相同的,而 $\boldsymbol{U}$ 和 $\boldsymbol{V}$ 都是方阵. 如果 $m>n$,则 $\boldsymbol{D}$ 下面的 $(m-n)\times n$ 子块是零,因此 $\boldsymbol{U}$ 的后 $m-n$ 列乘的都是零. 类似地,如果 $m<n$,则 $\boldsymbol{D}$ 的右面的 $m\times(n-m)$ 子块是零,因此 $\boldsymbol{V}$ 的最后 $n-m$ 行乘的也是零. 因此,通过删去不需要的块,可以得到 SVD 的一个紧凑的形式

$$\boldsymbol{A}=\hat{\boldsymbol{U}}\hat{\boldsymbol{D}}\hat{\boldsymbol{V}}^{\mathrm{T}} \tag{6.5}$$

其中 $\hat{\boldsymbol{U}}\in R^{m\times r}$ 和 $\hat{\boldsymbol{V}}\in R^{r\times n}$ 是半正交矩阵,$\hat{\boldsymbol{D}}$ 是 r 阶对角矩阵,其主对角元素是 $\sigma_1\geqslant\cdots\geqslant\sigma_r>0$,见图 6.2.

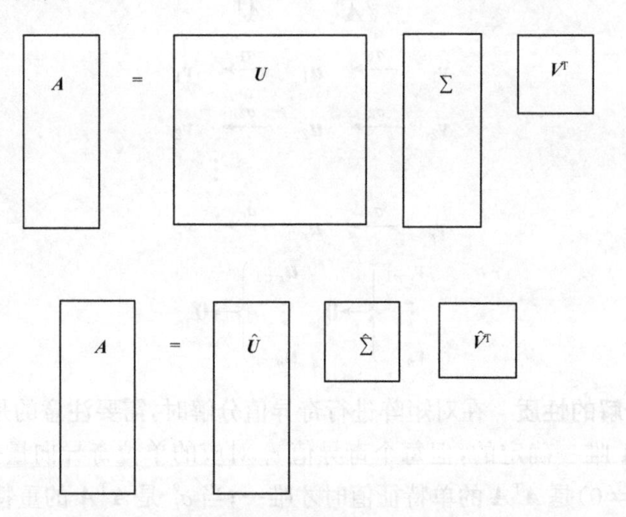

图 6.2　完整(上面)的和紧凑(下面)的 SVD 分解

式(6.5)称为 $\boldsymbol{A}$ 的**满秩奇异值分解**. 进一步,将式(6.5)展开,有

$$\boldsymbol{A}=\sum_{i=1}^{r}\sigma_i\boldsymbol{u}_i\boldsymbol{v}_i^{\mathrm{T}}$$

此式称为 $\boldsymbol{A}$ 的**谱分解**.

SVD 分解的计算复杂度　矩阵 SVD 分解的具体实现方法可以参考(Golub, 1989)和(Press,1992). SVD 分解的计算复杂度依赖于需要返回的信息,例如,在数据拟合中,一般只用到 SVD 分解中矩阵 $\boldsymbol{V}$ 的最后一列,没有用到矩阵 $\boldsymbol{U}$,因此不需要计算 $\boldsymbol{U}$. 实际问题中,通常是矩阵 $\boldsymbol{A}$ 的行数远远大于列数,因此计算整个 SVD

分解时，对于计算矩阵 $\boldsymbol{U}$ 所需的额外计算量是不可忽视的.

在(Golub，1989)中给出了计算 $m\times n$ 矩阵的 SVD 分解大约所需的浮点运算数. 计算矩阵 $\boldsymbol{U}$,$\boldsymbol{V}$ 和 $\boldsymbol{D}$ 总共需要 $4m^2n+8mn^2+9n^3$ flops. 但是，如果只计算矩阵 $\boldsymbol{V}$ 和 $\boldsymbol{D}$，那么仅需要 $4mn^2+8n^3$ flops，这是一个较大的区别，因为后一个表达式不包含 m^2 的项. 具体说，计算 $\boldsymbol{U}$ 所需的运算数随行数的平方而变化，但计算 $\boldsymbol{V}$ 和 $\boldsymbol{D}$ 的复杂度都是 m 的线性函数. 因此，对于行数远远大于列数的情形，考虑到计算的代价，应该尽量避免计算矩阵 $\boldsymbol{U}$.

奇异值分解的应用　矩阵奇异值分解是将矩阵分解为正交矩阵和对角矩阵的乘积，在第 3 章范数的介绍中，我们知道，向量和矩阵的 l^2 范数在正交变换下是不变的，因此在这些范数下，矩阵的范数就等价于对角矩阵的范数，矩阵就可以看做是对角矩阵，相关的定义可以给出简单的表达式. 在下一节将给出奇异值分解在二次优化问题中的应用.

与矩阵范数的关系　在 3.2 节，介绍了欧氏向量范数诱导的矩阵范数

$$\|\boldsymbol{A}\|_2=\max_{\boldsymbol{x}\neq\boldsymbol{0}}\frac{\|\boldsymbol{A}\boldsymbol{x}\|_2}{\|\boldsymbol{x}\|_2}$$

几何上，$\|\boldsymbol{A}\|_2$ 表示在 $\boldsymbol{A}$ 作用下，向量 $\boldsymbol{x}\in R^n$ 的最大放大率. 根据式(6.3)，可以说明 $\|\boldsymbol{A}\|_2$ 等于 $\boldsymbol{A}$ 的最大奇异值.

定理 3　假设 $\boldsymbol{A}\in R^{m\times n}$ 的奇异值是 $\sigma_1\geqslant\sigma_2\geqslant\cdots\geqslant\sigma_r>0$，则 $\|\boldsymbol{A}\|_2=\sigma_1$.

证明　首先由 $\boldsymbol{A}\boldsymbol{v}_1=\sigma_1\boldsymbol{u}_1$，有

$$\frac{\|\boldsymbol{A}\boldsymbol{v}_1\|_2}{\|\boldsymbol{v}_1\|_2}=\sigma_1\frac{\|\boldsymbol{u}_1\|_2}{\|\boldsymbol{v}_1\|_2}=\sigma_1$$

因此 $\|\boldsymbol{A}\|_2=\max\limits_{\boldsymbol{x}\neq\boldsymbol{0}}\|\boldsymbol{A}\boldsymbol{x}\|_2/\|\boldsymbol{x}\|_2\geqslant\sigma_1$. 现在只要证明不存在放大超过 σ_1 的向量即可.

若 $\boldsymbol{x}\in R^n$，则 $\boldsymbol{x}$ 能表示为 $\boldsymbol{A}$ 的右奇异向量的线性组合 $\boldsymbol{x}=c_1\boldsymbol{v}_1+c_2\boldsymbol{v}_2+\cdots+c_n\boldsymbol{v}_n$. 因为 $\boldsymbol{v}_1,\cdots,\boldsymbol{v}_n$ 是正交的，有 $\|\boldsymbol{x}\|_2^2=|c_1|^2+|c_2|^2+\cdots+|c_n|^2$. 而

$$\boldsymbol{A}\boldsymbol{x}=c_1\boldsymbol{A}\boldsymbol{v}_1+\cdots+c_r\boldsymbol{A}\boldsymbol{v}_r+\cdots+c_n\boldsymbol{A}\boldsymbol{v}_n=\sigma_1c_1\boldsymbol{u}_1+\cdots+\sigma_rc_r\boldsymbol{u}_r$$

其中 r 是 $\boldsymbol{A}$ 的秩. 又因为 $\boldsymbol{u}_1,\cdots,\boldsymbol{u}_r$ 是标准正交的，$\|\boldsymbol{A}\boldsymbol{x}\|_2^2=|\sigma_1c_1|^2+\cdots+|\sigma_rc_r|^2$. 所以

$$\|\boldsymbol{A}\boldsymbol{x}\|_2^2\leqslant\sigma_1^2(|c_1|^2+\cdots+|c_r|^2)\leqslant\sigma_1^2\|\boldsymbol{x}\|_2^2$$

从而 $\|\boldsymbol{A}\boldsymbol{x}\|_2/\|\boldsymbol{x}\|_2\leqslant\sigma_1$. 因此

$$\|\boldsymbol{A}\|_2=\max_{\boldsymbol{x}\neq\boldsymbol{0}}\frac{\|\boldsymbol{A}\boldsymbol{x}\|_2}{\|\boldsymbol{x}\|_2}=\sigma_1$$

□

因为 $\boldsymbol{A}$ 和 $\boldsymbol{A}^{\mathrm{T}}$ 有相同的奇异值，我们再次得到 $\|\boldsymbol{A}\|_2=\|\boldsymbol{A}^{\mathrm{T}}\|_2$.

矩阵的 Frobenius 范数定义为

$$\|\boldsymbol{A}\|_{\mathrm{F}}=\left(\sum_{i=1}^{n}\sum_{j=1}^{m}|a_{ij}|^2\right)^{1/2}$$

利用 $\boldsymbol{A}$ 的奇异值分解和正交矩阵的保持欧氏范数的性质，有

$$\|\boldsymbol{A}\|_{\mathrm{F}}=\|\boldsymbol{U}^{\mathrm{T}}\boldsymbol{D}\boldsymbol{V}\|_{\mathrm{F}}=\|\boldsymbol{D}\|_{\mathrm{F}}=(\sigma_1^2+\sigma_2^2+\cdots+\sigma_r^2)^{1/2}$$

与奇异矩阵的距离 下面的定理说明如何给出与 $\boldsymbol{A}$ 最接近的奇异矩阵.

定理 4 若 $\boldsymbol{A}\in R^{m\times n}$，且 $\mathrm{rank}\boldsymbol{A}=r>0$. 记 $\boldsymbol{A}$ 的 SVD 分解为 $\boldsymbol{A}=\boldsymbol{U}\boldsymbol{D}\boldsymbol{V}^{\mathrm{T}}$，其中奇异值为 $\sigma_1\geqslant\sigma_2\geqslant\cdots\geqslant\sigma_r>0$. 对 $k=1,\cdots,r-1$，记 $\boldsymbol{A}_k=\boldsymbol{U}\boldsymbol{D}_k\boldsymbol{V}^{\mathrm{T}}$，其中 $\boldsymbol{D}_k\in R^{m\times n}$ 是对角矩阵 $\mathrm{diag}\{\sigma_1,\cdots,\sigma_k,0,\cdots,0\}$，则 $\mathrm{rank}\boldsymbol{A}_k=k$，且

$$\sigma_{k+1}=\|\boldsymbol{A}-\boldsymbol{A}_k\|_2=\min\{\|\boldsymbol{A}-\boldsymbol{B}\|_2 \mid \mathrm{rank}\boldsymbol{B}\leqslant k\}$$

即在所有秩不大于 k 的矩阵中，最接近 $\boldsymbol{A}$ 的是 $\boldsymbol{A}_k$.

证明 $\mathrm{rank}\boldsymbol{A}_k=k$ 是显然的. 因为 $\boldsymbol{A}-\boldsymbol{A}_k=\boldsymbol{U}(\boldsymbol{D}-\boldsymbol{D}_k)\boldsymbol{V}^{\mathrm{T}}$，所以 $\boldsymbol{A}-\boldsymbol{A}_k$ 的最大奇异值是 σ_{k+1}，故 $\|\boldsymbol{A}-\boldsymbol{A}_k\|_2=\sigma_{k+1}$. 余下需要证明对任何秩不大于 k 的矩阵 $\boldsymbol{B}$，都有

$$\|\boldsymbol{A}-\boldsymbol{B}\|_2\geqslant\sigma_{k+1}$$

给定秩不大于 k 的矩阵 $\boldsymbol{B}$，因为

$$\dim(\ker\boldsymbol{B})=n-\dim(R(\boldsymbol{B}))=n-\mathrm{rank}\boldsymbol{B}\geqslant n-k$$

所以 $\ker\boldsymbol{B}$ 的维数至少是 $n-k$. 同时，记正交矩阵 $\boldsymbol{V}$ 的列向量为 $\boldsymbol{v}_1,\cdots,\boldsymbol{v}_n$，则扩张子空间 $\mathrm{span}\{\boldsymbol{v}_1,\cdots,\boldsymbol{v}_{k+1}\}$ 的维数是 $k+1$. 因为 $\ker\boldsymbol{B}$ 和 $\mathrm{span}\{\boldsymbol{v}_1,\cdots,\boldsymbol{v}_{k+1}\}$ 都是 R^n 的子空间，它们的维数和超过了 n，所以一定有非零交. 设 $\hat{\boldsymbol{x}}$ 是 $\ker(\boldsymbol{B})\cap\mathrm{span}\{\boldsymbol{v}_1,\cdots,\boldsymbol{v}_{k+1}\}$ 中的非零向量，且 $\|\hat{\boldsymbol{x}}\|_2=1$. 因为 $\hat{\boldsymbol{x}}\in\mathrm{span}\{\boldsymbol{v}_1,\cdots,\boldsymbol{v}_{k+1}\}$，存在实数 $c_1,\cdots,c_{k+1}$，使得

$$\hat{\boldsymbol{x}}=c_1\boldsymbol{v}_1+\cdots+c_{k+1}\boldsymbol{v}_{k+1}$$

因为 $\boldsymbol{v}_1,\cdots,\boldsymbol{v}_{k+1}$ 是正交向量，有 $|c_1|^2+\cdots+|c_{k+1}|^2=\|\hat{\boldsymbol{x}}\|_2^2=1$. 又因为 $\hat{\boldsymbol{x}}\in\ker\boldsymbol{B}$，$\boldsymbol{B}\hat{\boldsymbol{x}}=\boldsymbol{0}$，所以

$$(\boldsymbol{A}-\boldsymbol{B})\hat{\boldsymbol{x}}=\boldsymbol{A}\hat{\boldsymbol{x}}=\sum_{i=1}^{k+1}c_i\boldsymbol{A}\boldsymbol{v}_i=\sum_{i=1}^{k+1}\sigma_i c_i\boldsymbol{u}_i$$

因为 $\boldsymbol{u}_1,\cdots,\boldsymbol{u}_{k+1}$ 也是正交的，

$$\|(\boldsymbol{A}-\boldsymbol{B})\hat{\boldsymbol{x}}\|_2^2=\sum_{i=1}^{k+1}|\sigma_i c_i|^2\geqslant\sigma_{k+1}^2\sum_{i=1}^{k+1}|c_i|^2=\sigma_{k+1}^2$$

所以

$$\| A-B \|_2 \geqslant \frac{\| (A-B)\hat{x} \|_2}{\| \hat{x} \|_2} \geqslant \sigma_{k+1}$$ □

同理，在矩阵的 Frobenius 范数下，可以证明

$$\min\{ \| A-B \|_F \mid \mathrm{rank} B \leqslant k \} = \| A-A_k \|_F = (\sigma_{k+1}^2+\sigma_{k+2}^2+\cdots+\sigma_r^2)^{1/2}$$

这两个重要结果是许多理论和应用的基础. 例如，总体最小二乘法、数据压缩、图像增强、动态系统实现理论以及线性方程组的求解等问题都需要用一个低秩矩阵逼近 $\boldsymbol{A}$.

如果将 $\boldsymbol{A}$ 看做是一幅图像，$\| \boldsymbol{A} \|_F$ 看做是能量，则通过保留较大的奇异值，而令较小的奇异值为零，就可以最大限度地保持能量且压缩图像，这就是基于奇异值分解的图像压缩原理. 通常的数据特征提取也是基于同样的思想，即保留较大的奇异值对应的特征向量.

推论 假设 $\boldsymbol{A} \in R^{m\times n}$ 是满秩的，$\mathrm{rank}\boldsymbol{A}=r=\min\{m,n\}$，且 $\sigma_1 \geqslant \cdots \geqslant \sigma_r$ 是 $\boldsymbol{A}$ 的奇异值. 如果 $\boldsymbol{B} \in R^{m\times n}$ 满足 $\| \boldsymbol{A}-\boldsymbol{B} \|_2 < \sigma_r$，则 $\boldsymbol{B}$ 也是满秩的.

从推论可以得到，如果 $\boldsymbol{A}$ 是满秩的，则所有与 $\boldsymbol{A}$ 充分接近的矩阵也是满秩的. 由推论知，这些满秩矩阵的每一个被其他的满秩矩阵包围着. 基于拓扑语言，满秩矩阵的集合是 $R^{m\times n}$ 中开的稠密集. 它的补集，即秩亏矩阵的集合，是无处稠密的闭集. 所以，在某种意义上，几乎所有的矩阵都是满秩的.

如果一个矩阵不是满秩的，任何小的扰动几乎可以肯定将它变换到满秩的矩阵. 因此如果数据存在不确定性，理论上，矩阵的秩是不可能被精确计算的，或者说，不可能检测一个矩阵是否是秩亏的，在本节的最后部分，将介绍数值秩来处理这个问题.

与条件数的关系 现在假设方阵 $\boldsymbol{A}$ 是非奇异方阵，即 $\boldsymbol{A} \in R_n^{n\times n}$. $\boldsymbol{A}$ 的谱条件数定义为

$$\kappa_2(A) = \| A \|_2 \| A^{-1} \|_2$$

下面考虑怎样用 $\boldsymbol{A}$ 的奇异值来计算 $\kappa_2(\boldsymbol{A})$. 因为 $\boldsymbol{A}$ 的秩是 n，它有 n 个严格正的奇异值，它的作用可以用下面的映射图表示：

$$\begin{array}{ccc} & \boldsymbol{A} & \\ \boldsymbol{v}_1 & \xrightarrow{\sigma_1} & \boldsymbol{u}_1 \\ \boldsymbol{v}_2 & \xrightarrow{\sigma_2} & \boldsymbol{u}_2 \\ \vdots & & \vdots \\ \boldsymbol{v}_n & \xrightarrow{\sigma_n} & \boldsymbol{u}_n \end{array}$$

对应于 $\boldsymbol{A}^{-1}$ 的映射图是

$$
\begin{array}{ccc}
 & \boldsymbol{A}^{-1} & \\
\boldsymbol{u}_1 & \xrightarrow{\sigma_1^{-1}} & \boldsymbol{v}_1 \\
\boldsymbol{u}_2 & \xrightarrow{\sigma_2^{-1}} & \boldsymbol{v}_2 \\
\vdots & & \vdots \\
\boldsymbol{u}_n & \xrightarrow{\sigma_n^{-1}} & \boldsymbol{v}_n
\end{array}
$$

根据矩阵的奇异值分解,有 $\boldsymbol{A}=\boldsymbol{UDV}^{\mathrm{T}}$ 和 $\boldsymbol{A}^{-1}=\boldsymbol{V}^{-\mathrm{T}}\boldsymbol{D}^{-1}\boldsymbol{U}^{-1}=\boldsymbol{VD}^{-1}\boldsymbol{U}^{\mathrm{T}}$,$\boldsymbol{A}^{-1}$ 的奇异值都是按降序排列,$\sigma_n^{-1}\geqslant\sigma_{n-1}^{-1}\geqslant\cdots\geqslant\sigma_1^{-1}>0$. 由定理 3 得,$\|\boldsymbol{A}^{-1}\|_2=\sigma_n^{-1}$. 利用这些结果,可以得到下面的定理 5.

定理 5　若 $\boldsymbol{A}\in R^{n\times n}$ 是非奇异矩阵,奇异值满足 $\sigma_1\geqslant\sigma_2\geqslant\cdots\geqslant\sigma_n>0$. 则

$$\kappa_2(\boldsymbol{A})=\frac{\sigma_1}{\sigma_n}$$

现在可以从稍微不同的角度来考察条件数,把条件数等价地定义为

$$\kappa_2(\boldsymbol{A})=\frac{\mathrm{maxmag}(\boldsymbol{A})}{\mathrm{minmag}(\boldsymbol{A})} \tag{6.6}$$

其中

$$\mathrm{maxmag}(\boldsymbol{A})=\max_{\boldsymbol{x}\neq\boldsymbol{0}}\frac{\|\boldsymbol{Ax}\|_2}{\|\boldsymbol{x}\|_2},\quad \mathrm{minmag}(\boldsymbol{A})=\min_{\boldsymbol{x}\neq\boldsymbol{0}}\frac{\|\boldsymbol{Ax}\|_2}{\|\boldsymbol{x}\|_2}$$

由定理 3 得,$\mathrm{maxmag}(\boldsymbol{A})=\sigma_1$,类似于定理 3 的证明,最小放大是在 $\boldsymbol{x}=\boldsymbol{v}_n$ 达到的,即有 $\mathrm{minmag}(\boldsymbol{A})=\sigma_n$. 因此上式成立.

式(6.6)可以推广到矩形矩阵. 特别地,如果 $\boldsymbol{A}\in R^{m\times n}$,$m\geqslant n$,且 $\mathrm{rank}\boldsymbol{A}=n$,则 $\mathrm{minmag}(\boldsymbol{A})>0$,因此可以将式(6.6)当作 $\boldsymbol{A}$ 的条件数的定义. 如果 $\boldsymbol{A}$ 是非零但不是满秩,则在 $m\geqslant n$ 的假设下,$\mathrm{minmag}(\boldsymbol{A})=0$,约定 $\kappa_2(\boldsymbol{A})=\infty$ 是合理的. 在这些约定下,无论 $\boldsymbol{A}$ 是否满秩,下面定理总是成立的.

定理 6　若 $\boldsymbol{A}\in R^{m\times n}$,$m\geqslant n$ 是非零矩阵,奇异值满足 $\sigma_1\geqslant\sigma_2\geqslant\cdots\geqslant\sigma_n\geqslant0$,且如果 $\mathrm{rank}\boldsymbol{A}<n$,假设 σ_i 可以为零,则 $\mathrm{maxmag}(\boldsymbol{A})=\sigma_1$,$\mathrm{minmag}(\boldsymbol{A})=\sigma_n$ 和 $\kappa_2(\boldsymbol{A})=\sigma_1/\sigma_n$.

下面的定理 7 和定理 8 给出奇异值分解其他重要的结论. 它们可以用来分析最小二乘问题的敏感性.

定理 7　若 $\boldsymbol{A}\in R^{m\times n}$,$m\geqslant n$,则 $\|\boldsymbol{A}^{\mathrm{T}}\boldsymbol{A}\|_2=\|\boldsymbol{A}\|_2^2$ 和 $\kappa_2(\boldsymbol{A}^{\mathrm{T}}\boldsymbol{A})=\kappa_2(\boldsymbol{A})^2$.

定理 8　若 $\boldsymbol{A}\in R^{m\times n}$,$m\geqslant n$,$\mathrm{rank}\boldsymbol{A}=n$,且奇异值 $\sigma_1\geqslant\sigma_2\geqslant\cdots\geqslant\sigma_n>0$. 则

$$\|(\boldsymbol{A}^{\mathrm{T}}\boldsymbol{A})^{-1}\|_2=\sigma_m^{-2},\quad \|(\boldsymbol{A}^{\mathrm{T}}\boldsymbol{A})^{-1}\boldsymbol{A}^{\mathrm{T}}\|_2=\sigma_m^{-1}$$

$$\|\boldsymbol{A}(\boldsymbol{A}^{\mathrm{T}}\boldsymbol{A})^{-1}\|_2=\sigma_m^{-1},\quad \|\boldsymbol{A}(\boldsymbol{A}^{\mathrm{T}}\boldsymbol{A})^{-1}\boldsymbol{A}^{\mathrm{T}}\|_2=1$$

定理 8 中的矩阵$(\boldsymbol{A}^{\mathrm{T}}\boldsymbol{A})^{-1}\boldsymbol{A}^{\mathrm{T}}$称为$\boldsymbol{A}$的伪逆，$\boldsymbol{A}(\boldsymbol{A}^{\mathrm{T}}\boldsymbol{A})^{-1}$称为$\boldsymbol{A}^{\mathrm{T}}$的伪逆，我们将在第 7 章详细地讨论长方矩阵的伪逆.

数值秩　在数据没有舍入误差和不确定性时，奇异值分解可以确定矩阵的秩. 但是误差的存在使得秩的确定变得非常困难. 比如，考虑矩阵

$$\boldsymbol{A}=\begin{bmatrix}1/3 & 1/3 & 2/3\\ 2/3 & 2/3 & 4/3\\ 1/3 & 2/3 & 3/3\\ 2/5 & 2/5 & 4/5\\ 3/5 & 1/5 & 4/5\end{bmatrix} \tag{6.7}$$

因为第三列是前两列的和，所以$\boldsymbol{A}$的秩是 2. 然而，如果没有考虑到这个关系，而用计算机软件，如 MATLAB，来计算它的秩，首先要在计算机上存储这个矩阵，这个简单的工作将引起舍入误差，从而破坏列之间的线性关系. 技术上说，扰动矩阵的秩是 3. 如果用 MATLAB 的 svd 命令来计算$\boldsymbol{A}$的奇异值，运用 IEEE 标准的双精度浮点计算，得到

$$\sigma_1=2.5987,\quad \sigma_2=0.3682 \quad 和 \quad \sigma_3=8.6614\times 10^{-17}$$

因为有三个非零的奇异值，所以矩阵的秩为 3. 然而，注意到在 IEEE 双精度的单位舍入阶数下，其中一个奇异值是微小的，也许应该将它看做是零. 因为这个原因，引入数值秩的概念.

简单地说，如果一个矩阵有k个“大”的奇异值，而其他都很“微小”，则它的数值秩是k. 为了确定哪一个奇异值是“微小”的，需要根据数据中元素的不确定性，引入阈值或容忍度ε. 比如，如果唯一的误差是舍入误差，正如上面的例子所示，可以取$\varepsilon=10u\|A\|$，其中u是单位舍入误差. 称矩阵$\boldsymbol{A}$的**数值秩**是k，如果$\boldsymbol{A}$有k个显著比ε大的奇异值，且所有其他的奇异值都比ε小，即

$$\sigma_1\geqslant\sigma_2\geqslant\cdots\geqslant\sigma_k\gg\varepsilon\geqslant\sigma_{k+1}\geqslant\cdots$$

MATLAB 有一个秩命令，它就是计算矩阵数值秩的. 当应用于上面的矩阵$\boldsymbol{A}$时，它的答案是 2(MATLAB 的秩命令运用缺省的阈值，用户可以修改).

有些矩阵的数值秩是不可能被精确地确定的. 比如，考虑一个 2000×1000 矩阵，它的奇异值为$\sigma_j=(0.9)^j$，$j=1,\cdots,1000$，则$\sigma_1=0.9$和$\sigma_{1000}=1.75\times 10^{-46}$，因此数值秩可能比 1000 小. 然而，因为在奇异值中没有间距，所以无法精确地指定数值秩. 比如

$$\sigma_{261}=1.14\times 10^{-12},\quad \sigma_{262}=1.03\times 10^{-12}$$
$$\sigma_{263}=9.24\times 10^{-13},\quad \sigma_{264}=8.31\times 10^{-13}$$

如果$\varepsilon=10^{-12}$，合理的说法是数值秩接近于 260，但是不能精确地指定它.

下面的定理说明运用奇异值定义矩阵数值秩的合理性. 首先由矩阵的SVD分解,任何不是满秩矩阵的一个小的扰动都能使秩增加,这里所指的是精确的秩,不是数值秩.

定理 9　若 $\boldsymbol{A}\in R^{m\times n}$,且 $\text{rank}\boldsymbol{A}=r<\min\{m,n\}$,则对 $\forall\varepsilon>0$,存在满秩矩阵 $\boldsymbol{A}_\varepsilon\in R^{m\times n}$,使得 $\|\boldsymbol{A}-\boldsymbol{A}_\varepsilon\|_2<\varepsilon$.

证明　假设 $\boldsymbol{A}$ 的 SVD 分解为 $\boldsymbol{A}=\boldsymbol{UDV}^{\mathrm{T}}$,其中奇异值为 $\sigma_1\geqslant\sigma_2\geqslant\cdots\geqslant\sigma_r>0$. 取

$$\boldsymbol{D}_\varepsilon=\text{diag}(\sigma_1,\cdots,\sigma_r,\varepsilon/2,\cdots,\varepsilon/2)$$

记 $\boldsymbol{A}_\varepsilon=\boldsymbol{U}^{\mathrm{T}}\boldsymbol{D}_\varepsilon\boldsymbol{V}$,这是满秩矩阵,且 $\|\boldsymbol{A}-\boldsymbol{A}_\varepsilon\|_2<\varepsilon$. □

非负数 $\|\boldsymbol{A}-\boldsymbol{A}_\varepsilon\|_2$ 是矩阵 $\boldsymbol{A}$ 和 $\boldsymbol{A}_\varepsilon$ 之间距离的度量. 定理 9 说明任何秩亏矩阵都存在任意逼近它的满秩矩阵. 这表示在 $R^{m\times n}$ 中,满秩矩阵是稠密的.

如果一个矩阵不是满秩的,任何小的扰动几乎可以肯定将它变换到满秩的矩阵. 因此如果数据存在不确定性,理论上,矩阵的秩是不可能被精确计算的,或者说,不可能检测一个矩阵是否是秩亏的. 虽然如此,如果一个矩阵与一个秩亏矩阵非常接近,称它是**数值上秩亏**的是合理的,因为除了一个小的扰动,它可能是秩亏的,正如式(6.7)所提供的扰动例子. 令 ε 表示矩阵 $\boldsymbol{A}$ 中数据不确定性的界限,如果存在秩 k 的矩阵 $\boldsymbol{B}$,使得 $\|\boldsymbol{A}-\boldsymbol{B}\|_2<\varepsilon$,和在另一方面,对每一个秩 $\leqslant k-1$ 的矩阵 $\boldsymbol{C}$,都有 $\|\boldsymbol{A}-\boldsymbol{C}\|_2>\varepsilon$,则称矩阵 $\boldsymbol{A}$ 的秩为 k 是有意义的. 由定理 7,这个条件满足的充分必要条件是

$$\sigma_1\geqslant\sigma_2\geqslant\cdots\geqslant\sigma_k\gg\varepsilon\geqslant\sigma_{k+1}\geqslant\cdots$$

这说明了用奇异值确定数值秩的合理性.

6.2　奇异值分解的应用

本节主要讨论两个内容,首先基于奇异值分解来讨论子空间之间的关系,然后利用奇异值来求解一些二次优化问题.

子空间关系　在实际问题中,经常需要研究子空间之间的关系. 子空间的接近程度,它们是否有非零交? 它们中的一个是否可以旋转成另一个等等. 下面将基于SVD分解来研究这类问题.

子空间的旋转　在(胡茂林,2007)的第十章中,研究了在三维空间中,如何求两组对应点集之间的刚体变换,下面给出在一般空间中,如何从对应的向量,求解它们之间的旋转变换.

假设 $\boldsymbol{A}\in R^{m\times n}$ 是实验得到的数据,其中行表示个体,列表示特征. 如果重复这个实验,得到另一个数据 $\boldsymbol{B}\in R^{m\times n}$. 如果 $\boldsymbol{B}$ 是 $\boldsymbol{A}$ 旋转而成的,如何求解这个正交矩

阵？这等价于求解如下优化问题：

$$\min \| \boldsymbol{A}-\boldsymbol{BQ} \|_F, \quad \text{s.t.} \quad \boldsymbol{Q}^T\boldsymbol{Q}=\boldsymbol{I}_n \tag{6.8}$$

我们知道，对 Frobenius 范数，有 $\| \boldsymbol{C} \|_F^2=\text{tr}(\boldsymbol{C}^T\boldsymbol{C})$. 由于 $\boldsymbol{Q}$ 是正交矩阵，所以

$$\| \boldsymbol{A}-\boldsymbol{BQ} \|_F^2=\text{tr}(\boldsymbol{A}^T\boldsymbol{A})+\text{tr}(\boldsymbol{B}^T\boldsymbol{B})-2\text{tr}(\boldsymbol{Q}^T\boldsymbol{B}^T\boldsymbol{A})$$

因此求式(6.8)的最小值等价于求 $\text{tr}(\boldsymbol{Q}^T\boldsymbol{B}^T\boldsymbol{A})$ 的最大值.

利用 $\boldsymbol{B}^T\boldsymbol{A}$ 的 SVD 分解，可以求出使 $\text{tr}(\boldsymbol{Q}^T\boldsymbol{B}^T\boldsymbol{A})$ 最大的 $\boldsymbol{Q}$. 若 $\boldsymbol{B}^T\boldsymbol{A}=\boldsymbol{UDV}^T$，其中 $\boldsymbol{D}=\text{diag}(\sigma_1,\cdots,\sigma_n)$. 记正交矩阵 $\boldsymbol{Z}=\boldsymbol{V}^T\boldsymbol{Q}^T\boldsymbol{U}$，因为奇异值是非负的，所以

$$\text{tr}(\boldsymbol{Q}^T\boldsymbol{B}^T\boldsymbol{A}) = \text{tr}(\boldsymbol{Q}^T\boldsymbol{UDV}^T) = \text{tr}(\boldsymbol{ZD}) = \sum_{i=1}^{n} z_{ii}\sigma_i \leqslant \sum_{i=1}^{n}\sigma_i$$

上式在 $z_{ii}=1, i=1,\cdots,n$ 时，达到最大值. 又因为 $\boldsymbol{Z}$ 是正交矩阵，其每一列(或行)的范数是 1，所以 $z_{ii}\leqslant 1, i=1,\cdots,n$. 因此 $\text{tr}(\boldsymbol{Q}^T\boldsymbol{B}^T\boldsymbol{A})$ 的最大值在 $\boldsymbol{Z}=\boldsymbol{I}$，即 $\boldsymbol{Q}=\boldsymbol{U}^T\boldsymbol{V}$ 得到.

零空间的交集　给定 $\boldsymbol{A}\in R^{m\times n}$ 和 $\boldsymbol{B}\in R^{p\times n}$，其中 $m<n, p<n$. 如何求 $\ker\boldsymbol{A}\cap\ker\boldsymbol{B}$ 的一组标准正交基. 记 $\boldsymbol{C}=\begin{bmatrix}\boldsymbol{A}\\\boldsymbol{B}\end{bmatrix}$，因为 $\boldsymbol{Cx}=\boldsymbol{0}$ 等价于 $\boldsymbol{x}\in\ker\boldsymbol{A}\cap\ker\boldsymbol{B}$，所以这个问题等价于求 $\boldsymbol{C}$ 的零空间的一组标准正交基. 下面对较大的 n 给出计算量较少的算法.

若 $\boldsymbol{A}\in R^{m\times n}$，由 $\boldsymbol{A}$ 的奇异值分解，可以选取 $\ker\boldsymbol{A}$ 的一组标准正交基 $\{\boldsymbol{z}_1,\cdots,\boldsymbol{z}_r\}$. 记 $\boldsymbol{Z}=[\boldsymbol{z}_1,\cdots,\boldsymbol{z}_r]$，取 $\ker(\boldsymbol{BZ})$ 的一组标准正交基是 $\{\boldsymbol{w}_1,\cdots,\boldsymbol{w}_q\}$，其中 $\boldsymbol{BZ}\in R^{p\times r}$，与 $\boldsymbol{B}$ 相比，这是一个较小的矩阵. 记 $\boldsymbol{W}=[\boldsymbol{w}_1,\cdots,\boldsymbol{w}_q]$，则 $\boldsymbol{ZW}$ 的列是 $\ker\boldsymbol{A}\cap\ker\boldsymbol{B}$ 的一组标准正交基. 这是因为 $\boldsymbol{AZ}=\boldsymbol{0}$ 和 $(\boldsymbol{BZ})\boldsymbol{W}=\boldsymbol{0}$，所以 $R(\boldsymbol{ZW})\subseteq\ker\boldsymbol{A}\cap\ker\boldsymbol{B}$. 反过来，对 $\boldsymbol{x}\in\ker\boldsymbol{A}\cap\ker\boldsymbol{B}$，则由于 $\boldsymbol{x}\in\ker\boldsymbol{A}$，而 $\{\boldsymbol{z}_1,\cdots,\boldsymbol{z}_r\}$ 是 $\ker\boldsymbol{A}$ 的一组标准正交基，所以存在不全为零的参数 $\boldsymbol{a}\in R^r$，使得 $\boldsymbol{x}=\boldsymbol{Za}$. 又由于 $\boldsymbol{x}\in\ker\boldsymbol{B}$，有 $\boldsymbol{0}=\boldsymbol{Bx}=\boldsymbol{BZa}$，所以存在 $\boldsymbol{b}\in R^q$，满足 $\boldsymbol{a}=\boldsymbol{Wb}$. 所以 $\boldsymbol{x}=\boldsymbol{ZWb}\in R(\boldsymbol{ZW})$.

子空间之间的夹角　设 F 和 G 是 R^m 的子空间，它们的维数满足

$$p=\dim F\geqslant\dim G=q\geqslant 1$$

F 和 G 之间的**主角** $\theta_1,\cdots,\theta_k\in[0,\pi/2]$ 定义为

$$\begin{aligned}\cos\theta_k=&\max_{\boldsymbol{u}\in F}\max_{\boldsymbol{v}\in G}\boldsymbol{u}^T\boldsymbol{v}=\boldsymbol{u}_k^T\boldsymbol{v}_k\\ &\text{s.t. } \|\boldsymbol{u}\|=\|\boldsymbol{v}\|=1\\ &\boldsymbol{u}^T\boldsymbol{u}_i=0,\quad i=1,\cdots,k-1\\ &\boldsymbol{v}^T\boldsymbol{v}_i=0,\quad i=1,\cdots,k-1\end{aligned}$$

注意主角满足 $0\leqslant\theta_q\leqslant\cdots\leqslant\theta_1\leqslant\pi/2$. 向量 $\{\boldsymbol{u}_1,\cdots,\boldsymbol{u}_q\}$ 和 $\{\boldsymbol{v}_1,\cdots,\boldsymbol{v}_q\}$ 称为空间 F 和 G

之间的**主向量**.

主角和主向量在统计中有重要的应用. 最大的主角与 2.2 节中的同维数子空间之间的距离有关系. 若 $p=q$,则

$$d(F,G)=\sqrt{1-\cos^2\theta_1}=\sin\theta_1$$

如果 $\boldsymbol{Q}_F\in R^{m\times p}$ 和 $\boldsymbol{Q}_G\in R^{m\times q}$ 的列分别是 F 和 G 的标准正交基,则

$$\max_{\substack{\boldsymbol{u}\in G,\\ \|\boldsymbol{u}\|_2=1}}\max_{\substack{\boldsymbol{v}\in G,\\ \|\boldsymbol{v}\|_2=1}}\boldsymbol{u}^{\mathrm{T}}\boldsymbol{v}=\max_{\substack{\boldsymbol{y}\in G,\\ \|\boldsymbol{y}\|_2=1}}\max_{\substack{\boldsymbol{z}\in G,\\ \|\boldsymbol{z}\|_2=1}}\boldsymbol{y}^{\mathrm{T}}(\boldsymbol{Q}_F^{\mathrm{T}}\boldsymbol{Q}_G)\boldsymbol{z}$$

若 $\boldsymbol{Y}^{\mathrm{T}}(\boldsymbol{Q}_F^{\mathrm{T}}\boldsymbol{Q}_G)\boldsymbol{Z}=\mathrm{diag}(\sigma_1,\cdots,\sigma_q)$ 是 $\boldsymbol{Q}_F^{\mathrm{T}}\boldsymbol{Q}_G$ 的 SVD 分解,则

$$[\boldsymbol{u}_1,\cdots,\boldsymbol{u}_p]=\boldsymbol{Q}_F\boldsymbol{Y}$$

$$[\boldsymbol{v}_1,\cdots,\boldsymbol{v}_q]=\boldsymbol{Q}_G\boldsymbol{Z}$$

$$\cos\theta_k=\sigma_k,\quad k=1,\cdots,q$$

一般来说,空间 F 和 G 都是给定矩阵 $\boldsymbol{A}\in R^{m\times p}$ 和 $\boldsymbol{B}\in R^{m\times q}$ 的像空间,且 $\boldsymbol{A}$ 和 $\boldsymbol{B}$ 的列都是线性无关的,则标准正交基 $\boldsymbol{Q}_F$ 和 $\boldsymbol{Q}_G$ 可以通过计算这两个矩阵的 QR 分解得到. 算法的计算量是 $4m(q^2+2p^2)+2pq(m+q)+12q^3$ flops.

像空间的交　利用上面关于两个空间交角的结论,可以计算 $R(\boldsymbol{A})\cap R(\boldsymbol{B})$ 的标准正交基. 对矩阵 $\boldsymbol{A}\in R^{m\times p}$,$\boldsymbol{B}\in R^{m\times q}$,如果 $\{\cos\theta_k,\boldsymbol{u}_k,\boldsymbol{v}_k\}$,$k=1,\cdots,q$ 是它们之间的主角和主向量,且前 s 个满足 $1=\cos\theta_1=\cdots=\cos\theta_s>\cos\theta_{s+1}$,则有

$$R(\boldsymbol{A})\cap R(\boldsymbol{B})=\mathrm{span}\{\boldsymbol{u}_1,\cdots,\boldsymbol{u}_s\}\cap\mathrm{span}\{\boldsymbol{v}_1,\cdots,\boldsymbol{v}_s\}$$

这是因为 $\cos\theta_k=1$,则必有 $\boldsymbol{u}_k=\boldsymbol{v}_k$. 在非精确的计算下,可以将余弦是 1 的近似值看做是 1.

在二次优化中的应用　从 6.1 节末的讨论可以看出,在欧氏范数和 Frobenius 范数下,利用矩阵奇异值分解,矩阵实际上等价于最简单的对角矩阵. 下面基于这个思想,在实欧几里得空间 R^n 中研究 SVD 分解在二次优化中的应用. 奇异值分解最常用于求解超定方程组,首先介绍有关线性方程组的一些问题.

线性方程组的解　考虑形如 $\boldsymbol{Ax}=\boldsymbol{b}$ 的方程组,其中 $\boldsymbol{A}$ 是 $m\times n$ 矩阵. 这里有三种可能性:

(1) 如果 $m<n$,未知量的个数大于方程数. 在这种情形下,解不唯一,方程组的解是一个仿射空间,即平移线性子空间,见(胡茂林,2007)的第二章. 在计算机科学和工程上,一般求它的最小范数解.

(2) 如果 $m=n$,且 $\boldsymbol{A}$ 是可逆的,则存在唯一解.

(3) 如果 $m>n$,方程个数大于未知量的个数,方程组是过定的. 除非 $\boldsymbol{b}$ 属于 $\boldsymbol{A}$ 的列空间,即在 $\boldsymbol{A}$ 的值域中,方程组一般没有解. 此时,求使 $\|\boldsymbol{b}-\boldsymbol{Ax}\|_2$ 最小的 $\boldsymbol{x}$,

这就是最小二乘问题. 如果 $\mathrm{rank}\boldsymbol{A}=n$,最小二乘问题有唯一解;如果 $\mathrm{rank}\boldsymbol{A}<n$,最小二乘问题的解存在但不唯一的,有许多 $\boldsymbol{x}$ 达到 $\|\boldsymbol{b}-\boldsymbol{Ax}\|_2$ 的最小值. 此时,即使 $m<n$,线性方程组 $\boldsymbol{Ax}=\boldsymbol{b}$ 也不一定存在解,因此最小二乘问题也包含这种情况.

因为最小二乘问题的解有时是不唯一的,所以需要考虑这样的问题:在所有使 $\|\boldsymbol{b}-\boldsymbol{Ax}\|_2$ 取最小值的 $\boldsymbol{x}$ 中,求使 $\|\boldsymbol{x}\|_2$ 最小的 $\boldsymbol{x}$. 下面将证明这个问题总存在唯一解.

最小二乘问题——满秩情形　第 5 章,曾用 QR 分解求解最小二乘问题,这一章,将用 SVD 分解来再次讨论它. 现在考虑方程组 $\boldsymbol{Ax}=\boldsymbol{b}$,其中 $\boldsymbol{A}\in R^{m\times n}$,$m\geqslant n$,且 $\boldsymbol{A}$ 的秩为 n 的情形. 这种情况下,方程组一般不存在精确解,但是在实际问题中,找一个最接近于方程组解向量 $\boldsymbol{x}$ 仍然是有意义的. 换句话说,寻求使 $\|\boldsymbol{Ax}-\boldsymbol{b}\|$ 最小的向量 $\boldsymbol{x}$,其中 $\|\ \|$ 表示欧氏范数. $\boldsymbol{x}$ 称为该超定方程组的**最小二乘解**. 用系数矩阵的 SVD 分解能很简单地给出方程组的最小二乘解的表达式.

利用 $\boldsymbol{A}$ 的奇异值分解 $\boldsymbol{A}=\boldsymbol{UDV}$,有 $\|\boldsymbol{Ax}-\boldsymbol{b}\|-\|\boldsymbol{UDV}^{\mathrm{T}}\boldsymbol{x}\quad\boldsymbol{b}\|$. 由正交矩阵的保范性,得

$$\|\boldsymbol{UDV}^{\mathrm{T}}\boldsymbol{x}-\boldsymbol{b}\|=\|\boldsymbol{DV}^{\mathrm{T}}\boldsymbol{x}-\boldsymbol{U}^{\mathrm{T}}\boldsymbol{b}\|$$

记 $\boldsymbol{y}=\boldsymbol{V}^{\mathrm{T}}\boldsymbol{x}$ 和 $\boldsymbol{c}=\boldsymbol{U}^{\mathrm{T}}\boldsymbol{b}$,问题变成求使 $\|\boldsymbol{Dy}-\boldsymbol{c}\|$ 取最小值的 $\boldsymbol{y}$,其中 $\boldsymbol{D}$ 为 $m\times n$ 的对角矩阵. 此时方程组是

$$\begin{bmatrix} d_1 & & & \\ & d_2 & & \\ & & \ddots & \\ & & & d_n \\ & \boldsymbol{0} & & \end{bmatrix}\begin{pmatrix} y_1 \\ y_2 \\ \vdots \\ y_n \end{pmatrix}=\begin{pmatrix} c_1 \\ c_2 \\ \vdots \\ c_n \\ c_{n+1} \\ \vdots \\ c_m \end{pmatrix}$$

记 $\boldsymbol{c}_1=(c_1,\cdots,c_n)^{\mathrm{T}}$,$\boldsymbol{c}_2=(b_{n+1},\cdots,b_m)^{\mathrm{T}}$,则

$$\|\boldsymbol{Dy}-\boldsymbol{c}\|^2=\|\mathrm{diag}(d_1,d_2,\cdots,d_n)\boldsymbol{y}-\boldsymbol{c}_1\|^2+\|\boldsymbol{c}_2\|^2$$

显然当 $\mathrm{diag}(d_1,d_2,\cdots,d_n)\boldsymbol{y}=\boldsymbol{c}_1$,上式取最小值. 因为 $\boldsymbol{A}$ 的秩为 n 保证了每个 $d_i\neq 0$,所以,可以解出 $y_i=c_i/d_i(i=1,\cdots,n)$. 最后由 $\boldsymbol{x}=\boldsymbol{Vy}$ 解出 $\boldsymbol{x}$,得到原来的最小二乘问题的解. 注意到基于矩阵的奇异值分解,可以给出解的显式表达式,这是与用 QR 分解的差异之处.

最小二乘问题——秩亏情形　有时需要求解系数矩阵不是列满秩的方程组,即 $\mathrm{rank}\boldsymbol{A}=r<n$,其中 n 是 $\boldsymbol{A}$ 的列数. 实际中由于数据中存在着测量噪声和舍入误差,矩阵 $\boldsymbol{A}$ 的秩可能大于 r,但是,对研究的具体问题,出于理论分析的要求,希望

强制执行秩为 r 的约束.在这种情形下,方程组的解将是 $n-r$ 个参数的族(或仿射空间),其中 $r=\text{rank}\boldsymbol{A}<n$.这类问题也适合用 SVD 来求解,其过程也类似于满秩方程组的求解,只不过加入秩 r 的约束而已.现在求解的方程组是 $\text{diag}(d_1,d_2,\cdots,d_r)\boldsymbol{y}=\boldsymbol{c}_1$,其中 $\boldsymbol{y}\in R^r$,$\boldsymbol{c}_1$ 是 $\boldsymbol{c}$ 的前 r 个元素组成的向量,由此解出 $y_i=c_i/d_i(i=1,\cdots,r)$.有最小范数 $\|\boldsymbol{x}\|$ 的解 $\boldsymbol{x}$ 是 $\boldsymbol{V}\boldsymbol{y}$.因此,方程组的通解是

$$\boldsymbol{x}=\boldsymbol{V}\boldsymbol{y}+\alpha_{r+1}\boldsymbol{v}_{r+1}+\cdots+\alpha_n\boldsymbol{v}_n \tag{6.9}$$

其中 $\boldsymbol{v}_{r+1},\cdots,\boldsymbol{v}_n$ 是 $\boldsymbol{V}$ 的最后 $n-r$ 列,$\alpha_i\in R(i=r+1,\cdots,n)$是参数.

式(6.9)给出秩亏方程组的最小二乘问题的 $n-r$ 参数解族,读者可以仿照满秩方程组最小二乘问题求解过程,证明该通解的正确性.

秩未知的方程组 在实际问题中所遇到的大多数线性方程组(比如,在非监督学习下),在求解之前,并不知道系数矩阵的秩.如果不知道方程组的秩,那么必须估计它的秩.在这种情形下,就要利用数值秩.一个简单而合理的数值秩定义是将与最大的奇异值相比相对很小的奇异值设为零.因此,如果 $d_i/d_0<u$,其中 u 是相当于机器精度数量级的常数,那么设 $y_i=0$.如前,最小二乘解由 $\boldsymbol{x}=\boldsymbol{V}\boldsymbol{y}$ 给出.

齐次方程组的最小二乘解 与最小二乘问题同样重要的问题是给定 $\boldsymbol{A}\in R^{m\times n}$,求齐次方程组 $\boldsymbol{A}\boldsymbol{x}=\boldsymbol{0}$ 的非零解.在计算机科学的大多数问题中,所考虑的方程组一般都是方程个数多于未知量个数的超定方程组.因为对平凡解 $\boldsymbol{x}=\boldsymbol{0}$不感兴趣,所以需要寻求该方程组的非零解.注意到如果 $\boldsymbol{x}$ 是这方程组的一个解,那么对任何标量 α,$\alpha\boldsymbol{x}$ 也是解,因此为了排除非零解,加入约束条件 $\|\boldsymbol{x}\|=1$ 是合理的.

我们知道方程组 $\boldsymbol{A}\boldsymbol{x}=\boldsymbol{0}$ 存在非零解的充要条件是 $\text{rank}\boldsymbol{A}<n$,即矩阵 $\boldsymbol{A}$ 不是列满秩的.在实际中,由于噪声的存在,方程组通常是满秩的.在不存在非零解时,一般求它的最小二乘解.现在问题可以正式叙述为:

问题 1 在约束条件 $\|\boldsymbol{x}\|=1$ 的条件下,求使 $\|\boldsymbol{A}\boldsymbol{x}\|$ 最小的 $\boldsymbol{x}$.

这个问题可利用 $\boldsymbol{A}$ 的 SVD 分解来求解.设 $\boldsymbol{A}=\boldsymbol{U}\boldsymbol{D}\boldsymbol{V}^{\text{T}}$,则

$$\|\boldsymbol{A}\boldsymbol{x}\|=\|\boldsymbol{U}\boldsymbol{D}\boldsymbol{V}^{\text{T}}\boldsymbol{x}\|=\|\boldsymbol{D}\boldsymbol{V}^{\text{T}}\boldsymbol{x}\|$$

记 $\boldsymbol{y}=\boldsymbol{V}^{\text{T}}\boldsymbol{x}$,则 $\|\boldsymbol{A}\boldsymbol{x}\|=\|\boldsymbol{D}\boldsymbol{V}^{\text{T}}\boldsymbol{x}\|=\|\boldsymbol{D}\boldsymbol{y}\|$.由 $\|\boldsymbol{y}\|=\|\boldsymbol{V}^{\text{T}}\boldsymbol{x}\|=\|\boldsymbol{x}\|=1$ 知,问题 1 简化为:

问题 1′ 在约束条件 $\|\boldsymbol{y}\|=1$ 下,求 $\|\boldsymbol{D}\boldsymbol{y}\|$ 的最小值.

因为 $\boldsymbol{D}$ 是对角元素按降序排列的对角矩阵,所以该问题的解是 $\boldsymbol{y}=(0,0,\cdots,0,1)^{\text{T}}$,它的唯一非零元素 1 出现在最后的位置上,即为 $\boldsymbol{e}_n$.最后由 $\boldsymbol{x}=\boldsymbol{V}\boldsymbol{y}$ 解出 $\boldsymbol{x}$,即 $\boldsymbol{x}$ 就是 $\boldsymbol{V}$ 的最后一列.我们知道,$\boldsymbol{V}$ 的最后一列实际上也是 $\boldsymbol{A}^{\text{T}}\boldsymbol{A}$ 的最小特征值对应的特征向量.

带约束方程组的最小二乘解 上面考虑了形如 $\boldsymbol{A}\boldsymbol{x}=\boldsymbol{0}$ 的方程组的最小二乘

解的算法. 对精确的测量数据和正确的模型,该方程组有一个精确的解. 在非精确的数据测量,即数据中含有噪声,精确解将不存在. 此时,应求最小二乘解.

在一些应用场合,所求解的未知向量必须严格地满足某些线性约束,这样的约束可以用线性方程组 $\boldsymbol{Cx}=\boldsymbol{0}$ 来描述. 要求它必须精确地满足,即没有受到噪声的干扰,并导出下列的问题.

问题 2　在约束 $\|\boldsymbol{x}\|=1$ 和 $\boldsymbol{Cx}=\boldsymbol{0}$ 下,求使 $\|\boldsymbol{Ax}\|$ 最小的 $\boldsymbol{x}$.

类似于前一个问题的讨论,这个问题可以看作是在约束 $\boldsymbol{Cx}=\boldsymbol{0}$ 下,求 $\boldsymbol{A}^{\mathrm{T}}\boldsymbol{A}$ 的最小特征值问题,见 2.3 节,现在基于 $\boldsymbol{C}$ 的 SVD 分解给出问题的简化形式.

满足条件 $\boldsymbol{Cx}=\boldsymbol{0}$ 意味着 $\boldsymbol{x}$ 与 $\boldsymbol{C}$ 的每一行正交,因此所有这些 $\boldsymbol{x}$ 的集合形成一个向量空间,它们组成 $\boldsymbol{C}$ 的行空间的正交补. 现在考虑如何表示这个正交补空间.

设 $\boldsymbol{C}\in R^{p\times n}$,且 $p<n$,即 $\boldsymbol{C}$ 的行数少于列数,现在,对 $\boldsymbol{C}$ 进行奇异值分解 $\boldsymbol{C}=\boldsymbol{UDV}^{\mathrm{T}}$. 若 $\boldsymbol{D}$ 是有 r 个非零的对角矩阵,即 $\boldsymbol{C}$ 的秩为 r,因此 $\boldsymbol{C}$ 的行空间由 $\boldsymbol{V}^{\mathrm{T}}$ 的前 r 行生成,$\boldsymbol{C}$ 的行空间的正交补则由 $\boldsymbol{V}^{\mathrm{T}}$ 余下的行生成. 以 $\boldsymbol{C}^{\perp}$ 记矩阵 $\boldsymbol{V}$ 消去前 r 列后的子矩阵,则 $\boldsymbol{CC}^{\perp}=\boldsymbol{0}$,所以满足 $\boldsymbol{Cx}=\boldsymbol{0}$的向量 $\boldsymbol{x}$ 的集合是由 $\boldsymbol{C}^{\perp}$ 的列生成,因此这样的向量 $\boldsymbol{x}$ 可以用参数形式表示为 $\boldsymbol{x}=\boldsymbol{C}^{\perp}\boldsymbol{y}$,其中 $\boldsymbol{y}\in R^{n-r}$. 因为 $\boldsymbol{C}^{\perp}$ 是由正交列组成的,所以 $\|\boldsymbol{x}\|=\|\boldsymbol{C}^{\perp}\boldsymbol{y}\|=\|\boldsymbol{y}\|$. 这样一来,上述最小值问题化为:

问题 2′　在约束 $\|\boldsymbol{y}\|=1$ 的条件下,求使 $\|\boldsymbol{AC}^{\perp}\boldsymbol{y}\|$ 最小的 $\boldsymbol{y}$.

把 $\boldsymbol{AC}^{\perp}$ 看作一个矩阵,这正是前面讨论过的问题 1,因此可以求解.

再论约束最小化　在参数估计的代数方法中,经常会出现约束最优化的问题. 现在考虑这个问题.

问题 3　在约束条件 $\|\boldsymbol{x}\|=1$ 和 $\boldsymbol{x}=\boldsymbol{Gt}$ 下,求使 $\|\boldsymbol{Ax}\|$ 最小的 $\boldsymbol{x}$,其中 $\boldsymbol{G}$ 是一个给定的矩阵,而 $\boldsymbol{t}$ 是未知的参数.

这个最优化问题与前一个问题非常类似,差别仅在于:现在矩阵 $\boldsymbol{G}$ 的列向量不是正交的,否则就可直接地化为一般约束求极值问题. 对某个向量 $\boldsymbol{t}$,$\boldsymbol{x}=\boldsymbol{Gt}$,意味着 $\boldsymbol{x}$ 属于$\boldsymbol{G}$ 的列向量所生成的子空间中. 因此为了变到前面的问题,需要用与 $\boldsymbol{G}$ 具有相同的列空间(即由这些列生成的空间),但两两正交的矩阵替代 $\boldsymbol{G}$. 由 SVD 分解 $\boldsymbol{G}=\boldsymbol{UDV}^{\mathrm{T}}$,其中 $\boldsymbol{D}$ 有 r 个非零元素,即 $\boldsymbol{G}$ 的秩为 r,令 $\boldsymbol{U}_1$ 为 $\boldsymbol{U}$ 的前 r 列组成的矩阵. 则 $\boldsymbol{G}$ 和 $\boldsymbol{U}_1$ 有相同的列空间. 按照前面的方法,通过求使 $\|\boldsymbol{AU}_1\boldsymbol{y}\|$ 最小的单位向量 $\boldsymbol{y}$,然后令 $\boldsymbol{x}=\boldsymbol{U}_1\boldsymbol{y}$,即可解出 $\boldsymbol{x}$.

如果还需要求解 $\boldsymbol{t}$,那么它可以通过解方程组 $\boldsymbol{Gt}=\boldsymbol{x}=\boldsymbol{U}_1\boldsymbol{y}$ 得到. 解可以用伪逆 $\boldsymbol{G}^{\dagger}$(见第 7 章)表示为 $\boldsymbol{t}=\boldsymbol{G}^{\dagger}\boldsymbol{U}_1\boldsymbol{y}$;如果 $\boldsymbol{G}$ 不是列满秩,则解不唯一. 因为 $\boldsymbol{G}^{\dagger}=\boldsymbol{VD}^{\dagger}\boldsymbol{U}^{\mathrm{T}}$,所以有 $\boldsymbol{t}=\boldsymbol{VD}^{\dagger}\boldsymbol{U}^{\mathrm{T}}\boldsymbol{U}_1\boldsymbol{y}$,它可简化为 $\boldsymbol{x}=\boldsymbol{V}_1\boldsymbol{D}_1^{-1}\boldsymbol{y}$,其中 $\boldsymbol{V}_1$ 由 $\boldsymbol{V}$ 的前 r 列组成,而 $\boldsymbol{D}_1$ 是 $\boldsymbol{D}$ 左上部的 $r\times r$ 子矩阵.

另一种约束最小化问题　下面讨论一个与上面问题非常类似的问题.

问题 4　在约束条件 $\|\boldsymbol{Cx}\|=1$ 下,求使 $\|\boldsymbol{Ax}\|$ 最小的 $\boldsymbol{x}$.

在这个问题中，通常 rank$\boldsymbol{C}<n$，其中 n 是向量 $\boldsymbol{x}$ 的维数. 这个问题的几何解释是：在二次曲面 $\boldsymbol{x}^{\mathrm{T}}\boldsymbol{C}^{\mathrm{T}}\boldsymbol{C}\boldsymbol{x}=1$ 上，求二次曲面 $\boldsymbol{x}^{\mathrm{T}}\boldsymbol{A}^{\mathrm{T}}\boldsymbol{A}\boldsymbol{x}$ 的“最低”点.

首先对矩阵 $\boldsymbol{C}$ 进行 SVD 分解 $\boldsymbol{C}=\boldsymbol{U}\boldsymbol{D}\boldsymbol{V}^{\mathrm{T}}$. 因为 $\|\boldsymbol{U}\boldsymbol{D}\boldsymbol{V}^{\mathrm{T}}\boldsymbol{x}\|=\|\boldsymbol{D}\boldsymbol{V}^{\mathrm{T}}\boldsymbol{x}\|=1$，所以求 $\boldsymbol{C}$ 的 SVD 分解不需要显式地计算 $\boldsymbol{U}$. 记 $\boldsymbol{y}=\boldsymbol{V}^{\mathrm{T}}\boldsymbol{x}$，则问题变成：

问题 4′ 在约束条件 $\|\boldsymbol{D}\boldsymbol{y}\|=1$ 下，求使 $\|\boldsymbol{A}\boldsymbol{V}\boldsymbol{y}\|$ 最小的 $\boldsymbol{y}$.

这样一来，就把约束矩阵简化到对角矩阵 $\boldsymbol{D}$ 的情形. 假定 $\boldsymbol{D}$ 的对角元素有 r 个非零和 s 个零($r+s=n$)，并且非零元素排在零元素之前. 在 $i>r$ 时，由于 $\boldsymbol{D}$ 的对应的对角元素是零，所以 $\boldsymbol{y}$ 的第 i 个分量 y_i 对 $\|\boldsymbol{D}\boldsymbol{y}\|$ 的值不产生影响. 因此，对于确定的 $x_i(i=1,\cdots,r)$，应选取 $x_i(i=r+1,\cdots,n)$ 使 $\|\boldsymbol{B}\boldsymbol{y}\|$ 值最小. 记 $\boldsymbol{B}=\boldsymbol{A}\boldsymbol{V}$，且分划为 $\boldsymbol{B}=[\boldsymbol{B}_1\quad\boldsymbol{B}_2]$，其中 $\boldsymbol{B}_1$ 由 $\boldsymbol{B}$ 的前 r 列组成. 类似地，$\boldsymbol{y}_1$ 是由 $\boldsymbol{y}$ 的前 r 个分量组成的 r 维向量. 此外，令 $\boldsymbol{D}_1$ 为由 $\boldsymbol{D}$ 的前 r 个对角元素组成的 $r\times r$ 对角矩阵. 于是，$\boldsymbol{B}\boldsymbol{y}=\boldsymbol{B}_1\boldsymbol{y}_1+\boldsymbol{B}_2\boldsymbol{y}_2$，从而所研究的最小值问题就变成

问题 4″ 在约束条件 $\|\boldsymbol{D}_1\boldsymbol{y}_1\|=1$ 下，求 $\|\boldsymbol{B}_1\boldsymbol{y}_1+\boldsymbol{B}_2\boldsymbol{y}_2\|$ 的最小值.

如果取定 $\boldsymbol{y}_1$，则问题 4″就是一般的最小二乘问题，使问题 4″最小的解向量 $\boldsymbol{y}_2$ 是 $\boldsymbol{y}_2=-\boldsymbol{B}_2^{\dagger}\boldsymbol{B}_1\boldsymbol{y}_1$，把它代入问题 4″便化为求

$$\|(\boldsymbol{B}_2\boldsymbol{B}_2^{\dagger}-\boldsymbol{I})\boldsymbol{B}_1\boldsymbol{y}_1\|$$

在约束条件 $\|\boldsymbol{D}_1\boldsymbol{y}_1\|=1$ 下的最小值. 最后记 $\boldsymbol{z}=\boldsymbol{D}_1\boldsymbol{y}_1$，本问题最终化为以上研究过的一般约束的最小值问题.

问题 4‴ 在约束条件 $\|\boldsymbol{z}\|=1$ 下，求 $\|(\boldsymbol{B}_2\boldsymbol{B}_2^{\dagger}-\boldsymbol{I})\boldsymbol{B}_1\boldsymbol{D}_1\boldsymbol{z}\|$ 的最小值.

最后用最简单的例子——直线拟合来结束此节，更详细参数估计方法，参考丛书《优化算法》第二章.

例 2 直线拟合 设 $\boldsymbol{P}_i=(x_i,y_i)^{\mathrm{T}}$ 是平面上一组 $n\geqslant 2$ 的点集，且设

$$ax+by-c=0$$

是直线的方程. 因为方程的两边乘以一个非零的常数不改变方程，故不失一般性，可以假设

$$\|\boldsymbol{n}\|^2=a^2+b^2=1 \tag{6.10}$$

其中单位向量 $\boldsymbol{n}=(a,b)^{\mathrm{T}}$ 与直线正交，称为**法向量**.

我们知道，原点到直线的距离是 $\|c\|$（见图 6.3），$\boldsymbol{P}_i$ 到直线的距离是

$$d_i=|ax_i+by_i-c|=|\boldsymbol{P}_i^{\mathrm{T}}\boldsymbol{n}-c|$$

记

$$S(a,b,c)=\sum_{i=1}^{n}d_i^2=\sum_{i=1}^{n}|ax_i+by_i-c|^2 \tag{6.11}$$

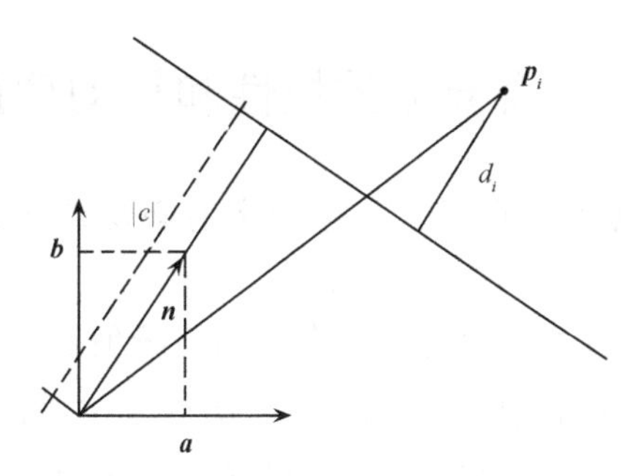

图 6.3　直线的法向量 $\boldsymbol{n}$ 和点到直线的距离 d_i

最佳的拟合直线就是使这些点到直线距离的平方和最小. 如果记 $\boldsymbol{X}_i=(x_i,y_i,1)^{\mathrm{T}}$，$\boldsymbol{x}=(a,b,c)^{\mathrm{T}}$，则上式可以化为

$$S(\boldsymbol{x})=\sum_{i=1}^{n}(\boldsymbol{X}_i\boldsymbol{x})^{\mathrm{T}}=\boldsymbol{x}^{\mathrm{T}}\Big(\sum_{i=1}^{n}\boldsymbol{X}_i^{\mathrm{T}}\boldsymbol{X}_i\Big)\boldsymbol{x}$$

对矩阵 $\sum_{i=1}^{n}\boldsymbol{X}_i^{\mathrm{T}}\boldsymbol{X}_i$ 进行 Cholesky 分解，有 $\sum_{i=1}^{n}\boldsymbol{X}_i^{\mathrm{T}}\boldsymbol{X}_i=\boldsymbol{A}^{\mathrm{T}}\boldsymbol{A}$，且记 $\boldsymbol{C}=(1,1,0)^{\mathrm{T}}$，则最佳的直线可以通过求解问题 2 的方法得到.

通过微分法，可以将这个问题变成问题 1. 因为式(6.10)中没有变量 $\boldsymbol{c}$，所以在式(6.11)的最小值点，一定有

$$\frac{\partial S}{\partial c}=2\sum_{i=1}^{n}(ax_i+by_i-c)=0$$

所以

$$c=a\bar{x}+b\bar{y} \tag{6.12}$$

其中 $\bar{x}=\dfrac{1}{n}\sum_{i=1}^{n}x_i$，$\bar{y}=\dfrac{1}{n}\sum_{i=1}^{n}y_i$，点 $\overline{\boldsymbol{P}}=(\bar{x},\bar{y})^{\mathrm{T}}$ 表示点集的中心.

将式(6.12)代入式(6.11)，得

$$S'(a,b)=\sum_{i=1}^{n}|a(x_i-\bar{x})+b(y_i-\bar{y})|^2$$

记 $\boldsymbol{X}_i'=(x_i-\bar{x},y_i-\bar{y})^{\mathrm{T}}$，$\boldsymbol{x}=(a,b)^{\mathrm{T}}$ 和 Cholesky 分解 $\sum_{i=1}^{n}\boldsymbol{X}_i'^{\mathrm{T}}\boldsymbol{X}_i'=\boldsymbol{A}^{\mathrm{T}}\boldsymbol{A}$，则直线拟合问题就变成了问题 1.

6.3 奇异值的极性和扰动理论

我们知道,实际数据都受噪声的影响,因此有必要研究矩阵奇异值的极性和扰动理论.本节的内容主要基于 2.3 节的知识.

奇异值的极小极大性质 因为实矩阵 $\boldsymbol{A}$ 的**奇异值** $\sigma(\boldsymbol{A})$ 为实对称半正定矩阵 $\boldsymbol{A}^{\mathrm{T}}\boldsymbol{A}$ 的特征值 λ 的算术平方根,即 $\sigma(\boldsymbol{A})=\sqrt{\lambda}$.因此基于实对称矩阵特征值的极小极大原理(见 2.3 节),可以得到实矩阵奇异值的极小极大性质.

定理 10 设 $\boldsymbol{A}\in R_r^{m\times n}$ 的奇异值排列为 $\sigma_1\geqslant\cdots\geqslant\sigma_r>\sigma_{r+1}=\cdots=\sigma_n=0$,则 $\boldsymbol{A}$ 的第 k 个奇异值和第 $n-k+1$ 个奇异值具有下列的变分性质:

$$\sigma_k=\min_{V_k}\max_{\boldsymbol{0}\neq\boldsymbol{x}\in V_k}\frac{\|\boldsymbol{A}\boldsymbol{x}\|}{\|\boldsymbol{x}\|} \tag{6.13}$$

$$\sigma_{n-k+1}=\max_{V_k}\min_{\boldsymbol{0}\neq\boldsymbol{x}\in V_k}\frac{\|\boldsymbol{A}\boldsymbol{x}\|}{\|\boldsymbol{x}\|} \tag{6.14}$$

其中 $\boldsymbol{V}_k$ 是 R^n 的任一 k 维子空间.

证明 设 $\boldsymbol{A}^{\mathrm{T}}\boldsymbol{A}$ 的特征值排列为

$$\lambda_1\geqslant\cdots\geqslant\lambda_r>\lambda_{r+1}=\cdots=\lambda_n=0$$

于是有 $\sigma_i=\sqrt{\lambda_i}(i=1,\cdots,n)$.对于矩阵 $\boldsymbol{A}^{\mathrm{T}}\boldsymbol{A}$,应用 2.3 节的定理 9,可得

$$\sigma_k=\sqrt{\lambda_k}=\left[\min_{V_k}\max_{\boldsymbol{0}\neq\boldsymbol{x}\in V_k}\frac{\boldsymbol{x}^{\mathrm{T}}\boldsymbol{A}^{\mathrm{T}}\boldsymbol{A}\boldsymbol{x}}{\boldsymbol{x}^{\mathrm{T}}\boldsymbol{x}}\right]^{\frac{1}{2}}=\left[\min_{V_k}\max_{\boldsymbol{0}\neq\boldsymbol{x}\in V_k}\frac{\|\boldsymbol{A}\boldsymbol{x}\|^2}{\|\boldsymbol{x}\|^2}\right]^{\frac{1}{2}}=\min_{V_k}\max_{\boldsymbol{0}\neq\boldsymbol{x}\in V_k}\frac{\|\boldsymbol{A}\boldsymbol{x}\|}{\|\boldsymbol{x}\|}$$

即得证式(6.13)成立.同理,可以证明式(6.14)成立. □

奇异值扰动理论 对于矩阵元素进行扰动时,其奇异值的变化将是非常稳定的.可以证明:对应矩阵元素的扰动,其奇异值只发生幅度相同,或更小的变化.这一部分的目的就是证明这种稳定性,并且给出了在矩阵删去一行,或一列后,奇异值的变化.

在第 2 章,讨论过对称矩阵的特征值的扰动理论,下面将从对称矩阵的结果推导出奇异值扰动定理.首先导出矩阵 $\boldsymbol{A}$ 的奇异值分解和下面对称矩阵的特征值和特征向量的分解(简称**特征分解**)的关系

$$\boldsymbol{C}=\begin{bmatrix}\boldsymbol{0} & \boldsymbol{A}\\ \boldsymbol{A}^{\mathrm{T}} & \boldsymbol{0}\end{bmatrix} \tag{6.15}$$

如果 $\boldsymbol{A}$ 是方阵,且有奇异值分解 $\boldsymbol{A}=\boldsymbol{U}\boldsymbol{D}\boldsymbol{V}^{\mathrm{T}}$,很容易证明 $\boldsymbol{C}$ 有下面的特征分解:

$$C=\begin{bmatrix}\widetilde{U} & -\widetilde{U}\\ \widetilde{V} & \widetilde{V}\end{bmatrix}\begin{bmatrix}D & 0\\ 0 & -D\end{bmatrix}\begin{bmatrix}\widetilde{U}^{\mathrm{T}} & \widetilde{V}^{\mathrm{T}}\\ -\widetilde{U}^{\mathrm{T}} & \widetilde{V}^{\mathrm{T}}\end{bmatrix}$$

其中 $\widetilde{U}=U/\sqrt{2}$ 和 $\widetilde{V}=V/\sqrt{2}$.

如果 $A\in R^{m\times n}(m>n)$ 有奇异值分解

$$A=\begin{bmatrix}U_{m\times n}^{1} & U_{m\times(m-n)}^{2}\end{bmatrix}\begin{bmatrix}D_{n\times n}\\ 0_{(m-n)\times n}\end{bmatrix}V_{n\times n}^{\mathrm{T}}$$

则 C 的特征分解是

$$C=P\begin{bmatrix}D & 0 & 0\\ 0 & -D & 0\\ 0 & 0 & 0_{(m-n)\times(m-n)}\end{bmatrix}P^{\mathrm{T}}$$

其中

$$P=\begin{bmatrix}\widetilde{U}^{1} & -\widetilde{U}^{1} & U^{2}\\ \widetilde{V} & \widetilde{V} & 0_{n\times(m-n)}\end{bmatrix},\quad \widetilde{U}^{1}=\sqrt{2}U^{1}\text{ 和 }\widetilde{V}=\sqrt{2}V$$

显然对 $m<n$ 的情形,类似的结果也成立. 将上面的讨论正式表述为下面的定理.

定理 11　设 A 是一个 $m\times n$ 矩阵,且 $k=\min\{m,n\}$. C 是形如式(6.15)的 $(m+n)\times(m+n)$ 的对称矩阵. 如果 A 的奇异值是 $\sigma_1,\cdots,\sigma_k$,则 C 的特征值是 $\sigma_1,\cdots,\sigma_k,-\sigma_1,\cdots,-\sigma_k$,且零重复 $|m-n|$ 次.

定理 12　设 $A\in R_r^{m\times n}$ 的奇异值排列为按降序排列,$A+Q\in R_{r'}^{m\times n}$ 的奇异值排列为

$$\tau_1\geqslant\cdots\geqslant\tau_{r'}>\tau_{r'+1}=\cdots=\tau_n=0\tag{6.16}$$

则

$$|\sigma_i-\tau_i|\leqslant\|Q\|,\quad i=1,2,\cdots,n\tag{6.17}$$

证明　设 $A^{\mathrm{T}}A$ 的特征值按降序排列,与之对应的标准正交特征向量系为 $x_1,\cdots,x_n$. 记

$$V_i^0(x)=\mathrm{span}\{x_1,\cdots,x_i\},\quad i=1,\cdots,n$$

则

$$\max_{0\neq x\in V_i^0(x)}\frac{\|Ax\|}{\|x\|}=\left[\max_{0\neq x\in V_i^0(x)}\frac{x^{\mathrm{T}}(A^{\mathrm{T}}A)x}{x^{\mathrm{T}}x}\right]^{\frac{1}{2}}=\sqrt{\lambda_i}$$

对应矩阵 $A+Q$ 应用第 2 章定理 9,对 $i=1,\cdots,n$,有

$$\tau_i \leqslant \max_{0 \neq x \in V_i^0(x)} \frac{\|(A+Q)x\|}{\|x\|} \leqslant \max_{0 \neq x \in V_i^0(x)} \left(\frac{\|Ax\|}{\|x\|} + \frac{\|Qx\|}{\|x\|} \right)$$

$$\leqslant \max_{0 \neq x \in V_i^0(x)} \frac{\|Ax\|}{\|x\|} + \max_{0 \neq x \in V_i^0(x)} \frac{\|Qx\|}{\|x\|} = \sigma_i + \|Q\| \tag{6.18}$$

再设$(A+Q)^{\mathrm{T}}(A+Q)$的特征值排列为

$$\mu_1 \geqslant \cdots \geqslant \mu_{r'} > \mu_{r'+1} = \cdots = \mu_n = 0$$

与之相应的标准正交特征向量系为 $y_1, \cdots, y_n$. 记

$$V_i^0(y) = \mathrm{span}\{y_1, \cdots, y_i\}, \quad i = 1, \cdots, n$$

则

$$\max_{0 \neq x \in V_i^0(y)} \frac{\|(A+Q)x\|}{\|x\|} = \left[\max_{0 \neq x \in V_i^0(y)} \frac{x^{\mathrm{T}}(A+Q)^{\mathrm{T}}(A+Q)x}{x^{\mathrm{T}}x} \right]^{\frac{1}{2}} = \sqrt{\mu_i} \tag{6.19}$$

对矩阵 A 应用定理 7,对 $i=1,\cdots,n$,有

$$\sigma_i \leqslant \max_{0 \neq x \in V_i^0(y)} \frac{\|Ax\|}{\|x\|} \leqslant \max_{0 \neq x \in V_i^0(y)} \left(\frac{\|(A+Q)x\|}{\|x\|} + \frac{\|Qx\|}{\|x\|} \right)$$

$$\leqslant \max_{0 \neq x \in V_i^0(y)} \frac{\|(A+Q)x\|}{\|x\|} + \max_{0 \neq x \in V_i^0(y)} \frac{\|Qx\|}{\|x\|} = \tau_i + \|Q\| \tag{6.20}$$

结合式(6.18)与式(6.20),即得式(6.17). □

定理 12 表明,在矩阵 A 有一个扰动 Q 的情况下,它的奇异值的变化量不超过 $\|Q\|$. 因此矩阵奇异值的计算具有良好的数值稳定性. 进一步,还有如下的定理.

定理 13 设 $A \in R_r^{m \times n}$ 和 $A+Q \in R_{r'}^{m \times n}$ 的奇异值排列分别为式(6.14)和式(6.16),$Q \in R_{r''}^{m \times n}$的奇异值排列为

$$\delta_1 \geqslant \cdots \geqslant \delta_{r''} > \delta_{r''+1} = \cdots = \delta_n = 0$$

记向量 $u=(\sigma_1, \cdots, \sigma_n)^{\mathrm{T}}$, $v=(\tau_1, \cdots, \tau_n)^{\mathrm{T}}$, $w=(\delta_1, \cdots, \delta_n)^{\mathrm{T}}$,则

$$\|u-v\| \leqslant \|w\|$$

证明 引入三个对称矩阵

$$\widetilde{B} = \begin{bmatrix} 0 & A+Q \\ (A+Q)^{\mathrm{T}} & 0 \end{bmatrix}, \quad \widetilde{A} = \begin{bmatrix} 0 & A \\ A^{\mathrm{T}} & 0 \end{bmatrix} \quad 和 \quad \widetilde{Q} = \begin{bmatrix} 0 & Q \\ Q^{\mathrm{T}} & 0 \end{bmatrix} \tag{6.21}$$

则

$$\widetilde{B} - \widetilde{A} = \widetilde{Q}$$

在定理 12 中,描述了这些矩阵的特征值与 $A+Q$,A 和 Q 奇异值的关系. 对对称矩

阵 $\widetilde{\boldsymbol{B}},\widetilde{\boldsymbol{A}}$ 和 $\widetilde{\boldsymbol{Q}}$ 运用第 2 章定理 13，立即得到结论. □

在定理 14 的假设下，下面的不等式成立：

$$\sum_{i=1}^{k}(\tau_i-\sigma_i)^2\leqslant\sum_{i=1}^{k}\delta_i^2\equiv\sum_{i=1}^{m}\sum_{j=1}^{n}q_{ij}^2\equiv\|\boldsymbol{E}\|_{\mathrm{F}}^2 \tag{6.22}$$

事实上，引入对称矩阵式(6.21)，运用第 2 章定理 12，有

$$2\sum_{i=1}^{k}(\tau_i-\sigma_i)^2\leqslant\|\widetilde{\boldsymbol{Q}}\|_{\mathrm{F}}^2=2\|\boldsymbol{Q}\|_{\mathrm{F}}^2$$

它等价于式(6.22).

定理 14　设 $\boldsymbol{A}$ 是一个 $m\times n$ 矩阵，若 k 是一个整数，且 $1\leqslant k\leqslant n$，记 $\boldsymbol{B}$ 是消去 $\boldsymbol{A}$ 的第 k 列后的 $m\times(n-1)$ 矩阵，则 $\boldsymbol{B}$ 的奇异值 β_i 和 $\boldsymbol{A}$ 的奇异值 α_i 是按如下规律交替地排列的：

情形 1　如果 $m\geqslant n$，

$$\alpha_1\geqslant\beta_1\geqslant\alpha_2\geqslant\beta_2\geqslant\cdots\geqslant\beta_{n-1}\geqslant\alpha_n\geqslant0$$

情形 2　如果 $m\leqslant n$，

$$\alpha_1\geqslant\beta_1\geqslant\alpha_2\geqslant\beta_2\geqslant\cdots\geqslant\alpha_m\geqslant\beta_m\geqslant0$$

证明　对对称矩阵 $\boldsymbol{A}'=\boldsymbol{A}^{\mathrm{T}}\boldsymbol{A}$ 和 $\boldsymbol{B}'=\boldsymbol{B}^{\mathrm{T}}\boldsymbol{B}$ 直接利用第 2 章定理 11. 在情形 1，$\boldsymbol{A}'$ 和 $\boldsymbol{B}'$ 的特征值分别是 $\alpha_i^2,i=1,\cdots,n$ 和 $\beta_i^2,i=1,\cdots,n-1$. 在情形 2，$\boldsymbol{A}'$ 的特征值分别是 $\alpha_i^2,i=1,\cdots,m$，且零重复 $n-m$ 次，而 $\boldsymbol{B}'$ 的特征值是和 $\beta_i^2,i=1,\cdots,m$，且零重复 $n-m-1$ 次. □

习　题　6

1. 由对称矩阵 $\boldsymbol{A}\boldsymbol{A}^{\mathrm{T}}$ 证明定理 1.

2. 假设 $\boldsymbol{A}=\boldsymbol{U}\boldsymbol{D}\boldsymbol{V}^{\mathrm{T}}$ 是 $\boldsymbol{A}$ 的奇异值分解，证明 $\boldsymbol{U}$ 的列向量是对称矩阵 $\boldsymbol{A}\boldsymbol{A}^{\mathrm{T}}$ 的特征向量.

3. 假设 $\boldsymbol{A}$ 是一个对称矩阵，如何由奇异值分解证明 $\boldsymbol{A}$ 是可对角化.

4. 若 σ_1,σ_n 分别是矩阵 $\boldsymbol{A}\in R^{m\times n}$ 的最大和最小奇异值，证明

$$\sigma_n\|\boldsymbol{x}\|\leqslant\|\boldsymbol{A}\boldsymbol{x}\|\leqslant\sigma_1\|\boldsymbol{x}\|$$

5. 令 $\boldsymbol{A}=\boldsymbol{x}\boldsymbol{p}^{\mathrm{T}}+\boldsymbol{y}\boldsymbol{q}^{\mathrm{T}}$，其中 $\boldsymbol{x}\perp\boldsymbol{y}$ 和 $\boldsymbol{p}\perp\boldsymbol{q}$，求矩阵 $\boldsymbol{A}$ 的 Frobenius 范数 $\|\boldsymbol{A}\|_{\mathrm{F}}$.

6. 给定矩阵 $\boldsymbol{A}\in R^{m\times n}$，求到子空间 $\ker\boldsymbol{A},\ker\boldsymbol{A}^{\mathrm{T}},R(\boldsymbol{A}),R(\boldsymbol{A}^{\mathrm{T}})$ 上的正交投影.

7. 给定一个秩为 r 的 $m\times n$ 矩阵 $\boldsymbol{A}$，一个非负整数 $k<r$，求一个秩为 k 的 $m\times n$ 矩阵 $\boldsymbol{B}$，使得 $\|\boldsymbol{B}-\boldsymbol{A}\|_{\mathrm{F}}$ 达到最小值.

8. 定义 $\kappa(\boldsymbol{A})$ 是 $\boldsymbol{A}\in R^{m\times n}$ 的最大的奇异值除以最小的非零特征值，证明如果 $\mathrm{rank}\boldsymbol{A}=n$ 和 $\boldsymbol{B}\in R^{m\times r}$ 是由消去矩阵 $\boldsymbol{A}$ 的 $n-r$ 列得到的矩阵，则 $\kappa(\boldsymbol{B})\leqslant\kappa(\boldsymbol{A})$.

9. 用矩阵 $\boldsymbol{A}\in R^{m\times n}(m\geqslant n)$ 的奇异值表示 $\begin{bmatrix}\boldsymbol{0} & \boldsymbol{A}^{\mathrm{T}}\\ \boldsymbol{A} & \boldsymbol{0}\end{bmatrix}$ 的特征向量.

10. 证明如果 $\boldsymbol{A}\in R^{m\times n}$ 的秩为 n，则 $\|\boldsymbol{A}(\boldsymbol{A}^{\mathrm{T}}\boldsymbol{A})^{-1}\boldsymbol{A}^{\mathrm{T}}\|_2=1$.

11. 在 Frobenius 范数下，求与 $\boldsymbol{A}=\begin{bmatrix}1 & \boldsymbol{\alpha}\\ 0 & 1\end{bmatrix}$ 最接近的秩 1 矩阵.

12. 证明如果 $\boldsymbol{A}\in R^{m\times n}$，则 $\|\boldsymbol{A}\|_{\mathrm{F}}\leqslant\sqrt{\mathrm{rank}\boldsymbol{A}}\,\|\boldsymbol{A}\|_2$.

13. 证明在欧氏范数下，假设 $\boldsymbol{A}\in R^{m\times n}$ 是非奇异矩阵，$\boldsymbol{A}_s$ 是最接近 $\boldsymbol{A}$ 的奇异矩阵，则下面等式成立：

$$\|\boldsymbol{A}-\boldsymbol{A}_s\|=\frac{\kappa(\boldsymbol{A})}{\|\boldsymbol{A}\|}$$

14. 求使 $\begin{bmatrix}1 & 3 & 5 & 7\\ 2 & 4 & 6 & 8\end{bmatrix}^{\mathrm{T}}$ 变换到 $\begin{bmatrix}1.2 & 2.9 & 5.2 & 6.8\\ 2.1 & 4.3 & 6.1 & 8.1\end{bmatrix}^{\mathrm{T}}$ 的正交矩阵.

15. 求下面两个矩阵的零空间的交：

$$\boldsymbol{A}=\begin{bmatrix}1 & -1 & 1\\ 1 & -1 & 1\\ 1 & -1 & 1\end{bmatrix}\quad 和\quad \boldsymbol{B}=\begin{bmatrix}4 & 2 & 0\\ 2 & 1 & 0\\ 0 & 3 & 0\end{bmatrix}$$

16. 求下面两个矩阵像空间的主角和主向量：

$$\boldsymbol{A}=\begin{bmatrix}1 & 2\\ 3 & 4\\ 5 & 6\end{bmatrix},\quad \boldsymbol{B}=\begin{bmatrix}1 & 5\\ 3 & 7\\ 5 & -1\end{bmatrix}$$

第7章　广义逆和伪逆

矩阵的逆是矩阵论中非常重要的概念. 通常矩阵求逆只是对非奇异方阵才有意义. 但是在实际问题中,遇到的矩阵大多数是长方阵,即使是方阵,有时也是奇异的. 因此,有必要考虑将逆矩阵这个重要概念推广到一般矩阵上去. 推广的矩阵逆称为广义逆,对奇异矩阵甚至长方矩阵,这种广义逆矩阵都存在,且具有通常逆矩阵的一些性质. 特别地,当矩阵是可逆方阵时,矩阵的广义逆就还原为一般的逆矩阵.

矩阵的广义逆概念最早在1935年由Mfoore提出,但在其后的20年中,这个理论几乎未引起广泛的注意. 直到1955年Penrose以更具体的形式给出了Moore的矩阵的广义逆定义之后,矩阵广义逆研究才进入了一个新的发展时期. 矩阵广义逆在数理统计,系统理论,优化计算和控制论等许多领域中的成功应用,又进一步推动了对矩阵的广义逆理论与应用的研究,使得这一领域迅速发展为矩阵论的一个重要分支.

本章介绍了矩阵的广义逆,特别着重讨论了其中最重要的一种——伪逆的概念、性质及其应用. 在广义逆矩阵框架下,对线性方程组的求解给出统一的理论描述.

7.1　矩阵的广义逆

本节从比较简单的矩阵左逆和右逆开始,引入矩阵的广义逆,同时给出广义逆的计算方法.

矩阵的单变逆　这一部分,介绍矩阵的单边逆:左(或右)逆,这是非奇异矩阵的逆的直接推广.

给定矩阵$\boldsymbol{A}\in R^{m\times n}$(或$\boldsymbol{B}\in R^{m\times n}$),如果存在矩阵$\boldsymbol{L}\in R^{n\times m}$(或$\boldsymbol{R}\in R^{n\times m}$),使得$\boldsymbol{LA}=\boldsymbol{I}_n$(或$\boldsymbol{BR}=\boldsymbol{I}_m$),则$\boldsymbol{L}$(或$\boldsymbol{R}$)称为$\boldsymbol{A}$(或$\boldsymbol{B}$)的**左逆**(或**右逆**)**矩阵**,通称为**单边逆**.

例如,对半正交矩阵$\boldsymbol{Q}\in R^{m\times n}(m>n)$,因为$\boldsymbol{Q}^{\mathrm{T}}\boldsymbol{Q}=\boldsymbol{I}_n$,所以矩阵$\boldsymbol{Q}^{\mathrm{T}}$是$\boldsymbol{Q}$的左逆,矩阵$\boldsymbol{Q}$是$\boldsymbol{Q}^{\mathrm{T}}\in R^{n\times m}$的右逆.

因为矩阵的秩满足

$$n=\mathrm{rank}\boldsymbol{I}_n=\mathrm{rank}\boldsymbol{LA}\leqslant\min(\mathrm{rank}\boldsymbol{L},\mathrm{rank}\boldsymbol{A})\tag{7.1}$$

所以矩阵 $\boldsymbol{A}\in R^{m\times n}$ 有左逆的充分必要条件是 $m\geqslant n$，且 rank$=\boldsymbol{A}=n$，即 $\boldsymbol{A}$ 是满秩的. 特别地，当 $m=n$ 时，$\boldsymbol{A}$ 有左逆等价于 $\boldsymbol{A}$ 是可逆矩阵. 如果 $m<n$，则 $\boldsymbol{A}$ 不存在左逆，否则与式(7.1)的结论 $n\leqslant m$ 矛盾.

同理，可以得到 $\boldsymbol{B}\in R^{m\times n}$ 有右逆的充分必要条件是 $m\leqslant n$，且 rank$\boldsymbol{B}=m$，即 $\boldsymbol{B}$ 是满秩的.

例 1　长方矩阵

$$\boldsymbol{A}=\begin{bmatrix}4 & 8\\ 5 & -7\\ -2 & 3\end{bmatrix}$$

的左逆是

$$\boldsymbol{L}=\begin{bmatrix}0 & 3 & 7\\ 0 & 2 & 5\end{bmatrix}$$

注意与通常的方阵逆不同，矩阵的单边逆是不唯一的. 事实上，对任意满秩矩阵 $\boldsymbol{A}\in R^{m\times n}(m>n)$，$\boldsymbol{L}\boldsymbol{A}=\boldsymbol{I}_n$ 是关于 mn 个未知量的 n^2 线性方程组，未知量的个数大于方程的个数，因此，解空间是一个仿射空间，维数为 $mn-n^2$. 因为矩阵 $\boldsymbol{A}$ 是满秩的，所以存在 $n\times n$ 的可逆子矩阵. 可以先求这个子方阵的逆矩阵，左逆矩阵 $\boldsymbol{L}$ 可以由对应的逆矩阵和其他列为 $\boldsymbol{0}$ 的向量组成. 例如，在例 1 中，$\boldsymbol{A}$ 的子矩阵 $\begin{bmatrix}5 & -7\\ -2 & 3\end{bmatrix}$ 是可逆的，它的逆矩阵为 $\begin{bmatrix}3 & 7\\ 2 & 5\end{bmatrix}$，因此构造逆矩阵 $\boldsymbol{L}=\begin{bmatrix}0 & 3 & 7\\ 0 & 2 & 5\end{bmatrix}$；同样因为 $\boldsymbol{A}$ 的子矩阵 $\begin{bmatrix}4 & 8\\ 5 & -7\end{bmatrix}$ 的逆矩阵为 $\frac{1}{68}\begin{bmatrix}7 & 8\\ 5 & -4\end{bmatrix}$，所以可以构造 $\boldsymbol{A}$ 的逆矩阵为 $\frac{1}{68}\begin{bmatrix}7 & 8 & 0\\ 5 & -4 & 0\end{bmatrix}$.

矩阵的广义逆　上面对满秩矩阵给出了左逆(或右逆)的定义，下面将单边逆推广到一般的矩形矩阵(不一定满秩).

给定矩阵 $\boldsymbol{A}\in R^{m\times n}$，矩阵 $\boldsymbol{A}^-\in R^{n\times m}$ 称为 $\boldsymbol{A}$ 的**广义逆**，如果 $\boldsymbol{A}^-$ 满足 $\boldsymbol{A}\boldsymbol{A}^-\boldsymbol{A}=\boldsymbol{A}$. 例如，对满秩矩阵 $\boldsymbol{A}$，如果 $\boldsymbol{A}$ 有左逆 $\boldsymbol{L}$，则 $\boldsymbol{A}\boldsymbol{L}\boldsymbol{A}=\boldsymbol{A}\boldsymbol{I}_n=\boldsymbol{A}$；如果 $\boldsymbol{A}$ 有右逆 $\boldsymbol{R}$，则 $\boldsymbol{A}\boldsymbol{R}\boldsymbol{A}=\boldsymbol{I}_m\boldsymbol{A}=\boldsymbol{A}$. 因此左逆和右逆都是矩阵的广义逆.

如果矩阵 $\boldsymbol{A}\in R^{m\times n}$，且 rank$\boldsymbol{A}=r$，假设 $\boldsymbol{A}$ 的主子矩阵 $\boldsymbol{A}_{11}\in R^{r\times r}$ 是非奇异的，对 $\boldsymbol{A}$ 进行分划

$$\boldsymbol{A}=\begin{bmatrix}\boldsymbol{A}_{11} & \boldsymbol{A}_{12}\\ \boldsymbol{A}_{21} & \boldsymbol{A}_{22}\end{bmatrix}$$

则可以给出 $\boldsymbol{A}$ 的广义逆矩阵为

$$\boldsymbol{A}^-=\begin{bmatrix}\boldsymbol{A}_{11}^{-1} & \boldsymbol{0}\\ \boldsymbol{0} & \boldsymbol{0}\end{bmatrix}$$

因为 $\boldsymbol{A}$ 的秩是 r，它的 Schur 余项必须是零矩阵，所以 $\boldsymbol{A}_{22}=\boldsymbol{A}_{21}\boldsymbol{A}_{11}^{-1}\boldsymbol{A}_{22}$. 由此得

$$\begin{aligned}\boldsymbol{AA}^{-}\boldsymbol{A} &= \begin{bmatrix}\boldsymbol{A}_{11} & \boldsymbol{A}_{12}\\ \boldsymbol{A}_{21} & \boldsymbol{A}_{22}\end{bmatrix}\begin{bmatrix}\boldsymbol{A}_{11}^{-1} & \boldsymbol{0}\\ \boldsymbol{0} & \boldsymbol{0}\end{bmatrix}\begin{bmatrix}\boldsymbol{A}_{11} & \boldsymbol{A}_{12}\\ \boldsymbol{A}_{21} & \boldsymbol{A}_{22}\end{bmatrix}=\begin{bmatrix}\boldsymbol{I}_r & \boldsymbol{0}\\ \boldsymbol{A}_{21}\boldsymbol{A}_{11}^{-1} & \boldsymbol{0}\end{bmatrix}\begin{bmatrix}\boldsymbol{A}_{11} & \boldsymbol{A}_{12}\\ \boldsymbol{A}_{21} & \boldsymbol{A}_{22}\end{bmatrix}\\ &= \begin{bmatrix}\boldsymbol{A}_{11} & \boldsymbol{A}_{12}\\ \boldsymbol{A}_{21} & \boldsymbol{A}_{21}\boldsymbol{A}_{11}^{-1}\boldsymbol{A}_{22}\end{bmatrix}=\begin{bmatrix}\boldsymbol{A}_{11} & \boldsymbol{A}_{12}\\ \boldsymbol{A}_{21} & \boldsymbol{A}_{22}\end{bmatrix}\end{aligned}$$

即 $\boldsymbol{AA}^{-}\boldsymbol{A}=\boldsymbol{A}$，$\boldsymbol{A}^{-}$ 是 $\boldsymbol{A}$ 的广义逆矩阵.

下面根据 $\boldsymbol{A}$ 的初等变换(见 4.3 节)给出矩阵的广义逆表达式.

给定矩阵 $\boldsymbol{A}\in R^{m\times n}$，记 $\text{rank}\boldsymbol{A}=r$. 若 $r=0$，则 $\boldsymbol{A}$ 是 $m\times n$ 零矩阵，容易验证 $n\times m$ 零矩阵 $\boldsymbol{0}$ 满足 $\boldsymbol{A0A}=\boldsymbol{A}$，因此 $m\times n$ 零矩阵的伪逆是 $n\times m$ 零矩阵. 若 $r>0$，利用初等变换，存在可逆的初等变换 $\boldsymbol{F}\in R^{m\times m}$ 和 $\boldsymbol{G}\in R^{n\times n}$，使得

$$\boldsymbol{FAG}=\begin{bmatrix}\boldsymbol{I}_r & \boldsymbol{K}\\ \boldsymbol{0} & \boldsymbol{0}\end{bmatrix}$$

则对任意矩阵 $\boldsymbol{X}\in R^{(n-r)\times(n-r)}$，矩阵

$$\boldsymbol{B}=\boldsymbol{G}\begin{bmatrix}\boldsymbol{I}_r & \boldsymbol{0}\\ \boldsymbol{0} & \boldsymbol{X}\end{bmatrix}\boldsymbol{F}\in R^{n\times m}$$

满足

$$\begin{aligned}\boldsymbol{ABA} &= \boldsymbol{F}^{-1}(\boldsymbol{FAG})(\boldsymbol{G}^{-1}\boldsymbol{BF}^{-1})(\boldsymbol{FAG})\boldsymbol{G}^{-1}\\ &= \boldsymbol{F}^{-1}\begin{bmatrix}\boldsymbol{I}_r & \boldsymbol{K}\\ \boldsymbol{0} & \boldsymbol{0}\end{bmatrix}\begin{bmatrix}\boldsymbol{I}_r & \boldsymbol{0}\\ \boldsymbol{0} & \boldsymbol{X}\end{bmatrix}\begin{bmatrix}\boldsymbol{I}_r & \boldsymbol{K}\\ \boldsymbol{0} & \boldsymbol{0}\end{bmatrix}\boldsymbol{G}^{-1}\\ &= \boldsymbol{F}^{-1}\begin{bmatrix}\boldsymbol{I}_r & \boldsymbol{K}\\ \boldsymbol{0} & \boldsymbol{0}\end{bmatrix}\boldsymbol{G}^{-1}=\boldsymbol{A}\end{aligned}$$

所以，$\boldsymbol{B}$ 是矩阵 $\boldsymbol{A}$ 的广义逆矩阵. 因此任意矩阵的广义逆总是存在的.

从矩阵 $\boldsymbol{A}$ 的广义逆表达式可以看出

$$\text{rank}\boldsymbol{B}=r+\text{rank}\boldsymbol{X}$$

由于 $\boldsymbol{X}$ 的任意性，故广义逆包含无穷多个元素，且秩可以取到 r 到 $\min\{m,n\}$ 中的任何整数.

利用矩阵秩的性质，有

$$\text{rank}\boldsymbol{A}\geqslant\text{rank}(\boldsymbol{A}^{-1}\boldsymbol{A})\geqslant\text{rank}(\boldsymbol{AA}^{-}\boldsymbol{A})=\text{rank}\boldsymbol{A}$$

即 $\text{rank}(\boldsymbol{A}^{-}\boldsymbol{A})=\text{rank}\boldsymbol{A}$. 类似可以证明 $\text{rank}(\boldsymbol{AA}^{-})=\text{rank}\boldsymbol{A}$.

定理 1　若 $\boldsymbol{A}^{-}$ 是 $\boldsymbol{A}$ 的广义逆，则

$$R(\boldsymbol{AA}^{-})=R(\boldsymbol{A}),\quad \ker(\boldsymbol{A}^{-}\boldsymbol{A})=\ker\boldsymbol{A},\quad R(\boldsymbol{A}^{-\mathrm{T}}\boldsymbol{A}^{\mathrm{T}})=R(\boldsymbol{A}^{\mathrm{T}})$$

证明　首先由于 $R(\boldsymbol{AA}^{-})\subseteq R(\boldsymbol{A})$ 和 $\text{rank}(\boldsymbol{A}^{-}\boldsymbol{A})=\text{rank}\boldsymbol{A}$，所以 $R(\boldsymbol{AA}^{-})=R(\boldsymbol{A})$.

$\ker\boldsymbol{A}\subseteq\ker(\boldsymbol{A}^{-}\boldsymbol{A})$ 是显然的，又因为

$$\dim\ker\boldsymbol{A}=n-\text{rank}\boldsymbol{A}\text{ 和 }\dim\ker\boldsymbol{A}^{-}\boldsymbol{A}=n-\text{rank}(\boldsymbol{A}^{-}\boldsymbol{A})$$

由 $\operatorname{rank}(\boldsymbol{A}^{-}\boldsymbol{A})=\operatorname{rank}\boldsymbol{A}$，得 $\dim(\ker\boldsymbol{A})=\dim(\ker\boldsymbol{A}^{-}\boldsymbol{A})$. 所以 $\ker\boldsymbol{A}=\ker\boldsymbol{A}^{-}\boldsymbol{A}$.

最后，由 $\boldsymbol{A}\boldsymbol{A}^{-}\boldsymbol{A}=\boldsymbol{A}$，得 $\boldsymbol{A}^{\mathrm{T}}\boldsymbol{A}^{-\mathrm{T}}\boldsymbol{A}^{\mathrm{T}}=\boldsymbol{A}^{\mathrm{T}}$. 因此

$$R(\boldsymbol{A}^{\mathrm{T}})\supseteq R(\boldsymbol{A}^{-\mathrm{T}}\boldsymbol{A}^{\mathrm{T}})\supseteq R(\boldsymbol{A}^{\mathrm{T}}\boldsymbol{A}^{-\mathrm{T}}\boldsymbol{A}^{\mathrm{T}})=R(\boldsymbol{A}^{\mathrm{T}})$$

由此可得 $R(\boldsymbol{A}^{-\mathrm{T}}\boldsymbol{A}^{\mathrm{T}})=R(\boldsymbol{A}^{\mathrm{T}})$. □

下面的定理给出矩阵的广义逆的判别方法.

定理 2 给定矩阵 $\boldsymbol{A}\in R^{m\times n}$，则 $\boldsymbol{A}^{-}$ 是 $\boldsymbol{A}$ 广义逆的充要条件是下面之一成立：

(1) $\boldsymbol{A}^{-}\boldsymbol{A}$ 是幂等的，且 $\operatorname{rank}(\boldsymbol{A}^{-}\boldsymbol{A})=\operatorname{rank}\boldsymbol{A}$.

(2) $\boldsymbol{A}\boldsymbol{A}^{-}$ 是幂等的，且 $\operatorname{rank}(\boldsymbol{A}\boldsymbol{A}^{-})=\operatorname{rank}\boldsymbol{A}$.

证明 (1) 先证必要性. 若 $\boldsymbol{A}^{-}$ 存在，则 $\boldsymbol{A}\boldsymbol{A}^{-}\boldsymbol{A}=\boldsymbol{A}$，因此

$$\boldsymbol{A}^{-}\boldsymbol{A}\boldsymbol{A}^{-}\boldsymbol{A}=\boldsymbol{A}^{-}\boldsymbol{A}$$

即 $(\boldsymbol{A}^{-}\boldsymbol{A})^{2}=\boldsymbol{A}^{-}\boldsymbol{A}$，因此 $\boldsymbol{A}^{-}\boldsymbol{A}$ 是幂等的. $\operatorname{rank}(\boldsymbol{A}^{-}\boldsymbol{A})=\operatorname{rank}\boldsymbol{A}$ 在前面已经证明过.

现证充分性. 因为 $(\boldsymbol{A}^{-}\boldsymbol{A})^{2}=\boldsymbol{A}^{-}\boldsymbol{A}$，有

$$\boldsymbol{A}^{-}\boldsymbol{A}(\boldsymbol{I}-\boldsymbol{A}^{-}\boldsymbol{A})=\boldsymbol{0}$$

即 $\boldsymbol{I}-\boldsymbol{A}^{-}\boldsymbol{A}$ 的每一列是在子空间 $\ker\boldsymbol{A}^{-}\boldsymbol{A}$ 中. 由定理 1，$\ker\boldsymbol{A}=\ker\boldsymbol{A}^{-}\boldsymbol{A}$，因此

$$\boldsymbol{A}(\boldsymbol{I}-\boldsymbol{A}^{-}\boldsymbol{A})=\boldsymbol{0}$$

即 $\boldsymbol{A}\boldsymbol{A}^{-}\boldsymbol{A}=\boldsymbol{A}$，$\boldsymbol{A}^{-}$ 是 $\boldsymbol{A}$ 的广义逆.

类似地，可以证明结论(2). □

广义逆的计算 上面介绍了广义逆的定义与性质，下面给出广义逆的计算方法. 首先给出基于矩阵满秩分解的广义逆表达式，见(Jain，2003).

定理 3 若秩 r 矩阵 $\boldsymbol{A}\in R^{m\times n}$ 的满秩分解是 $\boldsymbol{A}=\boldsymbol{F}\boldsymbol{G}$，其中 $\boldsymbol{F}\in R^{m\times r}$ 为列满秩，$\boldsymbol{G}\in R^{r\times n}$ 为行满秩，则 $\boldsymbol{A}^{-}=\boldsymbol{G}^{\mathrm{T}}(\boldsymbol{F}^{\mathrm{T}}\boldsymbol{A}\boldsymbol{G}^{\mathrm{T}})^{-1}\boldsymbol{F}^{\mathrm{T}}$ 是 $\boldsymbol{A}$ 的一个广义逆.

证明 因为矩阵 $\boldsymbol{F}$ 和 $\boldsymbol{G}$ 分别是列满秩和行满秩的，所以 $r\times r$ 方阵 $\boldsymbol{F}^{\mathrm{T}}\boldsymbol{F}$ 和 $\boldsymbol{G}\boldsymbol{G}^{\mathrm{T}}$ 都是可逆的，故 $\boldsymbol{F}^{\mathrm{T}}\boldsymbol{A}\boldsymbol{G}^{\mathrm{T}}=\boldsymbol{F}^{\mathrm{T}}\boldsymbol{F}\boldsymbol{G}\boldsymbol{G}^{\mathrm{T}}$ 的逆矩阵存在. 上面的 $\boldsymbol{A}^{-}$ 可以表示为

$$\boldsymbol{A}^{-}=\boldsymbol{G}^{\mathrm{T}}(\boldsymbol{A}^{\mathrm{T}}\boldsymbol{A}\boldsymbol{G}^{\mathrm{T}})^{-1}\boldsymbol{F}^{\mathrm{T}}=\boldsymbol{G}^{\mathrm{T}}(\boldsymbol{G}\boldsymbol{G}^{\mathrm{T}})^{-1}(\boldsymbol{F}^{\mathrm{T}}\boldsymbol{F})^{-1}\boldsymbol{F}^{\mathrm{T}}$$

容易验证

$$\boldsymbol{A}\boldsymbol{A}^{-}\boldsymbol{A}=\boldsymbol{F}\boldsymbol{G}\boldsymbol{G}^{\mathrm{T}}(\boldsymbol{G}\boldsymbol{G}^{\mathrm{T}})^{-1}(\boldsymbol{F}^{\mathrm{T}}\boldsymbol{F})^{-1}\boldsymbol{F}^{\mathrm{T}}\boldsymbol{F}\boldsymbol{G}=\boldsymbol{F}\boldsymbol{G}=\boldsymbol{A}$$

因此 $\boldsymbol{A}^{-}$ 是 $\boldsymbol{A}$ 的广义逆. □

因为矩阵的满秩分解不唯一，所以矩阵的广义逆也是不唯一的.

广义逆的更新算法 类似于方阵的更新算法，可以给出广义逆的更新算法(张贤达，2004).

首先给出秩一更新矩阵的广义逆更新算法，这是可逆方阵逆矩阵的秩一更新推广. 给定矩阵 $\boldsymbol{A}\in R^{m\times n}$，$\boldsymbol{u}\in R^{m}$ 和 $\boldsymbol{v}\in R^{n}$，若 $\boldsymbol{v}^{\mathrm{T}}\boldsymbol{A}^{-}\boldsymbol{u}\neq-1$，则

$$(\boldsymbol{A}+\boldsymbol{u}\boldsymbol{v}^{\mathrm{T}})^{-}=\boldsymbol{A}^{-}-\frac{(\boldsymbol{A}^{-}\boldsymbol{u})(\boldsymbol{A}^{-}\boldsymbol{v})}{1+\boldsymbol{v}^{\mathrm{T}}\boldsymbol{A}^{-}\boldsymbol{u}}$$

下面给出对称分块矩阵的广义逆的计算公式. 给定对称矩阵

$$\boldsymbol{M}=\begin{bmatrix}\boldsymbol{A} & \boldsymbol{C}\\ \boldsymbol{C}^{\mathrm{T}} & \boldsymbol{B}\end{bmatrix}$$

其中 $\boldsymbol{A}=\boldsymbol{X}_1^{\mathrm{T}}\boldsymbol{X}_1$，$\boldsymbol{B}=\boldsymbol{X}_2^{\mathrm{T}}\boldsymbol{X}_2$，$\boldsymbol{C}=\boldsymbol{X}_1^{\mathrm{T}}\boldsymbol{X}_2$. 若 $\boldsymbol{D}=\boldsymbol{B}-\boldsymbol{C}^{\mathrm{T}}\boldsymbol{A}^-\boldsymbol{C}$，则

$$\boldsymbol{M}^-=\begin{bmatrix}\boldsymbol{A}^-+\boldsymbol{A}^-\boldsymbol{C}\boldsymbol{D}^-\boldsymbol{C}^{\mathrm{T}}\boldsymbol{A}^- & -\boldsymbol{A}^-\boldsymbol{C}\boldsymbol{D}^-\\ \boldsymbol{D}^-\boldsymbol{C}^{\mathrm{T}}\boldsymbol{A}^- & \boldsymbol{D}^-\end{bmatrix}$$

最后给出矩阵和的广义逆的计算公式. 给定矩阵 $\boldsymbol{G}=\boldsymbol{A}+\boldsymbol{UBV}$，若

$$\boldsymbol{AA}^-\boldsymbol{UBV}=\boldsymbol{UBV}$$

即 $\boldsymbol{UBV}$ 的列空间是 $\boldsymbol{A}$ 的列空间的子集，和

$$\boldsymbol{UBVA}^-\boldsymbol{A}=\boldsymbol{UBV}$$

即 $\boldsymbol{UBV}$ 的行空间是 $\boldsymbol{A}$ 的行空间的子集，则 $\boldsymbol{G}$ 的广义逆矩阵 $\boldsymbol{G}^-$ 可以有以下算法：

$$\boldsymbol{G}_1^-=\boldsymbol{A}^--\boldsymbol{A}^-(\boldsymbol{A}^-+\boldsymbol{A}^-\boldsymbol{UBVA}^-)^-\boldsymbol{A}^-\boldsymbol{UBVA}^-$$
$$\boldsymbol{G}_2^-=\boldsymbol{A}^--\boldsymbol{A}^-\boldsymbol{U}(\boldsymbol{U}+\boldsymbol{UBVA}^-\boldsymbol{U})^-\boldsymbol{UBVA}^-$$
$$\boldsymbol{G}_3^-=\boldsymbol{A}^--\boldsymbol{A}^-\boldsymbol{UB}(\boldsymbol{B}+\boldsymbol{BVA}^-\boldsymbol{UB})^-\boldsymbol{BVA}^-$$
$$\boldsymbol{G}_4^-=\boldsymbol{A}^--\boldsymbol{A}^-\boldsymbol{UBV}(\boldsymbol{V}+\boldsymbol{VA}^-\boldsymbol{UBV})^-\boldsymbol{VA}^-$$
$$\boldsymbol{G}_5^-=\boldsymbol{A}^--\boldsymbol{A}^-\boldsymbol{UBVA}^-(\boldsymbol{A}^-+\boldsymbol{A}^-\boldsymbol{UBVA}^-)^-\boldsymbol{A}^-$$

其中 $\boldsymbol{G}_3^-$ 是 Harville 给出的(Harville，1976)，其他公式则由 Henderson 与 Searle 得出(Henderson，1981).

广义逆在线性方程组求解中的应用　矩阵的广义逆与线性方程组的求解有着极为密切的关系. 利用广义逆矩阵可以给出各种线性方程组的通解表达式；反之，由线性方程组的解可以定义矩阵的广义逆.

线性方程组的基本问题　考虑非齐次线性方程组

$$\boldsymbol{Ax}=\boldsymbol{b} \tag{7.2}$$

其中 $\boldsymbol{A}\in R^{m\times n}$，$\boldsymbol{b}\in R^m$，而 $\boldsymbol{x}\in R^n$ 为未知向量. 如果存在向量 $\boldsymbol{x}$ 使方程组(7.2)成立，则称该方程组**相容**，否则称它为**不相容**的或**矛盾方程组**.

研究线性方程组的求解问题，通常需要考虑以下几种情形：

(1) 方程组(7.2)相容的条件是什么？在相容时，如果解不唯一，给出其通解表达式.

(2) 如果方程组(7.2)相容，且有无穷多个解时，求出它最小范数的解 $\boldsymbol{x}$，即

$$\min_{\boldsymbol{Ax}=\boldsymbol{b}}\|\boldsymbol{x}\| \tag{7.3}$$

其中 $\|\ \|$ 是欧氏范数. 可以证明，满足该条件的解是唯一的，称为**最小范数解**.

(3) 如果方程组(7.2)不相容，则不存在通常意义下的解. 但在许多实际问题中，需要求解极值问题

$$\min_{\boldsymbol{x}\in R^m}\|\boldsymbol{Ax}-\boldsymbol{b}\| \tag{7.4}$$

其中 $\|\ \|$ 是欧氏范数. 称这个极值问题为求矛盾方程组的**最小二乘问题**，相应的 $\boldsymbol{x}$

称为矛盾方程组的**最小二乘解**.

(4) 一般说来,矛盾方程组的最小二乘解也不是唯一的. 但在最小二乘解的集合中,具有最小范数的解 $\boldsymbol{x}$,即

$$\min\|\boldsymbol{x}\|,\quad \text{其中 } \boldsymbol{x} \text{ 满足 } \|\boldsymbol{A}\boldsymbol{x}-\boldsymbol{b}\| = \min_{y}\|\boldsymbol{A}\boldsymbol{y}-\boldsymbol{b}\| \tag{7.5}$$

是唯一的,称之为**最小范数最小二乘解**.

对这类问题在其他范数,比如 l^1 范数下,的解,将在丛书《优化算法》中介绍.

方程组相容的条件 我们知道,对于线性方程组(7.2),若系数矩阵 $\boldsymbol{A}$ 是方阵,且非奇异,则 $\boldsymbol{x}=\boldsymbol{A}^{-1}\boldsymbol{b}$ 就是唯一的解,但当 $\boldsymbol{A}$ 是奇异方阵或长方矩阵时,即它的逆不存在时,自然考虑用广义逆矩阵表示方程组的解. 首先给出方程组相容的结论.

定理 4 给定矩阵 $\boldsymbol{A}\in R^{m\times n}$ 和 $\boldsymbol{b}\in R^n$,线性方程组 $\boldsymbol{A}\boldsymbol{x}=\boldsymbol{b}$ 有解的充分必要条件是 $\boldsymbol{A}$ 的秩与增广矩阵 $[\boldsymbol{A},\boldsymbol{b}]$ 的秩相同,即 $\text{rank}[\boldsymbol{A},\boldsymbol{b}]=\text{rank}\boldsymbol{A}$.

证明 先证必要性. 记 $\boldsymbol{A}=[\boldsymbol{a}_1,\cdots,\boldsymbol{a}_n]$,$\boldsymbol{x}=(x_1,\cdots,x_n)^{\text{T}}$. 由 $\boldsymbol{A}\boldsymbol{x}=\boldsymbol{b}$,得

$$x_1\boldsymbol{a}_1+x_2\boldsymbol{a}_2+\cdots+x_n\boldsymbol{a}_n=\boldsymbol{b}$$

即 $\boldsymbol{b}$ 可以用 $\boldsymbol{A}$ 的列向量表示,在 $\boldsymbol{A}$ 的列空间中. 因此

$$\text{span}\{\boldsymbol{a}_1,\cdots,\boldsymbol{a}_n,\boldsymbol{b}\}=\text{span}\{\boldsymbol{a}_1,\cdots,\boldsymbol{a}_n\}$$

即 $\text{rank}[\boldsymbol{A},\boldsymbol{b}]=\text{rank}\boldsymbol{A}$.

反过来,因为 $\text{span}\{\boldsymbol{a}_1,\cdots,\boldsymbol{a}_n\}\subseteq\text{span}\{\boldsymbol{a}_1,\cdots,\boldsymbol{a}_n,\boldsymbol{b}\}$,如果 $\text{rank}[\boldsymbol{A},\boldsymbol{b}]=\text{rank}\boldsymbol{A}$,则这两个空间相等,所以,一定存在 $\boldsymbol{x}=(x_1,\cdots,x_n)^{\text{T}}$,使得

$$\boldsymbol{b}=x_1\boldsymbol{a}_1+\cdots+x_n\boldsymbol{a}_n$$

即 $\boldsymbol{A}\boldsymbol{x}=\boldsymbol{b}$,线性方程组有解. □

定理 4 说明 $\boldsymbol{b}\in R(\boldsymbol{A})$ 等价于系数矩阵 $\boldsymbol{A}$ 和增广矩阵 $[\boldsymbol{A},\boldsymbol{b}]$ 的秩相同,这就是相容条件,相容条件也可以基于 $\boldsymbol{b}\perp\ker\boldsymbol{A}$ 来判断. 下面利用广义逆给出相容方程组的解的表达式. 以下为了符号表达清楚,将用 $\boldsymbol{B}$ 表示 $\boldsymbol{A}$ 的广义逆矩阵 $\boldsymbol{A}^-$.

定理 5 设 $\boldsymbol{A}\in R_r^{m\times n}$,则线性方程组 $\boldsymbol{A}\boldsymbol{x}=\boldsymbol{b}$ 相容的充分必要条件是对 $\boldsymbol{A}$ 的每一个广义逆 $\boldsymbol{B}$,都有

$$\boldsymbol{A}\boldsymbol{B}\boldsymbol{b}=\boldsymbol{b} \tag{7.6}$$

即 $\boldsymbol{x}=\boldsymbol{B}\boldsymbol{b}$ 是一个解,且通解可以表示为

$$\boldsymbol{x}=\boldsymbol{B}\boldsymbol{b}+(\boldsymbol{I}-\boldsymbol{B}\boldsymbol{A})\boldsymbol{z} \tag{7.7}$$

其中参数 $\boldsymbol{z}\in R^n$.

证明 先证必要性. 若 $\boldsymbol{A}\boldsymbol{x}=\boldsymbol{b}$ 有解 $\boldsymbol{x}_0$,即 $\boldsymbol{A}\boldsymbol{x}_0=\boldsymbol{b}$,于是由 $\boldsymbol{A}=\boldsymbol{A}\boldsymbol{B}\boldsymbol{A}$ 得

$$\boldsymbol{b}=\boldsymbol{A}\boldsymbol{x}_0=\boldsymbol{A}\boldsymbol{B}\boldsymbol{A}\boldsymbol{x}_0=\boldsymbol{A}\boldsymbol{B}\boldsymbol{b}$$

即式(7.6)成立.

因为 $\boldsymbol{B}\boldsymbol{b}$ 是线性方程组的一个解,所以方程组 $\boldsymbol{A}\boldsymbol{x}=\boldsymbol{b}$ 是相容的. 得到充分性的证明.

下面求 $\boldsymbol{Ax}=\boldsymbol{0}$ 的通解,由此得到 $\boldsymbol{Ax}=\boldsymbol{b}$ 的通解. 由 $\boldsymbol{A}-\boldsymbol{ABA}=\boldsymbol{0}$ 得到

$$\boldsymbol{A}(\boldsymbol{I}_n-\boldsymbol{BA})=\boldsymbol{0}$$

因此对任意 $\boldsymbol{z}\in R^n$ 都有

$$\boldsymbol{A}(\boldsymbol{I}_n-\boldsymbol{BA})\boldsymbol{z}=\boldsymbol{0}$$

即对任意 $\boldsymbol{z}\in R^n$,向量 $(\boldsymbol{I}_n-\boldsymbol{BA})\boldsymbol{z}$ 一定是方程组 $\boldsymbol{Ax}=\boldsymbol{0}$ 的解,所以

$$L=\{\boldsymbol{y}=(\boldsymbol{I}_n-\boldsymbol{BA})\boldsymbol{z},\boldsymbol{z}\in R^n\}\subseteq\ker\boldsymbol{A}$$

由 $(\boldsymbol{I}_n-\boldsymbol{BA})+\boldsymbol{BA}=\boldsymbol{I}_n$ 得

$$\operatorname{rank}(\boldsymbol{I}_n-\boldsymbol{BA})+\operatorname{rank}(\boldsymbol{BA})\geqslant n$$

由定理 2, $\operatorname{rank}(\boldsymbol{BA})=\operatorname{rank}\boldsymbol{A}=r$,因此 $\operatorname{rank}(\boldsymbol{I}_n-\boldsymbol{BA})\geqslant n-r$. L 的维数至少是 $n-r$,而 $\ker\boldsymbol{A}$ 的维数是 $n-r$,因此 L 的维数等于 $\ker\boldsymbol{A}$ 的维数. 所以 $L=\ker\boldsymbol{A}$,即 $\boldsymbol{Ax}=\boldsymbol{0}$ 的通解可以表示为 $(\boldsymbol{I}_n-\boldsymbol{BA})\boldsymbol{z}$. 而 $\boldsymbol{Bb}$ 是相容方程组 $\boldsymbol{Ax}=\boldsymbol{b}$ 的特解,因此 $\boldsymbol{Ax}=\boldsymbol{b}$的通解是

$$\boldsymbol{x}=\boldsymbol{Bb}+(\boldsymbol{I}_n-\boldsymbol{BA})\boldsymbol{z}$$ □

最小范数解　如果 $\operatorname{rank}[\boldsymbol{A},\boldsymbol{b}]=\operatorname{rank}\boldsymbol{A}<n$,且 $\boldsymbol{x}_0$ 是方程组(7.2)的一个解,则方程组的解空间就是仿射空间 $\boldsymbol{x}_0+\ker\boldsymbol{A}$. 在计算机科学和工程上,一般对最小范数的解感兴趣,即求 $\arg\min\{\|\boldsymbol{x}\|_2:\boldsymbol{x}\in\boldsymbol{x}_0+\ker\boldsymbol{A}\}$,其中 arg min 表示求达到最小值的点. 因为 $\|\boldsymbol{x}\|_2^2$ 是在 $\boldsymbol{x}_0+\ker\boldsymbol{A}$ 上的凸函数,所以这个最小值点是存在唯一的,见丛书《优化算法》.

下面利用式(7.7)给出相容方程组 $\boldsymbol{Ax}=\boldsymbol{b}$ 的最小范数解,即问题(7.3)的解 $\boldsymbol{x}$. 这个结论不依赖于非齐次项 $\boldsymbol{b}$,对任意的 $\boldsymbol{b}\in R(\boldsymbol{A})$都成立.

定理 6　设 $\boldsymbol{A}\in R_r^{m\times n}$,且 $\boldsymbol{B}$ 是 $\boldsymbol{A}$ 的广义逆,则对 $\forall\,\boldsymbol{b}\in R(\boldsymbol{A})$, $\boldsymbol{x}=\boldsymbol{Bb}$ 是方程组 $\boldsymbol{Ax}=\boldsymbol{b}$ 的最小范数解当且仅当 $(\boldsymbol{BA})^{\mathrm{T}}=\boldsymbol{BA}$.

证明　必要性. 对任意向量 $\boldsymbol{b}\in R(\boldsymbol{A})$,由式(7.7)知 $\boldsymbol{Ax}=\boldsymbol{b}$ 的通解为

$$\boldsymbol{x}=\boldsymbol{Bb}+(\boldsymbol{I}_n-\boldsymbol{BA})\boldsymbol{z},\quad \boldsymbol{z}\in R^n$$

若 $\boldsymbol{x}=\boldsymbol{Bb}$ 是其最小范数解,则

$$\|\boldsymbol{Bb}\|^2\leqslant\|\boldsymbol{Bb}+(\boldsymbol{I}_n-\boldsymbol{BA})\boldsymbol{z}\|^2$$

将上式展开,整理后得

$$2(\boldsymbol{Bb})^{\mathrm{T}}(\boldsymbol{I}_n-\boldsymbol{BA})\boldsymbol{z}+[(\boldsymbol{I}_n-\boldsymbol{BA})\boldsymbol{z}]^{\mathrm{T}}[(\boldsymbol{I}_n-\boldsymbol{BA})\boldsymbol{z}]\geqslant\boldsymbol{0}$$

作为 $\boldsymbol{z}$ 的函数,第一项是一次的,第二项是二次的;由于对任意 $\boldsymbol{z}\in R^n$,不等式都成立,因此 $(\boldsymbol{Bb})^{\mathrm{T}}(\boldsymbol{I}_n-\boldsymbol{BA})=\boldsymbol{0}$,即 $(\boldsymbol{BAx})^{\mathrm{T}}(\boldsymbol{I}_n-\boldsymbol{BA})=\boldsymbol{0}$. 因为 $\boldsymbol{b}\in R(\boldsymbol{A})$是任意向量,所以 $\boldsymbol{x}\in R^n$ 也是任意向量. 从而有

$$(\boldsymbol{BA})^{\mathrm{T}}(\boldsymbol{I}_n-\boldsymbol{BA})=\boldsymbol{0} \tag{7.8}$$

因此

$$\boldsymbol{BA}=[(\boldsymbol{BA})^{\mathrm{T}}(\boldsymbol{BA})]^{\mathrm{T}}=(\boldsymbol{BA})^{\mathrm{T}}(\boldsymbol{BA})=(\boldsymbol{BA})^{\mathrm{T}}$$

这证明了必要性.

将上面的过程倒推，就可以得到充分性. □

定理 6 的充要条件$(\boldsymbol{BA})^{\mathrm{T}}=\boldsymbol{BA}$等价于$\boldsymbol{BAA}^{\mathrm{T}}=\boldsymbol{A}^{\mathrm{T}}$. 这时因为由$(\boldsymbol{BA})^{\mathrm{T}}=\boldsymbol{BA}$，

$$\boldsymbol{BAA}^{\mathrm{T}}=(\boldsymbol{BA})^{\mathrm{T}}\boldsymbol{A}^{\mathrm{T}}=\boldsymbol{A}^{\mathrm{T}}\boldsymbol{B}^{\mathrm{T}}\boldsymbol{A}^{\mathrm{T}}=\boldsymbol{A}^{\mathrm{T}}$$

反过来，由$\boldsymbol{BAA}^{\mathrm{T}}=\boldsymbol{A}^{\mathrm{T}}$可以推导出式(7.8)，进而可以推出$(\boldsymbol{BA})^{\mathrm{T}}=\boldsymbol{BA}$.

注意到最小范数解虽然是唯一的，但是最小范数解对应的广义逆矩阵$\boldsymbol{B}$可能不唯一. 这时因为若$\boldsymbol{B}_1$和$\boldsymbol{B}_2$是矩阵$\boldsymbol{A}$的两个不同的广义逆矩阵，且满足$\boldsymbol{B}_i\boldsymbol{AA}^{\mathrm{T}}=\boldsymbol{A}^{\mathrm{T}}$，$i=1,2$，则

$$(\boldsymbol{B}_1-\boldsymbol{B}_2)\boldsymbol{AA}^{\mathrm{T}}=\boldsymbol{0}\Leftrightarrow(\boldsymbol{B}_1-\boldsymbol{B}_2)\boldsymbol{A}=\boldsymbol{0}\Leftrightarrow\boldsymbol{B}_1\boldsymbol{A}=\boldsymbol{B}_2\boldsymbol{A}$$

所以$\boldsymbol{B}_1\boldsymbol{Ax}=\boldsymbol{B}_2\boldsymbol{Ax}$，得$\boldsymbol{B}_1\boldsymbol{b}=\boldsymbol{B}_2\boldsymbol{b}$，即最小范数解是唯一的.

下面来讨论当$A\in R^{m\times n}$是行满秩m时，线性方程组$\boldsymbol{Ax}=\boldsymbol{b}$的最小范数解. 因为$\boldsymbol{A}$是行满秩的，所以增广矩阵$[\boldsymbol{A},\boldsymbol{b}]$的秩与$\boldsymbol{A}$的秩相同，线性方程组$\boldsymbol{Ax}=\boldsymbol{b}$是相容的. 另外，因为矩阵$\boldsymbol{AA}^{\mathrm{T}}$可逆，可以验证$\boldsymbol{B}=\boldsymbol{A}^{\mathrm{T}}(\boldsymbol{AA}^{\mathrm{T}})^{-1}$是$\boldsymbol{A}$的广义逆，与之对应的解为

$$\boldsymbol{x}_0=\boldsymbol{A}^{\mathrm{T}}(\boldsymbol{AA}^{\mathrm{T}})^{-1}\boldsymbol{b}\tag{7.9}$$

由矩阵$\boldsymbol{AA}^{\mathrm{T}}$是对称矩阵，可以验证

$$(\boldsymbol{BA})^{\mathrm{T}}=(\boldsymbol{A}^{\mathrm{T}}(\boldsymbol{AA}^{\mathrm{T}})^{-1}\boldsymbol{A})^{\mathrm{T}}=\boldsymbol{A}^{\mathrm{T}}(\boldsymbol{AA}^{\mathrm{T}})^{-\mathrm{T}}\boldsymbol{A}=\boldsymbol{A}^{\mathrm{T}}(\boldsymbol{AA}^{\mathrm{T}})^{-1}\boldsymbol{A}=\boldsymbol{BA}$$

因此$\boldsymbol{x}_0$是最小范数解. 下面给出这个的直接证明.

记$\boldsymbol{x}$是与$\boldsymbol{x}_0$不同的解，则

$$\|\boldsymbol{x}\|^2=\|\boldsymbol{x}_0+\boldsymbol{x}-\boldsymbol{x}_0\|^2=\|\boldsymbol{x}_0\|^2+\|\boldsymbol{x}-\boldsymbol{x}_0\|^2+2\boldsymbol{x}_0^{\mathrm{T}}(\boldsymbol{x}-\boldsymbol{x}_0)\tag{7.10}$$

因为$\boldsymbol{x}$和$\boldsymbol{x}_0$都是$\boldsymbol{Ax}=\boldsymbol{b}$的解，由式(7.9)，得

$$\boldsymbol{x}_0=\boldsymbol{A}^{\mathrm{T}}(\boldsymbol{AA}^{\mathrm{T}})^{-1}\boldsymbol{Ax}$$

所以

$$\begin{aligned}\boldsymbol{x}_0^{\mathrm{T}}(\boldsymbol{x}-\boldsymbol{x}_0)&=\boldsymbol{b}^{\mathrm{T}}(\boldsymbol{AA}^{\mathrm{T}})^{-1}\boldsymbol{A}[\boldsymbol{I}-\boldsymbol{A}^{\mathrm{T}}(\boldsymbol{AA}^{\mathrm{T}})^{-1}\boldsymbol{A}]\boldsymbol{x}\\&=\boldsymbol{b}^{\mathrm{T}}[(\boldsymbol{AA}^{\mathrm{T}})^{-1}\boldsymbol{A}-(\boldsymbol{AA}^{\mathrm{T}})^{-1}\boldsymbol{A}]\boldsymbol{x}=0\end{aligned}$$

于是，式(7.10)可简化为

$$\|\boldsymbol{x}\|^2=\|\boldsymbol{x}_0\|^2+\|\boldsymbol{x}-\boldsymbol{x}_0\|^2$$

因此$\|\boldsymbol{x}\|^2\geqslant\|\boldsymbol{x}_0\|^2$，即$\boldsymbol{x}_0$是最小范数解.

不相容方程组的最小二乘解 若$\operatorname{rank}[\boldsymbol{A},\boldsymbol{b}]\neq\operatorname{rank}\boldsymbol{A}$，即$\boldsymbol{b}\notin R(\boldsymbol{A})$，方程组$\boldsymbol{Ax}=\boldsymbol{b}$没有解. 在工程上常见的过定问题，即方程的个数大于未知量的个数，就属于这种情形. 因为方程组是不相容的，所以不存在严格满足方程的解. 也就是说，非相容方程组只能有近似解. 因此很自然地寻找一个使得方程两边的误差平方和最小的解，即求解式(7.4). 具体地说，最小二乘解$\boldsymbol{x}_0$满足

$$\|\boldsymbol{Ax}_0-\boldsymbol{b}\|=\min_{x\in R^n}\|\boldsymbol{Ax}-\boldsymbol{b}\|\tag{7.11}$$

定理 7　给定矩阵 $\boldsymbol{A}\in R^{m\times n}$，$m>n$，且 $\boldsymbol{B}$ 是 $\boldsymbol{A}$ 的广义逆，则对 $\forall \boldsymbol{b}\notin R(\boldsymbol{A})$，$\boldsymbol{x}_0=\boldsymbol{Bb}$是非相容方程组 $\boldsymbol{Ax}=\boldsymbol{b}$ 的最小二乘解，当且仅当 $\boldsymbol{A}^{\mathrm{T}}\boldsymbol{AB}=\boldsymbol{A}^{\mathrm{T}}$，或等价为$(\boldsymbol{AB})^{\mathrm{T}}=\boldsymbol{AB}$.

证明　由假设对 $\forall \boldsymbol{x}\in R^n$，有

$$\|\boldsymbol{Ax}_0-\boldsymbol{b}\|\leqslant\|\boldsymbol{Ax}-\boldsymbol{b}\|=\|\boldsymbol{Ax}_0-\boldsymbol{b}+\boldsymbol{A}(\boldsymbol{x}-\boldsymbol{x}_0)\|$$

上式两边平方后展开，类似于定理 6 中的证明，由 $\boldsymbol{x}$ 的任意性，得

$$\boldsymbol{A}^{\mathrm{T}}(\boldsymbol{Ax}_0-\boldsymbol{b})=\boldsymbol{0} \tag{7.12}$$

将 $\boldsymbol{x}_0=\boldsymbol{Bb}$ 代入，则

$$\boldsymbol{A}^{\mathrm{T}}(\boldsymbol{AB}-\boldsymbol{I})\boldsymbol{b}=\boldsymbol{0}$$

因为在 R^m 中，子空间 $R(\boldsymbol{A})$最多是 n 维的线性子空间，所以是稀疏的，即不属于 $R(\boldsymbol{A})$集合的向量是稠密的；也就是说，上式对任意的 $\boldsymbol{b}\in R^m$ 成立，因此

$$\boldsymbol{A}^{\mathrm{T}}\boldsymbol{AB}=\boldsymbol{A}^{\mathrm{T}} \tag{7.13}$$

将以上过程逆推，即可得到充分性的证明.

式(7.13)两边左乘 $\boldsymbol{B}^{\mathrm{T}}$，得$(\boldsymbol{AB})^{\mathrm{T}}\boldsymbol{AB}=(\boldsymbol{AB})^{\mathrm{T}}$. 类似于定理 6 中的证明，可以得到$(\boldsymbol{AB})^{\mathrm{T}}=\boldsymbol{AB}$. □

在几何上，当 $\boldsymbol{x}$ 取遍 R^n 空间时，矩阵乘积 $\boldsymbol{Ax}$ 将遍历 $\boldsymbol{A}$ 的整个列空间，即 $\boldsymbol{A}$ 的列生成 R^m 的一个子空间. 因此求解问题(7.11)等价于在 $\boldsymbol{A}$ 的列空间中寻求最接近 $\boldsymbol{b}$ 的那个向量，其中两个向量的接近程度是用向量差的范数度量的. 记 $\boldsymbol{x}_0$ 是这个问题的解，因此 $\boldsymbol{Ax}_0$ 是最接近 $\boldsymbol{b}$ 的点. 在此情形下，差 $\boldsymbol{Ax}_0-\boldsymbol{b}$ 必然是与 $\boldsymbol{A}$ 的列空间垂直的向量. 准确地说，$\boldsymbol{Ax}_0-\boldsymbol{b}$ 垂直于 $\boldsymbol{A}$ 的每一列，因此 $\boldsymbol{A}^{\mathrm{T}}(\boldsymbol{Ax}_0-\boldsymbol{b})=\boldsymbol{0}$，即为式(7.12). 展开它得到方程

$$\boldsymbol{A}^{\mathrm{T}}\boldsymbol{Ax}=\boldsymbol{A}^{\mathrm{T}}\boldsymbol{b}$$

这个 $n\times n$ 的线性方程组称为**法方程**.

事实上，直到 1970 年，这个方法是求解最小二乘问题的标准算法. 它的优点是简单和计算量小. 方程组只要求解一个 n 阶方程组，而 n 通常比较小. 最大的代价是系数矩阵 $\boldsymbol{A}^{\mathrm{T}}\boldsymbol{A}$ 的计算. 基于法方程求解的缺点是没有 QR 算法精确，$\boldsymbol{A}^{\mathrm{T}}\boldsymbol{A}$ 的计算会丢失重要的信息.

如果矩阵 $\boldsymbol{A}\in R_n^{m\times n}$，法方程有唯一解，并可用来求方程组(7.2)的最小二乘解. 即使 $\boldsymbol{A}$ 不满秩(秩小于 n)，因为 $\boldsymbol{A}^{\mathrm{T}}\boldsymbol{b}$ 在 $\boldsymbol{A}^{\mathrm{T}}\boldsymbol{A}$ 的列空间中，法方程仍有解. 由定理 7，这个方程的解可以用 $\boldsymbol{A}$ 的广义逆矩阵表示. 特别地，当 $\boldsymbol{A}$ 的秩为 n 时，矩阵 $\boldsymbol{A}^{\mathrm{T}}\boldsymbol{A}$ 可逆，从而解为 $\boldsymbol{x}_0=(\boldsymbol{A}^{\mathrm{T}}\boldsymbol{A})^{-1}\boldsymbol{A}^{\mathrm{T}}\boldsymbol{b}$，可以验证矩阵$(\boldsymbol{A}^{\mathrm{T}}\boldsymbol{A})^{-1}\boldsymbol{A}^{\mathrm{T}}$ 就是 $\boldsymbol{A}$ 的广义逆.

注意当 $\boldsymbol{A}$ 不满秩时，非相容方程组的最小二乘解可能不唯一，即 $\boldsymbol{A}$ 的广义逆 $\boldsymbol{B}$ 是不同的，但是不同的最小二乘解得到的 $\boldsymbol{Ax}_0$ 和 $\boldsymbol{Ax}_0-\boldsymbol{b}$ 是唯一的. 也可以给出非相容方程组 $\boldsymbol{Ax}=\boldsymbol{b}$ 的最小二乘解的通解表达式

$$\boldsymbol{x}_0=\boldsymbol{Bb}+(\boldsymbol{I}-\boldsymbol{BA})\boldsymbol{z},\quad \forall \boldsymbol{z}\in R^n \tag{7.14}$$

其中 $\boldsymbol{B}$ 是定理 7 中的广义逆.

7.2 矩阵的伪逆

在 7.1 节,我们介绍了一般矩阵的广义逆,下面讨论矩阵的伪逆. 伪逆是广义逆中性质最好的一种,它对应非相容方程组的最小范数的最小二乘问题解.

Penrose 逆 首先给出伪逆的定义,它是 Penrose 在 1955 年提出的.

设矩阵 $\boldsymbol{A}\in R^{m\times n}$,若矩阵 $\boldsymbol{X}\in R^{n\times m}$ 满足下面四个 Penrose 方程:

(1) $\boldsymbol{AXA}=\boldsymbol{A}$;

(2) $\boldsymbol{XAX}=\boldsymbol{X}$;

(3) $(\boldsymbol{AX})^{\mathrm{T}}=\boldsymbol{AX}$;

(4) $(\boldsymbol{XA})^{\mathrm{T}}=\boldsymbol{XA}$.

则称 $\boldsymbol{X}$ 为 $\boldsymbol{A}$ 的 **Moore-Penrose 逆**,简称**伪逆**,记为 $\boldsymbol{A}^{\dagger}$.

从上面的定义可以看出,广义逆只是满足上面第一个条件,因此伪逆是广义逆中约束最多的,因而也是性质最好的. 与广义逆 $\boldsymbol{A}^{-}$ 的多值性不同,伪逆是唯一的.

例 2 由伪逆的定义直接验算可知:

(1) 若 $\boldsymbol{A}=\begin{bmatrix}1 & 1\\ 0 & 0\end{bmatrix}$,则 $\boldsymbol{A}^{\dagger}=\begin{bmatrix}\frac{1}{2} & 0\\ \frac{1}{2} & 0\end{bmatrix}$;

(2) 若 $\boldsymbol{A}=\begin{bmatrix}1\\ 1\end{bmatrix}$,则 $\boldsymbol{A}^{\dagger}=\begin{bmatrix}\frac{1}{2} & \frac{1}{2}\end{bmatrix}$;

(3) 若 $\boldsymbol{A}=\begin{bmatrix}\boldsymbol{B} & \boldsymbol{0}\\ \boldsymbol{0} & \boldsymbol{0}\end{bmatrix}$,其中 $\boldsymbol{B}$ 是可逆矩阵,则 $\boldsymbol{A}^{\dagger}=\begin{bmatrix}\boldsymbol{B}^{-1} & \boldsymbol{0}\\ \boldsymbol{0} & \boldsymbol{0}\end{bmatrix}$;

(4) 若 $\boldsymbol{A}$ 是非奇异方阵,则 $\boldsymbol{A}^{\dagger}=\boldsymbol{A}^{-1}$.

伪逆矩阵 $\boldsymbol{A}^{\dagger}$ 一般可以由 $\boldsymbol{A}$ 的 **SVD** 分解来计算. 设 $\mathrm{rank}\boldsymbol{A}=r$. 若 $r=0$,则 $\boldsymbol{A}$ 是 $m\times n$ 零矩阵,容易验证 $n\times m$ 零矩阵满足四个 Penrose 方程,从而 $m\times n$ 零矩阵的伪逆是 $n\times m$ 零矩阵. 若 $r>0$,由第 6 章定理 1 知,$\boldsymbol{A}$ 有奇异值分解

$$\boldsymbol{A}=\boldsymbol{UDV}^{\mathrm{T}},\quad \boldsymbol{D}=\begin{bmatrix}\sigma_1 & & 0 & 0\\ & \ddots & & \vdots\\ 0 & & \sigma_r & 0\\ \boldsymbol{0} & \cdots & \boldsymbol{0} & \boldsymbol{0}\end{bmatrix}_{m\times n}$$

其中 $\sigma_i>0(i=1,\cdots,r)$ 是 $\boldsymbol{A}$ 的奇异值,$\boldsymbol{U}$ 和 $\boldsymbol{V}$ 分别是 m 阶和 n 阶正交矩阵. 可以验证

$$X = V \begin{bmatrix} \sigma_1^{-1} & & 0 & 0 \\ & \ddots & & \vdots \\ 0 & & \sigma_r^{-1} & 0 \\ \mathbf{0} & \cdots & \mathbf{0} & \mathbf{0} \end{bmatrix}_{n\times m} U^{\mathrm{T}} \tag{7.15}$$

满足四个 Penrose 方程. 可见伪逆 $A^{\dagger}$ 总是存在的.

伪逆的几何意义　给定矩阵 $A\in R^{m\times n}$, $\mathrm{rank}A=r$, A 的作用可以用下面的图表描述:

$$\begin{array}{c} A \\ v_1 \xrightarrow{\sigma_1} u_1 \\ v_2 \xrightarrow{\sigma_2} u_2 \\ \vdots \\ v_r \xrightarrow{\sigma_r} u_r \\ \left.\begin{array}{c} v_{r+1} \\ \vdots \\ v_n \end{array}\right\} \longrightarrow \mathbf{0} \end{array}$$

其中 $v_1,\cdots,v_n$ 和 $u_1,\cdots,u_m$ 分别是右和左奇异向量的完备正交基, 且 $\sigma_1\geqslant\sigma_2\geqslant\cdots\geqslant\sigma_r>0$ 是 A 的非零奇异值.

记矩阵 A 的奇异值分解为 $A=UDV^{\mathrm{T}}$. 当然希望定义尽可能接近于真正逆的伪逆 $A^{\dagger}\in R^{n\times m}$. 因此对 $i=1,\cdots,r$, 要求 $A^{\dagger}u_i=\sigma_i^{-1}v_i$, $A^{\dagger}u_{r+1},\cdots,A^{\dagger}u_n$ 取零是合理的. 因此, A 的伪逆定义为矩阵 $A^{\dagger}\in R^{n\times m}$, 它可以唯一地由下面的图表示:

$$\begin{array}{c} A^{\dagger} \\ u_1 \xrightarrow{\sigma_1^{-1}} v_1 \\ u_2 \xrightarrow{\sigma_2^{-1}} v_2 \\ \vdots \\ u_r \xrightarrow{\sigma_r^{-1}} v_r \\ \left.\begin{array}{c} u_{r+1} \\ \vdots \\ u_m \end{array}\right\} \longrightarrow \mathbf{0} \end{array}$$

实际上, 伪逆可以看做是 A 限制在非零奇异值对应的左奇异向量和右奇异向量组成的子空间上的逆. 在子空间上,

$A:\mathrm{span}\{v_1,\cdots,v_r\}\to\mathrm{span}\{u_1,\cdots,u_r\}$ 和 $A^{\dagger}:\mathrm{span}\{u_1,\cdots,u_r\}\to\mathrm{span}\{v_1,\cdots,v_r\}$

相互之间是真正的逆.

定理 8 对任意 $A\in R^{m\times n}$, $A^{\dagger}$ 存在且唯一.

证明 上面基于矩阵的奇异值分解给出了伪逆的表达式,说明了伪逆的存在性,现证唯一性. 设 X,Y 是均满足方程(1)~(4)的伪逆,则

$$\begin{aligned} X &= X(AX)^{\mathrm{T}} = XX^{\mathrm{T}}A^{\mathrm{T}} = XX^{\mathrm{T}}(AYA)^{\mathrm{T}} = X(AX)^{\mathrm{T}}(AY)^{\mathrm{T}} = XAY \\ &= XAYAY = (XA)^{\mathrm{T}}(YA)^{\mathrm{T}}Y = (YAXA)^{\mathrm{T}}Y = (YA)^{\mathrm{T}}Y = Y \end{aligned}$$
□

注意一般可以根据满足四个 Penrose 方程中的一个或几个来定义各种类型的广义逆. 但是除了 $A^{\dagger}$ 是唯一确定外,其余各种广义逆都不是唯一的. 比如满足 $ABA=A$ 的矩阵 B 是 A 的广义逆,则根据 A 的奇异值分解,可以证明形式为

$$B = V\begin{bmatrix} D_r^{-1} & X \\ Y & Z \end{bmatrix}U^{\mathrm{T}}$$

的矩阵都是 A 的广义逆,其中 $X\in R^{r\times(m-r)}$, $Y\in R^{(n-r)\times r}$, $Z\in R^{(n-r)\times(m-r)}$ 为任意矩阵.

由伪逆的构造方法式(7.15)不难推出,矩阵 A 的伪逆有下列性质:

(1) $\mathrm{rank}A^{\dagger}=\mathrm{rank}A$.

(2) $(A^{\dagger})^{\dagger}=A$.

(3) $(A^{\mathrm{T}})^{\dagger}=(A^{\dagger})^{\mathrm{T}}$.

(4) $(A^{\mathrm{T}}A)^{\dagger}=A^{\dagger}(A^{\mathrm{T}})^{\dagger}$, $(AA^{\mathrm{T}})^{\dagger}=(A^{\mathrm{T}})^{\dagger}A^{\dagger}$.

(5) $A^{\dagger}=(A^{\mathrm{T}}A)^{\dagger}A^{\mathrm{T}}=A^{\mathrm{T}}(AA^{\mathrm{T}})^{\dagger}$.

(6) $R(A^{\dagger})=R(A^{\mathrm{T}})$, $\ker(A^{\dagger})=\ker(A^{\mathrm{T}})$.

事实上,由式(7.15)可以立即得到(1);由广义逆矩阵的定义和唯一性推出(2)、(3)和(4)成立. 下面证明(5)和(6).

(5)的证明 记 $X=(A^{\mathrm{T}}A)^{\dagger}A^{\mathrm{T}}$,下面验证 X 满足 Penrose 方程的(1)~(4).

满足(1)和(2)是显然的. 因为

$$(AX)^{\mathrm{T}} = (A(A^{\mathrm{T}}A)^{\dagger}A^{\mathrm{T}})^{\mathrm{T}} = A(A^{\mathrm{T}}A)^{\dagger\mathrm{T}}A^{\mathrm{T}} = A(A^{\mathrm{T}}A)^{\mathrm{T}\dagger}A^{\mathrm{T}} = A(A^{\mathrm{T}}A)^{\dagger}A^{\mathrm{T}} = AX$$

所以 X 满足方程(3),类似可知它满足方程(4). 由伪逆矩阵的唯一性知

$$A^{\dagger} = (A^{\mathrm{T}}A)^{\dagger}A^{\mathrm{T}}$$

类似可证另一部分.

(6)的证明 因为

$$R(A^{\dagger}) = R(A^{\dagger}AA^{\dagger}) = R(A^{\mathrm{T}}(A^{\dagger})^{\mathrm{T}}A^{\dagger}) \subset R(A^{\mathrm{T}})$$

$$\ker(A^{\dagger}) = \ker(A^{\dagger}AA^{\dagger}) = \ker(A^{\dagger}(A^{\dagger})^{\mathrm{T}}A^{\mathrm{T}}) \supset \ker(A^{\mathrm{T}})$$

由(1)得, $\mathrm{rank}A^{\dagger}=\mathrm{rank}A=\mathrm{rank}A^{\mathrm{T}}$. 所以

$$R(A^{\dagger}) = R(A^{\mathrm{T}}), \quad \ker(A^{\dagger}) = \ker(A^{\mathrm{T}})$$

根据性质(5),若 $A\in R_n^{m\times n}$,则 $A^{\dagger}=(A^{\mathrm{T}}A)^{-1}A^{\mathrm{T}}$. 若 $A\in R_m^{m\times n}$,则 $A^{\dagger}=A^{\mathrm{T}}(AA^{\mathrm{T}})^{-1}$. 特别地,对非零向量 x,有 $x^{\dagger}=(x^{\mathrm{T}}x)^{-1}x^{\mathrm{T}}$ 和 $(x^{\mathrm{T}})^{\dagger}=(x^{\dagger})^{\mathrm{T}}=$

$\boldsymbol{x}(\boldsymbol{x}^{\mathrm{T}}\boldsymbol{x})^{-1}$. 在计算机科学和工程实际问题中,通常遇到的矩阵都是满秩的,因此一般基于这些公式计算矩阵的伪逆.

注意对于同阶可逆方阵 $\boldsymbol{A},\boldsymbol{B}$,有 $(\boldsymbol{AB})^{-1}=\boldsymbol{B}^{-1}\boldsymbol{A}^{-1}$. 性质(4)表明对于特殊组合 $\boldsymbol{A}$ 和 $\boldsymbol{A}^{\mathrm{T}}$,伪逆也有类似的性质. 但是一般来说,$(\boldsymbol{AB})^{\dagger}=\boldsymbol{B}^{\dagger}\boldsymbol{A}^{\dagger}$ 不成立. 例如,设 $\boldsymbol{A}=[1\quad 0]$,$\boldsymbol{B}=\begin{bmatrix}1\\1\end{bmatrix}$,于是 $\boldsymbol{AB}=[1]$,因此 $(\boldsymbol{AB})^{\dagger}=(\boldsymbol{AB})^{-1}=[1]$. 由伪逆的定义有

$$\boldsymbol{A}^{\dagger}=\begin{bmatrix}1\\0\end{bmatrix},\quad \boldsymbol{B}^{\dagger}=\begin{bmatrix}\frac{1}{2} & \frac{1}{2}\end{bmatrix}$$

得 $\boldsymbol{B}^{\dagger}\boldsymbol{A}^{\dagger}=\begin{bmatrix}\frac{1}{2}\end{bmatrix}$. 因此 $(\boldsymbol{AB})^{\dagger}\neq\boldsymbol{B}^{\dagger}\boldsymbol{A}^{\dagger}$.

伪逆的等价定义　因为伪逆在计算机科学和工程应用中占有十分重要的位置,故需要对它作更详细的讨论,下面讨论它的一个等价定义.

1935 年,Moore 利用投影算子定义了一种广义逆,该定义的矩阵形式如下.

设矩阵 $\boldsymbol{A}\in R^{m\times n}$,若矩阵 $\boldsymbol{X}\in R^{n\times m}$ 满足

$$\boldsymbol{AX}=\boldsymbol{P}_{R(\boldsymbol{A})},\quad \boldsymbol{XA}=\boldsymbol{P}_{R(\boldsymbol{X})}\tag{7.16}$$

其中 $\boldsymbol{P}_L$ 是到子空间 L 的正交投影矩阵,则称 $\boldsymbol{X}$ 为 $\boldsymbol{A}$ 的 **Moore 广义逆.**

定理 9　Moore 广义逆矩阵和 Penrose 的广义逆矩阵是等价的.

证明　设矩阵 $\boldsymbol{X}$ 满足式(7.16),则

$$\boldsymbol{AXA}=\boldsymbol{P}_{R(\boldsymbol{A})}\boldsymbol{A}=\boldsymbol{A},\quad \boldsymbol{XAX}=\boldsymbol{P}_{R(\boldsymbol{X})}\boldsymbol{X}=\boldsymbol{X}$$
$$(\boldsymbol{AX})^{\mathrm{T}}=\boldsymbol{P}_{R(\boldsymbol{A})}^{\mathrm{T}}=\boldsymbol{P}_{R(\boldsymbol{A})}=\boldsymbol{AX}$$
$$(\boldsymbol{XA})^{\mathrm{T}}=\boldsymbol{P}_{R(\boldsymbol{X})}^{\mathrm{T}}=\boldsymbol{P}_{R(\boldsymbol{X})}=\boldsymbol{XA}$$

反之,设矩阵 $\boldsymbol{X}$ 满足 Penrose 方程(1)~(4). 因为

$$(\boldsymbol{AX})^2=\boldsymbol{AX},\quad (\boldsymbol{AX})^{\mathrm{T}}=\boldsymbol{AX}$$

由(胡茂林,2007)的第七章定理 13 知,$\boldsymbol{AX}$ 是正交投影矩阵,且

$$\boldsymbol{AX}=\boldsymbol{P}_{R(\boldsymbol{AX})}$$

又 $\boldsymbol{AXA}=\boldsymbol{A}$ 包含 $R(\boldsymbol{AX})=R(\boldsymbol{A})$,故

$$\boldsymbol{AX}=\boldsymbol{P}_{R(\boldsymbol{AX})}=\boldsymbol{P}_{R(\boldsymbol{A})}$$

同理可证 $\boldsymbol{XA}=\boldsymbol{P}_{R(\boldsymbol{X})}$.　□

伪逆还有其他的等价定义,但在实际应用中,很少涉及,这里就不介绍,有兴趣的读者可以参考(程云鹏,2000)的第六章.

伪逆的计算方法　假设 $\boldsymbol{A}\in R^{m\times n}$ 的秩为 r. 下面介绍计算伪逆矩阵 $\boldsymbol{A}^{\dagger}$ 的四种算法.

1. 求解方程法　Penrose 在给出广义逆矩阵 $\boldsymbol{A}^{\dagger}$ 的定义时,同时描述了计算 $\boldsymbol{A}^{\dagger}$ 的两步法.

第一步:分别求解矩阵方程

$$AA^{\mathrm{T}}X^{\mathrm{T}} = A$$

$$A^{\mathrm{T}}AY = A^{\mathrm{T}}$$

得到 X^{T} 和 Y.

第二步：计算广义逆矩阵 $A^{\dagger} = XAY$.

对对称矩阵 A，则上述方法可以简化，所求解的两个方程等价于一个矩阵方程

$$A^2 X^{\dagger} = A$$

则可以得到如下对称矩阵的伪逆矩阵计算方法：

$$A^{\dagger} = XAX^{\mathrm{T}}$$

虽然 A 一般不是对称矩阵，但是 $A^{\mathrm{T}}A$ 和 AA^{T} 都是对称矩阵. 对实际问题，如果行数明显比列数大，则一般用上面的算法求解 $A^{\mathrm{T}}A$ 的伪逆；最后根据性质(5)，$A^{\dagger} = (A^{\mathrm{T}}A)^{\dagger}A^{\mathrm{T}}$，得到伪逆矩阵 $A^{\dagger}$. 类似地，可以处理列大于行的情形，见下面的例子.

例 3　求下面矩阵的伪逆：

$$A = \begin{bmatrix} 1 & 0 & -1 & 2 & -1 & 1 \\ 0 & 1 & 1 & -1 & 0 & 1 \\ 1 & 1 & 0 & 1 & -1 & 0 \end{bmatrix}$$

解　由于矩阵的列数大于行数，所以将基于 AA^{T} 来计算 A 的伪逆.

(1) 首先计算 3×3 矩阵 AA^{T}，得

$$AA^{\mathrm{T}} = \begin{bmatrix} 8 & -2 & 4 \\ -2 & 4 & 0 \\ 4 & 0 & 4 \end{bmatrix}$$

(2) 求解 $(AA^{\mathrm{T}})^2 X^{\mathrm{T}} = AA^{\mathrm{T}}$，得

$$X^{\mathrm{T}} = \frac{1}{12}\begin{bmatrix} 4 & 2 & -4 \\ 2 & 4 & -2 \\ -4 & -2 & 7 \end{bmatrix}$$

(3) 计算

$$(AA^{\mathrm{T}})^{\dagger} = X(AA^{\mathrm{T}})X^{\mathrm{T}} = \frac{1}{12}\begin{bmatrix} 4 & 2 & -4 \\ 2 & 4 & -2 \\ -4 & -2 & 7 \end{bmatrix}$$

(4) 下面计算矩阵 A 的伪逆 $A^{\dagger}$：

$$A^{\dagger} = A^{\mathrm{T}}(A^{\mathrm{T}}A)^{\dagger} = \frac{1}{12}\begin{bmatrix} 1 & 0 & 1 \\ 0 & 1 & 1 \\ -1 & 1 & 0 \\ 2 & -1 & 1 \\ -1 & 0 & -1 \\ 1 & 1 & 0 \end{bmatrix}\begin{bmatrix} 4 & 2 & -4 \\ 2 & 4 & -2 \\ -4 & -2 & 7 \end{bmatrix} = \frac{1}{12}\begin{bmatrix} 0 & 0 & 3 \\ -2 & 2 & 5 \\ -2 & 2 & 2 \\ 2 & -2 & 1 \\ 0 & 0 & -3 \\ 6 & 6 & -6 \end{bmatrix}$$

2. 基于满秩的伪逆分解法　下面利用矩阵的满秩分解给出伪逆的表达式. 若 $\boldsymbol{A}=\boldsymbol{F}\boldsymbol{G}$ 是矩阵 $\boldsymbol{A}$ 的满秩分解,则 $\boldsymbol{A}$ 的伪逆是 $\boldsymbol{A}^{\dagger}=\boldsymbol{G}^{\mathrm{T}}(\boldsymbol{F}^{\mathrm{T}}\boldsymbol{A}\boldsymbol{G}^{\mathrm{T}})^{-1}\boldsymbol{G}^{\mathrm{T}}$.

3. 递推法　下面介绍 Greville 在 1970 年提出的伪逆递推算法(Greville, 1960). 对矩阵 $\boldsymbol{A}$ 的前 k 列进行分块 $\boldsymbol{A}_k=[\boldsymbol{A}_{k-1},\boldsymbol{a}_k]$,其中 $\boldsymbol{a}_k$ 是矩阵 $\boldsymbol{A}$ 的第 k 列. 则 $\boldsymbol{A}_k^{\dagger}$ 的伪逆可以由 $\boldsymbol{A}_{k-1}^{\dagger}$ 递推计算. 当递推到 $k=n$ 时,即得到矩阵 $\boldsymbol{A}_k$ 的伪逆矩阵 $\boldsymbol{A}^{\dagger}$. 计算步骤如下:

(1) $\boldsymbol{A}_1^{\dagger}=\boldsymbol{a}_1^{\dagger}=(\boldsymbol{a}_1^{\mathrm{T}}\boldsymbol{a}_1)^{-1}\boldsymbol{a}_1^{\mathrm{T}}$.

(2) 对 $k=2,3,\cdots,n$,进行以下的递推计算:

$$\boldsymbol{d}_k=\boldsymbol{A}_{k-1}^{\dagger}\boldsymbol{a}_k$$

$$\boldsymbol{B}_k=\begin{cases}(1+\boldsymbol{d}_k^{\mathrm{T}}\boldsymbol{d}_k)^{-1}\boldsymbol{d}_k^{\mathrm{T}}\boldsymbol{A}_{k-1}, & \boldsymbol{d}_k\boldsymbol{d}_k\neq -1\\ (\boldsymbol{a}_k-\boldsymbol{A}_{k-1}\boldsymbol{d}_k)^{\dagger}, & \boldsymbol{d}_k^{\mathrm{T}}\boldsymbol{d}_k=-1\end{cases}$$

$$\boldsymbol{A}_k^{\dagger}-\begin{bmatrix}\boldsymbol{A}_{k-1}^{\dagger}-\boldsymbol{d}_k\boldsymbol{B}_k\\ \boldsymbol{B}_k\end{bmatrix}$$

上述列递推算法原则上适合所有矩阵,但是当矩阵 $\boldsymbol{A}$ 的行比列少很多时,为了减少递推次数,应先使用列递推算法求出 $\boldsymbol{A}^{\mathrm{T}}$ 的伪逆,然后利用公式 $\boldsymbol{A}^{\dagger}=(\boldsymbol{A}^{\mathrm{T}\dagger})^{\dagger}$ 得到 $\boldsymbol{A}^{\dagger}$.

例 4　求下面矩阵的伪逆:

$$\boldsymbol{A}=\begin{bmatrix}1 & 0 & -1\\ -1 & 1 & -1\\ 0 & -1 & 2\\ 1 & 1 & 1\end{bmatrix}$$

解　(1) 记 $\boldsymbol{A}_2=[\boldsymbol{A}_1,\boldsymbol{a}_2]$,其中

$$\boldsymbol{A}_1=\boldsymbol{a}_1=\begin{pmatrix}1\\ -1\\ 0\\ 1\end{pmatrix},\quad \boldsymbol{a}_2=\begin{pmatrix}0\\ 1\\ -1\\ 1\end{pmatrix}$$

则有

$$\boldsymbol{A}_1^{\dagger}=\boldsymbol{a}_1^{\dagger}=(\boldsymbol{a}_1^{\mathrm{T}}\boldsymbol{a}_1)^{-1}\boldsymbol{a}_1^{\mathrm{T}}=\frac{1}{3}[1,-1,0,1]$$

(2) $\boldsymbol{d}_2=\boldsymbol{A}_1^{\dagger}\boldsymbol{a}_2=\boldsymbol{0}$.

(3) $\boldsymbol{B}_2=(\boldsymbol{a}_2-A_1\boldsymbol{d}_2)^{\dagger}=\boldsymbol{a}_2^{\dagger}=\dfrac{1}{3}[0,1,-1,1]^{\mathrm{T}}$.

(4) 计算

$$\boldsymbol{A}_2^{\dagger}=\begin{bmatrix}\boldsymbol{A}_1^{\dagger}-\boldsymbol{d}_2\boldsymbol{B}_2\\ \boldsymbol{B}_2\end{bmatrix}=\frac{1}{3}\begin{bmatrix}1 & -1 & 0 & 1\\ 0 & 1 & -1 & 1\end{bmatrix}$$

(5) $d_3 = A_2^{\dagger} a_3 = \frac{1}{3}\begin{bmatrix}1\\-1\end{bmatrix}$.

(6) $B_3 = (a_3 - A_2 d_3)^{\dagger} = \frac{1}{4}[-1,0,1,1]^{\mathrm{T}}$.

(7) 最后,得到 A 的伪逆为

$$A^{\dagger} = \begin{bmatrix} A_2^{\dagger} - d_3 B_3 \\ B_3 \end{bmatrix} = \frac{1}{12}\begin{bmatrix} 5 & -4 & -1 & 3 \\ -2 & 4 & -2 & 6 \\ -3 & 0 & 3 & 3 \end{bmatrix}$$

4. 迹方法　若矩阵 A 的秩为 r,则可以用以下方法求伪逆矩阵 $A^{\dagger}$.

记 $B = AA^{\mathrm{T}}$,取 $C_1 = I$,对 $i = 1,2,\cdots,r-1$,计算

$$C_{i+1} = \frac{1}{i}\mathrm{tr}(C_i B) I - C_i B$$

则 A 的伪逆为

$$A^{\dagger} = \frac{r}{\mathrm{tr}(C_r B)} C_r A^{\mathrm{T}}$$

注意 $C_{r+1} B = 0$, $\mathrm{tr}(C_r B) \neq 0$.

例 5　利用迹方法求例 4 中矩阵的伪逆.

解　矩阵 A 的秩是 3,计算

$$B = A^{\mathrm{T}} A = \begin{bmatrix} 3 & 0 & 1 \\ 0 & 3 & -2 \\ 1 & -2 & 7 \end{bmatrix}$$

因此

$$C_2 = \mathrm{tr}(C_1 B) I - C_1 B = \begin{bmatrix} 10 & 0 & -1 \\ 0 & 10 & 2 \\ -1 & 2 & 6 \end{bmatrix}$$

得

$$C_3 = \frac{1}{2}\mathrm{tr}(C_2 B) I - C_2 B = \begin{bmatrix} 17 & -2 & -3 \\ -2 & 20 & 6 \\ -3 & 6 & 9 \end{bmatrix}$$

因此 A 的伪逆为

$$A^{\dagger} = \frac{3 C_3 A^{\mathrm{T}}}{\mathrm{tr}(C_3 B)} = \frac{1}{48}\begin{bmatrix} 20 & -16 & -4 & 12 \\ -8 & 16 & -8 & 24 \\ -12 & 0 & 12 & 12 \end{bmatrix} = \frac{1}{12}\begin{bmatrix} 5 & -4 & -1 & 3 \\ -2 & 4 & -2 & 6 \\ -3 & 0 & 3 & 3 \end{bmatrix}$$

这与例 4 的结果相同.

非相容方程的最小范数最小二乘解　上一节,给出了非相容方程组的最小二乘解,对系数矩阵不是满秩的情形,解是不唯一的,因此求它的最小范数解是有意

义的. 即若 $\boldsymbol{x}_0$ 是 $\boldsymbol{Ax}=\boldsymbol{b}$ 的最小二乘解，且对于任一个最小二乘解 $\boldsymbol{x}$，都有

$$\|\boldsymbol{x}_0\| \leqslant \|\boldsymbol{x}\|$$

称 $\boldsymbol{x}_0$ 为最佳最小二乘解(或极小范数最小二乘解).

下面介绍非相容方程的最小范数最小二乘解的有关理论.

定理 10　$A\in R^{m\times n}, \boldsymbol{b}\notin R(A)$，矩阵 $\boldsymbol{B}$ 使得 $\boldsymbol{Bb}$ 是非相容方程组 $\boldsymbol{Ax}=\boldsymbol{b}$ 的最小范数最小二乘解当且仅当 $\boldsymbol{B}=\boldsymbol{A}^{\dagger}$.

证明　由定理 7，$\boldsymbol{Bb}$ 是非相容方程组 $\boldsymbol{Ax}=\boldsymbol{b}$ 的最小二乘解，当且仅当 $\boldsymbol{B}$ 是广义逆矩阵，且 $(\boldsymbol{AB})^{\mathrm{T}}=\boldsymbol{AB}$，即满足伪逆定义中的两条. 由式(7.14)知，非相容方程组的最小二乘解的通解为 $\boldsymbol{Bb}+(\boldsymbol{I}-\boldsymbol{BA})\boldsymbol{z}$. 因此对 $\forall\, \boldsymbol{b},\boldsymbol{z}$，有

$$\begin{aligned}
&\|\boldsymbol{Bb}\| \leqslant \|\boldsymbol{Bb}-(\boldsymbol{I}-\boldsymbol{BA})\boldsymbol{z}\| \\
&\Leftrightarrow \langle \boldsymbol{Bb},(\boldsymbol{I}-\boldsymbol{BA})\boldsymbol{z}\rangle = \boldsymbol{0}, \quad \forall\, \boldsymbol{b},\boldsymbol{z} \\
&\Leftrightarrow \boldsymbol{B}^{\mathrm{T}}(\boldsymbol{I}-\boldsymbol{BA})=\boldsymbol{0} \\
&\Leftrightarrow \boldsymbol{B}^{\mathrm{T}}=\boldsymbol{B}^{\mathrm{T}}\boldsymbol{BA}
\end{aligned}$$

下面证明：

$$\boldsymbol{B}^{\mathrm{T}} = \boldsymbol{B}^{\mathrm{T}}\boldsymbol{BA} \Leftrightarrow \boldsymbol{BAB} = \boldsymbol{B}, \quad (\boldsymbol{BA})^{\mathrm{T}} = \boldsymbol{BA}$$

充分性的证明. 若 $\boldsymbol{BAB}=\boldsymbol{B}$ 和 $(\boldsymbol{BA})^{\mathrm{T}}=\boldsymbol{BA}$，则

$$(\boldsymbol{BA})^{\mathrm{T}}\boldsymbol{B} = \boldsymbol{BAB} = \boldsymbol{B} \Rightarrow [(\boldsymbol{BA})^{\mathrm{T}}\boldsymbol{B}]^{\mathrm{T}} = \boldsymbol{B}^{\mathrm{T}} \Rightarrow \boldsymbol{B}^{\mathrm{T}}\boldsymbol{BA} = \boldsymbol{B}^{\mathrm{T}}$$

必要性的证明. 易知

$$\begin{aligned}
\boldsymbol{B}^{\mathrm{T}} = \boldsymbol{B}^{\mathrm{T}}\boldsymbol{BA} &\Rightarrow \boldsymbol{B}^{\mathrm{T}}\boldsymbol{B} = \boldsymbol{B}^{\mathrm{T}}\boldsymbol{BAB} \Rightarrow \boldsymbol{B}^{\mathrm{T}}\boldsymbol{B}(\boldsymbol{I}-\boldsymbol{AB}) = \boldsymbol{0} \\
&\Rightarrow (\boldsymbol{I}-\boldsymbol{AB})^{\mathrm{T}}\boldsymbol{B}^{\mathrm{T}}\boldsymbol{B}(\boldsymbol{I}-\boldsymbol{AB}) = \boldsymbol{0} \Rightarrow \boldsymbol{B} = \boldsymbol{BAB}
\end{aligned}$$

和

$$\boldsymbol{B}^{\mathrm{T}} = \boldsymbol{B}^{\mathrm{T}}\boldsymbol{BA} \Rightarrow \boldsymbol{A}^{\mathrm{T}}\boldsymbol{B}^{\mathrm{T}} = \boldsymbol{A}^{\mathrm{T}}\boldsymbol{B}^{\mathrm{T}}\boldsymbol{BA} \Rightarrow (\boldsymbol{BA})^{\mathrm{T}} = (\boldsymbol{BA})^{\mathrm{T}}\boldsymbol{BA} \Rightarrow (\boldsymbol{BA})^{\mathrm{T}}\boldsymbol{BA} \qquad \square$$

定理 10 把线性方程组与伪逆紧密地结合起来. 以上这些定理也可以推广到解矩阵方程 $\boldsymbol{AX}=\boldsymbol{B}$(见第 14 章). 类似可得 $\boldsymbol{A}^{\dagger}\boldsymbol{B}$ 是该矩阵方程的最佳最小二乘解.

伪逆的推广　前面介绍的概念均为一般形式 Penrose 的伪逆，但是伪逆的定义并不限于此. 这一部分将从两方面推广它. 一种推广是在 Penrose 方程(1)～(4)的基础上再附加别的条件，由此引出受约束的伪逆矩阵；另一种推广是采用更宽的一类椭圆范数作为向量的度量，从而得到加权伪逆.

约束伪逆　设 $\boldsymbol{A}\in R^{m\times n}, \boldsymbol{b}\in R^{m}, \boldsymbol{S}$ 是 R^{n} 的子空间. 考虑约束方程组

$$\boldsymbol{Ax} = \boldsymbol{b}, \quad \boldsymbol{x} \in S \tag{7.17}$$

该问题的求解可采用如下两种方法：一种处理方法是将约束方程组(7.17)化为更高阶的“无约束”方程组

$$\begin{bmatrix} \boldsymbol{A} \\ \boldsymbol{P}_{S^{\perp}} \end{bmatrix}\boldsymbol{x} = \begin{pmatrix} \boldsymbol{b} \\ \boldsymbol{0} \end{pmatrix} \quad (\boldsymbol{P}_{S^{\perp}} = \boldsymbol{I}-\boldsymbol{P}_S)$$

求解，这个方程组的求解问题前面已经解决. 另一种处理方法不增加原方程组的级

数,但要附加一些约束,在原方程组阶数很高时,这个方法尤为可取. 首先给出如下引理.

引理 1　约束方程组(7.17)相容的充要条件是,方程组

$$\boldsymbol{AP}_S\boldsymbol{z}=\boldsymbol{b} \tag{7.18}$$

相容;当约束方程组(7.17)相容时,$\boldsymbol{x}$ 是它的解的充要条件是

$$\boldsymbol{x}=\boldsymbol{P}_S\boldsymbol{z} \tag{7.19}$$

其中 $\boldsymbol{z}$ 是方程组(7.18)的解.

证明　若约束方程组(7.17)是相容的,且 $\boldsymbol{x}\in S$ 是解,则 $\boldsymbol{x}$ 满足

$$\boldsymbol{AP}_S\boldsymbol{x}=\boldsymbol{Ax}=\boldsymbol{b}$$

反之,若方程组(7.18)相容且 $\boldsymbol{z}$ 是其解,显然 $\boldsymbol{x}=\boldsymbol{P}_S\boldsymbol{z}$ 是约束方程组(7.18)的解. □

因此由引理 1 和前面的结果知,约束方程组(7.17)的通解为

$$\begin{aligned}\boldsymbol{x}&=\boldsymbol{P}_S(\boldsymbol{AP}_S)^{\dagger}\boldsymbol{b}+\boldsymbol{P}_S(\boldsymbol{I}-(\boldsymbol{AP}_S)^{\dagger}\boldsymbol{AP}_S)\boldsymbol{z}\\&=\boldsymbol{P}_S(\boldsymbol{AP}_S)^{\dagger}\boldsymbol{b}+(\boldsymbol{I}-\boldsymbol{P}_S(\boldsymbol{AP}_S)^{\dagger}\boldsymbol{A})\boldsymbol{P}_S\boldsymbol{z}\end{aligned}$$

其中 $\boldsymbol{z}\in R^n$ 是参数向量.

从上式可见,在约束问题中,$\boldsymbol{P}_S(\boldsymbol{AP}_S)^{\dagger}$ 的作用类似于 $\boldsymbol{A}^{\dagger}$ 在无约束问题中所起的作用,由此引出如下定义:

设 $\boldsymbol{A}\in R^{m\times n}$, S 是 R^n 的子空间,则称 $\boldsymbol{P}_S(\boldsymbol{AP}_S)^{\dagger}$ 为 $\boldsymbol{A}$ 的 **S-约束 Moore-Penrose 逆**.

上面的推导已经证明了下列定理.

定理 11　约束方程组(7.17)相容的充要条件是

$$\boldsymbol{AXb}=\boldsymbol{b} \tag{7.20}$$

其中 $\boldsymbol{X}$ 是 $\boldsymbol{A}$ 的 S-约束 Moore-Penrose 逆. 当约束方程组(7.17)相容时,其通解为

$$\boldsymbol{x}=\boldsymbol{Xb}+(\boldsymbol{I}-\boldsymbol{XA})\boldsymbol{z}$$

这里 $\boldsymbol{z}\in R^n$ 任意的. 特别地,$\boldsymbol{X}=\boldsymbol{P}_S(\boldsymbol{AP}_S)^{\dagger}\boldsymbol{b}$ 是问题(7.17)的最小范数解,同时也是 $\|\boldsymbol{Ax}-\boldsymbol{b}\|$ 的最小范数解.

如果子空间 S 的基已知,则可求出 $\boldsymbol{P}_S$,因此计算约束 Moore-Penrose 逆,原则上不存在任何困难.

例 6　已知 R^3 的子空间 S 由向量 $\boldsymbol{x}=(1,1,1)^{\mathrm{T}}$ 张成,计算矩阵

$$\boldsymbol{A}=\begin{bmatrix}1&2&0\\0&1&1\end{bmatrix}$$

的 S-约束 Moore-Penrose 逆.

解　由向量 $\boldsymbol{x}$ 可以求出,R^3 空间到 S 的投影

$$\boldsymbol{P}_S=\boldsymbol{x}(\boldsymbol{x}^{\mathrm{T}}\boldsymbol{x})^{-1}\boldsymbol{x}^{\mathrm{T}}=\frac{1}{3}\begin{bmatrix}1&1&1\\1&1&1\\1&1&1\end{bmatrix}$$

从而

$$\boldsymbol{AP}_S = \frac{1}{3}\begin{bmatrix} 3 & 3 & 3 \\ 2 & 2 & 2 \end{bmatrix}$$

因此

$$(\boldsymbol{AP}_S)^{\dagger} = \frac{1}{13}\begin{bmatrix} 3 & 2 \\ 3 & 2 \\ 3 & 2 \end{bmatrix}$$

故 $\boldsymbol{A}$ 的 S-约束 Moore-Penrose 逆为

$$\boldsymbol{P}_S(\boldsymbol{AP}_S)^{\dagger} = \frac{1}{3}\begin{bmatrix} 1 & 1 & 1 \\ 1 & 1 & 1 \\ 1 & 1 & 1 \end{bmatrix} \cdot 1\,\frac{1}{3}\begin{bmatrix} 3 & 2 \\ 3 & 2 \\ 3 & 2 \end{bmatrix} = \frac{1}{13}\begin{bmatrix} 3 & 2 \\ 3 & 2 \\ 3 & 2 \end{bmatrix}$$

加权 Moore-Penrose 逆　在实际应用中，通常是使用欧式范数作为向量长度的度量，但有时也使用不同的“加权范数”以满足不同的需要. 在(胡茂林，2007)的第三章，介绍过加权范数

$$\| \boldsymbol{x} \|_{\boldsymbol{\Sigma}}^2 = \boldsymbol{x}^{\mathrm{T}}\boldsymbol{\Sigma}^{-1}\boldsymbol{x}$$

其中 $\boldsymbol{\Sigma}$ 是对称正定矩阵. 所以将在加权范数下讨论如下的求解问题：

(1) 当方程组 $\boldsymbol{Ax}=\boldsymbol{b}$ 求它的最小 $\| \ \|_{\boldsymbol{\Sigma}}$ 范数解，即

$$\min_{\boldsymbol{Ax}=\boldsymbol{b}} \| \boldsymbol{x} \|_{\boldsymbol{\Sigma}}$$

其中 $\boldsymbol{\Sigma}$ 是对称正定矩阵.

(2) 当方程组 $\boldsymbol{Ax}=\boldsymbol{b}$ 不相容时，求它的“广义最小二乘解”问题，即

$$\min_{\boldsymbol{x}\in R^n} \| \boldsymbol{Ax}-\boldsymbol{b} \|_{\boldsymbol{\Sigma}}$$

其中 $\boldsymbol{\Sigma}$ 是对称正定矩阵.

(3) 求不相容方程组 $\boldsymbol{Ax}=\boldsymbol{b}$ 的“最小 $\| \ \|_{\boldsymbol{\Sigma}}$ 范数广义最小二乘解”，即

$$\min_{\min \| \boldsymbol{Ax}-\boldsymbol{b} \|_{\boldsymbol{\Sigma}}} \| \boldsymbol{x} \|_{\boldsymbol{\Sigma}_1}$$

这样一些加权问题可以通过所谓的“加权广义逆”来解决. 因为总可以通过一些简单的变换把“加权”问题变为“不加权”问题，所以研究“加权广义逆”也不存在什么困难.

我们知道正定矩阵总可以进行 Cholesky 分解，将正定矩阵 $\boldsymbol{\Sigma},\boldsymbol{\Sigma}_1$ 进行 Cholesky分解

$$\boldsymbol{\Sigma}^{-1} = \boldsymbol{G}^{\mathrm{T}}\boldsymbol{G}, \quad \boldsymbol{\Sigma}_1^{-1} = \boldsymbol{G}_1^{\mathrm{T}}\boldsymbol{G}_1$$

并引入变换

$$\widetilde{\boldsymbol{A}} = \boldsymbol{GAG}_1^{-1}, \quad \widetilde{\boldsymbol{x}} = \boldsymbol{G}_1\boldsymbol{x}, \quad \widetilde{\boldsymbol{b}} = \boldsymbol{Gb} \tag{7.21}$$

有

$$\| \boldsymbol{x} \|_{\boldsymbol{\Sigma}_1} = \| \widetilde{\boldsymbol{x}} \| \text{ 和 } \| \boldsymbol{Ax}-\boldsymbol{b} \|_{\boldsymbol{\Sigma}} = \| \widetilde{\boldsymbol{A}}\widetilde{\boldsymbol{x}} - \widetilde{\boldsymbol{b}} \| \tag{7.22}$$

从而有如下结果.

定理 12 设$\boldsymbol{A}\in R^{m\times n}$,$\boldsymbol{b}\in R^{m}$,又设$\boldsymbol{\Sigma}\in R^{m\times m}$和$\boldsymbol{\Sigma}_1\in R^{n\times n}$均为对称正定矩阵.若$\boldsymbol{X}\in R^{n\times m}$满足

$$\boldsymbol{AXA}=\boldsymbol{A},\quad (\boldsymbol{\Sigma}AX)^{\mathrm{T}}=\boldsymbol{\Sigma}AX \tag{7.23}$$

则$\boldsymbol{x}=\boldsymbol{Xb}$使得$\|\boldsymbol{Ax}-\boldsymbol{b}\|_{\boldsymbol{\Sigma}}$为最小.反之,若对所有$\boldsymbol{b}\in R^{m}$,$\boldsymbol{x}=\boldsymbol{Xb}$使得$\|\boldsymbol{Ax}-\boldsymbol{b}\|_{\boldsymbol{\Sigma}}$为最小,则$\boldsymbol{X}$满足式(7.23).

证明 由式(7.21),(7.22)和定理10知,当$\tilde{\boldsymbol{x}}=\boldsymbol{Y}\tilde{\boldsymbol{b}}$时,$\|\tilde{\boldsymbol{A}}\tilde{\boldsymbol{x}}-\tilde{\boldsymbol{b}}\|=\|\boldsymbol{Ax}-\boldsymbol{b}\|_{\boldsymbol{\Sigma}}$为最小,其中$\boldsymbol{Y}$满足

$$\tilde{\boldsymbol{A}}\boldsymbol{Y}\tilde{\boldsymbol{A}}=\tilde{\boldsymbol{A}},\quad (\tilde{\boldsymbol{A}}\boldsymbol{Y})^{\mathrm{T}}=\tilde{\boldsymbol{A}}\boldsymbol{Y} \tag{7.24}$$

反之,设$\boldsymbol{Y}\in R^{n\times m}$,若对所有$\boldsymbol{b}\in R^{m}$,$\tilde{\boldsymbol{x}}=\boldsymbol{Y}\tilde{\boldsymbol{b}}$使得$\|\boldsymbol{Ax}-\boldsymbol{b}\|_{\boldsymbol{\Sigma}}$为最小,则$\boldsymbol{Y}$满足式(7.27).记$\boldsymbol{X}=\boldsymbol{G}_1^{-1}\boldsymbol{YG}$,即

$$\boldsymbol{Y}=\boldsymbol{G}_1\boldsymbol{X}\boldsymbol{G}^{-1} \tag{7.25}$$

由式(7.23)和式(7.24)容易验证

$$\tilde{\boldsymbol{x}}=\boldsymbol{Y}\tilde{\boldsymbol{b}}\Leftrightarrow\boldsymbol{x}=\boldsymbol{Xb}$$
$$\tilde{\boldsymbol{A}}\boldsymbol{Y}\tilde{\boldsymbol{A}}=\tilde{\boldsymbol{A}}\Leftrightarrow\boldsymbol{AXA}=\boldsymbol{A}$$
$$(\tilde{\boldsymbol{A}}\boldsymbol{Y})^{\mathrm{T}}=\tilde{\boldsymbol{A}}\boldsymbol{Y}\Leftrightarrow(\boldsymbol{GAX})^{\mathrm{T}}=\boldsymbol{GAX}$$ □

以下两个定理的证明与上一个定理类似.

定理 13 设$\boldsymbol{A}\in R^{m\times n}$,$\boldsymbol{b}\in R^{m}$,且$\boldsymbol{\Sigma}\in R^{n\times n}$是正定矩阵.如果方程组$\boldsymbol{Ax}=\boldsymbol{b}$是相容的,则使得$\|\ \|_{\boldsymbol{\Sigma}}$为最小的唯一解$\boldsymbol{x}$是

$$\boldsymbol{x}=\boldsymbol{Xb}$$

其中$\boldsymbol{X}$满足

$$\boldsymbol{AXA}=\boldsymbol{A},\quad (\boldsymbol{\Sigma}^{-1}\boldsymbol{XA})^{\mathrm{T}}=\boldsymbol{\Sigma}^{-1}\boldsymbol{XA} \tag{7.26}$$

反之,设$\boldsymbol{X}\in R^{n\times m}$,若对所有$\boldsymbol{b}\in R(A)$,$\boldsymbol{x}=\boldsymbol{Xb}$使得$\|\ \|_{\boldsymbol{\Sigma}}$为最小,则$\boldsymbol{X}$满足式(7.26).

定理 14 设$\boldsymbol{A}\in R^{m\times n}$,$\boldsymbol{b}\in R^{m}$,且$\boldsymbol{\Sigma}\in R^{m\times m}$和$\boldsymbol{\Sigma}_1\in R^{n\times n}$是正定矩阵.则$\boldsymbol{x}=\boldsymbol{Xb}$使

$$\min_{\min\|\boldsymbol{Ax}-\boldsymbol{b}\|_{\boldsymbol{\Sigma}}}\|\boldsymbol{x}\|_{\boldsymbol{\Sigma}_1} \tag{7.27}$$

成立,其中$\boldsymbol{X}$满足

$$\begin{cases}\boldsymbol{AXA}=\boldsymbol{A},\quad \boldsymbol{XAX}=\boldsymbol{X}\\ (\boldsymbol{\Sigma}^{-1}\boldsymbol{AX})^{\mathrm{T}}=\boldsymbol{\Sigma}^{-1}\boldsymbol{AX}\\ (\boldsymbol{\Sigma}_1^{-1}\boldsymbol{AX})^{\mathrm{T}}=\boldsymbol{\Sigma}_1^{-1}\boldsymbol{AX}\end{cases} \tag{7.28}$$

反之,设$\boldsymbol{X}\in R^{n\times m}$,若对所有$\boldsymbol{b}\in R^{m}$,$\boldsymbol{x}=\boldsymbol{Xb}$使式(7.27)成立,则称$\boldsymbol{X}$满足式(7.28).

满足式(7.28)的矩阵$\boldsymbol{X}$称为$\boldsymbol{A}$的**加权 Moore-Penrose 逆**.

7.3　伪逆的扰动理论

在实际中,由于数据无法避免地存在着测量误差和在计算时产生的舍入误差,因此需要考虑伪逆的扰动问题.

首先,需要指出的一点是:通常的方阵逆是连续的,但广义逆却不是连续的,即当 $\delta\boldsymbol{A}$ 趋于零时,$(\boldsymbol{A}+\delta\boldsymbol{A})^{\dagger}$ 不一定趋向于 $\boldsymbol{A}^{\dagger}$. 例如,设

$$\boldsymbol{A}=\begin{bmatrix}1 & 0\\ 0 & 0\\ 0 & 0\end{bmatrix},\quad \delta\boldsymbol{A}=\begin{bmatrix}0 & 0\\ 0 & \varepsilon\\ 0 & 0\end{bmatrix},\quad \varepsilon>0$$

则

$$\boldsymbol{A}^{\dagger}=\begin{bmatrix}1 & 0 & 0\\ 0 & 0 & 0\end{bmatrix},\quad (\boldsymbol{A}+\delta\boldsymbol{A})^{\dagger}=\begin{bmatrix}1 & 0 & 0\\ 0 & \dfrac{1}{\varepsilon} & 0\end{bmatrix}$$

但

$$\|\boldsymbol{A}^{\dagger}-(\boldsymbol{A}+\delta\boldsymbol{A})^{\dagger}\|_2=\frac{1}{\varepsilon}\to\infty(\varepsilon\to 0)$$

广义逆的不连续性,使得关于伪逆的扰动分析变得复杂化. 值得欣慰的是,在(Stewart,1979)中,通过研究广义逆矩阵的扰动界,Stewart 揭示了广义逆的连续性与保秩扰动之间的内在联系,证明了:$\lim\limits_{\|\delta\boldsymbol{A}\|_2\to 0}(\boldsymbol{A}+\delta\boldsymbol{A})^{\dagger}=\boldsymbol{A}^{\dagger}$ 的充分必要条件是,当 $\delta\boldsymbol{A}$ 充分靠近零时,有 $\mathrm{rank}(\boldsymbol{A}+\delta\boldsymbol{A})=\mathrm{rank}\boldsymbol{A}$. 因此,使得伪逆扰动理论的分析成为可能.

设 $\boldsymbol{A}$ 和 $\delta\boldsymbol{A}$ 分别是 $m\times n$ 矩阵,且记 $\boldsymbol{A}$ 的扰动矩阵是

$$\widetilde{\boldsymbol{A}}=\boldsymbol{A}+\delta\boldsymbol{A}\tag{7.29}$$

伪逆的误差矩阵是

$$\boldsymbol{G}=\widetilde{\boldsymbol{A}}^{\dagger}-\boldsymbol{A}^{\dagger}\tag{7.30}$$

下面确定对 $\delta\boldsymbol{A}$ 的依赖性,即根据 $\|\boldsymbol{A}\|$ 和 $\|\delta\boldsymbol{A}\|$ 来决定 $\|\boldsymbol{G}\|$ 的界.

为此,引入下面四个投影矩阵是方便的:

$$\begin{aligned}&\boldsymbol{P}=\boldsymbol{A}^{\dagger}\boldsymbol{A}=\boldsymbol{A}^{\mathrm{T}}\boldsymbol{A}^{\mathrm{T}\dagger},\quad \boldsymbol{Q}=\boldsymbol{A}\boldsymbol{A}^{\dagger}=\boldsymbol{A}^{\mathrm{T}\dagger}\boldsymbol{A}^{\mathrm{T}}\\ &\widetilde{\boldsymbol{P}}=\widetilde{\boldsymbol{A}}^{\dagger}\widetilde{\boldsymbol{A}}=\widetilde{\boldsymbol{A}}^{\mathrm{T}}\widetilde{\boldsymbol{A}}^{\mathrm{T}\dagger},\quad \widetilde{\boldsymbol{Q}}=\widetilde{\boldsymbol{A}}\widetilde{\boldsymbol{A}}^{\dagger}=\widetilde{\boldsymbol{A}}^{\mathrm{T}\dagger}\widetilde{\boldsymbol{A}}^{\mathrm{T}}\end{aligned}\tag{7.31}$$

可以从伪逆推导出关于这些矩阵的许多有用性质.

定理 15　在方程(7.29)和(7.31)的定义下,矩阵 $\boldsymbol{G}$ 可以分解为

$$\boldsymbol{G}=\boldsymbol{G}_1+\boldsymbol{G}_2+\boldsymbol{G}_3$$

其中

$$\boldsymbol{G}_1=-\widetilde{\boldsymbol{A}}^{\dagger}\delta\boldsymbol{A}\boldsymbol{A}^{\dagger}$$

$$G_2 = \widetilde{A}^{\dagger}(I-Q) = \widetilde{A}^{\dagger}\widetilde{A}^{\mathrm{T}\dagger}(\delta A)^{\mathrm{T}}(I-Q) \tag{7.32}$$
$$G_3 = -(I-\widetilde{P})\widetilde{A}^{\dagger} = (I-\widetilde{P})(\delta A)^{\mathrm{T}}\widetilde{A}^{\mathrm{T}\dagger}\widetilde{A}^{\dagger}$$

这些矩阵的界是

$$\|G_1\| \leqslant \|\delta A\|\|A^{\dagger}\|\|\widetilde{A}^{\dagger}\|, \|G_2\| \leqslant \|\delta A\|\|\widetilde{A}^{\dagger}\|^2$$
$$\|G_3\| \leqslant \|\delta A\|\|A^{\dagger}\|^2 \tag{7.33}$$

证明 记 G 为下面八个矩阵的和：

$$\begin{aligned} G &= [\widetilde{P}+(I-\widetilde{P})](\widetilde{A}^{\dagger}-A^{\dagger})[Q+(I-Q)] \\ &= \widetilde{P}\widetilde{A}^{\dagger}Q+\widetilde{P}\widetilde{A}^{\dagger}(I-Q)-\widetilde{P}A^{\dagger}Q-\widetilde{P}A^{\dagger}(I-Q) \\ &\quad +(I-\widetilde{P})\widetilde{A}^{\dagger}Q+(I-\widetilde{P})\widetilde{A}^{\dagger}(I-Q) \\ &\quad -(I-\widetilde{P})A^{\dagger}Q-(I-\widetilde{P})A^{\dagger}(I-Q) \end{aligned} \tag{7.34}$$

运用投影算子的性质

$$P\widetilde{A}^{\dagger} = \widetilde{A}^{\dagger}, \quad (I-\widetilde{P})\widetilde{A}^{\dagger} = 0$$
$$\widetilde{A}^{\dagger}Q = \widetilde{A}^{\dagger}, \quad \widetilde{A}^{\dagger}(I-Q) = 0$$

可将式(7.34)简化为

$$\begin{aligned} G &= (\widetilde{A}^{\dagger}Q-\widetilde{P}A^{\dagger})+\widetilde{A}^{\dagger}\widetilde{Q}(I-Q)-(I-\widetilde{P})PA^{\dagger} \\ &\equiv G_1+G_2+G_3 \end{aligned}$$

为了表示 G 对 δA 的依赖性，记

$$\begin{aligned} G_1 &= \widetilde{A}^{\dagger}AA^{\dagger}-\widetilde{A}^{\dagger}\widetilde{A}A^{\dagger} = -\widetilde{A}^{\dagger}\delta AA^{\dagger} \\ G_2 &= \widetilde{A}^{\dagger}\widetilde{Q}(I-Q) = \widetilde{A}^{\dagger}\widetilde{A}^{\mathrm{T}\dagger}\widetilde{A}^{\mathrm{T}}(I-Q) \\ &= \widetilde{A}^{\dagger}\widetilde{A}^{\mathrm{T}\dagger}(\widetilde{A}^{\mathrm{T}}-A^{\mathrm{T}})(I-Q) = \widetilde{A}^{\dagger}\widetilde{A}^{\mathrm{T}\dagger}(\delta A)^{\mathrm{T}}(I-Q) \\ G_3 &= -(I-\widetilde{P})PA^{\dagger} = -(I-\widetilde{P})A^{\mathrm{T}}A^{\mathrm{T}\dagger}A^{\dagger} \\ &= -(I-\widetilde{P})(A^{\mathrm{T}}-\widetilde{A}^{\mathrm{T}})A^{\mathrm{T}\dagger}A^{\dagger} = (I-\widetilde{P})(\delta A)^{\mathrm{T}}A^{\mathrm{T}\dagger}A^{\dagger} \end{aligned}$$

利用 $\|I-Q\| \leqslant 1$ 和 $\|I-\widetilde{P}\| \leqslant 1$，很容易得到式(7.33)中的界. □

对任何两个非零实数 a 和 $\tilde{a}$（事实上，对非奇异方阵也成立），下面的代数式成立：

$$\tilde{a}^{-1}-a^{-1} = a^{-1}(a-\tilde{a})\tilde{a}^{-1}$$

因此对 $\|G\|$ 的界，式(7.34)的第一个式子的形式是合理的. 另外两项 G_2 和 G_3 是关于长方阵或奇异方阵的：因为如果 $\mathrm{rank}A=m$，则 $Q=I_m$，所以只有当 $\mathrm{rank}A<m$ 时，矩阵 G_2 是非零的；类似地，如果 $\mathrm{rank}\widetilde{A}=n$，则 $\widetilde{P}=I_n$，因此只有当 $\mathrm{rank}\widetilde{A}<n$ 时，矩阵 G_3 才是非零矩阵.

下面用 $\|A^{\dagger}\|$ 和 $\|\delta A\|$ 来估计式(7.32)右边中的 $\|\widetilde{A}^{\dagger}\|$，因为在下面定理的假设中，这样的界估计是存在的.

定理 16 假设

$$\mathrm{rank}(A+\delta A) \leqslant \mathrm{rank}A = r \geqslant 1 \tag{7.35}$$

和

$$\|A^{\dagger}\| \ \|\delta A\| < 1 \tag{7.36}$$

记 A 的最小的非零奇异值为 σ_r，且令 $\varepsilon = \|\delta A\|$，则

$$\text{rank}(A + \delta A) = r \tag{7.37}$$

且

$$\|(A + \delta A)^{\dagger}\| \leqslant \frac{\|A^{\dagger}\|}{1 - \|A^{\dagger}\| \ \|\delta A\|} = \frac{1}{\sigma_r - \varepsilon} \tag{7.38}$$

证明　表达式(7.36)可以记为 $\varepsilon/\sigma_r < 1$，即 $\sigma_r - \varepsilon > 0$. 令 $\tilde{\sigma}_r$ 是 $\widetilde{A} = A + \sigma A$ 的奇异值，由第3章定理5得

$$\tilde{\sigma}_r \geqslant \sigma_r - \varepsilon \tag{7.39}$$

它表示 $\text{rank}(A + \sigma A) \geqslant k$，由不等式(7.37)可得不等式(7.39). 将不等式(7.41)改写为

$$\frac{1}{\tilde{\sigma}} \leqslant \frac{1}{\tilde{\sigma}_r - \varepsilon}$$

即可看出它等价于不等式(7.38).　□

条件(7.35)和(7.36)是必要的. 如前所述，可以举例说明，如果它们中有一个不满足时，则 $\|A^{\dagger}\|$ 可能是无界的. 在式(7.37)的条件下，对式(7.33)关于 $\|G_2\|$ 的界中，可以用 $\|\delta A\| \ \|A^{\dagger}\| \ \|\widetilde{A}^{\dagger}\|$ 来代替 $\|\delta A\| \ \|\widetilde{A}^{\dagger}\|^2$，这可由下面的定理17和定理18得到.

定理17　如果 $\text{rank}\widetilde{A} = \text{rank}A$，则

$$\|\widetilde{Q}(I - Q)\| = \|Q(I - \widetilde{Q})\|$$

证明　记 A 和 $\widetilde{A}$ 的奇异值分解分别为

$$A = UDV^{\mathrm{T}} \quad \text{和} \quad \widetilde{A} = \widetilde{U}\widetilde{D}\widetilde{V}^{\mathrm{T}}$$

则由式(7.31)及 A 和 $\widetilde{A}$ 有相同的秩 r 的事实直接得到

$$Q = U\begin{bmatrix} I_r & 0 \\ 0 & 0 \end{bmatrix}U^{\mathrm{T}} \quad \text{和} \quad \widetilde{Q} = \widetilde{U}\begin{bmatrix} I_r & 0 \\ 0 & 0 \end{bmatrix}\widetilde{U}^{\mathrm{T}}$$

定义 $m \times m$ 的正交矩阵 W 的分块形式 W_{ij} 为

$$\widetilde{U}^{\mathrm{T}}U = W \equiv \begin{bmatrix} W_{11} & W_{12} \\ W_{21} & W_{22} \end{bmatrix}\begin{matrix} r \\ m-r \end{matrix}$$
$$\qquad\qquad\quad r \qquad m-r$$

则

$$\begin{aligned}
\|\widetilde{Q}(I - Q)\| &= \left\| \widetilde{U}\begin{bmatrix} I_r & 0 \\ 0 & 0 \end{bmatrix}\widetilde{U}^{\mathrm{T}}U\begin{bmatrix} 0 & 0 \\ 0 & I_{m-r} \end{bmatrix}U^{\mathrm{T}} \right\| \\
&= \left\| \begin{bmatrix} I_r & 0 \\ 0 & 0 \end{bmatrix}W\begin{bmatrix} 0 & 0 \\ 0 & I_{m-r} \end{bmatrix} \right\| \\
&= \left\| \begin{bmatrix} 0 & W_{12} \\ 0 & 0 \end{bmatrix} \right\| = \|W_{12}\|
\end{aligned}$$

类似地,可以验证

$$\| \boldsymbol{Q}(\boldsymbol{I}-\widetilde{\boldsymbol{Q}}) \| = \| \boldsymbol{W}_{21} \|$$

现在只要证明 $\| \boldsymbol{W}_{12} \| = \| \boldsymbol{W}_{21} \|$ 就完成了定理的证明. 设 $\boldsymbol{x}$ 是任意的 $m-r$ 维向量,记

$$\boldsymbol{y} = \begin{pmatrix} \boldsymbol{0} \\ \boldsymbol{x} \end{pmatrix} \begin{matrix} r \\ m-r \end{matrix}$$

由 $\boldsymbol{W}$ 是正交矩阵,得

$$\| \boldsymbol{x} \|^2 = \| \boldsymbol{y} \|^2 = \| \boldsymbol{W}\boldsymbol{y} \|^2 = \| \boldsymbol{W}_{12}\boldsymbol{x} \|^2 + \| \boldsymbol{W}_{22}\boldsymbol{x} \|^2$$

因此

$$\| \boldsymbol{W}_{12}\boldsymbol{x} \|^2 = \| \boldsymbol{x} \|^2 - \| \boldsymbol{W}_{22}\boldsymbol{x} \|^2$$

而

$$\| \boldsymbol{W}_{12} \|^2 = \max_{\| \boldsymbol{x} \|=1} \| \boldsymbol{W}_{12}\boldsymbol{x} \|^2 = 1 - \min_{\| \boldsymbol{x} \|=1} \| \boldsymbol{W}_{22}\boldsymbol{x} \|^2 = 1 - \sigma_{m-r}^2$$

其中 σ_{m-r} 是 $\boldsymbol{W}_{22}$ 的最小奇异值.

类似地,由

$$\| \boldsymbol{x} \|^2 = \| \boldsymbol{y} \|^2 = \| \boldsymbol{W}^{\mathrm{T}}\boldsymbol{y} \|^2 = \| \boldsymbol{W}_{21}^{\mathrm{T}}\boldsymbol{x} \|^2 + \| \boldsymbol{W}_{22}^{\mathrm{T}}\boldsymbol{x} \|^2$$

可得

$$\| \boldsymbol{W}_{21} \|^2 = 1 - \min_{\| \boldsymbol{x} \|=1} \| \boldsymbol{W}_{22}^{\mathrm{T}}\boldsymbol{x} \|^2 = 1 - \sigma_{m-r}^2$$

因此

$$\| \boldsymbol{W}_{12} \| = \| \boldsymbol{W}_{21} \|$$ □

定理 18　如果 $\mathrm{rank}\widetilde{\boldsymbol{A}}=\mathrm{rank}\boldsymbol{A}$,则式(7.33)定义的矩阵 $\boldsymbol{G}_2$ 满足

$$\| \boldsymbol{G}_2 \| \leqslant \| \delta\boldsymbol{A} \| \| \boldsymbol{A}^{\dagger} \| \| \widetilde{\boldsymbol{A}}^{\dagger} \| \tag{7.40}$$

证明　由定理 17 知

$$\| \boldsymbol{G}_2 \| \leqslant \| \widetilde{\boldsymbol{A}}^{\dagger} \| \| \widetilde{\boldsymbol{Q}}(\boldsymbol{I}-\boldsymbol{Q}) \| = \| \widetilde{\boldsymbol{A}}^{\dagger} \| \| \boldsymbol{Q}(\boldsymbol{I}-\widetilde{\boldsymbol{Q}}) \|$$

又因为

$$\boldsymbol{Q}(\boldsymbol{I}-\widetilde{\boldsymbol{Q}}) = \boldsymbol{A}^{\mathrm{T}\dagger}\boldsymbol{A}^{\mathrm{T}}(\boldsymbol{I}-\widetilde{\boldsymbol{Q}}) = \boldsymbol{A}^{\mathrm{T}\dagger}(\boldsymbol{A}^{\mathrm{T}}-\widetilde{\boldsymbol{A}}^{\mathrm{T}})(\boldsymbol{I}-\widetilde{\boldsymbol{Q}}) = -\boldsymbol{A}^{\mathrm{T}\dagger}(\delta\boldsymbol{A})^{\mathrm{T}}(\boldsymbol{I}-\widetilde{\boldsymbol{Q}})$$

所以 $\boldsymbol{G}_2$ 满足式(7.40). □

现在来介绍下面的定理,它可以看作是在更强的条件下,定理 13 的一个有用的特殊情形,其中的界不包含 $\| \widetilde{\boldsymbol{A}}^{\dagger} \|$.

定理 19　在定理 13 的假设下,且设

$$\| \delta\boldsymbol{A} \| \| \boldsymbol{A}^{\dagger} \| < 1 \quad 和 \quad \mathrm{rank}\widetilde{\boldsymbol{A}} \leqslant \mathrm{rank}\boldsymbol{A}$$

则 $\mathrm{rank}\widetilde{\boldsymbol{A}}=\mathrm{rank}\boldsymbol{A}$,且

$$\begin{aligned} &\| \boldsymbol{G}_1 \| \leqslant \frac{\| \delta\boldsymbol{A} \| \| \boldsymbol{A}^{\dagger} \|^2}{1-\| \delta\boldsymbol{A} \| \| \boldsymbol{A}^{\dagger} \|}, \quad \| \boldsymbol{G}_2 \| \leqslant \frac{\| \delta\boldsymbol{A} \| \| \boldsymbol{A}^{\dagger} \|^2}{1-\| \delta\boldsymbol{A} \| \| \boldsymbol{A}^{\dagger} \|} \\ &\| \boldsymbol{G}_3 \| \leqslant \| \delta\boldsymbol{A} \| \| \boldsymbol{A}^{\dagger} \|^2, \quad \| \boldsymbol{G} \| \leqslant \frac{c\| \delta\boldsymbol{A} \| \| \boldsymbol{A}^{\dagger} \|^2}{1-\| \delta\boldsymbol{A} \| \| \boldsymbol{A}^{\dagger} \|} \end{aligned} \tag{7.41}$$

其中 c 是小于 3 的常数.

证明 结论 $\mathrm{rank}\widetilde{\boldsymbol{A}}=\mathrm{rank}\boldsymbol{A}$ 已在定理 13 中证明了,运用在定理中关于 $\|\widetilde{\boldsymbol{A}}^{\dagger}\|$ 的界,可以分别从式(7.33)和(7.40)中得到式(7.41)中的前三个估计.由前三个估计式,对 $c=3$,可以立即得到式中 $\|\boldsymbol{G}\|$ 的界. □

注意,当 $\mathrm{rank}\boldsymbol{A}=m=n$ 时,$c=1$,因为在这个的假设下,$\|\boldsymbol{G}_2\|=\|\boldsymbol{G}_3\|=0$,立即得到式(7.35)中关于 $\|\boldsymbol{G}\|$ 的界,它就是可逆矩阵的逆矩阵范数估计,见 3.3 节.当 $\mathrm{rank}\boldsymbol{A}<\min(m,n)$ 时,$c=(1+\sqrt{5})/2$,当 $\mathrm{rank}\boldsymbol{A}=\min(m,n)<\max(m,n)$ 时,$c=\sqrt{2}$.因为在实际应用中,对 $c=3$ 已是一个满意的结果,所以这些详细结果的证明就省略了.

由式(7.31),(7.32)和这里的定理可以证明,在关于 $\boldsymbol{A}$ 的秩的适当假设下,$\boldsymbol{A}^{\dagger}$ 作为 $\boldsymbol{A}$ 的函数是可微分的,伪逆的微分应用在约束最小值问题中,在习题 13 中,给出了一个求伪逆的导数的例子,读者可以将它推广到向量的情形.

最小二乘问题解的扰动 现在,可以利用伪逆的扰动理论来研究最小二乘问题解的扰动.

假设 $\boldsymbol{A},\delta\boldsymbol{A}\in R^{m\times n}$ 和 $\boldsymbol{b},\delta\boldsymbol{b}\in R^{m}$,$\boldsymbol{x}$ 和 $\boldsymbol{x}+\delta\boldsymbol{x}$ 分别是最小二乘问题

$$\|\boldsymbol{A}\boldsymbol{x}_0-\boldsymbol{b}\|_2=\min_{x\in R^n}\|\boldsymbol{A}\boldsymbol{x}-\boldsymbol{b}\|_2 \tag{7.42}$$

和

$$\|(\boldsymbol{A}+\delta\boldsymbol{A})(\boldsymbol{x}_0+\delta\boldsymbol{x})-(\boldsymbol{b}+\delta\boldsymbol{b})\|_2=\min_{x\in R^n}\|(\boldsymbol{A}+\delta\boldsymbol{A})\boldsymbol{x}-(\boldsymbol{b}+\delta\boldsymbol{b})\|_2 \tag{7.43}$$

的最小范数解,即

$$\boldsymbol{x}=\boldsymbol{A}^{\dagger}\boldsymbol{b},\quad \boldsymbol{x}+\delta\boldsymbol{x}=(\boldsymbol{A}+\delta\boldsymbol{A})^{\dagger}(\boldsymbol{b}+\delta\boldsymbol{b})$$

现在,来研究 $\delta\boldsymbol{A}$ 和 $\delta\boldsymbol{b}$ 对 $\delta\boldsymbol{x}$ 的影响.

首先引入相对扰动

$$\alpha=\frac{\|\delta\boldsymbol{A}\|}{\|\boldsymbol{A}\|},\quad \beta=\frac{\|\delta\boldsymbol{b}\|}{\|\boldsymbol{b}\|} \tag{7.44}$$

和量

$$\gamma=\frac{\|\boldsymbol{b}\|}{\|\boldsymbol{A}\|\,\|\boldsymbol{x}\|}\leqslant\frac{\|\boldsymbol{b}\|}{\|\boldsymbol{A}\boldsymbol{x}\|},\quad \rho=\frac{\|\boldsymbol{r}\|}{\|\boldsymbol{A}\|\,\|\boldsymbol{x}\|}\leqslant\frac{\|\boldsymbol{r}\|}{\|\boldsymbol{A}\boldsymbol{x}\|},\quad \boldsymbol{r}=\boldsymbol{b}-\boldsymbol{A}\boldsymbol{x} \tag{7.45}$$

然后记

$$\kappa=\|\boldsymbol{A}\|\,\|\boldsymbol{A}^{\dagger}\|,\quad \hat{\kappa}=\frac{\kappa}{1-\kappa\alpha}=\frac{\|\boldsymbol{A}\|\,\|\boldsymbol{A}^{\dagger}\|}{1-\|\delta\boldsymbol{A}\|\,\|\boldsymbol{A}^{\dagger}\|} \tag{7.46}$$

这些定义当然是在分母不为零时,才成立.在式(7.46)中的量 κ 称为 $\boldsymbol{A}$ 的条件数.

定理 20 设 $\boldsymbol{x}$ 是最小二乘问题(7.42)的最小范数解,假设 $\|\delta\boldsymbol{A}\|\,\|\boldsymbol{A}^{\dagger}\|<1$,

$\text{rank}\widetilde{\boldsymbol{A}} \leqslant \text{rank}\boldsymbol{A}$,若 $\boldsymbol{x}+\delta\boldsymbol{x}$ 是问题(7.43)的最小范数解.则

$$\|\delta\boldsymbol{x}\| \leqslant \|\boldsymbol{A}^{\dagger}\|\left(\frac{\|\delta\boldsymbol{A}\|\|\boldsymbol{x}\|}{1-\|\delta\boldsymbol{A}\|\|\boldsymbol{A}^{\dagger}\|}+\frac{\|\delta\boldsymbol{b}\|}{1-\|\delta\boldsymbol{A}\|\|\boldsymbol{A}^{\dagger}\|}\right.$$
$$\left.+\frac{\|\delta\boldsymbol{A}\|\|\boldsymbol{A}^{\dagger}\|\|\boldsymbol{r}\|}{1-\|\delta\boldsymbol{A}\|\|\boldsymbol{A}^{\dagger}\|}+\|\delta\boldsymbol{A}\|\|\boldsymbol{x}\|\right) \tag{7.47}$$

和

$$\frac{\|\delta\boldsymbol{x}\|}{\|\boldsymbol{x}\|} \leqslant \hat{\kappa}\alpha+\hat{\kappa}\gamma\beta+\hat{\kappa\kappa}\rho\alpha+\kappa\alpha \leqslant \hat{\kappa}[(2+\kappa\rho)\alpha+\gamma\beta] \tag{7.48}$$

证明　向量 $\boldsymbol{x}$ 和 $\boldsymbol{x}+\delta\boldsymbol{x}$ 满足

$$\boldsymbol{x}=\boldsymbol{A}^{\dagger}\boldsymbol{b} \quad 和 \quad \boldsymbol{x}+\delta\boldsymbol{x}=\widetilde{\boldsymbol{A}}^{\dagger}(\boldsymbol{b}+\delta\boldsymbol{b})$$

因此

$$\delta\boldsymbol{x}=\widetilde{\boldsymbol{A}}^{\dagger}(\boldsymbol{b}+\delta\boldsymbol{b})-\boldsymbol{A}^{\dagger}\boldsymbol{b}=(\widetilde{\boldsymbol{A}}^{\dagger}-\boldsymbol{A}^{\dagger})\boldsymbol{b}+\widetilde{\boldsymbol{A}}^{\dagger}\delta\boldsymbol{b}$$

注意到 $\boldsymbol{r}=(\boldsymbol{I}-\boldsymbol{Q})\boldsymbol{r}=(\boldsymbol{I}-\boldsymbol{Q})\boldsymbol{b}$,因此由式(7.41)中 $\boldsymbol{G}_2$ 的定义可推出 $\boldsymbol{G}_2\boldsymbol{b}=\boldsymbol{G}_2\boldsymbol{r}$,则运用式(7.41)得

$$\delta\boldsymbol{x}=-\widetilde{\boldsymbol{A}}^{\dagger}\delta\boldsymbol{A}\boldsymbol{x}+\boldsymbol{G}_2\boldsymbol{r}+(\boldsymbol{I}-\widetilde{\boldsymbol{P}})\delta\boldsymbol{A}^{\mathrm{T}}\boldsymbol{A}^{\mathrm{T}}\boldsymbol{x}+\widetilde{\boldsymbol{A}}\delta\boldsymbol{b}$$

由定理 13 中对 $\|\boldsymbol{A}^{\dagger}\|$ 的估计和式(7.43)关于 $\boldsymbol{G}_2$ 的界,可以得到式(7.47).

在不等式(7.47)的两边除以 $\|\boldsymbol{x}\|$,并运用从式(7.44)到(7.46)的有关记号,即可得到不等式(7.48).　□

当 $n=r=\text{rank}\boldsymbol{A}$,在式(7.41)中的矩阵 $\boldsymbol{G}_3$ 是零,它导致在不等式(7.47)和(7.48)右边的第四项是零.类似地,当 $m=r=\text{rank}\boldsymbol{A}$,在式(7.41)中的矩阵 $\boldsymbol{G}_2$ 为零,因此在不等式(7.47)和(7.48)右边的第三项都是零.

进一步,如果 $n=r$ 或 $m=r$ 之一成立,则 $\widetilde{\boldsymbol{A}}$ 的秩自然不会超过 $\boldsymbol{A}$ 的秩,因此定理 20 中的假设 $\text{rank}\widetilde{\boldsymbol{A}} \leqslant \text{rank}\boldsymbol{A}$ 自然满足.

这些讨论保证了下面三个定理的正确性.

定理 21　假设 $m>n=r=\text{rank}\boldsymbol{A}$,且 $\|\delta\boldsymbol{A}\|\|\boldsymbol{A}^{\dagger}\|<1$,则

$$\|\delta\boldsymbol{x}\| \leqslant \frac{\|\boldsymbol{A}^{\dagger}\|[\|\delta\boldsymbol{A}\|(\|\boldsymbol{x}\|+\|\boldsymbol{A}^{\dagger}\|\|\boldsymbol{r}\|)+\|\delta\boldsymbol{b}\|]}{1-\|\delta\boldsymbol{A}\|\|\boldsymbol{A}^{\dagger}\|}$$

和

$$\frac{\|\delta\boldsymbol{x}\|}{\|\boldsymbol{x}\|} \leqslant \hat{\kappa}[(1+\kappa\rho)\alpha+\gamma\beta]$$

定理 22　假设 $m=n=r=\text{rank}\boldsymbol{A}$,且 $\|\delta\boldsymbol{A}\|\|\boldsymbol{A}^{\dagger}\|<1$,则

$$\|\delta\boldsymbol{x}\| \leqslant \frac{\|\boldsymbol{A}^{\dagger}\|[\|\delta\boldsymbol{A}\|\|\boldsymbol{x}\|+\|\delta\boldsymbol{b}\|]}{1-\|\delta\boldsymbol{A}\|\|\boldsymbol{A}^{\dagger}\|}$$

和

$$\frac{\|\delta\boldsymbol{x}\|}{\|\boldsymbol{x}\|} \leqslant \hat{\kappa}(\alpha+\gamma\beta) \leqslant \hat{\kappa}(\alpha+\beta)$$

定理 23　假设 $n>m=r=\text{rank}\boldsymbol{A}$,且 $\|\delta\boldsymbol{A}\|\|\boldsymbol{A}^{\dagger}\|<1$,则

$$\|\delta x\| \leqslant \|A^{\dagger}\| \left(\frac{\|\delta A\| \|x\| + \|\delta b\|}{1 - \|\delta A\| \|A^{\dagger}\|} + \|\delta A\| \|x\| \right)$$

和

$$\frac{\|\delta x\|}{\|x\|} \leqslant \hat{\kappa}(\alpha + \gamma\beta) + \kappa\alpha \leqslant \hat{\kappa}(2\alpha + \gamma\beta) \leqslant \hat{\kappa}(2\alpha + \beta)$$

实际上，能够证明更精确的估计$\frac{\|\delta x\|}{\|x\|} \leqslant \hat{\kappa}(\sqrt{2}\alpha + \gamma\beta)$.

习　题　7

1. 令 I 是 $n \times n$ 单位矩阵，$J_{n\times n}$是全部元素为 1 的矩阵. 若 $a+(n-1)b=0$，则$(a-b)^{-1}I$ 是矩阵$(a-b)I+bJ$ 的广义逆.

2. 一个对角矩阵 H 称为标准型，若它的对角线元素仅有 0 和 1 组成. 对于任意一个方阵 A，总存在非奇异矩阵 C，使得 $CA=H$. 证明 C 是矩阵 A 的广义逆.

3. 令

$$T = \begin{bmatrix} 0 & -a_3 & a_2 \\ a_3 & 0 & -a_1 \\ -a_2 & a_1 & 0 \end{bmatrix}$$

证明$-(a_1^2+a_2^2+a_3^2)^{-1}T$ 是 T 的广义逆矩阵.

4. 利用矩阵的满秩分解，求矩阵

$$A = \begin{bmatrix} 1 & 2 & 4 & 3 \\ 3 & -1 & 2 & -2 \\ 5 & -4 & 0 & -7 \end{bmatrix}, \quad B = \begin{bmatrix} 1 & 2 & -1 \\ 3 & 2 & 1 \\ -1 & -2 & -1 \\ 3 & 5 & 4 \end{bmatrix}$$

的广义逆矩阵 A^- 和 B^-.

5. 设 $KA=0$ 和 $K^2=K$，证明矩阵 A 的广义逆矩阵 $A^-=(A-K)^-$.

6. 证明一个满行(列)秩矩阵 A 的所有广义逆矩阵 A^- 都是右(左)逆矩阵.

7. 证明 $A(A^{\mathrm{T}}A)^{-2}A^{\mathrm{T}}$ 是 AA^{T} 的伪逆矩阵.

8. 设 A 是对称矩阵，且 X 是 A 的伪逆，证明矩阵 X^2 是 A^2 的伪逆.

9. 已知矩阵

$$A = \begin{bmatrix} 1 & 0 & -1 & 1 \\ 0 & 2 & 2 & 2 \\ -1 & 4 & 5 & 3 \end{bmatrix}$$

用满秩分解法求伪逆 $A^{\dagger}$.

10. 分别用递推法和迹方法求下面矩阵的伪逆：

$$A = \begin{bmatrix} 1 & 0 & -2 \\ 0 & 1 & -1 \\ -1 & 1 & 1 \\ 2 & -1 & 2 \end{bmatrix}$$

11. 直接证明 $\boldsymbol{x}_0=(\boldsymbol{A}^{\mathrm{T}}\boldsymbol{A})^{-1}\boldsymbol{A}^{\mathrm{T}}\boldsymbol{b}$ 是非一致最小二乘问题的解.

12. 设 $\boldsymbol{A}\in R^{m\times n}$，$\boldsymbol{G}\in R^{n\times m}$ 和 $\boldsymbol{H}\in R^{n\times p}$，若 $\mathrm{rank}\boldsymbol{A}=\mathrm{rank}(\boldsymbol{AH})$. 则

$$\boldsymbol{GAH}=\boldsymbol{H}\Rightarrow\boldsymbol{G}=\boldsymbol{A}^{\dagger}$$

13. 设 $\boldsymbol{A}$ 是一个 $m\times n(m\geqslant n)$ 矩阵，它的每一个元素是实变量 t 的可微函数，假设，当 $t=0$ 时，$\boldsymbol{A}$ 的秩是 n，证明在零的一个邻域中，$\boldsymbol{A}^{\dagger}$ 是 t 的可微函数，且 $\boldsymbol{A}^{\dagger}$ 的导数是

$$\frac{\mathrm{d}\boldsymbol{A}^{\dagger}}{\mathrm{d}t}=-\boldsymbol{A}^{\dagger}\frac{\mathrm{d}\boldsymbol{A}}{\mathrm{d}t}\boldsymbol{A}^{\dagger}+\boldsymbol{A}^{\dagger}\boldsymbol{A}^{\dagger\mathrm{T}}\left(\frac{\mathrm{d}\boldsymbol{A}}{\mathrm{d}t}\right)^{\mathrm{T}}(\boldsymbol{I}-\boldsymbol{A}\boldsymbol{A}^{\dagger})$$

第 8 章　特征值与特征向量的求解算法

在稳定性理论、扰动理论、量子力学、统计分析和其他领域中都需要计算矩阵的特征值和特征向量. 因此,对任意矩阵,给出特征值和特征向量一个有效和可靠的计算方法将是非常重要的. 从本章开始的连续四章都将介绍特征问题的求解方法. 本章主要介绍矩阵 $\boldsymbol{A}\in C^{n\times n}$ 的特征向量和特征值的逼近算法. 特征值的数值计算主要有两种方法:一种是局部方法,它计算 $\boldsymbol{A}$ 的极值特征值,即那些有最大模和最小模的特征值;另一种是整体方法,它逼近 $\boldsymbol{A}$ 的整个谱.

值得指出的是,用来求矩阵特征值问题的方法不一定适合计算矩阵的特征向量. 比如,幂法(局部方法)提供了特殊特征值,特征向量对的逼近方法. QR 算法计算矩阵的所有的特征值,而不是特征向量. 在本章所介绍的这些算法中,最有效的和可靠的是 QR 算法.

8.1　幂法及其推广

虽然在计算机科学和工程应用中,主要计算的是实矩阵的实特征值,但是研究特征值的自然框架是在复数域,因此本章将在复域中研究特征值. 因为 $\boldsymbol{A}$ 的特征值是特征多项式 $p_{\boldsymbol{A}}(\lambda)$ 的根,而对五次以上的多项式一般不能用有限次运算求根,所以,矩阵特征值的计算方法本质上都是迭代的. 目前,已有不少成熟的数值方法用于计算矩阵的全部或部分特征值和特征向量,下面将介绍几类最常用的基本方法.

在进行迭代算法时,初始值对迭代序列的收敛速度影响是非常大的,因此有关特征值在复平面上位置的分布知识将有助于迭代过程的收敛分析,将在第 10 章介绍这些知识. 首先从最简单,也是经典的算法开始介绍.

迭代方法的类型　在研究矩阵特征问题的求解过程中,产生的迭代序列可以是向量、矩阵、甚至是子空间. 首先介绍求极值特征值的幂法,它产生的迭代序列是向量. 在后面介绍的更复杂的迭代方法将产生序列矩阵 $\boldsymbol{A}_1,\boldsymbol{A}_2,\boldsymbol{A}_3,\cdots$,其中序列中的每一个矩阵与原矩阵 $\boldsymbol{A}$ 有相同的特征值,并且矩阵序列收敛到简单形式,如特征值"暴露"的上三角矩阵. 最后还将介绍产生 C^n 子空间序列的迭代方法,并且还将证明,不管产生的是向量、矩阵还是子空间序列,本质上都是相关的.

幂法　幂法是计算矩阵的极值特征值和对应特征向量的一种迭代方法,所谓极值特征值就是模最大和最小的特征值,分别记为 λ_1 和 λ_n.

给定 $\boldsymbol{A}\in C^{n\times n}$,为了分析简单,假设 $\boldsymbol{A}$ 是半单的,即 $\boldsymbol{A}$ 有 n 个线性独立的特征向量 $\boldsymbol{x}_1,\cdots,\boldsymbol{x}_n$,它们组成 C^n 的一组标准正交基. 由 1.1 节定理 3,这等价于 $\boldsymbol{A}$ 是可对角化的. 记对应于 $\boldsymbol{x}_1,\cdots,\boldsymbol{x}_n$ 的特征值分别为 $\lambda_1,\cdots,\lambda_n$,且按模降序排序. 即

$$|\lambda_1|\geqslant|\lambda_2|\geqslant\cdots\geqslant|\lambda_n|$$

如果 $|\lambda_1|>|\lambda_2|$,则称 λ_1 为**占优特征值**,对应的特征向量 $\boldsymbol{x}_1$ 称为**占优特征向量**.

如果 $\boldsymbol{A}$ 有占优特征值,则可以用幂法得到它和对应的特征向量. 幂法的基本思想是:对任取向量 $\boldsymbol{q}\neq\boldsymbol{0}$,形成序列

$$\boldsymbol{q},\boldsymbol{Aq},\boldsymbol{A}^2\boldsymbol{q},\boldsymbol{A}^3\boldsymbol{q},\cdots$$

在实际序列计算中,因为序列中的每个向量都可以用 $\boldsymbol{A}$ 乘以前一个向量得到,即 $\boldsymbol{A}^{j+1}\boldsymbol{q}=\boldsymbol{A}(\boldsymbol{A}^j\boldsymbol{q})$,所以不需要显式地计算 $\boldsymbol{A}$ 的幂,这可以极大地节省计算量. 容易证明几乎对任意的向量 $\boldsymbol{q}$,序列都收敛到占优特征向量. 事实上,因为 $\boldsymbol{x}_1,\cdots,\boldsymbol{x}_n$ 是 C^n 的基,故存在常数 $c_1,\cdots,c_n$,使得

$$\boldsymbol{q}=c_1\boldsymbol{x}_1+c_2\boldsymbol{x}_2+\cdots+c_n\boldsymbol{x}_n$$

因为现在没有 $\boldsymbol{x}_1,\cdots,\boldsymbol{x}_n$,所以 $c_1,\cdots,c_n$ 是不知道的. 但是可以肯定的是,几乎对所有的 $\boldsymbol{q}$,c_1 都是非零的. 下面对 $c_1\neq0$ 的 $\boldsymbol{q}$ 进行讨论. 用 $\boldsymbol{A}$ 乘以 $\boldsymbol{q}$,得

$$\boldsymbol{Aq}=c_1\boldsymbol{Ax}_1+c_2\boldsymbol{Ax}_2+\cdots+c_n\boldsymbol{Ax}_n=c_1\lambda_1\boldsymbol{x}_1+c_2\lambda_2\boldsymbol{x}_2+\cdots+c_n\lambda_n\boldsymbol{x}_n$$

一般对 j,有

$$\boldsymbol{A}^j\boldsymbol{q}=c_1\lambda_1^j\boldsymbol{x}_1+c_2\lambda_2^j\boldsymbol{x}_2+\cdots+c_n\lambda_n^j\boldsymbol{x}_n$$

将上式记为

$$\boldsymbol{A}^j\boldsymbol{q}=\lambda_1^j(c_1\boldsymbol{x}_1+c_2(\lambda_2/\lambda_1)^j\boldsymbol{x}_2+\cdots+c_n(\lambda_n/\lambda_1)^j\boldsymbol{x}_n)\tag{8.1}$$

因为 λ_1 的模比其他的特征值的模大,即 $|\lambda_k/\lambda_1|<1,k=2,\cdots,n$. 所以,随着 j 的增加,相对于其他分量,$\boldsymbol{A}^j\boldsymbol{q}$ 在 $\boldsymbol{x}_1$ 方向的分量渐渐增大. 因为特征向量可以相差非零常数因子,所以,式(8.1)中的因子 λ_1^j 是不重要的,可以用变换尺度的序列 $\{\boldsymbol{q}_j\}$ 代替 $\{\boldsymbol{A}^j\boldsymbol{q}\}$,即 $\boldsymbol{q}_j=\boldsymbol{A}^j\boldsymbol{q}/\lambda_1^j$. 变换尺度称为重新尺度化,这不仅可以避免计算溢出,同时也便于收敛分析. 从式(8.1)推出,当 $j\to\infty$ 时,$\boldsymbol{q}_j\to c_1\boldsymbol{x}_1$. 事实上,对任何向量范数,由 $|\lambda_i|\leqslant|\lambda_2|,i=3,\cdots,n$,得

$$\begin{aligned}\|\boldsymbol{q}_j-c_1\boldsymbol{x}_1\|&=\|c_2(\lambda_2/\lambda_1)^j\boldsymbol{x}_2+\cdots+c_n(\lambda_n/\lambda_1)^j\boldsymbol{x}_n\|\\&\leqslant c_2|\lambda_2/\lambda_1|^j\|\boldsymbol{x}_2\|+\cdots+|c_n||\lambda_n/\lambda_1|^j\|\boldsymbol{x}_n\|\\&\leqslant(|c_2|\|\boldsymbol{x}_2\|+\cdots+|c_n|\|\boldsymbol{x}_n\|)|\lambda_2/\lambda_1|^j\end{aligned}$$

记 $C=|c_2|\|\boldsymbol{x}_2\|+\cdots+|c_n|\|\boldsymbol{x}_n\|$,则对 $j=1,2,3,\cdots$,有

$$\|\boldsymbol{q}_j-c_1\boldsymbol{x}_1\|\leqslant C|\lambda_2/\lambda_1|^j\tag{8.2}$$

由 $|\lambda_1|>|\lambda_2|$ 得,当 $j\to\infty$ 时,$|\lambda_2/\lambda_1|^j\to0$. 所以当 $j\to\infty$ 时,$\|\boldsymbol{q}_j-c_1\boldsymbol{x}_1\|\to0$. 这表示对充分大的 j,$\boldsymbol{q}_j$ 是占优特征向量 $c_1\boldsymbol{x}_1$ 的一个逼近,逼近的误差由范数 $\|\boldsymbol{q}_j-c_1\boldsymbol{x}_1\|$ 给出. 从式(8.2)可以看出,简单地说,每迭代一次,误差的范数减少一个因

子$|\lambda_2/\lambda_1|$. 可以说$|\lambda_2/\lambda_1|$是收敛率的最佳表示. 因此，幂法是线性收敛，且收敛率是 $r=|\lambda_2/\lambda_1|$.

在实际问题中，预先并不知道 λ_1，从而无法计算 $\boldsymbol{q}_j=\boldsymbol{A}^j\boldsymbol{q}/\lambda_1^j$. 另外，当$|\lambda_1|>1$ 时，$\|\boldsymbol{A}^j\boldsymbol{q}\|\to\infty$；当$|\lambda_1|<1$ 时，$\|\boldsymbol{A}^j\boldsymbol{q}\|\to 0$，因此直接计算 $\boldsymbol{A}^j\boldsymbol{q}$ 是不实际的. 为了避免溢出和分析迭代的收敛性，必须进行适当的尺度变换. 取 $\boldsymbol{q}_0=\boldsymbol{q}$，记

$$\boldsymbol{q}_{j+1}=\boldsymbol{A}\boldsymbol{q}_j/\sigma_{j+1}$$

其中 σ_{j+1}是尺度因子. 因为特征向量可以相差非零常数，所以精确地选取尺度因子是不需要的，一个简单和适当的方法是取 σ_{j+1}为 $\boldsymbol{A}\boldsymbol{q}_j$ 中模最大的分量. 这样选取的结果使得每一个 $\boldsymbol{q}_j$ 的最大分量是 1，且序列所收敛到的占优特征向量的最大分量也是 1.

幂法的有效性取决于比值$|\lambda_2|/|\lambda_1|$，它反映了收敛速率. 不用担心一开始 $\boldsymbol{q}$ 在 $\boldsymbol{x}_1$ 方向上分量为零，因为迭代过程中的舍入误差也能确保迭代序列 $\boldsymbol{q}_k$ 在此方向上有非零分量. 此外，在实际求占优特征向量时，通常对 $\boldsymbol{x}_1$ 的位置有预先知识，因此，只要取 $\boldsymbol{q}$ 为此估计向量，就可以避免出现 c_1 很小的情形.

幂法只用到了矩阵向量乘积，因此没有必要存储 $n\times n$ 矩阵 $\boldsymbol{A}$. 特别当 $\boldsymbol{A}$ 是大规模稀疏矩阵，且$|\lambda_1|$和$|\lambda_2|$相差较大时，此算法非常有效. 幂法迭代的代价是比较低的. $\boldsymbol{q}_j$ 乘以 $n\times n$ 矩阵 $\boldsymbol{A}$ 的计算量是 $2n^2$ flops. 尺度化运算只需要 n flops，因此，一次幂迭代的计算量在 $2n^2$ flops 左右，m 次迭代的计算量是 $2n^2m$ flops. 除此之外，考虑到矩阵的稀疏性，如果 $\boldsymbol{A}$ 是稀疏的，则 $\boldsymbol{A}\boldsymbol{q}_j$ 的计算量将明显比 $2n^2$ 少. 比如，如果 $\boldsymbol{A}$ 在每一行只有五个非零元素，计算 $\boldsymbol{A}\boldsymbol{q}_j$ 的计算量只有 $10n$ flops.

在讨论幂法时，作了“矩阵是半单的”假设，这并不是必要的，一般对亏损矩阵，基本上也能得到相同的结果.

例 1　对下面的矩阵 $\boldsymbol{A}$ 用幂法计算它的占优特征向量：

$$\boldsymbol{A}=\begin{bmatrix}9 & 1\\ 1 & 2\end{bmatrix}$$

解　取初始向量 $\boldsymbol{q}_0=(1,1)^{\mathrm{T}}$，第一步，由 $\boldsymbol{A}\boldsymbol{q}_0=(10,3)^{\mathrm{T}}$，$\sigma_1=10$，得到 $\boldsymbol{q}_1=(1,0.3)^{\mathrm{T}}$. 第二步，由 $\boldsymbol{A}\boldsymbol{q}_1=(9.3,1.6)^{\mathrm{T}}$，$\sigma_2=9.3$，得 $\boldsymbol{q}_2=(1,0.172034)^{\mathrm{T}}$. 后续的迭代在表 8.1 中列出. 因为第一个分量总是 1，每一个 $\boldsymbol{q}_j$ 只列出了第二个分量. 从表8.1可以看出在 10 次迭代后，向量序列$\{\boldsymbol{q}_j\}$将收敛到小数点后的六位. 并有

$$\boldsymbol{x}_1=\begin{bmatrix}1.0\\ 0.140055\end{bmatrix}$$

与此同时，序列 σ_j 将收敛到占优特征值$\lambda_1=9.140055$.

表 8.1 幂法的迭代

j	σ_j	q_j 的第二个分量
3	9.172043	0.146541
4	9.146541	0.141374
5	9.141374	0.140323
6	9.140323	0.140110
7	9.140110	0.140066
8	9.140066	0.140057
9	9.140057	0.140055
10	9.140055	0.140055

从式(8.2)可以看出，当$|\lambda_2/\lambda_1|$很小时，迭代收敛非常快；对大部分矩阵来说，当$|\lambda_2/\lambda_1|$接近于1时，收敛都非常慢.

当λ_1不是占优特征值时，由幂法产生序列的收敛性趋势将变得非常复杂，这时$\{\boldsymbol{q}_k\}$可能有若干个收敛到不同向量的子序列. 例如，假设$\boldsymbol{A}=\boldsymbol{XDX}^{-1}$，其中

$$\boldsymbol{X}=\begin{bmatrix}1 & 0 & -1 & 0\\ 0 & 1 & -1 & 0\\ 1 & 2 & 1 & 1\\ 1 & 0 & 0 & 1\end{bmatrix},\quad \boldsymbol{D}=\mathrm{diag}(3,2,1,-3)$$

此时$\boldsymbol{A}$有两个最大模的特征值$\lambda_1=3$和$\lambda_2=-3$，因此λ_1不是占优特征值. 取初始向量$\boldsymbol{q}_0=(1,1,1,1)^{\mathrm{T}}$，通过简单的计算，得

$$\boldsymbol{A}^k\boldsymbol{q}_0=\boldsymbol{XD}^k\boldsymbol{X}^{-1}=\frac{1}{5}\begin{bmatrix}3^k+4\\ 2^k+4\\ 3^k+2^{k+1}-4+6(-3)^k\\ -3^k+6(-3)^k\end{bmatrix}$$

等式两边除以3^k，由此可以看出，由幂法产生的向量序列$\{\boldsymbol{q}_k\}$有两个收敛的子序列，分别收敛到向量

$$\boldsymbol{x}_1=\left(\frac{1}{7},0,1,\frac{5}{7}\right)^{\mathrm{T}}\quad 和\quad \boldsymbol{x}_2=\left(-\frac{1}{7},0,\frac{5}{7},1\right)^{\mathrm{T}}$$

注意到属于-3和3的特征向量分别是$\boldsymbol{x}_1+\boldsymbol{x}_2$和$\boldsymbol{x}_1-\boldsymbol{x}_2$.

事实上，通过适当修改，就可以使幂法对于此例所述的情况下亦是收敛的，比如下面介绍的移位方法. 读者可以对幂法进行修改，使其适用于$\lambda_1=-\lambda_2$，且$|\lambda_2|>|\lambda_3|\geqslant\cdots\geqslant|\lambda_n|$的情形.

用幂法可以求矩阵$\boldsymbol{A}$的一个模最大的特征值λ_1及其对应的特征向量$\boldsymbol{x}_1$. 假设还需要求模第二大的特征值λ_2，直接用式(8.1)进行迭代是不行的，必须先对原

矩阵降阶才行，即收缩. 收缩就是在知道 λ_1 和 $\boldsymbol{x}_1$ 的前提下，把矩阵 $\boldsymbol{A}$ 降低一阶，使它只包含 $\boldsymbol{A}$ 的余下的特征值 $\lambda_2,\cdots,\lambda_n$，见 1.1 节定理 6 的证明及其后的讨论.

作为这部分的结束，需要指出的是，由于幂法的计算公式依赖于矩阵特征值的分布，所以实际使用时很不方便，特别是不适用于自动计算；只是对无法利用其他有效算法的高阶矩阵，才用幂法计算少数几个模最大的特征值和对应的特征向量. 然而，幂法的基本思想是重要的，由它可以导出一些更有效的算法.

逆迭代　继续假设 $\boldsymbol{A}\in C^{n\times n}$ 是半单的，即 $\boldsymbol{A}$ 有线性无关的特征向量 $\boldsymbol{x}_1,\cdots,\boldsymbol{x}_n$，且对应的特征值 $\lambda_1,\cdots,\lambda_n$ 按模降序排列. 如果 $\boldsymbol{A}$ 是非奇异的，则 $\boldsymbol{A}$ 的最小的特征值和对应的特征向量可以通过对 $\boldsymbol{A}^{-1}$ 运用幂法得到，称为**逆幂法**或**逆迭代**. 对应地，对 $\boldsymbol{A}$ 的幂法称为直接迭代.

根据特征值的定义，非奇异矩阵 $\boldsymbol{A}\in C^{n\times n}$ 的所有特征值非零. 如果 $\boldsymbol{x}$ 是 $\boldsymbol{A}$ 的对应于特征值 λ 的特征向量，则 $\boldsymbol{x}$ 也是 $\boldsymbol{A}^{-1}$ 对应于 λ^{-1} 的特征向量；并且 $\boldsymbol{x}_n,\boldsymbol{x}_{n-1},\cdots,\boldsymbol{x}_1$ 是 $\boldsymbol{A}^{-1}$ 分别对应于特征值 $\lambda_n^{-1},\lambda_{n-1}^{-1},\cdots,\lambda_1^{-1}$ 的线性无关特征向量. 如果 $|\lambda_n|^{-1}>|\lambda_{n-1}|^{-1}$，即 $|\lambda_{n-1}|>|\lambda_n|$，则对 $c_n\neq 0$ 的向量 $\boldsymbol{q}=c_1\boldsymbol{x}_1+\cdots+c_n\boldsymbol{x}_n$ 进行迭代，如果不考虑常数因子，逆幂迭代的序列将收敛到与 $\boldsymbol{A}$ 的最小特征值对应的特征向量 $\boldsymbol{x}_n$. 收敛率是 $|\lambda_{n-1}^{-1}/\lambda_n^{-1}|=|\lambda_n/\lambda_{n-1}|$；特别地，当 $|\lambda_{n-1}|\gg|\lambda_n|$ 时，收敛将是快速的.

移位-逆迭代　根据特征值的定义，如果 $\boldsymbol{x}$ 是 $\boldsymbol{A}$ 的对应于特征值 λ 的特征向量，则对任意复数 $\rho\in C$，$\boldsymbol{x}$ 是 $\boldsymbol{A}-\rho\boldsymbol{I}$ 对应特征值 $\lambda-\rho$ 的特征向量，见 1.1 节定理 2. 因此如果 $\boldsymbol{A}$ 有特征值 $\lambda_1,\lambda_2,\cdots,\lambda_n$，则 $\boldsymbol{A}-\rho\boldsymbol{I}$ 的特征值是 $\lambda_1-\rho,\lambda_2-\rho,\cdots,\lambda_n-\rho$，常数 ρ 称为**移位量**. 如果选取的移位量非常接近于 λ_n，则有 $|\lambda_{n-1}-\rho|\gg|\lambda_n-\rho|$，且对 $\boldsymbol{A}-\rho\boldsymbol{I}$ 应用逆迭代将快速地收敛到 $\boldsymbol{x}_n$ 的数乘. 实际上，不仅对 λ_n 可以这样进行，也可以选取接近 $\boldsymbol{A}$ 的任何一个特征值的移位量 ρ 进行移位. 如果 ρ 非常接近于 λ_i，则 $\lambda_i-\rho$ 的模比 $\boldsymbol{A}-\rho\boldsymbol{I}$ 中的任何其他特征值的模都要小，则对任意的初始向量 $\boldsymbol{q}$，对 $\boldsymbol{A}-\rho\boldsymbol{I}$ 应用逆迭代都将收敛到特征向量 $\boldsymbol{x}_i$ 的数乘. 收敛速率是 $|(\lambda_i-\rho)/(\lambda_k-\rho)|$，其中 $\lambda_k-\rho$ 是 $\boldsymbol{A}-\rho\boldsymbol{I}$ 中的模第二小的特征值. ρ 越接近 λ_i，收敛越快速.

当然也可以将移位与直接迭代结合起来，但效果不是特别好. 移位和逆迭代的结合非常有效是因为对被移位矩阵，存在某个特征值比所有其他的都很小. 相对而言，不存在移位使得某个特征值比所有其他的特征值大很多.

为了能快速收敛，首先是移位，然后应用逆迭代，这就是所谓的**移位-逆迭代**. 这也是特征值计算最好的方法之一.

下面说明在具体运用逆迭代时，需要注意的问题. 迭代序列是

$$\boldsymbol{q}_{j+1}=(\boldsymbol{A}-\rho\boldsymbol{I})^{-1}\boldsymbol{q}_j/\sigma_{j+1}$$

但是没有必要计算 $(\boldsymbol{A}-\rho\boldsymbol{I})^{-1}$，而是用求解线性方程组 $(\boldsymbol{A}-\rho\boldsymbol{I})\hat{\boldsymbol{q}}_{j+1}=\boldsymbol{q}_j$ 来代替，其中 $\hat{\boldsymbol{q}}_{j+1}=\sigma_{j+1}\boldsymbol{q}_{j+1}$，而 σ_{j+1} 是 $\hat{\boldsymbol{q}}_{j+1}$ 的模最大的分量. 如果用 Gauss 消去法求解方程组，则必须对 $\boldsymbol{A}-\rho\boldsymbol{I}$ 进行 LU 分解. 则每一步迭代包含向前代入，向后代入和重新

尺度化. 对一个 $n\times n$ 矩阵,完整的计算量是 LU 分解所需的 $2n^3/3$ flops,加上每一步迭代所需的 $2n^2$ flops.

例 2　对移位矩阵运用逆迭代

$$A=\begin{bmatrix}9 & 1\\1 & 2\end{bmatrix}$$

解　从例 1 知道,9 是 $\boldsymbol{A}$ 的特征值的一个很好的逼近. 即使不知道这个信息,从在矩阵(1,1)位置的绝对占优的 9 就可以得到这个逼近值. 因此,取移位量 $\rho=9$ 是合理的. 从 $\boldsymbol{q}_0=(1,1)^{\mathrm{T}}$ 开始,解方程组 $(\boldsymbol{A}-9\boldsymbol{I})\hat{\boldsymbol{q}}_1=\boldsymbol{q}_0$,得到 $\hat{\boldsymbol{q}}_1=(8.0,1.0)^{\mathrm{T}}$. 取 $\sigma_1=8$ 重新尺度化,得到 $\boldsymbol{q}_1=(1.0,0.125)^{\mathrm{T}}$. 求解 $(\boldsymbol{A}-9\boldsymbol{I})\hat{\boldsymbol{q}}_2=\boldsymbol{q}_1$,得到 $\hat{\boldsymbol{q}}_2=(7.125,1.0)^{\mathrm{T}}$,因此 $\sigma_2=7.125$ 和 $\boldsymbol{q}_1=(1.0,0.140351)^{\mathrm{T}}$. 余下的迭代在表 8.2 中显示. 与表 8.1 一样,也只列出 $\boldsymbol{q}_j$ 的第二个分量. 在五次迭代以后,特征向量为 $\boldsymbol{x}_1=(1.0,0.140055)^{\mathrm{T}}$,精确数字大约在小数点后六位. 通过移位量的选择,这个方法比例 1 更加快速收敛. 尺度因子收敛到 $(\boldsymbol{A}-9\boldsymbol{I})^{-1}$ 的一个特征值 $(\lambda_1-9)^{-1}=7.140055$,求解 λ_1,得到 $\lambda_1=9.140055$.

表 8.2　逆幂法的迭代过程

j	σ_j	$\boldsymbol{q}_j$ 的第二个分量
3	7.140351	0.140449
4	7.140449	0.140055
5	7.140055	0.140055

基于幂法的特征值计算是取迭代向量的最大分量,下面将介绍利用 Rayleigh 商计算特征值的精确方法.

特征值的估计　幂法估计了最大模对应的特征向量,现在利用得到的近似特征向量来估计特征值.

我们知道,如果 $\boldsymbol{x}$ 是一个特征向量,则一定存在一个实数 ρ,使得

$$\boldsymbol{A}\boldsymbol{x}=\rho\boldsymbol{x} \tag{8.3}$$

如果 $\boldsymbol{q}_j$ 充分接近于某个特征向量,则可以用 $\boldsymbol{q}_j$ 来得到对应特征值的估计. 以这种方式,可以得到比幂法的 σ_j 更好的值.

假设 $\boldsymbol{q}\in C^n$ 是 $\boldsymbol{A}$ 的一个特征向量的逼近,下面来估计对应的特征值. 这是一个一维优化问题. 如果 $\boldsymbol{q}$ 不是特征向量,则不存在使式(8.3)成立的数 ρ. 式(8.3)是关于单变量 ρ 的 n 个方程的(过定)方程组. 记残差 $\boldsymbol{r}=\boldsymbol{A}\boldsymbol{q}-\rho\boldsymbol{q}$,可以求在欧氏范数下,使 $\|\boldsymbol{r}\|_2$ 达到最小值的 ρ. 当 $\boldsymbol{q}$ 是一个特征向量时,最小化的 ρ 正好是特征值. 如果 $\boldsymbol{q}$ 只是特征向量的一个逼近,则最小化的 ρ 是对应特征值的一个较好的逼近.

记 $\varphi(\rho)=\|Aq-\rho q\|_2^2$，它是 ρ 的凸函数，最小点在 $d\varphi(\rho)/d\rho=0$ 处达到. 展开并化简得

$$(q^{\mathrm{H}}q)\rho=q^{\mathrm{H}}Aq$$

由此得

$$\rho=\frac{q^{\mathrm{H}}Aq}{q^{\mathrm{H}}q}$$

对对称矩阵，这正是 q 相对 A 的 Rayleigh 商（见 2. 2 节），因此也把上式称为 **Rayleigh商**.

下面的定理说明如果 q 是特征向量的一个逼近，则 q 的 Rayleigh 商就是对应特征值的逼近. 特别地，如果 q 是 A 的特征向量，则 Rayleigh 商就是对应的特征值.

定理 1　设 x 是矩阵 $A\in C^{n\times n}$ 对应特征值 λ 的单位特征向量，则对单位向量 $q\in C^n$，Raylcigh 商 $\rho=q^{\mathrm{H}}Aq$ 满足

$$|\lambda-\rho|\leqslant 2\|A\|_2\|x-q\|_2$$

证明　由 $Ax=\lambda x$，$\|x\|_2=1$ 和 $\lambda=x^{\mathrm{H}}Ax$，得

$$\begin{aligned}\lambda-\rho&=x^{\mathrm{H}}Ax-q^{\mathrm{H}}Aq=x^{\mathrm{H}}Ax-x^{\mathrm{H}}Aq+x^{\mathrm{H}}Aq-q^{\mathrm{H}}Aq\\&=x^{\mathrm{H}}(Ax-Aq)+(x^{\mathrm{H}}-q^{\mathrm{H}})Aq\end{aligned}$$

因此

$$|\lambda-\rho|\leqslant|x^{\mathrm{H}}(Ax-Aq)|+|(x^{\mathrm{H}}-q^{\mathrm{H}})Aq|$$

由 Cauchy-Schwarz 不等式，

$$|x^{\mathrm{H}}(Av-Aq)|\leqslant\|x^{\mathrm{H}}\|_2\|Ax-Aq\|_2\leqslant\|A\|_2\|x-q\|_2$$

类似可得

$$|(x^{\mathrm{H}}-q^{\mathrm{H}})Aq|\leqslant\|A\|_2\|x-q\|_2$$

由此立即得到所需的结论. □

定理 1 表明，如果 $\|x-q\|_2<\varepsilon$，则 $|\lambda-\rho|\leqslant 2\|A\|_2\varepsilon$. 换句话说，如果 $\|x-q\|_2=O(\varepsilon)$，则 $|\lambda-\rho|=Q(\varepsilon)$.

精确移位的逆迭代　引入移位以后，就可以计算出任意特征值对应的特征向量，而不仅仅是与最大模和最小模的特征值对应的特征向量. 然而，为了得到一个确定的特征向量，必须对特征值有一个较好的估计值. 如果有其他的方法得到特征值，那么求对已知特征值所对应的特征向量时，逆迭代是最有效的. 将已得到的特征值作为移位量，一般在一或二步即可得到特征向量的好的近似值，称此为**精确移位逆迭代**，它是逆迭代的一个重要应用.

现在说明精确移位逆迭代的合理性. 如果 ρ 是 A 的特征值，则 $A-\rho I$ 是奇异的，因此 $(A-\rho I)^{-1}$ 不存在，似乎无法对这个移位量进行逆迭代. 然而，在实际中总是存在误差的，ρ 永远不会是精确的特征值，因此 $A-\rho I$ 总是非奇异的. 另外在第 6

章讨论数值秩时，说明不可能区分奇异和非奇异矩阵. 因此，即使 $\boldsymbol{A}-\rho\boldsymbol{I}$ 是奇异的，在计算过程中也无法体现. 因此在实际中，精确移位逆迭代从没有失效过.

但是，如果 ρ 接近于特征值，则 $\boldsymbol{A}-\rho\boldsymbol{I}$ 接近于奇异，即它是病态的. 因为在每一步，必须求解方程组 $(\boldsymbol{A}-\rho\boldsymbol{I})\hat{\boldsymbol{q}}_{j+1}=\boldsymbol{q}_j$，$\boldsymbol{A}-\rho\boldsymbol{I}$ 的病态也许影响计算. 幸运的是，这个糟糕情况实际上不会发生. 考虑单个步骤 $(\boldsymbol{A}-\rho\boldsymbol{I})\hat{\boldsymbol{q}}_1=\boldsymbol{q}_0$. 如果 ρ 接近于 $\boldsymbol{A}$ 的特征值，且能精确地求解这个方程组，则 $\hat{\boldsymbol{q}}_1$ 非常接近于 $\boldsymbol{A}$ 的特征向量. 则从 3.3 节，计算出的 $\hat{\boldsymbol{q}}_1$ 实际上是扰动方程组 $(\boldsymbol{A}+\delta\boldsymbol{A}-\rho\boldsymbol{I})\hat{\boldsymbol{q}}_1=\boldsymbol{q}_0$ 的解，其中 $\delta\boldsymbol{A}$ 相对于 $\boldsymbol{A}$ 是较小的. 因为 $\delta\boldsymbol{A}$ 是较小的，ρ 应该是 $\boldsymbol{A}+\delta\boldsymbol{A}$ 的特征值的一个好的逼近，所以 $\hat{\boldsymbol{q}}_1$ 接近于 $\boldsymbol{A}+\delta\boldsymbol{A}$ 的特征向量，故接近于 $\boldsymbol{A}$ 的特征向量. 因此逆迭代是有效的.

以上讨论依赖于 $\boldsymbol{A}$ 的小扰动是否真正引起特征值和特征向量的小扰动. 这与 $\boldsymbol{A}$ 的特征值和特征向量的条件数有关，而与 $\boldsymbol{A}-\rho\boldsymbol{I}$ 的条件数没有关系. 因此逆迭代的有效性与 $\boldsymbol{A}-\rho\boldsymbol{I}$ 的条件数没有关系. 特征值和特征向量的条件数将在第 9 章介绍.

Rayleigh 商迭代　在运用逆迭代计算 $\boldsymbol{A}$ 的特征向量时，可以在每一步用不同的移位. 特别在特征值不是已知情况下，也许更加有效. 如果 $\boldsymbol{q}_j$ 充分接近于某个特征向量，能用 $\boldsymbol{q}_j$ 来得到对应特征值的估计. 然后用这个估计作为下一次迭代的移位量. 以这种方式，可以得到一个提高的移位量，使得下一步迭代收敛率有所提高.

Rayleigh 商迭代是逆迭代的变形，每一步增加了计算 $\boldsymbol{q}_j$ 的 Rayleigh 商，用作下一步迭代的移位量. 因此 Rayleigh 商迭代的步骤如下：

$$\rho_j=\frac{\boldsymbol{q}_j^{\mathrm{H}}\boldsymbol{A}\boldsymbol{q}_j}{\boldsymbol{q}_j^{\mathrm{H}}\boldsymbol{q}_j},\quad (\boldsymbol{A}-\rho_j\boldsymbol{I})\hat{\boldsymbol{q}}_{j+1}=\boldsymbol{q}_j,\quad \boldsymbol{q}_{j+1}=\sigma_{j+1}^{-1}\hat{\boldsymbol{q}}_{j+1}$$

其中 σ_{j+1} 是尺度因子.

由于每一步运用了不同的移位量，使得应用分析 Rayleigh 商迭代的整体收敛性产生困难. 虽不能说这个算法保证收敛到某个特征向量，但在实际使用中却很少失败. 并且，如果它是收敛的，则收敛的速度非常快. 下面的例 3 描述了 Rayleigh 商迭代的快速收敛性.

例 3　再次考虑矩阵

$$\boldsymbol{A}=\begin{bmatrix}9 & 1\\ 1 & 2\end{bmatrix}$$

解　从 $\boldsymbol{q}_0=(1,1)^{\mathrm{T}}$ 开始用 Rayleigh 商迭代来计算 $\boldsymbol{A}$ 的特征向量，其结果在表 8.3 中列出. 再次对迭代进行了归一化，使得第一分量是 1. 不难验证，$\boldsymbol{q}_5$ 是对应特征值 ρ_5 的特征向量，精确到小数点后 14 位. 请注意它的快速收敛性质：$\boldsymbol{q}_1$，$\boldsymbol{q}_2$ 没有正确的数字，$\boldsymbol{q}_3$（基本上）有三位正确的数字，$\boldsymbol{q}_4$ 有九位正确的数字.

表 8.3　Rayleigh 商迭代

j	$\boldsymbol{q}_j$ 的第二个分量	ρ_j
0	1.00000000000000	6.50000000000000
1	−0.27272727272727	8.00769230769231
2	0.22155834654310	9.09484426192450
3	0.13955130581106	9.14005316814698
4	0.14005494476317	9.14005494464026
5	0.14005494464026	9.14005494464026

下面来考虑迭代的收敛率，这不应该看做是严格证明. 若$\{\boldsymbol{q}_j\}$是由 Rayleigh 商迭代得到的序列. 为了简化分析，假设对所有 j，都有 $\|\boldsymbol{q}_j\|_2=1$. 因为当 $j\to\infty$ 时，$\boldsymbol{q}_j\to\boldsymbol{x}_i$，所以 $\|\boldsymbol{x}_i\|_2=1$. 再假设对应的特征值 λ_i 是单特征值，且 $\lambda_k(k\neq i)$是与 λ_i 最近的特征值. 因为 Rayleigh 商迭代的第 j 步只是矩阵$(\boldsymbol{A}-\rho_j\boldsymbol{I})^{-1}$的幂迭代，所以

$$\|\boldsymbol{x}_i-\boldsymbol{q}_{j+1}\|_2\approx r_j\|\boldsymbol{x}_i-\boldsymbol{q}_i\|_2 \tag{8.4}$$

其中 r_j 是$(\boldsymbol{A}-\rho_j\boldsymbol{I})^{-1}$的两个模最大特征值的比率. 由定理 1，Rayleigh 商 ρ_j 收敛到 λ_i. 一旦 ρ_j 充分接近于 λ_i，$(\boldsymbol{A}-\rho_j\boldsymbol{I})^{-1}$的两个模最大特征值将是$(\lambda_i-\rho_j)^{-1}$和$(\lambda_k-\rho_j)^{-1}$，因此

$$r_j=|(\lambda_k-\rho_j)^{-1}/(\lambda_i-\rho_j)^{-1}|=|(\lambda_i-\rho_j)/(\lambda_k-\rho_j)|$$

由定理 1，得$|\lambda_i-\rho_j|\leqslant2\|\boldsymbol{A}\|_2\|\boldsymbol{x}_i-\boldsymbol{q}_j\|_2$. 同时由 $\rho_j\approx\lambda_i$，有$|\lambda_k-\rho_j|\approx|\lambda_k-\lambda_i|$. 因此

$$r_j\approx\frac{2\|\boldsymbol{A}\|_2}{|\lambda_k-\lambda_i|}\|\boldsymbol{x}_i-\boldsymbol{q}_j\|_2=C\|\boldsymbol{x}_i-\boldsymbol{q}_j\|_2$$

其中 $C=2\|\boldsymbol{A}\|_2/|\lambda_k-\lambda_i|$. 将 r_j 的估计代入式(8.4)，得到

$$\|\boldsymbol{x}_i-\boldsymbol{q}_{j+1}\|_2\approx C\|\boldsymbol{x}_i-\boldsymbol{q}_j\|_2^2 \tag{8.5}$$

因此在 $j+1$ 次迭代后的误差与 j 步迭代误差的平方成比例. 这个估计表示 Rayleigh商迭代如果收敛的话，则一般是二次收敛的. 即每经一次迭代，正确的数字将增加一倍.

在例 3 中，可以看到，每一次迭代，正确数字的个数几乎三倍增长，收敛率显然比二次好. 这不是偶然的，而是因为矩阵 $\boldsymbol{A}$ 是实对称矩阵. 对对称矩阵，Rayleigh 商逼近特征值比一般矩阵给出更好的结果. 运用这个估计代替定理 1 中的估计 r_j，有

$$\|\boldsymbol{x}_i-\boldsymbol{q}_{j+1}\|_2\approx C\|\boldsymbol{x}_i-\boldsymbol{q}_j\|_2^3$$

即当 $j\to\infty$，$\boldsymbol{q}_j\to\boldsymbol{x}$ 三次收敛.

对称矩阵的 Rayleigh 商迭代，还有一些性质是一般矩阵所没有的. 当收敛时，

不仅是三次的,且对任意的初始向量,Rayleigh 商迭代都是收敛的. 当然所逼近的特征向量依赖于初始向量的选取. 不幸的是,目前还没有简单的方法来描述这种相关性.

Rayleigh 商迭代每一步运用了不同的移位量,因此在每一步需要重新计算矩阵的 LU 分解对完整的矩阵,每次分解都需要 $O(n^3)$flops,因此这个方法的计算量非常大. 然而存在一类矩阵,比如上 Hessenberg 矩阵,它们的 Rayleigh 商迭代的代价比较低. 因为对上 Hessenberg 矩阵 LU 分解的计算量只是 n^2 flops,所以对上 Hessenberg 矩阵的 Rayleigh 商迭代的每一步计算量只是 $O(n^2)$ flops,这是非常节省的. Hessenberg 矩阵在求解特征值-特征向量问题中起着重要的作用. 8.2 节将看到,任意矩阵的特征值问题都能变成对应的上 Hessenberg 矩阵的特征值问题. 虽然对 Hessenberg 矩阵运用 Rayleigh 商迭代的代价是合理的,然而,我们将不着重考虑 Rayleigh 商迭代,因为目前已经有更有力的算法——基于 QR 分解的 QR 算法,其中 Rayleigh 商迭代隐含其中.

8.2 QR 算法

本节将介绍能同时求出矩阵 $\boldsymbol{A}$ 的所有特征值的整体方法. 根据相似矩阵有相同的特征值理论,这个方法的基本思想是利用相似变换,将一般矩阵变换到特征值显现的矩阵,比如上三角矩阵. 由 1.1 节的特征值问题的讨论,我们知道,理论上没有一个算法能在有限步完成特征值求解,否则将违反 Abel 的经典定理. 但是存在有限算法,即直接方法,使矩阵非常接近于上三角矩阵. 下面首先介绍将矩阵变换到 Hessenberg 矩阵的算法.

到 Hessenberg 矩阵的简化 回忆一下,$n\times n$ 矩阵 $\boldsymbol{A}$ 称为上 Hessenberg 矩阵,如果当 $i>j+1$ 时,$a_{ij}=0$. 因此上 Hessenberg 矩阵的形式是

$$
\begin{bmatrix}
* & * & * & * & * \\
* & * & * & * & * \\
 & * & * & * & * \\
 & & * & * & * \\
 & & & * & *
\end{bmatrix}
$$

下面介绍将一个矩阵变换到上 Hessenberg 形式的酉相似变换,算法的计算量只是$\frac{10}{3}n^3$ flops. 这个算法虽然不是用来求解特征问题的,但是因为它将矩阵简化到容易处理的情形,所以在特征问题求解中起着极其重要的作用. 因为对上 Hessenberg矩阵的 LU 分解的计算量是 $O(n^2)$ flops,所以每一步 Rayleigh 商迭代的计算量只是 $O(n^2)$ flops.

在对 Hessenberg 矩阵的处理过程中，经常发生某一个次主对角元素为零的情况，对大规模矩阵，这是经常发生的. 这时所处理矩阵的阶数能被极大地减少，即将矩阵分解成两个子矩阵，使得特征求解问题得到简化. 比如，假设 $a_{i,i+1}^{(m)}=0$，$\boldsymbol{A}$ 的形式是

$$\boldsymbol{A}=\begin{bmatrix}\boldsymbol{B}_{11} & \boldsymbol{B}_{12}\\ \boldsymbol{0} & \boldsymbol{B}_{22}\end{bmatrix}$$

其中 $\boldsymbol{B}_{11}\in C^{j\times j}$，$\boldsymbol{B}_{22}\in C^{k\times k}$，$j+k=n$ 分别是 Hessenberg 矩阵. 由第 1 章定理 4，求 $\boldsymbol{A}$ 的特征值问题就能分解成分别求两个较小的矩阵 $\boldsymbol{B}_{11}$ 和 $\boldsymbol{B}_{22}$ 的特征值问题. 如果分割点在矩阵的中间，这能节省一半的计算量.

一个次对角元素全不为零的上 Hessenberg 矩阵称为**不可约矩阵**. 因为在次对角元素有零的上 Hessenberg 矩阵的特征问题能分解成两个子矩阵的特征问题，所以就没有必要求解可约的上 Hessenberg 矩阵的问题. 这个事实在第 9 章推导隐 QR 算法时是重要的.

当矩阵是 Hermite 矩阵时，简化到 Hessenberg 的形式就更加简单. 因为酉相似变换保持 Hermite 性质，简化的矩阵不仅是 Hessenberg，还是三对角的，即它的形式是

$$\begin{bmatrix}* & * & & & \\ * & * & * & & \\ & * & * & * & \\ & & * & * & * \\ & & & * & *\end{bmatrix}$$

三对角矩阵的处理显然更加简单. 此外，利用矩阵的对称性，简化到三对角形式的计算量是 $\frac{4}{3}n^3$ flops.

矩阵简化　矩阵简化就是通过相似变换，在矩阵中大量引入零. 将一个矩阵简化到上 Hessenberg 形式的算法非常类似基于 Householder 变换的 QR 分解算法. 首先在第一列引入希望的零，然后对第二列进行处理，以此类推，共进行 $n-2$ 步.

第一步将 $\boldsymbol{A}$ 分划为

$$\boldsymbol{A}=\begin{bmatrix}a_{11} & \boldsymbol{c}^{\mathrm{T}}\\ \boldsymbol{b} & \widetilde{\boldsymbol{A}}\end{bmatrix}$$

取 Householder 变换 $\hat{\boldsymbol{Q}}_1\in R^{(n-1)\times(n-1)}$，使得 $\hat{\boldsymbol{Q}}_1\boldsymbol{b}=(-\tau_1,0,\cdots,0)^{\mathrm{T}}$，$|\tau_1|=\|\boldsymbol{b}\|_2$. 记

$$Q_1 = \begin{bmatrix} 1 & \mathbf{0}^{\mathrm{T}} \\ \mathbf{0} & \hat{Q}_1 \end{bmatrix} \quad 和 \quad A_{1/2} = Q_1 A = \begin{bmatrix} a_{11} & c^{\mathrm{T}} \\ -\tau_1 & \\ 0 & \hat{Q}_1 \hat{A} \\ \vdots & \\ 0 & \end{bmatrix}$$

矩阵的第一列是所希望的. 这个运算类似于 QR 分解算法的第一步,但不是对整个第一列进行的,因此第一列有两个非零元素,而不是一个. 要求比 QR 分解低一点的原因是保证对 $A_{1/2}=Q_1A$ 进行右乘 Q_1^{-1} 的相似变换时,不改变第一列. 记 $A_1=Q_1AQ_1^{-1}$,因为 $Q_1^{-1}=Q_1^{\mathrm{H}}=Q_1$,所以

$$A_1 = A_{1/2}Q_1 = \begin{bmatrix} a_{11} & c^{\mathrm{T}}\hat{Q}_1 \\ -\tau_1 & \\ 0 & \hat{Q}_1\hat{A}\hat{Q}_1 \\ \vdots & \\ 0 & \end{bmatrix} = \begin{bmatrix} a_{11} & * & * & \cdots & * \\ -\tau_1 & & & & \\ 0 & & & \hat{A}_1 & \\ \vdots & & & & \\ 0 & & & & \end{bmatrix}$$

因为 Q_1 的第一列与单位矩阵的第一列相同,所以 $A_{1/2}$ 右乘 Q_1 不改变第一列. 假如要求第一列只有一个非零元素,右乘以后,将不保证第一列只有一个或两个非零元素.

第二步对 A_1 的第二列,即 $\hat{A}_1$ 的第一列,进行变换. 正如第一步,用 A_1 来代替 A,再取 Householder 变换 $\hat{Q}_2 \in C^{(n-2)\times(n-2)}$. 记

$$Q_2 = \begin{bmatrix} 1 & 0 & 0 & \cdots & 0 \\ 0 & 1 & 0 & \cdots & 0 \\ 0 & 0 & & & \\ \vdots & \vdots & & \hat{Q}_2 & \\ 0 & 0 & & & \end{bmatrix}$$

则

$$A_{3/2} = Q_2 A_1 = \begin{bmatrix} a_{11} & * & * & \cdots & * \\ -\tau_1 & * & * & \cdots & * \\ 0 & -\tau_2 & & & \\ \vdots & \vdots & & \hat{Q}_2\hat{A}_2 & \\ 0 & 0 & & & \end{bmatrix}$$

上式右乘 $Q_2^{-1}=Q_2$,因为 Q_2 的前两列与单位矩阵的前两列相同,所以右乘 Q_2 不改变 $A_{3/2}$ 的前两列. 即

$$
\boldsymbol{A}_2=\boldsymbol{A}_{3/2}\boldsymbol{Q}_2=\begin{bmatrix} a_{11} & * & * & \cdots & * \\ -\tau_1 & * & * & \cdots & * \\ 0 & -\tau_2 & & & \\ \vdots & \vdots & & \hat{\boldsymbol{Q}}_2\hat{\boldsymbol{A}}_2\hat{\boldsymbol{Q}}_2 & \\ 0 & 0 & & & \end{bmatrix}
$$

类似地，第三步对第三列进行变换. 依次进行到 $n-2$ 步，完成简化过程，得到一个与 $\boldsymbol{A}$ 酉相似的 Hessenberg 矩阵

$$
\boldsymbol{B}=\boldsymbol{Q}^{\mathrm{H}}\boldsymbol{A}\boldsymbol{Q}
$$

其中 $\boldsymbol{Q}=\boldsymbol{Q}_1\boldsymbol{Q}_2\cdots\boldsymbol{Q}_{n-2}$ 和 $\boldsymbol{Q}^{\mathrm{H}}=\boldsymbol{Q}_{n-2}\boldsymbol{Q}_{n-3}\cdots\boldsymbol{Q}_1$.

如果 $\boldsymbol{A}$ 是实矩阵，则所有的运算都是实的，矩阵 $\boldsymbol{Q}$ 是正交矩阵，且 $\boldsymbol{B}$ 与 $\boldsymbol{A}$ 是正交相似的.

在上面的计算中，左乘的计算量是 $\frac{4}{3}n^3$ flops，右乘的计算量是 $2n^3$ flops，余下产生 Householder 变换的计算量是 $O(n^2)$. 因此整个计算量大约是 $\frac{10}{3}n^3$ flops.

假设 $\boldsymbol{A}\in C^{n\times n}$ 已经变换为上 Hessenberg 形式 $\boldsymbol{B}=\boldsymbol{Q}^{\mathrm{H}}\boldsymbol{A}\boldsymbol{Q}$，且得到了 $\boldsymbol{B}$ 的特征向量 $\boldsymbol{x}$，则 $\boldsymbol{A}$ 的特征向量为 $\boldsymbol{Q}\boldsymbol{x}$. $\boldsymbol{Q}\boldsymbol{x}$ 是容易计算的，只要对 $\boldsymbol{x}$ 连续进行 $n-2$ 次 Householder 变换，即 $\boldsymbol{Q}\boldsymbol{x}=\boldsymbol{Q}_1\boldsymbol{Q}_2\cdots\boldsymbol{Q}_{n-2}\boldsymbol{x}$. 对多个特征向量也可以类似计算. 如果有 m 个特征向量，以它们为列构造 $n\times m$ 矩阵 $\boldsymbol{V}$，对 $\boldsymbol{V}$ 进行 $n-2$ 次 Householder 变换就可，即 $\boldsymbol{Q}\boldsymbol{V}=\boldsymbol{Q}_1\boldsymbol{Q}_2\cdots\boldsymbol{Q}_{n-2}\boldsymbol{V}$，整个计算量是 $2n^2m$ flops.

对称情形　如果 $\boldsymbol{A}$ 是 Hermite 矩阵，则简化矩阵 $\boldsymbol{B}$ 不仅是上 Hessenberg 矩阵，还是三对角矩阵. 利用 $\boldsymbol{A}$ 的对称性，可以将简化计算量减少到 $4n^3/3$ flops，比非对称形式的一半还少. 下面为简单计，考虑实对称矩阵

$$
\boldsymbol{A}=\begin{bmatrix} a_{11} & \boldsymbol{b}^{\mathrm{T}} \\ \boldsymbol{b} & \hat{\boldsymbol{A}} \end{bmatrix}
$$

简化的第一步将 $\boldsymbol{A}$ 变换到 $\boldsymbol{A}_1=\boldsymbol{Q}_1\boldsymbol{A}\boldsymbol{Q}_1$，其中

$$
\boldsymbol{A}=\begin{bmatrix} a_{11} & \boldsymbol{b}^{\mathrm{T}}\hat{\boldsymbol{Q}}_1 \\ \hat{\boldsymbol{Q}}_1\boldsymbol{b} & \hat{\boldsymbol{Q}}_1\hat{\boldsymbol{A}}\hat{\boldsymbol{Q}}_1 \end{bmatrix}=\begin{bmatrix} a_{11} & -\tau_1 & 0 & \cdots & 0 \\ -\tau_1 & & & & \\ 0 & & & & \\ \vdots & & & \hat{\boldsymbol{A}}_1 & \\ 0 & & & & \end{bmatrix}
$$

且 $\boldsymbol{b}^{\mathrm{T}}\hat{\boldsymbol{Q}}_1$ 的计算与 $\hat{\boldsymbol{Q}}_1\boldsymbol{b}$ 的计算相同.

这一步的主要工作是计算对称子矩阵 $\hat{\boldsymbol{A}}_1=\hat{\boldsymbol{Q}}_1\hat{\boldsymbol{A}}\hat{\boldsymbol{Q}}_1$. 对此有有效的计算，它可以极大地节省计算量. 如果没有考虑对称性，整个 $\hat{\boldsymbol{A}}_1$ 的计算需要 $8n^2$ flops. 基于对称性，可以将计算量减少一半.

因为 $\hat{\boldsymbol{Q}}_1$ 是形式为 $\hat{\boldsymbol{Q}}_1=\boldsymbol{I}-\gamma\boldsymbol{u}\boldsymbol{u}^{\mathrm{T}}$ 的 Householder 变换. 所以

$$\hat{\boldsymbol{A}}_1=(\boldsymbol{I}-\gamma\boldsymbol{u}\boldsymbol{u}^{\mathrm{T}})\hat{\boldsymbol{A}}(\boldsymbol{I}-\gamma\boldsymbol{u}\boldsymbol{u}^{\mathrm{T}})=\hat{\boldsymbol{A}}-\gamma\hat{\boldsymbol{A}}\boldsymbol{u}\boldsymbol{u}^{\mathrm{T}}-\gamma\boldsymbol{u}\boldsymbol{u}^{\mathrm{T}}\hat{\boldsymbol{A}}+\gamma^2\boldsymbol{u}\boldsymbol{u}^{\mathrm{T}}\hat{\boldsymbol{A}}\boldsymbol{u}\boldsymbol{u}^{\mathrm{T}}$$

引入辅助向量可进一步简化这个公式. 因为

$$-\gamma\hat{\boldsymbol{A}}\boldsymbol{u}\boldsymbol{u}^{\mathrm{T}}=\boldsymbol{v}\boldsymbol{u}^{\mathrm{T}},-\gamma\boldsymbol{u}\boldsymbol{u}^{\mathrm{T}}\hat{\boldsymbol{A}}=\boldsymbol{u}\boldsymbol{v}^{\mathrm{T}}\quad 和\quad \gamma^2\boldsymbol{u}\boldsymbol{u}^{\mathrm{T}}\hat{\boldsymbol{A}}\boldsymbol{u}\boldsymbol{u}^{\mathrm{T}}=-\gamma\boldsymbol{u}\boldsymbol{u}^{\mathrm{T}}\boldsymbol{v}\boldsymbol{u}^{\mathrm{T}}$$

记 $\alpha=-\frac{1}{2}\gamma\boldsymbol{u}^{\mathrm{T}}\boldsymbol{v}$,最后一项可记为 $2\alpha\boldsymbol{u}\boldsymbol{u}^{\mathrm{T}}$. 所以

$$\hat{\boldsymbol{A}}_1=\hat{\boldsymbol{A}}+\boldsymbol{v}\boldsymbol{u}^{\mathrm{T}}+\boldsymbol{u}\boldsymbol{v}^{\mathrm{T}}+2\alpha\boldsymbol{u}\boldsymbol{u}^{\mathrm{T}}$$

记 $\boldsymbol{w}=\boldsymbol{v}+\alpha\boldsymbol{u}$,则

$$\hat{\boldsymbol{A}}_1=\hat{\boldsymbol{A}}+\boldsymbol{w}\boldsymbol{u}^{\mathrm{T}}+\boldsymbol{u}\boldsymbol{w}^{\mathrm{T}}$$

在每一次迭代中,计算矩阵每一个元素需要 4 flops,由对称性,只需要更新主对角元素和下三角元素,因此整个 flops 数是 $4(n-1)n/2\approx 2n^2$. 这不包括计算 $\boldsymbol{w}$ 的计算量. 首先计算 $\boldsymbol{v}=-\gamma\hat{\boldsymbol{A}}\boldsymbol{u}$ 需要 $2n^2$ flops,计算 $\alpha=-\frac{1}{2}\gamma\boldsymbol{u}^{\mathrm{T}}\boldsymbol{v}$ 需要 $2n$ flops,计算 $\boldsymbol{w}=\boldsymbol{v}+\alpha\boldsymbol{u}$ 也需要 $2n$ flops. 因此第一步整个计算量是 $4n^2$ flops.

简化过程的第二步只是对子矩阵 $\hat{\boldsymbol{A}}_1$ 进行类似于第一步的计算. 特别地,与非对称简化不同,它对 $\hat{\boldsymbol{A}}_1$ 的第一行没有影响. 因此第二步的 flops 是 $4(n-1)^2$. 在 $n-2$ 步以后,简化过程完成. 整个 flops 接近于 $4(n^2+(n-1)^2+\cdots)\approx\frac{4}{3}n^3$.

QR 算法 现在介绍著名的 QR 算法,这是自电子计算机问世以来矩阵计算的重大进展之一,也是目前计算一般矩阵的全部特征值和特征向量的最有效算法之一. QR 算法是利用酉相似变换将一个给定矩阵逐步简化为上三角矩阵和拟上三角矩阵的迭代方法,其基本收敛速度是二次的,当原矩阵是 Hermite 矩阵时,可以达到三次收敛. 在这部分,我们先介绍这个算法的流程,在第 9 章,还要讨论这个算法的有效执行方法,同时还将证明算法的可行性,说明算法的原理,读者如果愿意的话,可以直接阅读第 9 章.

现在考虑计算矩阵 $\boldsymbol{A}\in C^{n\times n}$ 的全部特征值的问题. 首先假设 $\boldsymbol{A}$ 是非奇异的(这个假设将在后面去掉). 基本的 QR 算法是很容易描述的. 从 $\boldsymbol{A}_0=\boldsymbol{A}$ 开始,由下面的矩阵运算产生矩阵序列 $\{\boldsymbol{A}_j\}$:

$$\boldsymbol{A}_{m-1}=\boldsymbol{Q}_m\boldsymbol{R}_m,\quad \boldsymbol{R}_m\boldsymbol{Q}_m=\boldsymbol{A}_m \tag{8.6}$$

即首先对 $\boldsymbol{A}_{m-1}$ 进行 QR 分解,其中 $\boldsymbol{Q}_m$ 是酉矩阵,$\boldsymbol{R}_m$ 是主对角元素全为正的上三角矩阵. 由 QR 分解的唯一性知这两个因子是唯一确定的. 然后,将这两个因子交换次序相乘得到 $\boldsymbol{A}_m$. 从式(8.6)得 $\boldsymbol{A}_m=\boldsymbol{Q}_m^{\mathrm{H}}\boldsymbol{A}_{m-1}\boldsymbol{Q}_m$,即 $\boldsymbol{A}_m$ 与 $\boldsymbol{A}_{m-1}$ 是酉相似的. 由递推关系,可以得到

$$\boldsymbol{A}_m=\boldsymbol{Q}_m\boldsymbol{Q}_{m-1}\cdots\boldsymbol{Q}_1\boldsymbol{A}\boldsymbol{Q}_1\cdots\boldsymbol{Q}_{m-1}\boldsymbol{Q}_m$$

因为矩阵序列 $\{\boldsymbol{A}_j\}$ 中的所有矩阵都是相似的,所以它们的特征值是相同的,且都与 $\boldsymbol{A}$ 有相同的特征值. 在 9.2 节,将说明这只是同时迭代的一个简单执行算法,

且这样迭代是自然的、容易理解的幂法的推广. 在一定的条件下,序列$\{\boldsymbol{A}_j\}$收敛到上三角形式

$$\begin{bmatrix} \lambda_1 & * & \cdots & * \\ & \lambda_2 & \ddots & \vdots \\ & & \ddots & * \\ & & & \lambda_n \end{bmatrix}$$

其中特征值是按主对角元素模的大小排列的.

了解 QR 分解和 QR 算法的概念区别是重要的. 由第 5 章知,QR 分解是矩阵分解,它是 Gram-Schmidt 正交化过程的矩阵表示. QR 算法是求特征值的迭代步骤,它是以 QR 分解为基础的. QR 算法的单个迭代称为 QR 步或 QR 迭代.

每一个 QR 步进行的是一个酉正交相似变换. 下面将说明在这样的变换下,矩阵的大部分性质都被保留. 比如,如果 $\boldsymbol{A}$ 是 Hermite 的,则所有迭代 $\boldsymbol{A}_j$ 将是 Hermite 的,且序列将收敛到对角矩阵.

值得注意的是,如果 $\boldsymbol{A}_{m-1}$ 是实的,则 $\boldsymbol{Q}_m$,$\boldsymbol{R}_m$ 和 $\boldsymbol{A}_m$ 都是实的,因此,实矩阵 $\boldsymbol{A}$ 的 QR 算法的基本步骤(8.6)仅涉及实数运算.

例 4　用 QR 算法计算实对称矩阵的特征值

$$\boldsymbol{A} = \begin{bmatrix} 8 & 2 \\ 2 & 5 \end{bmatrix}$$

解　很容易求得它的特征值是 $\lambda_1 = 9$ 和 $\lambda_2 = 4$. 记 $\boldsymbol{A}_0 = \boldsymbol{A}$,首先有 $\boldsymbol{A}_0 = \boldsymbol{Q}_1 \boldsymbol{R}_1$,其中

$$\boldsymbol{Q}_1 = \frac{1}{\sqrt{68}} \begin{bmatrix} 8 & -2 \\ 2 & 8 \end{bmatrix} \quad \text{和} \quad \boldsymbol{R}_1 = \frac{1}{\sqrt{68}} \begin{bmatrix} 68 & -26 \\ 0 & 36 \end{bmatrix}$$

因此

$$\boldsymbol{A}_1 = \boldsymbol{R}_1 \boldsymbol{Q}_1 = \frac{1}{68} \begin{bmatrix} 596 & 72 \\ 72 & 288 \end{bmatrix} \approx \begin{bmatrix} 8.7647 & 1.0588 \\ 1.0588 & 4.2353 \end{bmatrix}$$

注意到 $\boldsymbol{A}_0$,$\boldsymbol{A}_1$ 都是实对称矩阵,并且 $\boldsymbol{A}_1$ 比 $\boldsymbol{A}_0$ 更接近对角形式,即 $\boldsymbol{A}_1$ 的非对角元素更接近于零,因此,$\boldsymbol{A}_1$ 的主对角元素更接近于特征值. 在以下的迭代中,$\boldsymbol{A}_j$ 的主对角元素给出特征值的依次更好的估计,到第十步以后,它们与真正的特征值的误差已精确到小数点后七位. □

矩阵 $\boldsymbol{A}$ 的非奇异保证序列$\{\boldsymbol{A}_j\}$中的每一个矩阵是非奇异的. 在要求 $\boldsymbol{R}_m$ 的主对角元素是正的前提下,保证了 QR 分解 $\boldsymbol{A}_{m-1} = \boldsymbol{Q}_m \boldsymbol{R}_m$ 的唯一性. 因此上面描述的 QR 算法是良定的. 然而,要求每一个 $\boldsymbol{R}_m$ 都有正的主对角元素在计算上并不是方便的. 幸运的是,在算法过程中,是否加入非奇异的要求,对所得结果几乎没有什么差别. 因此在实际执行 QR 算法时,将不要求 $\boldsymbol{R}_m$ 的主对角元素是正的.

有两个方面原因说明直接进行 QR 算法不是太有效的. 首先,每一 QR 步骤的

计算量很大. 每一个 QR 分解的计算量是$\frac{4}{3}n^3$ flops,其后的矩阵乘法的计算量是 $O(n^3)$ flops. 如果这样的步骤需要执行多次,代价将是很高的. 第二是收敛速度一般很慢,为使 $\boldsymbol{A}_m$ 充分接近对角线上元素可以被看做是 $\boldsymbol{A}$ 的特征值的三角形式,需要进行许多步的迭代. 因此,需要设法将 QR 步骤的计算量降低和加快其收敛速度,同时只进行较少的 QR 迭代.

对 Hessenberg 矩阵的 QR 算法 将矩阵简化为上 Hessenberg 矩阵形式,然后进行 QR 迭代,就可以大大地减少每步的计算量和迭代次数. 首先说明 QR 算法保持矩阵的上 Hessenberg 形式.

定理 2 若 $\boldsymbol{A}_{m-1}$是非奇异的上 Hessenberg 矩阵,且 $\boldsymbol{A}_m$ 是由 $\boldsymbol{A}_{m-1}$进行一步如式(8.6)QR 迭代所得到的,则 $\boldsymbol{A}_m$ 也是上 Hessenberg 形式.

证明 因为 $\boldsymbol{R}_m^{-1}$ 存在并且是上三角的,所以由方程 $\boldsymbol{A}_{m-1}=\boldsymbol{Q}_m\boldsymbol{R}_m$ 得 $\boldsymbol{Q}_m=\boldsymbol{A}_{m-1}\boldsymbol{R}_m^{-1}$. 因为上 Hessenberg 矩阵与上三角矩阵的乘积是上 Hessenberg 矩阵,所以 $\boldsymbol{Q}_m$ 是上 Hessenberg 矩阵,从而 $\boldsymbol{A}_m=\boldsymbol{R}_m\boldsymbol{Q}_m$ 也是上 Hessenberg 矩阵. □

定理 2 假设了矩阵是非奇异的,去掉这个条件当然很好,但不幸的是在奇异情形下,定理 2 不能严格成立. 问题出在进行 QR 分解时,有多余的自由度(即失去唯一性),因此可以构造 $\boldsymbol{Q}_m$ 和 $\boldsymbol{R}_m$,使得 $\boldsymbol{A}_m$ 不再是上 Hessenberg 形式. 事实上,如果直接进行 QR 分解,就可能发生这种情况.

现在给出保持上 Hessenberg 矩阵的 QR 算法. 假设 $\boldsymbol{A}$ 是上 Hessenberg 矩阵,对它进行 QR 步骤. 通过对它进行 $n-1$ 次 Givens 变换将下次对角线上的 $n-1$ 元素变成零,使 $\boldsymbol{A}$ 变换到上三角形式.

首先求出在 1-2 平面上的 Givens 变换 $\boldsymbol{Q}_1$,使得 $\boldsymbol{Q}_1^{\mathrm{H}}\boldsymbol{A}$ 在第(2,1)位置的元素为零. 这个 Givens 变换只改变矩阵的第一行和第二行. 下面求出在 2-3 平面上的 Givens 变换,使得 $\boldsymbol{Q}_2^{\mathrm{H}}\boldsymbol{Q}_1^{\mathrm{H}}\boldsymbol{A}$ 在位置(3,2)的元素为零. $\boldsymbol{Q}_2^{\mathrm{H}}$ 只改变 $\boldsymbol{Q}_1^{\mathrm{H}}\boldsymbol{A}$ 的第二行和第三行. 因为这两列的第一个元素都是零,它们的组合也是零,所以这些零不会被变换 $\boldsymbol{Q}_2^{\mathrm{H}}$ 所改变. 特别地,上次变换得到的在(2,1)位置的零元素不会改变. 其次,求出在 3-4 平面上的 Givens 变换,使得 $\boldsymbol{Q}_3^{\mathrm{H}}\boldsymbol{Q}_2^{\mathrm{H}}\boldsymbol{Q}_1^{\mathrm{H}}\boldsymbol{A}$ 在位置(4,3)的元素为零. 可以很容易验证,这些变换不会破坏前面所需要的零,也不会改变主对角下的零元素.

继续以这种方式进行,直到 $\boldsymbol{A}$ 被变换为上三角矩阵

$$\boldsymbol{R}=\boldsymbol{Q}_{n-1}^{\mathrm{H}}\cdots\boldsymbol{Q}_2^{\mathrm{H}}\boldsymbol{Q}_1^{\mathrm{H}}\boldsymbol{A}$$

记 $\boldsymbol{Q}=\boldsymbol{Q}_1\boldsymbol{Q}_2\cdots\boldsymbol{Q}_n$,则 $\boldsymbol{R}=\boldsymbol{Q}^{\mathrm{H}}\boldsymbol{A}$ 或 $\boldsymbol{A}=\boldsymbol{Q}\boldsymbol{R}$.

为了完成 QR 算法,还需要计算 $\boldsymbol{A}_1=\boldsymbol{R}\boldsymbol{Q}$. 由式(8.6)得

$$\boldsymbol{A}_1=\boldsymbol{R}\boldsymbol{Q}_1\boldsymbol{Q}_2\cdots\boldsymbol{Q}_{n-1}$$

这只是连续地对 $\boldsymbol{R}$ 右乘 Givens 变换 $\boldsymbol{Q}_1,\boldsymbol{Q}_2,\cdots,\boldsymbol{Q}_{n-1}$. 因为 $\boldsymbol{Q}_1$ 是在 1-2 平面上的旋转,它组合矩阵的第一和第二列. 因为这两列的元素除了前两个元素外都是零,

所以其余的零不被右乘 $\boldsymbol{Q}_1$ 所改变. 唯一将被(几乎肯定被)改变的是在(2,1)位置的零. 类似地,对第 2 和 3 列进行作用的 $\boldsymbol{Q}_2$,改变的只是在(3,2)位置的零,等等. 因此从 $\boldsymbol{R}$ 到 $\boldsymbol{A}_1$ 的变换只可能在下次对角线位置:(2,1),(3,2),…,$(n,n-1)$能产生新的非零元素. 因此 $\boldsymbol{A}_1$ 是上 Hessenberg 矩阵.

无论 $\boldsymbol{A}$ 是否是奇异矩阵,上面构造的 $\boldsymbol{A}_1$ 都是上 Hessenberg 矩阵. 因此,对所有的实际问题,可以说 QR 算法保持上 Hessenberg 形式. 此外,无论用 2×2 平面旋转变换代替反射变换来进行构造,计算量都是相同的.

每一步从 $\boldsymbol{A}_{m-1}$ 构造 $\boldsymbol{A}_m$ 时,首先左乘 $n-1$ 个旋转,然后右乘 $n-1$ 个旋转. 因每一个旋转变换的计算量是 $O(n)$ flops,故整个的计算量是 $O(n^2)$,精确的计算依赖于执行的细节. 对上 Hessenberg 矩阵运用 QR 步骤的计算量不超过 $O(n^2)$ flops.

到此为止,可以说相当好地解决了 QR 步骤的计算量问题. 现在总结一下 QR 步骤的计算量问题,首先将矩阵简化为上 Hessenberg 矩阵的计算量是 $O(n^3)$ flops. 虽然计算量比较大,因为 QR 算法保持上 Hessenberg 形式,所以这个算法只进行一次,其后的 QR 迭代的代价相对是不高的,每一个的计算量只是 $O(n^2)$ flops.

当矩阵是 Hermite 矩阵时,因为 Hermite 的 Hessenberg 形式是三对角的,所以结果会更好. QR 算法保持 Hermite 性质和上 Hessenberg 形式的事实说明 QR 步骤保持三对角 Hermite 形式. 因此,在此情形下,QR 步骤的计算量将会很低. 一般地,对 Hermite 三对角矩阵,QR 步骤的计算量只是 $O(n)$.

8.3　QR 算法的收敛加速方法

考虑 QR 算法迭代产生的序列 $\{\boldsymbol{A}_j\}$,其中每一个 $\boldsymbol{A}_m$ 是上 Hessenberg 形式,$a_{ij}^{(m)}$ 表示 $\boldsymbol{A}_m$ 的第(i,j)元素,即

$$\boldsymbol{A}_m=\begin{bmatrix} a_{11}^{(m)} & a_{12}^{(m)} & \cdots & a_{1,n-1}^{(m)} & a_{1n}^{(m)} \\ a_{21}^{(m)} & a_{22}^{(m)} & \cdots & a_{2,n-1}^{(m)} & a_{2n}^{(m)} \\ & a_{32}^{(m)} & \cdots & a_{3,n-1}^{(m)} & a_{3n}^{(m)} \\ & & \ddots & \vdots & \vdots \\ & & & a_{n,n-1}^{(m)} & a_{nn}^{(m)} \end{bmatrix}$$

设 $\boldsymbol{A}$ 的特征值是 $\lambda_1,\lambda_2,\cdots,\lambda_n$,且按模由大到小排列. 在 9.2 节将证明:当 $m\to\infty$ 时,大部分的次主对角元素 $a_{i+1,i}^{(m)}$ 收敛到零. 更准确地说,若 $|\lambda_i|>|\lambda_{i+1}|$,则当 $m\to\infty$ 时,$a_{i+1,i}^{(m)}$ 以收敛率 $|\lambda_{i+1}/\lambda_i|$ 线性地收敛到零. 因此通过减少一个或多个比率 $|\lambda_{i+1}/\lambda_i|$,$i=1,\cdots,n-1$,就能提高收敛速度.

减少比率的直接方法就是对矩阵进行移位. 移位矩阵 $\boldsymbol{A}-\rho\boldsymbol{I}$ 的特征值是 λ_1-

$\rho,\lambda_2-\rho,\cdots,\lambda_n-\rho$. 如果对特征值重新排列，使得$|\lambda_1-\rho|\geqslant|\lambda_2-\rho|\geqslant\cdots\geqslant|\lambda_n-\rho|$，则对应于 $\boldsymbol{A}-\rho\boldsymbol{I}$ 的比率分别是$|(\lambda_{i+1}-\rho)/(\lambda_i-\rho)|,i=1,\cdots,n-1$. 如果 $\lambda_n\neq\lambda_{n-1}$，通过选取非常接近于 λ_n 的 ρ，使得比率$|(\lambda_n-\rho)/(\lambda_{n-1}-\rho)|$充分接近于零.

这并不需要 ρ 必须非常接近于某个特定的特征值，比如 λ_n. 如果找到数 ρ，它较好地逼近某个特征值，记之为 λ_n，则元素 $a_{n,n-1}^{(m)}$ 将很快地收敛到零. 因此，如果能发现 ρ 较好地接近某个特征值，就可简单地用 $\boldsymbol{A}-\rho\boldsymbol{I}$ 代替 $\boldsymbol{A}$ 进行 QR 算法而获益. 元素 $a_{n,n-1}^{(m)}$ 将很快收敛到零. 实际运算时，常把充分小的 $a_{n,n-1}^{(m)}$ 看做是零，加上移位量，有

$$\boldsymbol{A}_m+\rho\boldsymbol{I}=\begin{bmatrix} & \hat{\boldsymbol{A}}_m & & \begin{matrix}*\\ \vdots\\ *\end{matrix}\\ 0 & \cdots & 0 & a_{nn}^{(m)}\end{bmatrix}$$

因此 $a_{nn}^{(m)}$ 是 $\boldsymbol{A}$ 的特征值；事实上，$a_{nn}^{(m)}=\lambda_n$，它是与 ρ 最接近的特征值. $\boldsymbol{A}$ 余下的特征值就是 $\hat{\boldsymbol{A}}_m$ 的特征值，对小一点的矩阵进行迭代更经济，通过对 $\hat{\boldsymbol{A}}_m-\hat{\rho}\boldsymbol{I}$ 进行 QR 算法，能很快得到其他的特征值. 一旦得到另一个特征值，就可以将矩阵变小，求下一个特征值. 按这种方式，对越来越小的矩阵进行计算，最终得到 $\boldsymbol{A}$ 的所有特征值. 在这个过程中，随着每得到一个特征值，待处理的矩阵将逐步变小，因此称为**收缩**.

上面计算的关键是需要有特征值的好的逼近，下面简单考虑如何得到这些逼近，特征值的估计问题将在第 10 章详细研究. 简单的逼近可以从执行了几步没有移位的 QR 迭代中得到. 因为在一些迭代以后，矩阵将接近于三角形式，其主对角元素将接近于特征值. 特别地，$a_{nn}^{(m)}$ 将逼近 $\boldsymbol{A}$ 的最小模特征值 λ_n. 所以，在某种程度上，取 $\rho=a_{nn}^{(m)}$ 是合理的，然后对移位的矩阵 $\boldsymbol{A}-\rho\boldsymbol{I}$ 进行迭代. 事实上，因为每一步得到的都是 λ_n 的更好逼近，所以，为了提高收敛速率，可以随时更新移位量. 也就是说，在每一步都取新的移位量. 这就是所谓的移位 QR 算法

$$\boldsymbol{A}_{m-1}-\rho_{m-1}\boldsymbol{I}=\boldsymbol{Q}_m\boldsymbol{R}_m,\quad \boldsymbol{Q}_m\boldsymbol{R}_m+\rho_{m-1}\boldsymbol{I}=\boldsymbol{A}_m$$

其中 ρ_{m-1} 为矩阵 $\boldsymbol{A}_{m-1}$ 右下角位置的元素. 容易证明上面的 $\boldsymbol{A}_{m-1}$ 和 $\boldsymbol{A}_m$ 是酉相似的.

暂时取 $\rho_{m-1}=a_{nn}^{(m-1)}$. 因为 $a_{nn}^{(m-1)}$ 能被看做是 Rayleigh 商，这就是 **Rayleigh 商移位方法**，简称为 **Rayleigh 商移位.**

因为移位量最终收敛到 λ_n，如果 $\lambda_n\neq\lambda_{n-1}$，则收敛率$|(\lambda_n-\rho_n)/(\lambda_{n-1}-\rho_{n-1})|$趋于零，所以收敛比线性更快. 在 9.2 节，将证明具有 Rayleigh 商移位的 QR 算法隐含地进行 Rayleigh 商移位迭代，从这点可以得到收敛是二次的. 如果矩阵是 Hermite 矩阵（或一般的正规矩阵），收敛是三次的.

现在问题是需要进行多少次没有移位的 QR 步才能认为 $a_{nn}^{(m)}$ 是 λ_n 的好的逼

近. 经验表明没有必要等到 $a_{nn}^{(m)}$ 充分逼近 λ_n，就可以进行移位，且算法是稳定的. 唯一的影响是初始移位将改变特征值的排序，特征值不一定按原来模的大小顺序出现.

例 5　再一次考虑例 4 中的矩阵

$$\boldsymbol{A}=\begin{bmatrix}8 & 2\\2 & 5\end{bmatrix}$$

它的特征值是 $\lambda_1=9$ 和 $\lambda_2=4$. 当对 $\boldsymbol{A}$ 进行非移位的 QR 算法时，(2,1)元素以速率 $|\lambda_2/\lambda_1|=4/9$ 线性地收敛到零. 现在用 *Rayleigh* 商移位量的移位 QR 算法来计算. 取 $\rho_0=5$，对 $\boldsymbol{A}-\rho_0\boldsymbol{I}$ 进行 QR 步骤，它的特征值是 $\lambda_1-5=4$ 和 $\lambda_2-5=-1$. 比率 $|(\lambda_2-\rho_0)/(\lambda_1-\rho_0)|=1/4$ 比 4/9 小，因此移位的 QR 算法有更好的结果.

$$\boldsymbol{A}_0-\rho_0\boldsymbol{I}=\boldsymbol{Q}_1\boldsymbol{R}_1$$

其中

$$\boldsymbol{Q}_1=\frac{1}{\sqrt{13}}\begin{bmatrix}3 & 2\\2 & -3\end{bmatrix}\quad \text{和}\quad \boldsymbol{R}_1=\frac{1}{\sqrt{13}}\begin{bmatrix}13 & 6\\0 & 4\end{bmatrix}$$

因此

$$\boldsymbol{A}_1=\boldsymbol{R}_1\boldsymbol{Q}_1+\rho_0\boldsymbol{I}=\frac{1}{13}\begin{bmatrix}51 & 8\\8 & -12\end{bmatrix}\approx\begin{bmatrix}8.9231 & 0.6154\\0.6154 & 4.0769\end{bmatrix}$$

同例 4 中的结果比较，可以看出与未移位的步骤相比，仅作一步的移位，QR 步骤的收敛已经非常明显. 不仅非对角元素很小，主对角元素也很接近于特征值. 对下一步的 Rayleigh 商移位量是 $\rho_1\approx4.0769$. $\boldsymbol{A}_1-\rho_1\boldsymbol{I}$ 的特征值是 $\lambda_1-\rho_1=4.9231$ 和 $\lambda_2-\rho_1=-0.0769$，比率是 0.0156. 因此可以期待 $\boldsymbol{A}_2$ 将显著地比 $\boldsymbol{A}_1$ 好，事实的确如此，有

$$\boldsymbol{A}_2=\begin{bmatrix}8.99998092658643 & 0.00976558774724\\0.00976558774724 & 4.00001907341357\end{bmatrix}$$

下一步的移位量是 $\rho_2=4.00001907341357$，它给出更好的收敛速度，且

$$\boldsymbol{A}_3=\begin{bmatrix}9.00000000000000 & 0.00000003725290\\0.00000003725290 & 4.00000000000000\end{bmatrix}$$

最终

$$\boldsymbol{A}_4=\begin{bmatrix}9.00000000000000 & 0.00000000000000\\0.00000000000000 & 4.00000000000000\end{bmatrix}$$

下面的例子说明 Rayleigh 商移位方法不总是有效的. 考虑实对称矩阵

$$\boldsymbol{A}=\begin{bmatrix}2 & 1\\1 & 2\end{bmatrix}$$

容易看出 $\boldsymbol{A}$ 的特征值是 $\lambda_1=3$ 和 $\lambda_2=1$. Rayleigh 移位量是 $\rho=2$，它正好在两个特征值的中间. 移位矩阵 $\boldsymbol{A}-\rho\boldsymbol{I}$ 的特征值是 ±1，有相同的模. 因为 $\boldsymbol{A}-\rho\boldsymbol{I}$ 是酉矩阵，

它的 QR 因子是 $\boldsymbol{Q}_1=\boldsymbol{A}-\rho\boldsymbol{I}$ 和 $\boldsymbol{R}_1=\boldsymbol{I}$，于是 $\boldsymbol{A}_1=\boldsymbol{R}_1\boldsymbol{Q}_1+\rho\boldsymbol{I}_1=\boldsymbol{A}$，所以 QR 步骤保持 $\boldsymbol{A}$ 不变. 这个算法不能决定逼近哪一个特征值. 在 Rayleigh 商迭代中也会出现类似的现象.

因为 Rayleigh 商迭代有时会失败，所以需要选择不同的移位方法，下面介绍 Wilkinson 移位. **Wilkinson 移位量**定义为下面 2×2 子矩阵中与 $a_{n,n}^{(m-1)}$ 接近特征值

$$\begin{bmatrix} a_{n-1,n-1}^{(m-1)} & a_{n-1,n}^{(m-1)} \\ a_{n,n-1}^{(m-1)} & a_{n,n}^{(m-1)} \end{bmatrix} \tag{8.7}$$

因为 Wilkinson 移位运用 $\boldsymbol{A}_{m-1}$ 中更多的信息，故可以期望给出特征值更好的逼近. 对实对称三对角矩阵，理论证明 Wilkinson 移位的 QR 算法总是收敛. 收敛率通常是三次或更好，见(Parlett，1997)，其中对对称矩阵讨论了许多移位方法. 对一般的矩阵，也存在某些特殊的情形，Wilkinson 移位也是失败的. 下面将给出一个例子.

对大多数矩阵，Wilkinson 移位方法是非常有效. 经验证实一般需要 5 到 9 个 QR 步骤，第一个特征值就会出现. 虽然 $a_{n,n-1}^{(m)}$ 很快地收敛到零，$\boldsymbol{A}_m$ 的其他次对角元素趋于零的速度却很慢. 当第一个特征值出现时，也收敛到一些其他的特征值. 随着下一个特征值的出现，这个低收敛继续下去. 因此，平均地说，与前面的特征值相比，后面的特征值在更小的迭代步后出现. 通常在两或更少的步，许多后面的特征值就出现了. 平均求每个特征值的迭代步骤在三到五次. 对 Hermite 矩阵，情形会更好，求每一个特征值的迭代步骤在二、三次.

实矩阵的复特征值 在实际问题中，特征问题都是关于实矩阵的. 实矩阵可能有复的特征值的事实给 Rayleigh 商移位带来另一个缺点. 因为如果对实矩阵只进行实的 Rayleigh 商移位量，它不能很好地逼近非实的特征值. 因为 Wilkinson 移位量是 2×2 矩阵，它的特征值也可能不是实的. 因此这个移位方法可以非常好地逼近实矩阵的复特征值.

这给出了一个特征求解的重要思想. 当研究实矩阵时，尽可能选择在实数域中进行运算，而复移位量的应用迫使运算在复数域中进行. 幸运的是在执行 QR 算法时，通过考虑一些因素，可以避免复数运算. 因为实矩阵的复特征值总是共轭出现的，因此，只要知道一个特征值 λ，就可以得到另一个特征值 $\bar{\lambda}$. 为了保持在实数域中，可以设计一个同时求这两个特征值的算法. 这样的算法，不是一个一个地求，然后收缩两次，而是求特征值为 λ 和 $\bar{\lambda}$ 的实 2×2 方块. 下面来说明这个算法.

Wilkinson 移位方法是求 2×2 子矩阵式(8.7)的特征值. 假设 $\boldsymbol{A}_{m-1}$ 是实的，如果式(8.7)的一个特征值 ρ_{m-1} 是复的，则它的共轭复数 $\bar{\rho}_{m-1}$ 是另一个特征值. 因为 $\boldsymbol{A}_{m-1}-\rho_{m-1}\boldsymbol{I}$ 是复的，移位量是 ρ_{m-1} 的 QR 步将导致复矩阵 $\boldsymbol{A}_m$. 然而，能够证明如果紧跟着这个步骤进行移位量是 $\bar{\rho}_{m-1}$ 的步骤，则矩阵 $\boldsymbol{A}_{m+1}$ 是实的.

在第 9 章中推导的双步 QR 算法，它越过 $\boldsymbol{A}_m$，直接从 $\boldsymbol{A}_{m-1}$ 构造 $\boldsymbol{A}_{m+1}$. 这个计

算完全限制在实数域中进行，计算量等同于两次一般的实 QR 步. 代替 $a_{n,n-1}^{(m)} \to 0$，迭代满足 $a_{n-1,n-2}^{(m)} \to 0$. 收敛一般是二次的，因此在相当小的迭代次数后，$a_{n-1,n-2}^{(m)}$ 将变为充分小，对实际问题，可以看做是零. 即

$$
\boldsymbol{A}_m = \begin{bmatrix} & & & * & * \\ & \hat{\boldsymbol{A}}_m & & \vdots & \vdots \\ & & & * & * \\ 0 & \cdots & 0 & & \\ & & & \multicolumn{2}{c}{\hat{\boldsymbol{A}}_m} \\ 0 & \cdots & 0 & & \end{bmatrix}
$$

其中 $\boldsymbol{A}_m \in R^{2\times 2}$ 的特征值是 λ 和 $\bar{\lambda}$，因此产生双收缩. $\boldsymbol{A}_m$ 余下的特征值是 $\hat{\boldsymbol{A}}_m$ 所有特征值，因此可以对子矩阵 $\hat{\boldsymbol{A}}_m$ 继续进行类似的迭代.

异常移位　存在一些特殊的情形，使得 Wilkinson 移位也失效. 考虑下面的例子：

$$
\boldsymbol{A} = \begin{bmatrix} & & & 1 \\ 1 & & & \\ & 1 & & \\ & & \ddots & \\ & & & 1 \end{bmatrix} \tag{8.8}
$$

其下次对角线上元素全为 1，$(1,n)$ 元素也为 1，所有其他元素都是零. 这是不可约上 Hessenberg 酉矩阵. 在 $\boldsymbol{A}$ 的 QR 分解中，$\boldsymbol{Q}=\boldsymbol{A}$ 和 $\boldsymbol{R}=\boldsymbol{I}$. 因此 $\boldsymbol{A}_1=\boldsymbol{RQ}=\boldsymbol{A}$；QR 步骤不产生新的结果. 显然只要当 $\boldsymbol{A}$ 是酉矩阵时，就会发生这种情况. 这与前面的收敛结果是不矛盾的. 酉矩阵的所有特征值都在复平面的单位圆上. 因此比率 $|\lambda_{j+1}/\lambda_j|$ 都是 1. 任何非零的移位都将破坏这个对称性质. 注意到，对矩阵(8.8)，Rayleigh 商移位量和 Wilkinson 移位量都是 0. 因此两个移位方法都失效.

因为存在类似于(8.8)的矩阵，对非对称特征值问题的标准 QR 程序一般都包含一个采用异常移位量的子程序. 因为这种情形不管何时出现，都会导致算法不收敛；上一次收缩后，经过了许多步迭代，则进行一步异常移位. 异常移位的思想是破坏障碍收敛的对称情形. 精确的移位量是不必要的，可以取任何随机数，虽然它应该是与矩阵元素的模相同. 在实际问题中，很少需要异常移位.

目前一个未解决的公开问题是寻找在任何情况下都收敛的快速收敛(比如，二次收敛)的移位方法.

奇异情形　在 QR 算法的推导过程中，对奇异矩阵的处理需要特别的讨论. 因为在实际问题中，矩阵很少正好是奇异的，所以可以完全忽略它们. 然而，这样做将会对这个算法产生误解，如果每一个结论都说，“假设 $\boldsymbol{A}$ 是奇异的，” 人们会认为奇异的情形是讨厌的，应该尽量避免. 而事实正好相反，移位方法的目标是寻找尽可

能逼近于特征值的移位量. ρ 越接近于特征值,移位矩阵 $\boldsymbol{A}-\rho\boldsymbol{I}$ 越可能有零特征值,即奇异的. 从这个观点来看,奇异的情形正是所希望的,值得特别的重视. 下面的定理证明了对不可约上 Hessenberg 矩阵应用 QR 算法,如果运用的是一个精确的特征值作为移位量,则原则上,只要一步就可以得到特征值.

定理 3　若 $\boldsymbol{A}\in C^{n\times n}$ 是奇异的不可约上 Hessenberg 矩阵,$\boldsymbol{B}$ 是从 $\boldsymbol{A}$ 开始,移位量为 0 的一步 QR 算法所得到的矩阵,则 $\boldsymbol{B}$ 的最后一行都是零;特别地,$b_{nn}=0$ 是特征值,且由收缩可以立即去掉.

证明　若 $\boldsymbol{A}=\boldsymbol{QR}$,其中 $\boldsymbol{Q}$ 是酉矩阵,且 $\boldsymbol{R}$ 是上三角的,则 $\boldsymbol{B}=\boldsymbol{RQ}$. 因为 $\boldsymbol{A}$ 是奇异的,$\boldsymbol{Q}$ 是非奇异的,所以,$\boldsymbol{R}$ 一定是奇异的. 这表示至少有一个主对角元素 r_{ii} 是零.

因为不可约上 Hessenberg 矩阵的前 $n-1$ 列是线性无关的,所以 $\boldsymbol{A}$ 的前 $n-1$ 列是独立的. 记这些列为 $\boldsymbol{a}_1,\boldsymbol{a}_2,\cdots,\boldsymbol{a}_{n-1}$,且记 $\boldsymbol{R}$ 的前 $n-1$ 列为 $\boldsymbol{r}_1,\boldsymbol{r}_2,\cdots,\boldsymbol{r}_{n-1}$. 从方程 $\boldsymbol{R}=\boldsymbol{Q}^{\mathrm{H}}\boldsymbol{A}$ 得到

$$\boldsymbol{r}_1=\boldsymbol{Q}^{\mathrm{H}}\boldsymbol{a}_1,\quad \boldsymbol{r}_2=\boldsymbol{Q}^{\mathrm{H}}\boldsymbol{a}_2,\quad \cdots,\quad \boldsymbol{r}_{n-1}=\boldsymbol{Q}^{\mathrm{H}}\boldsymbol{a}_{n-1}$$

因为 $\boldsymbol{Q}^{\mathrm{H}}$ 是非奇异的,且 $\boldsymbol{a}_1,\boldsymbol{a}_2,\cdots,\boldsymbol{a}_{n-1}$ 是线性无关的,$\boldsymbol{r}_1,\boldsymbol{r}_2,\cdots,\boldsymbol{r}_{n-1}$ 一定也是线性无关的. 因此前 $n-1$ 个主对角元素 $r_{11},r_{22},\cdots,r_{n-1,n-1}$ 都一定不为零. 而 $\boldsymbol{R}$ 至少有一个主对角元素是零,因此 $r_{nn}=0$. 又因为 $\boldsymbol{R}$ 是上三角的,这意味着 $\boldsymbol{R}$ 的最后一行的元素都是零. 由 $\boldsymbol{B}=\boldsymbol{RQ}$ 得,$\boldsymbol{B}$ 的整个最后一行也一定都是零. □

推论　若 λ 是不可约上 Hessenberg 矩阵 $\boldsymbol{A}\in C^{n\times n}$ 的一个特征值. 令 $\boldsymbol{B}$ 是移位量为 λ 的一步 QR 算法所得到的矩阵. 则 $\boldsymbol{B}$ 的最后一行是 $(0,\cdots,0,\lambda)^{\mathrm{T}}$. 因此通过收缩,特征值 λ 可以立即去掉.

虽然定理 3 和推论在精确的算术运算下是正确的,但对实际问题,舍入误差将使 $b_{n,n-1}$ 不正好为零. 大多数情形,$b_{n,n-1}$ 永远不是零,因此不能对矩阵进行收缩. 当发生这个情况时,进行另一次移位的 QR 步骤通常能够进行收缩.

习　题　8

1. 分别对下面矩阵进行幂法:

$$\boldsymbol{A}=\begin{bmatrix}\lambda & 1\\ 0 & \lambda\end{bmatrix}\quad 和\quad \boldsymbol{B}=\begin{bmatrix}\lambda & 1\\ 0 & -\lambda\end{bmatrix}\quad (\lambda\neq 0)$$

并考虑所得序列的特性.

2. 在幂法中,取 $\boldsymbol{A}=\begin{bmatrix}1 & 1 & 0\\ 0 & 1 & 1\\ 0 & 0 & 1\end{bmatrix}$,$\boldsymbol{u}_0=\begin{pmatrix}0\\0\\1\end{pmatrix}$. 得到一个精确到 5 位数字的特征向量需要多少次迭代?

3. 设 $\boldsymbol{A}\in C^{n\times n}$ 有实特征值,且满足 $\lambda_1>\lambda_2\geqslant\cdots\geqslant\lambda_{n-1}>\lambda_n$. 现对矩阵 $\boldsymbol{A}-\mu\boldsymbol{I}$ 应用幂法. 试证:

选择 $\mu=\frac{1}{2}(\lambda_2+\lambda_n)$时,所产生的向量序列收敛到属于 λ_1 的特征向量的速度最快.

4. 应用幂法给出求多项式

$$p(z)=z^n+\alpha_1 z^{n-1}+\cdots+\alpha_n$$

之模最大根的一种算法.

5. 利用逆迭代计算矩阵

$$\begin{bmatrix} 2 & 1 & 0 \\ 1 & 3 & 1 \\ 0 & 1 & 4 \end{bmatrix}$$

对应于近似特征值 $\tilde{\lambda}=1.2679$(精确特征值是 $\lambda=3-\sqrt{3}$)的近似特征向量.

6. 应用基本的 QR 迭代于矩阵

$$\boldsymbol{A}=\begin{bmatrix} 1 & 0 \\ 1 & -1 \end{bmatrix}$$

并考察所得矩阵序列的特点,并判断该矩阵序列是否收敛?

7. 给定上三角矩阵

$$\boldsymbol{R}=\begin{bmatrix} \lambda_1 & * \\ 0 & \lambda_2 \end{bmatrix},\quad \lambda_1\neq\lambda_2$$

确定 Givens 变换 $\boldsymbol{Q}$,使得

$$\boldsymbol{Q}^{\mathrm{T}}\boldsymbol{R}\boldsymbol{Q}=\begin{bmatrix} \lambda_2 & * \\ 0 & \lambda_1 \end{bmatrix}$$

8. 设 $\boldsymbol{A}\in C^{n\times n}$, $\boldsymbol{x}\in C^n$, $\boldsymbol{X}=[\boldsymbol{x},\boldsymbol{A}\boldsymbol{x},\cdots,\boldsymbol{A}^{n-1}\boldsymbol{x}]$. 证明:如果 $\boldsymbol{X}$ 是非奇异的,则 $\boldsymbol{X}^{-1}\boldsymbol{A}\boldsymbol{X}$ 是上 Hessenberg 矩阵.

9. 证明:若 $\boldsymbol{H}$ 是一个非亏损的不可约上 Hessenberg 矩阵,则没有重特征值.

10. 设 $\boldsymbol{H}$ 是一个奇异的不可约上 Hessenberg 矩阵. 证明:进行一次基本的 QR 迭代后,$\boldsymbol{H}$ 的零特征值将出现.

11. 设 $\boldsymbol{A}\in R^{n\times n}$是一个具有互不相同对角元素的上三角矩阵,给出计算 $\boldsymbol{A}$ 的全部特征向量的详细算法.

12. 实对称矩阵 $\boldsymbol{A}$ 有重数为 8 的特征值 1,其余的特征值的绝对值小于 0.1. 试描述有关算法来求对应与特征值 1 的 8 维特征空间的标准正交基.

第 9 章 QR 算法执行

第 8 章介绍了 QR 算法的基本思想，本章将介绍这个算法的实际执行方法，给出单步和双步算法的执行细节. 常用的隐 QR 算法简单、明了，且能清楚地表示显式和隐式 QR 算法之间的关系；然后介绍了基于 QR 算法的特征向量求解方法；最后讨论矩阵奇异分解的算法.

为了深入理解特征值问题和及其算法，将在 9.4 节用特征空间和不变子空间来讨论矩阵的特征问题. 这些讨论说明了 QR 算法的有效性. 与此同时，也引入与 QR 算法紧密联系的同时迭代，对大规模矩阵特征问题的计算，同时迭代是一个非常重要求解特征值的方法. 目前，作为实际的特征问题求解算法，同时迭代的重要性近年来已经有所降低，但它仍能自然地推广到大规模稀疏矩阵的特征值问题求解.

9.1 QR 算法的执行

QR 算法本质上是对矩阵进行一系列 Givens 和 Householder 变换，由于这些变换是正交变换，所以在范数上是稳定的. 这表示计算出的每个特征值都是矩阵 $\boldsymbol{A}+\delta\boldsymbol{A}$ 的实际特征值，其中 $\|\delta\boldsymbol{A}\|/\|\boldsymbol{A}\|$ 很小. 除非特征值是良定的，这不能保证所计算的特征值接近于 $\boldsymbol{A}$ 的精确特征值. 特征值的条件数和敏感性分析将在 10.3 节中介绍.

这一部分假设矩阵是实的，对复情形的推广是平凡的.

隐 QR 算法 根据 8.3 节，移位 QR 步的形式是

$$\boldsymbol{A}-\rho\boldsymbol{I}=\boldsymbol{QR},\quad \boldsymbol{RQ}+\rho\boldsymbol{I}=\hat{\boldsymbol{A}} \tag{9.1}$$

其中 $\boldsymbol{Q}$ 是 Givens 或 Householder 变换的乘积. 因此，矩阵 $\hat{\boldsymbol{A}}$ 正交相似于 $\boldsymbol{A}$，

$$\hat{\boldsymbol{A}}=\boldsymbol{Q}^{\mathrm{T}}\boldsymbol{AQ} \tag{9.2}$$

此处用符号 $\hat{\boldsymbol{A}}$ 代替 $\boldsymbol{A}_1$，在本节中，将用 $\boldsymbol{A}_i$ 表示单个 QR 步的部分结果，而不是 QR 算法的第 i 次迭代的结果.

假设 $\boldsymbol{A}$ 和 $\hat{\boldsymbol{A}}$ 都是上 Hessenberg 矩阵，且 $\boldsymbol{A}$ 是不可约的. 如果直接对步骤(9.1)进行编程，一般能得到一个非常满意的结果，称此为显 QR 算法. 然而，在个别情形下，$\boldsymbol{A}$ 减去 $\rho\boldsymbol{I}$ 的运算将导致重要信息在消去中丢失. 现在介绍用不同的方式进行这一步的隐 QR 算法. 代替执行式(9.1)，隐 QR 算法对 $\boldsymbol{A}$ 进行一系列

Givens或 Householder 变换,直接实现相似变换(9.2).因为没有从 $\boldsymbol{A}$ 中减去移位量,算法将更稳定.隐 QR 步的计算量同显式是相同的,因此一般选择隐算法.另外,更好的双步 QR 算法也是基于同样的思想.

为了说明怎样隐式地执行 QR 步,首先仔细研究显式算法是如何实现的.正如在前面所解释的,由一系列 Givens 旋转变换,$\boldsymbol{A}-\rho\boldsymbol{I}$ 能被简化到上三角矩阵

$$\boldsymbol{R}=\boldsymbol{Q}_{n-1}^{\mathrm{T}}\cdots\boldsymbol{Q}_2^{\mathrm{T}}\boldsymbol{Q}_1^{\mathrm{T}}(\boldsymbol{A}-\rho\boldsymbol{I}) \tag{9.3}$$

旋转 $\boldsymbol{Q}_i^{\mathrm{T}}$ 只对行 i 和 $i+1$ 作用,且消去元素 $a_{i+1,i}$.因此在式(9.2)中的变换矩阵 $\boldsymbol{Q}$ 是 $\boldsymbol{Q}=\boldsymbol{Q}_1\boldsymbol{Q}_2\cdots\boldsymbol{Q}_{n-1}$.具体执行方法是一个一个进行旋转 $\boldsymbol{Q}_i$,且按步骤地执行式(9.2)中的相似变换:从 $\boldsymbol{A}_0=\boldsymbol{A}$ 开始,产生中间的结果 $\boldsymbol{A}_1,\boldsymbol{A}_2,\boldsymbol{A}_3,\cdots$,

$$\boldsymbol{A}_i=\boldsymbol{Q}_i^{\mathrm{T}}\boldsymbol{A}_{i-1}\boldsymbol{Q}_i,\quad i=1,\cdots,n-1$$

最后以 $\boldsymbol{A}_{n-1}=\hat{\boldsymbol{A}}$ 结束.隐 QR 算法的关键是不显示地形成矩阵 $\boldsymbol{A}-\rho\boldsymbol{I}$,从而不进行式(9.3)的分解,而将移位隐含在旋转 $\boldsymbol{Q}_i$ 的计算中.

从 $\boldsymbol{Q}_1$ 开始.$\boldsymbol{Q}_1^{\mathrm{T}}$ 是用来消去在 $\boldsymbol{A}-\rho\boldsymbol{I}$ 中的 a_{21} 的,即 $\boldsymbol{Q}_1^{\mathrm{T}}$ 对 $\boldsymbol{A}-\rho\boldsymbol{I}$ 的前两行作用,变换的结果是

$$\begin{pmatrix} a_{11}-\rho \\ a_{21} \end{pmatrix} \rightarrow \begin{pmatrix} * \\ 0 \end{pmatrix}$$

记 $\alpha=\sqrt{(a_{11}-\rho)^2+a_{21}^2}$.因为 $a_{21}\neq 0$,得 $\alpha\neq 0$.记 $c=(a_{11}-\rho)/\alpha$ 和 $s=a_{21}/\alpha$,则 Givens 变换

$$\boldsymbol{Q}_1^{\mathrm{T}}=\begin{bmatrix} c & s & \\ -s & c & \\ & & I \end{bmatrix}$$

可以完成任务.$\boldsymbol{Q}_1$ 的计算只涉及三个数 a_{11},a_{21} 和 ρ,因此没有必要将 $\boldsymbol{A}$ 变换到$\boldsymbol{A}-\rho\boldsymbol{I}$.

一旦得到 $\boldsymbol{Q}_1$,就能计算 $\boldsymbol{A}_1=\boldsymbol{Q}_1^{\mathrm{T}}\boldsymbol{A}\boldsymbol{Q}_1$.现在来考察 $\boldsymbol{A}_1$ 的形式.$\boldsymbol{A}$ 的左乘 $\boldsymbol{Q}_1^{\mathrm{T}}$ 只改变前两行.这个变换保持矩阵的上 Hessenberg 形式,除非 ρ 是零,它没有消去 a_{21}.矩阵 $\boldsymbol{Q}_1^{\mathrm{T}}\boldsymbol{A}$ 右乘 $\boldsymbol{Q}_1$ 只是对矩阵 $\boldsymbol{Q}_1^{\mathrm{T}}\boldsymbol{A}$ 的前两列进行组合.所得到的矩阵形式是

$$\begin{bmatrix} a_{11}^{(1)} & a_{12}^{(1)} & a_{13}^{(1)} & \cdots & & a_{1n}^{(1)} \\ a_{21}^{(1)} & a_{22}^{(1)} & a_{23}^{(1)} & \cdots & & a_{2n}^{(1)} \\ a_{31}^{(1)} & a_{32}^{(1)} & a_{33} & \cdots & & a_{3n} \\ 0 & 0 & a_{43} & \cdots & & a_{4n} \\ \vdots & \vdots & \vdots & \ddots & & \vdots \\ 0 & 0 & 0 & \cdots & a_{n,n-1} & a_{nn} \end{bmatrix}$$

其中上标表示被相似变换改变的元素.由于在(3,1)位置的元素不是零,这个矩阵不是上 Hessenberg,称这个元素为**凸出**.

如果进行显式 QR 步骤，计算结果是

$$
\boldsymbol{R}_1=\boldsymbol{Q}_1^{\mathrm{T}}(\boldsymbol{A}-\rho\boldsymbol{I})=\begin{bmatrix} * & * & * & \cdots & * \\ 0 & x & * & \cdots & * \\ 0 & y & a_{33}-\rho & \cdots & a_{3n} \\ 0 & 0 & a_{34} & \cdots & a_{4n} \\ \vdots & \vdots & \vdots & \ddots & \vdots \\ 0 & 0 & 0 & a_{n,n-1} & a_{nn}-\rho \end{bmatrix}
$$

然后对第二和第三行进行旋转 $\boldsymbol{Q}_2^{\mathrm{T}}$，变换后的结果是

$$
\begin{pmatrix} x \\ y \end{pmatrix} \rightarrow \begin{pmatrix} * \\ 0 \end{pmatrix}
$$

因此为了计算 $\boldsymbol{Q}_2$，需要知道 x,y，更准确地，需要知道它们的比率.

因为没有进行显式的 QR 步，只有 $\boldsymbol{A}_1$ 而没有 $\boldsymbol{R}_1$. 现在的问题是如何从 $\boldsymbol{A}_1$ 确定 $\boldsymbol{Q}_2$. 幸运的是，从 $\boldsymbol{A}_1$ 的凸出可以得到平行于 $\begin{pmatrix} x \\ y \end{pmatrix}$ 的向量. 即存在非零数 β，使得

$$
\begin{pmatrix} a_{21}^{(1)} \\ a_{31}^{(1)} \end{pmatrix}=\beta\begin{pmatrix} x \\ y \end{pmatrix}
$$

证明将在后面给出. 因此由 $a_{21}^{(1)}$ 和 $a_{31}^{(1)}$ 可以计算 $\boldsymbol{Q}_2$. 事实上，记 $\gamma=\sqrt{(a_{21}^{(1)})^2+(a_{31}^{(1)})^2}$，$c=a_{21}^{(1)}/\gamma$ 和 $s=a_{31}^{(1)}/\gamma$，有

$$
\boldsymbol{Q}_2^{\mathrm{T}}=\begin{bmatrix} 1 & & & \\ & c & s & \\ & -s & c & \\ & & & \boldsymbol{I} \end{bmatrix}
$$

对 $\boldsymbol{A}_1$ 左乘 $\boldsymbol{Q}_2^{\mathrm{T}}$，它消去了凸出部分：$\boldsymbol{Q}_2^{\mathrm{T}}\boldsymbol{A}_1$ 是上 Hessenberg 矩阵. 为了完成 $\boldsymbol{A}_2$ 的计算，右乘 $\boldsymbol{Q}_2$，得到

$$
\boldsymbol{A}_2=\begin{bmatrix} a_{11}^{(2)} & a_{12}^{(2)} & a_{13}^{(2)} & \cdots & \\ a_{21}^{(2)} & a_{22}^{(2)} & a_{23}^{(2)} & \cdots & \\ 0 & a_{32}^{(2)} & a_{33}^{(2)} & \cdots & \\ 0 & a_{42}^{(2)} & a_{43}^{(2)} & \cdots & \\ \vdots & \vdots & \vdots & \ddots & \\ & & & a_{n,n-1} & a_{nn} \end{bmatrix}
$$

现在在(4,2)位置有一个新的凸出，因此 $\boldsymbol{A}_2$ 不是 Hessenberg 矩阵. 可以说，变换 $\boldsymbol{A}_1\rightarrow\boldsymbol{A}_2$ 将在位置(3,1)的凸出转移到位置(4,2).

类似地，为了得到 $\boldsymbol{A}_3$，需要计算对第三、第四行进行作用的 $\boldsymbol{Q}_3^{\mathrm{T}}$. $\boldsymbol{Q}_3^{\mathrm{T}}$ 的变换结果如下：

$$\begin{pmatrix} a_{32}^{(2)} \\ a_{42}^{(2)} \end{pmatrix} \to \begin{pmatrix} * \\ 0 \end{pmatrix}$$

因此 $\boldsymbol{Q}_3^{\mathrm{T}}\boldsymbol{A}_2$ 再次是上 Hessenberg 矩阵，且 $\boldsymbol{A}_3=\boldsymbol{Q}_3^{\mathrm{T}}\boldsymbol{A}_2\boldsymbol{Q}_3$ 在位置(5,3)有一个新的凸出.

每一个相似变换都将凸出向下和右移动. 矩阵 $\boldsymbol{Q}_{n-1}^{\mathrm{T}}$ 对最后两行进行，消去在位置$(n,n-2)$的凸出. 在右边乘以 $\boldsymbol{Q}_{n-1}$ 不会产生新的元素，隐 QR 步骤便告完成. 基于以上的原因，隐 QR 算法也称为**凸出追踪算法**.

现在证明 QR 步中追踪凸出的旋转是正确的. 首先引入记号. 对 $i=1,\cdots,n-1$，记 $\hat{\boldsymbol{Q}}_i=\boldsymbol{Q}_1\boldsymbol{Q}_2\cdots\boldsymbol{Q}_i$ 和 $\boldsymbol{R}_i=\boldsymbol{Q}_i^{\mathrm{T}}\cdots\boldsymbol{Q}_2^{\mathrm{T}}\boldsymbol{Q}_1^{\mathrm{T}}(\boldsymbol{A}-\rho\boldsymbol{I})=\hat{\boldsymbol{Q}}_i^{\mathrm{T}}(\boldsymbol{A}-\rho\boldsymbol{I})$，则 $\boldsymbol{R}=\boldsymbol{R}_{n-1}$. 对每个 i，$\boldsymbol{Q}_{i+1}^{\mathrm{T}}$ 是将 $\boldsymbol{R}_i$ 变换到 $\boldsymbol{R}_{i+1}$ 的旋转，且变换的效果是

$$\begin{pmatrix} r_{i+1,i+1}^{(i)} \\ r_{i+2,i+1}^{(i)} \end{pmatrix} \to \begin{pmatrix} r_{i+1,i+1}^{(i+1)} \\ 0 \end{pmatrix}$$

对 $\boldsymbol{A}_1$，除了在位置(3,1)外，是上 Hessenberg 形式. 现在归纳假设除了在位置$(i+2,i)$，$\boldsymbol{A}_i$ 是上 Hessenberg 形式. 需要证明的是：存在非零常数 δ，使得

$$\begin{pmatrix} a_{i+1,i}^{(i)} \\ a_{i+2,i}^{(i)} \end{pmatrix} = \delta \begin{pmatrix} r_{i+1,i+1}^{(i)} \\ r_{i+2,i+1}^{(i)} \end{pmatrix}$$

这就证明了 $\boldsymbol{Q}_{i+1}^{\mathrm{T}}$ 正是将 $\boldsymbol{A}_i$ 的凸出消去的变换，且变换结果是除了在位置$(i+3,i+1)$外，$\boldsymbol{A}_{i+1}$ 几乎是上 Hessenberg 矩阵.

由 $\boldsymbol{A}_i=\hat{\boldsymbol{Q}}_i^{\mathrm{T}}\boldsymbol{A}\hat{\boldsymbol{Q}}_i$ 得 $\boldsymbol{A}_i\hat{\boldsymbol{Q}}_i^{\mathrm{T}}=\hat{\boldsymbol{Q}}_i^{\mathrm{T}}\boldsymbol{A}$. 两边右乘 $\boldsymbol{A}-\rho\boldsymbol{I}$，由 $\boldsymbol{A}(\boldsymbol{A}-\rho\boldsymbol{I})=(\boldsymbol{A}-\rho\boldsymbol{I})\boldsymbol{A}$ 和定义 $\boldsymbol{R}_i=\hat{\boldsymbol{Q}}_i^{\mathrm{T}}(\boldsymbol{A}-\rho\boldsymbol{I})$，得 $\boldsymbol{A}_i\boldsymbol{R}_i=\boldsymbol{R}_i\boldsymbol{A}$. 将这个矩阵等式分块为

$$\begin{bmatrix} \boldsymbol{A}_{11}^{(i)} & \boldsymbol{A}_{12}^{(i)} \\ \boldsymbol{A}_{21}^{(i)} & \boldsymbol{A}_{22}^{(i)} \end{bmatrix}\begin{bmatrix} \boldsymbol{R}_{11}^{(i)} & \boldsymbol{R}_{12}^{(i)} \\ & \boldsymbol{R}_{22}^{(i)} \end{bmatrix} = \begin{bmatrix} \boldsymbol{R}_{11}^{(i)} & \boldsymbol{R}_{12}^{(i)} \\ & \boldsymbol{R}_{22}^{(i)} \end{bmatrix}\begin{bmatrix} \boldsymbol{A}_{11} & \boldsymbol{A}_{12} \\ \boldsymbol{A}_{21} & \boldsymbol{A}_{22} \end{bmatrix}$$

其中(1,1)块 $\boldsymbol{R}_{11}^{(i)}$ 是 $i\times i$ 上三角，$\boldsymbol{R}_{22}^{(i)}$ 是上 Hessenberg 矩阵. 由对应的块(2,1)相等，得

$$\boldsymbol{A}_{21}^{(i)}\boldsymbol{R}_{11}^{(i)} = \boldsymbol{R}_{22}^{(i)}\boldsymbol{A}_{21} \tag{9.4}$$

因为 $\boldsymbol{A}$ 是上 Hessenberg 矩阵，$\boldsymbol{A}_{21}$ 只有一个在右上角的非零元素 $a_{i+1,i}$，所以式(9.4)中有许多零元素. 类似地，由归纳假设 $\boldsymbol{A}_i$ 也几乎是 Hessenberg 矩阵，因此 $\boldsymbol{A}_{21}^{(i)}$ 只有两个非零元素 $a_{i+1,i}^{(i)}$ 和 $a_{i+2,i}^{(i)}$. 因此，在式(9.4)中只有最后一列非零. 由对应元素，得

$$\begin{pmatrix} a_{i+1,i}^{(i)} \\ a_{i+2,i}^{(i)} \end{pmatrix} r_{ii}^{(i)} = \begin{pmatrix} r_{i+1,i+1}^{(i)} \\ r_{i+2,i+1}^{(i)} \end{pmatrix} a_{i+1,i}$$

因为 $\boldsymbol{A}$ 是不可约上 Hessenberg 矩阵，所以 $a_{i+1,i}$ 和 $r_{ii}^{(i)}$ 都不是零. 得到所需结果.

对称矩阵　当 $\boldsymbol{A}$ 是对称矩阵时，隐 QR 步可以极大地简化. 此时 $\boldsymbol{A}$ 和 $\hat{\boldsymbol{A}}$ 都是对称三对角矩阵. 中间矩阵 $\boldsymbol{A}_1,\boldsymbol{A}_2,\boldsymbol{A}_3,\cdots$ 都是对称的，因为每一个矩阵都有两个凸

出，分别出现在三对角的上面和下面，所以不是三对角的. 对此情形，好的隐 QR 算法必须利用对称性. 例如，在从 $\boldsymbol{A}$ 到 $\boldsymbol{A}_1$ 的变换，计算非对称的中间结果 $\boldsymbol{Q}_1^{\mathrm{T}}\boldsymbol{A}$ 不是有效的；最好是直接计算从 $\boldsymbol{A}$ 到 $\boldsymbol{Q}_1^{\mathrm{T}}\boldsymbol{A}\boldsymbol{Q}_1$ 的变换，利用两个矩阵的对称性使计算量减少.

在计算机的程序中，对称矩阵的储存是简洁的. 长度为 n 的一维数组储存主对角元素，$n-1$ 的数组储存次对角元素，另一个来储存凸出. 因为不需要储存中间矩阵，所以只需要一组数组. 这种数据结构不仅节省空间，它还能迫使程序员利用对称性和流水型设计算法.

双步 QR 算法 因为实矩阵的特征值可能是复数，且共轭出现；为了限制在实域中讨论，引入双步 QR 算法. 若 $\boldsymbol{A}\in R^{n\times n}$ 是实、不可约上 Hessenberg 矩阵，考虑移位量分别为 ρ 和 τ（可以是复数）的一对 QR 步

$$\begin{aligned}\boldsymbol{A}-\rho\boldsymbol{I}&=\boldsymbol{Q}_\rho\boldsymbol{R}_\rho,\quad \boldsymbol{R}_\rho\boldsymbol{Q}_\rho+\rho\boldsymbol{I}=\widetilde{\boldsymbol{A}}\\ \widetilde{\boldsymbol{A}}-\tau\boldsymbol{I}&=\boldsymbol{Q}_\tau\boldsymbol{R}_\tau,\quad \boldsymbol{R}_\tau\boldsymbol{Q}_\tau+\tau\boldsymbol{I}=\hat{\boldsymbol{A}}\end{aligned}\tag{9.5}$$

因为 $\widetilde{\boldsymbol{A}}=\boldsymbol{Q}_\rho^{\mathrm{H}}\boldsymbol{A}\boldsymbol{Q}_\rho$ 和 $\hat{\boldsymbol{A}}=\boldsymbol{Q}_\tau^{\mathrm{H}}\widetilde{\boldsymbol{A}}\boldsymbol{Q}_\tau$，所以 $\hat{\boldsymbol{A}}=\boldsymbol{Q}^{\mathrm{H}}\boldsymbol{A}\boldsymbol{Q}$，其中 $\boldsymbol{Q}=\boldsymbol{Q}_\rho\boldsymbol{Q}_\tau$. 如果 ρ 和 τ 都是实的，则正如 $\hat{\boldsymbol{A}}$，在式(9.5)中的所有矩阵都是实的. 如果移位量是复数，将得到复矩阵. 然而，如果 ρ 和 τ 是共轭的 $\tau=\bar{\rho}$，则即使中间矩阵是复的，$\hat{\boldsymbol{A}}$ 也是实的. 下面是这个重要结论的陈述.

引理 1 记 $\boldsymbol{Q}=\boldsymbol{Q}_\rho\boldsymbol{Q}_\tau$ 和 $\boldsymbol{R}=\boldsymbol{R}_\tau\boldsymbol{R}_\rho$，其中 $\boldsymbol{Q}_\rho,\boldsymbol{Q}_\tau,\boldsymbol{Q}_\rho$ 和 $\boldsymbol{R}_\tau$ 是满足式(9.5)的酉矩阵. 则

$$(\boldsymbol{A}-\tau\boldsymbol{I})(\boldsymbol{A}-\rho\boldsymbol{I})=\boldsymbol{Q}\boldsymbol{R}$$

证明 由 $\boldsymbol{Q}_\rho^{\mathrm{H}}\boldsymbol{A}\boldsymbol{Q}_\rho=\widetilde{\boldsymbol{A}}$ 得 $(\boldsymbol{A}-\tau\boldsymbol{I})\boldsymbol{Q}_\rho=\boldsymbol{Q}_\rho(\widetilde{\boldsymbol{A}}-\tau\boldsymbol{I})$. 因此，由式(9.5)，得

$$\begin{aligned}(\boldsymbol{A}-\tau\boldsymbol{I})(\boldsymbol{A}-\rho\boldsymbol{I})&=(\boldsymbol{A}-\tau\boldsymbol{I})\boldsymbol{Q}_\rho\boldsymbol{R}_\rho\\&=\boldsymbol{Q}_\rho(\widetilde{\boldsymbol{A}}-\tau\boldsymbol{I})\boldsymbol{R}_\rho=\boldsymbol{Q}_\rho\boldsymbol{Q}_\tau\boldsymbol{R}_\tau\boldsymbol{R}_\rho=\boldsymbol{Q}\boldsymbol{R}\end{aligned}$$ □

引理 2 如果在式(9.5)中，$\tau=\bar{\rho}$. 则：

(1) $(\boldsymbol{A}-\tau\boldsymbol{I})(\boldsymbol{A}-\rho\boldsymbol{I})$是实矩阵.

(2) 如果 ρ 和 τ 不是 $\boldsymbol{A}$ 的特征值，则引理 1 中的矩阵 $\boldsymbol{Q}$ 和 $\boldsymbol{R}$ 都是实的，且式(9.5)中的矩阵 $\hat{\boldsymbol{A}}$ 也是实矩阵.

证明 (1) 由展开式 $(\boldsymbol{A}-\bar{\rho}\boldsymbol{I})(\boldsymbol{A}-\rho\boldsymbol{I})=\boldsymbol{A}^2-(\rho+\bar{\rho})\boldsymbol{A}+\bar{\rho}\rho\boldsymbol{I}$，因为系数 $\rho+\bar{\rho}=2\mathrm{re}(\rho)$ 和 $\bar{\rho}\rho=|\rho|^2$ 都是实数. 所以 $(\boldsymbol{A}-\bar{\rho}\boldsymbol{I})(A-\rho\boldsymbol{I})$ 是实矩阵.

(2) 如果 ρ 和 τ 不是 $\boldsymbol{A}$ 的特征值，则 $\boldsymbol{A}-\rho\boldsymbol{I}$ 和 $\boldsymbol{A}-\bar{\rho}\boldsymbol{I}$ 都是非奇异的；如果 $\boldsymbol{R}_\rho$ 和 $\boldsymbol{R}_\tau$ 的对角线元素都是正的，则在式(9.5)中的 QR 分解是唯一的. 因为 $\boldsymbol{Q}=\boldsymbol{Q}_\rho\boldsymbol{Q}_\tau$ 是酉矩阵，$\boldsymbol{R}=\boldsymbol{R}_\tau\boldsymbol{R}_\rho$ 是实对角的上三角矩阵. 由引理 1，$\boldsymbol{Q}$ 和 $\boldsymbol{R}$ 是矩阵 $(\boldsymbol{A}-\tau\boldsymbol{I})(\boldsymbol{A}-\rho\boldsymbol{I})$ 的 QR 分解中的唯一因子；而矩阵 $(\boldsymbol{A}-\tau\boldsymbol{I})(\boldsymbol{A}-\rho\boldsymbol{I})$ 是实的，所以分解因子 $\boldsymbol{Q}$ 和 $\boldsymbol{R}$ 必须也是实的. 所以 $\hat{\boldsymbol{A}}=\boldsymbol{Q}^{\mathrm{H}}\boldsymbol{A}\boldsymbol{Q}=\boldsymbol{Q}^{\mathrm{T}}\boldsymbol{A}\boldsymbol{Q}$ 是实矩阵. □

以上再次假设了矩阵的非奇异性. 对奇异情况，可能会因为不能唯一地决定 $\boldsymbol{Q}$

和 $\boldsymbol{R}$ 而产生困难. 但是实际上没有什么可担忧的：总能选取实的 $\boldsymbol{Q}$，因此也能得到 $\hat{\boldsymbol{A}}$ 是实矩阵的结论. 下面将要推导的算法得到的 $\hat{\boldsymbol{A}}$ 总是实矩阵，不管移位量是否是特征值.

因为讨论的是实矩阵的特征问题，所以总是希望在实域中进行变换，即将实矩阵 $\boldsymbol{A}$ 直接变换到实矩阵 $\hat{\boldsymbol{A}}$. 先从不实用的方法开始，然后将这个算法实用化.

下面是不实用的方法. 首先构造实矩阵

$$\boldsymbol{B} = (\boldsymbol{A} - \bar{\rho}\boldsymbol{I})(\boldsymbol{A} - \rho\boldsymbol{I}) = \boldsymbol{A}^2 - 2\mathrm{Re}\rho\boldsymbol{A} + |\rho|^2\boldsymbol{I}$$

然后计算实矩阵 $\boldsymbol{B}$ 的 QR 分解 $\boldsymbol{B}=\boldsymbol{QR}$. 最后进行实的正交相似变换 $\hat{\boldsymbol{A}}=\boldsymbol{Q}^{\mathrm{T}}\boldsymbol{AQ}$，称为**显双 QR 步**.

有几个原因使得这个方法不令人满意. 一个主要原因是计算 $\boldsymbol{B}$ 需要用到 $\boldsymbol{A}$ 的自乘. 即使 $\boldsymbol{A}$ 是上 Hessenberg 矩阵，计算量也是 $O(n^3)$ flops. 对于很大的 n，这是一个不能忍受的计算量. 但是考虑到 $\boldsymbol{B}$ 的形式，有下面的结果.

因为 $\boldsymbol{B}$ 几乎是上三角的，能很容易计算它的 QR 分解. 在 $\boldsymbol{B}$ 的第一列，只有前三个元素非零. 因此通过只对前三行进行反射变换(或两个平面旋转变换)，将这一列变换到上三角形式. 记这个反射变换为 $\boldsymbol{Q}_1^{\mathrm{T}}(=\boldsymbol{Q}_1)$. 类似地，因为第二列的非零元素到 b_{42} 为止，通过对第二行到第四行的反射变换 $\boldsymbol{Q}_2^{\mathrm{T}}$，将这一列转变到上三角形式. 继续按这种方式进行，在进行 $n-1$ 次这样的反射变换后，得到上三角形式

$$\boldsymbol{R} = \boldsymbol{Q}_{n-1}^{\mathrm{T}}\cdots\boldsymbol{Q}_2^{\mathrm{T}}\boldsymbol{Q}_1^{\mathrm{T}}\boldsymbol{B}$$

每一个反射变换只对三行起作用，$\boldsymbol{Q}_{n-1}^{\mathrm{T}}$ 除外，它只对两行作用. 记 $\boldsymbol{Q}=\boldsymbol{Q}_1\boldsymbol{Q}_2\cdots\boldsymbol{Q}_{n-1}$，显然不是将 $\boldsymbol{Q}_i$ 乘起来一下变换. 而是分步执行 $\hat{\boldsymbol{A}}=\boldsymbol{Q}^{\mathrm{T}}\boldsymbol{AQ}$，记 $\boldsymbol{A}_0=\boldsymbol{A}$ 和

$$\boldsymbol{A}_i = \boldsymbol{Q}_i^{\mathrm{T}}\boldsymbol{A}_{i-1}\boldsymbol{Q}_i, \quad i = 1,\cdots,n-1$$

则 $\hat{\boldsymbol{A}}=\boldsymbol{A}_{n-1}$. 因为反射变换只是对三或更少的行或列进行的，所以每一个变换可以在 $O(n)$ flops 内完成. 因此如果知道了 $\boldsymbol{Q}_i$，从 $\boldsymbol{A}$ 到 $\hat{\boldsymbol{A}}$ 的整个变换将在 $O(n^2)$ flops 内完成.

现在唯一问题是如何不通过计算 $\boldsymbol{B}=(\boldsymbol{A}-\tau\boldsymbol{I})(\boldsymbol{A}-\rho\boldsymbol{I})$ 来决定 $\boldsymbol{Q}_i$. 从 $\boldsymbol{Q}_1$ 开始，这只需要考虑 $\boldsymbol{B}$ 的第一列，比考虑整个矩阵简单得多. 第一列只有三个非零元素，它们是

$$b_{11}=a_{21}\left[\frac{a_{11}^2-(\rho+\tau)a_{11}+\rho\tau}{a_{21}}+a_{12}\right]$$

$$b_{21}=a_{21}[(a_{11}+a_{22})-(\rho+\tau)]$$

$$b_{31}=a_{21}a_{32}$$

简单的计算就可以确定 $\boldsymbol{Q}_1$. $\boldsymbol{Q}_1$ 是对第一、二、三行作用的反射变换，变换的结果是

$$\begin{pmatrix} b_{11} \\ b_{21} \\ b_{31} \end{pmatrix} \to \begin{pmatrix} r_{11} \\ 0 \\ 0 \end{pmatrix}$$

因为与确定 $\boldsymbol{Q}_1$ 向量平行的向量都可以唯一确定 $\boldsymbol{Q}_1$，所以可以不考虑非零因子 a_{21}.

一旦得到 $\boldsymbol{Q}_1$，就可以计算 $\boldsymbol{A}_1=\boldsymbol{Q}_1^{\mathrm{T}}\boldsymbol{A}\boldsymbol{Q}_1$. 因为变换分别对一、二、三行和列进行了重新的组合，所以 $\boldsymbol{A}_1$ 不再是上 Hessenberg 矩阵，它的形式是

$$\boldsymbol{A}_1=\begin{bmatrix} a_{11}^{(1)} & a_{12}^{(1)} & a_{13}^{(1)} & a_{14}^{(1)} & a_{15}^{(1)} & a_{16}^{(1)} & \cdots \\ a_{21}^{(1)} & a_{22}^{(1)} & a_{23}^{(1)} & a_{24}^{(1)} & a_{25}^{(1)} & a_{26}^{(1)} & \cdots \\ a_{31}^{(1)} & a_{32}^{(1)} & a_{33}^{(1)} & a_{34}^{(1)} & a_{35}^{(1)} & a_{36}^{(1)} & \cdots \\ a_{41}^{(1)} & a_{42}^{(1)} & a_{43}^{(1)} & a_{44}^{(1)} & a_{45}^{(1)} & a_{46}^{(1)} & \cdots \\ 0 & 0 & 0 & a_{54}^{(1)} & a_{55}^{(1)} & a_{56}^{(1)} & \cdots \\ 0 & 0 & 0 & 0 & a_{65}^{(1)} & a_{66}^{(1)} & \cdots \\ \vdots & \vdots & \vdots & \vdots & \vdots & \vdots & \end{bmatrix}$$

除了三个凸出元素 $a_{31}^{(1)}$，$a_{42}^{(2)}$ 和 $a_{41}^{(1)}$ 外，$\boldsymbol{A}_1$ 几乎是上 Hessenberg 矩阵.

现在来确定 $\boldsymbol{Q}_2$. 显式的算法需要计算 $\boldsymbol{R}_1=\boldsymbol{Q}_1^{\mathrm{T}}\boldsymbol{B}$. $\boldsymbol{Q}_2$ 是对第二、三、四行作用的反射变换，变换的结果是

$$\begin{bmatrix} r_{22}^{(1)} \\ r_{32}^{(1)} \\ r_{42}^{(1)} \end{bmatrix} \rightarrow \begin{bmatrix} * \\ 0 \\ 0 \end{bmatrix}$$

可以证明向量

$$\begin{bmatrix} r_{22}^{(1)} \\ r_{32}^{(1)} \\ r_{42}^{(1)} \end{bmatrix} \text{和} \begin{bmatrix} a_{21}^{(1)} \\ a_{31}^{(1)} \\ a_{41}^{(1)} \end{bmatrix}$$

是平行的. 因此能从 $\boldsymbol{A}_1$ 确定 $\boldsymbol{Q}_2$，反射变换的结果是

$$\begin{bmatrix} a_{21}^{(1)} \\ a_{31}^{(1)} \\ a_{41}^{(1)} \end{bmatrix} \rightarrow \begin{bmatrix} * \\ 0 \\ 0 \end{bmatrix}$$

一旦得到 $\boldsymbol{Q}_2$，就能计算 $\boldsymbol{A}_2=\boldsymbol{Q}_2^{\mathrm{T}}\boldsymbol{A}_1\boldsymbol{Q}_2$. 变换 $\boldsymbol{A}_1\rightarrow\boldsymbol{Q}_2^{\mathrm{T}}\boldsymbol{A}_1$ 将第 1 列变回到上 Hessenberg 形式. 变换 $\boldsymbol{Q}_2^{\mathrm{T}}\boldsymbol{A}_1\rightarrow\boldsymbol{A}_2$ 组合了第二、三、四列，所以在位置(5,2)和(5,3)可能产生新的非零元素. 因此

$$\boldsymbol{A}_2=\begin{bmatrix} a_{11}^{(2)} & a_{12}^{(2)} & a_{13}^{(2)} & a_{14}^{(2)} & a_{15}^{(2)} & a_{16}^{(2)} & \cdots \\ a_{21}^{(2)} & a_{22}^{(2)} & a_{23}^{(2)} & a_{24}^{(2)} & a_{25}^{(2)} & a_{26}^{(2)} & \cdots \\ 0 & a_{32}^{(2)} & a_{33}^{(2)} & a_{34}^{(2)} & a_{35}^{(2)} & a_{36}^{(2)} & \cdots \\ 0 & a_{42}^{(2)} & a_{43}^{(2)} & a_{44}^{(2)} & a_{45}^{(2)} & a_{46}^{(2)} & \cdots \\ 0 & a_{52}^{(2)} & a_{53}^{(2)} & a_{54}^{(2)} & a_{55}^{(2)} & a_{56}^{(2)} & \cdots \\ 0 & 0 & 0 & 0 & a_{65}^{(2)} & a_{66}^{(2)} & \cdots \\ \vdots & \vdots & \vdots & \vdots & \vdots & \vdots & \end{bmatrix}$$

凸出向下和右移动. 这给出了算法计算过程的模式. $\boldsymbol{Q}_3$ 对第三、四、五行作用，变换的结果是

$$\begin{pmatrix} a_{32}^{(2)} \\ a_{42}^{(2)} \\ a_{52}^{(2)} \end{pmatrix} \rightarrow \begin{pmatrix} * \\ 0 \\ 0 \end{pmatrix}$$

因此变换 $\boldsymbol{A}_3 \rightarrow \boldsymbol{A}_4$ 将凸出向下一列和下一行移动. 随后的变换推动凸出进一步移动，直到它最终从矩阵的底部消失. 当 $\hat{\boldsymbol{A}} = \boldsymbol{A}_{n-1}$，完成隐双 QR 步.

隐 Q 定理　为了以后的需要，现在陈述隐 Q 定理，基于它可以说明隐 QR 算法的合理性. 首先给出在严格条件下的结论.

定理 1　假设矩阵 $\boldsymbol{A}, \hat{\boldsymbol{A}}, \tilde{\boldsymbol{A}}, \hat{\boldsymbol{Q}}$ 和 $\tilde{\boldsymbol{Q}} \in C^{n \times n}$ 满足 $\hat{\boldsymbol{A}} = \hat{\boldsymbol{Q}}^{-1}\boldsymbol{A}\hat{\boldsymbol{Q}}$ 和 $\tilde{\boldsymbol{A}} = \tilde{\boldsymbol{Q}}^{-1}\boldsymbol{A}\tilde{\boldsymbol{Q}}$，其中 $\hat{\boldsymbol{A}}$ 和 $\tilde{\boldsymbol{A}}$ 是次对角元素都是正的不可约上 Hessenberg 矩阵，$\hat{\boldsymbol{Q}}$ 和 $\tilde{\boldsymbol{Q}}$ 是酉矩阵. 如果 $\hat{\boldsymbol{Q}}$ 和 $\tilde{\boldsymbol{Q}}$ 有相同的第一列，则 $\hat{\boldsymbol{Q}} = \tilde{\boldsymbol{Q}}$ 和 $\hat{\boldsymbol{A}} = \tilde{\boldsymbol{A}}$.

这个定理说明，矩阵到不可约上 Hessenberg 形式的酉相似变换由它的第一列唯一确定. 如果要求不可约上 Hessenberg 矩阵的次主对角元素都是正数，结论也成立. 在实际中，通常不考虑元素正负的，因此下面放松条件的定理更有意义.

定理 2　假设矩阵 $\boldsymbol{A}, \hat{\boldsymbol{A}}, \tilde{\boldsymbol{A}}, \hat{\boldsymbol{Q}}$ 和 $\tilde{\boldsymbol{Q}} \in C^{n \times n}$ 满足 $\hat{\boldsymbol{A}} = \hat{\boldsymbol{Q}}^{-1}\boldsymbol{A}\hat{\boldsymbol{Q}}$ 和 $\tilde{\boldsymbol{A}} = \tilde{\boldsymbol{Q}}^{-1}\boldsymbol{A}\tilde{\boldsymbol{Q}}$，其中 $\hat{\boldsymbol{A}}$ 是不可约的上 Hessenberg 矩阵；$\tilde{\boldsymbol{A}}$ 是上 Hessenberg 矩阵；$\hat{\boldsymbol{Q}}$ 和 $\tilde{\boldsymbol{Q}}$ 是酉矩阵；如果 $\hat{\boldsymbol{Q}}$ 和 $\tilde{\boldsymbol{Q}}$ 的第一列是平行的，即 $\hat{\boldsymbol{q}}_1 = d_1\tilde{\boldsymbol{q}}_1$，其中 $|d_1| = 1$. 则 $\tilde{\boldsymbol{A}}$ 也是不可约上 Hessenberg 矩阵，且存在酉对角矩阵 $\boldsymbol{D}$，使得 $\hat{\boldsymbol{Q}} = \tilde{\boldsymbol{Q}}\boldsymbol{D}$ 和 $\hat{\boldsymbol{A}} = \boldsymbol{D}^{-1}\tilde{\boldsymbol{A}}\boldsymbol{D}$.

这个定理的意思是，如果 $\hat{\boldsymbol{Q}}$ 和 $\tilde{\boldsymbol{Q}}$ 的第一列基本上是相同的，则整个矩阵 $\hat{\boldsymbol{Q}}$ 和 $\tilde{\boldsymbol{Q}}$ 基本上是相同的. 式 $\hat{\boldsymbol{Q}} = \tilde{\boldsymbol{Q}}\boldsymbol{D}$ 只是说明 $\hat{\boldsymbol{Q}}$ 的每一列是对应 $\tilde{\boldsymbol{Q}}$ 的列的数乘，且乘数因子的模是 1. 式 $\hat{\boldsymbol{A}} = \boldsymbol{D}^{-1}\hat{\boldsymbol{A}}\boldsymbol{D}$ 表示 $\hat{\boldsymbol{A}}$ 与 $\tilde{\boldsymbol{A}}$ 基本上是相同的. 因此有 $\hat{a}_{ij} = d_i^{-1} d_j \tilde{a}_{ij}$，其中 $|d_i| = |d_j| = 1$. 总结一下，$\boldsymbol{A}$ 的酉简化到不可约上 Hessenberg 形式是由变换后矩阵的第一列唯一确定.

有了隐 Q 定理，能够证明隐 QR 步的合理性：假设通过追踪凸出方法，将矩阵变换到不可约上 Hessenberg 矩阵，且变换矩阵的第一列是相同的. 则由隐 Q 定理，一定进行了一次 QR 迭代，即隐 QR 步等价于单个显 QR 步.

9.2　基于 QR 算法特征向量的计算

在 8.1 节，我们用逆迭代来计算与已知特征值对应的特征向量，这是一个有效和重要的方法. 本节将讨论怎样利用 QR 算法同时计算特征值和特征向量. 在 9.4 节将证明 QR 算法的这个应用能被看做是逆迭代的形式. 首先从处理相对比较简单，且容易理解的对称矩阵开始.

对称矩阵　若 $\boldsymbol{A} \in R^{n \times n}$ 是对称三对角矩阵，就可以用 QR 算法一次性地求出

$\boldsymbol{A}$ 的所有特征值和特征向量. 在进行几次移位的 QR 步骤后, $\boldsymbol{A}$ 几乎可以被简化到对角形式

$$\boldsymbol{D}=\boldsymbol{Q}^{\mathrm{T}}\boldsymbol{A}\boldsymbol{Q} \tag{9.6}$$

其中对角矩阵 $\boldsymbol{D}$ 的主对角元素是 $\boldsymbol{A}$ 的特征值. 假设共进行 m 次 QR 步骤, 即 $\boldsymbol{Q}=\boldsymbol{Q}_1\cdots\boldsymbol{Q}_m$, 其中 $\boldsymbol{Q}_i$ 是第 i 步的变换矩阵, 且每个 $\boldsymbol{Q}_i$ 是 $n-1$ 个旋转子的乘积. 因此 $\boldsymbol{Q}$ 是许多旋转子的乘积. 由 1.1 节定理 3 得, $\boldsymbol{Q}$ 的列是 $\boldsymbol{A}$ 的特征向量. 因为在 QR 算法的执行过程中可以同时计算出 $\boldsymbol{Q}$, 所以特征向量可以与特征值一起得到. $\boldsymbol{Q}$ 的计算需要另外的数组表示, 记为 $\boldsymbol{Q}$, 初始值 $\boldsymbol{Q}=\boldsymbol{I}$. 则对每一个应用于 $\boldsymbol{A}$ 的旋转子 $\boldsymbol{Q}_{ij}$, 即 $\boldsymbol{A}\leftarrow\boldsymbol{Q}_{ij}^{\mathrm{T}}\boldsymbol{A}\boldsymbol{Q}_{ij}$, $\boldsymbol{Q}$ 右乘 $\boldsymbol{Q}_{ij}$, $\boldsymbol{Q}\leftarrow\boldsymbol{Q}\boldsymbol{Q}_{ij}$, 所得到的结果显然是式(9.6)的变换矩阵 $\boldsymbol{Q}$.

现在讨论这个变换过程的计算量. 每一个 $\boldsymbol{Q}\leftarrow\boldsymbol{Q}\boldsymbol{Q}_{ij}$ 的变换只改变 $\boldsymbol{Q}$ 的两列. 因此有 $2n$ 个数字更新. 精确的 flops 依赖于执行的细节, 但是无论如何总是 $O(n)$. 因为每一个 QR 步骤运用了 $n-1$ 个旋转子, 对每一个完整的步骤, 更新 $\boldsymbol{Q}$ 的计算量是 $O(n^2)$ flops. 因为对称矩阵 QR 步骤的基本计算量是 $O(n)$ flops, 所以 $\boldsymbol{Q}$ 的计算增加了整个运算的数量级. 合理的假设是, 完整 QR 步骤的次数是 $O(n)$, 计算 $\boldsymbol{Q}$ 的整个计算量是 $O(n^3)$ flops, 而没有计算 $\boldsymbol{Q}$ 的 QR 迭代的整个计算量是 $O(n^2)$.

减少 $\boldsymbol{Q}$ 计算量的直接方法是减少 QR 迭代次数, 因此进行移位能使得 QR 迭代极大地减少. 首先, 运用只计算特征值而不计算 $\boldsymbol{Q}$ 的 QR 算法. 因为每次迭代只需要 $O(n)$ flops, 这是代价是低的; 然后(保存 $\boldsymbol{A}$)用计算出的特征值作为移位量, 再执行一次 QR 算法. 在这些好的移位量下, 将矩阵简化为对角形式的整个 QR 步将极大地减少, 因此在第二次迭代时, 计算 $\boldsymbol{Q}$ 的次数减少了. 一般, 由上一章定理 3 的推论, 每一个 QR 步应该产生一个特征值. 由于舍入误差, 大多数特征值的计算需要进行两步, 但是迭代次数明显减少. 算法的性能依赖于特征值作为移位量的顺序. 好的顺序是特征值在第一次都出现的次序.

非对称矩阵　设 $\boldsymbol{A}\in C^{n\times n}$ 是上 Hessenberg 矩阵. 如果运用 QR 分解来计算 $\boldsymbol{A}$ 的特征值, 则在有限步后, 近似地有

$$\boldsymbol{T}=\boldsymbol{Q}^{\mathrm{H}}\boldsymbol{A}\boldsymbol{Q} \tag{9.7}$$

其中 $\boldsymbol{T}$ 是上三角的. 这是 Schur 形式. 正如对称情形, 也能同时计算出变换矩阵 $\boldsymbol{Q}$. 考虑运用移位方法: 首先计算没有累计 $\boldsymbol{Q}$ 的特征值, 然后运用计算出的特征值作为移位量, 执行一次 QR 算法, 计算出 $\boldsymbol{Q}$. 在这种情况下, QR 步的基本计算量是 $O(n^2)$, 而不是 $O(n)$, 因此在两次中执行这个任务需要相当的计算量. 然而在第二次计算 $\boldsymbol{Q}$ 的节省一般会补偿这个计算代价.

对只计算特征值还是包含特征向量, QR 算法的处理方式有显著的差别. 如果在一些迭代后, 在次对角上出现零, 则矩阵有块对角形式

$$\begin{bmatrix}\boldsymbol{A}_{11} & \boldsymbol{A}_{12}\\ \boldsymbol{0} & \boldsymbol{A}_{22}\end{bmatrix}$$

如果只需要计算特征值,则能分别处理 $\boldsymbol{A}_{11}$ 和 $\boldsymbol{A}_{22}$,可以忽略 $\boldsymbol{A}_{12}$. 然而,如果需要计算特征向量,就不能忽略 $\boldsymbol{A}_{12}$,因为这是计算特征向量所需的. 必须继续更新它,直到最终变换到上三角矩阵 $\boldsymbol{T}$. 如果左乘某个旋转子改变 $\boldsymbol{A}_{11}$ 的行 i 和 j,则 $\boldsymbol{A}_{12}$ 的行 i 和 j 也被交换;类似地,如果右乘某个旋转子改变 $\boldsymbol{A}_{22}$ 的列 i 和 j,则 $\boldsymbol{A}_{12}$ 对应列也被交换.

虽然得到式(9.7),计算仍然没有结束. 只有 $\boldsymbol{Q}$ 的第一列是 $\boldsymbol{A}$ 的特征向量,为了得到其他的特征向量,还需要进行一些工作. 此时,只要计算 $\boldsymbol{T}$ 的特征向量就足够了,因为对 $\boldsymbol{T}$ 的每一个特征向量 $\boldsymbol{v}$,$\boldsymbol{Qv}$ 是 $\boldsymbol{A}$ 的特征向量. 现在考虑上三角矩阵特征向量的计算问题. 假设 $\boldsymbol{T}$ 有 n 个不同特征值 $t_{11},t_{22},\cdots,t_{nn}$. 为了计算对应于特征值 t_{kk} 的特征向量,需要求解齐次方程组 $(\boldsymbol{T}-t_{kk}\boldsymbol{I})\boldsymbol{v}=\boldsymbol{0}$. 为此,进行下面的分划:

$$\boldsymbol{T}-t_{kk}\boldsymbol{I}=\begin{bmatrix}\boldsymbol{S}_{11} & \boldsymbol{S}_{12}\\ \boldsymbol{0} & \boldsymbol{S}_{22}\end{bmatrix},\quad \boldsymbol{v}=\begin{pmatrix}\boldsymbol{v}_1\\ \boldsymbol{v}_2\end{pmatrix}$$

其中 $\boldsymbol{S}_{11}\in C^{k\times k}$,$\boldsymbol{v}_1\in C^k$. 则方程组 $(\boldsymbol{T}-t_{kk}\boldsymbol{I})\boldsymbol{v}=\boldsymbol{0}$ 变成

$$\begin{aligned}\boldsymbol{S}_{11}\boldsymbol{v}_1+\boldsymbol{S}_{12}\boldsymbol{v}_2&=\boldsymbol{0}\\ \boldsymbol{S}_{22}\boldsymbol{v}_2&=\boldsymbol{0}\end{aligned}$$

$\boldsymbol{S}_{11}$ 和 $\boldsymbol{S}_{22}$ 是上三角的. 因为 $\boldsymbol{S}_{22}$ 的主对角元素 $t_{jj}-t_{kk}$,$j=k+1,\cdots,n$ 全不为零,是非奇异矩阵,所以 $\boldsymbol{v}_2$ 是零向量,方程组简化为 $\boldsymbol{S}_{11}\boldsymbol{v}_1=\boldsymbol{0}$. 因为 $\boldsymbol{S}_{11}$ 的 (k,k) 位置元素是零,是奇异矩阵. 进行另一次分划

$$\boldsymbol{S}_{11}=\begin{bmatrix}\hat{\boldsymbol{S}} & \boldsymbol{r}\\ \boldsymbol{0}^{\mathrm{T}} & 0\end{bmatrix},\quad \boldsymbol{v}_1=\begin{pmatrix}\hat{\boldsymbol{v}}\\ \omega\end{pmatrix}$$

其中 $\hat{\boldsymbol{S}}\in C^{(k-1)\times(k-1)}$,$\boldsymbol{r}\in C^{k-1}$ 和 $\hat{\boldsymbol{v}}\in C^{k-1}$,方程组 $\boldsymbol{S}_{11}\boldsymbol{v}_1=\boldsymbol{0}$ 变成

$$\hat{\boldsymbol{S}}\hat{\boldsymbol{v}}+\omega\boldsymbol{r}=\boldsymbol{0}$$

矩阵 $\hat{\boldsymbol{S}}$ 是非奇异上三角矩阵. 对任意非零数 ω,通过后向代入求解方程 $\hat{\boldsymbol{S}}\hat{\boldsymbol{v}}=-\omega\boldsymbol{r}$,得到 $\hat{\boldsymbol{v}}$. 由此,补足 $n-k$ 个零,得到对应特征值 t_{kk} 的特征向量. 例如,取 $\omega=1$,得到特征向量

$$\boldsymbol{v}=\begin{pmatrix}-\hat{\boldsymbol{S}}^{-1}\boldsymbol{r}\\ 1\\ 0\\ \vdots\\ 0\end{pmatrix}$$

9.3　矩阵奇异值分解的计算

现在考虑矩阵 $\boldsymbol{A}$ 的 SVD 分解的计算方法. 许多求解特征值问题的算法都可以用来计算矩阵的 SVD 分解. 将矩阵简化到简单的形式(三对角或 Hessenberg 矩

阵)，然后对简单形式的矩阵求特征值. 这样的思想对 SVD 分解的计算也是可行的. 特征值问题所需要的简化是通过相似变换得到的. 对奇异值分解 $\boldsymbol{A}=\boldsymbol{UDV}^{\mathrm{T}}$，左乘和右乘不再是同一个矩阵，显然不需要相似变换，只要变换矩阵是正交的.

两个矩阵 $\boldsymbol{A},\boldsymbol{B}\in R^{m\times n}$ 称为**正交等价**的，如果存在正交矩阵 $\boldsymbol{P}\in R^{m\times m}$ 和 $\boldsymbol{Q}\in R^{n\times n}$，使得 $\boldsymbol{B}=\boldsymbol{PAQ}$.

通过正交变换，任何矩阵都正交等价于双对角矩阵，即矩阵能被简化到双对角形式，其中每一个变换矩阵是 m 或更少的反射变换的乘积.

到双对角形式的简化 给定需要分解的矩阵 $\boldsymbol{A}\in R^{m\times n}$，不妨假设 $m\geqslant n$；否则用 $\boldsymbol{A}^{\mathrm{T}}$ 代替 $\boldsymbol{A}$，就可得到所需结果，即如果 $\boldsymbol{A}^{\mathrm{T}}$ 的 SVD 分解是 $\boldsymbol{A}^{\mathrm{T}}=\boldsymbol{UDV}^{\mathrm{T}}$，则 $\boldsymbol{A}$ 的 SVD 分解是 $\boldsymbol{A}=\boldsymbol{VD}^{\mathrm{T}}\boldsymbol{U}^{\mathrm{T}}$.

矩阵 $\boldsymbol{B}\in R^{m\times n}$ 称为**双对角**的，如果当 $i>j$ 或 $i<j-1$ 时，$b_{ij}=0$，即矩阵 $\boldsymbol{B}$ 的形式是

$$\begin{bmatrix} * & * & & & \\ & * & * & & \\ & & * & \ddots & \\ & & & \ddots & * \\ & & & & * \end{bmatrix}$$

其中非零的元素只出现在两个对角线上.

定理 3 若 $\boldsymbol{A}\in R^{m\times n}$，$m\geqslant n$，则存在有限个反射变换乘积构成的正交矩阵 $\hat{\boldsymbol{U}}\in R^{m\times m}$ 和 $\hat{\boldsymbol{V}}\in R^{n\times n}$，双对角 $\boldsymbol{B}\in R^{n\times m}$，使得 $\boldsymbol{A}=\hat{\boldsymbol{U}}\boldsymbol{B}\hat{\boldsymbol{V}}^{\mathrm{T}}$.

证明 用构造法证明，简化过程类似于用反射变换将矩阵简化到上 Hessenberg 形式. 下面来描述步骤. 第一步是将 $\boldsymbol{A}$ 的第一行和第一列中的元素变零. 设 $\hat{\boldsymbol{U}}_1\in R^{n\times n}$ 是反射变换，使得

$$\hat{\boldsymbol{U}}_1\begin{bmatrix} a_{11} \\ a_{12} \\ \vdots \\ a_{n1} \end{bmatrix}=\begin{bmatrix} * \\ 0 \\ \vdots \\ 0 \end{bmatrix}$$

则 $\hat{\boldsymbol{U}}_1\boldsymbol{A}$ 第一列，除了(1,1)位置元素外，都是零. 记 $\hat{\boldsymbol{U}}_1\boldsymbol{A}$ 的第一行为$[\tilde{a}_{11},\tilde{a}_{12},\cdots,\tilde{a}_{1m}]$，且设 $\hat{\boldsymbol{V}}_1$ 是如下形式的反射：

$$\hat{\boldsymbol{V}}_1=\begin{bmatrix} 1 & 0 & \cdots & 0 \\ 0 & & & \\ \vdots & & \hat{\boldsymbol{V}}_1 & \\ 0 & & & \end{bmatrix}$$

其中 $\hat{\boldsymbol{V}}_1$ 满足

$$[\tilde{a}_{12} \quad \cdots \quad \tilde{a}_{1n}]\hat{\boldsymbol{V}}_1=[* \quad 0 \quad \cdots \quad 0]$$

因为 $\hat{V}_1$ 的第一列是 e_1，右乘 $\hat{V}_1$ 不改变 $\hat{U}_1 A$ 的第一列，所以 $\hat{U}_1 A\hat{V}_1$ 的第一行，除了前两个元素，都是零. $\hat{U}_1 A\hat{V}_1$ 的形式是

$$\hat{U}_1 A\hat{V}_1 = \begin{bmatrix} * & * & 0 & \cdots & 0 \\ 0 & & & & \\ \vdots & & & \hat{A} & \\ 0 & & & & \end{bmatrix}$$

$\hat{A} \in R^{(n-1)\times(n-1)}$. 第二步的构造等同于第一步，只是对子矩阵 $\hat{A}$ 进行处理. 容易证明在第二步中的反射变换不会改变在第一步中已经是零的元素. 两步以后，有

$$\hat{U}_2\hat{U}_1 A\hat{V}_1\hat{V}_2 = \begin{bmatrix} * & * & 0 & 0 & \cdots & 0 \\ 0 & * & * & 0 & \cdots & 0 \\ 0 & 0 & & & & \\ \vdots & \vdots & & & \widetilde{A} & \\ 0 & 0 & & & & \end{bmatrix}$$

第三步是对子矩阵 $\widetilde{A}$，继续下去. 在 n 步以后，有

$$\hat{U}_n\cdots\hat{U}_2\hat{U}_1 A\hat{V}_1\hat{V}_2\cdots\hat{V}_n = \begin{bmatrix} * & * & & & \\ & * & * & & \\ & & * & \ddots & \\ & & & \ddots & * \\ & & & & * \end{bmatrix} = B$$

其中在第 $n-1$ 和 n 步，只进行左乘. 记 $\hat{U} = \hat{U}_1\hat{U}_2\cdots\hat{U}_n$ 和 $\hat{V} = \hat{V}_1\hat{V}_2\cdots\hat{V}_{n-2}$. 则 $\hat{U}^{\mathrm{T}} A\hat{V} = B$，即 $A = \hat{U}B\hat{V}^{\mathrm{T}}$. □

在实际应用中，通常 m 比 n 大很多，比如最小二乘问题. 此时，更有效的简化到双对角形式的方法是两步法. 第一步，对 A 进行 QR 分解，

$$A = QR = [Q_1 \quad Q_2]\begin{bmatrix} \hat{R} \\ 0 \end{bmatrix}$$

其中 $\hat{R} \in R^{n\times n}$ 是上三角矩阵. 这只需要在 A 的左乘反射变换. 第二步，将相对较小矩阵 $\hat{R}$ 简化到双对角形式 $\hat{R} = \widetilde{U}\widetilde{B}\widetilde{V}^{\mathrm{T}}$，其中有关矩阵都是 $n\times n$ 阶的. 则

$$A = [Q_1 \quad Q_2]\begin{bmatrix} \widetilde{U} & 0 \\ 0 & I \end{bmatrix}\begin{bmatrix} \widetilde{B} \\ 0 \end{bmatrix}\widetilde{V}^{\mathrm{T}}$$

记

$$\hat{U} = [Q_1 \quad Q_2]\begin{bmatrix} \widetilde{U} & 0 \\ 0 & I \end{bmatrix} = [Q_1\widetilde{U} \quad Q_2] \in R^{m\times m}, \quad B = \begin{bmatrix} \widetilde{B} \\ 0 \end{bmatrix} \in R^{m\times n}$$

且 $\hat{V} = \widetilde{V} \in R^{n\times n}$，则 $A = \hat{U}B\hat{V}^{\mathrm{T}}$.

这样处理的优点是右乘是对小的矩阵 $\hat{R}$，而不是大的矩阵 A 进行的，因此计算量得到减少. 缺点是右乘破坏 $\hat{R}$ 的上三角形式. 因此对小矩阵 $\hat{R}$ 必须同时进行许

多左乘. 如果比值 m/n 充分大,增加的左乘代价将被右乘的节省补偿. $m/n=5/3$ 是得失相当的点. 如果 $m/n\gg 1$, flops 接近减少一半.

在不同应用中,对矩阵的 SVD 分解有不同的要求. 一些应用只需要奇异值,另一些只需要右或左边的奇异向量. 如果需要所有的奇异向量,则需要显式地计算出矩阵 $\hat{\boldsymbol{U}}$ 和 $\hat{\boldsymbol{V}}$. 许多应用一般只需要计算 $\hat{\boldsymbol{V}}$,这样就避免计算 $\hat{\boldsymbol{U}}$. 如果不需要 $\hat{\boldsymbol{U}}$,则不需要进行初步的 QR 分解.

$\boldsymbol{B}$ 的 SVD 分解的计算　因为 $\boldsymbol{B}$ 是双对角的,形式是

$$\boldsymbol{B}=\begin{bmatrix}\widetilde{\boldsymbol{B}}\\ \boldsymbol{0}\end{bmatrix}$$

其中 $\widetilde{\boldsymbol{B}}\in R^{n\times n}$ 是双对角的. 所以求 $\boldsymbol{A}$ 的 SVD 分解问题简化到计算双对角矩阵 $\widetilde{\boldsymbol{B}}$ 的 SVD 分解.

为了记号方便,现在去掉 $\widetilde{\boldsymbol{B}}$ 上的波浪,假设 $\boldsymbol{B}\in R^{n\times n}$ 是双对角矩阵,即

$$\boldsymbol{B}=\begin{bmatrix}\beta_1 & \gamma_1 & & & \\ & \beta_2 & \gamma_2 & & \\ & & \beta_3 & \ddots & \\ & & & \ddots & \gamma_{n-1}\\ & & & & \beta_n\end{bmatrix} \tag{9.8}$$

计算 $\boldsymbol{B}$ 的 SVD 分解问题等价于求三对角对称矩阵 $\boldsymbol{B}^{\mathrm{T}}\boldsymbol{B}$ 和 $\boldsymbol{B}\boldsymbol{B}^{\mathrm{T}}$ 的特征值和特征向量. 有许多算法可以完成这个任务. 一个是 QR 算法,它是本章的主要内容;其他的(包括一些实际上非常好的)算法将在下一节讨论. 算法的基本要求是不显式地计算 $\boldsymbol{A}^{\mathrm{T}}\boldsymbol{A}$ 和 $\boldsymbol{A}\boldsymbol{A}^{\mathrm{T}}$,因此需要将计算三对角对称矩阵特征问题的方法改变到直接对 $\boldsymbol{B}$ 进行,从而避免形成乘积. 对大多数特征值求解算法,都可以进行这样改变的. 下面描述不形成乘积,隐示地对 $\boldsymbol{B}^{\mathrm{T}}\boldsymbol{B}$ 和 $\boldsymbol{B}\boldsymbol{B}^{\mathrm{T}}$ 进行的 QR 算法. 对求 SVD 分解问题,这不一定是最好的方法,但它可以作为有关算法基本思想的一种描述. 这部分与第 2 章的广义特征值问题是紧密联系的. 首先定义:

如果在式(9.8)中,对所有的 i, $\beta_i\neq 0$ 和 $\gamma_i\neq 0$,则称 $\boldsymbol{B}$ 是**不可约双对角矩阵.**

如果 $\boldsymbol{B}$ 不是不可约双对角的,它的 SVD 问题可以简化到两个或更多小的子问题. 首先假设某个 γ_k 是零,则

$$\boldsymbol{B}=\begin{bmatrix}\boldsymbol{B}_1 & \boldsymbol{0}\\ \boldsymbol{0} & \boldsymbol{B}_2\end{bmatrix} \tag{9.9}$$

其中 $\boldsymbol{B}_1\in R^{k\times k}$ 和 $\boldsymbol{B}_2\in R^{(n-k)\times(n-k)}$ 都是双对角的. 可以分别求 $\boldsymbol{B}_1$ 和 $\boldsymbol{B}_2$ 的 SVD,然后将它们组合起来得到 $\boldsymbol{B}$ 的 SVD. 如果某些 β_k 是零,可以首先对 $\boldsymbol{B}$ 进行简化,然后分别计算. 如果 β_k 正好是零,为了保证 QR 算法能够顺利进行,可以将它去除. 然而,如果 β_k 接近于零,就没有必要去除,QR 算法能自动地处理它. 因此不失一般性,假设 $\boldsymbol{B}$ 是不可约双对角矩阵,且进一步假设所有的 β_k 和 γ_k 是正的.

SVD 分解的 QR 算法　QR 算法的基本原理是迭代计算，在前面还讨论了结合移位等变形算法的益处. 现在的任务是怎样对 $\boldsymbol{B}^{\mathrm{T}}\boldsymbol{B}$ 和 $\boldsymbol{B}\boldsymbol{B}^{\mathrm{T}}$ 进行 QR 迭代，但不显式地形成乘积.

首先考虑形成乘积后的迭代方式. 如果需要对 $\boldsymbol{B}^{\mathrm{T}}\boldsymbol{B}$ 和 $\boldsymbol{B}\boldsymbol{B}^{\mathrm{T}}$ 进行移位 ρ 的 QR 步骤，则进行 QR 分解

$$\boldsymbol{B}^{\mathrm{T}}\boldsymbol{B}-\rho\boldsymbol{I}=\hat{\boldsymbol{Q}}\boldsymbol{R} \quad 和 \quad \boldsymbol{B}\boldsymbol{B}^{\mathrm{T}}-\rho\boldsymbol{I}=\hat{\boldsymbol{P}}\boldsymbol{S} \tag{9.10}$$

其中 $\hat{\boldsymbol{Q}}$ 和 $\hat{\boldsymbol{P}}$ 是正交矩阵，$\boldsymbol{R}$ 和 $\boldsymbol{S}$ 是上三角矩阵. 记 $\hat{\boldsymbol{B}}$ 为

$$\hat{\boldsymbol{B}}=\hat{\boldsymbol{P}}^{\mathrm{T}}\boldsymbol{B}\hat{\boldsymbol{Q}} \tag{9.11}$$

由式(9.10)和式(9.11)可以立即得到

$$\hat{\boldsymbol{B}}^{\mathrm{T}}\hat{\boldsymbol{B}}=\hat{\boldsymbol{Q}}^{\mathrm{T}}\boldsymbol{B}^{\mathrm{T}}\boldsymbol{B}\hat{\boldsymbol{Q}}=\boldsymbol{R}\hat{\boldsymbol{Q}}+\rho\boldsymbol{I} \tag{9.12}$$

和

$$\hat{\boldsymbol{B}}\hat{\boldsymbol{B}}^{\mathrm{T}}=\hat{\boldsymbol{P}}^{\mathrm{T}}\boldsymbol{B}\boldsymbol{B}^{\mathrm{T}}\hat{\boldsymbol{P}}=\boldsymbol{S}\hat{\boldsymbol{P}}+\rho\boldsymbol{I} \tag{9.13}$$

这表明变换 $\boldsymbol{B}\boldsymbol{B}^{\mathrm{T}}\to\hat{\boldsymbol{B}}\hat{\boldsymbol{B}}^{\mathrm{T}}$ 和 $\boldsymbol{B}^{\mathrm{T}}\boldsymbol{B}\to\hat{\boldsymbol{B}}^{\mathrm{T}}\hat{\boldsymbol{B}}$ 都是移位 QR 步骤. 因此变换(9.13)是隐式地进行 QR 步骤.

现在的目标是进行变换(9.11)，为此，需要知道矩阵 $\hat{\boldsymbol{P}}$ 和 $\hat{\boldsymbol{Q}}$. 它们是式(9.10)中的 QR 分解的正交因子，其中需要显示计算 $\boldsymbol{B}^{\mathrm{T}}\boldsymbol{B}-\rho\boldsymbol{I}$ 和 $\boldsymbol{B}\boldsymbol{B}^{\mathrm{T}}-\rho\boldsymbol{I}$. 但是为了尽量避免乘积，即不显式地进行 QR 分解，或甚至不形成 $\boldsymbol{B}^{\mathrm{T}}\boldsymbol{B}$ 和 $\boldsymbol{B}\boldsymbol{B}^{\mathrm{T}}$ 就得到 $\hat{\boldsymbol{P}}$ 和 $\hat{\boldsymbol{Q}}$.

每一个 $\hat{\boldsymbol{P}}$ 和 $\hat{\boldsymbol{Q}}$ 是旋转的乘积

$$\hat{\boldsymbol{P}}=\boldsymbol{P}_1\cdots\boldsymbol{P}_{m-1} \quad 和 \quad \hat{\boldsymbol{Q}}=\boldsymbol{Q}_1\cdots\boldsymbol{Q}_{m-1} \tag{9.14}$$

如果知道这些旋转，则可以对 $\boldsymbol{B}$，一个跟着一个进行变换，将 $\boldsymbol{B}$ 变换到 $\hat{\boldsymbol{B}}$. 问题是如何以节省的方式得到这些所需要的旋转，同时能有效地进行式(9.11). 在前面，对特征值问题，给出了处理的方式. 在这里可以用类似的推导，我们将用简洁的方式来处理：只描述隐 QR 算法，然后用隐 Q 定理来证明合理性.

首先考察 $\hat{\boldsymbol{B}}$ 的形式. 如果 ρ 不是 $\boldsymbol{B}^{\mathrm{T}}\boldsymbol{B}$ 和 $\boldsymbol{B}\boldsymbol{B}^{\mathrm{T}}$ 的特征值，则在式(9.10)中的上三角矩阵 $\boldsymbol{S}$ 和 $\boldsymbol{R}$ 都是非奇异的，且甚至可以归一化使得主对角元素都是正的. 同时 $\hat{\boldsymbol{B}}$ 保持 $\boldsymbol{B}$ 的不可约双对角形式. 即使 ρ 是特征值，大部分结论仍然成立. 唯一的差别是 $\hat{\boldsymbol{B}}$ 在$(n-1,n)$位置是零，即 $\hat{\gamma}_{n-1}=0$. 详细地讨论这个情形需要额外的工作，在此略之.

现在来描述隐 QR 方法. 首先计算 $\hat{\boldsymbol{Q}}$ 的第一列. 由式(9.10)，$\boldsymbol{B}^{\mathrm{T}}\boldsymbol{B}-\rho\boldsymbol{I}=\hat{\boldsymbol{Q}}\boldsymbol{R}$，且 $\boldsymbol{R}$ 是上三角的事实，因此，$\hat{\boldsymbol{Q}}$ 的第一列平行于 $\boldsymbol{B}^{\mathrm{T}}\boldsymbol{B}-\rho\boldsymbol{I}$ 的第一列，即平行于

$$\begin{pmatrix}\beta_1^2\\ \gamma_1\beta_1\\ 0\\ \vdots\\ 0\end{pmatrix} \tag{9.15}$$

不用形成整个矩阵 $\boldsymbol{B}^{\mathrm{T}}\boldsymbol{B}-\rho\boldsymbol{I}$，就能很容易计算出上式中的两个元素. 根据式(9.15)，可以得到关于平面(1,2)的旋转(或反射)$\boldsymbol{V}_1$. 在 $\boldsymbol{B}$ 的右边乘以 $\boldsymbol{V}_1$，变换 $\boldsymbol{B}\to\boldsymbol{B}\boldsymbol{V}_1$ 只改变 $\boldsymbol{B}$ 的前两列，且在(2,1)位置产生一个新的非零凸出.

现在的目标是通过追踪凸出将矩阵变换到双对角形式. 实现此目标的第一步是寻求关于平面(1,2)的旋转 $\boldsymbol{U}_1$，使得 $\boldsymbol{U}_1^{\mathrm{T}}\boldsymbol{B}\boldsymbol{V}_1$ 在位置(2,1)是零. 运算是对行一、二进行的，且在(1,3)位置产生新的凸出. 现在设 $\boldsymbol{V}_2$ 是对列 2 和列 3 作用的旋转，使得 $\boldsymbol{U}_1^{\mathrm{T}}\boldsymbol{B}\boldsymbol{V}_1\boldsymbol{V}_2$ 在(1,3)位置是零. 这在位置(3,2)产生新的零. 继续进行旋转变换 $\boldsymbol{U}_2^{\mathrm{T}},\boldsymbol{V}_3,\boldsymbol{U}_3^{\mathrm{T}},\cdots$，使凸出依次在位置(2,4)，(4,3)，(3,5)，(5,4)，…，$(n,n-1)$上移动，最终完全移出矩阵. 这完成了隐 QR 算法. 得到双对角矩阵

$$\widetilde{\boldsymbol{B}}=\boldsymbol{U}_{n-1}^{\mathrm{T}}\cdots\boldsymbol{U}_2^{\mathrm{T}}\boldsymbol{U}_1^{\mathrm{T}}\boldsymbol{B}\boldsymbol{V}_1\boldsymbol{V}_2\cdots\boldsymbol{V}_{n-1} \tag{9.16}$$

通过适当地选取旋转变换，能保证 $\hat{\boldsymbol{B}}$ 的所有元素都是非负的.

记

$$\widetilde{\boldsymbol{P}}=\boldsymbol{U}_1\boldsymbol{U}_2\cdots\boldsymbol{U}_{n-1}\quad 和\quad \widetilde{\boldsymbol{Q}}=\boldsymbol{V}_1\boldsymbol{V}_2\cdots\boldsymbol{V}_{n-1} \tag{9.17}$$

则式(9.16)可记为

$$\widetilde{\boldsymbol{B}}=\widetilde{\boldsymbol{P}}^{\mathrm{T}}\boldsymbol{B}\widetilde{\boldsymbol{Q}} \tag{9.18}$$

现在必须证明 $\widetilde{\boldsymbol{B}}$ 基本上是与式(9.10)中的 $\hat{\boldsymbol{B}}$ 相同的. 这个结果是下面类似隐 Q 定理的结论.

定理 4 若 $\boldsymbol{B}$ 是非奇异的. 且 $\widetilde{\boldsymbol{B}}$ 是双对角的，$\hat{\boldsymbol{B}}$ 是不可约双对角的，$\hat{\boldsymbol{P}},\hat{\boldsymbol{Q}},\widetilde{\boldsymbol{P}},\widetilde{\boldsymbol{Q}}$ 是正交的，

$$\hat{\boldsymbol{B}}=\hat{\boldsymbol{P}}^{\mathrm{T}}\boldsymbol{B}\hat{\boldsymbol{Q}} \tag{9.19}$$

和

$$\widetilde{\boldsymbol{B}}=\widetilde{\boldsymbol{P}}^{\mathrm{T}}\boldsymbol{B}\widetilde{\boldsymbol{Q}} \tag{9.20}$$

如果 $\hat{\boldsymbol{Q}}$ 和 $\widetilde{\boldsymbol{Q}}$ 的第一列基本相同，即 $\hat{\boldsymbol{Q}}\boldsymbol{e}_1=d_1\widetilde{\boldsymbol{Q}}\boldsymbol{e}_1$，其中 $d_1=\pm1$. 则存在正交矩阵 $\boldsymbol{D}$ 和 $\boldsymbol{E}$，使得 $\hat{\boldsymbol{Q}}=\widetilde{\boldsymbol{Q}}\boldsymbol{D},\hat{\boldsymbol{P}}=\widetilde{\boldsymbol{P}}\boldsymbol{E}$，且 $\hat{\boldsymbol{B}}=\boldsymbol{E}\widetilde{\boldsymbol{B}}\boldsymbol{D}$，也就是说，$\hat{\boldsymbol{B}}$ 和 $\widetilde{\boldsymbol{B}}$ 是基本相同的.

证明 首先注意到 $\hat{\boldsymbol{B}}^{\mathrm{T}}\hat{\boldsymbol{B}}=\hat{\boldsymbol{Q}}^{\mathrm{T}}(\boldsymbol{B}^{\mathrm{T}}\boldsymbol{B})\hat{\boldsymbol{Q}}$ 和 $\widetilde{\boldsymbol{B}}^{\mathrm{T}}\widetilde{\boldsymbol{B}}=\widetilde{\boldsymbol{Q}}^{\mathrm{T}}(\boldsymbol{B}^{\mathrm{T}}\boldsymbol{B})\widetilde{\boldsymbol{Q}}$，因此 $\hat{\boldsymbol{B}}^{\mathrm{T}}\hat{\boldsymbol{B}}$ 和 $\widetilde{\boldsymbol{B}}^{\mathrm{T}}\widetilde{\boldsymbol{B}}$ 是三对角矩阵，且前者是不可约三对角的. 根据较弱的隐 Q 定理 2，分别用 $\boldsymbol{B}^{\mathrm{T}}\boldsymbol{B}$，$\hat{\boldsymbol{B}}^{\mathrm{T}}\hat{\boldsymbol{B}}$ 和 $\widetilde{\boldsymbol{B}}^{\mathrm{T}}\widetilde{\boldsymbol{B}}$ 代替其中的 $\boldsymbol{A},\hat{\boldsymbol{A}}$ 和 $\widetilde{\boldsymbol{A}}$，得到正交对角矩阵 $\boldsymbol{D}$，使得 $\hat{\boldsymbol{Q}}=\widetilde{\boldsymbol{Q}}\boldsymbol{D}$，即 $\hat{\boldsymbol{Q}}$ 和 $\widetilde{\boldsymbol{Q}}$ 基本上是相同的. 由此，可以重新记式(9.20)和式(9.21)，得

$$\hat{\boldsymbol{P}}\hat{\boldsymbol{B}}=\boldsymbol{B}\hat{\boldsymbol{Q}}=\boldsymbol{B}\widetilde{\boldsymbol{Q}}\boldsymbol{D}=\widetilde{\boldsymbol{P}}(\widetilde{\boldsymbol{B}}\boldsymbol{D})$$

记 $\boldsymbol{C}=\hat{\boldsymbol{P}}\hat{\boldsymbol{B}}=\widetilde{\boldsymbol{P}}(\widetilde{\boldsymbol{B}}\boldsymbol{D})$，注意到 $\hat{\boldsymbol{P}}\hat{\boldsymbol{B}}$ 和 $\widetilde{\boldsymbol{P}}(\widetilde{\boldsymbol{B}}\boldsymbol{D})$ 都是 $\boldsymbol{C}$ 的 QR 分解. 因此 $\hat{\boldsymbol{P}}$ 和 $\widetilde{\boldsymbol{P}}$ 是基本相等的，即存在正交对角矩阵 $\boldsymbol{E}$，使得 $\hat{\boldsymbol{P}}=\widetilde{\boldsymbol{P}}\boldsymbol{E}$. 由此立即得到 $\hat{\boldsymbol{B}}=\boldsymbol{E}\widetilde{\boldsymbol{B}}\boldsymbol{D}$. □

为了应用定理 4，注意到式(9.19)中的矩阵 $\widetilde{\boldsymbol{Q}}=\boldsymbol{V}_1\cdots\boldsymbol{V}_{n-1}$ 的第一列与 $\boldsymbol{V}_1$ 的第一列是相同的. 这是因为 $\widetilde{\boldsymbol{Q}}$ 是从 $\boldsymbol{V}_1$ 开始相乘的，然后在右边连续地乘以 $\boldsymbol{V}_2$，$\boldsymbol{V}_3,\cdots,\boldsymbol{V}_{n-1}$，且每一个旋转变换都不对第一列作用，所以 $\widetilde{\boldsymbol{Q}}$ 的第一列一定与 $\boldsymbol{V}_1$ 的第一列是相同的. 后者的选取基本上与式(9.10)和式(9.11)的正交矩阵 $\hat{\boldsymbol{Q}}$ 是相同

的.应用定理 4 得到由式(9.11)定义的矩阵 $\widetilde{\boldsymbol{B}}$ 基本上与式(9.16)和式(9.19)定义的 $\hat{\boldsymbol{B}}$ 是相同的.回顾一下式(9.12)和式(9.13),得到凸出追踪方法对 QR 算法都有影响.这证明了隐 QR 算法的合理性,至少是对移位量不是特征值的情形成立.

移位和收缩　如果取 $\boldsymbol{B}\leftarrow\hat{\boldsymbol{B}}$,且对某些合理选择的移位量进行重复的 QR 步,都趋向于对角形式.主对角元素将收敛到特征值.如果移位选择的比较好,$\boldsymbol{B}^{\mathrm{T}}\boldsymbol{B}$ 和 $\boldsymbol{B}\boldsymbol{B}^{\mathrm{T}}$ 的$(n,n-1)$和(n,n)元素将很快地收敛,前者收敛到零,后者收敛到特征值(当然不是直接对 $\boldsymbol{B}^{\mathrm{T}}\boldsymbol{B}$ 和 $\boldsymbol{B}\boldsymbol{B}^{\mathrm{T}}$ 处理,而是对 $\boldsymbol{B}$ 进行处理).$\boldsymbol{B}^{\mathrm{T}}\boldsymbol{B}$ 和 $\boldsymbol{B}\boldsymbol{B}^{\mathrm{T}}$ 的快速收敛变换成 γ_{n-1} 收敛到零,β_n 收敛到奇异值.一旦 γ_{n-1} 可以被忽略,即 $\gamma_{n-1}\leqslant u(\beta_{n-1}+\beta_n)$,其中 u 是单位舍入误差,就可以对问题进行收缩,对余下的$(n-1)\times(n-1)$子矩阵进行处理.收缩 $n-1$ 次后,完成全部奇异值的计算.

在整个过程中,所有的 γ_k 趋于零的速度比较慢.在任何时候,只要有一个可以忽略时,问题就可以被简化到两个小的子问题.

到目前为止,没有讨论怎样选取移位量.开始用 $\rho=0$ 是可行的.如果 $\boldsymbol{B}$ 有较小的奇异值,那么它们将迅速地出现在底部,$\boldsymbol{B}$ 可以被收缩.一旦移去小的奇异值,将换到其他移位,使得余下的奇异值快速出现.为了这个目的,应该尽量选取逼近 $\boldsymbol{B}^{\mathrm{T}}\boldsymbol{B}$ 特征值的移位.比如,计算 $\boldsymbol{B}^{\mathrm{T}}\boldsymbol{B}$ 的右下 2×2 子矩阵的特征值是简单的.它是

$$\begin{bmatrix} \gamma_{k-2}^2+\beta_{k-1}^2 & \gamma_{k-1}\beta_{k-1} \\ \gamma_{k-1}\beta_{k-1} & \gamma_{k-2}^2+\beta_k^2 \end{bmatrix} \tag{9.21}$$

其中仍然用符号 $\boldsymbol{B}$ 表示当前的迭代,而不是原矩阵.这里 k 指当前进行过收缩矩阵的维数,且 β 和 γ 是当前的值,不是原来的值.能容易计算式(9.21)的两个特征值,且取下一次迭代的移位量 ρ 接近于 $\gamma_{n-1}^2+\beta_n^2$.这是在 $\boldsymbol{B}^{\mathrm{T}}\boldsymbol{B}$ 上的 Wilkinson 移位.这是一个好的选择,因为它保证收敛,且在实际中,收敛是快速的.

9.4　子空间迭代和同时迭代

本节将介绍子空间迭代和同时迭代,这些是与大规模稀疏矩阵特征问题的计算相关联的重要概念.在这个理论下,可以以另一种自然且更合乎逻辑的方式推导 QR 算法,说明 QR 迭代的收敛性.同时也将讨论重要的对偶原则,它表明只要进行直接幂迭代,逆迭代就同时自动地产生.这个理论将 QR 算法与逆迭代(或 Rayleigh商迭代)联系起来.

子空间迭代　下面基于子空间的术语来描述幂迭代.上一章已经讨论过,如果给定一个有占优特征值的矩阵 $\boldsymbol{A}\in C^{n\times n}$,就能用幂法计算这个占优的特征向量 $\boldsymbol{x}_1$.$\boldsymbol{x}_1$ 可以看做是特征空间 $\mathrm{span}\{\boldsymbol{x}_1\}$ 中的一个元素代表;在幂迭代序列 $\boldsymbol{q},\boldsymbol{A}\boldsymbol{q},\boldsymbol{A}^2\boldsymbol{q},\boldsymbol{A}^3\boldsymbol{q},\cdots$ 中,每一个迭代 $\boldsymbol{A}^m\boldsymbol{q}$ 都能看做是扩张子空间 $\mathrm{span}\{\boldsymbol{A}^m\boldsymbol{q}\}$ 的代表.所谓对向量进行尺度变换也就是在同一个空间中,用一个代表元素代替另一个.因此幂法能被

看做是在子空间上进行迭代. 首先构造一维子空间 $S=\text{span}\{\boldsymbol{q}\}$,然后形成迭代

$$S,\boldsymbol{A}S,\boldsymbol{A}^2S,\boldsymbol{A}^3S,\cdots \tag{9.22}$$

这个序列线性收敛到特征空间 $T=\text{span}\{\boldsymbol{x}_1\}$,即当 $m\to\infty$时,$\boldsymbol{A}^mS$ 和 T 的夹角收敛到零.

自然可以将这个过程推广到维数大于1的子空间. 因此可以选取任意维数子空间 S,形成序列(9.22). 这个序列一般收敛到 $\boldsymbol{A}$ 的一个不变子空间,见(胡茂林,2007).

为了讨论子空间的收敛性,需要用到两个子空间的距离. 回忆一下,在6.2节中,两个同维子空间 S_1 和 S_2 之间的距离 $d(S_1,S_2)$定义为它们之间最大主向量方向夹角的正弦. 由此,可以定义空间序列的收敛性.

给定相同维数的子空间序列$\{S_m\}$和子空间 T,称$\{S_m\}$**收敛**到 T,记为 $S_m\to T$,如果当 $m\to\infty$时,$d(S_m,T)\to 0$.

现在开始叙述子空间迭代收敛定理.

定理5 若 $\boldsymbol{A}\in C^{n\times n}$ 是半单的,特征向量 $\boldsymbol{x}_1,\cdots,\boldsymbol{x}_n\in C^n$ 对应的特征值是 $\lambda_1,\cdots,\lambda_n\in C$是按降序排列,且存在 k,使得$|\lambda_1|\geqslant\cdots\geqslant|\lambda_k|>|\lambda_{k+1}|\geqslant\cdots\geqslant|\lambda_n|$. 记 $T_k=\text{span}\{\boldsymbol{x}_1,\cdots,\boldsymbol{x}_k\}$和$U_k=\text{span}\{\boldsymbol{x}_{k+1},\cdots,\boldsymbol{x}_n\}$. 对$C^n$中满足$S\cap U_k=\{\boldsymbol{0}\}$的任意$k$维子空间 S,存在常数 C,使得,对 $m=0,1,2,\cdots$,有

$$d(\boldsymbol{A}^mS,T_k)\leqslant C\,|\,\lambda_{k+1}/\lambda_k\,|^m$$

即 $\boldsymbol{A}^mS\to T_k$ 是线性的,收敛率为$|\lambda_{k+1}/\lambda_k|$.

因为 T_k 是$\boldsymbol{A}$ 的特征向量扩张而成的,所以是 $\boldsymbol{A}$ 的不变子空间. T_k 称为$\boldsymbol{A}$ 的k 维占优不变子空间. 半单的假设不是必要的,对亏损矩阵也存在类似于定理5的结论,见(Watkins,1991).

定理5的正确性是很容易验证的. 若 $\boldsymbol{q}$ 是S 中的任何非零向量. 能够证明随着 m 的增大,迭代 $\boldsymbol{A}^m\boldsymbol{q}$ 与 T_k 中的某个向量越来越接近. 事实上,基于 $\boldsymbol{q}$ 的唯一分解式

$$\boldsymbol{q}=\underbrace{c_1\boldsymbol{x}_1+\cdots+c_k\boldsymbol{x}_k}_{\in T_k}+\underbrace{c_{k+1}\boldsymbol{x}_{k+1}+\cdots+c_n\boldsymbol{x}_n}_{\in U_k}$$

若 $\boldsymbol{q}\notin U_k$,则系数 $c_1,\cdots,c_k$ 中至少有一个非零. 因此

$$\begin{aligned}\boldsymbol{A}^m\boldsymbol{q}/(\lambda_k)^m=&\,c_1(\lambda_1/\lambda_k)^m\boldsymbol{x}_1+\cdots+c_{k-1}(\lambda_{k-1}/\lambda_k)^m\boldsymbol{x}_{k-1}+c_k\boldsymbol{x}_k\\&+c_{k+1}(\lambda_{k+1}/\lambda_k)^m\boldsymbol{x}_{k+1}+\cdots+c_n(\lambda_n/\lambda_k)^m\boldsymbol{x}_n\end{aligned}$$

随着 m 的增大,在 T_k 中元素的系数分量是增加的(至少不减少). 相对地,在 U_k 中的分量以一定的速率趋于零. 每一个序列$\{\boldsymbol{A}^m\boldsymbol{q}\}$以$|\lambda_{k+1}/\lambda_k|$或更好的速率收敛到 T_k 中的某个向量,因此$\{\boldsymbol{A}^mS\}$的极限在 T_k 中. 因为极限子空间的维数是 k,所以这个极限不是 T_k 的真子空间,而是 T_k 本身.

条件 $S\cap U_k=\{\boldsymbol{0}\}$值得讨论. 当 $k=1$ 时,$S=\text{span}\{\boldsymbol{q}\}$,$U_1=\text{span}\{\boldsymbol{x}_2,\cdots,\boldsymbol{x}_n\}$. 显

然 $S\cap U_1=\{\mathbf{0}\}$ 当且仅当 $\boldsymbol{q}\notin U_1$，即分解式 $\boldsymbol{q}=c_1\boldsymbol{x}_1+c_2\boldsymbol{x}_2+\cdots+c_n\boldsymbol{x}_n$ 中的 $c_1\neq 0$. 在 9.1 节中，这就是标准的幂法收敛到 $\mathrm{span}\{\boldsymbol{x}_1\}$ 的条件，它几乎对所有的 $\boldsymbol{q}\in C^n$ 都成立. 用子空间的语言，一维子空间 S 和 $(n-1)$ 维子空间 U_1 几乎肯定满足 $S\cap U_1=\{\mathbf{0}\}$. 事实上，只要子空间 S 和 U_k 的维数和不超过 n，同样的结论也成立的.

这是下面著名的空间维数定理的结论，见(胡茂林，2007)的 1.3 节定理 5

$$\dim(S\cap U_k)+\dim(S\cup U_k)=\dim S+\dim U_k \tag{9.23}$$

如果 S 和 U_k 的维数和超过 n，由 $\dim(S\cup U_k)\leqslant n$，因此 $\dim(S\cap U_k)>0$，所以 S 和 U_k 一定有非平凡的交. 现在 $\dim S=k$ 和 $\dim U_k=n-k$，维数和正好是 n，因此在 C^n 中，由式(9.23)，S 和 U_k 没有强迫有非平凡的交，因此它们通常满足定理 1 的要求. 例如，在 R^3 中，任何两个二维子空间(过原点的平面)，因为维数和超过 3，所以有非平凡的交. 相对地，平面和直线不一定有非平凡的交(显然几乎肯定是没有的). 因此，虽然在定理 5 中的条件不是严格的，实际上对随机选取的 S 总能满足.

同时迭代　为了具体实现对子空间的迭代，必须选取 S 的一组基，对基向量同时进行迭代. 取 S 的一组基 $\boldsymbol{q}_1^{(0)},\boldsymbol{q}_2^{(0)},\cdots,\boldsymbol{q}_k^{(0)}$. 如果 $S\cap U_k=\{\mathbf{0}\}$，则 $\boldsymbol{A}^m\boldsymbol{q}_1^{(0)}$，$\boldsymbol{A}^m\boldsymbol{q}_2^{(0)},\cdots,\boldsymbol{A}^m\boldsymbol{q}_k^{(0)}$ 是 $\boldsymbol{A}^mS$ 的一组基. 因此，理论上可以简单地对 S 的基进行迭代，得到 $\boldsymbol{A}S,\boldsymbol{A}^2S,\boldsymbol{A}^3S,\cdots$ 的基. 但是有两个原因使这个方法可能失败：① 由于没有进行尺度变换，可能产生下溢和上溢；② 如果 $|\lambda_1|>|\lambda_2|$，则序列 $\boldsymbol{q}_i^{(0)},\boldsymbol{A}\boldsymbol{q}_i^{(0)},\boldsymbol{A}^2\boldsymbol{q}_i^{(0)}$，$\cdots$ 中的每一个都趋向占优特征向量 $\boldsymbol{x}_1$ 的数乘，即对较大的 m，向量 $\boldsymbol{A}^m\boldsymbol{q}_1^{(0)},\boldsymbol{A}^m\boldsymbol{q}_2^{(0)}$，$\cdots,\boldsymbol{A}^m\boldsymbol{q}_k^{(0)}$ 都几乎指向同一个方向，它们组成了 $\boldsymbol{A}^mS$ 的病态基. 在数值计算中，在病态基上任意一个基向量的小的扰动都可能引起空间较大的变化，因此，由病态基确定的空间是不稳定的.

在每一步，通过用同一子空间的良性基来代替，就可以避免出现病态基. 这个代替运算同时结合了必要的尺度化. 有许多方法可以进行尺度化，其中最可靠的是标准正交化. 因此值得推荐的同时迭代步骤是：

从 S 的标准正交基 $\boldsymbol{q}_1^{(0)},\boldsymbol{q}_2^{(0)},\cdots,\boldsymbol{q}_k^{(0)}$ 开始

　对 $m=0,1,2,\cdots$

　　计算 $\boldsymbol{A}^{m+1}S$ 的基 $\boldsymbol{A}\boldsymbol{q}_1^{(m)},\cdots,\boldsymbol{A}\boldsymbol{q}_k^{(m)}$；　　(9.24)

　　对 $\boldsymbol{A}\boldsymbol{q}_1^{(m)},\cdots,\boldsymbol{A}\boldsymbol{q}_k^{(m)}$ 进行正交化，得到 $\boldsymbol{q}_1^{(m+1)},\cdots,\boldsymbol{q}_k^{(m+1)}$.

在实际中，标准正交化应该运用鲁棒的方法，比如修正的 Gram-Schmidt 方法或由反射计算的 QR 分解.

在低维子空间上，同时迭代方法(9.24)有不增加计算量的优点. 对 $i=1,\cdots,k$，令 S_i 表示由 $\boldsymbol{q}_1^{(0)},\cdots,\boldsymbol{q}_i^{(0)}$ 扩张的 i 维子空间，则

$$\boldsymbol{A}S_i=\mathrm{span}\{\boldsymbol{A}\boldsymbol{q}_1^{(0)},\cdots,\boldsymbol{A}\boldsymbol{q}_i^{(0)}\}=\mathrm{span}\{\boldsymbol{q}_1^{(1)},\cdots,\boldsymbol{q}_i^{(1)}\}$$

由 Gram-Schmidt 方法保持子空间的性质. 一般有

$$\boldsymbol{A}^mS_i=\mathrm{span}\{\boldsymbol{q}_1^{(m)},\cdots,\boldsymbol{q}_i^{(m)}\}$$

因此如果满足相应的条件,则当 $m\to\infty$ 时,$\mathrm{span}\{\boldsymbol{q}_1^{(m)},\cdots,\boldsymbol{q}_i^{(m)}\}$ 收敛到不变子空间 $\mathrm{span}\{\boldsymbol{x}_1,\cdots,\boldsymbol{x}_i\}$. 因此同时迭代寻求的不仅是 k 维的不变子空间,也是 $1,2,\cdots,k-1$ 的不变子空间.

虽然同时迭代本身是一个有意义的算法,这里介绍它的主要原因是作为解释 QR 算法的工具. 为此,考虑对完整的标准正交基 $\boldsymbol{q}_1^{(0)},\cdots,\boldsymbol{q}_n^{(0)}\in C^n$ 进行同时迭代. 继续假设 $\boldsymbol{A}$ 是半单的,线性独立的特征向量为 $\boldsymbol{x}_1,\cdots,\boldsymbol{x}_n$. 对 $k=1,\cdots,n-1$,记 $S_k=\mathrm{span}\{\boldsymbol{q}_1^{(0)},\cdots,\boldsymbol{q}_k^{(0)}\}$, $T_k=\mathrm{span}\{\boldsymbol{x}_1,\cdots,\boldsymbol{x}_k\}$ 和 $U_k=\mathrm{span}\{\boldsymbol{x}_{k+1},\cdots,\boldsymbol{x}_n\}$. 如果 $S_k\cap U_k=\{\boldsymbol{0}\}$,且存在 $k<n$,使得 $|\lambda_k|>|\lambda_{k+1}|$,则当 $m\to\infty$ 时,$\boldsymbol{A}^m S_k=\mathrm{span}\{\boldsymbol{q}_1^{(m)},\cdots,\boldsymbol{q}_k^{(m)}\}\to T_k$,线性收敛率为 $|\lambda_{k+1}/\lambda_k|$. 有许多方式可以判断迭代的收敛性,一个方式就是进行相似变换.

记酉矩阵 $\hat{Q}_m\in C^{n\times n}$ 的列为 $\boldsymbol{q}_1^{(m)},\cdots,\boldsymbol{q}_n^{(m)}$,且记

$$\boldsymbol{A}_m=\hat{Q}_m^{\mathrm{H}}\boldsymbol{A}\hat{Q}_m \tag{9.25}$$

对较大的 m,由 $\hat{Q}_m$ 的前 k 列扩张成的空间非常接近于不变子空间 T_k. 在定理 5 中,如果这些列正好扩张成 T_k,则 $\boldsymbol{A}_m$ 有上三角形式

$$\begin{bmatrix}\boldsymbol{A}_{11}^{(m)} & \boldsymbol{A}_{12}^{(m)}\\ & \boldsymbol{A}_{22}^{(m)}\end{bmatrix} \tag{9.26}$$

且 $\boldsymbol{A}_{11}^{(m)}$ 的特征值是 $\lambda_1,\cdots,\lambda_k$. 如果列不正好扩张成 T_k,则不能得到整块的零,但仍然有理由相信块 $\boldsymbol{A}_{21}^{(m)}$ 中的元素接近于零,认为 $\boldsymbol{A}_{21}^{(m)}\to\boldsymbol{0}$ 与 $\boldsymbol{A}^m S_k\to T_k$ 有相同的收敛率是合理的. 不难证明这实际也是正确的,因此序列 $\{\boldsymbol{A}_m\}$ 收敛到分块三角矩阵 (9.26).

如果对 $k=1,\cdots,n-1$,严格的不等式 $|\lambda_k|>|\lambda_{k+1}|$ 成立. 上面的结论不只是对某个 k 的结果,而是对所有的 k 能同时得到,因此极限形式是上三角矩阵. $\boldsymbol{A}_m$ 的主对角元素按顺序收敛到特征值 $\lambda_1,\lambda_2,\cdots,\lambda_n$. 如果不等式不是严格成立,极限将是分块三角矩阵. 因为实矩阵一般有一对复共轭特征值,所以,当 $\boldsymbol{A}$ 是实矩阵时,这经常发生. 当 $\lambda_i=\bar{\lambda}_{i+1}$ 时,将在第 i 和第 $i+1$ 行出现 2×2 方块. 当然,这个块的特征值是 λ_i 和 λ_{i+1}.

QR 算法　下面用矩阵语言重新叙述同时迭代. 在 m 次迭代以后,得到正交向量 $\boldsymbol{q}_1^{(m)},\cdots,\boldsymbol{q}_n^{(m)}$,它们组成矩阵 $\hat{Q}_m$. 记 $\boldsymbol{B}_{m+1}$ 是由 $\boldsymbol{A}\boldsymbol{q}_1^{(m)},\cdots,\boldsymbol{A}\boldsymbol{q}_n^{(m)}$ 组成的矩阵,则 $\boldsymbol{B}_{m+1}=\boldsymbol{A}\hat{Q}_m$. 为了完成这一步骤,$\boldsymbol{A}\boldsymbol{q}_1^{(m)},\cdots,\boldsymbol{A}\boldsymbol{q}_n^{(m)}$ 必须进行正交化,这可通过对 $\boldsymbol{B}_{m+1}$ 进行 QR 分解得到. 因此基于矩阵表示的一步同时迭代的形式是

$$\boldsymbol{A}\hat{Q}_m=\boldsymbol{B}_{m+1}=\hat{Q}_{m+1}\boldsymbol{R}_{m+1} \tag{9.27}$$

现在对标准正交基向量 $\boldsymbol{q}_1^{(0)}=\boldsymbol{e}_1,\boldsymbol{q}_2^{(0)}=\boldsymbol{e}_2,\cdots,\boldsymbol{q}_n^{(0)}=\boldsymbol{e}_n$ 进行子空间迭代,即取 $\hat{Q}_0=\boldsymbol{I}$. 则由式(9.27),得 $\boldsymbol{A}\boldsymbol{I}=\boldsymbol{B}_1=\hat{Q}_1\boldsymbol{R}_1$. 记 $Q_1=\hat{Q}_1$,有

$$\boldsymbol{A}=Q_1\boldsymbol{R}_1 \tag{9.28}$$

如果收敛率比较好,则在一步迭代以后,就可以评估收敛的进度. 这样进行的方式

如式(9.25),进行酉相似变换 $\boldsymbol{A}_1=\hat{\boldsymbol{Q}}_1^{\mathrm{H}}\boldsymbol{A}\hat{\boldsymbol{Q}}_1=\boldsymbol{Q}_1^{\mathrm{H}}\boldsymbol{A}\boldsymbol{Q}_1$,然后检查 $\boldsymbol{A}_1$ 接近于上三角形式的速度. 由式(9.28),$\boldsymbol{Q}_1^{\mathrm{H}}\boldsymbol{A}=\boldsymbol{R}_1$,因此可以计算 $\boldsymbol{A}_1$ 为

$$\boldsymbol{R}_1\boldsymbol{Q}_1=\boldsymbol{A}_1 \tag{9.29}$$

式(9.28)和式(9.29)一起构成了一步 QR 算法.

如果 $\boldsymbol{A}_1$ 不是上三角矩阵,则进行下一步. 但是现在有两种选择:继续对 $\boldsymbol{A}$ 进行同时迭代,或者对相似矩阵 $\boldsymbol{A}_1$ 进行. 相似矩阵能被看做是不同坐标系的变换,因此选择 $\boldsymbol{A}$ 和 $\boldsymbol{A}_1$ 只是不同坐标系的选择. 如果在原坐标系下进行,下一步的形式是

$$\boldsymbol{A}\hat{\boldsymbol{Q}}_1=\boldsymbol{B}_2=\hat{\boldsymbol{Q}}_2\boldsymbol{R}_2 \tag{9.30}$$

如果希望得到这一步的进展情况,需要进行相似变换

$$\boldsymbol{A}_2=\hat{\boldsymbol{Q}}_2^{\mathrm{H}}\boldsymbol{A}\hat{\boldsymbol{Q}}_2 \tag{9.31}$$

现在研究在 $\boldsymbol{A}_1$ 的坐标系下,这些变换的形式. 因为 $\boldsymbol{A}_1=\hat{\boldsymbol{Q}}_1^{\mathrm{H}}\boldsymbol{A}\hat{\boldsymbol{Q}}_1$,在原坐标系中的向量 $\boldsymbol{x}$ 在新坐标系下是 $\hat{\boldsymbol{Q}}_1^{\mathrm{H}}\boldsymbol{x}$,所以 $\hat{\boldsymbol{Q}}_1$ 的列向量 $\boldsymbol{q}_1^{(1)},\cdots,\boldsymbol{q}_n^{(1)}$ 变换为

$$\hat{\boldsymbol{Q}}_1^{\mathrm{H}}\boldsymbol{q}_1^{(1)}=\boldsymbol{e}_1,\quad \hat{\boldsymbol{Q}}_1^{\mathrm{H}}\boldsymbol{q}_2^{(1)}=\boldsymbol{e}_2,\quad \cdots,\quad \hat{\boldsymbol{Q}}_1^{\mathrm{H}}\boldsymbol{q}_n^{(1)}=\boldsymbol{e}_n$$

因此 $\boldsymbol{A}\hat{\boldsymbol{Q}}_1=\boldsymbol{B}_2$ 等价于 $\boldsymbol{A}_1\boldsymbol{I}=\boldsymbol{A}_1$,QR 分解 $\boldsymbol{B}_2=\hat{\boldsymbol{Q}}_2\boldsymbol{R}_2$ 等价于 $\boldsymbol{A}_1$ 的 QR 分解

$$\boldsymbol{A}_1=\boldsymbol{Q}_2\boldsymbol{R}_2 \tag{9.32}$$

如果希望知道这一步的进度,可以进行相似变换

$$\boldsymbol{A}_2=\boldsymbol{Q}_2^{\mathrm{H}}\boldsymbol{A}_1\boldsymbol{Q}_2 \tag{9.33}$$

因为 $\boldsymbol{R}_2=\boldsymbol{Q}_2^{\mathrm{H}}\boldsymbol{A}$,这个变换可以通过下式完成:

$$\boldsymbol{R}_2\boldsymbol{Q}_2=\boldsymbol{A}_2 \tag{9.34}$$

式(9.32)和式(9.33)构成了 QR 步的第二步.

可以在坐标系 $\boldsymbol{A},\boldsymbol{A}_1$ 和 $\boldsymbol{A}_2$ 中继续进行. 如果决定每一步都在最新的坐标系中进行,通过下面的变换,得到序列$\{\boldsymbol{A}_m\}$:

$$\boldsymbol{A}_{m-1}=\boldsymbol{Q}_m\boldsymbol{R}_m,\quad \boldsymbol{R}_m\boldsymbol{Q}_m=\boldsymbol{A}_m \tag{9.35}$$

这就是基本的 QR 算法. 正如已经见到,只是在每一步,坐标系变换的同时迭代. 为了加深对这个事实的理解,现在回忆一下式(9.35)的意义.

$\boldsymbol{A}_{m-1}$列的是 $\boldsymbol{A}_{m-1}\boldsymbol{e}_1,\cdots,\boldsymbol{A}_{m-1}\boldsymbol{e}_n$,即 $\boldsymbol{A}_{m-1}$ 对标准正交基同时迭代的一步结果. 分解式 $\boldsymbol{A}_{m-1}=\boldsymbol{Q}_m\boldsymbol{R}_m$ 是对这些向量进行正交化. $\boldsymbol{Q}_m$ 的列是同时迭代下一步的标准正交基. 步骤 $\boldsymbol{R}_m\boldsymbol{Q}_m=\boldsymbol{A}_m$ 等价于 $\boldsymbol{A}_m=\boldsymbol{Q}_m^{\mathrm{H}}\boldsymbol{A}_{m-1}\boldsymbol{Q}_m$,只是进行了新坐标系的变换. 在这个坐标系的变换中,把下一步的标准正交基向量变换到标准正交基 $\boldsymbol{e}_1,\cdots,\boldsymbol{e}_n$.

容易建立 QR 算法和没有坐标系变换的同时迭代之间的整体对应. 假设迭代是从 $\hat{\boldsymbol{Q}}_0=\boldsymbol{I}$ 开始,由式(9.35)产生的矩阵 $\boldsymbol{A}_m$ 与式(9.34)产生的结论是相同的. 在式(9.35)中的 $\boldsymbol{R}_m$ 与在式(9.34)中的结论是一样的,且式(9.35)中的 $\boldsymbol{Q}_m$ 与式(9.34)中 $\hat{\boldsymbol{Q}}_m$ 的联系是

$$\hat{\boldsymbol{Q}}_m=\boldsymbol{Q}_1\boldsymbol{Q}_2\cdots\boldsymbol{Q}_m \tag{9.36}$$

$\boldsymbol{Q}_m$ 是在第 m 步的坐标变换矩阵,而 $\hat{\boldsymbol{Q}}_m$ 是在 m 步后的累积坐标变换.

通过考察同时迭代过程中的一步，建立了同时迭代和 QR 算法的等价性. 另外一种方式是考察 m 步骤以后的累积效果. 在这个方法中，$\boldsymbol{Q}_m$，$\boldsymbol{R}_m$ 和 $\boldsymbol{A}_m$ 的定义如式(9.35)，且 $\boldsymbol{A}_0=\boldsymbol{A}$，$\hat{\boldsymbol{Q}}_m$ 定义如式(9.36). 如果取 $\hat{\boldsymbol{R}}_m$ 为

$$\hat{\boldsymbol{R}}_m=\boldsymbol{R}_m\boldsymbol{R}_{m-1}\cdots\boldsymbol{R}_1$$

则

$$\boldsymbol{A}=\boldsymbol{Q}_1\boldsymbol{R}_1=\hat{\boldsymbol{Q}}_1\hat{\boldsymbol{R}}_1$$

$$\boldsymbol{A}^2=\boldsymbol{Q}_1\boldsymbol{R}_1\boldsymbol{Q}_1\boldsymbol{R}_1=\boldsymbol{Q}_1\boldsymbol{Q}_2\boldsymbol{R}_2\boldsymbol{R}_1=\hat{\boldsymbol{Q}}_2\hat{\boldsymbol{R}}_2$$

$$\boldsymbol{A}^2=\boldsymbol{Q}_1\boldsymbol{R}_1\boldsymbol{Q}_1\boldsymbol{R}_1\boldsymbol{Q}_1\boldsymbol{R}_1=\boldsymbol{Q}_1\boldsymbol{Q}_2\boldsymbol{R}_2\boldsymbol{Q}_2\boldsymbol{R}_2\boldsymbol{R}_1=\boldsymbol{Q}_1\boldsymbol{Q}_2\boldsymbol{Q}_3\boldsymbol{R}_3\boldsymbol{R}_2\boldsymbol{R}_1=\hat{\boldsymbol{Q}}_3\hat{\boldsymbol{R}}_3$$

……

显然，由归纳法可以证明

$$\boldsymbol{A}^m=\hat{\boldsymbol{Q}}_m\hat{\boldsymbol{R}}_m,\quad m=1,2,3,\cdots \tag{9.37}$$

其中 $\hat{\boldsymbol{Q}}_m$ 是酉矩阵，$\hat{\boldsymbol{R}}_m$ 是上三角矩阵. 因此式(9.37)只是 $\boldsymbol{A}^m$ 的 QR 分解. 这意味着对所有 k，$\hat{\boldsymbol{Q}}_m$ 的前 k 列是 $\boldsymbol{A}^m$ 前 k 列扩张成子空间的标准正交基. 因为 $\boldsymbol{A}^m$ 的列是 $\boldsymbol{A}^m\boldsymbol{e}_1,\cdots,\boldsymbol{A}^m\boldsymbol{e}_n$，因此，对 $k=1,\cdots,n$，

$$\boldsymbol{A}^m\operatorname{span}\{\boldsymbol{e}_1,\cdots,\boldsymbol{e}_k\}=\operatorname{span}\{\boldsymbol{q}_1^{(m)},\cdots,\boldsymbol{e}_k^{(m)}\}$$

即 $\hat{\boldsymbol{Q}}_m$ 的列只是从标准正交基 $\boldsymbol{e}_1,\cdots,\boldsymbol{e}_k$ 开始，同时迭代 m 步后的结果.

在上一节，我们介绍了 QR 算法和更加有效的修正算法，但没有给出合理性的解释. QR 算法在开始之前首先是将矩阵变换到上 Hessenberg 矩阵. 这是一个好的选择：因为① QR 迭代是保持上 Hessenberg 形式的；② 与完整矩阵相比，对一个 Hessenberg 矩阵的 QR 迭代的计算量少很多. 所以迭代的每一个的形式是

$$\boldsymbol{A}_m=\begin{bmatrix} a_{11}^{(m)} & a_{12}^{(m)} & \cdots & a_{1,n-1}^{(m)} & a_{1n}^{(m)} \\ a_{21}^{(m)} & a_{22}^{(m)} & \cdots & a_{2,n-1}^{(m)} & a_{2n}^{(m)} \\ & & \cdots & a_{3,n-1}^{(m)} & a_{3n}^{(m)} \\ & & \ddots & \vdots & \vdots \\ & & & a_{n,n-1}^{(m)} & a_{nn}^{(m)} \end{bmatrix} \tag{9.38}$$

可以进一步假设每一个下次对角元素 $a_{k+1,k}^{(m)}$ 非零，即矩阵是不可约上 Hessenberg 矩阵，否则的话，可以将这个特征值问题简化为两个更小的问题求解.

因为由 QR 算法产生的矩阵 $\boldsymbol{A}_m$ 等同于在式(9.25)中给出的矩阵，所以 $|\lambda_k|>|\lambda_{k+1}|$，且子空间满足条件 $S_k\cap U_k=\{\boldsymbol{0}\}$（定理 5），则 $\boldsymbol{A}_m$ 收敛到块三角形式(9.26). 因为所有的 $\boldsymbol{A}_m$ 是上 Hessenberg 矩阵，收敛到零的 $(n-k)\times k$ 块只有一个非零元素，即 $a_{k+1,k}^{(m)}$. 所以这个元素给出了 $\operatorname{span}\{\boldsymbol{q}_1^{(m)},\cdots,\boldsymbol{q}_k^{(m)}\}$ 与不变子空间 $T_k=\operatorname{span}\{\boldsymbol{v}_1,\cdots,\boldsymbol{v}_k\}$ 距离的粗略的估计. 在给定条件下，当 $m\to\infty$ 时，$a_{k+1,k}^{(m)}\to 0$，线性收敛率是 $|\lambda_{k+1}/\lambda_k|$.

运用不可约上 Hessenberg 矩阵的另一个好处是条件 $S_k\cap U_k=\{\boldsymbol{0}\}$，$k=1,\cdots,$

$n-1$ 总是满足的. 理论上，这是非常好的结论. 因此矩阵序列收敛的条件是只要特征值满足不等式 $|\lambda_k|>|\lambda_{k+1}|$.

注意收敛本质上是按次序的. $\{\boldsymbol{A}_m\}$ 收敛到上三角形式只意味着当 $m\to\infty$ 时，$\boldsymbol{A}_m$ 的次对角元素 $a_{k+1,k}^{(m)}$ 收敛到零. 主对角元素收敛到特征值，但是没有主对角线以上元素的信息，它们也许是不收敛的. 因此，不能肯定存在上三角矩阵 $\boldsymbol{R}\in C^{n\times n}$，使得当 $m\to\infty$ 时，$\|\boldsymbol{A}_m-\boldsymbol{R}\|\to 0$.

除了对上 Hessenberg 矩阵进行外，QR 算法的另一个主要变形是用移位来增加收敛速度. 既然知道收敛率是 $|\lambda_{k+1}/\lambda_k|$，显然知道怎样移位. 这在上一节讨论过，没有必要再进行讨论. 但是有一点是值得重复的：虽然移位一般会非常有效，但是它们的应用将导致收敛分析复杂化. 目前还没有证明某些特定的，明显成功移位方法保证 QR 算法总是收敛的.

子空间迭代的对偶　下面的对偶定理提供了 QR 算法和逆迭代之间的联系. 它表示只要进行直接(子空间)迭代，逆(子空间)迭代同时自动地进行.

定理 6　若 $\boldsymbol{A}\in C^{n\times n}$ 是非奇异的，且记 $\boldsymbol{B}=\boldsymbol{A}^{-\mathrm{H}}$；设 S 是 C^n 的任意子空间，则存在两个子空间序列

$$S,\quad \boldsymbol{A}S,\quad \boldsymbol{A}^2S,\quad \cdots$$
$$S^{\perp},\quad \boldsymbol{B}S^{\perp},\quad \boldsymbol{B}^2S^{\perp},\quad \cdots$$

在正交补的意义下是等价的，即对 $m=0,1,2,\cdots$,

$$(\boldsymbol{A}^mS)^{\perp}=\boldsymbol{B}^m(S^{\perp})$$

证明　对任意向量 $\boldsymbol{x},\boldsymbol{y}\in C^n$，有

$$\langle \boldsymbol{A}^m\boldsymbol{x},\boldsymbol{A}^m\boldsymbol{y}\rangle=\boldsymbol{y}^{\mathrm{H}}(\boldsymbol{B}^{\mathrm{H}})^m\boldsymbol{A}^m\boldsymbol{x}=\boldsymbol{y}^{\mathrm{H}}(\boldsymbol{A}^{-1})^m\boldsymbol{A}^m\boldsymbol{x}=\boldsymbol{y}^{\mathrm{H}}\boldsymbol{x}=\langle\boldsymbol{x},\boldsymbol{y}\rangle$$

因此 $\boldsymbol{A}^m\boldsymbol{x}$ 和 $\boldsymbol{B}^m\boldsymbol{y}$ 是正交的当且仅当 $\boldsymbol{x}$ 和 $\boldsymbol{y}$ 是正交的. 由此得到定理的结论. □

在定理 6 中，因为迭代矩阵是 $\boldsymbol{A}^{\mathrm{H}}$ 的逆，所以第二个子空间序列是逆迭代序列.

首先考虑对没有移位的 QR 算法应用定理 6，它基本上是从扩张子空间 span$\{\boldsymbol{e}_1,\cdots,\boldsymbol{e}_k\}$，$k=1,\cdots,n$ 开始的同时迭代. 在进行 m 步以后，对 $k=1,\cdots,n-1$，有

$$\boldsymbol{A}^m\mathrm{span}\{\boldsymbol{e}_1,\cdots,\boldsymbol{e}_k\}=\mathrm{span}\{\boldsymbol{q}_1^{(m)},\cdots,\boldsymbol{q}_k^{(m)}\}\tag{9.39}$$

其中 $\boldsymbol{q}_1^{(m)},\cdots,\boldsymbol{q}_k^{(m)}$ 是 $\hat{\boldsymbol{Q}}_m$ 的列. 因为

$$\mathrm{span}\{\boldsymbol{e}_1,\cdots,\boldsymbol{e}_k\}^{\perp}=\mathrm{span}\{\boldsymbol{e}_{k+1},\cdots,\boldsymbol{e}_n\}$$
$$\mathrm{span}\{\boldsymbol{q}_1^{(m)},\cdots,\boldsymbol{q}_k^{(m)}\}^{\perp}=\mathrm{span}\{\boldsymbol{q}_{k+1}^{(m)},\cdots,\boldsymbol{q}_n^{(m)}\}$$

对式(9.31)应用定理 6，得对 $k=1,\cdots,n-1$，有

$$(\boldsymbol{A}^{\mathrm{H}})^{-m}\mathrm{span}\{\boldsymbol{e}_{k+1},\cdots,\boldsymbol{e}_n\}=\mathrm{span}\{\boldsymbol{q}_{k+1}^{(m)},\cdots,\boldsymbol{q}_n^{(m)}\}\tag{9.40}$$

特别对 $k=n-1$，有

$$(\boldsymbol{A}^{\mathrm{H}})^{-m}\mathrm{span}\{\boldsymbol{e}_n\}=\mathrm{span}\{\boldsymbol{q}_n^{(m)}\}$$

因此 $\hat{\boldsymbol{Q}}_m$ 的最后一列可以看做是单个向量对 $\boldsymbol{A}^{\mathrm{H}}$ 进行逆迭代的结果. 如果对 $\boldsymbol{A}^{\mathrm{H}}$ 进

行移位，能使这一序列快速收敛. 在研究这个可能性前，先来考虑怎样从 QR 算法的基本方程来直接推导式(9.40). 这将揭示对偶的一些有意义内容.

对 $\boldsymbol{A}_0=\boldsymbol{A}$，由式(9.35)产生 QR 序列$\{\boldsymbol{A}_m\}$. 记 $\boldsymbol{B}_m=(\boldsymbol{A}_m^{\mathrm{H}})^{-1}$ 和 $\boldsymbol{L}_m=(\boldsymbol{R}_m^{\mathrm{H}})^{-1}$. 注意到 $\boldsymbol{L}_m$ 是正线下三角的. 在式(9.35)中取共轭转置和逆，得对 $m=1,2,3,\cdots$，有

$$\boldsymbol{B}_{m-1}=\boldsymbol{Q}_m\boldsymbol{L}_m,\quad \boldsymbol{L}_m\boldsymbol{Q}_m=\boldsymbol{B}_m$$

其中 $\boldsymbol{B}_0=\boldsymbol{B}=(\boldsymbol{A}^{\mathrm{H}})^{-1}$. 这证明了对 $\boldsymbol{A}$ 应用 QR 算法等价于对$(\boldsymbol{A}^{\mathrm{H}})^{-1}$进行 QL 算法. QL 理论和算法基本上等同于 QR 的理论和算法，QL 分解只是对 $\boldsymbol{B}$ 的列从右到左进行 Gram-Schmidt 正交化.

回忆一下，$\hat{\boldsymbol{Q}}_m=\boldsymbol{Q}_1\cdots\boldsymbol{Q}_m$ 和 $\hat{\boldsymbol{R}}_m=\boldsymbol{R}_1\cdots\boldsymbol{R}_m$，记 $\hat{\boldsymbol{L}}_m=(\hat{\boldsymbol{R}}_m^{\mathrm{H}})^{-1}=\boldsymbol{L}_m\cdots\boldsymbol{L}_1$，显然 $\hat{\boldsymbol{L}}_m$ 是主对角元素是正的下三角的. 对式(9.37)取共轭转置和逆，得对 $m=1,2,3,\cdots$，有

$$\boldsymbol{B}_m=\hat{\boldsymbol{Q}}_m\hat{\boldsymbol{L}}_m$$

由于 $\boldsymbol{L}_m$ 是下三角的，可以得到，对 $k=n-1,n-1,\cdots,0$，有

$$\operatorname{span}\{\boldsymbol{q}_{k+1},\cdots,\boldsymbol{q}_n\}=\operatorname{span}\{\boldsymbol{b}_{k+1},\cdots,\boldsymbol{b}_n\}$$

因此，对 $k=n-1,n-1,\cdots,0$，有

$$\boldsymbol{B}^m\operatorname{span}\{\boldsymbol{e}_{k+1},\cdots,\boldsymbol{e}_n\}=\operatorname{span}\{\boldsymbol{q}_{k+1}^{(m)},\cdots,\boldsymbol{q}_n^{(m)}\}$$

这正是式(9.40).

现在利用对偶来研究对原点的移位. 特别要证明具有 Rayleigh 商移位的 QR 算法是(部分的)Rayleigh 商迭代. 这可以通过检查 m 步以后的累积效果或一次一步的方法来说明. 后者也许能揭示出更多的意义，因此采取后者.

考虑单个 QR 步

$$\boldsymbol{A}_{m-1}-\rho_{m-1}\boldsymbol{I}=\boldsymbol{Q}_m\boldsymbol{R}_m,\quad \boldsymbol{Q}_m\boldsymbol{R}_m+\rho_{m-1}\boldsymbol{I}=\boldsymbol{A}_m$$

其中 $\rho_{m-1}=a_{nn}^{(m-1)}=\boldsymbol{e}_n^{\mathrm{H}}\boldsymbol{A}_{m-1}\boldsymbol{e}_n$. 这是在 9.3 节中定义的 Rayleigh 商移位. 因为 $\bar{\rho}_{m-1}=\boldsymbol{e}_n^{\mathrm{H}}\boldsymbol{A}_n^{\mathrm{H}}\boldsymbol{e}_n$，所以 $\bar{\rho}_{m-1}$是 $\boldsymbol{A}_m^{\mathrm{H}}$ 的 Rayleigh 商. 如果$|a_{n,n-1}^{(m-1)}|$足够小，则 $\bar{\rho}_{m-1}$是 $\boldsymbol{A}_{m-1}^{\mathrm{H}}$的某个特征值的较好逼近. 容易得到(至少非正式地)$\boldsymbol{e}_n$ 是 $\boldsymbol{A}_{m-1}^{\mathrm{H}}$的特征向量的逼近. 记 $\boldsymbol{Q}_m$ 的列为 $\boldsymbol{p}_1,\cdots,\boldsymbol{p}_n$. 从方程 $\boldsymbol{A}_{m-1}-\rho_{m-1}\boldsymbol{I}=\boldsymbol{Q}_m\boldsymbol{R}_m$，得

$$(\boldsymbol{A}_{m-1}-\rho_{m-1}\boldsymbol{I})\operatorname{span}\{\boldsymbol{e}_1,\cdots,\boldsymbol{e}_{n-1}\}=\operatorname{span}\{\boldsymbol{p}_1,\cdots,\boldsymbol{p}_{n-1}\}$$

对这个方程，应用定理 6，得

$$(\boldsymbol{A}_{m-1}^{\mathrm{H}}-\bar{\rho}_{m-1}\boldsymbol{I})^{-1}\operatorname{span}\{\boldsymbol{e}_n\}=\operatorname{span}\{\boldsymbol{p}_n\}\tag{9.41}$$

因为 $\bar{\rho}_{m-1}$是由 $\boldsymbol{A}_{m-1}^{\mathrm{H}}$和 $\boldsymbol{e}_n$ 得到的 Rayleigh 商，式(9.41)表示一步 Rayleigh 商迭代. 所得到的是 $\boldsymbol{Q}_m$ 最后一列 $\boldsymbol{p}_n$.

现在假设对 $\boldsymbol{A}_{m-1}^{\mathrm{H}}$进行另一步的 Rayleigh 商迭代. 移位量是 $\bar{\rho}=\boldsymbol{p}_n^{\mathrm{H}}\boldsymbol{A}_{m-1}^{\mathrm{H}}\boldsymbol{p}_n$，且计算

$$(\boldsymbol{A}_{m-1}^{\mathrm{H}}-\bar{\rho}\boldsymbol{I})^{-1}\boldsymbol{p}_n\tag{9.42}$$

利用方程 $\boldsymbol{A}_m=\boldsymbol{Q}_m^{\mathrm{H}}\boldsymbol{A}_{m-1}\boldsymbol{Q}_m$，容易得到 $\rho=a_{nn}^{(m)}$. 如果，在另一方面，矩阵 $\boldsymbol{A}_m$ 进行另一个 QR 步，取移位为 $\rho=\boldsymbol{e}_n^{\mathrm{H}}\boldsymbol{A}_m\boldsymbol{e}_n=a_{nn}^{(m)}$，它与 ρ 是相同的(这是少有的巧合). 将 $\boldsymbol{A}_{m-1}$

变换到 $\boldsymbol{A}_m$ 的坐标变换也将 $\boldsymbol{p}_n$ 变换到 $\boldsymbol{e}_n$，因此 $\rho=\boldsymbol{p}_n^{\mathrm{H}}\boldsymbol{A}_{m-1}\boldsymbol{p}_n$ 和 $\rho=\boldsymbol{e}_n^{\mathrm{H}}\boldsymbol{A}_m\boldsymbol{e}_n$ 表示在两个不同的坐标系中的相同计算. 用 m 代替式(9.41)中的 $m-1$，对 $\boldsymbol{A}_m$ 的 QR 步骤的计算是

$$(\boldsymbol{A}_m^{\mathrm{H}}-\bar{\rho}_m\boldsymbol{I})^{-1}\boldsymbol{e}_n$$

这个计算与式(9.42)中的是相同的，除了坐标系的改变外. 这证明了 QR 算法(部分上)是 Rayleigh 商迭代. 作为结果，$a_{nn}^{(m)}$(一般)二次收敛到某个特征值，正如通常的 Rayleigh 商迭代收敛率. 同时 $\mathrm{span}\{\boldsymbol{q}_n^{(m)}\}$，作为 $\hat{\boldsymbol{Q}}_m$ 的最后一列，一般二次收敛到 $\boldsymbol{A}^{\mathrm{H}}$ 的某个特征向量. 如果 $\boldsymbol{A}$ 是 Hermite 的或正规的，收敛率将是三次的.

习　题　9

1. 给定矩阵 $\boldsymbol{H}=\begin{bmatrix} w & x \\ y & z \end{bmatrix}$，证明若 $\hat{\boldsymbol{H}}=\boldsymbol{Q}^{\mathrm{T}}\boldsymbol{H}\boldsymbol{Q}$ 是执行一单移位的 QR 步，则

$$|\hat{h}_{21}|\leqslant|y^2x|/[(w-z)^2+y^2]$$

2. 给定矩阵 $\boldsymbol{A}=\begin{bmatrix} w & x \\ y & z \end{bmatrix}$，求使 $\|\boldsymbol{D}^{-1}\boldsymbol{A}\boldsymbol{D}\|_{\mathrm{F}}$ 最小的对角矩阵 $\boldsymbol{D}$.

3. 对上 Hessenberg 矩阵 $\boldsymbol{H}$ 进行列选主元的 Gauss 三角分解 $\boldsymbol{P}\boldsymbol{H}=\boldsymbol{L}\boldsymbol{U}$，证明：$\boldsymbol{H}_1=\boldsymbol{U}(\boldsymbol{P}^{\mathrm{T}}\boldsymbol{L})$ 是相似于 $\boldsymbol{H}$ 的上 Hessenberg 矩阵.

4. 证明：若给定 $\boldsymbol{H}=\boldsymbol{H}_0$，并由

$$\boldsymbol{H}_k-\mu_k\boldsymbol{I}=\boldsymbol{U}_k\boldsymbol{R}_k \quad 和 \quad \boldsymbol{H}_{k+1}=\boldsymbol{R}_k\boldsymbol{U}_k+\mu_k\boldsymbol{I}$$

产生矩阵 $\boldsymbol{H}_k$，则

$$(\boldsymbol{U}_0\cdots\boldsymbol{U}_j)(\boldsymbol{R}_j\cdots\boldsymbol{R}_0)=(\boldsymbol{H}-\mu_0\boldsymbol{I})\cdots(\boldsymbol{H}-\mu_j\boldsymbol{I})$$

5. 设

$$\boldsymbol{A}=\begin{bmatrix} a_{11} & \boldsymbol{v}^{\mathrm{T}} \\ \boldsymbol{0} & \boldsymbol{T} \end{bmatrix}\in R^{3\times 3}$$

其中 $\boldsymbol{T}$ 是有一对复共轭特征值的 2×2 矩阵. 设计计算 3 阶正交矩阵 $\boldsymbol{Q}$ 的算法，使得

$$\boldsymbol{Q}^{\mathrm{T}}\boldsymbol{A}\boldsymbol{Q}=\begin{bmatrix} \widetilde{\boldsymbol{T}} & \boldsymbol{u} \\ \boldsymbol{0}^{\mathrm{T}} & a_{11} \end{bmatrix}$$

其中 $\lambda(\widetilde{\boldsymbol{T}})=\lambda(\boldsymbol{T})$.

6. 设计计算如下形式的拟上三角矩阵 $\boldsymbol{A}\in R^{n\times n}$ 全部特征值的算法：

$$\boldsymbol{A}=\begin{bmatrix} \boldsymbol{A}_{11} & \boldsymbol{A}_{12} & \cdots & \boldsymbol{A}_{1k} \\ & \boldsymbol{A}_{22} & \cdots & \boldsymbol{A}_{2k} \\ & & \ddots & \vdots \\ & & & \boldsymbol{A}_{kk} \end{bmatrix}$$

其中 $\boldsymbol{A}_{ii}$ 是 1×1 的或有一对共轭特征值的 2×2 矩阵.

7. 基于幂法设计求一个给定矩阵的最大奇异值的算法，并讨论算法的收敛性.

8. 基于逆迭代设计计算一个给定矩阵的左右奇异向量的数值算法.

第10章　特征值的估计和敏感性分析

几何上，复数域上 $n\times n$ 矩阵 $\boldsymbol{A}$ 的 n 个特征值对应着复平面上的 n 个点，由于矩阵的特征值求解等价于特征多项式的求根. 对 $n\geqslant 5$ 的多项式没有解的表达式，必须用迭代的方法求解. 而所有的迭代算法都需要一个初始值，因此，有关特征值在复平面上的知识将加快迭代过程的收敛. 对特征值进行估计是有意义的，即对特征值所在的位置给出一个范围. 所给的范围越小，则估计的精度就越高. 另外，在大量的实际应用中，常常不需要精确地计算出矩阵的特征值，而只需要估计出它们所在的范围就足够了. 例如，在自动控制中，只要估计 $\boldsymbol{A}$ 的特征值是否都有负的实部，即是否都位于复平面的左半平面中；差分算法稳定性理论中，需要确定矩阵的特征值是否都在复平面的单位圆上；线性代数方程组的迭代法求解算法中，需要估计系数矩阵的特征值是否都在复平面上的单位圆内. 因此，基于矩阵的元素，若能用较简单的计算给出矩阵特征值所在的范围，将有着十分重要的意义.

本章首先研究特征值的估计分析，然后讨论了特征值和特征向量的敏感性. 这些内容在特征值计算、矩阵理论研究和实际应用中都起着相当重要的作用.

10.1　特征值的估计

本节将基于对称矩阵的有关知识给出一般矩阵的特征值估计，介绍著名的 Gershgorin 定理及其应用，10.2 和 10.3 节将分别介绍特征值和特征向量的敏感性分析.

特征值的界　在第 2 章，讨论了对称矩阵的特征性质，基于此，可以给出一般矩阵特征值的上、下界.

定理 1　如果 $\boldsymbol{A}\in C^{n\times n}$，分别记 $\boldsymbol{A}$ 的 Hermite 和反 Hermite 部分为

$$\boldsymbol{H}=(\boldsymbol{A}+\boldsymbol{A}^{\mathrm{H}})/2 \quad \text{和} \quad \mathrm{i}\boldsymbol{S}=(\boldsymbol{A}-\boldsymbol{A}^{\mathrm{H}})/2$$

则对 $\lambda\in\lambda(\boldsymbol{A})$，有

$$\lambda_{\min}(\boldsymbol{H})\leqslant \operatorname{Re}\lambda\leqslant \lambda_{\max}(\boldsymbol{H}),\quad \lambda_{\min}(\boldsymbol{S})\leqslant \operatorname{Im}\lambda\leqslant \lambda_{\max}(\boldsymbol{S}) \tag{10.1}$$

证明　由 $\boldsymbol{H}$ 和 $\boldsymbol{S}$ 的定义，得 $\boldsymbol{A}=\boldsymbol{H}+\mathrm{i}\,\boldsymbol{S}$. 若 $\boldsymbol{x}$ 是对应于特征值 λ 的单位特征向量，则

$$\lambda=\lambda\boldsymbol{x}^{\mathrm{H}}\boldsymbol{x}=\boldsymbol{x}^{\mathrm{H}}\boldsymbol{A}\boldsymbol{x}=\boldsymbol{x}^{\mathrm{H}}\boldsymbol{H}\boldsymbol{x}+\mathrm{i}\,\boldsymbol{x}^{\mathrm{H}}\boldsymbol{S}\boldsymbol{x} \tag{10.2}$$

因为 $\boldsymbol{H}$ 和 $\boldsymbol{S}$ 是 Hermite 矩阵，由 1.1 节定理 6 的推论，矩阵 $\boldsymbol{H}$ 和 $\boldsymbol{S}$ 酉相似于实对

角矩阵,即它们的特征值是实的,所以 $\boldsymbol{x}^{\mathrm{H}}\boldsymbol{H}\boldsymbol{x}$ 和 $\boldsymbol{x}^{\mathrm{H}}\boldsymbol{S}\boldsymbol{x}$ 都是实数. 由式(10.2)得

$$\operatorname{Re}\lambda = \boldsymbol{x}^{\mathrm{H}}\boldsymbol{H}\boldsymbol{x},\quad \operatorname{Im}\lambda = \boldsymbol{x}^{\mathrm{H}}\boldsymbol{S}\boldsymbol{x}$$

根据 2.2 节定理 7,即得式(10.1). □

上面特征值的第一个估计是由 2.2 节的定理 7 给出的. 我们知道,对 $\forall\lambda\in\lambda(\boldsymbol{A})$,对任何矩阵范数都有 $|\lambda|\leqslant\|\boldsymbol{A}\|$,这个估计说明 $\boldsymbol{A}$ 的特征值包含在复平面上以原点为中心以 $\|\boldsymbol{A}\|$ 为半径的圆中. 这是一个较粗的估计,下面的定理给出较细的估计.

定理 2　给定矩阵 $\boldsymbol{A},\boldsymbol{B}\in R^{n\times n}$,若 λ 是 $\boldsymbol{A}$ 的特征值,但不是 $\boldsymbol{B}$ 的特征值,则对任意向量范数诱导的矩阵范数 $\|\ \|$,有

$$1\leqslant\|(\lambda\boldsymbol{I}-\boldsymbol{B})^{-1}(\boldsymbol{A}-\boldsymbol{B})\|\leqslant\|(\lambda\boldsymbol{I}-\boldsymbol{B})^{-1}\|\ \|\boldsymbol{A}-\boldsymbol{B}\|$$

证明　设 $\boldsymbol{x}$ 是 $\boldsymbol{A}$ 对应特征值 λ 的特征向量,则

$$(\boldsymbol{A}-\boldsymbol{B})\boldsymbol{x}=(\lambda\boldsymbol{I}-\boldsymbol{B})\boldsymbol{x}$$

如果 λ 不是 $\boldsymbol{B}$ 的特征值,则 $\lambda\boldsymbol{I}-\boldsymbol{B}$ 是非奇异矩阵,因此

$$(\lambda\boldsymbol{I}-\boldsymbol{B})^{-1}(\boldsymbol{A}-\boldsymbol{B})\boldsymbol{x}=\boldsymbol{x}$$

得

$$1\leqslant\|(\lambda\boldsymbol{I}-\boldsymbol{B})^{-1}(\boldsymbol{A}-\boldsymbol{B})\|$$ □

在定理 2 中,如果取 $\boldsymbol{B}$ 为 $\boldsymbol{A}$ 的对角元素组成的矩阵,即

$$\boldsymbol{B}=\operatorname{diag}\boldsymbol{A}\equiv\begin{bmatrix}a_{11} & \cdots & 0\\ \vdots & & \vdots\\ 0 & \cdots & a_{nn}\end{bmatrix}$$

范数是向量的 l^{∞} 范数,则

$$\|(\lambda\boldsymbol{I}-\operatorname{diag}\boldsymbol{A})^{-1}(\boldsymbol{A}-\operatorname{diag}\boldsymbol{A})\|_{\infty}=\max_{1\leqslant i\leqslant n}\left(\frac{1}{|\lambda-a_{ii}|}\sum_{k=1,k\neq i}^{n}|a_{ik}|\right)$$

因此由定理 2,可以得到下面著名的 Gershgorin 定理.

定理 3(Gershgorin 定理)　$n\times n$ 矩阵 $\boldsymbol{A}$ 的所有特征值包含在下面圆盘的并集中:

$$K_i=\left\{\mu\in C\,\middle|\,|\mu-a_{ii}|\leqslant\sum_{k=1,k\neq i}^{n}|a_{ik}|\right\}$$

圆盘 K_i 称为 **Gershgorin 圆盘**. 因为 K_i 是以 a_{ii} 为中心的,半径为 $\sum_{k=1,k\neq i}^{n}|a_{ik}|$,所以对对角占优矩阵,估计是非常精细的.

例 1　对矩阵

$$\boldsymbol{A}=\begin{bmatrix}1 & 0.1 & -0.1\\ 0 & 2 & 0.4\\ -0.2 & 0 & 3\end{bmatrix}$$

有(见图 10.1)

$$K_1 = \{\mu \| \mu - 1 | \leqslant 0.2\}$$
$$K_2 = \{\mu \| \mu - 2 | \leqslant 0.4\}$$
$$K_3 = \{\mu \| \mu - 3 | \leqslant 0.2\}$$

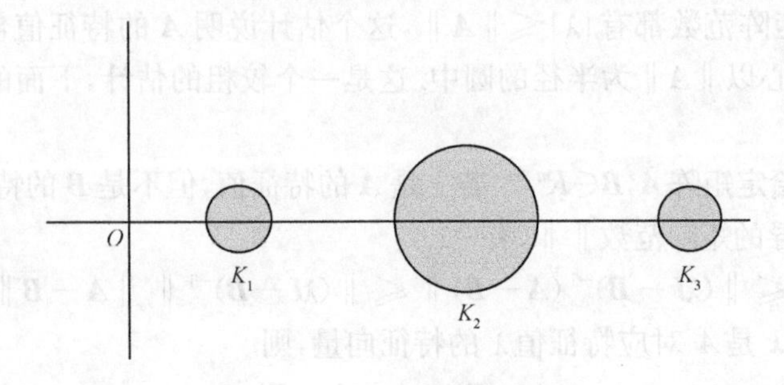

图 10.1　Gershgorin 圆盘

下面是定理 3 进一步的结论.

推论 1　如果 M_1 是 k 个圆盘 $K_{i_j}, j=1,\cdots,k$ 的并,即 $M_1=\bigcup_{j=1}^{k} K_{i_j}$,且与剩下的圆盘集合 M_2 是不相交的,则 M_1 正好包含 $\boldsymbol{A}$ 的 k 个特征值,M_2 正好包含 $n-k$ 个特征值.

证明　将矩阵 $\boldsymbol{A}$ 分解为 $\boldsymbol{A}=\mathrm{diag}\boldsymbol{A}+\boldsymbol{R}$,对 $t\in[0,1]$,记 $\boldsymbol{A}_t=\mathrm{diag}\boldsymbol{A}+t\boldsymbol{R}$,则

$$\boldsymbol{A}_0 = \mathrm{diag}\boldsymbol{A}, \quad \boldsymbol{A}_1 = \boldsymbol{A}$$

$\boldsymbol{A}_t$ 的特征值个数(包含重数)是变量 t 的连续函数. 对 $\boldsymbol{A}_t$ 运用 Gershgorin 定理,对 $t=0$,在 M_1 中正好有 $\boldsymbol{A}_0$ 的 k 个特征值,而在 M_2 中有 $n-k$ 个. 因为连续函数的轨迹一定是连通的,所以对 $0\leqslant t\leqslant 1$,$\boldsymbol{A}_t$ 的所有特征值同样必须在这些圆盘中. 所以 $\boldsymbol{A}$ 正好有 k 个特征值在 M_1 中,有 $n-k$ 个在 M_2 中. □

因为 $\boldsymbol{A}$ 和 $\boldsymbol{A}^{\mathrm{T}}$ 有相同的特征值,对 $\boldsymbol{A}^{\mathrm{T}}$ 运用 Gershgorin 定理,将两个估计结合起来,则可以得到特征值定位的更准确信息.

通常也可以基于相似变换来提高 Gershgorin 定理的估计,一般用对角矩阵 $\boldsymbol{D}=\mathrm{diag}(d_1,\cdots,d_n)$ 对 $\boldsymbol{A}$ 进行变换 $\boldsymbol{A}\to\boldsymbol{D}^{-1}\boldsymbol{A}\boldsymbol{D}$,得到圆盘

$$K_i = \left\{\mu \,\middle|\, |\mu - a_{ii}| \leqslant \sum_{k=1,k\neq i}^{n} \left|\frac{a_{ik}d_k}{d_i}\right|\right\} \tag{10.3}$$

通过适当选取 $\boldsymbol{D}$,可以减少所需圆盘 K_i 的半径(当然增大其他圆盘的半径),使得与其他圆盘 $K_j, j\neq i$ 不相交,即 K_i 正好包含一个特征值.

例如,对矩阵

$$\boldsymbol{A} = \begin{bmatrix} 1 & \varepsilon & \varepsilon \\ \varepsilon & 2 & \varepsilon \\ \varepsilon & \varepsilon & 2 \end{bmatrix}$$

$$K_1 = \{\mu : \mu - 1 | \leqslant 2\varepsilon\}$$
$$K_2 = K_3 = \{\mu : \mu - 2 | \leqslant 2\varepsilon\}$$

其中 $0<\varepsilon\leqslant 1$.

用对角矩阵 $\boldsymbol{D}=\mathrm{diag}(1,k\varepsilon,k\varepsilon)$，$k>0$ 对 $\boldsymbol{A}$ 进行相似变换，得

$$\boldsymbol{B} = \boldsymbol{D}^{-1}\boldsymbol{A}\boldsymbol{D} = \begin{bmatrix} 1 & k\varepsilon^2 & k\varepsilon^2 \\ 1/k & 2 & \varepsilon \\ 1/k & \varepsilon & 2 \end{bmatrix}$$

$\boldsymbol{B}$ 的圆盘半径分别为 $2k\varepsilon^2$ 和 $1/k+\varepsilon$，为了使 K_1 和 $K_2=K_3$ 不相交，需要

$$2k\varepsilon^2 + \frac{1}{k} + \varepsilon < 1$$

显然要求 $k>1$，k 的最优值 $\hat{k}$ 是使两个圆相切，此时上面不等式取等号，由此得

$$\hat{k} = \frac{2}{1-\varepsilon+\sqrt{(1-\varepsilon)^2-8\varepsilon^2}} = 1+\varepsilon+O(\varepsilon^2)$$

因此第一个圆 K_1 的半径为 $2\hat{k}\varepsilon^2=2\varepsilon^2+O(\varepsilon^3)$. 变换 $\boldsymbol{A}\to\boldsymbol{B}$ 将 K_1 的半径从 2ε 减少到 $2\varepsilon^2$.

对角占优矩阵　在实际应用中，经常遇到对角占优矩阵，现在来讨论它们的可逆性.

方阵 $\boldsymbol{A}\in R^{n\times n}$ 称为：

(1) **对角占优**的，如果

$$| a_{ii} | \geqslant \sum_{j\neq i} | a_{ij} |, \quad 1\leqslant i\leqslant n$$

(2) **强对角占优**的，如果上面 n 个不等式中，至少一个是严格的.

(3) **严格对角占优**的，如果所有不等式都是严格成立的.

在 3.3 节，基于矩阵扰动理论给出了严格对角占优矩阵是非奇异的结论. 这里基于 Gershgorin 定理，对严格对角占优矩阵 $\boldsymbol{A}\in R^{n\times n}$，原点不在 Gershgorin 圆盘中，因此方阵 $\boldsymbol{A}$ 是不可逆矩阵. 实际上，对强对角占优矩阵，增加一些条件也是不可逆的.

不可约矩阵　在许多实际问题中，经常假设矩阵是不可约的，比如不可约 Hessenberg 矩阵. 现在给出具体的定义.

矩阵 $\boldsymbol{A}\in R^{n\times n}$，$n\geqslant 2$ 称为**可约**的，如果存在 n 阶置换矩阵 $\boldsymbol{P}$，使得

$$\boldsymbol{P}^{\mathrm{T}}\boldsymbol{A}\boldsymbol{P} = \begin{bmatrix} \boldsymbol{A}_{11} & \boldsymbol{A}_{12} \\ \boldsymbol{0} & \boldsymbol{A}_{22} \end{bmatrix}$$

其中 $\boldsymbol{A}_{11}$ 和 $\boldsymbol{A}_{22}$ 是阶数小于 n 的方阵. 如果这样的置换矩阵 $\boldsymbol{P}$ 不存在，则称 $\boldsymbol{A}$ 是**不可约**的.

如果将 $\boldsymbol{A}$ 看做是 n 维线性空间的线性变换，$\boldsymbol{A}$ 是不可约的意味着在任选取的基中，不存在真子集，它们的扩张子空间是 $\boldsymbol{A}$ 的不变子空间.

现在给出另一类矩阵是非奇异的充分条件，即强对角占优矩阵是非奇异的充分条件.

定理 4　如果 $\boldsymbol{A}=[a_{ij}]\in R^{n\times n}$ 是不可约矩阵，且

$$|a_{ii}|\geqslant\sum_{j\neq i}|a_{ij}|,\quad 1\leqslant i\leqslant n \tag{10.4}$$

其中至少一个不等式是严格成立的，则 $\boldsymbol{A}$ 是非奇异的.

证明　采用反证法. 如果存在非零向量 $\boldsymbol{x}=(x_1,x_2,\cdots,x_n)^{\mathrm{T}}$，使得 $\boldsymbol{Ax}=\boldsymbol{0}$. 取置换矩阵 $\boldsymbol{P}$，对 $\boldsymbol{x}$ 进行置换 $\boldsymbol{Px}=\boldsymbol{y}$，使得

$$|y_1|=|y_2|=\cdots=|y_n|$$

或者

$$|y_1|=\cdots=|y_r|>|y_{r+1}|\geqslant\cdots\geqslant|y_n|$$

记 $\boldsymbol{B}=\boldsymbol{PAP}^{\mathrm{T}}=[b_{ij}]$. 对 $\boldsymbol{A}$ 的行和列同时进行置换的矩阵 $\boldsymbol{B}$ 也满足式(10.4)，即对 $1\leqslant i\leqslant n$，有

$$|b_{ii}|\geqslant\sum_{j\neq i}|b_{ij}| \tag{10.5}$$

其中至少一个不等式是严格成立的. 根据 $\boldsymbol{B}$ 和 $\boldsymbol{y}$ 的定义，有 $\boldsymbol{By}=\boldsymbol{0}$，即 $\sum_{k=1}^{n}b_{ik}y_k=0$. 在向量 $\boldsymbol{y}$ 的第一种情形，对 $1\leqslant i\leqslant n$，有

$$|b_{ii}|\,\|\boldsymbol{y}\|_\infty=|b_{ii}|\,|y_i|=\left|\sum_{k=1,k\neq i}^{n}b_{ik}y_k\right|\leqslant\left(\sum_{k=1,k\neq i}^{n}|b_{ik}|\right)\|\boldsymbol{y}\|_\infty$$

两边除以 $\|\boldsymbol{y}\|_\infty\neq0$，对 $1\leqslant i\leqslant n$，有 $|b_{ii}|\leqslant\sum_{j\neq i}|b_{ij}|$. 因此式(10.5)中都是等式，这与其中至少有一个不等式严格成立矛盾.

在向量 $\boldsymbol{y}$ 的第二种情形，对 $1\leqslant i\leqslant r$，有

$$\begin{aligned}|b_{ii}|\,\|\boldsymbol{y}\|_\infty=|b_{ii}|\,|y_i|=\left|\sum_{k=1,k\neq i}^{n}b_{ik}y_k\right|&\leqslant\left(\sum_{k=1,k\neq i}^{r}|b_{ik}|\right)\|\boldsymbol{y}\|_\infty\\&+\sum_{k=r+1}^{n}|b_{ik}|\,|y_k|\leqslant\left(\sum_{k=1,k\neq i}^{n}|b_{ik}|\right)\|\boldsymbol{y}\|_\infty\end{aligned}$$

两边除以 $\|\boldsymbol{y}\|_\infty\neq0$，对 $1\leqslant i\leqslant r$，有 $|b_{ii}|\leqslant\sum_{j\neq i}|b_{ij}|$. 因此对 $1\leqslant i\leqslant r$，式(10.5)中都是等号. 代入到上式，得到对 $r+1\leqslant i\leqslant n$，有

$$\sum_{k=r+1}^{n}|b_{ik}|=0$$

这等价于 $\boldsymbol{B}$ 的左下角分块矩阵是零矩阵，这与 $\boldsymbol{A}$ 是不可约的矛盾. □

下面说明不可约矩阵 $\boldsymbol{A}$ 的所有特征值要么在 Gershgorin 圆盘并集的内部，要么存在一个特征值在 n 个 Gershgorin 圆盘的共同的边界上. 假设对 $\boldsymbol{A}$ 的特征值 λ，存在 i，$1\leqslant i\leqslant n$，使得 $|\lambda-a_{ii}|=\sum_{j\neq i}|a_{ij}|$. 如果 λ 在余下的 $n-1$ 个 Gershgorin 圆

盘外，即对 $j\neq i$，$|\lambda-a_{jj}|>\sum_{k\neq j}a_{jk}$. 则由定理 4，$\lambda\boldsymbol{I}-\boldsymbol{A}$ 是非奇异的，这与 λ 是 $\boldsymbol{A}$ 的特征值矛盾. 因此，λ 必须至少在两个圆盘以上的边界上. 假设 λ 在 m 个圆周上，$2\leqslant m\leqslant n$，则下面不等式中

$$|\lambda-a_{jj}|\geqslant\sum_{k\neq j}|a_{jk}|,\quad 1\leqslant j\leqslant n$$

有 m 个等式，$n-m$ 个不等式. 再次根据定理 4，除非 $m=n$，否则得出矛盾.

在第 12 章，研究线性方程组的迭代求解方法时，需要根据矩阵的谱半径是否小于 1 来判断迭代序列的收敛性. 根据上面的讨论，对不可约矩阵 $\boldsymbol{A}$，如果对 $i=1,2,\cdots,n$，有

$$\sum_{j=1}^{n}|a_{ij}|\leqslant 1$$

其中至少一个不等式严格成立，则 $\rho(\boldsymbol{A})<1$.

事实上，由定理 3，

$$|\mu|\leqslant|a_{ii}|+|\mu-a_{ii}|\leqslant|a_{ii}|+\left|\sum_{j\neq i}a_{ij}\right|\leqslant 1$$

上式表示 $\boldsymbol{A}$ 的所有特征值在单位圆内，因此 $\rho(\boldsymbol{A})\leqslant 1$. 同样，上式也表示所有 Gershgorin圆盘都在单位圆内. 由上式至少有一个不等式严格成立，因此至少一个圆盘在单位圆内部. 若某个特征值的模是 1，则它在某个 Gershgorin 圆盘的边界上，因此在所有圆盘的公共边界上，这得出矛盾.

10.2　特征值的敏感性分析

因为实际中矩阵 $\boldsymbol{A}$ 一般是不精确的，所以研究特征值和特征向量怎样受 $\boldsymbol{A}$ 扰动的影响是重要的. 本节将在 $\|\delta\boldsymbol{A}\|/\|\boldsymbol{A}\|$ 很小的条件下，讨论 $\boldsymbol{A}+\delta\boldsymbol{A}$ 特征值和特征向量与 $\boldsymbol{A}$ 的特征值和特征向量的近似程度. 即使给定的矩阵 $\boldsymbol{A}$ 是精确性的，这也是值得研究的一个重要问题，还有其他的原因需要解答这个问题. 第 5 章说明，任何对矩阵进行旋转和反射的变换是渐渐变坏的稳定，隐 QR 算法就是这种类型. 这意味着隐 QR 算法确定的是矩阵 $\boldsymbol{A}+\delta\boldsymbol{A}$ 的精确特征值，其中 $\|\delta\boldsymbol{A}\|/\|\boldsymbol{A}\|$ 很小. 如果能证明 $\boldsymbol{A}+\delta\boldsymbol{A}$ 的特征值与 $\boldsymbol{A}$ 的相应特征值相接近，则所得结论是正确的. 当然不能保证算法总是得到精确的特征值，它们的精确性依赖于一些条件数.

特征问题的稳定性研究就是求一个残差最小值的优化问题. 假设计算出逼近的特征值 λ 和相应的特征向量 $\boldsymbol{x}$，希望知道它们的近似程度. 自然地计算残差 $\boldsymbol{r}=\boldsymbol{Ax}-\lambda\boldsymbol{x}$，且检验它是否很小. 但是即使 $\|\boldsymbol{r}\|$ 很小，仍不一定肯定 λ 和 $\boldsymbol{x}$ 是精确的. 正如下面定理所示，这个问题与矩阵 $\boldsymbol{A}$ 的敏感性问题有关.

定理 5　设 $\boldsymbol{A}\in C^{n\times n}$，若 $\boldsymbol{x}$ 是 $\boldsymbol{A}$ 的逼近特征向量，且 $\|\boldsymbol{x}\|_2=1$，λ 是 Rayleigh

商$\lambda=\boldsymbol{x}^{\mathrm{H}}\boldsymbol{A}\boldsymbol{x}$,记残差$\boldsymbol{r}=\boldsymbol{A}\boldsymbol{x}-\lambda\boldsymbol{x}$. 则$\lambda$和$\boldsymbol{x}$是某个扰动矩阵$\boldsymbol{A}+\lambda\boldsymbol{A}$的精确特征对,其中$\|\delta\boldsymbol{A}\|_2=\|\boldsymbol{r}\|_2$.

证明 记$\delta\boldsymbol{A}=-\boldsymbol{r}\boldsymbol{x}^{\mathrm{H}}$,则$\|\delta\boldsymbol{A}\|_2=\|\boldsymbol{r}\|_2\|\boldsymbol{x}\|_2=\|\boldsymbol{r}\|_2$,因此

$$(\boldsymbol{A}+\delta\boldsymbol{A})\boldsymbol{x}=\boldsymbol{A}\boldsymbol{x}-\boldsymbol{r}\boldsymbol{x}^{\mathrm{H}}\boldsymbol{v}=\boldsymbol{A}\boldsymbol{x}-\boldsymbol{r}=\lambda\boldsymbol{x}$$ □

特征值的敏感性 因为特征值是特征多项式的零点,而特征多项式的系数是矩阵元素的连续函数,所以特征值连续依赖于矩阵元素. 这意味着只要使矩阵元素的扰动充分小,则特征值的变化范围就可以任意的小. 但是这个信息太模糊了,希望有更准确的表达式,即希望有这样的结论:存在正数κ,使得对矩阵小的ε扰动(至少是充分小的),特征值的扰动最多是$\kappa\varepsilon$. 这个结论会更加有用. 对半单矩阵,就能得到这样的κ. 下面来讨论它.

定理 2 可以看做是扰动定理,表示$\boldsymbol{A}$的特征值与$\boldsymbol{B}$的特征值的偏离程度. 为了说明这点,假设$\boldsymbol{A}$是半单的,即$\boldsymbol{A}$是可对角化的

$$\boldsymbol{A}=\boldsymbol{X}\boldsymbol{D}\boldsymbol{X}^{-1},\quad \boldsymbol{D}=\mathrm{diag}(\lambda_1(\boldsymbol{A}),\cdots,\lambda_n(\boldsymbol{A}))$$

如果λ不是$\boldsymbol{A}$的特征值,因为对对角矩阵$\boldsymbol{D}$,有$\|\boldsymbol{D}\|_p=\max\limits_{1\leqslant i\leqslant n}d_i$. 则对所有诱导矩阵范数,有

$$\begin{aligned}\|(\lambda\boldsymbol{I}-\boldsymbol{A})^{-1}\| &= \|\boldsymbol{X}(\lambda\boldsymbol{I}-\boldsymbol{D})^{-1}\boldsymbol{X}^{-1}\| \\ &\leqslant \|(\lambda\boldsymbol{I}-\boldsymbol{D})^{-1}\|\|\boldsymbol{X}\|\|\boldsymbol{X}^{-1}\| \\ &= \max_{1\leqslant i\leqslant n}\frac{1}{|\lambda-\lambda_i(A)|}\mathrm{cond}(\boldsymbol{X}) \\ &= \frac{1}{\min\limits_{1\leqslant i\leqslant n}|\lambda-\lambda_i(\boldsymbol{A})|}\kappa(\boldsymbol{X})\end{aligned}$$

所以用$\boldsymbol{B}=\boldsymbol{A}+\delta\boldsymbol{A}$代替$\boldsymbol{B}$,其中$\delta\boldsymbol{A}$是扰动矩阵,有:

定理 6(Bauer-Fike) 给定半单矩阵$\boldsymbol{A}\in C^{n\times n}$,如果$\mu$是矩阵$\boldsymbol{A}+\delta\boldsymbol{A}\in C^{n\times n}$的特征值,则

$$\min_{\lambda\in\lambda(A)}|\lambda-\mu|\leqslant\kappa_p(\boldsymbol{X})\|\delta\boldsymbol{A}\|_p$$

证明 如果$\mu\in\lambda(\boldsymbol{A})$,则结论显然成立;如果$\mu\notin\lambda(\boldsymbol{A})$,则由上面的推导可得结论. □

这个定理表明对$\boldsymbol{A}$的谱来说,$\kappa_p(\boldsymbol{X})$是所有特征值的条件数,即矩阵$\boldsymbol{A}$的特征值在扰动下,敏感性的控制因子是矩阵$\boldsymbol{X}$的条件数$\kappa_p(\boldsymbol{X})$,而不是矩阵$\boldsymbol{A}$的条件数. 而$\boldsymbol{X}$的列正是$\boldsymbol{A}$的特征向量. 因此对 Hermite 矩阵,或更一般的正规矩阵$\boldsymbol{A}$,可以取$\boldsymbol{X}$为酉矩阵. 在欧氏范数下,有$\kappa_2(\boldsymbol{X})=1$,因此有:

推论 如果$\boldsymbol{A}$是正规的$n\times n$矩阵,则对$\forall\mu\in\lambda(\boldsymbol{A}+\delta\boldsymbol{A})$,有

$$\min_{\lambda\in\lambda(A)}|\lambda-\mu|\leqslant\|\delta\boldsymbol{A}\|_2$$

这个推论说明对 Hermite 矩阵,特征值问题总是良定的. 也就是说,正规矩阵的特征值是完全被限制的. 如果对正规矩阵稍微扰动一下,所得到的特征值的扰动

就不超过矩阵元素的扰动.

变换矩阵 $\boldsymbol{X}$ 的列是 $\boldsymbol{A}$ 的特征向量,因此条件数 $\kappa_p(\boldsymbol{X})$ 可以看做是线性相关特征向量的距离度量:条件数越大,它们越接近相关. 从这个观点看,因为亏损矩阵没有 n 个线性独立的特征向量,所以,它们特征值的条件数假设为无穷大是合理的.

单个特征值的敏感分析　定理 6 对所有的特征值给出唯一的条件数,是一个整体的结论. 但实际中可能发生某些特征值是良定的,而一些是病态的情形. 对半单和亏矩阵,这些情形都可能发生. 因此对单个特征值给出相应的条件数更重要的. 再次假设矩阵是半单的,假设特征值不同就可以了. 单个条件数的讨论依赖于左特征向量. 首先讨论一下左、右特征向量之间的关系.

定理 7　设 $\boldsymbol{A}\in C^{n\times n}$ 有不同的特征值 $\lambda_1,\lambda_2,\cdots,\lambda_n$,对应于线性独立的右特征向量 $\boldsymbol{x}_1,\cdots,\boldsymbol{x}_n$ 和左特征向量 $\boldsymbol{y}_1,\cdots,\boldsymbol{y}_n$. 则

$$\boldsymbol{y}_j^{\mathrm{H}}\boldsymbol{x}_i=\delta_{ij} \tag{10.6}$$

证明　假设 $i\neq j$. 由 $\boldsymbol{A}\boldsymbol{x}_i=\lambda_i\boldsymbol{x}_i$ 和 $\boldsymbol{y}_j^{\mathrm{H}}\boldsymbol{A}=\lambda_j\boldsymbol{y}_j^{\mathrm{H}}$,得

$$\lambda_j\boldsymbol{y}_j^{\mathrm{H}}\boldsymbol{x}_i=(\boldsymbol{y}_j^{\mathrm{H}}\boldsymbol{A})\boldsymbol{x}_i=\boldsymbol{y}_j^{\mathrm{H}}(\boldsymbol{A}\boldsymbol{x}_i)=\lambda_i\boldsymbol{y}_j^{\mathrm{H}}\boldsymbol{x}_i$$

因此 $\lambda_i\boldsymbol{y}_j^{\mathrm{H}}\boldsymbol{x}_i=\lambda_j\boldsymbol{y}_j^{\mathrm{H}}\boldsymbol{x}_i$. 因为 $\lambda_i\neq\lambda_j$,一定有 $\boldsymbol{y}_j^{\mathrm{H}}\boldsymbol{x}_i=0$.

下面证明 $\boldsymbol{y}_i^{\mathrm{H}}\boldsymbol{x}_i\neq 0$. 只要证明 $\boldsymbol{y}_i^{\mathrm{H}}\boldsymbol{x}_i=0$ 将得出矛盾. 如果 $\boldsymbol{y}_i^{\mathrm{H}}\boldsymbol{x}_i=0$,结合上面的结论,对 $k=1,\cdots,n$,有 $\boldsymbol{y}_i^{\mathrm{H}}\boldsymbol{x}_k=0$. 向量 $\boldsymbol{x}_1,\cdots,\boldsymbol{x}_n$ 是线性独立的,它们组成 C^n 的一组正交基. 因此 $\boldsymbol{y}_i$ 是零向量,矛盾. □

满足式(10.6)的两组向量称为**双正交**的.

下面讨论单个特征值的条件数. 假设 $\boldsymbol{A}\in C^{n\times n}$ 有 n 个不同的特征值,记其中一个为 λ. 若 $\delta\boldsymbol{A}$ 是满足 $\|\delta\boldsymbol{A}\|_2=\varepsilon$ 的扰动. 因为 $\boldsymbol{A}$ 的特征值是不同的,且连续地依赖于 $\boldsymbol{A}$ 的元素,可以肯定,如果 ε 充分小,$\boldsymbol{A}+\delta\boldsymbol{A}$ 将正好有一个接近于 λ 的特征值 $\lambda+\delta\lambda$. 下面的定理将假设所有这些条件满足.

定理 8　若 $\boldsymbol{A}\in C^{n\times n}$ 有 n 个不同的特征值,特征值 λ 对应的右和左单位特征向量分别为 $\boldsymbol{x}$ 和 $\boldsymbol{y}$. 对 $\varepsilon>0$,记 $\boldsymbol{A}(\varepsilon)=\boldsymbol{A}+\varepsilon\delta\boldsymbol{A}$,其中 $\delta\boldsymbol{A}\in C^{n\times n}$,且 $\|\delta\boldsymbol{A}\|_2=1$;记 $\boldsymbol{A}(\varepsilon)$ 的特征向量和对应的特征向量为 $\lambda(\varepsilon)$ 和 $\boldsymbol{x}(\varepsilon)$. 则

$$\left|\frac{\partial\lambda}{\partial\varepsilon}(0)\right|\leqslant\frac{1}{|\boldsymbol{y}^{\mathrm{H}}\boldsymbol{x}|} \tag{10.7}$$

证明　因为特征多项式的根是矩阵 $\boldsymbol{A}(\varepsilon)$ 的元素连续函数,所以 $\boldsymbol{A}(\varepsilon)$ 的特征值是 ε 的连续函数,其中 $\lambda(0)=\lambda$ 和 $\boldsymbol{x}(0)=\boldsymbol{x}$. 在 $\varepsilon=0$ 的邻域中,有

$$(\boldsymbol{A}+\varepsilon\delta\boldsymbol{A})\boldsymbol{x}(\varepsilon)=\lambda(\varepsilon)\boldsymbol{x}(\varepsilon)$$

关于 ε 在 $\varepsilon=0$ 点求导,得

$$\boldsymbol{A}\frac{\partial\boldsymbol{x}}{\partial\varepsilon}(0)+\delta\boldsymbol{A}\boldsymbol{x}=\frac{\partial\lambda}{\partial\varepsilon}(0)\boldsymbol{x}+\lambda\frac{\partial\boldsymbol{x}}{\partial\varepsilon}(0)$$

左乘 $\boldsymbol{y}^{\mathrm{H}}$,且由 $\boldsymbol{y}^{\mathrm{H}}\boldsymbol{A}=\lambda\boldsymbol{y}^{\mathrm{H}}$,得

$$\frac{\partial\lambda}{\partial\varepsilon}(0)=\frac{\boldsymbol{y}^{\mathrm{H}}\delta\boldsymbol{A}\boldsymbol{x}}{\boldsymbol{y}^{\mathrm{H}}\boldsymbol{x}}$$

因为 $\|\boldsymbol{y}^{\mathrm{H}}\delta\boldsymbol{A}\boldsymbol{x}\|\leqslant\|\boldsymbol{y}^{\mathrm{H}}\|\|\delta\boldsymbol{A}\|\|\boldsymbol{x}\|=1$，所以

$$\left|\frac{\partial\lambda}{\partial\varepsilon}(0)\right|\leqslant\frac{1}{|\boldsymbol{y}^{\mathrm{H}}\boldsymbol{x}|}$$ □

定理 8 实际上对任何单特征值都有效，无论矩阵是否是半单的. 注意到 $|\boldsymbol{y}^{\mathrm{H}}\boldsymbol{x}|=|\cos\theta_\lambda|$，其中 θ_λ 是特征向量 $\boldsymbol{y}$ 和 $\boldsymbol{x}$ 的夹角. 因此，如果左右特征向量几乎是垂直的，特征值 λ 的计算就是病态的. 因此数

$$\kappa(\lambda)=\frac{1}{|\boldsymbol{y}^{\mathrm{H}}\boldsymbol{x}|}=\frac{1}{|\cos\theta_\lambda|}$$

能看做是单个特征值 λ 的条件数. 显然有 $\kappa(\lambda)\geqslant1$；当 $\boldsymbol{A}$ 是正规矩阵，因为正规矩阵是酉相似于对角矩阵的，左和右特征值是相同的，所以 $\kappa(\lambda)=1/\|\boldsymbol{x}\|_2^2=1$.

不等式(10.7)可以简单地理解为：对矩阵 $\boldsymbol{A}$ 的元素进行扰动 $\delta\varepsilon$，则对特征值产生的变化是 $\delta\lambda=\delta\varepsilon/|\cos\theta_\lambda|$. 实际上，由 Taylor 级数展开式，有

$$|\delta\lambda|\leqslant\kappa\varepsilon+O(\varepsilon^2)$$

可以证明对矩阵进行酉变换，则矩阵特征值的条件数是不改变的. 为此，假设 $\boldsymbol{U}\in C^{n\times n}$ 是酉矩阵，记 $\widetilde{\boldsymbol{A}}=\boldsymbol{U}^{\mathrm{H}}\boldsymbol{A}\boldsymbol{U}$；且记 $\boldsymbol{A}$ 的特征值 λ_j 的条件数为 κ_j，同时记 $\widetilde{\boldsymbol{A}}$ 的特征值 λ_j 的条件数为 $\widetilde{\kappa}_j$；最后，分别记 $\boldsymbol{A}$ 右和左特征向量为 $\boldsymbol{x}_j$ 和 $\boldsymbol{y}_j$，显然，$\boldsymbol{U}^{\mathrm{H}}\boldsymbol{x}_j$ 和 $\boldsymbol{U}^{\mathrm{H}}\boldsymbol{y}_j$ 分别为 $\widetilde{\boldsymbol{A}}$ 的特征向量. 对 $j=1,\cdots,n$，有

$$\widetilde{k}_j=|\boldsymbol{y}_j^{\mathrm{H}}\boldsymbol{U}\boldsymbol{U}^{\mathrm{H}}\boldsymbol{x}_j|^{-1}=|\boldsymbol{y}_j^{\mathrm{H}}\boldsymbol{x}_j|^{-1}=k_j$$

因此，对矩阵 $\boldsymbol{A}$ 进行酉相似变换，对 λ_j 的计算稳定性没有影响. 事实上，这是酉相似不改变向量的长度和夹角结论的自然结果.

后验估计　上面考虑了矩阵特征值稳定性质的先验估计，从算法执行的角度来说，处理逼近度量运行控制的后验估计也是重要的. 因为特征值的计算都是迭代的，所以根据下面的结论可以设计可靠的停止准则.

定理 9　若 $(\hat{\lambda},\hat{\boldsymbol{x}})$ 是半单矩阵 $\boldsymbol{A}\in C^{n\times n}$ 特征对 $(\lambda,\boldsymbol{x})$ 的逼近. 记残差 $\hat{\boldsymbol{r}}=\boldsymbol{A}\hat{\boldsymbol{x}}-\hat{\lambda}\hat{\boldsymbol{x}}$，则

$$\min_{\lambda_i\in\lambda(\boldsymbol{A})}|\hat{\lambda}-\lambda_i|\leqslant\frac{\|\hat{\boldsymbol{r}}\|_2}{\|\hat{\boldsymbol{x}}\|_2}\tag{10.8}$$

证明　因为矩阵 $\boldsymbol{A}$ 是半单的，所以它的特征向量构成了 C^n 的标准正交基 $\{\boldsymbol{x}_k\}$. 所以

$$\hat{\boldsymbol{x}}=\sum_{i=1}^{n}\alpha_i\boldsymbol{x}_i$$

其中 $\alpha_i=\boldsymbol{x}_i^{\mathrm{H}}\hat{\boldsymbol{x}}$. 所以

$$\boldsymbol{A}\hat{\boldsymbol{x}}=\sum_{i=1}^{n}\alpha_i\boldsymbol{A}\boldsymbol{x}_i=\sum_{i=1}^{n}\alpha_i\lambda_i\boldsymbol{x}_i$$

得

$$\hat{\boldsymbol{r}}=\sum_{i=1}^{n}\alpha_i(\lambda_i-\lambda)\boldsymbol{x}_i$$

因为$\{\boldsymbol{x}_k\}$是标准正交基,所以

$$\|\hat{\boldsymbol{r}}\|_2^2=\sum_{i=1}^{n}|\alpha_i|^2(\lambda_i-\lambda)^2$$

得

$$\min_{\lambda_i\in\lambda(A)}(\lambda_i-\lambda)^2\sum_{i=1}^{n}|\alpha_i|^2\leqslant\|\hat{\boldsymbol{r}}\|_2^2$$

而$\|\hat{\boldsymbol{x}}\|_2^2=\sum_{i=1}^{n}|\alpha_i|^2$,因此得到式(10.8). □

估计式(10.8)保证了在计算矩阵 $\boldsymbol{A}$ 的与$\hat{\lambda}$ 最接近的特征值时,小的残差对应于小的绝对误差.

10.3　特征向量的敏感性分析

上面讨论了单个特征值的稳定性,下面讨论特征向量的敏感性. 与特征值计算的稳定性相比,即使对对称矩阵的特征向量,矩阵元素的很小扰动,特征向量也可能会有较大的变化. 例如,如果$\boldsymbol{A}=\begin{bmatrix}1&0\\0&1\end{bmatrix}$,且$\delta\boldsymbol{A}=\begin{bmatrix}\varepsilon&\delta\\0&0\end{bmatrix}$,其中$\varepsilon,\delta\neq0$,则$\boldsymbol{A}+\delta\boldsymbol{A}$的特征值是$\lambda=1$ 和 $1+\varepsilon$,而对应的单位向量是

$$\frac{1}{(\varepsilon^2+\delta^2)^{1/2}}\begin{pmatrix}-\delta\\ \varepsilon\end{pmatrix}\quad 和\quad\begin{pmatrix}1\\0\end{pmatrix}$$

由 ε 与 δ 的任意性,第一个特征向量可以为任何方向.

如果取 $\varepsilon=0$,则对任意 $\delta\neq0$,扰动矩阵 $\boldsymbol{A}+\delta\boldsymbol{A}=\begin{bmatrix}1&\delta\\0&1\end{bmatrix}$只有一个特征向量,而 $\boldsymbol{A}$ 却有两个线性无关的特征向量.

上面的讨论说明在理论和实际上,特征向量条件数的计算比特征值的要困难得多. 此处将从简单的矩阵开始,然后讨论一般的矩阵特征向量的敏感性分析.

首先假设矩阵 $\boldsymbol{T}$ 是块上三角矩阵

$$\boldsymbol{T}=\begin{bmatrix}\lambda&\boldsymbol{w}^{\mathrm{T}}\\\boldsymbol{0}&\hat{\boldsymbol{T}}\end{bmatrix}\tag{10.9}$$

其中 $\hat{\boldsymbol{T}}$ 的特征值与λ 都不同. 因此 λ 是 $\boldsymbol{T}$ 的单特征值,且特征空间是由 $\boldsymbol{e}_1$ 张成的一维子空间. 假设只有 $\boldsymbol{T}$ 的零部分有扰动. 因此

$$\boldsymbol{T}+\delta\boldsymbol{T}=\begin{bmatrix}\lambda&\boldsymbol{w}^{\mathrm{T}}\\\boldsymbol{y}&\hat{\boldsymbol{T}}\end{bmatrix}\tag{10.10}$$

其中 $\|y\|_2$ 是较小的数. 假设 $\|\delta T\|_2/\|T\|_2=\|y\|_2/\|T\|_2=\varepsilon\ll 1$. 如果 ε 充分小, $T+\delta T$ 有接近于 λ 的特征值 $\lambda+\delta\lambda$, 其对应的特征向量 $\begin{pmatrix}1\\ z\end{pmatrix}$ 接近于 e_1, 其中 $\|z\|_2$ 较小. 现在来估计 $\|z\|_2$ 的大小. 具体地说, 希望找到条件数 κ, 使得

$$\|z\|_2\leqslant\kappa\varepsilon$$

为此, 记 $T+\delta T$ 的特征方程为

$$\begin{bmatrix}\lambda & w^{\mathrm T}\\ y & \hat T\end{bmatrix}\begin{pmatrix}1\\ z\end{pmatrix}=(\lambda+\delta\lambda)\begin{pmatrix}1\\ z\end{pmatrix}$$

这可以分解成两个方程, 第一个是单个方程

$$\delta\lambda=w^{\mathrm T}z$$

将它代入到第二个方程, 得到 $y+\hat Tz=z(\lambda+w^{\mathrm T}z)$, 这可记为

$$(\hat T-\lambda I)z=-y+z(w^{\mathrm T}z)$$

因为方程的右边包含 $z(w^{\mathrm T}z)$ 项, 所以这是关于 z 的非线性方程. 虽然理论上上面的非线性二次方程组是可以求解的, 但非线性使得给出这个方程组解的表达式非常困难, 幸运的是可以忽略这一项. 因为 $\|z\|=O(\varepsilon)$, 有 $\|z(w^{\mathrm T}z)\|=O(\varepsilon^2)$, 从而这一项的影响不大. 由 $\hat T-\lambda I$ 是非奇异的, 用 $(\hat T-\lambda I)^{-1}$ 乘以方程的两边, 得

$$z=-(\hat T-\lambda I)^{-1}y+O(\varepsilon^2)$$

因此

$$\|z\|_2\leqslant\|(\hat T-\lambda I)^{-1}\|_2\|y\|_2+O(\varepsilon^2) \tag{10.11}$$

由此立即得到下面的引理, 它给出特征向量 e_1 的条件数.

引理 1 若 T 是形式为式(10.9)的块三角矩阵, 且 λ 不是 $\hat T$ 的特征值. 若 $T+\delta T$ 是 T 的形如(10.10)特殊形式的扰动, 其中 $\|\delta T\|_2/\|T\|_2=\varepsilon$, 且 ε 充分小. 则 $T+\delta T$ 有特征向量 $e_1+\delta v$, 满足

$$\|\delta v\|_2\leqslant(\|(\hat T-\lambda I)^{-1}\|_2\|T\|_2)\varepsilon+O(\varepsilon^2) \tag{10.12}$$

因此, $\|(\hat T-\lambda I)^{-1}\|_2\|T\|_2$ 是特征向量 e_1 对应于特殊形式式(10.10)扰动的条件数.

证明 因为 $\|\delta v\|_2=\|z\|_2$ 和 $\|\delta T\|_2=\|y\|_2$, 由式(10.11)立即得到结论. □

注意由这个分析也能得到特征值 λ 的扰动表达式. 由 $\delta\lambda=w^{\mathrm T}z$, 可以得到 $|\delta\lambda|\leqslant\|w\|_2\|z\|_2$, 它给出 w 的范数对特征值 λ 敏感性的影响. 虽然在引理 1 的结论中没有出现 w, 但它决定 ε 小的程度, 从而使引理 1 有效, 因此它对特征向量的敏感性也有影响.

现在考虑一般的矩阵 A, 假设它有单特征值 λ 和对应的特征向量 x, 且 $\|x\|_2=1$. 设 δA 满足 $\|\delta A\|_2/\|A\|_2=\varepsilon\ll 1$ 的扰动. 则 $A+\delta A$ 有接近于 x 的特征向量 $x+\delta x$. 现在推导 $\|\delta x\|_2/\|x\|_2=\|\delta x\|_2$ 的界.

设 $\boldsymbol{V}$ 是第一列为 $\boldsymbol{x}$ 的酉矩阵,记 $\boldsymbol{T}=\boldsymbol{V}^{-1}\boldsymbol{A}\boldsymbol{V}$. 由 1.1 节 Schur 分解定理 6 的证明过程,$\boldsymbol{T}$ 的形式是

$$\boldsymbol{T}=\begin{bmatrix}\lambda & \boldsymbol{w}^{\mathrm{T}}\\ \boldsymbol{0} & \hat{\boldsymbol{T}}\end{bmatrix}$$

其中 $\hat{\boldsymbol{T}}$ 的特征值与 λ 是不相同的. 记 $\delta\boldsymbol{T}=\boldsymbol{V}^{-1}\delta\boldsymbol{A}\boldsymbol{V}$. 则 $\boldsymbol{A}+\delta\boldsymbol{A}=\boldsymbol{V}(\boldsymbol{T}+\delta\boldsymbol{T})\boldsymbol{V}^{-1}$,且 $\|\delta\boldsymbol{T}\|_2/\|\boldsymbol{T}\|_2=\|\delta\boldsymbol{A}\|_2/\|\boldsymbol{A}\|_2=\varepsilon$. 记

$$\boldsymbol{T}+\delta\boldsymbol{T}=\begin{bmatrix}\lambda+\delta t_{11} & \boldsymbol{w}^{\mathrm{T}}+\delta\boldsymbol{w}^{\mathrm{T}}\\ \boldsymbol{y} & \hat{\boldsymbol{T}}+\delta\hat{\boldsymbol{T}}\end{bmatrix}$$

其中 $|\delta t_{11}|\leqslant\|\delta\boldsymbol{T}\|_2$, $\|\delta\hat{\boldsymbol{T}}\|_2\leqslant\|\delta\boldsymbol{T}\|_2$ 和 $\|\boldsymbol{y}\|\leqslant\|\delta\boldsymbol{T}\|_2$. 如果 ε 充分小,则 $\lambda+\delta t_{11}$ 与 $\hat{\boldsymbol{T}}+\delta\hat{\boldsymbol{T}}$ 的特征值都不相同,对下面的矩阵运用引理 1:

$$\hat{\boldsymbol{T}}=\begin{bmatrix}\lambda+\delta t_{11} & \boldsymbol{w}^{\mathrm{T}}+\delta\boldsymbol{w}^{\mathrm{T}}\\ \boldsymbol{0} & \hat{\boldsymbol{T}}+\delta\hat{\boldsymbol{T}}\end{bmatrix}$$

扰动 $\delta\widetilde{\boldsymbol{T}}=\begin{bmatrix}\boldsymbol{0} & \boldsymbol{0}^{\mathrm{T}}\\ \boldsymbol{y} & \boldsymbol{0}\end{bmatrix}$给出 $\widetilde{\boldsymbol{T}}+\delta\widetilde{\boldsymbol{T}}=\boldsymbol{T}+\delta\boldsymbol{T}$. 因此得到结论:如果 ε 充分小,$\boldsymbol{T}+\delta\boldsymbol{T}$ 有特征向量 $\boldsymbol{e}_1+\delta\boldsymbol{v}$ 满足

$$\|\delta\boldsymbol{v}\|_2\leqslant\left(\|(\hat{\boldsymbol{T}}+\delta\hat{\boldsymbol{T}}-(\lambda+\delta t_{11})\boldsymbol{I})^{-1}\|_2\|\boldsymbol{A}\|_2\right)\frac{\|\boldsymbol{y}\|_2}{\|\boldsymbol{T}\|_2}+O(\varepsilon^2)$$

由这个结果,特征值 $\boldsymbol{x}$ 的条件数可以定义为

$$\|(\hat{\boldsymbol{T}}+\delta\hat{\boldsymbol{T}}-(\lambda+\delta t_{11})\boldsymbol{I})^{-1}\|_2\|\boldsymbol{A}\|_2$$

这个定义的明显缺点是它依赖于 δt_{11} 和 $\delta\hat{\boldsymbol{T}}$,而这些是未知的,也不可能知道. 但它们是小的量,因此可以被略去. 定义

$$\|(\hat{\boldsymbol{T}}-\lambda\boldsymbol{I})^{-1}\|_2\|\boldsymbol{A}\|_2 \tag{10.13}$$

为特征向量 $\boldsymbol{x}$ 的**条件数**.

条件数(10.13)的计算不是一个简单的问题. 不仅需要计算类似于 Schur 的分解 $\boldsymbol{A}=\boldsymbol{V}\boldsymbol{T}\boldsymbol{V}^{-1}$,也需要计算 $\|(\hat{\boldsymbol{T}}-\lambda\boldsymbol{I})^{-1}\|_2$. 尤其后一个计算量是非常大的. 在实际中,可以用类似估计 $\|\boldsymbol{A}^{-1}\|$ 的方式估计它,因此得到条件数的估计. 因为通常只是对条件数的大小感兴趣,而不是它的精确值,因此一个估计通常是足够的.

从条件数(10.13)可以得到这样的结论:如果用 Schur 分解 $\boldsymbol{A}=\boldsymbol{V}\boldsymbol{T}\boldsymbol{V}^{-1}$,$\hat{\boldsymbol{T}}$ 是上三角的,则$(\hat{\boldsymbol{T}}-\lambda\boldsymbol{I})^{-1}$也是上三角的,且主对角元素是$(\lambda_i-\lambda)^{-1}$,其中 λ_i 是 $\boldsymbol{A}$ 的其他特征值. 因此容易得到

$$\|(\hat{\boldsymbol{T}}-\lambda\boldsymbol{I})^{-1}\|_2\geqslant\max_i|\lambda_1-\lambda|^{-1}=\frac{1}{\min\limits_i|\lambda_i-\lambda|} \tag{10.14}$$

如果 $\boldsymbol{A}$ 有一个特征值非常接近于 λ,则这个数将很大. 由此得到结论:如果 λ 是至少聚集两个特征值集合的一个元素,则对应的特征向量将是病态的.

如果 $\boldsymbol{A}$ 是正规的,则 Schur 矩阵 $\boldsymbol{T}$ 是对角的,且在式(10.14)中的等式成立.

在这种情形下,有$\|A\|_2=\max_i|\lambda_i|$,因此对应于单特征值$\lambda_j$的特征向量的条件数是

$$\frac{\max_i|\lambda_i|}{\max_{i\neq j}|\lambda_i-\lambda_j|} \tag{10.15}$$

强调一下,这只对正规矩阵是正确的. 也就是说,如果A是正规的,对应于λ_j的特征向量的条件数是与最近特征值距离的倒数成比例.

如果A不是正规的,则式(10.15)只是条件数的一个下界. 这通常是一个好的估计;然而,有时也会严重偏低,因为当$\hat{T}$不是正规时,在不等式(10.14)中的差距可能很大. 最后强调一下,即使特征值与其他特征值是严格分开的,对应的特征向量也可能是病态的.

习 题 10

1. 给定矩阵

$$A=\begin{bmatrix}5.2 & 0.6 & 2.0\\ 0.6 & 6.5 & 0.5\\ 2.0 & 0.5 & 5.1\end{bmatrix}$$

利用 Gershgorin 方法估计出特征值,给出$\kappa_2(A)$的上界.

2. 尽可能精确地估计下面矩阵的特征值:

$$\begin{bmatrix}1 & 10^{-3} & 10^{-4}\\ 10^{-3} & 2 & 10^{-3}\\ 10^{-4} & 10^{-3} & 3\end{bmatrix} \quad 和 \quad A=A^{\mathrm{T}}=\begin{bmatrix}-9 & * & * & * & *\\ * & 0 & * & * & *\\ * & * & 1 & * & *\\ * & * & * & 4 & *\\ * & * & * & * & 21\end{bmatrix}$$

其中没有写出的元素 * 的模$\leqslant\frac{1}{4}$.

3. (a) 给定 Hermite 矩阵A,B,定义

$$H=\begin{bmatrix}A & C\\ C^{\mathrm{H}} & B\end{bmatrix}$$

证明:对B的每一个特征值$\lambda(B)$,存在H的特征值$\lambda(H)$,使得

$$|\lambda(H)-\lambda(B)|\leqslant\sqrt{\|C^{\mathrm{H}}C\|_2}$$

(b) 对下面几乎是三对角的 Hermite 矩阵H,运用(a)的结论,根据A,B来估计H的特征值

$$
\boldsymbol{H}=\begin{bmatrix}
* & * & & & & & & & 0\\
* & \ddots & \ddots & & & & & & \\
 & \ddots & \ddots & * & & & & & \\
 & & * & * & \varepsilon & & & & \\
 & & & \bar{\varepsilon} & * & * & & & \\
 & & & & * & \ddots & \ddots & & \\
 & & & & & \ddots & \ddots & * \\
0 & & & & & & * & *
\end{bmatrix},\quad \varepsilon\text{很小}
$$

4. 证明:如果 $\boldsymbol{A}=[a_{ik}]$是 Hermite 矩阵,则对每一个对角元素a_{ii},存在 $\boldsymbol{A}$ 的一个特征值$\lambda(\boldsymbol{A})$,使得

$$|\lambda(\boldsymbol{A})-a_{ii}|\leqslant\sqrt{\sum_{j\neq i}|a_{ij}|^2}$$

5. 设 $\boldsymbol{A}=\begin{bmatrix}\alpha & \gamma\\ 0 & \beta\end{bmatrix}$,$\alpha\neq\beta$. 求 $\boldsymbol{A}$ 的特征值α 和β 的条件数.

6. 假设 $\boldsymbol{A}\in\mathbb{C}^{n\times n}$有 n 个不同的特征值λ_i,$i=1,\cdots,n$,则

$$\kappa_{\mathrm{F}}(\boldsymbol{X})^2=n\sum_{i=1}^{n}\frac{1}{\kappa(\lambda_i)^2}$$

其中 $\boldsymbol{X}$ 是单位特征向量组成的矩阵,$\kappa_{\mathrm{F}}(\boldsymbol{X})$是 $\boldsymbol{X}$ 在 Frobenius 范数下的矩阵条件数.

第 11 章　对称矩阵的特征计算方法

特征问题不仅在理论上十分重要，而且在实际应用中也是多姿多彩的. 许多实际问题中出现的矩阵往往是对称的，比如调和方程的差分计算，因此实对称矩阵在理论研究与实际应用中占有比较重要的地位. 在第 2 章，已经介绍了实对称矩阵的有关性质，本章将介绍对称矩阵特征问题的计算. 如果说，对稠密非对称特征值问题，QR 算法（包含简化到 Hessenberg 形式）是最优的话，那么，对对称特征值问题，则出现了许多挑战 QR 算法的方法. 在 20 世纪末，人们发展了许多新的更快速、更精确的算法，其中包括 Cuppen 分治算法，微分商差分算法和计算特征值的 RRR 算法.

11.1 Jacobi 算法

在特征求解中，精确性是有意义的和重要的. 10.2 节中的结论表明对称矩阵的特征值是良定的，也就是说，如果 $\boldsymbol{A}+\delta\boldsymbol{A}$ 是对称矩阵 $\boldsymbol{A}$ 的一个微扰动，即 $\|\delta\boldsymbol{A}\|_2/\|\boldsymbol{A}\|_2=\varepsilon$，则 $\boldsymbol{A}+\delta\boldsymbol{A}$ 的每一个特征值 μ 接近于 $\boldsymbol{A}$ 的对应特征值 λ，即

$$\frac{|\mu-\lambda|}{\|\boldsymbol{A}\|_2}\leqslant\varepsilon \tag{11.1}$$

因为 QR 算法保持范数，所以是稳定的，它能计算与 $\boldsymbol{A}$ 接近矩阵 $\boldsymbol{A}+\delta\boldsymbol{A}$ 的精确特征值. 当误差 ε 为单位舍入误差 u 的数乘时，由 QR 算法计算出的逼近特征值满足式(11.1). 这已经是一个非常好的结论，但是可以得到更好的结论. 例如，对所有非零 λ，有

$$\frac{|\mu-\lambda|}{\lambda}\leqslant\varepsilon \tag{11.2}$$

这是更严格的界，它表示对所有非零的特征值，不管其大小，计算精度都是一样的. 相对地，在式(11.1)中的界只表示特征值的精确性与矩阵的模 $\|\boldsymbol{A}\|_2$ 是相当的，微小的特征值没有相对较高的精确度. 这也是实际运用 QR 算法产生的问题. 在这一节讨论的算法比这个结果好，它们能得到更强的界(11.2).

在讨论新的方法前，先简单地描述一下目前仍在使用的一些经典方法.

Jacobi 算法　对特征值求解问题，Jacobi 算法是最古老的方法之一. 它甚至比矩阵理论出现的都早，可以追溯到 Jacobi 在 1846 年的文章. 类似于许多经典的数

值方法，在计算机出现以前的时代很少被应用. 在 20 世纪 50 年代，Jacobi 算法得到了短暂的复兴，但是在 60 年代，被 QR 算法取代. 后来，由于算法本质上可并行处理和优越的精确性，又重新引起兴趣. 下面将简单地描述这个算法.

首先考虑 2×2 实对称矩阵

$$\boldsymbol{A}=\begin{bmatrix}a & b\\ b & d\end{bmatrix}$$

不难证明存在旋转变换

$$\boldsymbol{Q}=\begin{bmatrix}c & -s\\ s & c\end{bmatrix}$$

使得 $\boldsymbol{Q}^{\mathrm{T}}\boldsymbol{A}\boldsymbol{Q}$ 是对角的

$$\begin{bmatrix}c & -s\\ s & c\end{bmatrix}\begin{bmatrix}a & b\\ b & d\end{bmatrix}\begin{bmatrix}c & s\\ -s & c\end{bmatrix}=\begin{bmatrix}\lambda_1 & 0\\ 0 & \lambda_2\end{bmatrix}$$

这解决了 2×2 实对称矩阵的特征值问题.

求出 2×2 矩阵的特征值自然不是一件了不起的事. 现在来考虑如何处理 $n\times n$ 矩阵. 在这一部分讨论的算法中，Jacobi 算法是唯一一个不将矩阵简化为三对角形式的，而是通过一个接着一个地将非对角元素变到零，将矩阵直接转化为对角形式. 显然通过适当的平面旋转，可以使非主对角线上的任何元素 a_{ij} 为零. 只要运用 (i,j) 平面的旋转变换，使得下面矩阵对角化：

$$\begin{bmatrix}a_{ii} & a_{ij}\\ a_{ij} & a_{jj}\end{bmatrix}$$

完成这个任务的旋转变换称为 **Jacobi 旋转**.

经典的 Jacobi 算法搜索矩阵中最大的非对角元素，运用 Jacobi 旋转将它变换到零. 然后在余下的非对角元素中搜索最大的，将它变换到零，如此继续下去，直到矩阵接近于对角矩阵. 因为被变成零的元素可能被后面的旋转变成非零，所以不能期望矩阵在有限步内变成对角形式，否则便违反 Abel 定理. 最后的结果是期望 Jacobi 迭代的无穷序列收敛到对角形式. 事实上，一旦矩阵充分接近于对角形式，收敛将非常快速. 这个方法首先由 Jacobi 成功的用来研究行星轨迹扰动中产生的特征问题.

经典的 Jacobi 算法非常适合于笔算，用计算机执行效率却不高. 这是因为，人们用笔算时，对一个较小的矩阵，确定最大的非对角元素是简单的事；困难在于计算. 然而，对处理较大矩阵的计算机来说，计算是容易的，但是搜索最大元素的代价是巨大的. 因为搜索是费时的，引入了一类 Jacobi 算法的变形，称为**循环 Jacobi 算法**. 循环 Jacobi 算法扫描整个矩阵，按预定的次序将元素变为零，不考虑元素的大小. 在一个完整的扫描中，依次地将每一个非对角元素变为零. 比如，按列执行扫描，变零的顺序是

$$(2,1),(3,1),\cdots,(n,1),(3,2),(4,2),\cdots,(n,2),\cdots,(n,n-1) \tag{11.3}$$

当然也可以选择按行或按对角线扫描. 按式(11.3)顺序的方法称为**特殊循环的Jacobi算法**. 可以证明重复特殊循环Jacobi算法的扫描必收敛到对角形式. 但收敛分析比经典的Jacobi算法困难得多.

前面提到过,一旦非对角元素很小时,经典的Jacobi算法将非常快速地收敛. 这对循环Jacobi算法也一样正确. 事实上,收敛是二次的,即如果在给定的扫描后,非对角元素都是$O(\varepsilon)$,则在进行下一次扫描后,它们是$O(\varepsilon^2)$.

Jacobi算法的精确度依赖于停止准则. Demmel和Veselić (Demmel et al., 1992)证明了当算法运行到与a_{ii}和a_{jj}相比,每一个a_{ij}都微小时,则计算的所有特征值都有较高的相对精确度. 即得到式(11.2),因此Jacobi算法比QR算法更精确.

如果需要计算特征向量,可以通过累积的Jacobi变换的乘积得到. 在计算的精确度下,它们是正交的,可以得到完整的特征向量的集合.

对只计算特征值或计算特征值和特征向量这两个任务来说,Jacobi算法显然比将矩阵变化为三对角形式,然后进行计算的算法迭代次数多.

Jacobi算法的最近研究进展是可以自动地对特征值进行排序. 这个性质在信号处理领域是非常重要的,特别是在频率估计,占优子空间的估计,独立主成分分析中.

分块Jacobi算法 基于矩阵分划,可以利用Jacobi算法计算较大的矩阵的特征值,这个算法可以并行地进行. 给定对称矩阵$\boldsymbol{A}\in R^{n\times n}$,若$n=rN$,对$\boldsymbol{A}$进行如下分划:

$$\boldsymbol{A}=\begin{bmatrix} \boldsymbol{A}_{11} & \cdots & \boldsymbol{A}_{1N} \\ \vdots & & \vdots \\ \boldsymbol{A}_{N1} & \cdots & \boldsymbol{A}_{NN} \end{bmatrix}$$

其中$\boldsymbol{A}_{ij}$是$r\times r$矩阵. 对分块(p,q)进行Schur分解,有

$$\begin{bmatrix} \boldsymbol{V}_{pp} & \boldsymbol{V}_{pq} \\ \boldsymbol{V}_{pq} & \boldsymbol{V}_{qq} \end{bmatrix}^{\mathrm{T}} \begin{bmatrix} \boldsymbol{A}_{pp} & \boldsymbol{A}_{pq} \\ \boldsymbol{A}_{pq} & \boldsymbol{A}_{qq} \end{bmatrix} \begin{bmatrix} \boldsymbol{V}_{pp} & \boldsymbol{V}_{pq} \\ \boldsymbol{V}_{pq} & \boldsymbol{V}_{qq} \end{bmatrix} = \begin{bmatrix} \boldsymbol{D}_{pp} & \boldsymbol{0} \\ \boldsymbol{0} & \boldsymbol{D}_{qq} \end{bmatrix}$$

然后由$\boldsymbol{V}_{ij}$构造正交矩阵,作用于$\boldsymbol{A}$. 分块Jacobi算法有许多有趣的计算问题值得研究.

11.2 三对角矩阵的特征值求解算法

在8.2节,讨论了怎样用正交相似变换将实对称矩阵变换到三对角形式

$$A=\begin{bmatrix}\alpha_1 & \beta_1 & & & & \\ \beta_1 & \alpha_2 & \beta_2 & & & \\ & \beta_2 & \alpha_3 & \ddots & & \\ & & \ddots & \ddots & \beta_{n-2} & \\ & & & \beta_{n-2} & \alpha_{n-1} & \beta_{n-1} \\ & & & & \beta_{n-1} & \alpha_n\end{bmatrix} \tag{11.4}$$

不失一般性,假设所有的 β_j 是正的. 然后介绍了将三对角矩阵简化到对角形式的算法,比如 QR 算法. 然而在这一步,有一些可供选择的方法.

三对角矩阵的分解因子　如果 $\boldsymbol{A}$ 的所有主子式是非奇异的,比如 $\boldsymbol{A}$ 是正定的,则由第 4 章定理 1,$\boldsymbol{A}$ 有分解 $\boldsymbol{A}=\boldsymbol{LDL}^{\mathrm{T}}$,其中 $\boldsymbol{L}$ 是单位下三角矩阵,$\boldsymbol{D}$ 是对角矩阵. 矩阵的三角分解是基于 Gauss 消去法,当 $\boldsymbol{A}$ 是三对角时,分解计算尤为简单. 因为 $\boldsymbol{A}$ 是三对角的,$\boldsymbol{L}$ 一定是双对角的,所以方程 $\boldsymbol{A}=\boldsymbol{LDL}^{\mathrm{T}}$ 能写成

$$\begin{bmatrix}\alpha_1 & \beta_1 & & \\ \beta_1 & \alpha_2 & \ddots & \\ & \ddots & \ddots & \beta_{n-1} \\ & & \beta_{n-1} & \alpha_n\end{bmatrix}=\begin{bmatrix}1 & & & \\ l_1 & 1 & & \\ & \ddots & \ddots & \\ & & l_{n-1} & 1\end{bmatrix}\begin{bmatrix}d_1 & & & \\ & d_2 & & \\ & & \ddots & \\ & & & d_n\end{bmatrix}\begin{bmatrix}1 & l_1 & & \\ & 1 & \ddots & \\ & & \ddots & l_{n-1} \\ & & & 1\end{bmatrix} \tag{11.5}$$

将式(11.5)展开,可以得到下面计算 $\boldsymbol{L}$ 和 $\boldsymbol{D}$ 中元素的算法:

$$d_1 \leftarrow \alpha_1$$

$$\text{对 } j=1,\cdots,n-1$$

$$\begin{cases}l_j \leftarrow \beta_j/d_j \\ d_{j+1} \leftarrow \alpha_{j+1}-d_j l_j^2\end{cases}$$

矩阵 $\boldsymbol{A}$ 由 $2n-1$ 个参数 $\alpha_1,\cdots,\alpha_n$ 和 $\beta_1,\cdots,\beta_{n-1}$ 决定. 如果进行分解 $\boldsymbol{A}=\boldsymbol{LDL}^{\mathrm{T}}$,则得到相同个数的参数 $l_1,\cdots,l_{n-1}$ 和 $d_1,\cdots,d_n$,它们包含同样的信息. 容易证明只要 $4n$ flops 就可以从第一组参数得到第二组参数. 反过来,由 $4n$ flops 可以从 $l_1,\cdots,l_{n-1}$ 和 $d_1,\cdots,d_n$ 恢复 $\alpha_1,\cdots,\alpha_n$ 和 $\beta_1,\cdots,\beta_{n-1}$. 理论上讲,两组参数系都是 $\boldsymbol{A}$ 的好的表示.

然而,它们实际上是有差别的. 参数 $\alpha_1,\cdots,\alpha_n$ 和 $\beta_1,\cdots,\beta_{n-1}$ 能在高的精确度下,决定 $\boldsymbol{A}$ 的特征值,但不是在高的相对精确度下. 即如果 $\boldsymbol{A}$ 有一些微小的特征值,则参数小的相对扰动能引起这些特征值的较大相对变化. 参数 $l_1,\cdots,l_{n-1}$ 和 $d_1,\cdots,d_n$ 在这个方面却表现很好,它们能在很高的相对精确度下决定 $\boldsymbol{LDL}^{\mathrm{T}}$ 的所有特征值,即使是最微小的. 这个性质几乎对所有非正定矩阵都成立,虽然不保证成功. 因为分解 $\boldsymbol{LDL}^{\mathrm{T}}$ 的因子参数能在高的相对精确度下确定特征值,所以矩阵 $\boldsymbol{A}$ 的分解 $\boldsymbol{LDL}^{\mathrm{T}}$ 称为矩阵的**相对鲁棒表示(RRR)**.

因此有这样的结论：如果希望得到高精确度的算法，应该从矩阵的分解形式推导算法. 下面提供的算法正是这样进行的. 一旦得到分解形式，就不再需要显式表示三对角矩阵.

我们知道加速特征值计算的常用方法是将原点移位，即用 $\boldsymbol{A}-\rho\boldsymbol{I}$ 代替 $\boldsymbol{A}$，其中 ρ 是移位量. 作为计算的第一步，考虑怎样对移位 $\boldsymbol{A}$ 进行分解. 即计算单位下三角矩阵 $\hat{\boldsymbol{L}}$ 和对角矩阵 $\hat{\boldsymbol{D}}$，使得 $\boldsymbol{LDL}^{\mathrm{T}}-\rho\boldsymbol{I}=\hat{\boldsymbol{L}}\hat{\boldsymbol{D}}\hat{\boldsymbol{L}}^{\mathrm{T}}$. 通过比较两边对应的元素，可以很容易得到计算 $\hat{\boldsymbol{L}}$ 和 $\hat{\boldsymbol{D}}$ 的算法

$$\hat{d}_1 \leftarrow d_1-\rho$$

$$\text{对} j=1,\cdots,n-1$$

$$\begin{cases}\hat{l}_j \leftarrow l_j d_j/\hat{d}_j \\ \hat{d}_{j+1} \leftarrow d_{j+1}+d_j l_j^2-\hat{d}_j\hat{l}_j^2-\rho\end{cases}$$

引入辅助量，可以得到稳定的算法

$$s_j=d_{j-1}l_{j-1}^2-\hat{d}_{j-1}\hat{l}_{j-1}^2-\rho=\hat{d}_j-d_j$$

其中 $s_1=-\rho$. 容易验证下式成立：

$$s_{j+1}=\hat{l}_j l_j s_j-\rho$$

这就是所谓的算法**微分形式**.

给定 $\boldsymbol{L},\boldsymbol{D}$ 和 ρ，输出满足 $\hat{\boldsymbol{L}}\hat{\boldsymbol{D}}\hat{\boldsymbol{L}}^{\mathrm{T}}=\boldsymbol{LDL}^{\mathrm{T}}-\rho\boldsymbol{I}$ 的 $\hat{\boldsymbol{L}}$ 和 $\hat{\boldsymbol{D}}$.

$$s_1 \leftarrow -\rho$$

$$\text{对} j=1,\cdots,n-1$$

$$\begin{cases}\hat{d}_j \leftarrow d_j+s_j \\ \hat{l}_j \leftarrow l_j d_j/\hat{d}_j \\ s_{j+1} \leftarrow \hat{l}_j l_j s_j-\rho\end{cases} \tag{11.6}$$

$$\hat{d}_n \leftarrow d_n+s_n$$

从算法过程可以得到它的计算量显然是 $O(n)$ flops.

$\boldsymbol{A}$ 的另一个具有较大作用的分解是不再保持矩阵的对称性结构. 容易证明对对称矩阵，式(11.4)中的三对角矩阵 $\boldsymbol{A}$ 能被分解到如下形式：

$$\widetilde{\boldsymbol{A}}=\boldsymbol{\Delta}^{-1}\boldsymbol{A}\boldsymbol{\Delta}=\begin{bmatrix}\alpha_1 & 1 & & & & \\ \beta_1^2 & \alpha_2 & 1 & & & \\ & \beta_2^2 & \alpha_3 & \ddots & & \\ & & \ddots & \ddots & 1 & \\ & & & \beta_{n-2}^2 & \alpha_{n-1} & 1 \\ & & & & \beta_{n-1}^2 & \alpha_n\end{bmatrix} \tag{11.7}$$

其中 $\boldsymbol{\Delta}=\mathrm{diag}\{\delta_1,\cdots,\delta_n\}$ 是对角变换矩阵. 反过来，任何形式为

$$\widetilde{\boldsymbol{A}}=\begin{bmatrix}\alpha_1 & 1 & & & & \\ \gamma_1 & \alpha_2 & 1 & & & \\ & \gamma_2 & \alpha_3 & \ddots & & \\ & & \ddots & \ddots & 1 & \\ & & & \gamma_{n-2} & \alpha_{n-1} & 1 \\ & & & & \gamma_{n-1} & \alpha_n\end{bmatrix} \tag{11.8}$$

的矩阵,其中 $\gamma_j>0,j=1,\cdots,n-1$,一定是对角相似于形式为(11.4)的对称矩阵,且 $\beta_j=\sqrt{\gamma_j},j=1,\cdots,n-1$. 破坏矩阵的对称性似乎不合常识,但是形式为(11.8)的矩阵通常是非常有用的.

如果在式(11.8)中的矩阵 $\widetilde{\boldsymbol{A}}$ 的所有主子矩阵是非奇异的,则可以对它进行 LU 分解. 在特征值计算的背景下,通常用字母 $\boldsymbol{R}$ 来代替 $\boldsymbol{U}$,因此称为 LR 分解,记为 $\widetilde{\boldsymbol{A}}=\widetilde{\boldsymbol{L}}\widetilde{\boldsymbol{R}}$. 此时因子有特别简单的形式

$$\begin{bmatrix}1 & & & & & \\ \tilde{l}_1 & 1 & & & & \\ & \tilde{l}_2 & 1 & & & \\ & & \ddots & \ddots & & \\ & & & \tilde{l}_{n-2} & 1 & \\ & & & & \tilde{l}_{n-1} & 1\end{bmatrix}\begin{bmatrix}\tilde{r}_1 & 1 & & & & \\ & \tilde{r}_2 & 1 & & & \\ & & \tilde{r}_3 & \ddots & & \\ & & & \ddots & 1 & \\ & & & & \tilde{r}_{n-1} & 1 \\ & & & & & \tilde{r}_n\end{bmatrix}$$

在理论上,$2n-1$ 个参数 $\tilde{l}_1,\cdots,\tilde{l}_{n-1}$ 和 $\tilde{r}_1,\cdots,\tilde{r}_n$ 包含与 $\alpha_1,\cdots,\alpha_n$ 和 $\beta_1,\cdots,\beta_{n-1}$ 同样的信息. 然而类似于 $\boldsymbol{LDL}^{\mathrm{T}}$ 分解的情形,$\widetilde{\boldsymbol{L}}$ 和 $\widetilde{\boldsymbol{R}}$ 中的元素通常在高的相对精确度下决定特征值,而 $\widetilde{\boldsymbol{A}}$ 中的元素却不是. 因此,不显式地表示三对角矩阵 $\widetilde{\boldsymbol{A}}$,而直接从参数 $\tilde{l}_1,\cdots,\tilde{l}_{n-1}$ 和 $\tilde{r}_1,\cdots,\tilde{r}_n$ 推导算法是有意义的.

显然参数 $\tilde{l}_1,\cdots,\tilde{l}_{n-1}$ 和 $\tilde{r}_1,\cdots,\tilde{r}_n$ 一定与分解 $\boldsymbol{A}=\boldsymbol{LDL}^{\mathrm{T}}$ 中的参数 $l_1,\cdots,l_{n-1}$ 和 $d_1,\cdots,d_n$ 有密切联系. 事实上,已知有 $\tilde{r}_j=d_j$ 和 $\tilde{l}_j=l_j\delta_{j-1}/\delta_j$,其中 δ_j 是式(11.7)的三对角矩阵 $\boldsymbol{\Delta}$ 中的元素.

前面给出了怎样对 $\boldsymbol{LDL}^{\mathrm{T}}$ 进行原点的移位,而不显式地形成 $\boldsymbol{A}$ 的乘积. 自然地,对 LR 分解也能做类似的事. 假设有分解形式 $\widetilde{\boldsymbol{A}}=\widetilde{\boldsymbol{L}}\widetilde{\boldsymbol{R}}$,且希望计算 $\hat{\boldsymbol{L}}\hat{\boldsymbol{R}}$ 使得 $\widetilde{\boldsymbol{A}}-\rho\boldsymbol{I}=\hat{\boldsymbol{L}}\hat{\boldsymbol{R}}$,而不显式地表示 $\widetilde{\boldsymbol{A}}$. 可以容易地证明下面的算法能从 $\widetilde{\boldsymbol{L}}$,$\widetilde{\boldsymbol{R}}$ 和 ρ 得到 $\hat{\boldsymbol{L}}$ 和 $\hat{\boldsymbol{R}}$.

给定 $\widetilde{\boldsymbol{L}}$,$\widetilde{\boldsymbol{R}}$ 和 ρ,输出 $\hat{\boldsymbol{L}}$ 和 $\hat{\boldsymbol{R}}$,使得 $\hat{\boldsymbol{L}}\hat{\boldsymbol{R}}=\widetilde{\boldsymbol{L}}\widetilde{\boldsymbol{R}}-\rho\boldsymbol{I}$

$t_1\longleftarrow\rho$

对 $j=1,\cdots,n-1$

$$\begin{cases} \tilde{r}_j \leftarrow \tilde{r}_j + t_j \\ q \leftarrow \tilde{l}_j / \hat{r}_j \\ \hat{l}_j \leftarrow \tilde{r}_j q \\ t_{j+1} \leftarrow t_j q - \rho \end{cases} \tag{11.9}$$

$$\hat{r}_n = r_n + t_n$$

分割或二分法 分割方法(slicing),也称为二分或 Sturm 序列方法,它们是基于同余和惯性定律.

给定 $R^{n\times n}$ 中的对称矩阵 $\boldsymbol{A}$ 和 $\boldsymbol{B}$,称 $\boldsymbol{B}$ **同余**于 $\boldsymbol{A}$,如果存在非奇异矩阵 $\boldsymbol{S}\in R^{n\times n}$,使得 $\boldsymbol{B}=\boldsymbol{SAS}^{\mathrm{T}}$.

注意,这里 $\boldsymbol{S}$ 是非奇异的要求是重要的,否则,任何两个对称矩阵都是同余的.

对称矩阵 $\boldsymbol{A}\in R^{n\times n}$ 的特征值都是实数,分别记 $\boldsymbol{A}$ 的负、零和正特征值的个数为 $v(\boldsymbol{A})$,$\zeta(\boldsymbol{A})$ 和 $\pi(\boldsymbol{A})$. 顺序三元组 $(v(\boldsymbol{A}),\zeta(\boldsymbol{A}),\pi(\boldsymbol{A}))$ 称为 $\boldsymbol{A}$ 的**惯性**. 这方面的经典结论是 Sylvester 惯性定律,它陈述的是同余矩阵有相同的惯性.

定理 1(Sylvester 惯性定律) 设 $\boldsymbol{A},\boldsymbol{B}\in R^{n\times n}$ 是对称的,且 $\boldsymbol{B}$ 同余于 $\boldsymbol{A}$. 则

$$v(\boldsymbol{A}) = v(\boldsymbol{B}), \quad \zeta(\boldsymbol{A}) = \zeta(\boldsymbol{B}) \quad \text{和} \quad \pi(\boldsymbol{A}) = \pi(\boldsymbol{B})$$

这个定理的证明是简单的,留作习题. 基于 Sylvester 定律可以将谱分割成不同子集. 设 $\lambda_1,\cdots,\lambda_n$ 是对称矩阵 $\boldsymbol{A}$ 的特征值,顺序是 $\lambda_1\geqslant\lambda_2\geqslant\cdots\geqslant\lambda_n$. 假设对任意给定的 $\rho\in R$,能确定 $\boldsymbol{A}-\rho\boldsymbol{I}$ 的惯性,则数 $\pi(\boldsymbol{A}-\rho\boldsymbol{I})$ 表示 $\boldsymbol{A}$ 的特征值中比 ρ 大的个数. 如果 $\pi(\boldsymbol{A}-\rho\boldsymbol{I})=i$,其中 $0<i<n$,则

$$\lambda_n \leqslant \cdots \leqslant \lambda_{i+1} \leqslant \rho < \lambda_i \leqslant \cdots \leqslant \lambda_1$$

这就将 $\boldsymbol{A}$ 的谱分成了两个子集合. 类似于用分割方法求一元非线性方程在某个闭区间中的根的方法(见丛书《优化算法》),通过选择一系列的 ρ,重复对谱进行分割,就能在较大的精确度下,确定 $\boldsymbol{A}$ 的所有的特征值.

现在假设 $\boldsymbol{A}$ 是三对角矩阵,对任何 ρ,下面介绍计算 $\pi(\boldsymbol{A}-\rho\boldsymbol{I})$ 的简单方法. 只需要计算分解

$$\boldsymbol{A} - \rho\boldsymbol{I} = \boldsymbol{L}_\rho \boldsymbol{D}_\rho \boldsymbol{L}_\rho^{\mathrm{T}}$$

其中 $\boldsymbol{L}_\rho$ 是单位下三角矩阵,$\boldsymbol{D}_\rho$ 是对角矩阵. 这个方程表示 $\boldsymbol{A}-\rho\boldsymbol{I}$ 和 $\boldsymbol{D}_\rho$ 是同余的,因此 $\pi(\boldsymbol{A}-\rho\boldsymbol{I})=\pi(\boldsymbol{D}_\rho)$. 因为 $\boldsymbol{D}_\rho$ 是对角的,所以可以由主对角线上的正数得到 $\pi(\boldsymbol{D}_\rho)$.

可以将 $\boldsymbol{A}$ 一次分解为 $\boldsymbol{LDL}^{\mathrm{T}}$,然后用算法(11.6)来得到所需要的对移位矩阵分解,而不需要显式地分解矩阵 $\boldsymbol{A}-\rho\boldsymbol{I}$. 也可以将 $\boldsymbol{A}$ 变换成非对称形式 $\tilde{\boldsymbol{A}}$,计算分解 $\tilde{\boldsymbol{L}}\tilde{\boldsymbol{R}}$,其中 $\tilde{\boldsymbol{R}}$ 的主对角元素与 $\boldsymbol{D}$ 是相同的,因此这个分解也能给出 $\boldsymbol{A}$ 的惯性. 也可以用算法(11.9)得到移位矩阵的分解.

在式(11.6)和式(11.9)中的任意 j,都能发生 $\hat{d}_j=0$(相应的 $\hat{r}_j=0$),这将导致除数为零. 这实际上不会产生问题,比如,可以用极其小的数 $\hat{\varepsilon}$(如 10^{-300})来代替

零，然后进行下去. 因为对谱的小扰动是可以被忽略的，所以用 $\hat{d}_j+\hat{\varepsilon}$ 代替 $\hat{d}_j$ 有相同的结果.

既然知道了怎样对任何数 ρ 计算 $\pi(\boldsymbol{A}-\rho\boldsymbol{I})$，下面研究怎样整体地确定 $\boldsymbol{A}$ 的特征值. 直接采用二分方法的效果就很好. 假设希望求出所有在区间 $(a,b]$ 内的特征值. 开始计算 $\pi(\boldsymbol{A}-a\boldsymbol{I})$ 和 $\pi(\boldsymbol{A}-b\boldsymbol{I})$，确定在区间中的特征值的个数. 如果 $\pi(\boldsymbol{A}-a\boldsymbol{I})=i$ 和 $\pi(\boldsymbol{A}-b\boldsymbol{I})=j$，则

$$a<\lambda_i\leqslant\cdots\leqslant\lambda_{j-1}\leqslant b$$

因此在区间 $(a,b]$ 中有 $i-j$ 个特征值. 现在取该区间的中点 $\rho=(a+b)/2$，计算 $\pi(\boldsymbol{A}-\rho\boldsymbol{I})$. 由它可以得到在每一个区间 $(a,\rho]$ 和 $(\rho,b]$ 中的特征值的个数. 通过对这些子空间再进行分割可以得到更准确的信息. 任何不包含特征值的区间可以去掉，不用考虑. 包含单个特征值的区间可以被重复地分割，直到估计的特征值有足够的精确度. 如果知道 $\lambda_k\in(\rho_1,\rho_2]$，其中 $\rho_2-\rho_1<2\varepsilon$，则逼近值 $\lambda_k\approx(\rho_1+\rho_2)/2$ 的误差小于 ε.

LR 和商差分算法　三对角对称矩阵特征值计算的另一个方法是**商差分**(qotient-difference，qd)算法. 首先介绍 LR 算法，它是商差分算法的基础. 为此目的，将矩阵 $\boldsymbol{A}$ 变换到非对称形式 $\widetilde{\boldsymbol{A}}=\boldsymbol{\Delta}^{-1}\boldsymbol{A}\boldsymbol{\Delta}$，即式(11.7). 为了符号简单，现在去掉 $\boldsymbol{A}$ 上的波浪号，研究下面的非对称矩阵：

$$\boldsymbol{A}=\begin{bmatrix}\alpha_1 & 1 & & & & \\ \gamma_1 & \alpha_2 & 1 & & & \\ & \gamma_2 & \alpha_3 & \ddots & & \\ & & \ddots & \ddots & 1 & \\ & & & \gamma_{n-2} & \alpha_{n-1} & 1 \\ & & & & \gamma_{n-1} & \alpha_n\end{bmatrix}$$

如果 $\boldsymbol{A}$ 的所有主子矩阵是非奇异的，则它有 LR 分解

$$\begin{bmatrix}1 & & & & & \\ l_1 & 1 & & & & \\ & l_2 & 1 & & & \\ & & \ddots & \ddots & & \\ & & & l_{n-2} & 1 & \\ & & & & l_{n-1} & 1\end{bmatrix}\begin{bmatrix}r_1 & 1 & & & & \\ & r_2 & 1 & & & \\ & & r_3 & \ddots & & \\ & & & \ddots & 1 & \\ & & & & r_{n-1} & 1 \\ & & & & & r_n\end{bmatrix}$$

交换上述乘积中两个因子的顺序，且将它们乘起来，得到下列三对角矩阵：

$$\hat{\boldsymbol{A}} = \begin{bmatrix} r_1+l_1 & 1 & & & & \\ r_2l_1 & r_2+l_2 & 1 & & & \\ & r_3l_2 & r_3+l_3 & \ddots & & \\ & & \ddots & \ddots & 1 & \\ & & & r_{n-1}l_{n-2} & r_{n-1}+l_{n-1} & 1 \\ & & & & r_nl_{n-1} & r_n \end{bmatrix}$$

可以看出从 $\boldsymbol{A}$ 到 $\hat{\boldsymbol{A}}$ 的变换是相似变换,这是 LR 算法的一步,类似于 QR 算法. 如果将这个步骤迭代下去,次对角元素将渐渐收敛到零,特征值出现在主对角线上. 正如 QR 算法,通过对原点进行移位,可以加速收敛.

LR 的迭代序列是相似矩阵序列 $\boldsymbol{A}=\boldsymbol{A}_0,\boldsymbol{A}_1,\boldsymbol{A}_2,\boldsymbol{A}_3,\cdots$,每一个矩阵是由前一个通过 LR 分解得到的. 考虑中间的 LR 分解,而不是相似矩阵序列$\{\boldsymbol{A}_j\}$,就得到商-差分算法. 商-差分算法从一个 LR 分解跳到下一个,越过中间的三对角矩阵. 所有矩阵的谱更精确地包含在分解因子中,改变观点的好处是能得到更加精确的算法.

不难解决从一个 LR 分解跳到下一个的问题. 假设有某些迭代 $\boldsymbol{A}$ 的 LR 分解. 为了按通常的方式完成 LR 迭代,将形成 $\hat{\boldsymbol{A}}=\boldsymbol{RL}$. 为了开始下一次迭代,将从 $\hat{\boldsymbol{A}}$ 中减去移位 ρ,且执行新的分解 $\hat{\boldsymbol{A}}-\rho\boldsymbol{I}=\hat{\boldsymbol{L}}\hat{\boldsymbol{R}}$. 现在的任务就是直接地从 $\boldsymbol{L}$ 和 $\boldsymbol{R}$ 得到 $\hat{\boldsymbol{L}}$ 和 $\hat{\boldsymbol{R}}$,而不用形成中间矩阵 $\hat{\boldsymbol{A}}$. 利用矩阵方程 $\boldsymbol{RL}-\rho\boldsymbol{I}=\hat{\boldsymbol{L}}\hat{\boldsymbol{R}}$ 两边对应元素相等,能很容易地设计简单的从 l_j 和 r_j 中确定参数 $\hat{l}_j$ 和 $\hat{r}_j$ 的算法

$$\begin{aligned} &\hat{l}_0 \leftarrow 0 \\ &\text{对 } j=1,\cdots,n-1 \\ &\begin{cases} \hat{r}_j \leftarrow r_j+l_j-\rho-\hat{l}_{j-1} \\ \hat{l}_j \leftarrow l_jr_{j+1}/\hat{r}_j \end{cases} \\ &\hat{r}_n \leftarrow r_n-\rho-\hat{l}_{n-1} \end{aligned} \tag{11.10}$$

这是移位商-差分算法的一步迭代. 重复地进行,产生 LR 算法的迭代序列,而不要形成“中间的”三对角矩阵. 当 $l_{n-1}\to 0$,r_n 收敛到一个特征值.

与 QR 算法相比,对移位的处理稍微有些不同. 在每一步迭代中,减去移位 ρ,在迭代的最后都没有恢复移位. 代替的是,保留累计的移位. 在每一个迭代中,加入新的移位 ρ 来增加移位量,称之为 $\hat{\rho}$. 随着每一个特征值的出现,必须清楚这是移位矩阵的特征值. 为了得到原矩阵的正确特征值,必须加上累计的移位量 $\hat{\rho}$.

为了得到数值上较好的算法,需要重新排列(11.10). 引入辅助量 $s_j=r_j-\rho-\hat{l}_{j-1}$,$j=1,\cdots,n$,其中 $\hat{l}_0=0$. 则能记(11.10)为:

移位微分商-差分(dqds)迭代算法

$$s_1 \leftarrow r_1-\rho$$

$$\text{对 } j=1,\cdots,n-1$$

$$
\begin{cases}
\hat{r}_j \leftarrow s_j + l_j \\
q \leftarrow r_{j+1}/\hat{r}_j \\
\hat{l}_j \leftarrow l_j q \\
s_{j+1} \leftarrow s_j q - \rho
\end{cases}
\tag{11.11}
$$

$$\hat{r}_n \leftarrow s_n$$

在矩阵是正定的情形下，算法(11.11)是极其稳定的. 可以证明此时，所有的量 r_j 和 l_j 都是正的. 对 $\rho=0$ 的情形，可以看出 s_j 也一定是正的. 因此在(11.11)中没有进行减法运算. 加法运算是两个正数相加. 因此在(11.11)中没有零项，每一个算术运算都能在很高的相对精确度下计算. 如果重复的过程收敛，所得到的特征值将有很高的相对精确度，不管多么微小.

每一步都在 $\rho=0$ 的假设下进行. 即使 ρ 非零，但只要 ρ 充分小使得 $\boldsymbol{A}-\rho\boldsymbol{I}$ 是正定的，也可以得到同样的结果. 在这种情况下，可以证明 s_j 仍然是正的，因此在(11.11)中的加法仍然是两个正数的相加. 当减去移位时，有些零是无法避免的，但是当在最后加入累计移位量时，被减量总不会超过恢复的量. 由此得出(可以证明)每一个特征值的计算都是在很高的精确度下进行的.

这些结论应该与这样的事实结合起来，被精确计算的特征值是三对角矩阵的特征值. 如果这个矩阵是将完整的对称矩阵 $\boldsymbol{T}$ 简化到三对角形式，这就不能保证计算出的 $\boldsymbol{T}$ 的特征值有高的相对精确性. 三对角简化算法是保持范数渐渐稳定的(见 9.2 节)，但是它不保持 $\boldsymbol{T}$ 的微小特征值有高的相对精确度.

11.3　特征向量的逆迭代算法

一旦由二分法或 dqds 算法计算出特征值，如果需要计算对应的特征向量，可以利用计算出的特征值作为移位量，用逆迭代得到特征向量. 对每个特征值 λ_k，需要对 $\boldsymbol{A}-\lambda_k\boldsymbol{I}$ 进行分解 $\boldsymbol{LDL}^{\mathrm{T}}$，它的计算量是 $O(n)$ flops，一般只要一到二步的逆迭代即可，整个计算量也是 $O(n)$ flops. 计算过程是非常经济的.

在精确的算术运算下，对称矩阵的特征值是正交的. 但逆迭代算法不足之处是它产生的逼近特征向量不完全是正交的. 在实际计算时，对高度聚集的特征值所计算出的特征向量很难正交. 一个补救方法是对这些向量进行 Gram-Schmidt 方法使它们正交化. 对聚集的 m 个特征值，这个计算量是 $O(nm^2)$，因而对不是太大的 m，是可以满意的. 可惜，对聚集较多特征值的矩阵，附加的计算量也是无法接受的. 对此，较好的算法是下面介绍的双扭因子法.

双扭因子法　如果以适当的方式执行逆迭代，由 dpds 得到超精确的特征值可以用来计算超精确的，且数值上正交的特征向量. 再次基于矩阵的分解式(相对鲁棒的表示)，而不是矩阵本身进行研究，这是关键的. 另一个关键是运用特殊的分解,称为双扭分解.

基于这些分解的一个 RRR 算法是对每一个特征向量,进行一步逆迭代,计算量是 $O(n)$ flops. 因此能在 $O(n^2)$ flops 内得到对称三对角矩阵的对应全部特征值的完整特征向量集合. 更一般地,k 个特征值和对应的特征向量可以在 $O(kn)$ flops 内得到. 因为每一个特征向量都有很高的精确度,计算出的特征向量在精度范围内是正交的. 所以避免了上面描述的 Gram-Schmidt 方法所需要的潜在高计算量. 在这样的意义下,$O(kn)$ flops 是最优的:因为 k 个特征向量完全由 nk 个数确定,而每一个数的计算至少需要一个 flops(不考虑数据提取,存储等),所以 $O(nk)$ 的工作量是无法避免的.

这个算法的细节是复杂的,在这里只给出一些基本思想.

假设对称三对角矩阵是以分解式 $\boldsymbol{LDL}^{\mathrm{T}}$ 存储的. 已经计算出由(11.6)得到移位矩阵的分解

$$\boldsymbol{LDL}^{\mathrm{T}} - \rho\boldsymbol{I} = \hat{\boldsymbol{L}}\hat{\boldsymbol{D}}\hat{\boldsymbol{L}}^{\mathrm{T}} \tag{11.12}$$

为了进一步的推导,需要计算一个伴随的分解

$$\boldsymbol{LDL}^{\mathrm{T}} - \rho\boldsymbol{I} = \breve{\boldsymbol{U}}\breve{\boldsymbol{D}}\breve{\boldsymbol{U}}^{\mathrm{T}} \tag{11.13}$$

其中$\breve{U}$是单位上双对角矩阵

$$\breve{U} = \begin{bmatrix} 1 & \breve{u}_1 & & & & \\ & 1 & \breve{u}_2 & & & \\ & & 1 & \ddots & & \\ & & & \ddots & \breve{u}_{n-2} & \\ & & & & 1 & \breve{u}_{n-1} \\ & & & & & 1 \end{bmatrix}$$

形式为(11.13)的 $\boldsymbol{LDL}^{\mathrm{T}}$ 分解是通常由上到下的 Gauss 消去法的自然结果(见 4.1 节). 选择从上到下,从左到右只是习惯. 如果需要,也可以从下,用(n,n)元素作为主元素来消去在第 n 列上的所有元素,然后向上和左移动. 如果按这种方式执行 Gauss 消去法,可以得到形式为 UL 的分解,其中在式(11.13)中的 $\breve{\boldsymbol{U}}\breve{\boldsymbol{D}}\breve{\boldsymbol{U}}^{\mathrm{T}}$ 是一种不同形式. 因此可以认为式(11.13)是由从下到上的方法计算参数$\breve{d}_j$ 和$\breve{u}_j$. 事实上,下面的算法可以很容易地完成这个任务:

$$\begin{aligned} & p_n \leftarrow d_n - \rho \\ & \text{对 } j = n, \cdots, 2 \\ & \begin{cases} \breve{d}_j \leftarrow p_j + d_{j-1} l_{j-1}^2 \\ q_{j-1} \leftarrow d_{j-1} / \breve{d}_j \\ \breve{u}_{j-1} \leftarrow l_{j-1} q_{j-1} \\ p_{j-1} \leftarrow p_j q_{j-1} - \rho \end{cases} \end{aligned} \tag{11.14}$$

$$\check{d}_1 \leftarrow p_1$$

这非常类似于式(11.11),最大的差别在于它是从下往上进行的.

与式(11.12)和式(11.13)两者相关的是双扭分解.第 k 个双扭分解的形式是

$$\boldsymbol{LDL}^{\mathrm{T}} - \rho\boldsymbol{I} = \boldsymbol{N}_k\boldsymbol{D}_k\boldsymbol{N}_k^{\mathrm{T}}$$

其中 $\boldsymbol{D}_k$ 是对角的,且 $\boldsymbol{N}_k$ 是双扭的,即一部分是下三角的,而另一部分是上三角的

$$\boldsymbol{N}_k = \begin{bmatrix} 1 & & & & & & \\ \hat{l}_1 & 1 & & & & & \\ & \ddots & \ddots & & & & \\ & & \hat{l}_{k-1} & 1 & \check{u}_k & & \\ & & & & \ddots & \ddots & \\ & & & & & 1 & \check{u}_{n-1} \\ & & & & & & 1 \end{bmatrix} \tag{11.15}$$

对应于 $k=1,\cdots,n$,$\boldsymbol{LDL}^{\mathrm{T}}-\rho\boldsymbol{I}$ 有 n 个双扭分解.对 $k=1$ 和 $k=n$ 的情形,双扭分解分别是式(11.12)和式(11.13).不难计算双扭因子.容易看出元素 $\hat{l}_1,\cdots,\hat{l}_{k-1}$ 与式(11.12) 中的 $\hat{l}_j$ 是相同的.类似地,元素 $\check{u}_n,\cdots,\check{u}_1$ 与式(11.13)中的是相同的.对角矩阵 $\boldsymbol{D}_k$ 是

$$\operatorname{diag}\{\hat{d}_1,\cdots,\hat{d}_{k-1},\delta_k,\check{d}_{k+1},\cdots,\check{d}_n\}$$

其中 $\hat{d}_1,\cdots,\hat{d}_{k-1}$ 来自式(11.12),$\check{d}_{k+1},\cdots,\check{d}_n$ 来自式(11.13).唯一不能直接从式(11.12)和式(11.13)中得到的元素是 $\boldsymbol{D}_k$ 的中间元素 δ_k.检查式(11.14)中的(k,k)元素,得

$$d_k + d_{k-1}l_{k-1}^2 - \rho = \hat{d}_{k-1}\hat{l}_{k-1}^2 + \delta_k + \check{d}_{k+1}\check{u}_k^2$$

因此

$$\delta_k = d_k + d_{k-1}l_{k-1}^2 - \rho - \hat{d}_{k-1}\hat{l}_{k-1}^2 - \check{d}_{k+1}\check{u}_k^2$$

再由式(11.6)和式(11.14),得到 δ_k 的另一个表达式为

$$\delta_k = s_k + p_{k+1}q_k \tag{11.16}$$

这是一个非常鲁棒的公式.

现在推导一下计算所有的 n 个双扭因子的算法.由算法(11.6)和(11.14),分别计算 $\hat{d}_1,\cdots,\hat{d}_{k-1}$ 和 $\check{d}_{k+1},\cdots,\check{d}_n$;保留辅助量 s_j, p_j 和 q_j.由这些结果,基于式(11.16) 计算 δ_k.这给出 n 个双扭因子的所有元素.

RRR 算法是运用双扭分解来计算对应于分开特征值的特征向量.运用计算出的特征值作为移位量 ρ,同时计算双扭分解 $\boldsymbol{N}_k\boldsymbol{D}_k\boldsymbol{N}_k^{\mathrm{T}}$.在理论上,在每一个分解中,矩阵 $\boldsymbol{D}_k$ 的主对角上应该有一个零,因为如果 ρ 是特征值,$\boldsymbol{LDL}^{\mathrm{T}}-\rho\boldsymbol{I}$ 应该是奇异的.进一步观察表明元素 δ_k 应该恰好是零.在实际中,由于舍入误差,δ_k 没有正好是零.虽然任何双扭分解都能被用来执行一步逆迭代,但从数值计算观点,最好是

用$|\delta_k|=\min_j|\delta_j|$. 特别地,求解$\boldsymbol{N}_k\boldsymbol{D}_k\boldsymbol{N}_k^{\mathrm{T}}\boldsymbol{x}=\delta_k\boldsymbol{e}_k$,其中$\boldsymbol{e}_k$是$n$阶单位矩阵第$k$个列向量. 向量$\boldsymbol{x}$(或$\boldsymbol{x}/\|\boldsymbol{x}\|_2$)是一个非常精确的特征向量. 加入因子$\delta_k$只是为了方便. 事实上,求解非常简单. 可以证明$\boldsymbol{x}$满足

$$\boldsymbol{N}_k^{\mathrm{T}}\boldsymbol{x}=\boldsymbol{e}_k$$

它能通过如下的向外代入法求解:

$$\begin{aligned}&x_k\leftarrow 1\\&\text{对 } j=k-1,\cdots,1\\&\quad x_j\longleftarrow l_jx_{j+1}\\&\text{对 } j=k,\cdots,n-1\\&\quad x_{j+1}\longleftarrow \breve{u}_jx_j\end{aligned}$$

这个过程需要$n-1$次乘法,没有加法和减法. 因此没有零,可以在很高的相对精确度下得到$\boldsymbol{x}$. 对更多细节和误差分析见(Dhillon,2004).

对聚集的特征值,需要更加复杂的方法. 矩阵移位为ρ,其中ρ非常接近于聚集的值. 由算法(11.6)计算一个新的表示. 这个矩阵有许多接近于零的特征值. 虽然这些特征值的绝对可分性与移位前是一样的,因为它们现在都是很小的量,它们的相对可分性变得非常大. 当然它们的相对精确度比过去更小,所以特征值需要被重新计算和加细. 一旦它们被计算到高的相对精确度,运用双扭分解可以计算出特征向量. 这些高精确度的特征向量与所有其他计算出的特征向量在数值上是正交的. 细节可以参考(Dhillon,1997,2004)和(Parlett,2000).

Cuppen 分治算法 现在专家的普遍观点是Cuppen算法将被dqds和RRR算法代替. 这里简单地描述这个算法过程.

对称和三角矩阵$\boldsymbol{A}$能写成$\boldsymbol{A}=\widetilde{\boldsymbol{A}}+\boldsymbol{H}$,其中

$$\widetilde{\boldsymbol{A}}=\begin{bmatrix}\widetilde{\boldsymbol{A}}_1 & \boldsymbol{0}\\ \boldsymbol{0} & \boldsymbol{A}_2\end{bmatrix}=\begin{bmatrix}\alpha_1 & \beta_1 & & & & & & \\ \beta_1 & \alpha_2 & \ddots & & & & & \\ & \ddots & \ddots & \beta_{i-1} & & & & \\ & & \beta_{i-1} & (\alpha_i-\beta_i) & 0 & & & \\ & & & 0 & (\alpha_i-\beta_i) & \beta_{i+1} & & \\ & & & & \beta_{i+1} & \alpha_{i+2} & \ddots & \\ & & & & & \ddots & \ddots & \beta_{n-1}\\ & & & & & & \beta_{n-1} & \alpha_n\end{bmatrix}$$

其中$\boldsymbol{H}$是秩一的简单矩阵,它的唯一非零元素包含在$\boldsymbol{H}$中间的子矩阵中

$$\begin{bmatrix}\beta_i & \beta_i\\ \beta_i & \beta_i\end{bmatrix}$$

上式对任意选取的i都成立,但一般对$i\approx n/2$的情形感兴趣,这时子矩阵$\widetilde{\boldsymbol{A}}_1$和$\widetilde{\boldsymbol{A}}_2$

大小大约相当.

$\widetilde{\boldsymbol{A}}$ 的特征问题比 $\boldsymbol{A}$ 的简单,因为它包含两个分开的问题 $\widetilde{\boldsymbol{A}}_1$ 和 $\widetilde{\boldsymbol{A}}_2$,它们可以单独地求解,同时还可以平行地计算. 假设已有 $\widetilde{\boldsymbol{A}}$ 的特征值和特征向量,则可以用简单的更新方法求出 $\boldsymbol{A}=\widetilde{\boldsymbol{A}}+\boldsymbol{H}$ 特征问题. Cuppen 算法就是递归运用这个思想. 现在简单地介绍这个算法的过程:如果 $\boldsymbol{A}$ 是 1×1 的,返回它的特征值和特征向量. 否则,像上面一样将 $\boldsymbol{A}$ 分解为 $\widetilde{\boldsymbol{A}}+\boldsymbol{H}$. 分别计算 $\widetilde{\boldsymbol{A}}_1$ 和 $\widetilde{\boldsymbol{A}}_2$ 的特征问题,得到 $\widetilde{\boldsymbol{A}}$ 的特征向量. 然后通过更新方法得到 $\boldsymbol{A}=\widetilde{\boldsymbol{A}}+\boldsymbol{H}$ 的特征向量. 这个简单的分而治之思想能很好地实现. 在实际执行中,也许选择不将这个分割进行到 1×1,代替的是设定阈值,比如 10×10,且用 QR 算法或其他方法计算在这个阈值下的矩阵的特征问题.

秩一更新　剩下需要证明怎样从 $\widetilde{\boldsymbol{A}}$ 得到 $\boldsymbol{A}$ 的特征值和特征向量,其中 $\boldsymbol{A}=\widetilde{\boldsymbol{A}}+\boldsymbol{H}$,且 $\boldsymbol{H}$ 的秩是一.

因为 $\boldsymbol{H}$ 的秩是一,且是对称的,所以 $\boldsymbol{A}=\widetilde{\boldsymbol{A}}+\rho\boldsymbol{w}\boldsymbol{w}^{\mathrm{T}}$,其中 $\|\boldsymbol{w}\|_2=1$. 因为 $\widetilde{\boldsymbol{A}}$ 是对称的,故有 $\widetilde{\boldsymbol{A}}=\widetilde{\boldsymbol{Q}}\widetilde{\boldsymbol{D}}\widetilde{\boldsymbol{Q}}^{\mathrm{T}}$,其中 $\widetilde{\boldsymbol{Q}}$ 是正交矩阵,它的列是 $\widetilde{\boldsymbol{A}}$ 的特征向量,$\widetilde{\boldsymbol{D}}$ 是对角矩阵,它的主对角元素是 $\widetilde{\boldsymbol{A}}$ 的特征值. 于是

$$\boldsymbol{A}=\widetilde{\boldsymbol{Q}}(\widetilde{\boldsymbol{D}}+\rho\boldsymbol{z}\boldsymbol{z}^{\mathrm{T}})\widetilde{\boldsymbol{Q}}^{\mathrm{T}}$$

其中 $\boldsymbol{z}=\widetilde{\boldsymbol{Q}}^{\mathrm{T}}\boldsymbol{w}$. 现在需要求正交矩阵 $\boldsymbol{Q}$ 和对角矩阵 $\boldsymbol{D}$,使得 $\boldsymbol{A}=\boldsymbol{Q}\boldsymbol{D}\boldsymbol{Q}^{\mathrm{T}}$. 如果能得到正交矩阵 $\hat{\boldsymbol{Q}}$ 和对角矩阵 $\boldsymbol{D}$ 使得 $\widetilde{\boldsymbol{D}}+\rho\boldsymbol{z}\boldsymbol{z}^{\mathrm{T}}=\hat{\boldsymbol{Q}}\boldsymbol{D}\hat{\boldsymbol{Q}}^{\mathrm{T}}$,记 $\boldsymbol{Q}=\widetilde{\boldsymbol{Q}}\hat{\boldsymbol{Q}}$,则 $\boldsymbol{A}=\boldsymbol{Q}\boldsymbol{D}\boldsymbol{Q}^{\mathrm{T}}$. 因此考虑矩阵 $\widetilde{\boldsymbol{D}}+\rho\boldsymbol{z}\boldsymbol{z}^{\mathrm{T}}$ 的分解就可以了.

$\widetilde{\boldsymbol{D}}$ 的特征值就是它的主对角元素 $\tilde{d}_1,\cdots,\tilde{d}_n$,且 R^n 的标准基 $\boldsymbol{e}_1,\cdots,\boldsymbol{e}_n$ 是对应的特征向量. 如果 $\boldsymbol{z}$ 的某个分量 $z_i=0$,则可以证明 $\tilde{d}_i$ 是 $\widetilde{\boldsymbol{D}}+\rho\boldsymbol{z}\boldsymbol{z}^{\mathrm{T}}$ 的特征值,对应的特征向量是 $\boldsymbol{e}_i$. 因此在计算 $\widetilde{\boldsymbol{D}}+\rho\boldsymbol{z}\boldsymbol{z}^{\mathrm{T}}$ 的其他特征对中,这个矩阵的第 i 行第 i 列可以被忽略,即能有效地对子矩阵进行,从而缩小了问题.

如果两个以上的 $\tilde{d}_i$ 相同也能缩小问题. 事实上,假设 $\tilde{d}_1=\tilde{d}_2=\cdots=\tilde{d}_k$,可以构造反射变换 $\boldsymbol{U}$,使得 $\boldsymbol{U}(\widetilde{\boldsymbol{D}}+\rho\boldsymbol{z}\boldsymbol{z}^{\mathrm{T}})\boldsymbol{U}^{\mathrm{T}}=\widetilde{\boldsymbol{D}}+\rho\tilde{\boldsymbol{z}}\tilde{\boldsymbol{z}}^{\mathrm{T}}$,其中 $\tilde{\boldsymbol{z}}$ 有 $k-1$ 个元素为零. 因此如果有 k 个相同的 $\tilde{d}_i$,就可以将问题缩小 $k-1$ 个特征对.

由于有这些缩小方法,不失一般性,假设所有 z_i 是非零的,且 $\tilde{d}_i$ 各不相同. 甚至可以假设(如果必要)它们已按大小排序,$\tilde{d}_1<\tilde{d}_2<\cdots<\tilde{d}_n$. 不难证明 $\widetilde{\boldsymbol{D}}+\rho\boldsymbol{z}\boldsymbol{z}^{\mathrm{T}}$ 的特征对看起来是类似的. 记 λ 是对应于特征向量 $\boldsymbol{q}$ 的特征值,则 $(\widetilde{\boldsymbol{D}}+\rho\boldsymbol{z}\boldsymbol{z}^{\mathrm{T}})\boldsymbol{q}=\lambda\boldsymbol{q}$,即

$$(\widetilde{\boldsymbol{D}}-\lambda\boldsymbol{I})\boldsymbol{q}+\rho\boldsymbol{z}(\boldsymbol{z}^{\mathrm{T}}\boldsymbol{q})=\boldsymbol{0} \tag{11.17}$$

在这些假设下,数 $\boldsymbol{z}^{\mathrm{T}}\boldsymbol{q}$ 非零,且 λ 与 $\tilde{d}_1,\tilde{d}_2,\cdots,\tilde{d}_n$ 都不相同.

因为对所有的 i,$\lambda\neq\tilde{d}_i$,$(\widetilde{\boldsymbol{D}}-\lambda\boldsymbol{I})^{-1}$ 都存在. 在式(11.17)两边乘以 $(\widetilde{\boldsymbol{D}}-\lambda\boldsymbol{I})^{-1}$,得

$$\boldsymbol{q}+\rho(\widetilde{\boldsymbol{D}}-\lambda\boldsymbol{I})^{-1}\boldsymbol{z}(\boldsymbol{z}^{\mathrm{T}}\boldsymbol{q})=\boldsymbol{0} \tag{11.18}$$

将此方程左乘 $\boldsymbol{z}^{\mathrm{T}}$,除以非零数 $\boldsymbol{z}^{\mathrm{T}}\boldsymbol{q}$,得

$$1+\rho z^{\mathrm{T}}(\widetilde{\boldsymbol{D}}-\lambda \boldsymbol{I})^{-1}z=0 \tag{11.19}$$

因为$(\widetilde{\boldsymbol{D}}-\lambda\boldsymbol{I})^{-1}$是对角矩阵,式(11.19)也能写为

$$1+\rho\sum_{i=1}^{n}\frac{z_i^2}{\widetilde{d}_i-\lambda}=0 \tag{11.20}$$

$\widetilde{\boldsymbol{D}}+\rho zz^{\mathrm{T}}$ 的每一个特征值必须满足式(11.20),这就是著名的 **Secular 方程**,这是一个有 n 个不同极点 $\widetilde{d}_1,\widetilde{d}_2,\cdots,\widetilde{d}_n$ 的有理函数.通过求下面一元函数的根:

$$f(\lambda)=1+\rho\sum_{i=1}^{n}\frac{z_i^2}{\widetilde{d}_i-\lambda}$$

可以得到(11.20)的解.

由连续函数的性质,可以得到:$n-1$ 个区间$(\widetilde{d}_i,\widetilde{d}_{i+1})$,$i=1,\cdots,n-1$ 中每一个正好含有 $\widetilde{\boldsymbol{D}}+\rho zz^{\mathrm{T}}$ 的一个特征值,与 ρ 的符号有关,当 $\rho>0$ 时,第 n 个特征值在$(\widetilde{d}_n,\widetilde{d}_n+\rho)$中,当 $\rho<0$ 时,在$(\widetilde{d}_1-\rho,\widetilde{d}_1)$中.利用这个信息,可以求 Secular 方程(11.20)的数值解,因此确定 $\widetilde{\boldsymbol{D}}+\rho zz^{\mathrm{T}}$ 的特征值到所希望的精度.为此,可以用(比如)在前面介绍过的二分方法,然而,存在着非常快速的方法,在 LAPACK 中对这个算法的执行,进行了许多的研究.

一旦得到了 $\widetilde{\boldsymbol{D}}+\rho zz^{\mathrm{T}}$ 的特征值,可以用式(11.18)得到特征向量.对每一个特征值 λ,对应的特征向量是

$$\boldsymbol{q}=c(\widetilde{\boldsymbol{D}}-\lambda\boldsymbol{I})^{-1}z$$

其中 c 是非零的常数.因此 $\boldsymbol{q}$ 的分量是

$$q_i=\frac{cz_i}{\widetilde{d}_i-\lambda},\quad i=1,\cdots,n$$

习　题　11

1. 设 $\boldsymbol{A}\in R^{n\times n}$ 是对称的,并假定 $\boldsymbol{A}$ 有分解 $\boldsymbol{A}=\boldsymbol{QTQ}^{\mathrm{T}}$,其中 $\boldsymbol{Q}$ 是正交的,$\boldsymbol{T}$ 是对称三对角矩阵.试通过比较等式 $\boldsymbol{AQ}=\boldsymbol{QT}$ 两边列向量所得到的公式来设计一个直接计算 $\boldsymbol{Q}$ 和 $\boldsymbol{T}$ 的算法.

2. 设

$$\boldsymbol{T}=\begin{bmatrix}\alpha_1 & \varepsilon\\ \varepsilon & \alpha_2\end{bmatrix}\in R^{2\times 2},\quad \alpha_1\neq\alpha_2,\quad \varepsilon\ll 1$$

并假设 $\widetilde{\boldsymbol{T}}$ 是以 $\mu=\alpha_2$ 为移位量进行了一次对称 QR 迭代得到的矩阵.试证 $\widetilde{\boldsymbol{T}}(2,1)=O(\varepsilon^2)$.如果改用 Wilkinson 移位,$\widetilde{\boldsymbol{T}}(2,1)=?$

3. 给定 2×2 的实矩阵

$$\boldsymbol{C}=\begin{bmatrix}\alpha_{11} & \alpha_{12}\\ \alpha_{21} & \alpha_{22}\end{bmatrix}$$

计算 $c=\cos\theta$ 和 $s=\sin\theta$,使得

$$\begin{bmatrix}c & s\\ -s & c\end{bmatrix}\boldsymbol{C}$$

是 2×2 的实对称矩阵;然后与 Jacobi 算法相结合,给出计算 $\boldsymbol{C}$ 的奇异值分解的另一种算法.

4. 设 λ 是对称三对角矩阵 $\boldsymbol{T}$ 的特征值. 证明:若 λ 的代数重数为 k,则 $\boldsymbol{T}$ 的次对角元素至少有 $k-1$ 个是零.

5. 设

$$\boldsymbol{A}=\begin{bmatrix}\alpha_1 & \beta_1 & & & \\ \gamma_1 & \alpha_2 & \beta_2 & & \\ & & & \ddots & \\ & & \ddots & \ddots & \beta_{n-1} \\ & & & \gamma_{n-1} & \alpha_n\end{bmatrix}\in R^{n\times n}$$

其中 $\gamma_i\beta_i>0$. 证明存在对角矩阵 $\boldsymbol{D}$,使得 $\boldsymbol{D}^{-1}\boldsymbol{AD}$ 是对称三对角矩阵.

6. 设

$$\boldsymbol{A}=\begin{bmatrix}\boldsymbol{D} & v \\ v^{\mathrm{T}} & d_n\end{bmatrix}$$

其中 $\boldsymbol{D}=\mathrm{diag}(d_1,\cdots,d_{n-1})$ 的对角元素都不相同,且 $v\in R^{n-1}$ 的元素全不为零. 证明:(a)若 $\lambda\in\lambda(\boldsymbol{A})$,则 $\boldsymbol{D}-\lambda\boldsymbol{I}_{n-1}$ 非奇异;(b)若 $\lambda\in\lambda(\boldsymbol{A})$,则 λ 是

$$f(\lambda)=\lambda-d_n+\sum_{k=1}^{n-1}\frac{v_k^2}{d_k-\lambda}$$

的零点.

7. 设 $\boldsymbol{A}=\boldsymbol{S}+\sigma\boldsymbol{uu}^{\mathrm{T}}$,其中 $\boldsymbol{S}\in R^{n\times n}$ 是反对称矩阵,$\boldsymbol{u}\in R^n$,$\sigma\in R$. 试求正交矩阵 $\boldsymbol{Q}$,使得 $\boldsymbol{Q}^{\mathrm{T}}\boldsymbol{AQ}=\boldsymbol{T}+\sigma\boldsymbol{e}_1\boldsymbol{e}_1^{\mathrm{T}}$,其中 $\boldsymbol{T}$ 是三对角反对称矩阵.

第 12 章　线性方程组的迭代求解方法

本章回到讨论线性方程组 $\boldsymbol{Ax}=\boldsymbol{b}$ 的求解问题，其中 $\boldsymbol{A}$ 是 $n\times n$ 非奇异矩阵. 对今天的先进计算机来说，即使对相当大的 n，用 Gauss 消去法等矩阵分解方法求解这个方程组也是不困难的. 然而一旦 n 非常大(比如几千)且矩阵 $\boldsymbol{A}$ 变得非常稀疏(比如 99.9%的元素是零)，用迭代方法就更有效. 本章首先介绍一些经典的迭代方法，其次分析它们的收敛性，最后给出一些适用的例子.

12.1　经典迭代法

这部分主要对稀疏矩阵感兴趣，但为了描述算法，假设 $\boldsymbol{A}\in R^{n\times n}$ 是任何的非奇异矩阵. 通过对 $\boldsymbol{A}$ 进行适当行列交换，可以假设所有主对角元素 a_{ii} 非零. 现在的目标是：在任意给定 $\boldsymbol{b}\in R^n$ 下，求解线性方程组 $\boldsymbol{Ax}=\boldsymbol{b}$.

迭代法首先从 R^n 中一个接近解的向量，称为初始估计，$\boldsymbol{x}^{(0)}$ 开始. 基于 $\boldsymbol{x}^{(0)}$，就可以产生一个新的估计 $\boldsymbol{x}^{(1)}$，然后用 $\boldsymbol{x}^{(1)}$ 再产生另一个估计 $\boldsymbol{x}^{(2)}$，如此进行下去. 按这种方式，希望得到一个收敛到真正解 $\boldsymbol{x}$ 的迭代序列 $\{\boldsymbol{x}^{(k)}\}$.

实际的迭代过程是不可能永远进行下去的. 一旦 $\boldsymbol{x}^{(k)}$ 充分接近解，即 $\|\boldsymbol{b}-\boldsymbol{Ax}^{(k)}\|$ 比较小，迭代就停止，且取 $\boldsymbol{x}^{(k)}$ 作为解. 停止的判别准则依赖于所需要解的精确度.

下面介绍的迭代法一般不依赖初始估计，当然好的初始估计可以加快迭代的收敛. 如果预先没有一个较好的估计，取 $\boldsymbol{x}^{(0)}=\boldsymbol{0}$ 是可行的. 当然，如果有初始估计，就应该利用这个估计，这样能在较少的迭代次数中得到解.

与 Gauss 消去法等直接方法相比，迭代方法有两个明显好处：能够利用好的初始估计和可以较早停止迭代(如果实际问题只需要一个粗略的逼近). 直接方法无法利用初始估计，它只是执行预先确定的一系列运算，在最后一步给出解. 如果提前结束，就什么结果也得不到.

Jacobi 迭代　这部分介绍的每种方法都能被描述为怎样从给定的迭代点 $\boldsymbol{x}^{(k)}$ 得到下一个迭代点 $\boldsymbol{x}^{(k+1)}$. 给定 $\boldsymbol{x}^{(k)}$，提高逼近的简单思想是：运用第 i 个方程来更新第 i 个未知量. 在方程组 $\boldsymbol{Ax}=\boldsymbol{b}$ 的第 i 个方程是

$$\sum_{j=1}^{n} a_{ij}x_j = b_i$$

因为假设 $a_{ii}\neq 0$,这能被记成

$$x_i=\frac{1}{a_{ii}}\Big(b_i-\sum_{j\neq i}a_{ij}x_j\Big) \tag{12.1}$$

如果 $\boldsymbol{x}^{(k)}$ 不是方程组的解,式(12.1)将不成立. 记 $x_i^{(k+1)}$ 是使第 i 个等式成立的值,有

$$x_i^{(k+1)}=\frac{1}{a_{ii}}\Big(b_i-\sum_{j\neq i}a_{ij}x_j^{(k)}\Big) \tag{12.2}$$

对 $i=1,\cdots,n$ 进行这样的更新,得到下一个迭代 $\boldsymbol{x}^{(k+1)}$,这称为 **Jacobi 迭代**.

当 $\boldsymbol{x}^{(k)}$ 是方程组 $\boldsymbol{Ax}=\boldsymbol{b}$ 的解时,式(12.2)的更新将不会改变向量 $\boldsymbol{x}^{(k)}$;如果 $\boldsymbol{x}^{(k)}$ 不是方程组 $\boldsymbol{Ax}=\boldsymbol{b}$ 的解,更新 $x_i^{(k)}\rightarrow x_i^{(k+1)}$ 只满足第 i 个方程,同时也改变包含未知量 x_i 的其他方程,因此,$\boldsymbol{x}^{(k+1)}$ 不是方程的精确解. 所能希望的是重复应用式(12.2),随着 k 的增加,$\boldsymbol{x}^{(k)}$ 将收敛到真正的解 $\boldsymbol{x}$.

下面给出 Jacobi 迭代的矩阵表示. 将 $\boldsymbol{A}$ 分解为 $\boldsymbol{A}=\boldsymbol{D}-\boldsymbol{E}-\boldsymbol{F}$,其中 $\boldsymbol{D}$ 是 $\boldsymbol{A}$ 的对角线元素组成的对角矩阵,$-\boldsymbol{E}$ 和 $-\boldsymbol{F}$ 分别是 $\boldsymbol{A}$ 的下三角和上三角部分. 则式(12.2)可以表示为:对 $k=0,1,2,\cdots$,有

$$\boldsymbol{x}^{(k+1)}=\boldsymbol{Bx}^{(k)}+\boldsymbol{g}$$

其中 $\boldsymbol{B}=\boldsymbol{D}^{-1}(\boldsymbol{E}+\boldsymbol{F})$,$\boldsymbol{g}=\boldsymbol{D}^{-1}\boldsymbol{b}$. 在 Jacobi 迭代的矩阵表示中,$\boldsymbol{B}$ 称为迭代矩阵,$\boldsymbol{g}$ 为常向量.

例 1 利用 Jacobi 迭代求解下面方程组:

$$\begin{bmatrix}5&2&1&1\\2&6&2&1\\1&2&7&2\\1&1&2&8\end{bmatrix}\begin{pmatrix}x_1\\x_2\\x_3\\x_4\end{pmatrix}=\begin{pmatrix}29\\31\\26\\19\end{pmatrix}$$

由初始估计 $\boldsymbol{x}^{(0)}=\boldsymbol{0}$ 可以得到

$$\boldsymbol{x}^{(5)}=\begin{pmatrix}3.950\\3.074\\2.019\\1.036\end{pmatrix},\quad \boldsymbol{x}^{(10)}=\begin{pmatrix}3.9956\\3.0035\\1.9985\\1.0003\end{pmatrix},\quad \boldsymbol{x}^{(15)}=\begin{pmatrix}3.99972\\3.00026\\1.99992\\1.00005\end{pmatrix}$$

它们渐渐地接近于精确解 $\boldsymbol{x}=(4,3,2,1)^{\mathrm{T}}$. 只要进行足够多的步骤,就能得到所期望的精确度(只含舍入误差). 比如 $\boldsymbol{x}^{(50)}$ 与真正的解在小数点后 12 位相同.

注意到例 1 中系数矩阵的主对角元素比非对角元素大很多,即为严格对角占优矩阵. 这不仅保证了迭代序列的收敛,且有助于收敛,这正如后面的收敛分析所表明的.

G-S 迭代 现在考虑 Jacobi 迭代的简单变形. 求解方程组 $\boldsymbol{Ax}=\boldsymbol{b}$,它的第 i 个方程是

$$\sum_{i=1}^{n} a_{ij} x_j = b_i$$

如前,用第 i 个方程修正第 i 个未知量,且也是按顺序地进行. 首先用第一个方程计算 $x_1^{(k+1)}$,然后用第二个方程计算 $x_2^{(k+1)}$,如此进行下去. 当处理第 i 个方程时,已经计算出 $x_1^{(k+1)},\cdots,x_{i-1}^{(k+1)}$. 在计算 $x_i^{(k+1)}$ 时,有两种选择,可以用这些刚刚计算出的值,或者用老的值 $x_1^{(k)},\cdots,x_{i-1}^{(k)}$. Jacobi 迭代是用老的值;**G-S**(Gauss-Seidel)**迭代**则用新的值,这是仅有的区别. 因此代替式(12.2),G-S 进行迭代

$$x_i^{(k+1)} = \frac{1}{a_{ii}}\left(b_i - \sum_{j\neq i} a_{ij} x_j^*\right)$$

其中 x_j^* 表示未知量 x_j 的最新值. 更具体地,Gauss-Seidel 迭代是按如下进行的:对$i=1,\cdots,n$,有

$$x_i^{(k+1)} = \frac{1}{a_{ii}}\left(b_i - \sum_{j=1}^{i-1} a_{ij} x_j^{(k+1)} - \sum_{j=i+1}^{n} a_{ij} x_j^{(k)}\right) \tag{12.3}$$

计算过程没有必要分别存储 $x_i^{(k)}$ 和 $x_i^{(k+1)}$,在 $\boldsymbol{x}$ 的单个数组中完成所有的工作. 一旦计算出 $x_\alpha^{(k+1)}$,就用它代替再也不需要的 $x_\alpha^{(k)}$,且存储在 x_α 所在数组中的位置. 因此迭代式(12.3)的实际形式是:对 $i=1,\cdots,n$,有

$$x_i \leftarrow \frac{1}{a_{ii}}\left(b_i - \sum_{j\neq i} a_{ij} x_j\right) \tag{12.4}$$

对 G-S 迭代来说,进行更新的顺序是重要的. 如果按反序 $i=n,\cdots,1$,迭代将产生不同的结果. 以下,将假设 G-S 迭代是按标准顺序 $i=1,\cdots,n$ 进行的,除非另有声明.

在矩阵表示下,有

$$\boldsymbol{x}^{(k+1)} = \boldsymbol{D}^{-1}\boldsymbol{E}\boldsymbol{x}^{(k)} + \boldsymbol{D}^{-1}\boldsymbol{F}\boldsymbol{x}^{(k-1)} + \boldsymbol{D}^{-1}\boldsymbol{b}$$

如果$(\boldsymbol{D}-\boldsymbol{E})^{-1}$存在,则

$$\boldsymbol{x}^{(k+1)} = (\boldsymbol{D}-\boldsymbol{E})^{-1}\boldsymbol{F}\boldsymbol{x}^{(k)} + (\boldsymbol{D}-\boldsymbol{E})^{-1}\boldsymbol{b}$$

与 Jacobi 迭代相比,G-S 迭代的优点在于每一个新的 x_i 值能立即存储在老的值所在位置,节省了存储空间;而在 Jacobi 迭代中,$\boldsymbol{x}^{(k)}$ 需要保留到 $\boldsymbol{x}^{(k+1)}$ 计算完成,因此需要存储 $\boldsymbol{x}$ 的两个版本. 如果正在求解方程组的未知量数以万计,$\boldsymbol{x}$ 的每一个版本都需要几兆的存储空间.

在另一方面,Jacobi 迭代的好处是:所有的更新是同时完成,因此是并行的. 相对地,G-S 迭代是串行的(似乎是的). 我们将要说明,通过改变方程的次序能恢复 G-S 迭代的并行性.

下面通过简单的例子来说明 G-S 迭代的性能.

例 2 用 G-S 迭代求解例 1 中的方程组,得

$$x^{(5)}=\begin{pmatrix}4.00131\\2.99929\\1.99990\\0.99995\end{pmatrix},\quad x^{(10)}=\begin{pmatrix}4.000000142\\2.999999878\\2.000000018\\0.999999993\end{pmatrix}$$

它比 Jacobi 迭代产生的结果明显的好. Jacobi 迭代进行 50 次迭代才能得到与真正的解在小数点后 12 位是相同的,G-S 迭代只在 18 次迭代以后就达到相同的精度.

红-黑和多颜色 G-S 迭代　在开始介绍更好的方法前,简单地讨论一下排序问题. 在图 12.1 中描述了红-黑排序. 在跳棋盘模式上格点交替标记为红和黑. 红-黑排序就是红点首先更新,然后更新黑点. 注意到每一个红点(或黑点)最近邻只有黑点(或红点)或是边界点. 因此每一个红点的 G-S 更新只依赖于在黑点 b 的值,反之也然. 这表明所有红点能被同时更新. 一旦完成了红点的更新,所有黑点也能同时更新. 红-黑排序可以恢复 G-S 迭代的并行性. 红-黑 G-S 迭代与一般按行迭代的收敛率是相同的.

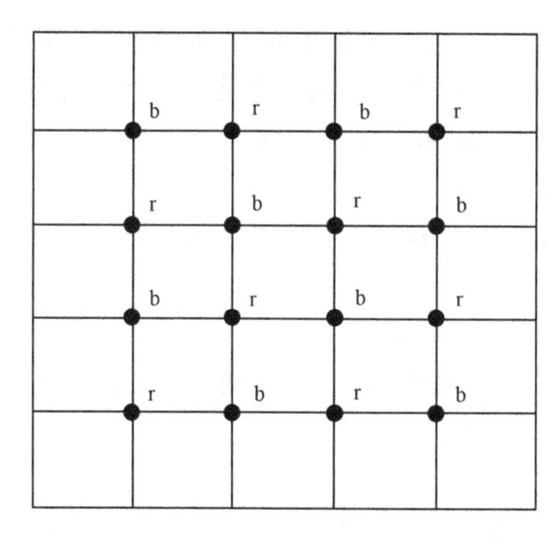

图 12.1　红 r 和黑 b 点的计算网格

现在考虑一般线性方程组 $\boldsymbol{Ax}=\boldsymbol{b}$ 的排序问题. 标准的顺序是 $i=1,\cdots,n$. 对 $\boldsymbol{Ax}=\boldsymbol{b}$ 重新排序方程(和相应未知量的排序),得到方程组 $\hat{\boldsymbol{A}}\hat{\boldsymbol{x}}=\hat{\boldsymbol{b}}$,对新的方程组运用标准的顺序就可以得到对任意序列的处理次序. 因此排序问题变成交换 $\boldsymbol{A}$ 的行和列问题.

红-黑排序就是对应于具有分块结构的系数矩阵

$$\hat{\boldsymbol{A}}=\begin{bmatrix}\boldsymbol{D}_1 & \boldsymbol{B}_{12}\\ \boldsymbol{B}_{21} & \boldsymbol{D}_2\end{bmatrix}$$

其中 $\boldsymbol{D}_1$ 和 $\boldsymbol{D}_2$ 是大小接近的对角方阵. 行的第一块包含红的方程组,对应于红未知量,第二个块包含黑的方程组. 相同颜色的未知量可以同时更新.

显然大多数方程组不可能进行红-黑两种颜色的排序. 在这种情形,就需要用多颜色排序. 比如,对应于如下分块结构的系数矩阵就需要四种颜色排序:

$$\hat{\boldsymbol{A}} = \begin{bmatrix} \boldsymbol{D}_1 & \boldsymbol{B}_{12} & \boldsymbol{B}_{13} & \boldsymbol{B}_{14} \\ \boldsymbol{B}_{21} & \boldsymbol{D}_2 & \boldsymbol{B}_{23} & \boldsymbol{B}_{24} \\ \boldsymbol{B}_{31} & \boldsymbol{B}_{32} & \boldsymbol{D}_2 & \boldsymbol{B}_{34} \\ \boldsymbol{B}_{41} & \boldsymbol{B}_{42} & \boldsymbol{B}_{43} & \boldsymbol{D}_4 \end{bmatrix}$$

其中 $\boldsymbol{D}_1,\cdots,\boldsymbol{D}_4$ 都是大小相当的对角矩阵. 在给定块或"颜色"中的所有未知量可以同时更新.

对称 G-S 迭代　为了保持对称性,对称 G-S 迭代一步迭代包含两步标准的 G-S迭代,一个向前的,跟着一个反向的. 因此迭代的一部分是按式(12.4),另一部分基于 $i=n,\cdots,1$ 的顺序进行式(12.4)的计算的.

松弛迭代　现在介绍一种新的迭代算法,它是 G-S 迭代的引申和推广,可以看做是 G-S 迭代的加速.

所谓松弛就是调整方程中的一个未知量,在调整前,方程是不成立的;类似于不能吻合的零部件装配,它们处在拉紧的状态. 一个变量的调整放松了张力. G-S 方法执行的是连续的松弛,即从一个方程到另一个方程,一个跟着一个松弛.

G-S 迭代的格式是

$$\boldsymbol{x}^{(k+1)} = \boldsymbol{D}^{-1}\boldsymbol{E}\boldsymbol{x}^{(k)} + \boldsymbol{D}^{-1}\boldsymbol{F}\boldsymbol{x}^{(k-1)} + \boldsymbol{D}^{-1}\boldsymbol{b}$$

记 $\Delta\boldsymbol{x}=\boldsymbol{x}^{(k+1)}-\boldsymbol{x}^{(k)}$,则

$$\boldsymbol{x}^{(k+1)} = \boldsymbol{x}^{(k)} + \Delta\boldsymbol{x}$$

因此,对 G-S 迭代来说,$\boldsymbol{x}^{(k+1)}$ 可以看作是在向量 $\boldsymbol{x}^{(k)}$ 上加上修正项 $\Delta\boldsymbol{x}$ 而得到的. 若修正项前面加上一个参数 ω,便得到松弛迭代

$$\begin{aligned} \boldsymbol{x}^{(k+1)} &= \boldsymbol{x}_k + \omega\Delta\boldsymbol{x} \\ &= (1-\omega)\boldsymbol{x}_k + \omega(\boldsymbol{D}^{-1}\boldsymbol{E}\boldsymbol{x}^{(k+1)} + \boldsymbol{D}^{-1}\boldsymbol{F}\boldsymbol{x}^{(k)} + \boldsymbol{D}^{-1}\boldsymbol{b}) \end{aligned} \tag{12.5}$$

用分量形式表示为

$$x_i^{(k+1)} = (1-\omega)x_i^{(k)} + \omega\left(\sum_{j=1}^{i-1} b_{ij}x_j^{(k+1)} + \sum_{j=1}^{i-1} b_{ij}x_j^{(k)} + g_i\right)$$

其中 ω 称为**松弛因子**.

松弛迭代的矩阵表达式为

$$\boldsymbol{x}^{(k+1)} = \boldsymbol{L}_\omega\boldsymbol{x}^{(k)} + \boldsymbol{g}$$

其中 $\boldsymbol{L}_\omega=(\boldsymbol{D}-\omega\boldsymbol{E})^{-1}((1-\omega)\boldsymbol{D}+\omega\boldsymbol{F}),\boldsymbol{g}=\omega(\boldsymbol{D}-\omega\boldsymbol{E})^{-1}\boldsymbol{b}$.

在许多情形下,过度松弛可以显著地加快收敛. 这意味着不是进行一个调整,使得这个方程组精确成立,而是进行比较大的调整. 最简单的方法是选择松弛因子 $\omega>1$,每一个分量由这个因子过度调整,因此称为**超松弛(SOR)**.

将式(12.5)与式(12.4)比较,当 $\omega=1$ 时,超松弛就变成了 G-S 迭代. 也可以

用比 1 小的因子，称为**低松弛**，但是通常收敛较慢.

类似于 G-S 迭代，超松弛是"连续"更新变量，因此，只需要保留向量 $\boldsymbol{x}$ 的一个版本.

对例 1 的小问题，运用过度松弛方法的益处并不大，但对较大的 n，效果就非常明显了.

块迭代方法　上面推导的所有迭代算法都能推广到分块形式. 假设方程组 $\boldsymbol{Ax}=\boldsymbol{b}$ 被分划成

$$\boldsymbol{Ax}=\begin{bmatrix}\boldsymbol{A}_{11} & \boldsymbol{A}_{12} & \cdots & \boldsymbol{A}_{1q}\\ \boldsymbol{A}_{21} & \boldsymbol{A}_{22} & \cdots & \boldsymbol{A}_{2q}\\ \vdots & \vdots & & \vdots\\ \boldsymbol{A}_{q1} & \boldsymbol{A}_{q2} & \cdots & \boldsymbol{A}_{qq}\end{bmatrix}\begin{pmatrix}\boldsymbol{x}_1\\ \boldsymbol{x}_2\\ \boldsymbol{x}_3\\ \boldsymbol{x}_4\end{pmatrix}=\begin{pmatrix}\boldsymbol{b}_1\\ \boldsymbol{b}_2\\ \boldsymbol{b}_3\\ \boldsymbol{b}_4\end{pmatrix}$$

其中主对角块 $\boldsymbol{A}_{ii}$ 是方阵，且非奇异. 元素 $\boldsymbol{x}_i$ 和 $\boldsymbol{b}_i$ 是 $\boldsymbol{x}$ 和 $\boldsymbol{b}$ 的同维子向量. 块 Jacobi 迭代类似于通常的，除了用块来代替矩阵元素. 代替式(12.2)，有

$$\boldsymbol{x}_i^{(k+1)}=\boldsymbol{A}_{ii}^{-1}\left(\boldsymbol{b}_i-\sum_{j\neq i}\boldsymbol{A}_{ij}\boldsymbol{x}_j^{(k)}\right)$$

可以类似地推导块 G-S 和超松弛迭代. 分块算法有效的条件是对角块 $\boldsymbol{A}_{ii}$ 应该充分简单，能很容易求出它的逆矩阵(或 LU 分解).

比如，红-黑(G-S 或超松弛)迭代能被看做是对 2×2 分块矩阵的块迭代

$$\begin{bmatrix}\boldsymbol{D}_1 & \boldsymbol{A}_{12}\\ \boldsymbol{A}_{12} & \boldsymbol{D}_2\end{bmatrix}$$

更一般地，q 个颜色的多颜色是在 $q\times q$ 上的块迭代. 这里因为主对角块都是对角矩阵，因此对矩阵求逆是简单的.

12.2　迭代的收敛分析

本节将用分裂的术语来统一研究迭代方法的收敛理论. 给定 $n\times n$ 非奇异矩阵 $\boldsymbol{A}$，$\boldsymbol{A}$ 的分裂只是简单的加法分解 $\boldsymbol{A}=\boldsymbol{M}-\boldsymbol{N}$，其中矩阵 $\boldsymbol{M}$ 是非奇异的，称为**分裂矩阵**，后面称之为**预优矩阵**.

每一个分裂给出如下的迭代算法：利用分裂将方程组 $\boldsymbol{Ax}=\boldsymbol{b}$ 记为 $\boldsymbol{Mx}=\boldsymbol{Nx}+\boldsymbol{b}$ 或 $\boldsymbol{x}=\boldsymbol{M}^{-1}\boldsymbol{Nx}+\boldsymbol{M}^{-1}\boldsymbol{b}$. 因此可以有下面两个等价迭代表达式：

$$\boldsymbol{x}^{(k+1)}=\boldsymbol{M}^{-1}\boldsymbol{N}\boldsymbol{x}^{(k)}+\boldsymbol{M}^{-1}\boldsymbol{b}$$

或

$$\boldsymbol{M}\boldsymbol{x}^{(k+1)}=\boldsymbol{N}\boldsymbol{x}^{(k)}+\boldsymbol{b}\tag{12.6}$$

现在给出迭代序列收敛的定义.

给定可逆矩阵 $\boldsymbol{A}$ 和 $\boldsymbol{M}$，$\boldsymbol{A}=\boldsymbol{M}-\boldsymbol{N}$，称迭代序列 $\{\boldsymbol{x}^{(k)}\}$ 是**收敛**的，如果对任意的

向量 $\boldsymbol{b}\in R^n$，和初始向量 $\boldsymbol{x}^{(0)}\in R^n$，有 $\lim\limits_{k\to+\infty}\boldsymbol{x}^{(k)}=\boldsymbol{A}^{-1}\boldsymbol{b}$.

生成迭代序列的条件是 $\boldsymbol{M}$ 必须是非奇异的. 从计算角度说，要求 $\boldsymbol{M}$ 容易求逆也是重要的，即以 $\boldsymbol{M}$ 作为系数的方程组是容易求解的. 如果迭代收敛到某个 $\boldsymbol{x}$，则 $\boldsymbol{x}$ 满足 $\boldsymbol{Mx}=\boldsymbol{Nx}+\boldsymbol{b}$，即 $\boldsymbol{Ax}=\boldsymbol{b}$. 为了加速收敛，希望 $\boldsymbol{M}\approx\boldsymbol{A}$，即 $\boldsymbol{N}\approx\boldsymbol{0}$. 从这个观点，最好的选择是 $\boldsymbol{M}=\boldsymbol{A}$，它在一步迭代中就收敛，但是这违反了容易求解的要求. 因此，需要好的平衡，$\boldsymbol{M}$ 应该是尽可能逼近 $\boldsymbol{A}$ 的简单矩阵.

至今为止所讨论的迭代方法都能通过对 $\boldsymbol{A}$ 的分裂得到. 表 12.1 列出了经典的迭代的分裂矩阵 $\boldsymbol{M}$. 矩阵 $\boldsymbol{D}$，$\boldsymbol{E}$ 和 $\boldsymbol{F}$ 指分解 $\boldsymbol{A}=\boldsymbol{D}-\boldsymbol{E}-\boldsymbol{F}$，其中 $\boldsymbol{D}$，$-\boldsymbol{E}$ 和 $-\boldsymbol{F}$ 分别是 $\boldsymbol{A}$ 的对角，下三角和上三角部分. 因为每一种情形都能从 $\boldsymbol{N}=\boldsymbol{M}-\boldsymbol{A}$ 得到 $\boldsymbol{N}$，所以只列出了 $\boldsymbol{M}$.

表 12.1 经典迭代方法中的分裂矩阵

方法	Jacobi	G-S	SOR	SSOR
分裂矩阵 $\boldsymbol{M}$	$\boldsymbol{D}$	$\boldsymbol{D}-\boldsymbol{E}$	$\frac{1}{\omega}\boldsymbol{D}-\boldsymbol{E}$	$\frac{\omega}{2-\omega}\left(\frac{1}{\omega}\boldsymbol{D}-\boldsymbol{E}\right)\boldsymbol{D}^{-1}\left(\frac{1}{\omega}\boldsymbol{D}-\boldsymbol{E}\right)$

在收敛理论中，一个非常简单，但起着重要作用的方法是 **Richardson 迭代**，它是通过分裂 $\boldsymbol{M}=\frac{1}{\omega}\boldsymbol{I}$，$\boldsymbol{N}=\frac{1}{\omega}\boldsymbol{I}-\boldsymbol{A}$ 得到的，其中 ω 是抑制因子，用来使 $\boldsymbol{M}$ 尽可能接近于 $\boldsymbol{A}$. 因此 Richardson 迭代是

$$\boldsymbol{x}^{(k+1)}=(\boldsymbol{I}-\omega\boldsymbol{A})\boldsymbol{x}^{(k)}+\omega\boldsymbol{b}$$

收敛性分析 现在考虑形式为式(12.6)的迭代. 每一步的误差为 $\boldsymbol{e}^{(k)}=\boldsymbol{x}-\boldsymbol{x}^{(k)}$，这是真实解与 k 步迭代后的逼近解的差. 因为在求解的过程中，$\boldsymbol{x}$ 不知道，所以具体的 $\boldsymbol{e}^{(k)}$ 也不知道，但这并不表示不能研究它. 对给定的分裂 $\boldsymbol{A}=\boldsymbol{M}-\boldsymbol{N}$，希望能够证明当 $k\to\infty$ 时，$\boldsymbol{e}^{(k)}\to\boldsymbol{0}$. 另外，因为在实际问题中不能永远迭代下去，因此希望能证明序列能很快地趋近于零. 因为 $\boldsymbol{Ax}=\boldsymbol{b}$ 的真实解满足 $\boldsymbol{Mx}=\boldsymbol{Nx}+\boldsymbol{b}$. 减去式(12.6)，得到 $\boldsymbol{Me}^{(k+1)}=\boldsymbol{Ne}^{(k)}$. 所以

$$\boldsymbol{e}^{(k+1)}=\boldsymbol{Ge}^{(k)}$$

其中 $\boldsymbol{G}=\boldsymbol{M}^{-1}\boldsymbol{N}=\boldsymbol{I}-\boldsymbol{M}^{-1}\boldsymbol{A}$. 因为上式对所有的 k 都成立，因此

$$\boldsymbol{e}^{(k)}=\boldsymbol{Ge}^{(k-1)}=\cdots=\boldsymbol{G}^k\boldsymbol{e}^{(0)} \tag{12.7}$$

其中向量 $\boldsymbol{e}^{(0)}$ 是初始误差；它的大小依赖于初始估计. 式(12.7)表明不管初始的估计是什么，只要 $\boldsymbol{G}^k\to\boldsymbol{0}$，就有 $\boldsymbol{e}^{(k)}\to\boldsymbol{0}$.

第 15 章的定理 3 将说明 $\boldsymbol{G}^k\to\boldsymbol{0}$ 的充要条件是 $\lambda(\boldsymbol{G})<1$. 因此，对任何初始向量，迭代(12.7)收敛的充要条件是 $\lambda(\boldsymbol{G})<1$.

根据第 15 章的定理 3 的证明，谱半径同时也给出收敛率的信息. 如果 λ_1 是 $\boldsymbol{G}$ 的特征值中模最大的，即 $|\lambda_1|=\rho(\boldsymbol{G})$，则

$$\| G \| \approx C\lambda_1^k$$

所以对充分大的 k，有

$$\frac{\| e^{(k+1)} \|}{\| e^{(k)} \|} \approx | \lambda_1 | = \rho(G) \tag{12.8}$$

因此迭代收敛是线性的，收敛率是 $\lambda(G)$. $\lambda(G)$越小，迭代收敛越快.

注意对大的 k，逼近(12.8)肯定成立，但对小的 k 不一定成立. 现在将以上讨论总结到下面的定理中.

定理 1　对任何初始估计 $x^{(0)}$，迭代(12.7)收敛到真正的解 $Ax=b$ 的充分必要条件是迭代矩阵 $G=I-M^{-1}A$ 的谱半径 $\lambda(G)<1$；收敛是线性的，且平均收敛率是 $\lambda(G)$.

根据定理 1，可以给出超松弛中 ω 的取值范围. 因为

$$\det L_\omega = \frac{\det(1-\omega)D+\omega F}{\det(D-\omega E)} = \frac{\det((1-\omega)D)}{\det D} = (1-\omega)^n$$

所以

$$\lambda(L_\omega) \geqslant | \det L_\omega |^{1/n} = | 1-\omega |$$

结合定理 1，有：

对任意可逆矩阵 $A \in R^{n\times n}$ 和参数 $\omega \in R$，如果超松弛迭代收敛，则 $0<\omega<2$.

收敛的充分条件及误差估计　因为迭代矩阵的谱半径计算是非常困难的，所以，用谱半径来判别迭代过程是否收敛，显然是不够方便的. 下面给出一些简单的判别条件，即比较容易计算的条件.

定理 2　若迭代矩阵 G 的范数 $\| G \| = q<1$，且 $\| I \| =1$，则迭代式(12.6)的 k 次迭代向量 x_k 与精确解 x 的误差有估计式

$$\| x^{(k)} - x \| \leqslant \frac{q^k}{1-q} \| x^{(1)} - x^{(0)} \|$$

证明　由式(12.7)，$e^{(k)} = G^k e^{(0)}$，两边取范数，得

$$\| e^{(k)} \| = \| G^k e^{(0)} \| \leqslant \| G \|^k \| e^{(0)} \| = q^k \| e^{(0)} \|$$

现在估计 $e^{(0)}$. 根据定义 $\| e^{(0)} \| = \| x^{(0)} - x \|$，由 $\| G \| <1$ 可知 $(I-G)^{-1}$ 存在，且

$$x = (I-G)^{-1} g$$

其中，$g=M^{-1}b$. 于是

$$\begin{aligned} x^{(0)} - x &= x^{(0)} - (I-G)^{-1} g = (I-G)^{-1}((I-G)x^{(0)} - g) \\ &= (I-G)^{-1}(x^{(0)} - (Gx^{(0)} + g)) = (I-G)^{-1}(x^{(0)} - x^{(1)}) \end{aligned}$$

因此

$$\| e^{(0)} \| \leqslant \| (I-G)^{-1} \| \| x^{(0)} - x^{(1)} \|$$

再由 $\| G \| =q<1$，有

$$\| (\boldsymbol{I}-\boldsymbol{G})^{-1} \| \leqslant \frac{1}{1-\|\boldsymbol{G}\|} = \frac{1}{1-q} \tag{12.9}$$

得出结论. □

定理 2 说明从两个初始迭代的差可以计算出满足所需精度的近似解需要的迭代次数,但是定理 2 中给出的估计往往偏高,在实际计算时作为控制因子并不方便. 因此,给出下面的定理.

定理 3 若 $\|\boldsymbol{G}\|=1<1$,且 $\|\boldsymbol{I}\|=1$,则迭代序列 $\{\boldsymbol{x}^{(k)}\}$ 的第 k 次近似和精确解之差有估计式

$$\| \boldsymbol{x}^{(k)} - \boldsymbol{x} \| \leqslant \frac{q}{1-q} \| \boldsymbol{x}^{(k-1)} - \boldsymbol{x}^{(k)} \|$$

证明 因为

$$\begin{aligned} \boldsymbol{x}^{(k)} - \boldsymbol{x} &= \boldsymbol{G}\boldsymbol{x}^{(k-1)} + \boldsymbol{g} - (\boldsymbol{G}\boldsymbol{x} + \boldsymbol{g}) = \boldsymbol{G}\boldsymbol{x}^{(k-1)} - \boldsymbol{G}\boldsymbol{x} \\ &= \boldsymbol{G}\boldsymbol{x}^{(k-1)} - \boldsymbol{G}(\boldsymbol{I}-\boldsymbol{G})^{-1}\boldsymbol{x} = \boldsymbol{G}(\boldsymbol{I}-\boldsymbol{G})^{-1}(\boldsymbol{x}^{(k-1)} - \boldsymbol{x}^{(k)}) \end{aligned}$$

两边取范数,且由式(12.9),即得

$$\| \boldsymbol{x}^{(k)} - \boldsymbol{x} \| \leqslant \frac{q}{1-q} \| \boldsymbol{x}^{(k-1)} - \boldsymbol{x}^{(k)} \|$$ □

上面定理表明,可以从两次相邻迭代的差来判别迭代是否应该终止,这在实际计算中是非常有用的.

用范数来判定迭代过程是否收敛尽管只是一个充分条件,但用起来比较方便. 对给定的矩阵,矩阵的 1 范数和∞范数都是很容易计算的,因此通常用矩阵的 1 范数和∞范数来评价迭代的收敛性. 对 Jacobi 迭代来说,上述判别法基本上能令人满意了,这是因为给定方程组后,Jacobi 迭代的迭代矩阵是比较容易得到的;而对 G-S 迭代来说,仍有一些困难,这是因为由方程组的系数矩阵计算 G-S 迭代矩阵时,需要求 $(\boldsymbol{D}-\boldsymbol{E})^{-1}\boldsymbol{F}$,就是不太方便的. 为此,给出下面的定理.

定理 4 若 Jacobi 迭代的迭代矩阵 $\boldsymbol{B}=[b_{ij}]\in R^{n\times n}$ 满足 $\|\boldsymbol{B}\|_\infty<1$,则 G-S 迭代收敛;若记

$$\mu = \max_i \left(\sum_{j=i+1}^{n} | b_{ij} | \Big/ \left(1 - \sum_{j=1}^{i-1} | b_{ij} | \right) \right) \tag{12.10}$$

则 $\mu \leqslant \|\boldsymbol{B}\|_\infty < 1$,且

$$\| \boldsymbol{x}^{(k)} - \boldsymbol{x} \|_\infty \leqslant \frac{\mu^k}{1-\mu} \| \boldsymbol{x}^{(1)} - \boldsymbol{x}^{(0)} \|_\infty \tag{12.11}$$

证明 先证 $\mu\leqslant\|\boldsymbol{B}\|_\infty$. 记 $l_i=\sum_{j=1}^{i-1}|b_{ij}|$,$u_i=\sum_{j=i+1}^{n}|b_{ij}|$. 显然,对任意 $1\leqslant i\leqslant n$,都有 $l_i+u_i\leqslant\|\boldsymbol{B}\|_\infty<1$. 由

$$l_i + u_i - \frac{u_i}{1-l_i} = \frac{1}{1-l_i}((l_i+u_i)(1-l_i)-u_i) = \frac{l_i}{1-l_i}(1-l_i-u_i) \geqslant 0$$

可推出

$$\frac{u_i}{1-l_i} \leqslant l_i + u_i$$

两边对 i 取最大值,得

$$\mu = \max_i \frac{u_i}{1-l_i} \leqslant \max_i (l_i + u_i) = \| \boldsymbol{B} \|_\infty < 1$$

再证 G-S 迭代收敛,也就是要证明 $\rho(\boldsymbol{L}_1)<1$. 设 λ 是 $\boldsymbol{L}_1=(\boldsymbol{D}-\boldsymbol{E})^{-1}\boldsymbol{F}$ 的任一特征值,$\boldsymbol{x}=(x_1,\cdots,x_n)^{\mathrm{T}}$ 是对应的特征向量,且 $|x_i|=\|\boldsymbol{x}\|_\infty=1$,则

$$(\boldsymbol{D}-\boldsymbol{E})^{-1}\boldsymbol{F}\boldsymbol{x} = \lambda\boldsymbol{x}$$

或记成

$$\lambda\boldsymbol{x} = \lambda\boldsymbol{D}^{-1}\boldsymbol{E}\boldsymbol{x} + \boldsymbol{D}^{-1}\boldsymbol{F}\boldsymbol{x} \tag{12.12}$$

因为 $\boldsymbol{B}=\boldsymbol{D}^{-1}\boldsymbol{E}+\boldsymbol{D}^{-1}\boldsymbol{F}$,所以 $\boldsymbol{D}^{-1}\boldsymbol{E}$ 和 $\boldsymbol{D}^{-1}\boldsymbol{F}$ 分别是 $\boldsymbol{B}$ 的下三角部分和上三角部分. 于是,式(12.12)的第 i 个方程为

$$\lambda x_1 = \lambda \sum_{j=1}^{i-1} b_{ij}x_j + \sum_{j=i+1}^{n} b_{ij}x_j$$

两边取绝对值,得 $|\lambda| \leqslant |\lambda| l_i + u_i$. 由此推得

$$|\lambda| \leqslant \frac{u_i}{1-l_i} \leqslant l_i + u_i < 1$$

即 $\rho(\boldsymbol{L}_1)<1$,从而 G-S 迭代收敛.

下面证明迭代估计式. 因为

$$\boldsymbol{x}^{(k)} - \boldsymbol{x}^{(k-1)} = \boldsymbol{D}^{-1}\boldsymbol{E}(\boldsymbol{x}^{(k)} - \boldsymbol{x}^{(k-1)}) + \boldsymbol{D}^{-1}\boldsymbol{F}(\boldsymbol{x}^{(k-1)} - \boldsymbol{x}^{(k-2)})$$

用分量表示即为

$$x_i^{(k)} - x_i^{(k-1)} = \sum_{j=1}^{i-1} b_{ij}(x_j^{(k)} - x_j^{(k-1)}) + \sum_{j=i+1}^{n} b_{ij}(x_j^{(k-1)} - x_j^{(k-2)}) \tag{12.13}$$

两边取绝对值,有

$$|x_i^{(k)} - x_i^{(k-1)}| \leqslant l_i \max_i |x_j^{(k)} - x_j^{(k-1)}| + u_i |x_j^{(k-1)} - x_j^{(k-2)}|$$

假定分量中在某个 i_0 处达到最大,即 $|x_{i_0}^{(k)} - x_{i_0}^{(k-1)}| = \max_i |x_i^{(k)} - x_i^{(k-1)}|$. 则

$$\|\boldsymbol{x}^{(k)} - \boldsymbol{x}^{(k-1)}\|_\infty \leqslant l_{i_0} \|\boldsymbol{x}^{(k)} - \boldsymbol{x}^{(k-1)}\|_\infty + u_{i_0} \|\boldsymbol{x}^{(k-1)} - \boldsymbol{x}^{(k-2)}\|_\infty$$

从而有

$$\begin{aligned}\|\boldsymbol{x}^{(k)} - \boldsymbol{x}^{(k-1)}\|_\infty &\leqslant \frac{u_{i_0}}{1-l_{i_0}} \|\boldsymbol{x}^{(k-1)} - \boldsymbol{x}^{(k-2)}\|_\infty \leqslant \mu \|\boldsymbol{x}^{(k-1)} - \boldsymbol{x}^{(k-2)}\|_\infty \\ &\leqslant \cdots \leqslant \mu^{k-1} \|\boldsymbol{x}^{(1)} - \boldsymbol{x}^{(0)}\|_\infty\end{aligned}$$

由 $\boldsymbol{x}^{(k)} - \boldsymbol{x} = \sum_{i=k}^{\infty} (\boldsymbol{x}_i - \boldsymbol{x}_{i+1})$,可得

$$\|\boldsymbol{x}^{(k)} - \boldsymbol{x}\|_\infty = \sum_{i=k}^{\infty} \|\boldsymbol{x}^{(i)} - \boldsymbol{x}^{(i+1)}\|_\infty \leqslant \sum_{i=k}^{\infty} \mu^i \|\boldsymbol{x}^{(1)} - \boldsymbol{x}^{(0)}\|_\infty$$

$$=\frac{\mu^k}{1-\mu}\| \boldsymbol{x}^{(1)}-\boldsymbol{x}^{(0)}\|_\infty$$

得出式(12.11)中的估计式. □

类似地,可以给出下面定理.

定理 5 若 Jacobi 迭代矩阵 $\boldsymbol{B}=[b_{ij}]$满足 $\|\boldsymbol{B}\|_1<1$,则 G-S 迭代收敛;记

$$s=\max_j\sum_{i=j+1}^n|b_{ij}| \quad 和 \quad \tilde{\mu}=\max_j\frac{\sum_{i=1}^{j-1}|b_{ij}|}{1-\sum_{i=j+1}^n|b_{ij}|}$$

则 $\tilde{\mu}\leqslant\|\boldsymbol{B}\|_1<1$,且

$$\|\boldsymbol{x}^{(k)}-\boldsymbol{x}\|_1\leqslant\frac{\tilde{\mu}^k}{(1-\tilde{\mu})(1-s)}\|\boldsymbol{x}^{(1)}-\boldsymbol{x}^{(0)}\|_1 \tag{12.14}$$

证明 显然,$\tilde{\mu}\leqslant\|\boldsymbol{B}\|_1<1$. 下面证明 $\rho(\boldsymbol{L}_1)<1$. 因为

$$(\boldsymbol{D}-\boldsymbol{E})^{-1}\boldsymbol{F}=(\boldsymbol{I}-\boldsymbol{D}^{-1}\boldsymbol{E})^{-1}\boldsymbol{D}^{-1}\boldsymbol{F}(\boldsymbol{I}-\boldsymbol{D}^{-1}\boldsymbol{E})^{-1}(\boldsymbol{I}-\boldsymbol{D}^{-1}\boldsymbol{E})$$

所以$(\boldsymbol{D}-\boldsymbol{E})^{-1}\boldsymbol{F}$与$\boldsymbol{D}^{-1}\boldsymbol{E}(\boldsymbol{I}-\boldsymbol{D}^{-1}\boldsymbol{E})^{-1}$相似,两个矩阵有相同的特征值. 现在假定 λ 是$(\boldsymbol{D}^{-1}\boldsymbol{E}(\boldsymbol{I}-\boldsymbol{D}^{-1}\boldsymbol{F})^{-1})^{\mathrm{T}}$ 的任一特征值,$\boldsymbol{x}=(x_1,\cdots,x_n)^{\mathrm{T}}$ 为相应的特征向量,且 $|x_i|=\|\boldsymbol{x}\|_\infty=1$,则

$$(\boldsymbol{D}^{-1}\boldsymbol{E}(\boldsymbol{I}-\boldsymbol{D}^{-1}\boldsymbol{F})^{-1})^{\mathrm{T}}\boldsymbol{x}=\lambda\boldsymbol{x}$$

可得

$$\lambda\boldsymbol{x}=\lambda(\boldsymbol{D}^{-1}\boldsymbol{E})^{\mathrm{T}}\boldsymbol{x}+(\boldsymbol{D}^{-1}\boldsymbol{F})^{\mathrm{T}}\boldsymbol{x}$$

比较两边向量的第 i 个分量,得

$$\lambda x_i=\sum_{j=1}^{i-1}b_{ji}x_j+\lambda\sum_{j=i+1}^n b_{ji}x_j$$

两边取绝对值,有

$$|\lambda|\leqslant\sum_{j=1}^{i-1}|b_{ji}|+|\lambda|\sum_{j=i+1}^n|b_{ji}|$$

于是推出

$$|\lambda|\leqslant\frac{\sum_{j=1}^{i-1}|b_{ji}|}{1-\sum_{j=i+1}^n|b_{ji}|}\leqslant\tilde{\mu}<1$$

由此即知 $\rho(\boldsymbol{L}_1)<1$,所以 G-S 迭代收敛.

为证明式(12.14)中的估计式,对式(12.13)两边取绝对值,对 i 求和,得

$$\sum_{i=1}^n|x_i^{(k)}-x_i^{(k-1)}|\leqslant\sum_{i=1}^n\left(\sum_{j=1}^{i-1}|b_{ij}||x_j^{(k)}-x_j^{(k-1)}|+\sum_{j=i+1}^n|b_{ij}||x_j^{(k-1)}-x_j^{(k-2)}|\right)$$

记 $\tilde{u}_j=\sum_{i=j+1}^n|b_{ij}|$和 $\tilde{l}_j=\sum_{i=1}^{j-1}|b_{ij}|$,则

$$\sum_{i=1}^{n} | x_i^{(k)} - x_i^{(k-1)} | \leqslant \sum_{j=1}^{n} (\tilde{u}_j | x_j^{(k)} - x_j^{(k-1)} | + \tilde{l}_j | x_j^{(k-1)} - x_j^{(k-2)} |)$$

或

$$\begin{aligned}\sum_{i=1}^{n} (1-\tilde{u}_j) | x_i^{(k)} - x_i^{(k-1)} | &\leqslant \sum_{j=1}^{n} \tilde{l}_j | x_j^{(k-1)} - x_j^{(k-2)} | \\ &\leqslant \tilde{\mu} \sum_{j=1}^{n} (1-\tilde{u}_j) | x_j^{(k-1)} - x_j^{(k-2)} | \\ &\leqslant \cdots \leqslant \tilde{\mu}^{k-1} \sum_{j=1}^{n} (1-\tilde{u}_j) | x_j^{(1)} - x_j^{(0)} |\end{aligned}$$

根据 $\tilde{u}_j$ 和 s 的定义知

$$1-s \leqslant 1-\tilde{u}_j < 1$$

所以

$$(1-s) \sum_{j=1}^{n} | x_j^{(k)} - x_j^{(k-1)} | \leqslant \tilde{\mu}^{k-1} \sum_{j=1}^{n} | x_j^{(1)} - x_j^{(0)} |$$

即

$$(1-s) \| \boldsymbol{x}^{(k)} - \boldsymbol{x}^{(k-1)} \|_1 \leqslant \tilde{\mu}^{k-1} \| \boldsymbol{x}^{(1)} - \boldsymbol{x}^{(0)} \|_1$$

又因为 $\boldsymbol{x}_k - \boldsymbol{x} = \sum_{i=k}^{\infty} (\boldsymbol{x}^{(i)} - \boldsymbol{x}^{(i+1)})$，所以

$$\begin{aligned}\| \boldsymbol{x}^{(k)} - \boldsymbol{x} \|_1 &\leqslant \sum_{i=k}^{\infty} \| \boldsymbol{x}^{(i)} - \boldsymbol{x}^{(i+1)} \| \leqslant \frac{1}{1-s} \sum_{i=k}^{\infty} \tilde{\mu}^i \| \boldsymbol{x}^{(1)} - \boldsymbol{x}^{(0)} \| \\ &= \frac{\tilde{\mu}^k}{(1-\tilde{\mu})(1-s)} \| \boldsymbol{x}^{(1)} - \boldsymbol{x}^{(0)} \|\end{aligned}$$

□

12.3　迭代收敛的例子

这一节，将讨论一些特殊矩阵的迭代收敛性，同时给出它们的收敛率. 通过对矩阵 $\boldsymbol{A}$ 加一些简单和自然的假设，就可以保证经典迭代方法的收敛性.

对角占优矩阵　这部分，讨论对角占优矩阵见 10.1 节. 对矩阵 $\boldsymbol{A}$ 将假设下面条件之一满足：

(1) $\boldsymbol{A}$ 是严格对角占优的.

(2) $\boldsymbol{A}$ 是不可约的强对角占优.

对 Jacobi 迭代，对角占优的迭代矩阵 $\boldsymbol{B}=\boldsymbol{D}^{-1}(\boldsymbol{E}+\boldsymbol{F})$ 满足

$$\sum_{j=1}^{n} | b_{ij} | \leqslant 1, \quad i = 1,2,\cdots,n$$

当矩阵 $\boldsymbol{A}$ 满足条件(1)时，所有的不等式都是严格成立的，因此有 $\lambda(\boldsymbol{B})<1$；矩阵 $\boldsymbol{A}$ 满足条件(2)时，根据 10.1 节定理 4 后面的讨论，也有 $\lambda(\boldsymbol{B})<1$，因此 Jacobi 迭代

收敛.

对松弛迭代来说，当 $\omega\in(0,1]$时，迭代是收敛的. 事实上，记 λ 是 $\boldsymbol{L}_\omega$ 的非零特征值，它是下面方程的根：

$$\det((1-\omega-\lambda)\boldsymbol{D}+\lambda\omega\boldsymbol{E}+\omega\boldsymbol{F})=0$$

因此 $\lambda+\omega-1$ 是矩阵 $\boldsymbol{A}'=\omega\boldsymbol{D}^{-1}(\lambda\boldsymbol{E}+\boldsymbol{F})$ 的特征值. 当 $\boldsymbol{A}$ 是不可约时，$\boldsymbol{A}'$ 也是不可约的. 由 10.1 节 Gershgorin 定理 3，得

$$|\lambda+\omega-1|\leqslant\max_{1\leqslant i\leqslant n}\frac{\omega}{|a_{ii}|}\left(|\lambda|\sum_{j<i}|a_{ij}|+\sum_{j>i}|a_{ij}|\right)\tag{12.15}$$

采用反证法，如果$|\lambda|\geqslant1$，则

$$|\lambda+\omega-1|\leqslant\max_{1\leqslant i\leqslant n}\frac{\omega\lambda}{|a_{ii}|}\sum_{j\neq i}|a_{ij}|$$

在条件(1)下，有

$$|\lambda+\omega-1|<\omega|\lambda|$$

因此$|\lambda|\leqslant|\lambda+\omega-1|+|\omega-1|<|\lambda|\omega+1-\omega$，即$(|\lambda|-1)(1-\omega)<0$，得到矛盾. 在条件(2)下，再次根据 10.1 节定理 4 后面的讨论，不等式(12.15)是严格的. 因此可以类似地证明.

在实际中，经常运用的是超松弛，即 $\omega>1$；对适当选取的参数，可以得到比 G-S 迭代有效的多的算法，而 $\omega\leqslant1$ 一般是不需要考虑的. 因此，这个结论不是完全令人满意的.

对称正定矩阵 实际问题中需要处理对称正定矩阵，直接给出有关结论.

引理 1 对分解 $\boldsymbol{A}=\boldsymbol{M}-\boldsymbol{N}$，如果 $\boldsymbol{A}$ 和 $\boldsymbol{M}^{\mathrm{T}}+\boldsymbol{N}$ 都是对称正定矩阵，则

$$\rho(\boldsymbol{M}^{-1}\boldsymbol{N})<1$$

证明 首先注意到当 $\boldsymbol{A}$ 是对称矩阵时，$\boldsymbol{M}^{\mathrm{T}}+\boldsymbol{N}=\boldsymbol{M}^{\mathrm{T}}+\boldsymbol{M}-\boldsymbol{A}$ 也是对称矩阵. 因此只要证明：对任意非零向量 $\boldsymbol{x}\in R^n$，有 $\|\boldsymbol{M}^{-1}\boldsymbol{N}\boldsymbol{x}\|_A\leqslant\|\boldsymbol{x}\|_A$，其中 $\|\ \|_A$ 表示由 $\boldsymbol{A}$ 诱导的向量范数(见 3.1 节定理 1 的推论). 记 $\boldsymbol{y}=\boldsymbol{M}^{-1}\boldsymbol{A}\boldsymbol{x}$，则 $\boldsymbol{M}^{-1}\boldsymbol{N}\boldsymbol{x}=\boldsymbol{x}-\boldsymbol{y}$. 因此

$$\|\boldsymbol{M}^{-1}\boldsymbol{N}\boldsymbol{x}\|_A^2=\|\boldsymbol{x}\|_A^2-\boldsymbol{y}^{\mathrm{T}}\boldsymbol{A}\boldsymbol{x}+\boldsymbol{x}^{\mathrm{T}}\boldsymbol{A}\boldsymbol{y}+\boldsymbol{y}^{\mathrm{T}}\boldsymbol{A}\boldsymbol{y}=\|\boldsymbol{x}\|_A^2-\boldsymbol{y}^{\mathrm{T}}(\boldsymbol{M}^{\mathrm{T}}+\boldsymbol{N})\boldsymbol{y}$$

因为 $\boldsymbol{y}$ 是非零向量，所以 $\boldsymbol{y}^{\mathrm{T}}(\boldsymbol{M}^{\mathrm{T}}+\boldsymbol{N})\boldsymbol{y}>0$. 得到所需结论. □

由证明过程，可以看出，通过在紧单位球面对 $\|\boldsymbol{M}^{-1}\boldsymbol{N}\boldsymbol{x}\|_A$ 取极大值，可以得到更精细的结论：对由 $\|\ \|_A$ 诱导的矩阵范数，有 $\|\boldsymbol{M}^{-1}\boldsymbol{N}\|<1$.

引理的主要应用在下面的定理中.

定理 6 如果 $\boldsymbol{A}$ 是对称正定矩阵，则松弛迭代收敛当且仅当 $0<\omega<2$.

证明 在定理 1 中已经证明了：如果收敛，则 $0<\omega<2$. 下面证明相反的结论也成立. 因为 $\boldsymbol{E}^{\mathrm{T}}=\boldsymbol{E}$ 和 $\boldsymbol{D}^{\mathrm{T}}=\boldsymbol{D}$，所以

$$\boldsymbol{M}^{\mathrm{T}}+\boldsymbol{N}=\left(\frac{1}{\omega}+\frac{1}{\omega}-1\right)\boldsymbol{D}=\frac{1-(\omega-1)^2}{\omega^2}\boldsymbol{D}$$

因为 D 是正定的，所以 $|\omega-1|<1$，即 $0<\omega<2$，是 $M^{\mathrm{T}}+N$ 也是正定的充分必要条件. □

因为 A 的正定矩阵假设不能得到 $M^{\mathrm{T}}+N=D+E+F$ 一定是正定矩阵，所以定理的结论不能应用于 Jacobi 迭代. 可以举例说明对某些矩阵，Jacobi 迭代是发散的.

三对角矩阵 在数值求解偏微分方程时，经常需要用有限差分或有限元来逼近偏微分方程，这时出现的矩阵就是三对角矩阵，现在考虑三对角矩阵 A. 回忆一下，三对角矩阵 A 的结构是

$$A=\begin{bmatrix} * & * & 0 & \cdots & 0 \\ * & * & & & \vdots \\ 0 & & \ddots & \ddots & 0 \\ \vdots & & \ddots & * & * \\ 0 & \cdots & 0 & * & * \end{bmatrix}$$

即只要 $|j-i|\geqslant 2$，就有 $a_{ij}=0$.

基于三对角矩阵的结构，首先推导有关的代数关系. 记三对角矩阵 C 的对角线元素组成的对角矩阵、上三角部分和下三角部分分别为 C_0，C_+ 和 C_-. 给定非零常数 μ，记 $Q_\mu=\mathrm{diag}(\mu,\mu^2,\cdots,\mu^n)$，则

$$Q_\mu^{-1}CQ_\mu=C_0+\frac{1}{\mu}C_-+\mu C_+$$

即 C 共轭相似于 $C_0+\frac{1}{\mu}C_-+\mu C_+$. 因此

$$\det C=\det\left(C_0+\frac{1}{\mu}C_-+\mu C_+\right)$$

利用这个结论，可以计算 L_ω 的特征多项式 p_ω. 对任意非零元素 μ，有

$$\begin{aligned}(\det D)p_\omega(\mu^2)&=\det((D-\omega E)(\lambda I_n-L_\omega))=\det((\omega+\lambda-1)D-\omega F-\lambda\omega E)\\&=\det\left((\omega+\lambda-1)D-\mu\omega F-\frac{\lambda\omega}{\mu}E\right)\end{aligned}$$

如果 μ 是 λ 的平方根，则

$$\begin{aligned}(\det D)p_\omega(\mu^2)&=\det((\omega+\mu^2-1)D-\mu\omega(E+F))\\&=(\det D)\det((\omega+\lambda-1)I_n-\mu\omega B)\end{aligned}$$

因此，如果 A 是三对角的，且 D 是可逆的，则

$$p_\omega(\mu^2)=(\mu\omega)^n p_B\left(\frac{\mu^2+\omega-1}{\mu\omega}\right)\tag{12.16}$$

其中 p_B 是 Jacobi 矩阵 B 的特征多项式.

下面先分析简单情形的 G-S 迭代，为此，记 $G=L_1$.

定理 7 如果 A 是三对角的，且 D 是可逆的，则

(1) $p_{\boldsymbol{G}}(\alpha^2)=\alpha^n p_{\boldsymbol{J}}(\alpha)$，其中 $p_{\boldsymbol{G}}$ 是 G-S 迭代矩阵 $\boldsymbol{G}$ 的特征多项式.

(2) $\rho(\boldsymbol{G})=\rho(\boldsymbol{B})^2$.

(3) G-S 迭代收敛的充分必要条件是 Jacobi 迭代收敛；进一步，在收敛的条件下，G-S 迭代比 Jacobi 迭代快两倍.

(4) $\boldsymbol{B}$ 的谱关于原点是对称的，即如果 $\mu\in\lambda(\boldsymbol{B})$，则 $-\mu\in\lambda(\boldsymbol{B})$.

证明 (1)可以由式(12.16)直接得到. 因此，$\boldsymbol{G}$ 的谱是由重数至少是$[(n+1)/2]$的 $\lambda=0$ 和 $\boldsymbol{B}$ 的特征值的平方组成，这证明了(2)；(3)可以直接得到. 最后，如果 $\mu\in\lambda(\boldsymbol{B})$，则 $p_{\boldsymbol{B}}(\mu)=0$，因此 $p_{\boldsymbol{G}}(\mu^2)=0$. 由式(12.16)，$(-\mu)^n p_{\boldsymbol{B}}(-\mu)=0$. 因此 $p_{\boldsymbol{B}}(-\mu)=0$，或者 $\mu=0=-\mu$，此时也有 $p_{\boldsymbol{B}}(-\mu)=0$. □

事实上，可以在不同的假设下，得到定理中的第 3 条比较结论. 比如，当 $\boldsymbol{D}$ 是正定的，且 $\boldsymbol{E},\boldsymbol{F}$ 是非负的，比较结论成立.

现在 $\boldsymbol{B}$ 的谱是实的，且在 Jacobi 迭代收敛的条件下考虑 SOR. 当 $\boldsymbol{A}$ 是对称正定矩阵时，因为对称矩阵的特征值是实的，由于 $\boldsymbol{B}$ 相似于对称矩阵 $\boldsymbol{D}^{-1/2}(\boldsymbol{E}+\boldsymbol{F})\cdot\boldsymbol{D}^{-1/2}$，所以 $\boldsymbol{B}$ 的谱是实的，且定理 6 和定理 7 保证 Jacobi 迭代的收敛性. 所以，矩阵 $\boldsymbol{A}$ 满足这个条件.

根据定理 6，取 $\omega\in(0,2)$，因此，由定理 7，$\boldsymbol{B}$ 的谱的分布是

$$-\lambda_r<\cdots<-\lambda_1\leqslant\lambda_1<\cdots<\lambda_r=\rho(\boldsymbol{B})<1$$

上面的表达式并不表示 n 是偶数：如果 n 是奇数，则 $\lambda_1=0$. 在计算谱半径时，可以不考虑零特征值，因此 $\boldsymbol{L}_\omega$ 的特征值是下面二次方程的根：

$$\mu^2+\omega-1=\mu\omega\lambda_\alpha$$

其中 $1\leqslant\alpha\leqslant r$. 实际上，用 $-\lambda_\alpha$ 代替 λ_α 可以得到相同的平方.

记二次方程的判别式为 $\Delta(\lambda)\equiv\omega^2\lambda^2+4(1-\omega)$. 如果 $\Delta(\lambda_\alpha)$是负数，二次方程的根是复共轭的，因此模是$|\omega-1|^{1/2}$. 当 $\lambda=0$ 可以得到相同的模. 如果判别式严格正的，则根是正的，且有不同的模. 其中之一，记为 μ_α，满足 $\mu_\alpha^2>|\omega-1|$，另一个满足相反不等式.

根据定理 7，$\rho(\boldsymbol{L}_\omega)$满足下面之一：

(1) $|\omega-1|$，如果对每个 α，$\Delta(\lambda_\alpha)\leqslant0$，即 $\Delta(\rho(\boldsymbol{B}))\leqslant0$.

(2) 否则，μ_α^2 的最大值如上.

对第一种情形，选取 $\omega\in[\omega_{\boldsymbol{B}},2)$，其中

$$\omega_{\boldsymbol{B}}=2\,\frac{1-\sqrt{1-\rho(\boldsymbol{B})^2}}{\rho(\boldsymbol{B})}=\frac{2}{1+\sqrt{1-\rho(\boldsymbol{B})^2}}\in[1,2)$$

因此，$\rho(\boldsymbol{L}_\omega)=\omega-1$.

第二种情形，选取 $\omega\in(0,\omega_{\boldsymbol{B}})$. 如果 $\Delta(\lambda_\alpha)>0$，记 $q_\alpha(x)\equiv x^2+\omega-1-x\omega\lambda_\alpha$. 方程的两个根的和是正的，记 μ_α 为最大的根，因此是正的. 进一步，$q_\alpha(1)=\omega(1-\lambda_\alpha)>0$表明两个根都在半直线 $R\backslash\{1\}$的一边. 因为它们乘积的绝对值小于或等于

1，所以，它们小于或等于 1. 特别地，$|\omega-1|^{1/2}<\mu_\alpha<1$. 这证明了对每个 $\omega\in(0,2)$，$\rho(\boldsymbol{L}_\omega)<1$. 因此，在假设条件下，松弛迭代收敛.

如果 $\lambda_\alpha\neq\rho(\boldsymbol{B})$，有 $q_r(\mu_\alpha)=\mu_\alpha\omega(\lambda_\alpha-\rho(\boldsymbol{B}))<0$. μ_α 在 q_r 的两个根之间，因此，$\mu_\alpha<\mu_r$. 最后，由 $\Delta(\rho(\boldsymbol{B}))\leqslant 0$ 可得 $P(L_\omega)=\mu_r^2$，有

$$(2\mu_r-\omega\rho(\boldsymbol{B}))\frac{d\mu_r}{d\omega}+1-\mu_r\rho(\boldsymbol{B})=0$$

因为 $2\mu_r$ 比根的和 $\omega\rho(\boldsymbol{B})$ 大，且 $\mu_r,\rho(\boldsymbol{B})\in[0,1)$，可以得到 $\omega\mapsto\rho(\boldsymbol{L}_\omega)$ 在 $(0,\omega_{\boldsymbol{B}})$ 是非增的.

因此，$\rho(\boldsymbol{L}_\omega)$ 在 $\omega_{\boldsymbol{B}}$ 点达到最小值，且最小值为

$$\omega_{\boldsymbol{B}}-1=\frac{1-\sqrt{1-\rho(\boldsymbol{B})^2}}{1+\sqrt{1-\rho(\boldsymbol{B})^2}}$$

在图 12.2 显示了三对角矩阵的 $\rho(\boldsymbol{L}_\omega)$ 分布.

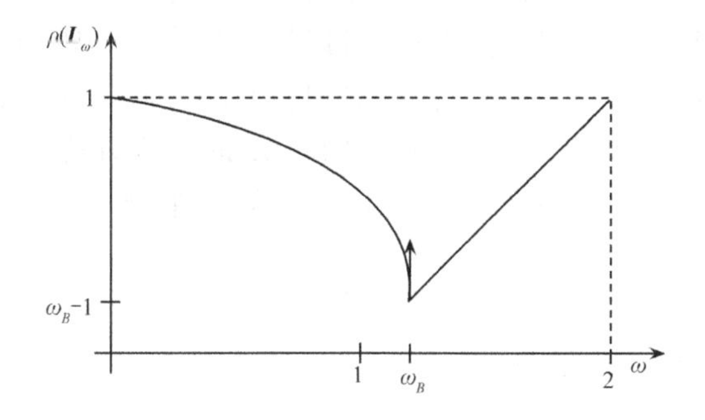

图 12.2　三对角矩阵的 $\rho(\boldsymbol{L}_\omega)$ 分布

定理 8　假设 $\boldsymbol{A}$ 是三对角的，$\boldsymbol{D}$ 是可逆的，且 $\boldsymbol{B}$ 的特征值是实的，且属于 $(-1,1)$. 如果 $\omega\in R$. 则松弛算法收敛当且仅当 $\omega\in(0,2)$. 进一步，最优收敛率的参数是

$$\omega_B\equiv\frac{2}{1+\sqrt{1-\rho(\boldsymbol{B})^2}}\in[1,2)$$

其中 $\boldsymbol{L}_{\omega_B}$ 的谱半径是

$$(\omega_{\boldsymbol{B}}-1)=\frac{1-\sqrt{1-\rho(\boldsymbol{B})^2}}{1+\sqrt{1-\rho(\boldsymbol{B})^2}}=\left(\frac{1-\sqrt{1-\rho(\boldsymbol{B})^2}}{\rho(\boldsymbol{B})}\right)^2$$

注意定理 8 可以推广到复的松弛因子：在同样的假设条件下，$\rho(\boldsymbol{L}_\omega)$ 在 $\omega_{\boldsymbol{B}}$ 达到最小值，则松弛算法收敛当且仅当 $|\omega-1|<1$.

因为只有当 $\rho(\boldsymbol{B})=0$，才有 $\omega_{\boldsymbol{B}}=1$；但在实际中，$\rho(\boldsymbol{B})$ 一般接近于 1. 因此，通常情况下，G-S 迭代不是最优的. 典型的例子是基于差分的椭圆偏微分方程的分辨率.

对不太接近 1 的 $\rho(\boldsymbol{B})$ 的值，具有优化参数 $\omega_{\boldsymbol{B}}$ 的松弛算法，虽然可以提高收敛

率，但不是比 G-S 迭代有较大的优势. 事实上，

$$\rho(\boldsymbol{G})/\rho(\boldsymbol{L}_{\omega_B}) = (1+\sqrt{1-\rho(\boldsymbol{B})^2})^2$$

在 1(当 $\rho(\boldsymbol{B})$ 接近于 1)和 4(当 $\rho(\boldsymbol{B})=0$)之间，因此，只要 $\rho(\boldsymbol{B})$ 远离 1，比率

$$\log\rho(\boldsymbol{L}_{\omega_B})/\log\rho(\boldsymbol{G})$$

是适度的. 然而，实际情形，$\rho(\boldsymbol{B})$ 总是接近于 1，有

$$\log\rho(\boldsymbol{G})/\log\rho(\boldsymbol{L}_{\omega_B}) \approx \sqrt{\frac{1-\rho(\boldsymbol{B})}{2}}$$

这是非常小的. 在一定精度下，具有优化参数的松弛算法所需要的迭代次数是 G-S 迭代的迭代次数乘以以上比率.

迄今为止讨论的方法都是从 $\boldsymbol{x}^{(k)}$ 构造 $\boldsymbol{x}^{(k+1)}$，没有用到 $\boldsymbol{x}^{(k-1)}$ 或前面的迭代，这些是没有记忆的简单迭代. 这样进行的好处是可以节省存储空间：以前的迭代不需要存储. 人们也许想到，通过保留一些前面的迭代，是否由它们包含的信息而获益，这将在第 13 章介绍有关内容. 这样不仅可以描述迭代的一般趋势，且可以被用来进行外插，得到解的一个好的估计. 这些思想被 Golub 和 Varga 成功地研究过，他们发明了 Chebyshe 半迭代方法，也称为 Chebyshe 加速方法. 相关的方法还有共轭梯度方法. 这些加速方法都是从 $\boldsymbol{x}^{(k)}$ 和 $\boldsymbol{x}^{(k-1)}$ 来得到 $\boldsymbol{x}^{(k+1)}$，见(Hageman，1981).

习 题 12

1. 设方程组 $\boldsymbol{Ax}=\boldsymbol{b}$ 的系数矩阵为

$$\boldsymbol{A}_1 = \begin{bmatrix} 2 & -1 & 1 \\ 1 & 1 & 1 \\ 1 & 1 & -2 \end{bmatrix}, \quad \boldsymbol{A}_2 = \begin{bmatrix} 1 & 2 & -2 \\ 1 & 1 & 1 \\ 2 & 2 & 1 \end{bmatrix}$$

证明：对 $\boldsymbol{A}_1$，Jacobi 迭代不收敛，而 G-S 迭代收敛；对 $\boldsymbol{A}_2$，Jacobi 迭代收敛，而 G-S 迭代不收敛.

2. 设 $\boldsymbol{B}\in R^{n\times n}$ 满足 $\rho(\boldsymbol{B})=0$. 证明对任意的 $\boldsymbol{g},x_0\in R^n$，迭代格式

$$\boldsymbol{x}^{(k+1)} = \boldsymbol{Bx}^{(k)} + \boldsymbol{g}, \quad k=0,1,\cdots$$

最多迭代 n 次就可得到方程组 $\boldsymbol{x}=\boldsymbol{Bx}+\boldsymbol{g}$ 的精确解.

3. 给定对角元素都非零的三对角矩阵 $\boldsymbol{A}$，记它的 Jacobi 矩阵为 $\boldsymbol{B}$. 证明 $\boldsymbol{B}$ 共轭于 $-\boldsymbol{B}$.

4. 考虑线性代数方程组

$$\boldsymbol{Ax} = \boldsymbol{b}$$

其中

$$\boldsymbol{A} = \begin{bmatrix} 1 & 0 & a \\ 0 & 1 & 0 \\ a & 0 & 1 \end{bmatrix}$$

(1) a 为何值时，$\boldsymbol{A}$ 是正定的？

(2) a 为何值时，Jacobi 迭代收敛？

(3) a 为何值时，G-S 迭代收敛？

5. 设 $\boldsymbol{A}$ 是具有正对角元素的非奇异对称矩阵. 证明:若求解 $\boldsymbol{Ax}=\boldsymbol{b}$ 的 G-S 迭代方法对任意初始近似 $\boldsymbol{x}^{(0)}$ 都收敛,则 $\boldsymbol{A}$ 必是正定的.

6. 若存在对称正定矩阵 $\boldsymbol{P}$,使得 $\boldsymbol{B}=\boldsymbol{P}-\boldsymbol{H}^{\mathrm{T}}\boldsymbol{PH}$ 为对称正定阵,证明迭代

$$\boldsymbol{x}^{(k+1)}=\boldsymbol{Hx}^{(k)}+\boldsymbol{b},\quad k=1,2,\cdots$$

收敛.

7. 证明:若 $\boldsymbol{A}$ 是具有正对角元的实对称矩阵,则 SOR 迭代收敛的充分必要条件是 $\boldsymbol{A}$ 及 $2\omega^{-1}\boldsymbol{D}-\boldsymbol{A}$ 均为正定对称阵.

8. 设 $\boldsymbol{A}$ 为如下的块三对角阵:

$$\boldsymbol{A}=\begin{bmatrix}\boldsymbol{D}_1 & \boldsymbol{C}_1 & & \boldsymbol{0} & \\ \boldsymbol{B}_2 & \boldsymbol{D}_2 & \boldsymbol{C}_3 & & \\ & \boldsymbol{B}_3 & \boldsymbol{D}_3 & \ddots & \\ & & \ddots & \ddots & \boldsymbol{C}_s \\ \boldsymbol{0} & & & \boldsymbol{B}_s & \boldsymbol{D}_s\end{bmatrix}$$

其中 $\boldsymbol{D}_i\in R^{n_i\times n_i}$ 非奇异,$n_1+\cdots+n_s=n$. 证明:对任意的 $\mu\in C\backslash\{0\}$,有

$$\det\left(\boldsymbol{C}-\mu\boldsymbol{C}_L-\frac{1}{\mu}\boldsymbol{C}_U\right)=\det(\boldsymbol{D}-\boldsymbol{C}_L-\boldsymbol{C}_U)$$

其中

$$\boldsymbol{D}=\mathrm{diag}(\boldsymbol{D}_1,\cdots,\boldsymbol{D}_s)$$

$$\boldsymbol{C}_L=-\begin{bmatrix}\boldsymbol{0} & & & \boldsymbol{0}\\ \boldsymbol{B}_2 & \ddots & & \\ & \ddots & & \\ \boldsymbol{0} & & \boldsymbol{B}_s & \boldsymbol{0}\end{bmatrix},\quad \boldsymbol{C}_U=-\begin{bmatrix}\boldsymbol{0} & \boldsymbol{C}_2 & & \boldsymbol{0}\\ & & \ddots & \\ & & \ddots & \boldsymbol{C}_s\\ \boldsymbol{0} & & & \boldsymbol{0}\end{bmatrix}$$

第 13 章　共轭梯度法

从第 12 章看到，在使用 SOR 方法求解线性方程组时，需要确定松弛参数 ω，只有系数矩阵具有较好的性质时，才有可能找到最佳松弛因子 ω_{opt}，而且计算 ω_{opt} 时还需要求得对应的 Jacobi 矩阵 $\boldsymbol{B}$ 的谱半径，这通常是非常困难的.

这一章，介绍一种不需要确定任何参数的求解对称正定线性方程组的方法——共轭梯度法（或简称 CG 法）. 它是 20 世纪 50 年代初期由 Hestenes 和 Stiefel 首先提出的，近 20 年来有关的研究得到了前所未有的发展，目前相关的方法和理论已经相当成熟，并且已经成为求解大型稀疏线性方程组最常用的一类方法.

共轭梯度法可由多种途径引入，这里采用较为直观的作为最优化问题来引入. 为此，先讨论下降方法；然后介绍最速下降法，而将求解正定方程组的共轭梯度算法看作下降方法的一个例子；同时介绍了预优化的重要思想. 由此将看到通过应用预优方法，下降法的收敛率将显著提高. 对预优矩阵 $\boldsymbol{M}$ 运用共轭梯度方法等价于对具有分裂矩阵 $\boldsymbol{M}$ 基本迭代进行共轭梯度加速. 共轭梯度方法是 Krylov 子空间方法这一大类中的一个，本章以对非正定和非对称问题进行简单的 Krylov 子空间方法的讨论结束.

13.1　最速下降法

本章主要研究对称线性方程组 $\boldsymbol{Ax}=\boldsymbol{b}$ 的求解方法. 从现在开始，一般假设 $\boldsymbol{A}$ 是对称正定的，除非另外声明. 下面，首先将方程组 $\boldsymbol{Ax}=\boldsymbol{b}$ 的求解问题变换到极值问题，然后研究这个极值问题的求解方法. 定义函数 $J:R^n\rightarrow R$ 为

$$J(\boldsymbol{y})=\frac{1}{2}\boldsymbol{y}^{\mathrm{T}}\boldsymbol{A}\boldsymbol{y}-\boldsymbol{y}^{\mathrm{T}}\boldsymbol{b} \tag{13.1}$$

可以证明使 J 达到最小值的向量正是方程组 $\boldsymbol{Ax}=\boldsymbol{b}$ 的解向量 $\boldsymbol{x}$.

定理 1　若 $\boldsymbol{A}\in R^{n\times n}$ 是对称正定矩阵，且 $\boldsymbol{b}\in R^n$，如果 $\boldsymbol{x}\in R^n$ 满足

$$J(\boldsymbol{x})=\min_{y\in R^n}J(\boldsymbol{y})$$

的充分必要条件是 $\boldsymbol{x}$ 是 $\boldsymbol{Ax}=\boldsymbol{b}$ 的解.

证明　因为 J 是多元变量 $y_1,\cdots,y_n$ 的二次函数，所以可以用简单的关于 $y_1,\cdots,y_n$ 的二次配方法来求出 J 的极小值. 设 $\boldsymbol{x}$ 是 $\boldsymbol{Ax}=\boldsymbol{b}$ 的解，由 $\boldsymbol{A}$ 的对称性，得

$$
\begin{aligned}
J(\boldsymbol{y}) &= \frac{1}{2}\boldsymbol{y}^{\mathrm{T}}\boldsymbol{A}\boldsymbol{y} - \boldsymbol{y}^{\mathrm{T}}\boldsymbol{A}\boldsymbol{x} \\
&= \frac{1}{2}\boldsymbol{y}^{\mathrm{T}}\boldsymbol{A}\boldsymbol{y} - \boldsymbol{y}^{\mathrm{T}}\boldsymbol{A}\boldsymbol{x} + \frac{1}{2}\boldsymbol{x}^{\mathrm{T}}\boldsymbol{A}\boldsymbol{x} - \frac{1}{2}\boldsymbol{x}^{\mathrm{T}}\boldsymbol{A}\boldsymbol{x} \\
&= \frac{1}{2}(\boldsymbol{y}-\boldsymbol{x})^{\mathrm{T}}\boldsymbol{A}(\boldsymbol{y}-\boldsymbol{x}) - \frac{1}{2}\boldsymbol{x}^{\mathrm{T}}\boldsymbol{A}\boldsymbol{x} \qquad (13.2)
\end{aligned}
$$

最后一项$\frac{1}{2}\boldsymbol{x}^{\mathrm{T}}\boldsymbol{A}\boldsymbol{x}$与$\boldsymbol{y}$无关，因此只要$\frac{1}{2}(\boldsymbol{y}-\boldsymbol{x})^{\mathrm{T}}\boldsymbol{A}(\boldsymbol{y}-\boldsymbol{x})$达到最小值，$J(\boldsymbol{y})$就取最小值. 因为$\boldsymbol{A}$是正定的，除了$\boldsymbol{y}-\boldsymbol{x}=\boldsymbol{0}$外都是正的. 所以当且只当$\boldsymbol{y}=\boldsymbol{x}$时，达到最小值. □

在实际问题中，函数J是有具体的物理意义的. 比如，在弹性力学中，$J(\boldsymbol{y})$表示结构$\boldsymbol{y}$的系统势能. 在简单的质量—弹簧系统中，矩阵$\boldsymbol{A}$称为硬度矩阵. 项$\frac{1}{2}\boldsymbol{y}^{\mathrm{T}}\boldsymbol{A}\boldsymbol{y}$表示应变能量，由于弹簧的伸缩，这个能量存储在弹簧中. 项$-\boldsymbol{y}^{\mathrm{T}}\boldsymbol{b}$是系统向量$\boldsymbol{b}$表示外力. 反抗外力所做的功，势能函数的最小值点对应于系统的实际均衡结构.

基于J的梯度∇J也可以给出解的另一种解释. J的梯度是$\nabla J=\boldsymbol{A}\boldsymbol{y}-\boldsymbol{b}$，这正是$\boldsymbol{y}$作为方程组$\boldsymbol{A}\boldsymbol{x}=\boldsymbol{b}$逼近解的残差. 显然唯一使梯度等于零的点就是$\boldsymbol{A}\boldsymbol{x}=\boldsymbol{b}$的解. 因此再次得到使$J$取最小值的点是$\boldsymbol{A}\boldsymbol{x}=\boldsymbol{b}$的解.

这样，求解线性方程组的问题就转化为求二次函数$J(\boldsymbol{y})$的最小值问题. 根据凸函数的最优化理论，二次函数$J(\boldsymbol{y})$存在唯一的解，见丛书《优化算法》. 求解二次函数的最小值问题，通常的做法就像盲人下山一样，对任意给定的初始向量$\boldsymbol{x}^{(0)}$，确定一个下山的方向$\boldsymbol{p}^{(1)}$，沿着经过点$\boldsymbol{x}^{(0)}$的直线$\boldsymbol{x}=\boldsymbol{x}^{(0)}+\alpha\boldsymbol{p}^{(0)}$找一个点

$$\boldsymbol{x}^{(1)} = \boldsymbol{x}^{(0)} + \alpha_0\boldsymbol{p}^{(0)}$$

使得对所有实数α，有

$$J(\boldsymbol{x}^{(0)} + \alpha_0\boldsymbol{p}^{(0)}) \leqslant J(\boldsymbol{x}^{(0)} + \alpha\boldsymbol{p}^{(0)})$$

也就是说，在这条直线上，$\boldsymbol{x}^{(1)}$使$J(\boldsymbol{x})$达到最小. 然后，从$\boldsymbol{x}^{(1)}$出发，再确定一个下山的方向$\boldsymbol{p}^{(1)}$，沿直线$\boldsymbol{x}=\boldsymbol{x}^{(1)}+\alpha\boldsymbol{p}^{(1)}$再跨出一步，即找一个$\alpha_1$，使得$J(\boldsymbol{x})$达到最小

$$J(\boldsymbol{x}^{(1)} + \alpha_1\boldsymbol{p}^{(1)}) \leqslant J(\boldsymbol{x}^{(1)} + \alpha\boldsymbol{p}^{(1)})$$

如此进行下去.

上面描述的产生迭代序列的方法就是下降法，基于迭代方法求出J的最小值. 从初始估计$\boldsymbol{x}^{(0)}$开始，下降法产生迭代序列$\boldsymbol{x}^{(0)},\boldsymbol{x}^{(1)},\boldsymbol{x}^{(2)},\cdots$，使得在每一步$J(\boldsymbol{x}^{(k+1)})\leqslant J(\boldsymbol{x}^{(k)})$，或更好的$J(\boldsymbol{x}^{(k+1)})<J(\boldsymbol{x}^{(k)})$. 也就是说，每一步$J$更接近最小值. 如果在某点有$\boldsymbol{A}\boldsymbol{x}^{(k)}=\boldsymbol{b}$(或几乎成立)，$\boldsymbol{x}^{(k)}$就是解，迭代停止. 否则继续进行下一步. 从$\boldsymbol{x}^{(k)}$到$\boldsymbol{x}^{(k+1)}$的计算包含两个部分：① 搜索方向的选择；② 在搜索方向上进行一维(直线)搜索. 选取搜索方向等价于指定从$\boldsymbol{x}^{(k)}$到$\boldsymbol{x}^{(k+1)}$的方向向量$\boldsymbol{p}^{(k)}$. 下

面将讨论选取 $\boldsymbol{p}^{(k)}$ 的几个方法. 一旦选定搜索方向,将在直线$\{\boldsymbol{x}^{(k)}+\alpha\boldsymbol{p}^{(k)}\mid\alpha\in R\}$上选取最小值点 $\boldsymbol{x}^{(k+1)}$. 因此确定 α_k 使得

$$\boldsymbol{x}^{(k+1)}=\boldsymbol{x}^{(k)}+\alpha_k\boldsymbol{p}^{(k)}$$

从 $\alpha\in R$ 选取 α_k 的过程称为**直线**(或一维)**搜索**. 如果选取 α_k 使得

$$J(\boldsymbol{x}^{(k+1)})=\min_{\alpha\in R}J(\boldsymbol{x}^{(k)}+\alpha\boldsymbol{p}^{(k)})$$

则称直线搜索是**精确搜索**的;否则称为**非精确搜索**的.

对高度非线性的函数,精确直线搜索通常是非常困难的,但是对类似于式(13.1)的二次函数,精确搜索是平凡的. 下面定理表明精确搜索的 α 值能用解析表示式表示.

定理 2 设 $\boldsymbol{x}^{(k+1)}=\boldsymbol{x}^{(k)}+\alpha_k\boldsymbol{p}^{(k)}$ 是由精确直线搜索得到的,则

$$\alpha_k=\frac{\boldsymbol{p}^{(k)\mathrm{T}}\boldsymbol{r}^{(k)}}{\boldsymbol{p}^{(k)\mathrm{T}}\boldsymbol{A}\boldsymbol{p}^{(k)}}$$

其中 $\boldsymbol{r}^{(k)}=\boldsymbol{b}-\boldsymbol{A}\boldsymbol{x}^{(k)}$.

证明 记 $g(\alpha)=J(\boldsymbol{x}^{(k)}+\alpha\boldsymbol{p}^{(k)})$,且 g 的最小值点记为 α_k. 简单计算得

$$g(\alpha)=J(\boldsymbol{x}^{(k)})-\alpha\boldsymbol{p}^{(k)\mathrm{T}}\boldsymbol{r}^{(k)}+\frac{1}{2}\alpha^2\boldsymbol{p}^{(k)\mathrm{T}}\boldsymbol{A}\boldsymbol{p}^{(k)}$$

这是关于 α 的二次多项式,通过求解方程 $g'(\alpha)=0$ 能得到唯一最小点. 因为

$$g'(\alpha)=-\boldsymbol{p}^{(k)\mathrm{T}}\boldsymbol{r}^{(k)}+\alpha\boldsymbol{p}^{(k)\mathrm{T}}\boldsymbol{A}\boldsymbol{p}^{(k)}$$

所以

$$\alpha_k=\frac{\boldsymbol{p}^{(k)\mathrm{T}}\boldsymbol{r}^{(k)}}{\boldsymbol{p}^{(k)}\boldsymbol{A}\boldsymbol{p}^{(k)}}$$ □

从定理 2 可以得到,$\alpha_k=0$ 的充分必要条件是 $\boldsymbol{p}^{(k)\mathrm{T}}\boldsymbol{r}^{(k)}=0$. 因为通常选取的搜索方向要求不是零向量,即 $\boldsymbol{x}^{(k+1)}=\boldsymbol{x}^{(k)}$,通过约定 $\boldsymbol{x}^{(k+1)}\neq\boldsymbol{x}^{(k)}$ 就能避免这种情形. 方程 $\boldsymbol{p}^{(k)\mathrm{T}}\boldsymbol{r}^{(k)}=0$ 表示搜索方向与残差是正交的. 因此一般选取它不与 $\boldsymbol{r}^{(k)}$ 正交的 $\boldsymbol{p}^{(k)}$. 这总是可行的,除非 $\boldsymbol{r}^{(k)}=\boldsymbol{0}$,此时 $\boldsymbol{x}^{(k)}$ 就是解. 如果始终选择满足 $\boldsymbol{p}^{(k)\mathrm{T}}\boldsymbol{r}^{(k)}\neq0$ 的 $\boldsymbol{p}^{(k)}$,就能得到严格下降的不等式 $J(\boldsymbol{x}^{(k+1)})<J(\boldsymbol{x}^{(k)})$.

最速下降法 现在考虑下降方向的选择问题. 从高等数学中知道,$J(\boldsymbol{x})$增加最快的方向是梯度方向,见丛书《优化算法》. 因此,负梯度方向应该是 $J(\boldsymbol{x})$减少最快的方向,于是,最简单且直接的做法是选取 $\boldsymbol{p}^{(k)}$ 为负梯度方向. 最速下降方法就是直接取 $\boldsymbol{p}^{(k)}=\boldsymbol{r}^{(k)}$,且执行精确直线搜索的下降法.

因为 $\boldsymbol{r}^{(k)}=-\nabla J(\boldsymbol{x}^{(k)})$,所以,最速下降方法搜索方向是 J 从 $\boldsymbol{x}^{(k)}$ 局部下降最快的方向. 最速下降的方向选择是极其自然的,但是在实际执行中,这个算法并不总是特别有效的. 这里讨论最速下降法原因有两个:① 它是引入预优处理思想的好的载体. ② 对最速下降算法进行较小的修改就能得到有效的共轭梯度法.

例 1 对第 12 章的例 1 的方程组运用最速下降方法,得

$$x^{(5)} = \begin{bmatrix} 3.9525 \\ 3.0508 \\ 1.9973 \\ 1.0147 \end{bmatrix}, \quad x^{(10)} = \begin{bmatrix} 3.9980 \\ 3.0011 \\ 1.9989 \\ 0.9997 \end{bmatrix}, \quad x^{(15)} = \begin{bmatrix} 3.99993 \\ 3.00008 \\ 1.99999 \\ 1.00002 \end{bmatrix}$$

它只是比 Jacobi 方法的结果稍好一点. 在进行 42 次迭代以后，逼近解与真实的解在小数点后 12 位是相同的.

最速下降算法的流程是简单的，下面考虑执行中的一些问题. 首先写出一般的下降法的步骤. 在每一步，逼近解的更新是

$$\boldsymbol{x}^{(k+1)} = \boldsymbol{x}^{(k)} + \alpha_k \boldsymbol{p}^{(k)} \tag{13.3}$$

如果进行精确直线搜索，就用定理 3 中 α_k 的表达式. 这需要进行矩阵 $\boldsymbol{A}$ 乘以向量 $\boldsymbol{p}^{(k)}$ 的运算. 这个运算的计算量依赖于 $\boldsymbol{A}$ 的稀疏程度. 在许多应用中，矩阵向量的乘积占算法计算量中最大的部分，因此一般都尽量减少这样的运算. 同时需要计算残差 $\boldsymbol{r}^{(k)}=\boldsymbol{b}-\boldsymbol{A}\boldsymbol{x}^{(k)}$，这可以用下面简单的递归公式来避免矩阵向量乘积 $\boldsymbol{A}\boldsymbol{x}^{(k)}$：

$$\boldsymbol{r}^{(k+1)} = \boldsymbol{r}^{(k)} - \alpha_k \boldsymbol{A}\boldsymbol{p}^{(k)} \tag{13.4}$$

这是式(13.3)的简单结果，从一个迭代的残差更新到下一个迭代的残差. 现在的矩阵向量乘积 $\boldsymbol{A}\boldsymbol{p}^{(k)}$ 已在求 α_k 时计算过.

在实际中，一旦对收敛结果满意，就停止迭代. 在 12.2 节讨论迭代序列收敛性，运用了关于两个连续迭代差的准则. 这个准则在这里也适用，但也有其他的选择. 比如，最速下降法在每一步需要计算 $\boldsymbol{p}^{\mathrm{T}}\boldsymbol{r}=\boldsymbol{r}^{\mathrm{T}}\boldsymbol{r}=\|\boldsymbol{r}\|_2^2$，因此，可以用残差的范数作为停止准则. 不管基于什么准则，只要满足条件，就接受 $\boldsymbol{x}^{(k+1)}$ 作为适当的逼近解. 必须认识到如果停止准则设置得太严格，舍入误差也许会阻止迭代的最终结束，因此同时设置迭代次数的上限 l 也是必要的.

对 $\boldsymbol{x}^{(0)},\boldsymbol{x}^{(1)},\boldsymbol{x}^{(2)},\cdots$ 是不需要分别的存储，能用单个向量数组 $\boldsymbol{x}$ 表示. 这从包含初始估计开始，依次包含每一个迭代，以最终的解 $\boldsymbol{x}$ 结束. 类似地，单个向量 $\boldsymbol{r}$ 能被用来依次存储所有的残差. 初始 $\boldsymbol{r}$ 能被用来存储右边的向量 $\boldsymbol{b}$，它只出现在初始残差 $\boldsymbol{r}^{(0)}$ 的计算中. 类似的情形对 $\boldsymbol{p}^{(k)},\boldsymbol{q}^{(k)}$ 和 $\alpha^{(k)}$ 都成立.

最速下降法的几何解释　下降法的目标是求函数 $J(\boldsymbol{y})$ 的最小值. 由式(13.2)，J 的形式是

$$J(\boldsymbol{y}) = \frac{1}{2}(\boldsymbol{y}-\boldsymbol{x})^{\mathrm{T}}\boldsymbol{A}(\boldsymbol{y}-\boldsymbol{x}) - \gamma$$

其中 $\boldsymbol{x}$ 是 $\boldsymbol{A}\boldsymbol{x}=\boldsymbol{b}$ 的解，γ 与变量 $\boldsymbol{y}$ 无关. 因为 $\boldsymbol{A}$ 是正定矩阵，存在正交矩阵 $\boldsymbol{U}$，使得 $\boldsymbol{U}^{\mathrm{T}}\boldsymbol{A}\boldsymbol{U}=\boldsymbol{D}$，其中对角矩阵 $\boldsymbol{D}$ 的对角元素都是正的. 引入新的坐标 $\boldsymbol{z}=\boldsymbol{U}^{\mathrm{T}}(\boldsymbol{y}-\boldsymbol{x})$，且略去与 $\boldsymbol{y}$ 无关的 γ 和因子 1/2，得到最小化 $J(\boldsymbol{y})$ 等价于最小化

$$\widetilde{J}(\boldsymbol{z}) = \boldsymbol{z}^{\mathrm{T}}\boldsymbol{D}\boldsymbol{z} = \sum_{i=1}^{n}\lambda_i z_i^2 \tag{13.5}$$

为了便于可视化，考虑 2×2 情形. 此时，$\widetilde{J}$ 是二元函数，因此它的轮廓线或水平曲线 $\widetilde{J}(z_1, z_2)=c(c>0)$是平面上的曲线. 由式(13.5)，轮廓线方程是

$$\lambda_1 z_1^2 + \lambda_2 z_2^2 = c$$

由于特征值 λ_1 和 λ_2 都是正的，因此随着 C 的变化，这是以原点为中心的同心椭圆.

正交变换 $\boldsymbol{z}=\boldsymbol{U}^{\mathrm{T}}(\boldsymbol{y}-\boldsymbol{x})$保持长度和角度，因此 J 的轮廓线也是相同形状的椭圆. 图 13.1 显示了与矩阵

$$\boldsymbol{A}=\begin{bmatrix} 6 & 2 \\ 2 & 3 \end{bmatrix}$$

对应函数的轮廓线，其中解 $\boldsymbol{x}=(x_1, x_2)^{\mathrm{T}}$ 在椭圆的中心.

椭圆的半轴分别是$\sqrt{c/\lambda_1}$和$\sqrt{c/\lambda_2}$，它们的比率是$\sqrt{\lambda_2/\lambda_1}$. 因为正定矩阵的特征值与它的奇异值是相同的，而谱条件数等于最大和最小特征值的比. 所以半轴的比率是$\sqrt{\kappa_2(\boldsymbol{A})}$. 因此轮廓线的形状依赖于 $\boldsymbol{A}$ 的条件数. 条件数越大，椭圆越扁. 如图 13.1 所示.

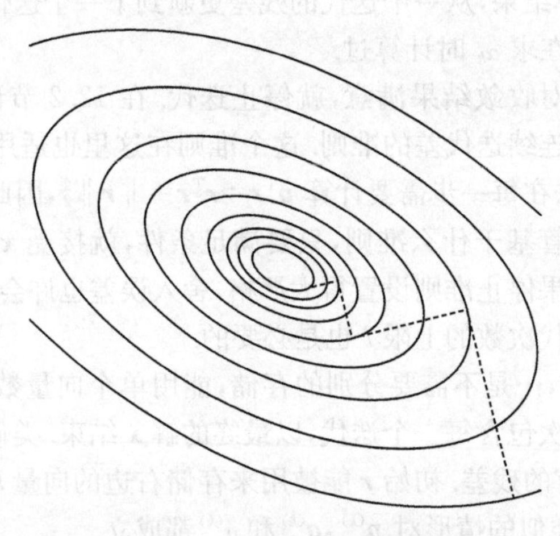

图 13.1　2×2 形式的最速下降

图 13.1 中的点线表示最速下降算法的四个步骤. 从一个给定的点，在最速下降的方向进行搜索，它与轮廓线相切于不再下降的点. 精确直线搜索沿着搜索直线到 J 的最小值点. 只要搜索直线穿过轮廓线，J 就下降. 最小值出现在搜索直线与某个轮廓线相切的点. 从这以后的点，J 开始增加. 因为下一个搜索方向将在此点与轮廓线正交，可以得到每一个搜索方向都与前一个方向正交. 所以搜索在由函数 $J(\boldsymbol{y})$的轮廓线形成的峡谷中来回反弹，且平稳地趋向最小值.

如果 $\boldsymbol{A}$ 是良定的，则很快地得到最小值. 在最好情形 $\lambda_1=\lambda_2$ 下，轮廓线是圆，

从任何起点,最速下降方向直接指向中心,一次迭代就可以得到精确的最小值点.如果 $\boldsymbol{A}$ 是良定的,则轮廓线接近于圆,下降方向指向接近于中心,这个方法也将快速收敛.另一方面,如果 $\boldsymbol{A}$ 是病态的,轮廓线是非常扁的椭圆.从任何给定的点,最速下降方向指向与中心距离相差很远;这不是一个好的搜索方向.在这种情形下,函数 J 形成一个陡的,窄的深谷.最速下降算法在深谷中来回的反弹,步长很短,以难以容忍的慢速接近于最小值点.对实际问题,并不只是在极端病态的情形下,才出现这种情况,即使方程组只是中度的病态,但需要精确较高的解时,收敛也将是非常慢的.

虽然以上只讨论了 2×2 的情形,但在一般的情形下都产生类似的困难.在 3×3情形下,水平集是 R^3 中的椭球,一般是 R^n 中的超椭球,它的球性依赖于 $\kappa_2(\boldsymbol{A})$.每一个最速下降步骤是沿着与水平椭球正交的方向进行的,直到与某个椭球的切点.如果椭球是高度扁的,进程将是缓慢的.

Jacobi,G-S 和 Richardson 迭代都可以被看做是下降方法,因此对陡、窄的深谷,都产生困难,即使中等病态都足以降低收敛速度.

预优化　根据上面的讨论,如果 $\boldsymbol{A}$ 不是良定的,则表示函数 J 的曲面是陡、窄的深谷.这导致了最速下降法(或其他迭代)收敛的非常慢.对这个问题的一种补救方法是将方程组 $\boldsymbol{Ax}=\boldsymbol{b}$ 变换到另一个与之等价的方程组 $\tilde{\boldsymbol{A}}\tilde{\boldsymbol{x}}=\tilde{\boldsymbol{b}}$,其中 $\tilde{\boldsymbol{A}}$ 条件数比 $\boldsymbol{A}$ 的好.这个过程称为**预优化**.然后对变换后或预优处理后的方程组运用下降方法.预优思想是由 Turing 在 1948 年提出的(Turing,1948),但是直到 20 世纪 70 年代,这个术语才流行起来.

有许多变换的方式.比如,设 $\boldsymbol{M}$ 是近似于 $\boldsymbol{A}$ 的简单矩阵,即分裂矩阵,以下称预优矩阵.方程组 $\boldsymbol{Ax}=\boldsymbol{b}$ 两边乘以 $\boldsymbol{M}^{-1}$,得到方程组 $\tilde{\boldsymbol{A}}\tilde{\boldsymbol{x}}=\tilde{\boldsymbol{b}}$,其中 $\tilde{\boldsymbol{A}}=\boldsymbol{M}^{-1}\boldsymbol{A}$,$\tilde{\boldsymbol{x}}=\boldsymbol{x}$ 和 $\tilde{\boldsymbol{b}}=\boldsymbol{M}^{-1}\boldsymbol{b}$.但是,这样得到的系数矩阵 $\tilde{\boldsymbol{A}}$ 一般不再是对称的.为此,如果 $\boldsymbol{M}$ 是正定的,则由 Cholesky 分解 $\boldsymbol{M}=\boldsymbol{R}^{\mathrm{T}}\boldsymbol{R}$,可以进行保持对称的变换:在方程组 $\boldsymbol{Ax}=\boldsymbol{b}$ 的左边乘以 $\boldsymbol{R}^{\mathrm{T}}$,在 $\boldsymbol{A}$ 和 $\boldsymbol{x}$ 之间插入单位矩阵 $\boldsymbol{RR}^{-1}$,得到 $\boldsymbol{R}^{\mathrm{T}}\boldsymbol{ARR}^{-1}\boldsymbol{x}=\boldsymbol{R}^{\mathrm{T}}\boldsymbol{b}$.即 $\tilde{\boldsymbol{A}}\tilde{\boldsymbol{x}}=\tilde{\boldsymbol{b}}$,其中 $\tilde{\boldsymbol{A}}=\boldsymbol{R}^{\mathrm{T}}\boldsymbol{AR}$ 是正定矩阵,$\tilde{\boldsymbol{x}}=\boldsymbol{R}^{-1}\boldsymbol{x}$ 和 $\tilde{\boldsymbol{b}}=\boldsymbol{R}^{\mathrm{T}}\boldsymbol{b}$.此时,代替矩阵 $\boldsymbol{M}^{-1}\boldsymbol{A}$ 的是对称矩阵 $\boldsymbol{R}^{\mathrm{T}}\boldsymbol{AR}$.

对变换后的方程组直接运用下降算法.因为 $\tilde{\boldsymbol{A}}$ 的条件数比 $\boldsymbol{A}$ 的好,经较少的迭代后得到解 $\tilde{\boldsymbol{x}}$,解三角方程组得到原方程组的解 $\boldsymbol{x}=\boldsymbol{R}\tilde{\boldsymbol{x}}$.

另一个更有效的方法是在原坐标系中进行等价的变换.如果这样进行,整个算法的执行过程就不需要借助变换的量.这个方法的最大好处是没有计算 $\boldsymbol{R}$,只需要 $\boldsymbol{M}^{-1}$.

预优化的例子　在下面推导过程中,将假设 $\boldsymbol{M}$ 是正定的,因此是对有正定分裂矩阵的迭代方法进行预优处理.

在 Jacobi 迭代中,$\boldsymbol{M}=\boldsymbol{D}$,它是 $\boldsymbol{A}$ 的对角元素组成的矩阵. 如果 $\boldsymbol{A}$ 是正定的,则 $\boldsymbol{D}$ 也是. Jacobi 预优化,也称为对角预优化,是特别容易进行的. 预优化等价于 $p_i \leftarrow r_i/a_{ii}, i=1,\cdots,n$. 对系数矩阵的主对角元素相差很大的情形,Jacobi 预优化通常是有效的,但一般不是最有效的方法.

对较小的方程组,可以显式地计算出 $\boldsymbol{M}^{-1}$,且进行预处理 $\boldsymbol{p}\leftarrow \boldsymbol{M}^{-1}\boldsymbol{r}$ 的计算量也不大. 对较大的问题,这样计算的计算量是非常大的. 一般是由输入为 $\boldsymbol{r}$,输出为 $\boldsymbol{p}$ 的子程序处理,在子程序中通常不显式出现 $\boldsymbol{M}$ 或 $\boldsymbol{M}^{-1}$. 例如,Jacobi 预优化的子程序对输入 $\boldsymbol{r}$ 的每个元素,除以对应的 $\boldsymbol{A}$ 的主对角元素,而不是乘以逆矩阵 $\boldsymbol{M}^{-1}$.

Jacobi 预处理方法的效果是非常明显的,现在考虑怎样处理更复杂的情形. 考虑由分裂矩阵 $\boldsymbol{M}$ 产生的迭代. 迭代序列是 $\boldsymbol{M}\boldsymbol{x}^{(k+1)}=\boldsymbol{N}\boldsymbol{x}^{(k)}+\boldsymbol{b}$,其中 $\boldsymbol{A}=\boldsymbol{M}-\boldsymbol{N}$. 从 $\boldsymbol{x}^{(0)}$ 到 $\boldsymbol{x}^{(1)}$ 迭代的计算是

$$\boldsymbol{x}^{(1)}=\boldsymbol{x}^{(0)}+\boldsymbol{M}^{-1}\boldsymbol{r}^{(0)} \tag{13.6}$$

其中 $\boldsymbol{r}^{(0)}=\boldsymbol{b}-\boldsymbol{A}\boldsymbol{x}^{(0)}$. 如果执行 SOR 迭代,则从 $\boldsymbol{x}^{(0)}$ 到 $\boldsymbol{x}^{(1)}$ 的两个迭代的关系是式(13.6),其中 $\boldsymbol{M}=\frac{1}{\omega}\boldsymbol{D}-\boldsymbol{E}$. 如果从 $\boldsymbol{x}^{(0)}=\boldsymbol{0}$ 开始,则 $\boldsymbol{r}^{(0)}=\boldsymbol{b}$,即 $\boldsymbol{x}^{(1)}=\boldsymbol{M}^{-1}\boldsymbol{b}$. SOR 迭代需要扫描整个向量 $\boldsymbol{x}$,且一个分量一个分量的更新,其中没有出现矩阵 $\boldsymbol{M}$ 和它的逆. 这里虽然考虑的是 SOR 的情形,但对任何由分裂得到的方法结论都有效. 为了预优化,需要计算 $\boldsymbol{M}^{-1}\boldsymbol{r}$,而不是 $\boldsymbol{M}^{-1}\boldsymbol{b}$. 这可以用方程组 $\boldsymbol{A}\boldsymbol{x}=\boldsymbol{r}$ 代替 $\boldsymbol{A}\boldsymbol{x}=\boldsymbol{b}$ 进行类似计算得到. 总结一下,为了计算 $\boldsymbol{p}=\boldsymbol{M}^{-1}\boldsymbol{r}$,对方程组 $\boldsymbol{A}\boldsymbol{x}=\boldsymbol{r}$ 进行从 $\boldsymbol{x}^{(0)}=\boldsymbol{0}$ 的一次迭代,得到所需的 $\boldsymbol{p}$.

对于对称正定矩阵,一般不用 SOR 作为预处理,因为它的分裂矩阵不是对称的. 一个好的选择是 SSOR. 对称情形的 SSOR 的分裂矩阵是

$$\boldsymbol{M}=\frac{\omega}{2-\omega}\left(\frac{1}{\omega}\boldsymbol{D}-\boldsymbol{E}\right)\boldsymbol{D}^{-1}\left(\frac{1}{\omega}\boldsymbol{D}-\boldsymbol{E}^{\mathrm{T}}\right)$$

其中 $\boldsymbol{D}$ 和 $-\boldsymbol{E}$ 分别是 $\boldsymbol{A}$ 的对角和下三角的部分. 只要 $\boldsymbol{A}$ 是正定的,若 $0<\omega<2$,则 $\boldsymbol{M}$ 也是正定的. $\boldsymbol{M}$ 表达式看起来很复杂. 幸运的是只是运用 $\boldsymbol{M}^{-1}$,实际不需要显示计算它,这相对是容易的. 对方程组 $\boldsymbol{A}\boldsymbol{x}=\boldsymbol{r}$ 从 $\boldsymbol{x}^{(0)}=\boldsymbol{0}$ 进行一次迭代. 一步 SSOR 迭代包含前向的 SOR 迭代和紧跟的后向迭代.

预优化中最流行,也是最初使用的方法,是 ILU 预优化,它是基于不完整的 LU 分解. 因为主要研究正定情形,所以将限制研究不完整的 Cholesky 预优化. 如果 $\boldsymbol{A}$ 是稀疏的,它的 Cholesky 因子通常不再稀疏. 在消去过程中会出现许多填充. 不完整 Cholesky 分解是逼近 $\boldsymbol{A}\approx\boldsymbol{R}^{\mathrm{T}}\boldsymbol{R}$,其中 $\boldsymbol{R}$ 是上三角矩阵,它比真正的 Cholesky 因子矩阵稀疏的多. 比如可以要求 $\boldsymbol{R}$ 与 $\boldsymbol{A}$ 有相同的稀疏模式. 算法可以这样设计:由通常的 Cholesky 分解计算因子 $\boldsymbol{R}$,但是不允许有任何填充. 一开始是零的

元素要求始终为零. 较好的逼近可以允许有部分的填充. 决定哪些元素允许填充的准则是基于元素的大小和位置的. 人们试过许多方法. 一旦得到不完整的 Cholesky 分解，乘积 $\boldsymbol{M}=\boldsymbol{R}^{\mathrm{T}}\boldsymbol{R}$ 可以用作预处理. 预处理的应用需要对稀疏的三角因子上进行前向和后向代入.

其他一些基于多网格和区域分解预优化方法见(Chen，2005).

13.2　共轭梯度法

到目前所讨论的迭代方法都没有记忆，即每次迭代都只利用 $\boldsymbol{x}^{(k)}$ 来计算 $\boldsymbol{x}^{(k+1)}$，所有以前迭代的信息都没有考虑. 共轭梯度方法是最速下降法的简单变形，因为有记忆，所以执行的效果非常好. 下面首先简单地描述这个算法的基本思想，读者可以将它与最速下降法进行比较，并思考性能好的原因. 然后，将推导这个算法且研究有关的理论性质.

从基本的没有预优化的共轭梯度法开始，表面上看这个算法与最速下降法差别很少. 共轭梯度算法一开始是 $\boldsymbol{p}\leftarrow\boldsymbol{r}$，第一步是最速下降的，在后续步骤中才有差别. 在确定新的搜索方向时，代替 $\boldsymbol{p}\leftarrow\boldsymbol{r}$ 的是 $\boldsymbol{p}\leftarrow\boldsymbol{r}+\beta\boldsymbol{p}$，残差和上一次的搜索方向同时起作用，过去的迭代信息就是这样被应用的. 直线搜索仍然是精确的，因此 α 的表达式稍微有所差别. 但是在算法的性能上，差别是巨大的，小的变化引起性能的巨大改善.

现在讨论共轭梯度比最速下降法好的原因. 为了讨论简单，假设(非本质的) $\boldsymbol{x}^{(0)}=\boldsymbol{0}$. 则在进行 j 次迭代 $\boldsymbol{x}^{(k+1)}=\boldsymbol{x}^{(k)}+\alpha_k\boldsymbol{p}^{(k)}$ 后，有

$$\boldsymbol{x}^{(j)}=\alpha_0\boldsymbol{p}^{(0)}+\alpha_1\boldsymbol{p}^{(1)}+\cdots+\alpha_{j-1}\boldsymbol{p}^{(j-1)}$$

因此，$\boldsymbol{x}^{(j)}$ 属于子空间 $S_j=\mathrm{span}\{\boldsymbol{p}^{(0)},\cdots,\boldsymbol{p}^{(j-1)}\}$，最小值是在 S_j 中搜索的. 因为最速下降法的能量泛函 J 的最小值点 $\boldsymbol{x}^{(j)}$ 是在第 j 条直线 $\boldsymbol{x}^{(k)}+\alpha\boldsymbol{p}^{(k)}$，$k=0,\cdots,j-1$ 上达到，这些直线的并是 S_j 的子集. 所以，两个不同的搜索方向是在不同的子空间上取的. 在两种情形下，$S_j=\mathrm{span}\{\boldsymbol{b},\boldsymbol{A}\boldsymbol{b},\cdots,\boldsymbol{A}^{j-1}\boldsymbol{b}\}$都是相同的子空间. 两个算法基本上都是一样的，只是搜索方向的选取不同，因此，步长 α_k 有不同的表达式. 从以上的简单讨论可以得到，共轭梯度法设法求出的是 J 在整个空间 S_j 上的最小值点 $\boldsymbol{x}^{(j)}$. 正如将要看到，因此共轭梯度法的性能非常好.

共轭梯度法的推导　共轭梯度法是执行精确直线搜索的下降方法. 为了完成算法的正式描述，需要指定搜索方向. 在这之后，就可以用通常的方式计算迭代的步长.

回忆一下(胡茂林，2007)中第三章有关内积的定义. 对任何对称正定矩阵 $\boldsymbol{A}$，由 $\boldsymbol{A}$ 诱导内积为

$$\langle\boldsymbol{x},\boldsymbol{y}\rangle_{\boldsymbol{A}}=\boldsymbol{y}^{\mathrm{T}}\boldsymbol{A}\boldsymbol{x}=\boldsymbol{x}^{\mathrm{T}}\boldsymbol{A}\boldsymbol{y}$$

特别地,单位矩阵 $\boldsymbol{I}$ 诱导的是标准欧氏内积.

最速下降方法是通过最小化 $J(\boldsymbol{y})=\frac{1}{2}\boldsymbol{y}^{\mathrm{T}}\boldsymbol{A}\boldsymbol{y}-\boldsymbol{y}^{\mathrm{T}}\boldsymbol{b}$ 来求解正定方程组 $\boldsymbol{A}\boldsymbol{x}=\boldsymbol{b}$ 的. 基于内积的定义,可以将 J 记为

$$J(\boldsymbol{y})=\frac{1}{2}\langle\boldsymbol{y},\boldsymbol{y}\rangle_{\boldsymbol{A}}-\langle\boldsymbol{b},\boldsymbol{y}\rangle=\frac{1}{2}\|\boldsymbol{y}\|_{\boldsymbol{A}}^{2}-\langle\boldsymbol{b},\boldsymbol{y}\rangle$$

在弹性力学中,项 $\frac{1}{2}\langle\boldsymbol{y},\boldsymbol{y}\rangle_{\boldsymbol{A}}$ 表示存储在变形弹簧中的应变能,因此由 $\boldsymbol{A}$ 诱导的内积和范数通常分别称为能量内积和能量范数. 在能量内积下,给出两个向量的垂直定义.

给定对称正定矩阵 $\boldsymbol{A}$,两个向量 $\boldsymbol{v}$ 和 $\boldsymbol{w}$ 称为 $\boldsymbol{A}$-正交的,如果 $\langle\boldsymbol{v},\boldsymbol{w}\rangle_{\boldsymbol{A}}=0$,记为 $\boldsymbol{v}\perp_{\boldsymbol{A}}\boldsymbol{w}$.

把 $\boldsymbol{y}$ 看作 $\boldsymbol{A}\boldsymbol{x}=\boldsymbol{b}$ 的解 $\boldsymbol{x}$ 的逼近,记误差为 $\boldsymbol{e}=\boldsymbol{x}-\boldsymbol{y}$. 代入到 $J(\boldsymbol{y})$ 的表达式中,由式(13.2),得

$$J(\boldsymbol{y})=\frac{1}{2}\|\boldsymbol{e}\|_{\boldsymbol{A}}^{2}-\frac{1}{2}\|\boldsymbol{x}\|_{\boldsymbol{A}}^{2}$$

此时 $\boldsymbol{x}$ 的能量范数是常数. 因此最小化 J 等价于最小化误差的能量范数.

精确直线搜索方法是在每一步沿着直线最小化误差能量范数,这是一个一维极值问题. 现在的任务是推导记着前面步骤信息的极值问题,即在高维子空间中的优化问题:在第 j 步,希望在 j 维空间上求最小值.

不管搜索方向怎样选取,每一步迭代都是 $\boldsymbol{x}^{(k+1)}=\boldsymbol{x}^{(j)}+\alpha_k\boldsymbol{p}^{(k)}$. 从 $\boldsymbol{x}^{(0)}$ 开始,j 步以后就有

$$\boldsymbol{x}^{(j)}=\boldsymbol{x}^{(0)}+\alpha_0\boldsymbol{p}^{(0)}+\cdots+\alpha_{j-1}\boldsymbol{p}^{(j-1)}$$

在步骤 k 的误差是 $\boldsymbol{e}^{(k)}=\boldsymbol{x}-\boldsymbol{x}^{(k)}$,显然误差满足递归公式 $\boldsymbol{e}^{(k+1)}=\boldsymbol{e}^{(k)}-\alpha_k\boldsymbol{p}^{(k)}$,且在第 j 步以后,有

$$\boldsymbol{e}^{(j)}=\boldsymbol{e}^{(0)}\ (\alpha_0\boldsymbol{p}^{(0)}+\cdots+\alpha_{j-1}\boldsymbol{p}^{(j-1)})$$

希望求使能量范数 $\|\boldsymbol{e}^{(j)}\|_{\boldsymbol{A}}$ 达到最小值的系数 $\alpha_0,\cdots,\alpha_j$. 由上面的表达式,这等价于最小化

$$\left\|\boldsymbol{e}^{(0)}-\sum_{k=1}^{j-1}\alpha_k\boldsymbol{p}^{(k)}\right\|_{\boldsymbol{A}}$$

即在子空间 $S_j=\mathrm{span}\{\boldsymbol{p}^{(0)},\cdots,\boldsymbol{p}^{(j-1)}\}$ 中求 $\boldsymbol{e}^{(0)}$ 的最佳逼近.

根据(胡茂林,2007)中的 3.2 节有关欧氏空间中最佳逼近基本定理 8. 空间向量 $\boldsymbol{v}$ 到子空间 S 的最佳逼近对应子空间中唯一向量 $\boldsymbol{s}\in S$,且误差 $\boldsymbol{v}-\boldsymbol{s}$ 与 S 中每一个向量都正交. 这个描述是基于标准的欧氏内积的,在现在的问题中,寻求的最佳逼近是相对于能量范数的. 幸运的是,只要进行简单的修改,即用能量内积表示替换欧氏标准内积,基本定理 8 也是有效的. 事实上,对任何内积和它诱导的范数,这

个定理都是有效的.

定理 3　给定正定矩阵 $\boldsymbol{A}\in R^{n\times n}$ 和 $\boldsymbol{x}\in R^n$，若 S 是 R^n 的子空间. 则存在唯一的 $\boldsymbol{x}_0\in S$，满足

$$\|\boldsymbol{x}-\boldsymbol{x}_0\|_{\boldsymbol{A}}=\min_{y\in S}\|\boldsymbol{x}-\boldsymbol{y}\|_{\boldsymbol{A}}$$

且对任意 $\boldsymbol{y}\in S$，有 $\boldsymbol{x}-\boldsymbol{x}_0\perp_{\boldsymbol{A}}\boldsymbol{y}$.

图 13.2 显示了在 $\boldsymbol{A}=\boldsymbol{I}$ 时的定理 3. 对现在的问题应用定理 3，存在 $\boldsymbol{p}\in S_j$，使得误差 $\boldsymbol{e}^{(j)}=\boldsymbol{e}^{(0)}-\boldsymbol{p}$，其中 $i=0,\cdots,j-1$，满足

$$\boldsymbol{e}^{(j)}\perp_{\boldsymbol{A}}\boldsymbol{p}^{(i)} \tag{13.7}$$

因为相对于能量内积正交的两个向量也称为是共轭的，现在的目标是求出每一步的误差都与前面搜索方向共轭的方法.

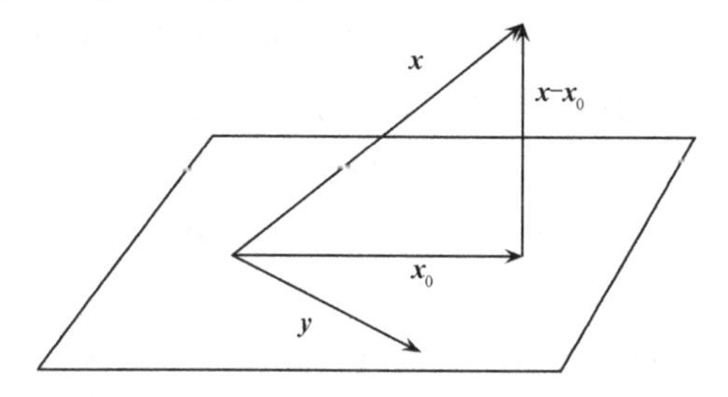

图 13.2　在欧氏内积下的定理 3 图示

下面的性质说明通过进行精确直线搜索可以得到式(13.7)中的结论.

性质 1　若 $\boldsymbol{x}^{(k+1)}=\boldsymbol{x}^{(k)}+\alpha_k\boldsymbol{p}^{(k)}$ 是由精确直线搜索得到的. 则 $\boldsymbol{r}^{(k+1)}\perp\boldsymbol{p}^{(k)}$ 和 $\boldsymbol{e}^{(k+1)}\perp_{\boldsymbol{A}}\boldsymbol{p}^{(k)}$.

证明　根据残差 $\boldsymbol{r}^{(k)}=\boldsymbol{b}-\boldsymbol{A}\boldsymbol{x}^{(k)}$ 定义，可以得到残差递推公式

$$\boldsymbol{r}^{(k+1)}=\boldsymbol{r}^{(k)}-\alpha_k\boldsymbol{A}\boldsymbol{p}^{(k)}$$

结合定理 2 的结论 $\alpha_k=\langle\boldsymbol{r}^{(k)},\boldsymbol{p}^{(k)}\rangle/\langle\boldsymbol{A}\boldsymbol{p}^{(k)},\boldsymbol{p}^{(k)}\rangle$，得

$$\langle\boldsymbol{r}^{(k+1)},\boldsymbol{r}^{(k)}\rangle=\langle\boldsymbol{r}^{(k)},\boldsymbol{p}^{(k)}\rangle-\alpha_k\langle\boldsymbol{A}\boldsymbol{p}^{(k)},\boldsymbol{p}^{(k)}\rangle=0$$

因为误差和残差的关系是 $\boldsymbol{A}\boldsymbol{e}^{(k+1)}=\boldsymbol{r}^{(k+1)}$，所以

$$\langle\boldsymbol{e}^{(k+1)},\boldsymbol{p}^{(k)}\rangle_{\boldsymbol{A}}=\langle\boldsymbol{A}\boldsymbol{e}^{(k+1)},\boldsymbol{p}^{(k)}\rangle=\langle\boldsymbol{r}^{(k+1)},\boldsymbol{p}^{(k)}\rangle=0$$ □

从定理证明过程可以看出，性质 1 基本上是定理 3 的重新陈述，两个结论都是定理 3 的特殊情形.

性质 1 的几何意义是明显的. J 在直线 $\boldsymbol{x}^{(k)}+\alpha\boldsymbol{p}^{(k)}$ 上的最小值点关于 J 在搜索方向的方向导数是零，而方向导数正是 J 的梯度与方向的内积，因此方向导数是零正表示梯度，即残差，与搜索方向正交.

根据性质 1，在第一步后，$\boldsymbol{e}^{(1)}\perp_{\boldsymbol{A}}\boldsymbol{p}^{(0)}$，这是式(13.7)在 $j=1$ 时的情形. 由误差的递推公式 $\boldsymbol{e}^{(k+1)}=\boldsymbol{e}^{(k)}-\alpha\boldsymbol{p}^{(k)}$，如果要求所有后续搜索方向都与 $\boldsymbol{p}^{(0)}$ 正交，从

式(13.7)可以得出所有后续误差都与 $\boldsymbol{p}^{(0)}$ 正交. 事实上,如果 $\boldsymbol{p}^{(1)}$ 满足 $\boldsymbol{p}^{(1)}\perp_A\boldsymbol{p}^{(0)}$,且进行精确直接搜索,得到 $\boldsymbol{x}^{(2)}$,则由误差递推公式得 $\boldsymbol{e}^{(2)}\perp_A\boldsymbol{p}^{(0)}$. 因此对 $i=0,1$,有 $\boldsymbol{e}^{(2)}\perp_A\boldsymbol{p}^{(i)}$,这正是 $j=2$ 时的式(13.7). 现在通过要求后续搜索方向与 $\boldsymbol{p}^{(0)}$ 和 $\boldsymbol{p}^{(1)}$ 正交,能使所有的后续误差都与 $\boldsymbol{p}^{(0)}$ 和 $\boldsymbol{p}^{(1)}$ 正交.

对所有 $i\neq j$,按 $\boldsymbol{p}^{(i)}\perp_A\boldsymbol{p}^{(j)}$ 的方式选取搜索方向,且进行精确的直线搜索,显然可以得到式(13.7). 具有这些特点的方法称为共轭方向法.

定理 4　如果下降法的方向选择是基于共轭搜索方向的,且进行精确直线搜索,则对所有 j,误差 $\boldsymbol{e}^{(j)}$ 满足式(13.7);进一步

$$\|\boldsymbol{e}^{(j)}\|_A=\min_{p\in S_j}\|\boldsymbol{e}^{(0)}-\boldsymbol{p}\|_A$$

其中 $S_j=\mathrm{span}\{\boldsymbol{p}^{(0)},\cdots,\boldsymbol{p}^{(j-1)}\}$.

证明　对 j 进行归纳证明. 对 $j=1$,因为搜索方向是精确的,所以式(13.7)成立. 假设对 $i=0,\cdots,j-1$ 有 $\boldsymbol{e}^{(j)}\perp_A\boldsymbol{p}^{(i)}$,证明对 $i=j$,有 $\boldsymbol{e}^{(j+1)}\perp_A\boldsymbol{p}^{(i)}$. 因为 $\boldsymbol{e}^{(j+1)}=\boldsymbol{e}^{(j)}-\alpha_j\boldsymbol{p}^{(j)}$,且在第 $j+1$ 步的直线搜索是精确的,所以

$$\langle\boldsymbol{e}^{(j+1)},\boldsymbol{p}^{(j)}\rangle_A=\langle\boldsymbol{e}^{(j)},\boldsymbol{p}^{(j)}\rangle_A-\alpha_j\langle\boldsymbol{p}^{(j)},\boldsymbol{p}^{(j)}\rangle_A=0$$

这证明了 $\boldsymbol{e}^{(j+1)}\perp_A\boldsymbol{p}^{(i)}$.

一旦有了式(13.7),$\boldsymbol{e}^{(j)}$ 的最优性就可以从定理 3 的唯一性中得到. □

搜索方向的选择　共轭梯度方法选取方向使得残差与所有前面的搜索方向都是 $\boldsymbol{A}$ 正交的. 第一个的搜索方向是 $\boldsymbol{p}^{(0)}=\boldsymbol{r}^{(0)}$,第一步与最速下降法是相同的. 在 k 步以后,共轭搜索方向分别是 $\boldsymbol{p}^{(0)},\cdots,\boldsymbol{p}^{(k)}$,共轭梯度方向为

$$\boldsymbol{p}^{(k+1)}=\boldsymbol{r}^{(k+1)}-\sum_{i=0}^{k}c_{ki}\boldsymbol{p}^{(i)}\tag{13.8}$$

其中对 $i=0,\cdots,k$,选取系数 c_{ki} 使得 $\boldsymbol{p}^{(k+1)}\perp_A\boldsymbol{p}^{(i)}$. 可以验证对 $i=0,\cdots,k$,$\boldsymbol{p}^{(k+1)}\perp_A\boldsymbol{p}^{(i)}$ 的充分必要条件是

$$c_{ki}=\frac{\langle\boldsymbol{r}^{(k+1)},\boldsymbol{p}^{(i)}\rangle_A}{\langle\boldsymbol{p}^{(i)},\boldsymbol{p}^{(i)}\rangle_A}\tag{13.9}$$

这正是对应能量内积的 Gram-Schmidt 标准正交法的系数.

由 $\boldsymbol{Ae}^{(k+1)}=\boldsymbol{r}^{(k+1)}$,得 $\langle\boldsymbol{e}^{(k+1)},\boldsymbol{p}^{(i)}\rangle_A=\langle\boldsymbol{r}^{(k+1)},\boldsymbol{p}^{(i)}\rangle$. 因此对 $j=k+1$,式(13.7)表示:对 $i=0,\cdots,k$,有

$$\boldsymbol{r}^{(k+1)}\perp\boldsymbol{p}^{(i)}\tag{13.10}$$

现在从式(13.8)可以直接得到

$$\langle\boldsymbol{p}^{(k+1)},\boldsymbol{r}^{(k+1)}\rangle=\langle\boldsymbol{r}^{(k+1)},\boldsymbol{r}^{(k+1)}\rangle=\|\boldsymbol{r}^{(k+1)}\|_2^2\tag{13.11}$$

因此只要 $\boldsymbol{r}^{(k+1)}\neq\boldsymbol{0}$,$\langle\boldsymbol{p}^{(k+1)},\boldsymbol{r}^{(k+1)}\rangle>0$,即 $\boldsymbol{p}^{(k+1)}\neq 0$,算法没有停止. 这同时表示每一步共轭梯度迭代都导致能量严格减少,即 $J(\boldsymbol{x}^{(k+1)})<J(\boldsymbol{x}^{(k)})$.

有效的执行　既然确定了搜索方向,共轭梯度算法的描述就完成了. 然而,仍然需要对算法的执行过程进行一些说明. 式(13.8)和式(13.9)的计算量似乎非常

大，好像需要存储以前的所有搜索方向. 幸运的是除了 c_{kk}，所有的 c_{ki} 都是零. 因此，只有一个系数需要用式(13.9)来计算，且式(13.8)只需要保留最近的搜索方向 $\boldsymbol{p}^{(k)}$.

证明 $c_{ki}=0, i=1,\cdots,k-1$ 需要一些准备工作，首先引入术语：给定向量 $\boldsymbol{v}$ 和正整数 j，定义 **Krylov 子空间**为 $K_j(\boldsymbol{A},\boldsymbol{v})=\mathrm{span}\{\boldsymbol{v},\boldsymbol{A}\boldsymbol{v},\cdots,\boldsymbol{A}^{j-1}\boldsymbol{v}\}$.

定理 5　在进行 j 步共轭梯度算法后，如果每一步 $\boldsymbol{r}^{(k)}\neq\boldsymbol{0}$，则

$$\mathrm{span}\{\boldsymbol{p}^{(0)},\cdots,\boldsymbol{p}^{(j)}\}=\mathrm{span}\{\boldsymbol{r}^{(0)},\cdots,\boldsymbol{r}^{(j)}\}=K_{j+1}(\boldsymbol{A},\boldsymbol{r}^{(0)})$$

证明　对 j 进行归纳证明. 对 $j=0$，因为 $\boldsymbol{p}^{(0)}=\boldsymbol{r}^{(0)}$，结论是平凡的. 现在假设对 $j=k$，扩张子空间是相同的，将证明对 $j=k+1$ 也是相同的. 首先证明

$$\mathrm{span}\{\boldsymbol{r}^{(0)},\cdots,\boldsymbol{r}^{(j)}\}\subseteq K_{k+2}(\boldsymbol{A},\boldsymbol{r}^{(0)}) \tag{13.12}$$

根据归纳假设，只要证明 $\boldsymbol{r}^{(k+1)}\in K_{k+2}(\boldsymbol{A},\boldsymbol{r}^{(0)})$ 就可以. 由递推公式 $\boldsymbol{r}^{(k+1)}=\boldsymbol{r}^{(k)}-\alpha_k\boldsymbol{A}\boldsymbol{p}^{(k)}$，考察 $\boldsymbol{A}\boldsymbol{p}^{(k)}$ 的形式. 由假设 $\boldsymbol{p}^{(k)}\in K_{k+1}(\boldsymbol{A},\boldsymbol{r}^{(0)})=\mathrm{span}\{\boldsymbol{r}^{(0)},\cdots,A^k\boldsymbol{r}^{(0)}\}$，因此

$$\boldsymbol{A}\boldsymbol{p}^{(k)}\in\mathrm{span}\{\boldsymbol{A}\boldsymbol{r}^{(0)},\cdots,\boldsymbol{A}^{(k+1)}\boldsymbol{r}^{(0)}\}\subseteq K_{k+2}(\boldsymbol{A},\boldsymbol{r}^{(0)})$$

又因为 $\boldsymbol{r}^{(k)}\in K_{k+1}(\boldsymbol{A},\boldsymbol{r}^{(0)})\subseteq K_{k+2}(\boldsymbol{A},\boldsymbol{r}^{(0)})$，所以

$$\boldsymbol{r}^{(k+1)}=\boldsymbol{r}^{(k)}-\alpha_k\boldsymbol{A}\boldsymbol{p}^{(k)}\in K_{k+2}(\boldsymbol{A},\boldsymbol{r}^{(0)})$$

这证明了式(13.12).

下面证明

$$\mathrm{span}\{\boldsymbol{p}^{(0)},\cdots,\boldsymbol{p}^{(k+1)}\}\subseteq\mathrm{span}\{\boldsymbol{r}^{(0)},\cdots,\boldsymbol{r}^{(k+1)}\} \tag{13.13}$$

由归纳假设，对 $i=0,\cdots,k$，有

$$\boldsymbol{p}^{(i)}\in\mathrm{span}\{\boldsymbol{r}^{(0)},\cdots,\boldsymbol{r}^{(k)}\} \tag{13.14}$$

只要证明 $\boldsymbol{p}^{(k+1)}\in\mathrm{span}\{\boldsymbol{r}^{(0)},\cdots,\boldsymbol{r}^{(k+1)}\}$ 就足够了. 由式(13.14)，这可以从式(13.8)直接得到.

将式(13.13)和式(13.12)结合起来，得到三个嵌套的子空间. 只要证明它们的维数相同就说明了它们是同一子空间. 因为 $K_{k+2}(\boldsymbol{A},\boldsymbol{r}^{(0)})$ 是由 $k+2$ 个向量张成的空间，维数最多是 $k+2$. 如果能证明 $\mathrm{span}\{\boldsymbol{p}^{(0)},\cdots,\boldsymbol{p}^{(k+1)}\}$ 的维数正好是 $k+2$，则三个空间的维数都是 $k+2$. 因为非零向量 $\boldsymbol{p}^{(0)},\cdots,\boldsymbol{p}^{(k+1)}$ 在能量内积下是正交的，所以它们是线性独立的(见 2.1 节广义特征向量的共轭性部分)，构成 $\mathrm{span}\{\boldsymbol{p}^{(0)},\cdots,\boldsymbol{p}^{(k+1)}\}$ 的一组基，所以维数是 $k+2$. □

由定理 4 和定理 5 可以直接推出下面的结论.

推论 1　对 $j=1,2,3,\cdots,j$ 步以后共轭梯度算法的误差满足 $\boldsymbol{e}^{(j)}\perp_A K_j(\boldsymbol{A},\boldsymbol{r}^{(0)})$.

注意到在能量定义内积下，搜索方向 $\boldsymbol{p}^{(0)},\cdots,\boldsymbol{p}^{(k)}$ 是 Krylov 子空间 $K_{k+1}(\boldsymbol{A},\boldsymbol{r}^{(0)})$ 的正交基，但是残差 $\boldsymbol{r}^{(0)},\cdots,\boldsymbol{r}^{(k)}$ 是 Krylov 子空间 $K_{k+1}(\boldsymbol{A},\boldsymbol{r}^{(0)})$ 在欧氏内积下的正交基.

推论 2　在标准欧氏内积下，共轭梯度算法中的残差 $\boldsymbol{r}^{(0)},\boldsymbol{r}^{(1)},\boldsymbol{r}^{(2)},\cdots$ 是正交

的,且对 $j=1,2,3,\cdots$,有 $\boldsymbol{r}^{(j)}\perp K_j(\boldsymbol{A},\boldsymbol{r}^{(0)})$.

证明 因为 $\mathrm{span}\{\boldsymbol{p}^{(0)},\cdots,\boldsymbol{p}^{(k)}\}=\mathrm{span}\{\boldsymbol{r}^{(0)},\cdots,\boldsymbol{r}^{(k)}\}$,所以由式(13.10)立即得到:对所有 k,有 $\boldsymbol{r}^{(k+1)}\perp\boldsymbol{r}^{(0)},\cdots,\boldsymbol{r}^{(k)}$. 故得到结论. □

现在可以证明共轭梯度算法能有效地执行.

定理 6 在式(13.8)中,$c_{ki}=0,i=1,\cdots,k-1$.

证明 对 $i=1,\cdots,k-1$,由 $\boldsymbol{p}^{(i)}\in\mathrm{span}\{\boldsymbol{p}^{(0)},\cdots,\boldsymbol{p}^{(k)}\}=\mathrm{span}\{\boldsymbol{r}^{(0)},\cdots,\boldsymbol{A}^k\boldsymbol{r}^{(k)}\}$,得

$$\boldsymbol{A}\boldsymbol{p}^{(i)}\in\mathrm{span}\{\boldsymbol{A}\boldsymbol{r}^{(0)},\cdots,\boldsymbol{A}^{k+1}\boldsymbol{r}^{(0)}\}\subseteq K_{k+2}(\boldsymbol{A},\boldsymbol{r}^{(0)})=\mathrm{span}\{\boldsymbol{r}^{(0)},\cdots,\boldsymbol{r}^{(k+1)}\}$$

由推论 2,$\boldsymbol{r}^{(k+1)}$ 与 $\boldsymbol{r}^{(0)},\cdots,\boldsymbol{r}^{(k)}$ 是正交的,即 $\boldsymbol{r}^{(k+1)}\perp\boldsymbol{A}\boldsymbol{p}^{(i)}$. 因此对 $i=1,\cdots,k-1$,有

$$\langle\boldsymbol{r}^{(k+1)},\boldsymbol{p}^{(i)}\rangle_A=\langle\boldsymbol{r}^{(k+1)},\boldsymbol{A}\boldsymbol{p}^{(i)}\rangle=0$$

得出结论. □

由于定理 6,式(13.8)可以简化到非常简单的形式

$$\boldsymbol{p}^{(k+1)}=\boldsymbol{r}^{(k+1)}+\beta_k\boldsymbol{p}^{(k)}\tag{13.15}$$

其中 $\beta_k=-c_{kk}$. 图 13.3 显示了共轭方向的计算. 这表明计算 $\boldsymbol{p}^{(k+1)}$ 的代价并不大,计算量不随迭代步骤 k 而增长;且没有必要存储老的搜索方向 $\boldsymbol{p}^{(0)},\cdots,\boldsymbol{p}^{(k-1)}$,因此存储量也不随 k 增长. 这是非常重要的事实. 在开始推导共轭梯度算法时,思想是利用前面步骤的信息来提高最速下降法. 这样做,理论上需要在越来越大的子空间上求误差的能量范数最小值. 现在式(13.15)表明不需要保留许多的信息就可以完成这个任务,所有以前的信息都包含在 $\boldsymbol{p}^{(k)}$ 中.

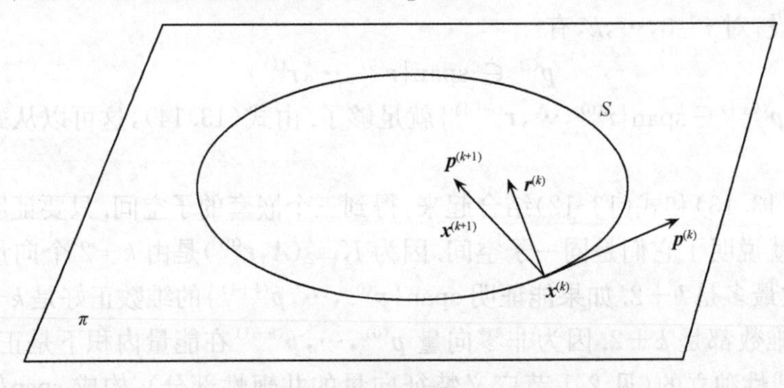

图 13.3 共轭梯度的方向计算

定理 6 的结论依赖于系数矩阵 $\boldsymbol{A}$ 的对称性,对称的重要性不能被忽视. 如果 $\boldsymbol{A}$ 不是对称的,能量内积将不满足内积公理,即没有交换率 $\langle\boldsymbol{v},\boldsymbol{w}\rangle_A=\langle\boldsymbol{w},\boldsymbol{v}\rangle_A$. 如果仔细地考察推导的细节,会注意到对称性不时地以 $\langle\boldsymbol{A}\boldsymbol{v},\boldsymbol{w}\rangle=\langle\boldsymbol{v},\boldsymbol{A}\boldsymbol{w}\rangle$ 的形式被运用. 在推导过程中,可以将 $\boldsymbol{A}$ 分配给内积中的任意一个向量是重要的. 比如在定理 6 的证明中,用到了等式 $\langle\boldsymbol{r}^{(k+1)},\boldsymbol{p}^{(i)}\rangle_A=\langle\boldsymbol{r}^{(k+1)},\boldsymbol{A}\boldsymbol{p}^{(i)}\rangle$.

再考虑一些细节,整个推导就完成了.

性质 2　在式(13.13)中的系数 β_k 为

$$\beta_k=\frac{\langle \boldsymbol{r}^{(k+1)},\boldsymbol{r}^{(k+1)}\rangle}{\langle \boldsymbol{r}^{(k)},\boldsymbol{r}^{(k)}\rangle}$$

最后给出标准的共轭梯度法来结束这一部分的讨论.

标准的共轭梯度法

$\boldsymbol{x}^{(0)}\leftarrow$初始向量

$\boldsymbol{r}^{(0)}\leftarrow\boldsymbol{b}-\boldsymbol{A}\boldsymbol{x}^{(0)}$

$\boldsymbol{p}^{(0)}\leftarrow\boldsymbol{r}^{(0)}$

对 $k=0,1,2,\cdots$

$$\begin{cases}\alpha_k\leftarrow\langle \boldsymbol{r}^{(k)},\boldsymbol{r}^{(k)}\rangle/\langle \boldsymbol{A}\boldsymbol{p}^{(k)},\boldsymbol{p}^{(k)}\rangle\\ \boldsymbol{x}^{(k+1)}\leftarrow\boldsymbol{x}^{(k)}+\alpha_k\boldsymbol{p}^{(k)}\\ \boldsymbol{r}^{(k+1)}\leftarrow\boldsymbol{r}^{(k)}-\alpha_k\boldsymbol{A}\boldsymbol{p}^{(k)}\\ \beta_k\leftarrow\langle \boldsymbol{r}^{(k+1)},\boldsymbol{r}^{(k+1)}\rangle/\langle \boldsymbol{r}^{(k)},\boldsymbol{r}^{(k)}\rangle\\ \boldsymbol{p}^{(k+1)}\leftarrow\boldsymbol{r}^{(k+1)}+\beta_k\boldsymbol{p}^{(k)}\end{cases}$$

预优化的共轭梯度法　共轭梯度法与最速下降是紧密联系的.它的第一步就是最速下降法,且每一个后续的搜索方向与最速下降方向也有一定的关系.因此类似于最速下降法,也可以结合预优化来提高算法.

对变换后的方程组 $\widetilde{\boldsymbol{A}}\widetilde{\boldsymbol{x}}=\widetilde{\boldsymbol{b}}$ 应用共轭梯度法,其中 $\widetilde{\boldsymbol{A}}=\boldsymbol{R}^{\mathrm{T}}\boldsymbol{A}\boldsymbol{R}$, $\widetilde{\boldsymbol{x}}=\boldsymbol{R}^{-1}\boldsymbol{x}$, $\widetilde{\boldsymbol{b}}=\boldsymbol{R}^{\mathrm{T}}\boldsymbol{b}$ 和 $\boldsymbol{R}^{\mathrm{T}}\boldsymbol{R}=\boldsymbol{M}$.然后将每一个表达式转换到原坐标系中的等价表达式,就可以实现预优化的共轭梯度算法.变换回原坐标系的最大好处是不需要计算 $\boldsymbol{R}$,只出现 $\boldsymbol{M}^{-1}$.

执行共轭梯度的计算量只是比最速下降法稍微大一点.仔细地考虑系数 α 和 β 的计算,在每一次迭代中,只需要计算两个内积,它与最速下降法是一样的.其他的计算量大致也是相同的,差别是共轭梯度有额外的向量更新 $\boldsymbol{p}\leftarrow\boldsymbol{r}+\beta\boldsymbol{p}$,它需要 $2n$ flops.在共轭梯度算法中,对向量 $\boldsymbol{x},\boldsymbol{r},\boldsymbol{p}$ 和 $\boldsymbol{q}$ 的存储要求是 $4n$,再加上存储 $\boldsymbol{A}$ 和 $\boldsymbol{M}^{-1}$所需的.这与最速下降法的 $4n$ 和 SOR 的 n 仅是常数因子的差别.

13.3　共轭梯度法的收敛分析

本节研究共轭梯度算法的收敛性,为了讨论简单,只对未进行预优化的算法进行分析;因为只要用变换后矩阵 $\widetilde{\boldsymbol{A}}=\boldsymbol{R}^{\mathrm{T}}\boldsymbol{A}\boldsymbol{R}$ 来代替 $\boldsymbol{A}$,就可以对预优化共轭梯度算法进行类似的讨论.

定理 7　给定方程组 $\boldsymbol{A}\boldsymbol{x}=\boldsymbol{b}$,如果系数矩阵 $\boldsymbol{A}$ 是 $n\times n$ 对称正定的.则共轭梯度法至多在 n 步内得到精确解.

证明　如果已经进行了 $n-1$ 步,而没有得到解向量 $\boldsymbol{x}$,由推论 1,非零残差

$\boldsymbol{r}^{(0)},\cdots,\boldsymbol{r}^{(n-1)}$形成了 R^n 的正交基. 在第 n 步,对 $i=0,\cdots,n-1$,有 $\boldsymbol{r}^{(n)}\perp\boldsymbol{r}^{(i)}$,即 $\boldsymbol{r}^{(n)}$ 与 R^n 的一组基都正交,所以一定有 $\boldsymbol{r}^{(n)}=\boldsymbol{0},\boldsymbol{e}^{(n)}=\boldsymbol{0}$,因此 $\boldsymbol{x}^{(n)}=\boldsymbol{x}$. □

定理 7 说明对执行精确直线搜索的共轭梯度法,因为每一步新的搜索方向与所有以前的方向正交,所以待进行搜索空间的维数将减少一维,直至减少到零,搜索结束.

定理 7 虽是一个很好的结论,但是没有实际应用. 事实上,由于误差的出现,比如舍入误差,使得 $\boldsymbol{r}^{(k)}$ 之间的正交性较快失去,以至于在有限步内得到精确解是不可能的. 此外,在实际问题中,具有 SSOR 预优化的共轭梯度法一般在很少的迭代步骤就可以得到满意的逼近解. 即使共轭梯度法能在有限步内得到解,由于在实际问题中,n 一般很大,以至于 $O(n)$ 次所耗费的计算时间就已经无法接受了. 因此,实际上共轭梯度法作为一种迭代法使用,而且通常是用 $\|\boldsymbol{r}^{(k)}\|$ 是否很小,或者迭代次数是否达到允许的最大迭代次数来终止迭代的.

下面将忽略共轭梯度法有限终止问题,将它看做是无穷迭代方法,来讨论迭代逼近 $\boldsymbol{x}$ 的速度.

定理 8 共轭误差 $\boldsymbol{e}^{(j)}=\boldsymbol{x}-\boldsymbol{x}^{(j)}$ 满足

$$\|\boldsymbol{e}^{(j)}\|_{\boldsymbol{A}}\leqslant\left[\frac{\sqrt{\kappa_2(\boldsymbol{A})}-1}{\sqrt{\kappa_2(\boldsymbol{A})}+1}\right]^j\|\boldsymbol{e}^{(0)}\|_{\boldsymbol{A}}$$

为了给出这一定理的证明,先证一个引理.

引理 1 设 $\boldsymbol{A}$ 的特征值为 $0<\lambda_1\leqslant\cdots\leqslant\lambda_n$,$q(t)$ 是 t 的一个实系数多项式,则对 $\forall\,\boldsymbol{x}\in R^n$,有 $\|q(\boldsymbol{A})\boldsymbol{x}\|_{\boldsymbol{A}}\leqslant\max\limits_{1\leqslant k\leqslant n}|q(\lambda_k)|\,\|\boldsymbol{x}\|_{\boldsymbol{A}}$.

证明 设 $\boldsymbol{x}_1,\boldsymbol{x}_2,\cdots,\boldsymbol{x}_n$ 是 $\boldsymbol{A}$ 的对应于 $\lambda_1,\lambda_2,\cdots,\lambda_n$ 的特征向量,它们构成 R^n 的一组标准正交基. 对任意的 $\boldsymbol{x}\in R^n$,有 $\boldsymbol{x}=\sum\limits_{k=1}^n\beta_k\boldsymbol{x}_k$,从而有

$$\begin{aligned}\boldsymbol{x}^{\mathrm{T}}q(\boldsymbol{A})\boldsymbol{A}q(\boldsymbol{A})\boldsymbol{x}&=\Big(\sum_{k=1}^n\beta_kq(\lambda_k)\boldsymbol{y}_k\Big)^{\mathrm{T}}\boldsymbol{A}\Big(\sum_{k=1}^n\beta_kq(\lambda_k)\boldsymbol{y}_k\Big)\\&=\sum_{k=1}^n\lambda_k\beta_k^2q^2(\lambda_k)\leqslant\max_{1\leqslant k\leqslant n}q^2(\lambda_k)\sum_{k=1}^n\lambda_k\beta_k^2=\max_{1\leqslant k\leqslant n}q^2(\lambda_k)\boldsymbol{x}^{\mathrm{T}}\boldsymbol{A}\boldsymbol{x}\end{aligned}$$

因此

$$\|q(\boldsymbol{A})\boldsymbol{x}\|_{\boldsymbol{A}}\leqslant\max_{1\leqslant k\leqslant n}|q(\lambda_k)|\,\|\boldsymbol{x}\|_{\boldsymbol{A}}$$ □

定理 8 的证明 由定理 4,$\boldsymbol{x}^{(j)}$ 满足

$$J(\boldsymbol{x}^{(j)})\leqslant J(\boldsymbol{x}^{(j-1)}+\alpha\boldsymbol{r}^{(j-1)}),\quad\alpha\in R$$

两边减去 $\frac{1}{2}\boldsymbol{x}^{\mathrm{T}}\boldsymbol{A}\boldsymbol{x}$,由式(13.2),对任意的 $\alpha\in R$,有

$$\begin{aligned}&(\boldsymbol{x}^{(j)}-\boldsymbol{x})^{\mathrm{T}}\boldsymbol{A}(\boldsymbol{x}^{(j)}-\boldsymbol{x})\\&\leqslant(\boldsymbol{x}^{(j-1)}+\alpha\boldsymbol{r}^{(j-1)}-\boldsymbol{x})^{\mathrm{T}}\boldsymbol{A}(\boldsymbol{x}^{(j-1)}+\alpha\boldsymbol{r}^{(j-1)}-\boldsymbol{x})\\&=[(\boldsymbol{I}-\alpha\boldsymbol{A})(\boldsymbol{x}^{(j-1)}-\boldsymbol{x})]^{\mathrm{T}}\boldsymbol{A}[(\boldsymbol{I}-\alpha\boldsymbol{A})(\boldsymbol{x}^{(j-1)}-\boldsymbol{x})]\end{aligned}\tag{13.16}$$

记 $q_\alpha=1-\alpha t$，应用引理 1，由式(13.16)，对一切的 $\alpha\in R$，有

$$\|\boldsymbol{x}^{(j)}-\boldsymbol{x}\|_{\boldsymbol{A}}\leqslant\|q_\alpha(\boldsymbol{A})(\boldsymbol{x}^{(j-1)}-\boldsymbol{x})\|_{\boldsymbol{A}}\leqslant\max_{1\leqslant k\leqslant n}|q_\alpha(\lambda_k)|\ \|\boldsymbol{x}^{(j-1)}-\boldsymbol{x}\|_{\boldsymbol{A}}\quad(13.17)$$

可以证明

$$\min_\alpha\max_{\lambda_1\leqslant t\leqslant\lambda_n}|1-\alpha t|=\frac{\lambda_n-\lambda_1}{\lambda_n+\lambda_1}$$

代入到式(13.17)，且由 $\boldsymbol{e}^{(j)}=\boldsymbol{x}-\boldsymbol{x}^{(j)}$ 和 $\kappa_2^2(\boldsymbol{A})=\lambda_n/\lambda_1$，得

$$\|\boldsymbol{e}^{(j)}\|_{\boldsymbol{A}}\leqslant\frac{\sqrt{\kappa_2(\boldsymbol{A})}-1}{\sqrt{\kappa_2(\boldsymbol{A})}+1}\|\boldsymbol{e}^{(j-1)}\|_{\boldsymbol{A}}$$

由此，可以得出定理 8 的证明. □

类似于所有的严格误差界，定理 8 将许多估计量放在一起，因此有些粗略，当 j 增大时，变小是渐渐的. 特别地，对 $j\geqslant n$ 时，由定理 7，将非常小. 但是共轭梯度法通常是在 j 逼近 n 很早以前，迭代就停止了. 即便如此，定理 8 的确给出共轭梯度法性能的一些信息. 收敛性不会比线性的差，且收敛率是

$$\frac{\sqrt{\kappa_2(\boldsymbol{A})}-1}{\sqrt{\kappa_2(\boldsymbol{A})}+1}$$

从这个比率，显然将 $\boldsymbol{A}$ 变换到良态，可以保证快速收敛. 这再次强调这样的思想，通过减少矩阵条件数的预优化处理可以提高算法的性能.

定理 8 的证明利用到这样的事实，共轭梯度在一个越来越大的子空间上求误差能量范数的最小值. 下面，将讨论这个优化性质，且推导证明定理 8 的一些结论和共轭梯度算法的其他有用性质.

定理 9　共轭梯度法的迭代序列满足

$$\|\boldsymbol{x}-\boldsymbol{x}^{(j)}\|_{\boldsymbol{A}}=\min\{\|\boldsymbol{y}-\boldsymbol{x}\|_{\boldsymbol{A}}\mid\boldsymbol{y}\in\boldsymbol{x}^{(0)}+K_j(\boldsymbol{A},\boldsymbol{r}^{(0)})\}$$

证明　这基本上是定理 4 的重新陈述. 定理 5 证明了定理 4 中的空间 S_j 就是 Krylov 子空间 $K_j(\boldsymbol{A},\boldsymbol{r}^{(0)})$. 给定 $\boldsymbol{p}\in S_j$，则 $\boldsymbol{y}=\boldsymbol{x}^{(0)}+\boldsymbol{p}\in\boldsymbol{x}^{(0)}+S_j$. 因为 $\boldsymbol{x}-\boldsymbol{y}=\boldsymbol{e}^{(0)}-\boldsymbol{p}$，所以对在子空间 S_j 上的所有 $\boldsymbol{p}$，最小化 $\|\boldsymbol{e}^{(0)}-\boldsymbol{p}\|_{\boldsymbol{A}}$ 与对移位子空间 $\boldsymbol{x}^{(0)}+S_j$ 上所有 $\boldsymbol{y}$ 最小化 $\|\boldsymbol{x}-\boldsymbol{y}\|_{\boldsymbol{A}}$ 是等价的. □

因为 Krylov 子空间 $K_j(\boldsymbol{A},\boldsymbol{r}^{(0)})$ 是 $\boldsymbol{r}^{(0)},\boldsymbol{A}\boldsymbol{r}^{(0)},\cdots,\boldsymbol{A}^{j-1}\boldsymbol{r}^{(0)}$ 所有线性组合的集会. 所以 $K_j(\boldsymbol{A},\boldsymbol{r}^{(0)})$ 元素可记为

$$c_0\boldsymbol{r}^{(0)}+c_1\boldsymbol{A}\boldsymbol{r}^{(0)}+\cdots+c_{j-1}\boldsymbol{A}^{j-1}\boldsymbol{r}^{(0)}=(c_0\boldsymbol{I}+c_1\boldsymbol{A}+\cdots+c_{j-1}\boldsymbol{A}^{j-1})\boldsymbol{r}^{(0)}=q(\boldsymbol{A})\boldsymbol{r}^{(0)}$$

其中 $q(z)=c_0+c_1z+\cdots+c_{j-1}z^{j-1}$ 是次数小于 j 的多项式，向量 $q(\boldsymbol{A})\boldsymbol{r}^{(0)}$ 属于 $K_j(\boldsymbol{A},\boldsymbol{r}^{(0)})$. 记 P_{j-1} 表示次数小于或等于 $j-1$ 的多项式空间，则

$$K_j(\boldsymbol{A},\boldsymbol{r}^{(0)})=\{q(\boldsymbol{A})\boldsymbol{r}^{(0)}\mid q\in P_{j-1}\}$$

定理 9 表明，$\boldsymbol{x}^{(j)}$ 是 $\boldsymbol{x}^{(0)}+K_j(\boldsymbol{A},\boldsymbol{r}^{(0)})$ 中与 $\boldsymbol{x}$ 最接近的元素. 令 z 是 $\boldsymbol{x}^{(0)}+K_j(\boldsymbol{A},\boldsymbol{r}^{(0)})$ 中的任意元素，则存在 $q\in P_{j-1}$，使得 $\boldsymbol{z}=\boldsymbol{x}^{(0)}+q(\boldsymbol{A})\boldsymbol{r}^{(0)}$. 把 $\boldsymbol{z}$ 看做是 $\boldsymbol{x}$

的一个逼近,考虑误差 $\boldsymbol{e}=\boldsymbol{x}-\boldsymbol{z}$. 由 $\boldsymbol{r}^{(0)}=\boldsymbol{A}\boldsymbol{e}^{(0)}$,得

$$\boldsymbol{e}=\boldsymbol{x}-\boldsymbol{x}^{(0)}-q(\boldsymbol{A})\boldsymbol{r}^{(0)}=\boldsymbol{e}^{(0)}-q(\boldsymbol{A})\boldsymbol{A}\boldsymbol{e}^{(0)}=(\boldsymbol{I}-q(\boldsymbol{A})\boldsymbol{A})\boldsymbol{e}^{(0)}=p(\boldsymbol{A})\boldsymbol{e}^{(0)}$$

其中 $p(z)=1-zq(z)$. 注意到 $p\in P_j$ 和 $p(0)=1$. 反过来,对任意满足 $p(0)=1$ 的 $p\in P_j$,存在 $q\in P_{j-1}$使得 $p(z)=1-zq(z)$. 因此对某个 $\boldsymbol{z}\in\boldsymbol{x}^{(0)}+K_j(\boldsymbol{A},\boldsymbol{r}^{(0)})$,$\boldsymbol{e}=\boldsymbol{x}-\boldsymbol{z}$ 的充分必要条件是存在满足 $p(0)=1$ 的 $p\in P_j$,使得 $\boldsymbol{e}=p(\boldsymbol{A})\boldsymbol{e}^{(0)}$. 基于这些讨论,可以重新陈述定理 9.

定理 10 若 $\boldsymbol{x}^{(j)}$ 是共轭梯度方法的第 j 次迭代,记 $\boldsymbol{e}^{(j)}=\boldsymbol{x}-\boldsymbol{x}^{(j)}$,则

$$\|\boldsymbol{e}^{(j)}\|_{\boldsymbol{A}}=\min_{p\in P_j,\,p(0)=1}\|p(\boldsymbol{A})\boldsymbol{e}^{(0)}\|_{\boldsymbol{A}}$$

其中 P_j 表示次数小于或等于 j 的多项式空间.

由引理 1,可以得到下面的定理.

定理 11 假设矩阵 $\boldsymbol{A}$ 的特征值为 $\lambda_1,\cdots,\lambda_n$,且 $\boldsymbol{e}^{(j)}=\boldsymbol{x}-\boldsymbol{x}^{(j)}$ 是第 j 步共轭梯度算法迭代后的误差,则

$$\|\boldsymbol{e}^{(j)}\|_{\boldsymbol{A}}\leqslant\min_{p\in P_j,\,p(0)=1}\max_{1\leqslant k\leqslant n}|p(\lambda_k)|\,\|\boldsymbol{e}^{(0)}\|_{\boldsymbol{A}}$$

其中 P_j 是次数小于或等于 j 的多项式空间.

通过对 p 取适当的规范化 Chebyshev 多项式,从定理 11 可以得到定理 7. 如果在定理 11 中的不等式两边都除以 $\|\boldsymbol{e}^{(0)}\|_{\boldsymbol{A}}$,得

$$\frac{\|\boldsymbol{e}^{(j)}\|_{\boldsymbol{A}}}{\|\boldsymbol{e}^{(0)}\|_{\boldsymbol{A}}}\leqslant\min_{p\in P_j,\,p(0)=1}\max_{1\leqslant k\leqslant n}|p(\lambda_k)| \tag{13.18}$$

左边表示 $\boldsymbol{x}^{(j)}$ 比 $\boldsymbol{x}^{(0)}$ 逼近 $\boldsymbol{x}$ 的程度. 如果对解没有先验知识,初始估计 $\boldsymbol{x}^{(0)}=\boldsymbol{0}$ 与任何向量都是一样的. 此时,$\boldsymbol{e}^{(0)}=\boldsymbol{x}$,因此式(13.17)的左边变成 $\|\boldsymbol{x}-\boldsymbol{x}^{(j)}\|_{\boldsymbol{A}}/\|\boldsymbol{x}\|_{\boldsymbol{A}}$,它是 $\boldsymbol{x}^{(j)}$ 逼近 $\boldsymbol{x}$ 的相对误差. 因此相对误差是有上界的,而且上界只依赖于 $\boldsymbol{A}$ 的特征值. 这是没有信息的情形. 在关于 $\boldsymbol{x}$ 有先验信息的情形,通常选取 $\boldsymbol{x}^{(0)}$,使得 $\|\boldsymbol{e}^{(0)}\|_{\boldsymbol{A}}<\|\boldsymbol{x}\|_{\boldsymbol{A}}$,因此可以得到更好的结论.

由定理 11,可以得到共轭梯度法有限步终止的另一个证明. 取 $j=n$,得到对任何 $p(0)=1$ 的 $p\in P_n$,有

$$\|\boldsymbol{e}^{(n)}\|_{\boldsymbol{A}}\leqslant\max_{1\leqslant k\leqslant n}|p(\lambda_n)|\,\|\boldsymbol{e}^{(0)}\|_{\boldsymbol{A}} \tag{13.19}$$

现在取 $p(z)=c(z-\lambda_1)\cdots(z-\lambda_n)\in P_n$,其中 $c=(-1)^n/(\lambda_1\cdots\lambda_n)$,使得 $p(0)=1$. 对这个多项式 p,式(13.18)的右边是零,因此 $\boldsymbol{e}^{(n)}=\boldsymbol{0}$,即 $\boldsymbol{x}^{(n)}=\boldsymbol{x}$.

可以按以下方式加强有限终止性质.

定理 12 假设 $\boldsymbol{A}$ 只有 j 个不同的特征值. 则具有精确解的共轭梯度法最多在 j 步终止.

证明 设 $\mu_1,\cdots,\mu_j$ 是 $\boldsymbol{A}$ 的不同特征值. 取

$$p(z)=c(z-\mu_1)\cdots(z-\mu_j)$$

其中 $c=(-1)^j/\mu_1\cdot\mu_2\cdot\cdots\cdot\mu_j$ 满足 $p(0)=1$. 则 $p\in P_j$,且对 $k=1,\cdots,n$,$p(\lambda_k)$

$=0$,因此由定理 11,$\boldsymbol{e}^{(j)}=\boldsymbol{0}$. □

因此如果系数矩阵只有几个高度重复的不同特征值,则终止将会很早发生. 更一般,对特征值位于 $j(j\ll n)$个小区间的矩阵. 选取 $p(z)=c(z-\mu_1)\cdots(z-\mu_j)$,其中 $\mu_1,\cdots,\mu_j$ 分别属于这 j 个小区间. 因为每一个特征值 λ_k 接近某个 μ_m,且每一个 $p(\mu_m)=0$,所以,$\max\limits_k|p(\lambda_k)|$将非常小(实际上,可以基于 j 个小区间中最大的区间长度表示). 由定理 11,$\|\boldsymbol{e}^{(j)}\|_{\boldsymbol{A}}$ 将很小. 因此,如果 $\boldsymbol{A}$ 的特征值在 j 个小区间中,则 $\boldsymbol{x}^{(j)}$将非常接近于 $\boldsymbol{x}$.

因为条件数只是比率 λ_n/λ_1. 因此将矩阵的条件数变小的预优化实际上是将特征值推向单个区间中,以上的讨论表明单个区间实际不是必要的,将特征值推向几个较少区间也是有效的. 特别地,如果特征值被推向一个区间,但有几个外点,这不比有几个区间差别多少.

非正定和非对称矩阵问题——Krylov 子空间法　共轭梯度法可以归结到更大类算法中去,这类算法产生一序列 Krylov 子空间,因此称为 **Krylov 子空间法**. 共轭梯度法是用来处理对称、正定矩阵的. 对其他类型的矩阵,人们发展了其他的 Krylov 子空间方法. 这一部分将给出比较流行的方法简单描述. 需要详细的信息可以参考(Barrett,1994;Freund,1992;Greenbaum,1997).

从对称非正定矩阵开始. 既然共轭梯度法是对于正定对称矩阵的,也能对非正定矩阵进行共轭梯度法,通常会成功的. 然而,算法有时会崩溃,因为在式(13.9)中 α_k 的计算需要除以$\langle\boldsymbol{A}\boldsymbol{p}^{(k)},\boldsymbol{p}^{(k)}\rangle$,如果 $\boldsymbol{A}$ 不是正定,这可能是零.

对对称非正定矩阵,也有类似共轭梯度,且不崩溃的算法. 对称 Lanczos 方法利用比较经济的 3-项递归,可以得到序列 Krylov 子空间

$$\beta_k\boldsymbol{q}_{k+1}=\boldsymbol{A}\boldsymbol{q}_k-\alpha_k\boldsymbol{q}_k-\beta_{k-1}\boldsymbol{q}_{k-1}$$

这个方法能处理所有的对称矩阵,不管是否是正定的. 因此能用 Lanczos 方法来得到 Krylov 子空间.

现在考虑第二个问题:在 Krylov 子空间中选取适当的逼近,即在误差的能量范数下,共轭梯度最小化 $\|\boldsymbol{e}^{(j)}\|_{\boldsymbol{A}}$. 因为 $\boldsymbol{r}^{(j)}=\boldsymbol{A}\boldsymbol{e}^{(j)}$,有

$$\|\boldsymbol{e}^{(j)}\|_{\boldsymbol{A}}=\boldsymbol{e}^{(j)\mathrm{T}}\boldsymbol{A}\boldsymbol{e}^{(j)}=\boldsymbol{r}^{(j)\mathrm{T}}\boldsymbol{A}^{-1}\boldsymbol{r}^{(j)}=\|\boldsymbol{r}^{(j)}\|_{\boldsymbol{A}^{-1}}$$

因此共轭梯度也最小化残差的 $\boldsymbol{A}^{-1}$-范数. 在非正定情形下,$\|\boldsymbol{x}\|_{\boldsymbol{A}}$ 和 $\|\boldsymbol{x}\|_{\boldsymbol{A}^{-1}}$ 都是没有意义的. 因为$\langle\boldsymbol{A}\boldsymbol{x},\boldsymbol{x}\rangle$和$\langle\boldsymbol{A}^{-1}\boldsymbol{x},\boldsymbol{x}\rangle$可能是负数,因为无法定义 $\|\boldsymbol{x}\|_{\boldsymbol{A}}=\sqrt{\langle\boldsymbol{A}\boldsymbol{x},\boldsymbol{x}\rangle}$和 $\|\boldsymbol{x}\|_{\boldsymbol{A}^{-1}}=\sqrt{\langle\boldsymbol{A}^{-1}\boldsymbol{x},\boldsymbol{x}\rangle}$. 所以逼近准则需要重新定义,最简单思想是选取 $\boldsymbol{x}^{(j)}$,使得残差的欧氏范数 $\|\boldsymbol{r}^{(j)}\|_2$ 最小化. 正如对共轭梯度,最小值是在平移的子空间 $\boldsymbol{x}^{(0)}+K_j(\boldsymbol{A},\boldsymbol{r}^{(0)})$上达到. 所得到的算法称为**最小残差法(MINRES)**.

对非对称矩阵也能如此进行. 在这种情形下,用 Arnoldi 算法(见第 14 章)代替对称的 Lanczos 方法产生的 Krylov 子空间. 在每一步选取 $\boldsymbol{x}^{(j)}$ 来最小化 $\|\boldsymbol{r}^{(j)}\|_2$

的算法称为**广义最小残差(GMRES)**. Arnoldi 算法不需要递推公式,每一个新向量的计算需要所有以前的向量. 因此,算法的每一步,需要更多的向量存储空间. 每一步运算量也是线性地增加. 如果 $\boldsymbol{A}$ 是超大规模的矩阵,则这些因素限制了 GMRES 的迭代次数. 因此以"重新开始模式"进行 GMRES 是通常的方法. GMRES(m)是 GMRES 的变化,它在每 m 次迭代后,重新开始 Arnoldi 方法,运用最近的迭代作为新的初始估计. 在这个模式中,存储空间保持在 $O(m)$个向量. 不幸的是,无法保证收敛. 为了确保成功,预先需要知道 m 的值是困难的. 尽管这些缺点,GMRES 仍然非常流行.

迄今为止,讨论的算法是在每一步由最小化准则选取新的迭代. 其他的算法运用基于正交化的准则. 回忆一下,共轭梯度法选取 $\boldsymbol{x}^{(j)}$,使得误差 $\boldsymbol{e}^{(j)}$ 在能量内积下与 $K_j(\boldsymbol{A},\boldsymbol{r}^{(0)})$正交,即 $\boldsymbol{e}^{(j)}\perp_{\boldsymbol{A}}K_j(\boldsymbol{A},\boldsymbol{r}^{(0)})$(推论 1). 这等价于在标准内积下,残差与 $K_j(\boldsymbol{A},\boldsymbol{r}^{(0)})$正交,即 $\boldsymbol{r}^{(j)}\perp K_j(\boldsymbol{A},\boldsymbol{r}^{(0)})$(见定理 5 推论 2).

对正定矩阵 $\boldsymbol{A}$ 的共轭梯度,由定理 4,关于能量内积的正交性质与 $\|\boldsymbol{e}^{(j)}\|_{\boldsymbol{A}}$ 和 $\|\boldsymbol{r}^{(j)}\|_{\boldsymbol{A}}$ 的最小值直接联系. 在非正定和非对称情形下,这个关系将不再存在,因为不再有能量内积. 但这不能阻止设计选取 $\boldsymbol{x}^{(j)}$ 算法,使之满足 **Galerkin 条件**

$$\boldsymbol{r}^{(j)}\perp K_j(\boldsymbol{A},\boldsymbol{r}^{(0)})$$

算法 SYMMLQ 是关于对称非正定矩阵的,由对称 Lanczos 方法产生 Krylov 子空间,且在每一步选取满足 Galerkin 条件的 $\boldsymbol{x}^{(j)}$. 这个准则不对应于在某个范数下,$\boldsymbol{r}^{(j)}$ 的最小值,因此 SYMMLQ 与 MINRES 是不同的. 因为有时会发生没有满足 Galerkin 的解,有时有无数个满足条件解的情形,所以这个算法有时会崩溃. 在某步崩溃不意味着不能进行下一步,因为进行的对称 Lanczos 方法没有崩溃. 虽然如此,一般选择 MINRES,而不是 SYMMLQ.

另一个自然产生的问题是:在非对称情形下,是否有运用简单的递推的 Krylov 子空间方法,同时克服 GMRES 的存储和执行困难? 是否可以基于类似于 Galerkin 条件的正交准则来代替最小值准则建立这样的方法. 实际上是可以的,但是必须放弃正交性,而用称为双正交性的弱条件. **双共轭-梯度算法(BiGG)**是共轭梯度算法的推广,它产生对偶向量 $\tilde{\boldsymbol{r}}^{(0)},\tilde{\boldsymbol{r}}^{(1)},\tilde{\boldsymbol{r}}^{(2)},\cdots,\tilde{\boldsymbol{p}}^{(0)},\tilde{\boldsymbol{p}}^{(1)},\tilde{\boldsymbol{p}}^{(2)},\cdots$和原来的向量. 对 $k=0,1,2,\cdots$,有

$$\begin{cases}\alpha_k\leftarrow\langle\boldsymbol{r}^{(k)},\tilde{\boldsymbol{r}}^{(k)}\rangle/\langle\boldsymbol{A}\boldsymbol{p}^{(k)},\tilde{\boldsymbol{p}}^{(k)}\rangle\\ \boldsymbol{x}^{(k+1)}\leftarrow\boldsymbol{x}^{(k)}+\alpha_k\boldsymbol{p}^{(k)}\\ \boldsymbol{r}^{(k+1)}\leftarrow\boldsymbol{r}^{(k)}-\alpha_k\boldsymbol{A}\boldsymbol{p}^{(k)}\\ \tilde{\boldsymbol{r}}^{(k+1)}\leftarrow\tilde{\boldsymbol{r}}^{(k)}-\alpha_k\boldsymbol{A}\tilde{\boldsymbol{p}}^{(k)}\end{cases}$$

$$\begin{cases}\beta_k \leftarrow \langle \boldsymbol{r}^{(k+1)}, \widetilde{\boldsymbol{r}}^{(k+1)} \rangle / \langle \boldsymbol{r}^{(k)}, \widetilde{\boldsymbol{r}}^{(k)} \rangle \\ \boldsymbol{p}^{(k+1)} \leftarrow \boldsymbol{r}^{(k+1)} + \beta_k \boldsymbol{p}^{(k)} \\ \widetilde{\boldsymbol{p}}^{(k+1)} \leftarrow \widetilde{\boldsymbol{r}}^{(k+1)} + \beta_k \widetilde{\boldsymbol{p}}^{(k)}\end{cases}$$

与共轭梯度法比较,可以看出它们几乎是相同的,除了有一个额外的递推公式来产生对偶向量. 如果 $\boldsymbol{A}$ 是对称的,且 $\widetilde{\boldsymbol{r}}^{(0)}=\boldsymbol{r}^{(0)}$,则对所有的 k,$\widetilde{\boldsymbol{r}}^{(k)}=\boldsymbol{r}^{(k)}$ 和 $\widetilde{\boldsymbol{p}}^{(k)}=\boldsymbol{p}^{(k)}$,这就是共轭梯度法.

由 BiGG 产生的向量满足一个重要的关系,这是定理 5 的推广,对所有的 j,有

$$\operatorname{span}\{\boldsymbol{p}^{(0)},\cdots,\boldsymbol{p}^{(j)}\}=\operatorname{span}\{\boldsymbol{r}^{(0)},\cdots,\boldsymbol{r}^{(j)}\}=K_{j+1}(\boldsymbol{A},\boldsymbol{r}^{(0)})$$

和对偶关系

$$\operatorname{span}\{\widetilde{\boldsymbol{p}}^{(0)},\cdots,\widetilde{\boldsymbol{p}}^{(j)}\}=\operatorname{span}\{\widetilde{\boldsymbol{r}}^{(0)},\cdots,\widetilde{\boldsymbol{r}}^{(j)}\}=K_{j+1}(\boldsymbol{A}^{\mathrm{T}},\widetilde{\boldsymbol{r}}^{(0)})$$

另外 $\boldsymbol{r}^{(j)}$ 序列与 $\widetilde{\boldsymbol{r}}^{(j)}$ 是双正交的,即如果 $j\neq k$,则 $\langle \boldsymbol{r}^{(j)},\widetilde{\boldsymbol{r}}^{(k)}\rangle=0$. 一般有 $\langle \boldsymbol{r}^{(k)},\widetilde{\boldsymbol{r}}^{(k)}\rangle\neq 0$,否则计算 β_k 是不可能,算法崩溃. 根据子空间重新陈述双正交条件,有 **Petrov-Galerkin 条件**

$$\boldsymbol{r}^{(j)}\perp K_j(\boldsymbol{A}^{\mathrm{T}},\widetilde{\boldsymbol{r}}^{(0)}) \quad 和 \quad \widetilde{\boldsymbol{r}}^{(j)}\perp K_j(\boldsymbol{A}^{\mathrm{T}},\boldsymbol{r}^{(0)})$$

这是定理 5 推论 2 的推广. $\boldsymbol{p}^{(j)}$ 和 $\widetilde{\boldsymbol{p}}^{(j)}$ 序列也满足某种双正交条件,即如果 $j\neq k$,$\langle \boldsymbol{A}\boldsymbol{p}^{(j)},\boldsymbol{p}^{(k)}\rangle=\langle \boldsymbol{p}^{(j)},\boldsymbol{A}^{\mathrm{T}}\boldsymbol{p}^{(k)}\rangle=0$. 一般,$\langle \boldsymbol{A}\boldsymbol{p}^{(k)},\boldsymbol{p}^{(k)}\rangle\neq 0$,否则,因为不能计算出 α_k,算法崩溃.

BiGG 的收敛有时是奇怪的,人们提出了许多提高的方法. **拟最小残差**算法(QMR)运用基本的 BiGG 递推来产生 Krylov 子空间,但是选取逼近解 $\boldsymbol{x}^{(j)}$ 的准则是基于残差的拟最小值. 因为递归有时会崩溃,QMR 有时也利用克服崩溃的"预测"的特征.

BiGG 和 QMR 的一个特征,有时也是缺点,是在每一步需要进行乘以 $\boldsymbol{A}^{\mathrm{T}}$ 的矩阵-向量乘法. 在一些应用中,$\boldsymbol{A}$ 的定义是很复杂的,因此怎样计算 $\boldsymbol{A}^{\mathrm{T}}$ 是不清楚的. 在这种情形下,需要不基于 $\boldsymbol{A}^{\mathrm{T}}$ 的算法. 这样的一个算法是 **Bi** 共轭梯度**稳定**(BiGG 稳定),它用第二个 $\boldsymbol{A}$ 的估计来代替 $\boldsymbol{A}^{\mathrm{T}}$ 的估计,且也能提供稳定的收敛. 也有与转置没有关系的 QMR 算法. 这种类型的另一个流行算法是共轭梯度 **S**(共轭梯度平方).

算法 BiGG,QMR,Bi 共轭梯度稳定和共轭梯度 S 都是基于简单的递归. 因此与 GMRES 相比,随着算法的进行,在每一步的内存和计算量都不会增长.

在这一部分描述的所有算法都可以用预处理来提高. 在非对称的情形下,不需要对称的预优化. 不完整的 LU 分解是流行的,但是对试图的预处理的种类没有结束.

在所有求解非对称方程组的迭代方法中,没有明显的最好选择. Matlab 提供了 GMRES,BiGG,BiGG 稳定,共轭梯度 S 和稳定(没有预测的)的算法实现. 这些

不是最有效的,但通常是方便的.

习　题　13

1. 当 $\lambda_1 \leqslant \lambda_n$,证明 $\min\limits_{\alpha} \max\limits_{\lambda_1 \leqslant t \leqslant \lambda_n} |1-\alpha t| = \dfrac{\lambda_n - \lambda_1}{\lambda_n + \lambda_1}$.

2. 设 $\boldsymbol{x}^{(k)}$ 是由最速下降法产生的迭代序列. 证明

$$J(\boldsymbol{x}^{(k)}) \leqslant \left(1 - \frac{1}{\kappa_2(\boldsymbol{A})}\right) J(\boldsymbol{x}^{(k-1)})$$

其中 $\kappa_2(\boldsymbol{A}) = \|\boldsymbol{A}\|_2 \|\boldsymbol{A}^{-1}\|_2$.

3. 试证明当最速下降法在有限步达到最小值时,最后一步迭代的下降方向必是 $\boldsymbol{A}$ 的一个特征向量.

4. 设 $\boldsymbol{A}$ 为对称正定矩阵,从方程组的近似解 $\boldsymbol{y}^{(0)} = \boldsymbol{x}^{(k)}$ 开始,依次求 $\boldsymbol{y}^{(i)}$,使得

$$J(\boldsymbol{y}^{(i)}) = \min_{\alpha} J(\boldsymbol{y}^{(i-1)} + \alpha \boldsymbol{e}^{(i)})$$

其中 $\boldsymbol{e}^{(i)}$ 是 n 阶单位矩阵的第 i 列,$i=1,2,\cdots,n$,然后令 $\boldsymbol{x}^{(k+1)} = \boldsymbol{y}^{(n)}$. 验证这样得到的迭代算法就是 G-S 迭代.

5. 设 $\boldsymbol{A}$ 是一个只有 k 个互不相同的特征值的 n 阶实对称矩阵,$\boldsymbol{r}$ 是任一 n 维实向量. 证明:子空间

$$\operatorname{span}\{\boldsymbol{r}, \boldsymbol{A}\boldsymbol{r}, \cdots, \boldsymbol{A}^{n-1}\boldsymbol{r}\}$$

的维数至多是 k.

6. 试证:如果系数矩阵 $\boldsymbol{A}$ 至少有 k 个互不相同的特征值,则共轭梯度法至多 k 步就可得到方程组的精确解.

7. 证明用共轭梯度法求得的 $\boldsymbol{x}^{(k)}$ 有如下的误差估计:

$$\|\boldsymbol{x}^{(k)} - \boldsymbol{x}\|_2 \leqslant 2\sqrt{\kappa_2(A)} \left(\frac{\sqrt{\kappa_2(A)}-1}{\sqrt{\kappa_2(A)}+1}\right)^k \|\boldsymbol{x}^{(0)} - \boldsymbol{x}\|_2$$

其中 $\kappa_2(\boldsymbol{A}) = \|\boldsymbol{A}\|_2 \|\boldsymbol{A}^{-1}\|_2$.

8. 设 $\boldsymbol{A} \in R^{n\times n}$ 是对称正定的,S 是 R^n 的一个 k 维子空间. 证明:对任意的 $\boldsymbol{b} \in R^n$,$\boldsymbol{x}^{(0)} \in S$ 满足

$$\|\boldsymbol{x}^{(0)} - \boldsymbol{A}^{-1}\boldsymbol{b}\|_A = \min_{x\in S} \|\boldsymbol{x} - \boldsymbol{A}^{-1}\boldsymbol{b}\|_A$$

的充分必要条件是 $\boldsymbol{b} - \boldsymbol{A}\boldsymbol{x}^{(0)}$ 垂直于子空间 S.

第14章　大规模稀疏矩阵的方程求解和特征问题

在实际应用中，大规模稀疏矩阵是非常广泛的，本章将讨论稀疏矩阵的方程组和特征问题求解. 与普通矩阵相比，大规模稀疏矩阵表现出许多截然不同的方式. 首先在存储方式上，由于计算机无法直接存储大规模矩阵，只存储非零元素及其位置. 所以，基于相似变换的特征值求解方法，由于在变换中大量引入非零元素（称为非零填充），所以通常特征问题求解算法对大规模稀疏矩阵是无效的. 为此，需要提出特殊的求解方法，这些方法核心是基于矩阵向量乘法. 在 14.1 节，将介绍系数矩阵是稀疏的方程组的求解方法，在 14.2 和 14.3 节将介绍各种适合于大型稀疏矩阵的特征计算方法.

14.1　稀疏线性方程组的求解

在实际应用中，许多大规模的矩阵都是稀疏的，即矩阵中的绝大部分元素都是零. 数学上，稀疏矩阵的严格定义是没有的；Wilkinson 给出一个形式的说法："只要有足够的零可以被利用的矩阵. "见文献（Gilbert，1992）. 这是非正式的定义，但却非常实用，它将在这类矩阵上的独特运算体现出来. 通常地，矩阵 $\boldsymbol{A}\in R^{n\times n}$ 称为**稀疏**的，如果矩阵中非零元素的个数是 n 阶，而不是 n^2. 如果一个矩阵充分稀疏，用稀疏数据结构来存储它们是非常方便的，即只存储矩阵中的非零元素及其位置. 对巨大的矩阵，因为没有足够空间按通常的方式来存储，所以选取特殊的方式来储存就显得非常必要.

具有小的带状矩阵是稀疏矩阵，比如三对角矩阵，用矩阵表示显然是冗余的，可以采用类似向量结构形式来表示，称为矩阵紧凑表示法.

稀疏矩阵的 LU 分解　LU 分解是求解线性方程组的基本方法，因此，首先讨论稀疏矩阵的 LU 分解的有关问题. 系数为稀疏矩阵的线性方程组的研究一般是与有向图结合起来的，每个稀疏矩阵 $\boldsymbol{A}$ 都对应一个有向图 $G(\boldsymbol{A})$. 为此，给出图的简单的定义，有关图论的详细知识，见后续丛书.

图是指由一组顶点的集合 $V=\{v_1,v_2,\cdots,v_n\}$ 与一组边的集合 $E\subset V\times V$ 构成的实体，记为 $G=(V,E)$. 当有从顶点 v_i 到 v_j 的边时，通常记之为 $(v_i,v_j)\in E$. 如果对任意的边 $(v_i,v_j)\in E$，都有 $(v_j,v_i)\in E$，则称 G 为**无向图**，否则称为**有向图**. 无向图可以看成有向图的特殊情形.

对于一个 n 阶稀疏矩阵 $\boldsymbol{A}$，存在一个与之对应的图 G，顶点集合为 $V=\{1,$

$2,\cdots,n\}$；系数 $a_{ij}\neq 0$ 对应于 G 中一条边 $(i,j)\in E$，这种图 G 称为 $\boldsymbol{A}$ 的**邻接图**. 如果 $a_{ij}\neq 0$，则顶点 i 指向顶点 j 而连接，因此，$\boldsymbol{A}$ 的邻接图是有向图. 如果 $\boldsymbol{A}$ 是对称矩阵，即 $a_{ij}=a_{ji}$，此时，$\boldsymbol{A}$ 的邻接图是无向图. 如果对角元素 $a_{ii}\neq 0$，顶点 i 和自身相连，称为**回路**. 图 14.1 显示了 12×12 对称稀疏矩阵和对应的图.

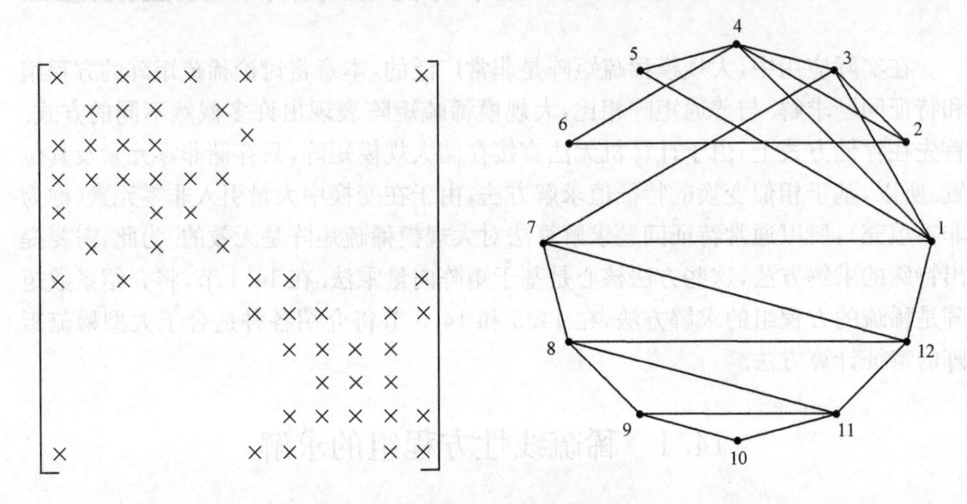

图 14.1　对称稀疏矩阵和对应的图

如前所述，对稀疏矩阵进行分解时，在原矩阵零的位置会产生非零的元素，称为填充. 图 14.2 显示了填充的影响. 因为在 LU 分解过程中，主元的选取使情形变的更加复杂. 所以，我们将考虑不需要选取主元的对称正定矩阵的 LU 分解.

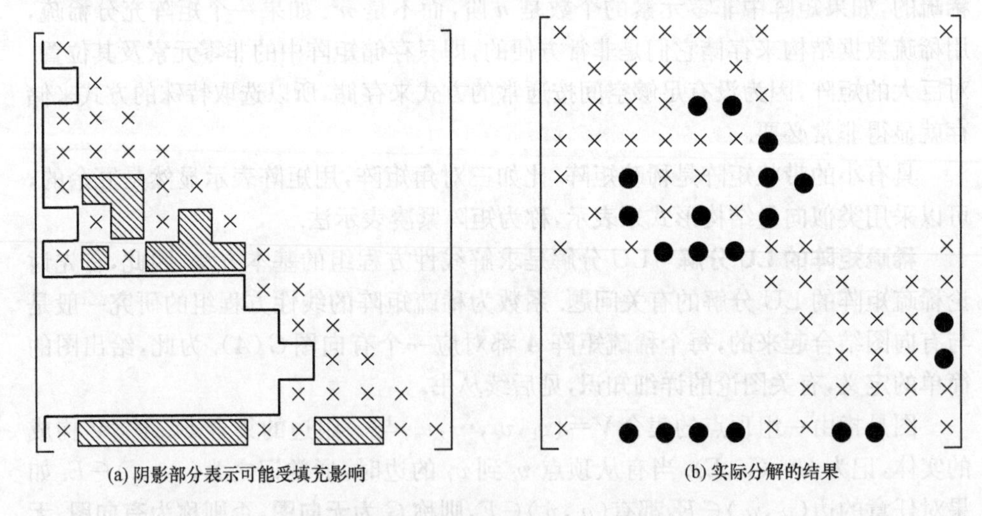

(a) 阴影部分表示可能受填充影响　　(b) 实际分解的结果

图 14.2

首先需要考虑的是填充的数量问题. 记 $m_i(\boldsymbol{A})=i-\min\{j<i:a_{ij}\neq 0\}$，$\boldsymbol{A}$ 的**凸包**定义为 $\text{cov}(\boldsymbol{A})=\{(i,j):0<i-j\leqslant m_i(\boldsymbol{A})\}$. 对对称正定矩阵 $\boldsymbol{A}$，记 $\boldsymbol{R}$ 是 $\boldsymbol{A}$ 的 Cholesky 因子，则

$$\text{cov}(\boldsymbol{A}) = \text{cov}(\boldsymbol{R}+\boldsymbol{R}^{\mathrm{T}}) \tag{14.1}$$

因此，填充限制在 $\boldsymbol{A}$ 的凸包中，见图 14.2. 进一步，记 $l_k(\boldsymbol{A})$是在第 k 步分解起作用的行数，即 $\boldsymbol{A}$ 中 $i>k$ 且 $a_{ik}\neq 0$ 的行数，分解过程的计算代价是

$$\frac{1}{2}\sum_{k=1}^{n} l_k(\boldsymbol{A})(l_k(\boldsymbol{A})+3)\ \text{flops} \tag{14.2}$$

这包含了凸包中的所有非零元素. 填充限制在 cov(**A**)保证了 **A** 的 LU 分解不需要额外的存储，只需要存储所有 cov(**A**)个元素(包含零元素). 然而，如果在凸包中有大量的零元素，这个算法也不是非常有效的.

另外，从式(14.1)可以看出，对稀疏矩阵进行 LU 分解时，引入的填充元都在凸包之内，而不会在其他位置出现非零元，如果简化凸包，则可以减少填充. 利用这个特点，寻求缩减带宽的带状稀疏矩阵，便可以大大简化稀疏线性方程组的求解；实现带宽缩减的基本方法是对称置换，即对应图中顶点的矩阵进行重新排序. 应该指出，尽管选取一种排序，使得矩阵的带宽最小的问题能看作为一个 Chebyshev 问题，但却是一个 NP 问题，复杂性过大，所以在实际应用中通常采用启发式算法. 在这些算法中，最重要的是 Cuthill-McKee 算法，将在下面介绍.

此外，如果将系数矩阵分划成块矩阵，可以将原问题简化为较小的子问题，其中存储的是完整的矩阵. 这个方法导致块矩阵分解算法，将在本节最后介绍.

CM 算法与 RCM 算法　CM 算法是 Cuthill 与 Mckee 于 1969 年提出的用于缩减矩阵带宽的有效方法之一，见(Cuthill，1969)；该算法经过进一步改进，成为更加有效的 **RCM 算法**，现已广泛应用于各种直接解法中，见(刘万勋，1981).

设 n 阶矩阵 **A** 的邻接图为 G，**CM 算法**主要分为四步，描述如下.

(1) 指定图中每一个顶点所连接顶点的个数，称为顶点的度.

(2) 选取度最低的顶点作为图的第一个顶点.

(3) 将与第一个顶点连接的顶点按从度较低到高的顺序重新进行标记.

(4) 按上述规则更新后，对与第二个顶点连接的顶点根据度从低到高，重新进行标记，忽略已经标记的顶点. 然后，考虑第三个顶点，依此规则进行下去，直到所有的顶点都被标记过.

逆 CM 排序(RCM)是指对由 CM 算法得到的排序再按逆序进行编号得到的排序，即在 CM 排序后，将第 i 顶点的序号 i 变为 $n-i+1$，其中 n 是图的顶点数. 图 14.3 比较了 CM 和 RCM 算法的结果，在图 14.4 中，比较了因子 $\boldsymbol{L}$ 和 $\boldsymbol{U}$. 注意运用 RCM 算法可以减少填充.

由以上结果可见，对稀疏矩阵进行 RCM 排序时，虽然与进行 CM 排序具有同

样的矩阵带宽，但是可能具有更小的外形，事实上在一般的意义下这个结论也是成立的. Liu 与 Sherman 证明了采用 CM 排序与 RCM 排序时，得到的矩阵带宽相同，但 RCM 排序的外形不会大于 CM 排序，见(Liu，1976)；特别是对从有限元分析中出现的稀疏矩阵，RCM 排序的外形甚至比 CM 排序小很多.

虽然 RCM 排序能有效地减少带宽，但当稀疏矩阵的对应的图非常复杂，其中有许多顶点度是相同的时，计算时间会相当长.

对于对称稀疏矩阵的重排一般还有 **GPS** 和 **Rosen** 算法，分别见(Gibbs，1976)和(Rosen，1968)，在此就不一一叙述了.

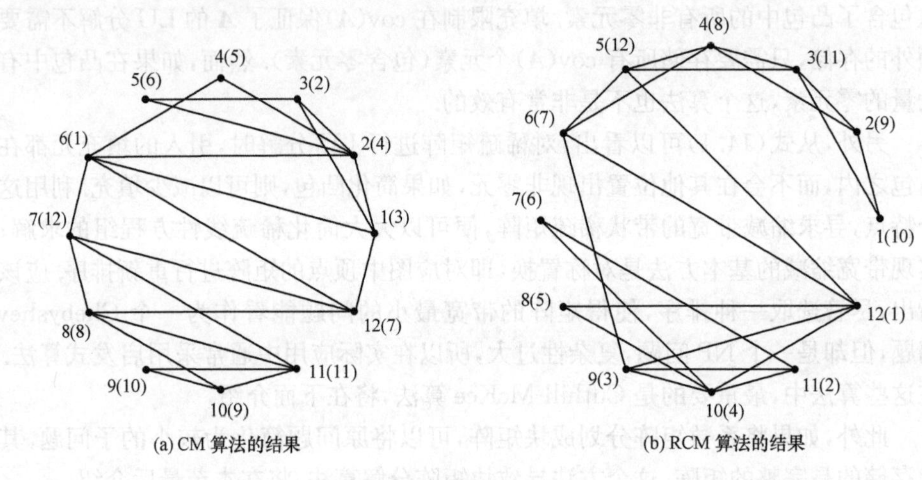

(a) CM 算法的结果　　(b) RCM 算法的结果

图 14.3

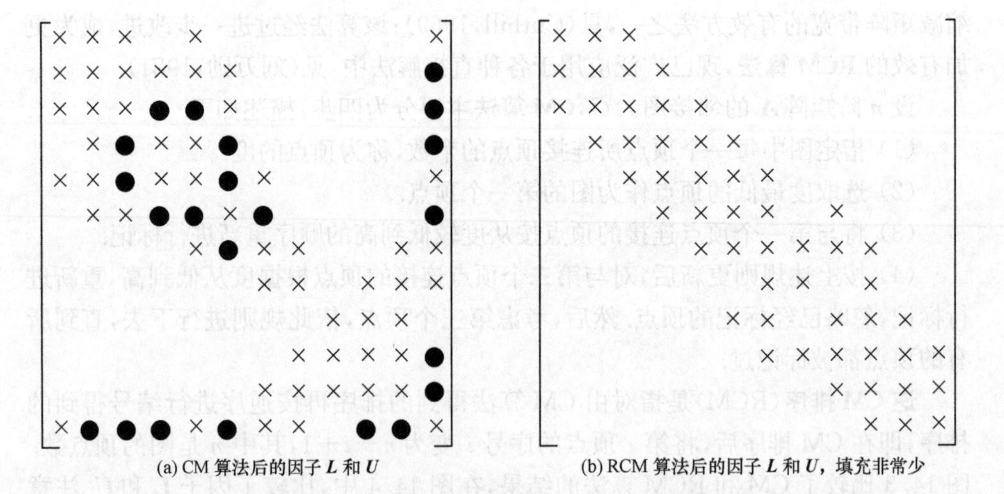

(a) CM 算法后的因子 L 和 U　　(b) RCM 算法后的因子 L 和 U，填充非常少

图 14.4

结构分解　将矩阵分解为几个稀疏的块矩阵同样可以大大简化稀疏线性方程组的求解，称之为结构分解算法. 类似于矩阵计算中的许多算法，结构分解算法也是在数值逼近偏微分方程的理论中发展出来的. 算法的基本思想是将原线性方程组分解成相互之间独立尽可能小的方程组来求解，这可以看作是一种重新排序算法.

下面基于一个特殊的例子来描述这个算法. 考虑线性方程组 $\boldsymbol{Ax}=\boldsymbol{b}$，其中 $\boldsymbol{A}$ 是对应于图 14.1 的对称正定矩阵. 为了使读者对这个算法有直观上的理解，按图 14.5 来画 $\boldsymbol{A}$ 的图.

然后将 $\boldsymbol{A}$ 的图分割为两个子图(或子结构). 用 $\boldsymbol{x}_k$，$k=1,2$ 来表示在第 k 个子结构中顶点的未知向量，用 $\boldsymbol{x}_3$ 表示在两个子结构之间的未知向量. 在图 14.5 的分解中，有 $\boldsymbol{x}_1=(2,3,4,6)^{\mathrm{T}}$，$\boldsymbol{x}_2=(8,9,10,11,12)^{\mathrm{T}}$ 和 $\boldsymbol{x}_2=(1,5,7)^{\mathrm{T}}$.

作为未知量的分解结果，矩阵 $\boldsymbol{A}$ 被分块，因此，线性方程组能被重新记为

$$\begin{bmatrix} \boldsymbol{A}_{11} & \boldsymbol{0} & \boldsymbol{A}_{13} \\ \boldsymbol{0} & \boldsymbol{A}_{22} & \boldsymbol{A}_{23} \\ \boldsymbol{A}_{13}^{\mathrm{T}} & \boldsymbol{A}_{23}^{\mathrm{T}} & \boldsymbol{A}_{33} \end{bmatrix} \begin{pmatrix} \boldsymbol{x}_1 \\ \boldsymbol{x}_2 \\ \boldsymbol{x}_3 \end{pmatrix} = \begin{pmatrix} \boldsymbol{b}_1 \\ \boldsymbol{b}_2 \\ \boldsymbol{b}_3 \end{pmatrix}$$

其中对未知量进行了重新排序，且右边非齐次项也进行了相应的排序和分划. 假设 $\boldsymbol{A}_{33}$ 可以被分割成两块，$\boldsymbol{A}_{33}'$ 和 $\boldsymbol{A}_{33}''$，它表示每一个子结构对 $\boldsymbol{A}_{33}$ 的贡献. 类似地，右边的 $\boldsymbol{b}_3$ 也被分解为 $\boldsymbol{b}_3'+\boldsymbol{b}_3''$. 则原线性方程组等价于下面一对方程组：

$$\begin{bmatrix} \boldsymbol{A}_{11} & \boldsymbol{A}_{13} \\ \boldsymbol{A}_{13}^{\mathrm{T}} & \boldsymbol{A}_{33}' \end{bmatrix} \begin{pmatrix} \boldsymbol{x}_1 \\ \boldsymbol{x}_3 \end{pmatrix} = \begin{pmatrix} \boldsymbol{b}_1 \\ \boldsymbol{b}_3'+\boldsymbol{\gamma}_3 \end{pmatrix}$$

$$\begin{bmatrix} \boldsymbol{A}_{22} & \boldsymbol{A}_{23} \\ \boldsymbol{A}_{23}^{\mathrm{T}} & \boldsymbol{A}_{33}' \end{bmatrix} \begin{pmatrix} \boldsymbol{x}_2 \\ \boldsymbol{x}_3 \end{pmatrix} = \begin{pmatrix} \boldsymbol{b}_2 \\ \boldsymbol{b}_3''-\boldsymbol{\gamma}_3 \end{pmatrix}$$

其中向量 $\boldsymbol{\gamma}_3$ 表示两个子结构之间的耦合. 在这个分解算法中，继续下去的标准步骤是消去 $\boldsymbol{\gamma}_3$，从而去掉线性方程组之间的相关性. 现在利用这个算法来处理前面的例子. 对第一个子结构的线性方程组是

$$\begin{bmatrix} \boldsymbol{A}_{11} & \boldsymbol{A}_{13} \\ \boldsymbol{A}_{13}^{\mathrm{T}} & \boldsymbol{A}_{33}' \end{bmatrix} \begin{pmatrix} \boldsymbol{x}_1 \\ \boldsymbol{x}_3 \end{pmatrix} = \begin{pmatrix} \boldsymbol{b}_1 \\ \boldsymbol{b}_3'+\boldsymbol{\gamma}_3 \end{pmatrix}$$

如果 $\boldsymbol{A}_{11}$ 可以分解为 $\boldsymbol{H}_{11}^{\mathrm{T}}\boldsymbol{H}_{11}$，利用在 1.3 节所描述的简化算法，得

$$\begin{bmatrix} \boldsymbol{H}_{11} & \boldsymbol{H}_{21} \\ \boldsymbol{0} & \boldsymbol{A}_{33}'-\boldsymbol{H}_{21}^{\mathrm{T}}\boldsymbol{H}_{21} \end{bmatrix} \begin{pmatrix} \boldsymbol{x}_1 \\ \boldsymbol{x}_3 \end{pmatrix} = \begin{pmatrix} \boldsymbol{c}_1 \\ \boldsymbol{b}_3'+\boldsymbol{\gamma}_3-\boldsymbol{H}_{21}^{\mathrm{T}}\boldsymbol{c}_1 \end{pmatrix}$$

其中 $\boldsymbol{H}_{21}=\boldsymbol{H}_{11}^{-\mathrm{T}}\boldsymbol{A}_{13}$ 和 $\boldsymbol{c}_1=\boldsymbol{H}_{11}^{-\mathrm{T}}\boldsymbol{b}$. 由方程组的第二个方程，可以得到 $\boldsymbol{\gamma}_3$ 的显式表达式

$$\boldsymbol{\gamma}_3=(\boldsymbol{A}_{33}'-\boldsymbol{H}_{21}^{\mathrm{T}}\boldsymbol{H}_{21})\boldsymbol{x}_3-\boldsymbol{b}_3'+\boldsymbol{H}_{21}^{\mathrm{T}}\boldsymbol{c}_1$$

将这个方程代入到第二个结构的线性方程组，可以得到只是关于未知量 $\boldsymbol{x}_2$ 和 $\boldsymbol{x}_3$

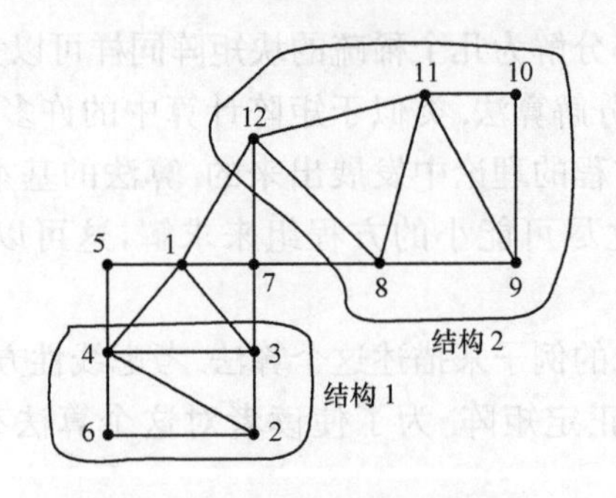

图 14.5　分解成两个块结构

的线性方程组

$$\begin{bmatrix} \boldsymbol{A}_{22} & \boldsymbol{A}_{23} \\ \boldsymbol{A}_{23}^{\mathrm{T}} & \boldsymbol{A}_{33}''' \end{bmatrix} \begin{pmatrix} \boldsymbol{x}_2 \\ \boldsymbol{x}_3 \end{pmatrix} = \begin{pmatrix} \boldsymbol{b}_2 \\ \boldsymbol{b}_3''' \end{pmatrix}$$

其中 $\boldsymbol{A}_{33}'''=\boldsymbol{A}_{33}-\boldsymbol{H}_{21}^{\mathrm{T}}\boldsymbol{H}_{21}$ 和 $\boldsymbol{b}_3'''=\boldsymbol{b}_3-\boldsymbol{H}_{21}^{\mathrm{T}}\boldsymbol{c}_1$. 一旦求解出上面的方程组，就可以采用回代法，求解出 $\boldsymbol{x}_1$.

上面描述的算法可以很容易地推广到几个子结构，且如果子结构之间相互独立性越强，算法的有效性越好.

与上面解法对偶的方法是将方程组简化到只含结构之间的未知量 $\boldsymbol{x}_3$，通过构造矩阵 $\boldsymbol{A}$ 的 Schur 余量(见 1.3 节). 对上面的 3×3 形式，这是

$$\boldsymbol{S}=\boldsymbol{A}_{33}-\boldsymbol{A}_{13}^{\mathrm{T}}\boldsymbol{A}_{11}^{-1}\boldsymbol{A}_{13}-\boldsymbol{A}_{23}^{\mathrm{T}}\boldsymbol{A}_{22}^{-1}\boldsymbol{A}_{23}$$

原方程组因此等价于方程组

$$\boldsymbol{S}\boldsymbol{x}_3=\boldsymbol{b}_3-\boldsymbol{A}_{13}^{\mathrm{T}}\boldsymbol{A}_{11}^{-1}\boldsymbol{b}_1-\boldsymbol{A}_{23}^{\mathrm{T}}\boldsymbol{A}_{22}^{-1}\boldsymbol{b}_2$$

这个方程组是稠密的，即使 $\boldsymbol{A}_{ij}$ 是稀疏的；在进行适当的预优后，可以用直接或迭代法求解. 一旦计算出 $\boldsymbol{x}_3$，通过求解系数矩阵分别是 $\boldsymbol{A}_{11}$ 和 $\boldsymbol{A}_{22}$ 两个小的方程组来得到 $\boldsymbol{x}_1$ 和 $\boldsymbol{x}_2$.

因为块矩阵 $\boldsymbol{A}$ 是对称和正定的，有 $\kappa_2(\boldsymbol{S})\leqslant\kappa_2(\boldsymbol{A})$. 所以，关于 Schur 余量 $\boldsymbol{S}$ 的线性方程组的条件数不会比原线性方程组 $\boldsymbol{A}$ 的差.

嵌套分解　对规模巨大的稀疏矩阵，经过一次结构分解并不一定就得到较好的结果. 因此下面考虑多层次的嵌套分解.

对于稀疏矩阵 $\boldsymbol{A}$ 对应的图 G，如果该图中任意两点是连通的，则称该图是**连通图**，否则称为**非连通图**. 如果删除某个顶点集，以及邻接于该集中顶点的所有边时，使得原来的连通图变为了非连通图，则称该顶点集为**割集**.

如果对稀疏矩阵 $\boldsymbol{A}$ 的邻接图 G，找到了一个**割集** S，而且删除 S 及与之相邻的顶点后，得到两个互不相连的子图 G_1 与 G_2，则可以先标号 G_1 中的顶点，再标号 G_2 中的顶点，最后标号 S 中的顶点，这样对应的矩阵具有

$$
\boldsymbol{B}=\boldsymbol{P}^{\mathrm{T}}\boldsymbol{A}\boldsymbol{P}=\begin{bmatrix}\boldsymbol{A}_{11} & \boldsymbol{0} & \boldsymbol{A}_{13}\\ \boldsymbol{0} & \boldsymbol{A}_{22} & \boldsymbol{A}_{23}\\ \boldsymbol{A}_{31} & \boldsymbol{A}_{32} & \boldsymbol{A}_{33}\end{bmatrix}
$$

的形式，其中 $\boldsymbol{A}_{11}$，$\boldsymbol{A}_{22}$，$\boldsymbol{A}_{33}$ 分别对应于 G_1，G_2，S 内部的边，而 $\boldsymbol{A}_{13}$，$\boldsymbol{A}_{23}$ 分别对应于 G_1，G_2 与 S 之间的边，对矩阵 $\boldsymbol{B}$ 进行 LU 分解时，分解因子 $\boldsymbol{U}$ 的元素只在 $\boldsymbol{A}_{13}$，$\boldsymbol{A}_{23}$ 位置上不为 $\boldsymbol{0}$.

基于以上思想，可以对 G_1，G_2 进行类似分割，设分割子分别为 $S_1^{(1)}$，$S_2^{(1)}$，$S_1^{(1)}$ 将 G_1 分割为两个互不相连的子图 $G_1^{(1)}$ 与 $G_1^{(1)}$，$S_2^{(1)}$ 将 G_2 分割为两个互不相连的子图 $G_2^{(1)}$ 与 $G_2^{(2)}$. 对 G_1 中的顶点按 $G_1^{(1)}$，$G_1^{(2)}$，$S_1^{(1)}$ 的顺序进行标号，对 G_2 中顶点按 $G_2^{(1)}$，$G_2^{(2)}$，$S_2^{(1)}$ 的顺序进行标号，这样矩阵 $\boldsymbol{B}$ 可写为

$$
\boldsymbol{B}=\begin{bmatrix}
\boldsymbol{A}_{11}^{(1)} & \boldsymbol{0} & \boldsymbol{A}_{11}^{(13)} & \boldsymbol{0} & \boldsymbol{0} & \boldsymbol{0} & \boldsymbol{A}_{13}^{(1)}\\
\boldsymbol{0} & \boldsymbol{A}_{11}^{(2)} & \boldsymbol{A}_{11}^{(23)} & \boldsymbol{0} & \boldsymbol{0} & \boldsymbol{0} & \boldsymbol{A}_{13}^{(2)}\\
\boldsymbol{A}_{11}^{(31)} & \boldsymbol{A}_{11}^{(32)} & \boldsymbol{A}_{11}^{(s)} & \boldsymbol{0} & \boldsymbol{0} & \boldsymbol{0} & \boldsymbol{A}_{13}^{(s)}\\
\boldsymbol{0} & \boldsymbol{0} & \boldsymbol{0} & \boldsymbol{A}_{22}^{(1)} & \boldsymbol{0} & \boldsymbol{A}_{22}^{(13)} & \boldsymbol{A}_{23}^{(1)}\\
\boldsymbol{0} & \boldsymbol{0} & \boldsymbol{0} & \boldsymbol{0} & \boldsymbol{A}_{22}^{(2)} & \boldsymbol{A}_{22}^{(23)} & \boldsymbol{A}_{23}^{(2)}\\
\boldsymbol{0} & \boldsymbol{0} & \boldsymbol{0} & \boldsymbol{A}_{22}^{(31)} & \boldsymbol{A}_{22}^{(32)} & \boldsymbol{A}_{22}^{(s)} & \boldsymbol{A}_{23}^{(s)}\\
\boldsymbol{A}_{31}^{(1)} & \boldsymbol{A}_{31}^{(2)} & \boldsymbol{A}_{31}^{(s)} & \boldsymbol{A}_{22}^{(1)} & \boldsymbol{A}_{32}^{(2)} & \boldsymbol{A}_{32}^{(s)} & \boldsymbol{A}_{33}
\end{bmatrix}
$$

的形式，分解因子 $\boldsymbol{U}$ 的元素只在 $\boldsymbol{B}$ 中非零块的位置上才为 $\boldsymbol{0}$，按这种方式一直继续下去，直到每个子图都找不到分割子为止，这样就能不断减少填入元的数量，节省存储量与计算量.

将上述的方法应用于结构分解中形成嵌套分解，这种算法对规模巨大，但块结构有较少的连接度或具有重复结构的稀疏矩阵计算特别有效. 在实际中，这是在每一个块结构重复地进行分解，直到每一个块充分小. 图 14.6 显示了在前面讨论过的例子的嵌套分解. 一旦完成分解过程，顶点在最近的层次的子结构中重新标记，然后向第一层次发展. 对讨论的例子，新的顶点排列为 11，9，7，6，12，8，4，2，1，5，3.

以上所讨论的稀疏矩阵是对称的情况，它对应的邻接图是无向图. 对于一般的稀疏矩阵，不再具有对称性，此时对应的邻接图是有向图. 对于一般稀疏矩阵的处理也有许多方法，此处就不再赘述了.

14.2　Arnoldi 算法

现在来讨论稀疏矩阵的特征求解问题，将介绍各种利用稀疏性的计算方法. 求稀疏矩阵的特征值，就需要运用对稀疏数据有效的方法. 因为，通常求特征值的

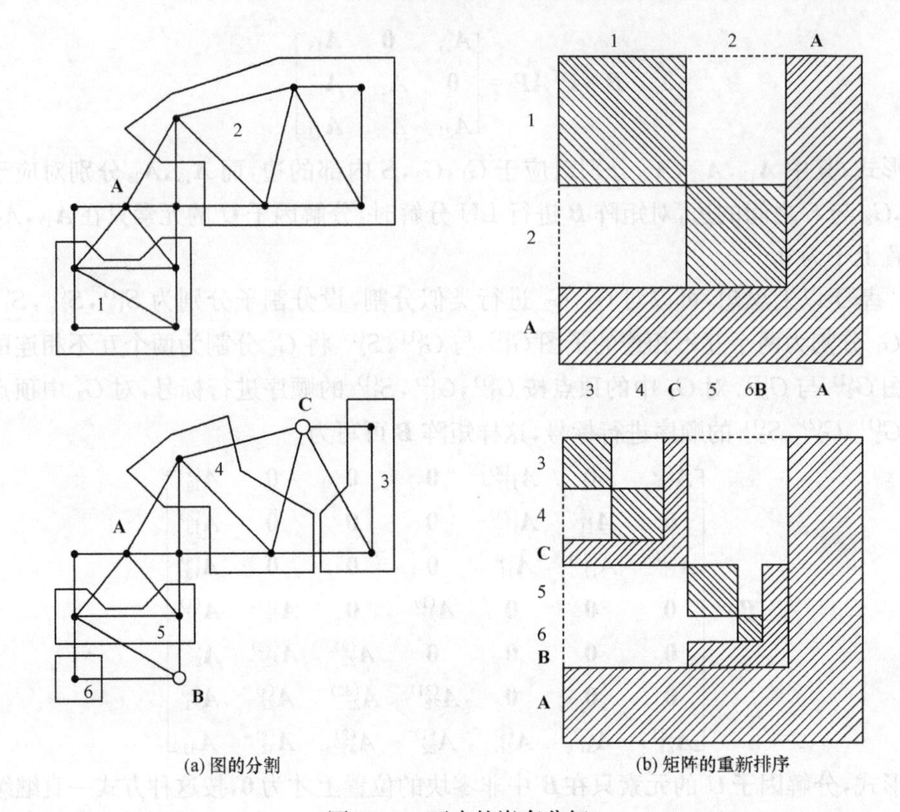

图 14.6　两步的嵌套分解

QR 算法在进行一次 QR 步骤以后，所得到的矩阵很少是稀疏的，产生了机器不能承受的大量非零填充. 因此 QR 算法和其他基于相似变换的方法是不适用的.

需要的是不改变矩阵稀疏结构的算法. 在第 9 章所有求解特征值的方法中，能被采用的算法只是同时迭代. 这里选择基本的同时迭代算法(9.24)，它具有每一步不改变坐标系的优点. 回顾一下算法(9.24)，每步的计算只是用 $\boldsymbol{A}$ 乘以向量 $\boldsymbol{q}_1^{(m)},\cdots,\boldsymbol{q}_k^{(m)}$，$\boldsymbol{A}$ 的元素始终没有改变. 即使 $\boldsymbol{A}$ 是以稀疏方式存储的，计算矩阵向量的乘积 $\boldsymbol{Aq}$ 也是简单的. 因此，对大规模稀疏矩阵执行同时迭代是简单可行的. 由于受存储空间和运算能力的限制，同时迭代中的向量数目 k，一般要求 $k \ll n$，它意味着只能计算一些(最多 k 个)最大模的特征值和对应的特征向量.

大约到 1980 年，计算大规模稀疏矩阵的最流行方法就是同时迭代，虽然其间发展了许多精细和快速的变形，但是同时迭代最终仍被一些复杂的方法所代替，本章将描述目前常用的一些方法.

移位和逆方法　在介绍其他方法之前，首先描述移位和逆方法，它与同时迭代结合起来计算 $\boldsymbol{A}$ 的模在中间的特征值. 移位和逆方法也能与其他的算法相结合.

同时迭代计算 $\boldsymbol{A}$ 的最大模特征值. 假设想在某个数 τ 的邻域求特征值. 如果将

$\boldsymbol{A}$ 移位 τ 后取逆，得到新的矩阵 $(\boldsymbol{A}-\tau\boldsymbol{I})^{-1}$，它与 $\boldsymbol{A}$ 有相同的特征向量和不变子空间，但特征值是不同的. $\boldsymbol{A}$ 的每一个特征值 λ 变换到 $(\boldsymbol{A}-\tau\boldsymbol{I})^{-1}$ 的特征值 $(\lambda-\tau)^{-1}$. $(\boldsymbol{A}-\tau\boldsymbol{I})^{-1}$ 的最大特征值对应于 $\boldsymbol{A}$ 的与 τ 最接近的特征值. 通过对 $(\boldsymbol{A}-\tau\boldsymbol{I})^{-1}$ 运用同时迭代，能得到这些特征值和对应的不变子空间，这就是移位-逆迭代的基本思路. 这里当然不需要求矩阵的逆；且稀疏矩阵的逆不再是稀疏的，所以也不可能求出. 解决方法是计算矩阵 $\boldsymbol{A}-\tau\boldsymbol{I}$ 的稀疏 LU 分解，见(Watkins, 2002). 方程组 $(\boldsymbol{A}-\tau\boldsymbol{I})^{-1}\boldsymbol{q}=\boldsymbol{p}$ 的求解是通过对方程组 $\boldsymbol{q}=(\boldsymbol{A}-\tau\boldsymbol{I})\boldsymbol{p}$ 进行前向和向后代入法而得到 $\boldsymbol{p}$. 一旦计算出 LU 分解，可以多次应用它来进行 $(\boldsymbol{A}-\tau\boldsymbol{I})^{-1}\boldsymbol{q}$ 类型的计算. 除非移位量 τ 改变，否则 LU 分解不需要更新.

移位和逆迭代确实很有效，长期以来一致被广泛地应用. 然而，在应用它时，也有严格的限制. 如果 $\boldsymbol{A}$ 是非常大的稀疏矩阵，它的稀疏 LU 分解与 $\boldsymbol{A}$ 相比一般不太稀疏，因此需要许多存储空间. 如果计算机的内存不能存储 LU 分解的因子，便不能运用这个方法.

Arnoldi 算法　早在 1950 年，Arnoldi 算法就出现了，但是直到 20 世纪 70 年代，才开始作为特征值的计算方法流行起来，并且 Arnoldi 算法的某些变形已经替代了同时迭代.

回忆一下，幂法是从初始向量 $\boldsymbol{q}$ 开始的，依次计算向量 $\boldsymbol{q},\boldsymbol{A}\boldsymbol{q},\boldsymbol{A}^2\boldsymbol{q},\cdots,\boldsymbol{A}^k\boldsymbol{q}\cdots$. 随着算法的继续，老的迭代被丢弃. 在第 k 步，只有 $\boldsymbol{A}^k\boldsymbol{q}$，没有保留过去的信息. 同时迭代是对子空间处理的，但进行的方式也是相同的，过去的信息被丢掉了.

Arnoldi 算法的思想是保留和运用所有过去的信息. 在 k 步以后，有 $k+1$ 个向量 $\boldsymbol{q},\boldsymbol{A}\boldsymbol{q},\boldsymbol{A}^2\boldsymbol{q},\cdots,\boldsymbol{A}^k\boldsymbol{q}$，所有的都保留了. 然后在这些向量组成的 $k+1$ 维空间中，求特征向量的最佳逼近. 现在考虑具体的计算过程.

我们知道，向量 $\boldsymbol{q},\boldsymbol{A}\boldsymbol{q},\boldsymbol{A}^2\boldsymbol{q},\cdots,\boldsymbol{A}^k\boldsymbol{q}$ 一般是它们扩张子空间的病态基. 随着 j 的增加，向量 $\boldsymbol{A}^j\boldsymbol{q}$ 越来越指向 $\boldsymbol{A}$ 的占优特征向量. 因此序列 $\boldsymbol{q},\boldsymbol{A}\boldsymbol{q},\boldsymbol{A}^2\boldsymbol{q},\cdots,\boldsymbol{A}^k\boldsymbol{q}$ 中的后面向量几乎指向同一个方向. 为了防止这个，可以用这个空间的标准正交基 $\boldsymbol{q}_1,\cdots,\boldsymbol{q}_{k+1}$ 来代替这些向量；这可以用修正的 Gram-Schmit 方法来实现. 假设已经得到前 k 个向量，现在求第 $k+1$ 个向量. 如果只是对原序列 $\boldsymbol{q},\boldsymbol{A}\boldsymbol{q},\boldsymbol{A}^2\boldsymbol{q},\cdots,\boldsymbol{A}^{k-1}\boldsymbol{q}$ 处理，只要简单地对 $\boldsymbol{A}^{k-1}\boldsymbol{q}$ 乘以 $\boldsymbol{A}$ 就可以得到 $\boldsymbol{A}^k\boldsymbol{q}$. 然而由于正交化，没有显式迭代序列；现在只有正交基 $\boldsymbol{q}_1,\cdots,\boldsymbol{q}_k$，希望得到 $\boldsymbol{q}_{k+1}$. 原则上可以用 $\boldsymbol{A}^k\boldsymbol{q}$ 关于 $\boldsymbol{q}_1,\cdots,\boldsymbol{q}_k$ 进行 Gram-Schimt 标准正交化法得到 $\boldsymbol{q}_{k+1}$. 实际中，因为没有计算向量 $\boldsymbol{A}^k\boldsymbol{q}$，所以这是不可能的. 所以必须进行一些不同的处理. 代替对不存在的向量 $\boldsymbol{A}^{k-1}\boldsymbol{q}$ 乘以 $\boldsymbol{A}$ 得到 $\boldsymbol{A}^k\boldsymbol{q}$，对存在的向量 $\boldsymbol{q}_k$ 乘以 $\boldsymbol{A}$ 得到 $\boldsymbol{A}\boldsymbol{q}_k$. 然后 $\boldsymbol{A}\boldsymbol{q}_k$ 关于 $\boldsymbol{q}_1,\cdots,\boldsymbol{q}_k$ 进行正交化，得到 $\boldsymbol{q}_{k+1}$，这就是 **Arnoldi 算法**.

现在来详细地介绍算法细节. Arnoldi 算法的第一步是归一化

$$\boldsymbol{q}_1=\boldsymbol{q}/\|\boldsymbol{q}\|_2 \tag{14.3}$$

在下面的步骤中,取

$$\tilde{\boldsymbol{q}}_{k+1} = \boldsymbol{A}\boldsymbol{q}_k - \sum_{j=1}^{k} h_{jk}\boldsymbol{q}_j \tag{14.4}$$

其中 h_{jk} 是 Gram-Schmidt 正交化的系数

$$h_{jk} = \langle \boldsymbol{A}\boldsymbol{q}_k, \boldsymbol{q}_j \rangle \tag{14.5}$$

这使得 $\tilde{\boldsymbol{q}}_{k+1}$ 与 $\boldsymbol{q}_j, j=1,\cdots,k$ 正交,且组成右手系.因此 $\tilde{\boldsymbol{q}}_{k+1}$ 与 $\boldsymbol{q}_1,\cdots,\boldsymbol{q}_k$ 正交,但此时 $\tilde{\boldsymbol{q}}_{k+1}$ 还不是单位向量.通过对 $\tilde{\boldsymbol{q}}_{k+1}$ 单位化完成算法,即取

$$\boldsymbol{q}_{k+1} = \tilde{\boldsymbol{q}}_{k+1} / \| h_{k+1,k} \| \tag{14.6}$$

其中 $h_{k+1,k} = \| \tilde{\boldsymbol{q}}_{k+1} \|_2$.由 $\boldsymbol{A}\boldsymbol{q}$ 关于 $\boldsymbol{q}$ 是线性的,不难验证这个算法与直接对 $\boldsymbol{q},\boldsymbol{A}\boldsymbol{q},\cdots,\boldsymbol{A}^k\boldsymbol{q}$ 进行 Gram-Schmidt 方法得到同一组向量.如果 $h_{k+1,k}=0$,说明 $\text{span}\{\boldsymbol{q}_1,\cdots,\boldsymbol{q}_k\}$ 是 $\boldsymbol{A}$ 的不变子空间,则停止;否则继续下去,直到完成所规定的步骤为止.

式(14.5)是 h_{jk} 理论上的 Gram-Schmidt 计算公式.在实际求解时,可以用修正的 Gram-Schmidt 方法计算 h_{jk}.为了保证向量的正交性,可以选取重新正交化.

在说明 Arnoldi 算法是计算特征值的合理性之前,需要建立一些基本关系.先回忆一下定义.

对任何 j,空间 $\text{span}\{\boldsymbol{q},\boldsymbol{A}\boldsymbol{q},\cdots,\boldsymbol{A}^{j-1}\boldsymbol{q}\}$ 称为关于 $\boldsymbol{A}$ 和 $\boldsymbol{q}$ 的第 j 个 Krylov 子空间,记为 $K_j(\boldsymbol{A},\boldsymbol{q})$.

性质 1 假设 $\boldsymbol{q},\boldsymbol{A}\boldsymbol{q},\cdots,\boldsymbol{A}^{m-1}\boldsymbol{q}$ 是线性独立的,则 $K_m(\boldsymbol{A},\boldsymbol{q})$ 是 $\boldsymbol{A}$ 的不变子空间的充要条件是 $\boldsymbol{q},\boldsymbol{A}\boldsymbol{q},\cdots,\boldsymbol{A}^{m-1}\boldsymbol{q},\boldsymbol{A}^m\boldsymbol{q}$ 是线性相关的.

定理 1 假设 $\boldsymbol{q},\boldsymbol{A}\boldsymbol{q},\cdots,\boldsymbol{A}^{m-1}\boldsymbol{q}$ 是线性独立的,且 $\boldsymbol{q}_1,\cdots,\boldsymbol{q}_m$ 是由 Arnoldi 算法计算出的正交向量.则

(1) 对 $k=1,\cdots,m$, $\text{span}\{\boldsymbol{q}_1,\cdots\boldsymbol{q}_k\}=K_k(\boldsymbol{A},\boldsymbol{q})$;

(2) 对 $k=1,\cdots,m-1$, $h_{k+1,k}>0$;

(3) $h_{m+1,m}=0$ 当且仅当 $\boldsymbol{q},\boldsymbol{A}\boldsymbol{q},\cdots,\boldsymbol{A}^m\boldsymbol{q}$ 是线性相关的,Krylov 子空间 $K_m(\boldsymbol{A},\boldsymbol{q})$ 是 $\boldsymbol{A}$ 的不变子空间.

性质 1 的证明是简单的,定理 1 也不难用归纳法证明,留着习题.

Arnoldi 算法的矩阵表示 下面用矩阵形式来表示 Arnoldi 算法.由式(14.4)和式(14.5),很容易得到:对 $k=1,2,3,\cdots$,有

$$\boldsymbol{A}\boldsymbol{q}_k = \sum_{j=1}^{k+1} h_{jk}\boldsymbol{q}_j \tag{14.7}$$

由定理 1, $\boldsymbol{q},\boldsymbol{A}\boldsymbol{q},\cdots,\boldsymbol{A}^m\boldsymbol{q}$ 的线性独立表示对 $k=1,\cdots,m$,式(14.7)成立.这 $m+1$ 个向量方程可以用矩阵方程表示.记 $\boldsymbol{Q}_m=[\boldsymbol{q}_1\cdots\ \boldsymbol{q}_m]\in C^{n\times m}$ 和

$$
\boldsymbol{H}_{m+1,m}=\begin{bmatrix} h_{11} & h_{12} & \cdots & h_{1,m-1} & h_{1m} \\ h_{21} & h_{22} & \cdots & h_{2,m-1} & h_{2m} \\ 0 & h_{32} & \cdots & h_{3,m-1} & h_{3m} \\ 0 & & & \vdots & \vdots \\ \vdots & & \ddots & h_{m,m-1} & h_{mm} \\ 0 & 0 & \cdots & 0 & h_{m+1,m} \end{bmatrix} \in C^{(m+1)\times m}
$$

$\boldsymbol{Q}_m$ 的列是正交的，因此是半正交矩阵，$\boldsymbol{H}_{m+1,m}$ 是次主对角元素为正的上 Hessenberg 矩阵. 由式(14.7)，得

$$
\boldsymbol{A}\boldsymbol{Q}_m=\boldsymbol{Q}_{m+1}\boldsymbol{H}_{m+1,m} \tag{14.8}
$$

其中式(14.8)中的第 k 列正是式(14.7). 这个矩阵方程简洁地给出了 $\boldsymbol{A}$ 和 Arnoldi 算法所产生的量之间的关系. 重记式(14.6)右边的量，可以得到另一个有用的表达式. 记 $\boldsymbol{H}_m$ 表示划去 $\boldsymbol{H}_{m+1,m}$ 的最后一行留下的上 Hessenberg 方阵，于是从矩阵乘积中分离 $\boldsymbol{Q}_{m+1}$ 的最后一列和 $\boldsymbol{H}_{m+1,m}$ 的最后一行，得到

$$
\boldsymbol{Q}_{m+1}\boldsymbol{H}_{m+1,m}=\boldsymbol{Q}_m\boldsymbol{H}_m+\boldsymbol{q}_{m+1}[0,\cdots,0,h_{m+1,m}]
$$

因此

$$
\boldsymbol{A}\boldsymbol{Q}_m=\boldsymbol{Q}_m\boldsymbol{H}_m+h_{m+1,m}\boldsymbol{q}_{m+1}\boldsymbol{e}_m^{\mathrm{T}} \tag{14.9}
$$

其中 $\boldsymbol{e}_m$ 表示 m 阶单位矩阵的最后一行.

下面简单的结果将在后面用到.

性质 2　假设 $\boldsymbol{q}_1,\cdots,\boldsymbol{q}_{m+1}$ 是标准正交向量，记 $\boldsymbol{Q}_m=[\boldsymbol{q}_1,\cdots,\boldsymbol{q}_m]$，且 $\boldsymbol{H}_m$ 是上 Hessenberg 矩阵，其中对 $j=1,\cdots m$，$h_{j+1,j}>0$. 如果它们满足式(14.9)，则 $\boldsymbol{q}_1,\cdots,\boldsymbol{q}_{m+1}$ 一定是由初始向量为 $\boldsymbol{q}_1$ 的 Arnoldi 算法产生的向量，即给定矩阵 $\boldsymbol{A}$，在式(14.9) 中的元素是由 $\boldsymbol{Q}_m$ 的第一列唯一确定的.

$\boldsymbol{q},\boldsymbol{A}\boldsymbol{q},\cdots,\boldsymbol{A}^m\boldsymbol{q}$ 如果是线性独立的，则 $h_{m+1,m}\neq 0$；如果是相关的，则 $h_{m+1,m}=0$，式(14.9)变成 $\boldsymbol{A}\boldsymbol{Q}_m=\boldsymbol{Q}_m\boldsymbol{H}_m$. 因此由(胡茂林，2007)的 6.3 节定理 6 可以得到结论，由 $\boldsymbol{Q}_m$ 的列扩张的空间是 $\boldsymbol{A}$ 的不变子空间. 因为 $R(\boldsymbol{Q}_m)=\mathrm{span}\{\boldsymbol{q}_1,\cdots,\boldsymbol{q}_m\}=K_m(\boldsymbol{A},\boldsymbol{q})$，这与定理 1 是一致的. 进一步，$\boldsymbol{H}_m$ 的特征值是 $\boldsymbol{A}$ 的特征值. 如果 m 不太大，就能很容易地(比如基于 QR 算法)计算 $\boldsymbol{H}_m$ 的 m 个特征值. 以上正是 Arnoldi 算法计算特征值的详细过程.

上面介绍了应用 Arnoldi 算法求大规模矩阵的一些特征值的方法. 过程的每一步增加一个新的基向量 $\boldsymbol{q}_k$，并需要存储 Hessenberg 矩阵的元素 h_{jk}. 这要求有巨大的存储空间作后备，因此极大地限制了所能进行的步骤. 算法必须在 m 步以后停止，其中 $m\ll n$.

在理论上，研究进行更多的步骤是有意义的. 如果 $\boldsymbol{q},\boldsymbol{A}\boldsymbol{q},\cdots,\boldsymbol{A}^{n-1}\boldsymbol{q}$ 是独立的，则能进行 n 步，得到 C^n 的一个标准正交基 $\boldsymbol{q}_1,\cdots,\boldsymbol{q}_n$. 考虑再进行一步，因为 n 维空间 C^n 中的 $n+1$ 个向量一定是线性相关的，将得到 $h_{n+1,n}=0$. 所以式(14.9)变成

$AQ_n = Q_nH_n$. 方阵 Q_n 是酉矩阵，H_n 是不可约上 Hessenberg 矩阵，且 $H_n = Q_n^{-1}AQ_n$. 因此，如果 Arnoldi 算法进行到底，与将矩阵酉相似变换到上 Hessenberg 矩阵的计算是相同的. 在 9.3 节中，这个计算是用反射变换来完成的. 对这个特殊任务，一般选择在 9.3 节中的方法，而不是 Arnoldi 算法.

现在回到主要的问题，通过只进行一些 Arnoldi 算法得到 A 的特征值. 已经知道如果在某点 $h_{m+1,m}=0$，则 $\text{span}\{q_1,\cdots,q_m\}$ 是 A 的不变子空间，且 H_m 的 m 个特征值是 A 的特征值. 然而，除非特别选取的 q，一下得到 A 的维数较小的不变子空间的可能性极少. 在下一部分，通过隐式重新开始 Arnoldi 算法来提供 q 的选取方法，但是目前没有特别确定 q 的方法. 假设已得到 $q_1,\cdots,q_m$，且 $h_{m+1,m}\neq 0$. 如果 $h_{m+1,m}$ 很小，也可以合理地认为它们接近于 A 的不变子空间，且 H_m 的特征值接近于 A 的特征值. 这表明即使 $h_{m+1,m}$ 不是很小，H_m 的部分特征值也是 A 的特征值好的逼近.

定理 2　设由 Arnoldi 算法产生的 Q_m，H_m 和 $h_{m+1,m}$ 满足式(14.7)，若 μ 是 H_m 的一个特征值，所对应的单位特征向量是 x. 记 $v=Q_mx\in C^n$. 则

$$\|Av-\mu v\|_2 = |h_{m+1,m}|\,|x_m| \tag{14.10}$$

其中 x_m 为 x 的第 m 个，即最后的分量.

在定理 2 中的向量 v 称为 A 与子空间 $K_m(A,q)=\text{span}\{q_1,\cdots,q_m\}$ 对应的 **Ritz 向量**，这是因为它是 A 的特征向量的 Rayleigh-Ritz-Galerkin 逼近. 数 μ 称为与 v 对应的 **Ritz 值**，(μ,v) 称为 **Ritz 对**.

如果 (μ,v) 是 A 的特征对，则 $Av-\mu v$ 的残差是零. 如果 (μ,v) 不是特征对，则残差的范数 $\|Av-\mu v\|_2$ 不是零；但是如果 (μ,v) 是特征对的较佳逼近，则残差将接近零. 因此，当 $\|Av-\mu v\|_2$ 很小时，有理由相信 (μ,v) 接近于 A 的特征对. 当然情况并非这样简单，如果被逼近的特征对是病态的，小的残差将不能保证好的逼近. 最后，在 10.2 节说明了正规矩阵的特征值都是良定的，因此当 A 是正规矩阵时，小的残差一定保证 μ 接近 A 的特征值.

定理 2 表明即使 $h_{m+1,m}$ 不是零，如果特征向量 x 的最后一个元素很小，Ritz 对 (μ,v) 的残差范数也许很小. 如果 m 不大，计算 H_m 的特征值与特征向量和对所有的特征向量 x 来检验 $|h_{m+1,m}|\,|x_m|$ 的大小是一件简单的事. 如果其中一个残差很小，就有理由相信这是一个好的逼近.

经验表明在 m 充分大使得 $h_{m+1,m}$ 足够小以前，某些 Ritz 值就是 A 的特征值的好的逼近. Ritz 值一般首先逼近位于谱边缘的特征值，因此 Arnoldi 算法不适合计算谱内部的特征值. 然而，如果矩阵 A 不是特别大，前面介绍过的移位和逆迭代能与 Arnoldi 算法结合起来计算内部的特征值. 如果希望求接近目标 τ 的内部特征值，可以对 $(A-\tau I)^{-1}$ 运用 Arnoldi 算法，它的边缘特征值 $\mu_1=(\lambda_i-\tau)^{-1}$ 对应于 τ 最接近的特征值 λ_i. 对每一个 μ_i，容易得到 $\lambda_i=\tau+1/\mu_i$. $(A-\tau I)^{-1}$ 的特征向量与 A

的特征向量是相同的.

对称 Lanczos 算法　当 $\boldsymbol{A}$ 是 Hermite 矩阵，即 $\boldsymbol{A}^H=\boldsymbol{A}$ 时，Arnoldi 算法的形式非常简单. 在应用中，大部分 Hermite 矩阵都是实的，因此下面只讨论实对称矩阵. 众所周知，实对称矩阵所有的特征值都是实的，对应特征向量也是实的，见 2.1 节；进一步，$\boldsymbol{A}$ 的特征向量组成 R^n 的一个标准正交基. 给定一个初始向量 $\boldsymbol{q}\in R^{n\times n}$，在进行 m 步 Arnoldi 算法后，有

$$\boldsymbol{A}\boldsymbol{Q}_m=\boldsymbol{Q}_m\boldsymbol{T}_m+h_{m+1,m}\boldsymbol{q}_{m+1}\boldsymbol{e}_m^{\mathrm{T}} \tag{14.11}$$

其中 $\boldsymbol{Q}_m$ 是列正交的实矩阵，且 $\boldsymbol{T}_m$ 是实的上 Hessenberg 矩阵. 因为 $\boldsymbol{T}_m$ 保持 $\boldsymbol{A}$ 的对称性，$\boldsymbol{T}_m$ 实际上是三对角矩阵，因此，算法可以简化.

因为 $\boldsymbol{T}_m$ 是三对角的，在 Arnoldi 算法中，有

$$\tilde{\boldsymbol{q}}_{k+1}=\boldsymbol{A}\boldsymbol{q}_k-\sum_{j=1}^{k}\boldsymbol{q}_j\boldsymbol{t}_{jk}$$

公式中的大部分 t_{jk} 是零，求和号中只有两个非零元素. 引入记号

$$\boldsymbol{T}_m=\begin{bmatrix}\alpha_1 & \beta_1 & & \\ \beta_1 & \alpha_1 & \ddots & \\ & \ddots & \ddots & \beta_{m-1} \\ & & \beta_{m-1} & \alpha_m\end{bmatrix}$$

得到只有三项的递推公式

$$\tilde{\boldsymbol{q}}_{k+1}=\boldsymbol{A}\boldsymbol{q}_k-\alpha_k\boldsymbol{q}_k-\alpha_{k-1}\boldsymbol{q}_{k-1}$$

归一化为

$$\boldsymbol{q}_{k+1}\beta_{k+1}=\boldsymbol{A}\boldsymbol{q}_k-\alpha_k\boldsymbol{q}_k-\beta_{k-1}\boldsymbol{q}_{k-1}$$

这种 Arnoldi 算法的特殊形式称为**对称 Lanczos 算法**.

对称矩阵特征问题计算的一个显著优点是：如果执行过程中不需要重新归一化，算法的计算量将非常小，且只需要很少的存储空间. 如果只计算特征值，只要保留系数 α_k 和 β_k，及 $\boldsymbol{T}_m$ 中的非零元素. 在每一步只用到最近计算的两个向量，其余的可以丢弃. 因此存储空间的要求相当低. 在第 k 步，只计算一个内积，而不是 k 个，因此计算量也很少.

运用没有归一化对称 Lanczos 算法的主要困难是由于舍入误差将引起 $\boldsymbol{q}_k$ 的正交性逐渐变坏，正如通常的情形，如果需要保持正交性，则必须保留所有的 $\boldsymbol{q}_k$，且对每个新向量进行(两次)正交化. 因此就失去了存储和计算上节省的优点. 注意，如果需要计算 $\boldsymbol{A}$ 的特征向量，则需要保留所有的 $\boldsymbol{q}_k$.

14.3　隐重新开始的 Arnoldi 算法

这部分以 14.2 节为基础，引入一些常用的，且最有效的计算大规模矩阵特征

值的方法，包括隐重新开始的 Arnoldi 算法和 Jacobi-Davidson 算法.

隐重新开始的 Arnoldi 算法 从 14.2 节讨论知道，Arnoldi 算法能给出特征值较好的逼近依赖于初始向量 $\boldsymbol{q}$ 的选取. 在多数情形下，一开始是不可能希望对初始向量 $\boldsymbol{q}$ 有好的估计；因为缺少信息，$\boldsymbol{q}$ 的选取通常是随机的. 然而，一旦进行了一些 Arnoldi 步骤以后，就可以利用这些结果来寻求较好的初始向量 $\hat{\boldsymbol{q}}$. 假设能找到这样的 $\hat{\boldsymbol{q}}$，是否值得用 $\hat{\boldsymbol{q}}$ 代替老的 $\boldsymbol{q}$，重新开始新的 Arnoldi 算法呢？如果是，则对每次得到的更好的向量，是否都值得重复地开始呢？

事实上，重复重新开始是值得的，这正是隐重新开始 Arnoldi 算法所进行的. 在进行一些 Arnoldi 运行以后，它从一个新的向量重新开始，进行另外一些运算，再重新开始等等. 因为过程中每次都选取新的初始向量，且计算不必要从头进行新的运行，而是从流程中进行. 因为这个原因，重新开始称为隐式的.

在进行了隐重新开始以后，过程终止于得到所需要特征向量组成的低维不变子空间. 而提取这些向量和相应的特征值是一个简单的问题.

重新开始的主要好处是需要很少的存储空间. 如果限制长度为 m 的短 Arnoldi 算法，则只需要存储大约 m 个向量. 每一次重新开始，都清除内存. 因为只保留一些向量，即使为了确保在计算精度下的正交性，对它们进行重新正交化的计算量也不大.

在介绍了这个算法的基本思想和一些潜在的好处之后，首先要回答问题：构成一个好的初始向量的因素是什么. 从简单的例子开始，假设对某个特征向量感兴趣，则从这个特征向量开始进行 Arnoldi 算法将是很好的. 如果恰巧以这个向量开始，则算法在一步后终止，得到特征向量和对应的特征值. 许多情形，对一些特征向量感兴趣. 假设正好从这批向量的线性组合 $\boldsymbol{q}$ 开始，比如 $\boldsymbol{q}=c_1\boldsymbol{x}_1+\cdots+c_k\boldsymbol{x}_k$，其中 $k\ll n$. 则 Arnoldi 算法将在 k 步或更少步内结束，得到等同于不变子空间 $\mathrm{span}\{\boldsymbol{x}_1,\cdots,\boldsymbol{x}_k\}$ 的空间 $\mathrm{span}\{\boldsymbol{q}_1,\cdots,\boldsymbol{q}_k\}$.

这表明可以试图只取一些所需要特征向量的线性组合 $\boldsymbol{q}$ 开始. 为简单计，假设 $\boldsymbol{A}$ 是半单矩阵，它有线性独立的特征向量 $\boldsymbol{x}_1,\cdots,\boldsymbol{x}_n$ 和对应的特征值 $\lambda_1,\cdots,\lambda_n$. 假设欲求 k 个最大模的特征值和对应的特征向量，如果特征值的排序是 $|\lambda_1|\geqslant|\lambda_2|\geqslant\cdots\geqslant|\lambda_n|$，其中 $|\lambda_k|>|\lambda_{k+1}|$. 希望得到的特征向量是 $\boldsymbol{x}_1,\cdots,\boldsymbol{x}_k$.

因为 $\boldsymbol{x}_1,\cdots,\boldsymbol{x}_n$ 是 C^n 的基，对任意 $\boldsymbol{q}$，有

$$\boldsymbol{q}=c_1\boldsymbol{x}_1+c_2\boldsymbol{x}_2+\cdots+c_n\boldsymbol{x}_n$$

其中 $c_1,c_2,\cdots,c_n$ 是唯一，但未知的常数. 如果随机地选取 $\boldsymbol{q}$，则可能在所有特征向量的方向上都有相等的分量，即没有 c_i 是零或非常接近于零. 这是不理想的，因为所需要的特征向量是 $\boldsymbol{x}_1,\cdots,\boldsymbol{x}_k$，所以希望有 $c_{k+1}=c_{k+2}=\cdots=c_n=0$. 现在的任务就是寻找新的向量

$$\hat{\boldsymbol{q}}=\hat{c}_1\boldsymbol{x}_1+\hat{c}_2\boldsymbol{x}_2+\cdots+\hat{c}_n\boldsymbol{x}_n$$

其中 $\hat{c}_1,\cdots,\hat{c}_k$ 是被放大的，而 $\hat{c}_{k+1},\cdots,\hat{c}_n$ 是零或接近于零的. 假设取 $\hat{\boldsymbol{q}}=p(\boldsymbol{A})\boldsymbol{q}$，其中 p 是特定的多项式，则

$$\hat{\boldsymbol{q}}=c_1p(\lambda_1)\boldsymbol{x}_1+c_2p(\lambda_2)\boldsymbol{x}_2+\cdots+c_np(\lambda_n)\boldsymbol{x}_n$$

如果选取 p 满足 $p(\lambda_1),\cdots,p(\lambda_k)$ 非常大，而 $p(\lambda_{k+1}),\cdots,p(\lambda_n)$ 较小，则能得到所希望的 $\hat{\boldsymbol{q}}$. 这就是隐重新开始的 Arnoldi 算法所进行的.

现在来描述**隐重新开始 Arnoldi 算法(IRA)**的迭代过程. 如果希望得到 k 个特征值，将 Arnoldi 的运行长度取为 $m=k+j$，其中 j 接近于 k，一般取 $j=k$. 从向量 $\boldsymbol{q}$ 开始，在 m 步以后，得到列正交的 $\boldsymbol{Q}_m=[\boldsymbol{q}_1,\cdots,\boldsymbol{q}_m]$ 和上 Hessenberg 矩阵 $\boldsymbol{H}_m$，使得

$$\boldsymbol{A}\boldsymbol{Q}_m=\boldsymbol{Q}_m\boldsymbol{H}_m+h_{m+1,m}\boldsymbol{q}_{m+1}\boldsymbol{e}_m^{\mathrm{T}} \tag{14.12}$$

即式(14.9). 因为 m 很小，很容易利用 QR 算法计算 $\boldsymbol{H}_m$ 的 m 个特征值. 这些是 $\boldsymbol{A}$ 对应于子空间 $R(\boldsymbol{Q}_m)=\mathrm{span}\{\boldsymbol{q}_1,\cdots,\boldsymbol{q}_m\}$ 的 Ritz 值. 记为 $\mu_1,\cdots,\mu_m$，且按降序排列 $|\mu_1|\geqslant|\mu_2|\geqslant\cdots\geqslant|\mu_m|$. 最大的 $\mu_1,\cdots,\mu_k$ 是需要计算的 $\boldsymbol{A}$ 的前 k 个模最大特征值的估计，而 $\mu_{k+1},\cdots,\mu_m$ 是谱的其他部分的逼近，是不需要的. 虽然这些是特征值比较差的逼近，但它们至少给出 $\boldsymbol{A}$ 的谱的一个大概的位置.

然后 IRA 在希望抑制的谱的区域内的 j 个进行移位 $\nu_1,\cdots,\nu_j$，对 $\boldsymbol{H}_m$ 进行 QR 算法的 j 次迭代. 通常选取 $\nu_1=\mu_{k+1},\nu_2=\mu_{k+2},\cdots,\nu_j=\mu_m$. 这样的选择所进行的就是精确移位的 IRA 算法. 因为 m 比较小，QR 迭代的计算量是低的. 它们结合起来的结果等同于酉相似变换

$$\hat{\boldsymbol{H}}_m=\boldsymbol{V}_m^{-1}\boldsymbol{H}_m\boldsymbol{V}_m \tag{14.13}$$

其中 $p(\boldsymbol{H}_m)=\boldsymbol{V}_m\boldsymbol{R}_m$，$\boldsymbol{V}_m$ 是酉矩阵，$\boldsymbol{R}_m$ 是上三角矩阵，且 p 是次数为 j，零点为 $\nu_1\cdots,\nu_j$ 的多项式 $p(z)=(z-\nu_1)(z-\nu_2)\cdots(z-\nu_j)$. QR 迭代保持上 Hessenberg 形式，所以 $\hat{\boldsymbol{H}}_m$ 也是上 Hessenberg 矩阵. 记 $\hat{\boldsymbol{Q}}_m=\boldsymbol{Q}_m\boldsymbol{V}_m$，且 $\hat{\boldsymbol{Q}}_m$ 的第一列记为 $\hat{\boldsymbol{q}}_1$.

IRA 的下一个迭代从 $\hat{\boldsymbol{q}}_1$ 开始，进行 m 步的 Arnoldi 算法. 正如上面提到过的，这不需要从头开始. 为了说明可以这样做的原因，在式(14.12)的右边乘以 $\boldsymbol{V}_m$，且利用式(14.13)，得

$$\boldsymbol{A}\hat{\boldsymbol{Q}}_m=\hat{\boldsymbol{Q}}_m\hat{\boldsymbol{H}}_m+h_{m+1,m}\boldsymbol{q}_{m+1}\boldsymbol{e}_m^{\mathrm{T}}\boldsymbol{V}_m \tag{14.14}$$

可以证明行向量 $\boldsymbol{e}_m^{\mathrm{T}}\boldsymbol{V}_m$ 的前 $m-j-1$ 个元素正好是零. 如果去掉向量中后 j 个元素，得到形式为 $\beta\boldsymbol{e}_k^{\mathrm{T}}$ 的向量，其中 β 是非零的数. 因此，如果去掉式(14.14)的最后 j 列，得到 $\boldsymbol{A}\hat{\boldsymbol{Q}}_k=\hat{\boldsymbol{Q}}_{k+1}\hat{\boldsymbol{H}}_{k+1,k}+\hat{\boldsymbol{q}}_{m+1}h_{m+1,m}\boldsymbol{e}_k^{\mathrm{T}}$ 或

$$\boldsymbol{A}\hat{\boldsymbol{Q}}_k=\hat{\boldsymbol{Q}}_k\hat{\boldsymbol{H}}_k+\tilde{\boldsymbol{q}}_{k+1}\tilde{h}_{k+1,k}\boldsymbol{e}_k^{\mathrm{T}}+\boldsymbol{q}_{m+1}h_{m+1,m}\boldsymbol{e}_k^{\mathrm{T}} \tag{14.15}$$

其中 $\tilde{\boldsymbol{q}}_{k+1}$ 表示 $\hat{\boldsymbol{Q}}_m$ 的第 $k+1$ 列，$\tilde{h}_{k+1,k}$ 表示 $\hat{\boldsymbol{H}}_{k+1,k}$ 的 $(k+1,k)$ 的元素.

记 $\hat{\boldsymbol{q}}_{k+1}=\gamma(\tilde{\boldsymbol{q}}_{k+1}\tilde{h}_{k+1,k}+\boldsymbol{q}_{m+1}h_{m+1,m}\beta)$，其中正数 γ 的选取使得 $\|\hat{\boldsymbol{q}}_{k+1}\|_2=1$. 记 $\hat{h}_{k+1,k}=1/\gamma$. 则式(14.15)可记为

$$\boldsymbol{A}\hat{\boldsymbol{Q}}_k=\hat{\boldsymbol{Q}}_k\hat{\boldsymbol{H}}_k+\hat{\boldsymbol{q}}_{k+1}\hat{h}_{k+1,k}\boldsymbol{e}_k^{\mathrm{T}}$$

它除了字母上的帽子和 m 被 k 代替之外完全等同于式(14.9). 性质 2 表明 $\hat{\boldsymbol{Q}}_k$ 的列正是从 $\hat{\boldsymbol{q}}_1$ 开始，Arnoldi 算法所得到的向量.

因此当从 $\hat{\boldsymbol{q}}_1$ 开始实行 Arnoldi 算法时，IRA 不必要从头开始. 代替的是它能提取 $\hat{\boldsymbol{Q}}_k$ 和 $\hat{\boldsymbol{H}}_k$（分别为 $\hat{\boldsymbol{Q}}_m=\boldsymbol{Q}_m\boldsymbol{V}_m$ 和 $\hat{\boldsymbol{H}}_m=\boldsymbol{V}_m^{-1}\boldsymbol{H}_m\boldsymbol{V}_m$ 的子矩阵）且从第 k 步开始. 因此避免了 $k-1$ 个 Arnoldi 步骤.

Arnoldi 算法的收敛证明应该是容易理解的. 只要验证所有次对角元素 $h_{i+1,i}$ $i=1,\cdots,m-1$ 趋于零就可以了. 如果所有次对角元素都很小，则 $\boldsymbol{Q}_k$ 的前 i 列张成了 i 维的不变子空间. 如果 $i<k$，则迭代继续进行，但是在余下的计算中，应该固定 $\boldsymbol{Q}_k$ 的前 i 列，这在 $\boldsymbol{Q}_k$ 的更新中节省了一些工作量.

一旦固定某些向量，人们一般选择对 $m=k+j$ 个列进行处理，加上已经固定的 i 个，因此在下一次迭代中，总共用了 $m+i$ 列. 从加快收敛的角度看，这是一个好的方法. 但另一方面，需要更多的内存. 如果所求的是 k 个特征对，若取 $j=k$，则需要存储 $3k$ 个向量. 通常在比所需要特征值的个数稍大的维数空间进行处理是有好处的. 比如需要 s 个特征值，就应该处理维数为 $k=s+2$ 的空间.

在前面的算法中，也没有提到移位的选择问题. 正如上面已经讲过，它们应该是 $\boldsymbol{H}_m$ 的 j 个最小的特征值. 在另一方面，如果所求的是 $\boldsymbol{A}$ 的在复平面上最右边的特征值，则可以取移位量为 $\boldsymbol{H}_m$ 最左边的特征值，即总是在需要抑制的谱的附近选取移位量.

进一步推广这个思想，如果所求的是接近于 τ 的特征值，则应该取 $\boldsymbol{H}_m$ 中与 τ 最远的特征值作为移位. 然而，这个方法执行并不是很好，因为它可能提高内部的特征值（Arnoldi 算法的缺点）而抑制周围的特征值（Arnoldi 过程的优点）. 更加有效方法是运用移位和逆方法，即移位后，对逆算子 $(\boldsymbol{A}-\tau\boldsymbol{I})^{-1}$ 应用 IRA. 只要在时间和空间上能够计算 $\boldsymbol{A}-\tau\boldsymbol{I}$ 的 LU 分解，这个方法是合适的.

IRA 有效的原因 上面陈述的 IRA 迭代是以新的初始向量 $\hat{\boldsymbol{q}}=p(\boldsymbol{A})\boldsymbol{q}$ 代替初始向量 $\boldsymbol{q}$，其中多项式 p 是用来抑制不需要的特征向量，增大需要的特征向量. 现在来证明的确会产生这样的效果. 从 Arnoldi 的构造开始

$$\boldsymbol{A}\boldsymbol{Q}_m=\boldsymbol{Q}_m\boldsymbol{H}_m+h_{m+1,m}\boldsymbol{q}_{m+1}\boldsymbol{e}_m^{\mathrm{T}}$$

显然即使加入移位，这个方程仍然成立

$$(\boldsymbol{A}-\nu_1\boldsymbol{I})\boldsymbol{Q}_m=\boldsymbol{Q}_m(\boldsymbol{H}_m-\nu_1\boldsymbol{I})+\boldsymbol{E}_1 \tag{14.16}$$

其中余项 $E_1=h_{m+1,m}\boldsymbol{q}_{m+1}\boldsymbol{e}_m^{\mathrm{T}}$ 除了最后一列外，接近于零. 现在考虑应用第二个移位. 对式(14.16)右乘$(\boldsymbol{A}-\nu_2\boldsymbol{I})$，得到$(\boldsymbol{A}-\nu_2\boldsymbol{I})(\boldsymbol{A}-\nu_1\boldsymbol{I})\boldsymbol{Q}_m$ 的表达式. 所得的方程包含表达式$(\boldsymbol{A}-\nu_2\boldsymbol{I})\boldsymbol{Q}_m$，这可以在式(14.16)中，将 ν_1 用 ν_2 代替而消去. 得到的表达式有两个余项(与 $\boldsymbol{E}_1$ 有关的项)，将它们结合起来，得

$$(\boldsymbol{A}-\nu_2\boldsymbol{I})(\boldsymbol{A}-\nu_1\boldsymbol{I})\boldsymbol{Q}_m=\boldsymbol{Q}_m(\boldsymbol{H}_m-\nu_2\boldsymbol{I})(\boldsymbol{H}_m-\nu_1\boldsymbol{I})+\boldsymbol{E}_2$$

其中 $\boldsymbol{E}_2=(\boldsymbol{A}-\nu_2\boldsymbol{I})\boldsymbol{E}_1+\boldsymbol{E}_1(\boldsymbol{H}_m-\nu_1\boldsymbol{I})$除了最后两列，都等于零. 一般有下面的定理.

定理 3　假设 $\boldsymbol{A}\boldsymbol{Q}_m=\boldsymbol{Q}_m\boldsymbol{H}_m+h_{m+1,m}\boldsymbol{q}_{m+1}\boldsymbol{e}_m^{\mathrm{T}}$，且 p 是次数 $j<m$ 的多项式. 则

$$p(\boldsymbol{A})\boldsymbol{Q}_m=\boldsymbol{Q}_m p(\boldsymbol{H}_m)+\boldsymbol{E}_j$$

其中 $\boldsymbol{E}_j\in C^{n\times m}$除了最后一列，等于零.

现在回忆一下 IRA 对 $\boldsymbol{Q}_m$ 和 $\boldsymbol{H}_m$ 的作用. 它从被抑制谱的区域选择移位 $\nu_1,\cdots,\nu_j$，且运用移位 $\nu_1,\cdots,\nu_j$，对 $\boldsymbol{H}_m$ 进行 j 步 QR 算法，得到 $\hat{\boldsymbol{H}}_m=\boldsymbol{V}_m^{-1}\boldsymbol{H}_m\boldsymbol{V}_m$，其中 $\boldsymbol{V}_m$ 是 $p(\boldsymbol{H}_m)=\boldsymbol{V}_m\boldsymbol{R}_m$ 的 QR 分解中的酉因子，正如式(14.13)，其中 $p(z)=(z-\nu_1)\cdots(z-\nu_j)$. 变换矩阵 $\boldsymbol{V}_m$ 是用来将 $\boldsymbol{Q}_m$ 更新到 $\hat{\boldsymbol{Q}}_m=\boldsymbol{Q}_m\boldsymbol{V}_m$ 的. 如果应用定理 3，得到

$$p(\boldsymbol{A})\boldsymbol{Q}_m=\boldsymbol{Q}_m\boldsymbol{V}_m\boldsymbol{R}_m+\boldsymbol{E}_j=\hat{\boldsymbol{Q}}_m\boldsymbol{R}_m+\boldsymbol{E}_j \tag{14.17}$$

因为只对第一列感兴趣，方程两边右乘 $\boldsymbol{e}_1$，得

$$p(\boldsymbol{A})\boldsymbol{Q}_m\boldsymbol{e}_1=\hat{\boldsymbol{Q}}_m\boldsymbol{R}_m\boldsymbol{e}_1+\boldsymbol{E}_j\boldsymbol{e}_1$$

这个方程的左边只是 $p(\boldsymbol{A})\boldsymbol{q}_1$，因为 $\boldsymbol{R}_m$ 是上三角的矩阵，所以右边有 $\boldsymbol{R}_m\boldsymbol{e}_1=\alpha\boldsymbol{e}_1$，其中 $\alpha=r_{11}\neq 0$，所以右边的第一项只是 $\alpha\hat{\boldsymbol{q}}_1$. 因为 $\boldsymbol{E}_j$ 的第一列是零，所以第二项是零，即

$$\hat{\boldsymbol{q}}_1=\beta p(\boldsymbol{A})\boldsymbol{q}_1 \tag{14.18}$$

其中 $\beta=\alpha^{-1}$；这正是期望得到的. 因为 $p(z)$的零点是 $\nu_1,\cdots,\nu_j$，在接近这些点时，p 的值极小，在远离这些点时，值较大. 这样一来，对应于接近 $\nu_1,\cdots,\nu_j$ 特征值的特征向量将被抑制，而那些对应于远离 $\nu_1,\cdots,\nu_j$ 的特征向量被增大.

在每一次迭代，IRA 选择不同的移位，但是暂时考虑一下移位不改变的情形. 在进行 i 次迭代以后，初始向量将进行$(p(\boldsymbol{A}))^i\boldsymbol{q}_1$ 迭代，正如运用 i 次式(14.13). 因此 IRA 只是影响 $p(\boldsymbol{A})$的幂法. 对应于 $p(\boldsymbol{A})$最大特征值 $p(\lambda)$的特征向量将被增大.

幂法是维数为一的子空间迭代. 定理 3 表明 IRA 是高维的子空间迭代. 因此子空间迭代收敛定理能用来分析 IRA 的收敛性. 在实际中，因为在每一步选择不同的移位，子空间迭代是非固定的. 这提高了算法的适应性和灵活性，同时也增加

了对收敛进行分析的困难.

定理 4 假设 IRA 的迭代将 $\boldsymbol{q}_1,\cdots,\boldsymbol{q}_k$ 变换到 $\hat{\boldsymbol{q}}_1,\cdots,\hat{\boldsymbol{q}}_k$,如果 $\nu_1,\cdots,\nu_j$ 是 IRA 所运用的移位. 记 $p(z)=(z-\nu_1)\cdots(z-\nu_j)$,则对 $i=1,\cdots,k$,有

$$\mathrm{span}\{\hat{\boldsymbol{q}}_1,\cdots,\hat{\boldsymbol{q}}_i\} = p(\boldsymbol{A})\mathrm{span}\{\boldsymbol{q}_1,\cdots,\boldsymbol{q}_i\}$$

证明 由定理 2, $\mathrm{span}\{\boldsymbol{q}_1,\cdots,\boldsymbol{q}_i\}=K_i(\boldsymbol{A},\boldsymbol{q}_1)$ 和 $\mathrm{span}\{\hat{\boldsymbol{q}}_1,\cdots,\hat{\boldsymbol{q}}_i\}=K_i(\boldsymbol{A},\hat{\boldsymbol{q}}_1)$. 进一步,由式(14.13),易证 $K_i(\boldsymbol{A},\hat{\boldsymbol{q}}_1)=p(\boldsymbol{A})K_i(\boldsymbol{A},\boldsymbol{q}_1)$. □

Davidson 算法 Arnoldi 算法通过在每一步加入一个向量,得到一个维数递增的子空间序列. 每一步基于 Krylov 子空间 $\mathrm{span}\{\boldsymbol{q}_1,\cdots,\boldsymbol{q}_k\}=K_k(\boldsymbol{A},\boldsymbol{q}_1)$ 来实现. 现在也考虑每一步增加一个新的向量,但不是基于 Krylov 子空间的形式. 这是一个更广类型的算法结果.

假设已有正交向量 $\boldsymbol{q}_1,\cdots,\boldsymbol{q}_k$,需要增加 $\boldsymbol{q}_{k+1}$. 所希望选取的向量使得扩大的空间能提高当前空间的结果,即它包含对特征向量更好逼近的向量. 为此,研究已经得到的空间. 记 $\boldsymbol{Q}_k=[\boldsymbol{q}_1,\cdots,\boldsymbol{q}_k]$,如前,令 $\boldsymbol{B}_k=\boldsymbol{Q}_k^{\mathrm{H}}\boldsymbol{A}\boldsymbol{Q}_k$. 在 Arnoldi 算法中,这只是 Hessenberg 矩阵 $\boldsymbol{H}_k$,但是现在 $\boldsymbol{B}_k$ 不一定是上 Hessenberg. 因为 k 不大,所以很容易地计算它的特征值和特征向量. 令$(\mu,\boldsymbol{x})$是对应于子空间的 Ritz 对,这能被看做 $\boldsymbol{A}$ 的某个特征对的逼近. 残差 $\boldsymbol{r}=\boldsymbol{A}\boldsymbol{q}-\mu\boldsymbol{q}$ 的范数给出作为逼近特征对的度量表示.

一些重要的方法是利用残差来确定新增加的向量 $\boldsymbol{q}_{k+1}$. 在每一种情形, $\boldsymbol{r}$ 被用来确定第二个向量 $\boldsymbol{s}$,使得 $\boldsymbol{s}\notin\mathrm{span}\{\boldsymbol{q}_1,\cdots,\boldsymbol{q}_k\}$. 通过对 $\boldsymbol{s}$ 关于 $\boldsymbol{q}_1,\cdots,\boldsymbol{q}_k$ 进行 Gram-Schmidt 方法正交化得到 $\boldsymbol{q}_{k+1}$. 这些方法的差别在于怎样从 $\boldsymbol{r}$ 得到 $\boldsymbol{s}$.

最简单的情形是直接取 $\boldsymbol{s}=\boldsymbol{r}$,这就是 Arnoldi 算法. 第二种是取 $\boldsymbol{s}=(\boldsymbol{D}-\mu\boldsymbol{I})^{-1}\boldsymbol{r}$,其中 $\boldsymbol{D}$ 是由 $\boldsymbol{A}$ 的主对角元素组成的对角矩阵,这就导出 **Davidson 算法**,它在量子化学计算中有着广泛的应用. 在这些领域问题中,矩阵通常是对称,且巨大的;同时也是强对角占优的,意味着主对角元素比非主对角元素大很多. 这个性质是 Davidson 方法成功的关键. 注意到因为$(\boldsymbol{D}-\mu\boldsymbol{I})^{-1}$是对角矩阵,所以 $\boldsymbol{s}$ 的计算量并不大.

第三个选择 $\boldsymbol{s}$ 的方法是 **Jacobi-Davidson 算法**,现在来说明它. 如果 $\boldsymbol{q}$ 接近 $\boldsymbol{A}$ 的特征值,则小的修正 $\tilde{\boldsymbol{s}}$ 能使 $\boldsymbol{q}+\tilde{\boldsymbol{s}}$ 是一个精确的特征向量. 因此

$$\boldsymbol{A}(\boldsymbol{q}+\tilde{\boldsymbol{s}}) = (\mu+\tilde{\nu})(\boldsymbol{q}+\tilde{\boldsymbol{s}}) \tag{14.19}$$

其中 $\tilde{\nu}$ 是 Ritz 值 μ 的小的修正. 进一步,可以取与 $\boldsymbol{q}$ 正交的修正,即 $\boldsymbol{q}^{\mathrm{H}}\tilde{\boldsymbol{s}}=0$. Jacobi-Davidson算法选择 $\boldsymbol{s}$ 是 $\tilde{\boldsymbol{s}}$ 的逼近. 假设 $\|\tilde{\boldsymbol{s}}\|=O(\varepsilon)$ 和 $\|\tilde{\boldsymbol{v}}\|=O(\varepsilon)$,其中 $\varepsilon\ll1$. 将式(14.19)展开,得到 $\boldsymbol{A}\boldsymbol{q}+\boldsymbol{A}\tilde{\boldsymbol{s}}=\mu\boldsymbol{q}+\tilde{\boldsymbol{v}}\boldsymbol{q}+\mu\tilde{\boldsymbol{s}}+\tilde{\boldsymbol{v}}\tilde{\boldsymbol{s}}$,即

$$(\boldsymbol{A}-\mu\boldsymbol{I})\boldsymbol{q}-\tilde{\nu}\boldsymbol{q}=-\boldsymbol{r}+\tilde{\nu}\tilde{\boldsymbol{s}}$$

在这个式中,因为 $\|\tilde{\nu}\tilde{\boldsymbol{s}}\|=O(\varepsilon^2)$,所以 $\tilde{\nu}\tilde{\boldsymbol{s}}$ 的影响很少. Jacobi-Davidson 算法的关键是略去这一项,同时加上正交约束条件 $\boldsymbol{q}^{\mathrm{H}}\boldsymbol{s}=0$,来求解 $\boldsymbol{s}$ 和 ν. 因此

$$(\boldsymbol{A}-\mu\boldsymbol{I})\boldsymbol{q}-\tilde{\nu}\boldsymbol{q}=-\boldsymbol{r},\quad \boldsymbol{q}^{\mathrm{H}}\bar{\boldsymbol{s}}=0$$

或

$$\begin{bmatrix}\boldsymbol{A}-\mu\boldsymbol{I} & \boldsymbol{q}\\ \boldsymbol{q}^{\mathrm{H}} & 0\end{bmatrix}\begin{bmatrix}\boldsymbol{s}\\ -\nu\end{bmatrix}=\begin{bmatrix}-\boldsymbol{r}\\ 0\end{bmatrix} \tag{14.20}$$

这就是 Newton 方法(见丛书《优化算法》),它也是 Rayleigh 商迭代的变形.

总结一下,Jacobi-Davidson 算法从 span$\{\boldsymbol{q}_1,\cdots,\boldsymbol{q}_k\}$得到 Ritz 对,计算残差 $\boldsymbol{r}=\boldsymbol{A}\boldsymbol{q}-\mu\boldsymbol{q}$,然后求解方程组(14.20)得到 $\boldsymbol{s}$ 和 ν. 通过 $\boldsymbol{s}$ 关于 $\boldsymbol{q}_1,\cdots,\boldsymbol{q}_k$ 进行 Gram-Schimdt 正交化,得到新向量 $\boldsymbol{q}_{k+1}$. 新空间 span$\{\boldsymbol{q}_1,\cdots,\boldsymbol{q}_{k+1}\}$包含 $\boldsymbol{q}$ 和 $\boldsymbol{s}$,因此也包含 $\boldsymbol{q}+\boldsymbol{s}$,这是所求特征向量的更好逼近.

因为方程(14.20)是精确求解的,所以刚才描述的是精确的 Jacobi-Davidson 算法. 在实际问题中,如果 $\boldsymbol{A}$ 是巨大的,求解(14.20)是不现实的. 因此通常应用的是非精确模型的 Jacobi-Davidson 算法,即式(14.20)是采取迭代方法求逼近解的,见第 12 章. 因为这里不要求一个精确解,一个粗略的逼近通常就足够了. 运用不好逼近的唯一缺点是加入空间中向量的质量减少了. 这意味着在得到一个充分精确逼近特征对之前,需要进行更多的步骤. 如果每一步的计算量不是很大,则不在乎进行更多的步骤. 在这个意义下,有许多的变化,和众多求解方程组(14.20)的方法.

在 Jacobi-Davidson 算法的每一步,有 k 个 Ritz 对可以选择,其中 k 是当前空间的维数. 对下一步,实际选择哪个对依赖于目标. 如果希望求 $\boldsymbol{A}$ 的最大的特征值,则应该选择最大的 Ritz 值. 如果希望求与目标值 τ 最接近的内部特征值,选取与 τ 最接近的 Ritz 值是有意义的.

Davidson 或 Jacobi-Davidson 算法的每一步增加一个新向量. 在许多步以后,也许希望去掉不需要的向量,只保留包含特征值最好估计的小的子空间,正如 IRA 所做的. 在当前的背景下,这比在 IRA 中更容易;所得到子空间不是 Krylov 子空间,因此不用担心保留这个性质. 比如,可以如下进行:假设有 $m=k+j$ 正交向量,矩阵 $\boldsymbol{Q}\in C^{n\times m}$的列,希望去掉 j 个列和保留 k 维子空间. 记 $\boldsymbol{B}=\boldsymbol{Q}^{\mathrm{H}}\boldsymbol{A}\boldsymbol{Q}$,计算 Schur 分解 $\boldsymbol{B}=\boldsymbol{U}^{\mathrm{H}}\boldsymbol{T}\boldsymbol{U}$,其中 $\boldsymbol{U}$ 是酉矩阵,$\boldsymbol{T}$ 是上三角矩阵. $\boldsymbol{T}$ 的主对角元素是 $\boldsymbol{B}$ 的特征值,它们是 $\boldsymbol{A}$ 相当于当前子空间的 Ritz 值,它们在 $\boldsymbol{T}$ 中出现的次序是任意的. 假设是如下排序的:

$$\boldsymbol{T}=\begin{bmatrix}\boldsymbol{T}_{11} & \boldsymbol{T}_{12}\\ \boldsymbol{0} & \boldsymbol{T}_{22}\end{bmatrix}$$

其中 $\boldsymbol{T}_{11}\in C^{k\times k}$包含 k 个希望保留的最可能的 Ritz 值. 记 $\hat{\boldsymbol{Q}}=\boldsymbol{Q}\boldsymbol{U}$,且与 $\boldsymbol{T}$ 进行一致的分划,即 $\hat{\boldsymbol{Q}}=[\hat{\boldsymbol{Q}}_1\quad \hat{\boldsymbol{Q}}_2]$,其中 $\hat{\boldsymbol{Q}}_1\in C^{n\times k}$,则 $\boldsymbol{T}_{11}=\hat{\boldsymbol{Q}}_1^{\mathrm{H}}\boldsymbol{A}\hat{\boldsymbol{Q}}_1$,它表明 $\boldsymbol{T}_{11}$的特征值是 $\boldsymbol{A}$ 关于空间 $R(\hat{\boldsymbol{Q}}_1)$的 Ritz 值. 如果现在保留 $\hat{\boldsymbol{Q}}_1$ 和去掉 $\hat{\boldsymbol{Q}}_2$,将保留所期望的 Ritz 值

和包含对应的 Ritz 向量的空间. 这个过程称为**净化**.

在求不止一个特征值的情形下,通常会出现一些特征值比其他的特征值先收敛. 因此需要保留不变子空间,同时寻求更大的不变子空间. 固定收敛的空间是简单的问题,只要将收敛的向量移到基的前面(如果它们不在前面的话),然后将它们保留在那里.

习 题 14

1. 若 $\boldsymbol{A}$ 是 n 阶矩阵. 证明 $\boldsymbol{A}$ 的计算量是式(14.2),且总是小于$\frac{1}{2}\sum_{k=1}^{n} m_k(\boldsymbol{A})(m_k(\boldsymbol{A})+3)$.

2. 如果矩阵 $\boldsymbol{A}\in R^{n\times n}$ 只有主对角元素、第一列和最后一行非零,描述 $\boldsymbol{A}$ 的 LU 分解的填充. 给出 LU 分解最小填充的置换变换.

3. 证明 Arnoldi 算法得到的标准正交向量与直接对 $\boldsymbol{q},\boldsymbol{Aq},\cdots,\boldsymbol{A}^k\boldsymbol{q}$ 进行 Gram-Schmidt 方法得到的是同一组向量.

4. 证明性质 1 和定理 1.

5. 给定上 Hessenberg 矩阵 $\boldsymbol{H}\in R^{n\times n}$,计算单位上三角矩阵 $\boldsymbol{U}$,使得 $\boldsymbol{HU}=\boldsymbol{UT}$,其中 $\boldsymbol{T}$ 是三对角矩阵.

第15章　矩阵函数

在线性代数课程中，主要讨论矩阵的代数运算，没有涉及矩阵的分析理论. 同数学分析一样，矩阵分析理论的建立也是以极限理论为基础的. 矩阵分析理论的内容非常丰富，它是研究数值方法和其他数学分支以及工程问题的重要工具，比如，研究刚体的旋转表示时，就需要利用指数矩阵. 本章首先讨论矩阵序列的极限运算；然后给出矩阵序列和矩阵级数的收敛定理，矩阵幂级数和一些矩阵函数，比如 e^A，$\sin A$，$\cos A$ 等；最后介绍矩阵的微分和积分的概念及其性质，同时讨论了它们在常微分方程组求解中的应用.

15.1　矩阵序列

本章将考虑在 $C^{m\times n}$ 中的矩阵，而把 $R^{m\times n}$ 看作特殊情形. 我们将用直观的级数来定义矩阵函数，为此，首先介绍矩阵序列的收敛概念. 利用有限维空间范数等价性，见3.1节定理2，只要在一种情况下给出定义就可以了，下面给出点点收敛的定义.

给定矩阵序列 $\{\boldsymbol{A}^{(k)}\}$，其中 $\boldsymbol{A}^{(k)}=[a_{ij}^{(k)}]\in C^{m\times n}$，对 $1\leqslant i\leqslant m$，$1\leqslant j\leqslant n$，当 $k\to\infty$ 时，都有 $a_{ij}^{(k)}\to a_{ij}$，称 $\{\boldsymbol{A}^{(k)}\}$ **收敛**，并称矩阵 $\boldsymbol{A}=[a_{ij}]$ 为 $\{\boldsymbol{A}^{(k)}\}$ 的**极限**，称 $\{\boldsymbol{A}^{(k)}\}$ **收敛于 $\boldsymbol{A}$**，记为 $\lim\limits_{k\to\infty}\boldsymbol{A}^{(k)}=\boldsymbol{A}$ 或 $\boldsymbol{A}^{(k)}\to\boldsymbol{A}$. 不收敛的矩阵序列称为**发散**的.

上面的定义说明矩阵序列收敛等价于组成矩阵的 mn 元素构成的 mn 序列都收敛；反之，如果 mn 元素构成的序列中有一个序列不收敛，则矩阵序列就不收敛. 因为矩阵可视为特殊的向量，所以矩阵序列收敛的性质，有许多与向量序列收敛的性质类似，比如两个收敛矩阵序列的和，乘积的极限分别等于它们极限的和与乘积；即如果 $\boldsymbol{A}^{(k)}\to\boldsymbol{A}$，$\boldsymbol{B}^{(k)}\to\boldsymbol{B}$，则对 $\forall\,\alpha,\beta\in R$，有

$$\lim_{k\to\infty}(\alpha\boldsymbol{A}^{(k)}+\beta\boldsymbol{B}^{(k)})=\alpha\boldsymbol{A}+\beta\boldsymbol{B}\ \text{和}\ \lim_{k\to\infty}(\boldsymbol{A}^{(k)}\boldsymbol{B}^{(k)})=\boldsymbol{A}\boldsymbol{B}$$

当然矩阵序列还有一些向量收敛序列没有的性质.

定理1　设 $\boldsymbol{A}^{(k)}$ 与 $\boldsymbol{A}$ 都是可逆方阵，且 $\boldsymbol{A}^{(k)}\to\boldsymbol{A}$，则 $(\boldsymbol{A}^{(k)})^{-1}\to\boldsymbol{A}^{-1}$.

证明　因为

$$(\boldsymbol{A}^{(k)})^{-1}=\mathrm{adj}\boldsymbol{A}^{(k)}/\det\boldsymbol{A}^{(k)}$$

其中 $\mathrm{adj}\boldsymbol{A}^{(k)}$ 是 $\boldsymbol{A}^{(k)}$ 的伴随矩阵，它的元素与 $\det\boldsymbol{A}^{(k)}$ 的元素均是 $\boldsymbol{A}^{(k)}$ 的元素的多项式，所以

$$\mathrm{adj}\boldsymbol{A}^{(k)}\to\mathrm{adj}\boldsymbol{A},\quad \det\boldsymbol{A}^{(k)}\to\det\boldsymbol{A}$$

所以

$$(\boldsymbol{A}^{(k)})^{-1}=\mathrm{adj}\boldsymbol{A}^{(k)}/\det\boldsymbol{A}^{(k)}\to\mathrm{adj}\boldsymbol{A}/\det\boldsymbol{A}=\boldsymbol{A}^{-1}$$ □

对数列来说,不为零的数列的极限可以为零,比如,当 $n\to\infty$ 时,$1/n\to 0$. 因此在定理 1 中,必须加入 $\boldsymbol{A}$ 是非奇异的条件,否则 $\boldsymbol{A}$ 的逆可能不存在.

下面基于矩阵范数来讨论矩阵序列的收敛问题.

定理 2 设 $\boldsymbol{A}^{(k)}\in C^{m\times n}$,则对 $C^{m\times n}$ 上的任意矩阵范数 $\|\ \|$,有:

(1) $\boldsymbol{A}^{(k)}\to\boldsymbol{0}$ 的充要条件是 $\|\boldsymbol{A}^{(k)}\|\to 0$;

(2) $\boldsymbol{A}^{(k)}\to\boldsymbol{A}$ 的充要条件是 $\|\boldsymbol{A}^{(k)}-\boldsymbol{A}\|\to 0$.

证明 (1) 由于 $C^{m\times n}$ 上的范数等价性,所以只要对矩阵范数 $\|\ \|_\infty$ 证明结论成立即可.

$$\begin{aligned}\boldsymbol{A}^{(k)}\to\boldsymbol{0}&\Leftrightarrow a_{ij}^{(k)}\to 0,\quad i=1,\cdots,m;j=1,\cdots,n\\&\Leftrightarrow\max_{i,j}|a_{ij}^{(k)}|\to 0\\&\Leftrightarrow\|\boldsymbol{A}^{(k)}\|_\infty=n\cdot\max_{i,j}|a_{ij}^{(k)}|\to 0\end{aligned}$$

(2) 由于 $\boldsymbol{A}^{(k)}\to\boldsymbol{A}$ 等价于 $\boldsymbol{A}^{(k)}-\boldsymbol{A}\to\boldsymbol{0}$,所以利用结论(1)即得结论(2). □

矩阵序列$\{\boldsymbol{A}^{(k)}\}$称为**有界**的,如果存在常数 $M>0$,使得对每个 k 都有

$$|a_{ij}^{(k)}|<M,\quad i=1,\cdots,m;j=1,\cdots,n$$

在数学分析中已经知道,有界数列必有收敛的子数列. 类似地,对矩阵序列有:矩阵序列$\{\boldsymbol{A}^{(k)}\}$如果有界,必有收敛的子序列$\{\boldsymbol{A}^{(k_s)}\}$.

在矩阵序列中,最常见的是由一个方阵的幂构成的序列,现在来讨论这样的序列的收敛性质,首先给出方阵收敛的定义.

设方阵 $\boldsymbol{A}$ 称为**收敛矩阵**,若当 $k\to\infty$ 时,有 $\boldsymbol{A}^k\to\boldsymbol{0}$.

下面给出判断方阵幂序列收敛的方法,在 12.2 节,曾用到这个定理来说明迭代算法的收敛性.

定理 3 $\boldsymbol{A}^k\to\boldsymbol{0}(k\to\infty)$的充要条件是 $\rho(\boldsymbol{A})<1$.

证明 设 $\boldsymbol{A}$ 的 Jordan 标准型为 $\boldsymbol{J}$,即存在非奇异矩阵 $\boldsymbol{X}$ 使得

$$\boldsymbol{A}=\boldsymbol{X}\boldsymbol{J}\boldsymbol{X}^{-1}$$

于是

$$\boldsymbol{A}^k=\boldsymbol{X}\boldsymbol{J}^k\boldsymbol{X}^{-1}$$

由此可见,$\boldsymbol{A}^k\to\boldsymbol{0}$ 的充要条件是 $\boldsymbol{J}^k\to\boldsymbol{0}$. 注意到

$$\boldsymbol{J}^k=\mathrm{diag}(\boldsymbol{J}_1^k(\lambda_1),\boldsymbol{J}_2^k(\lambda_2),\cdots,\boldsymbol{J}_r^k(\lambda_r))$$

其中 $\lambda_1,\lambda_2,\cdots,\lambda_r$ 是 $\boldsymbol{A}$ 的特征值.

因此,$\boldsymbol{J}^k\to\boldsymbol{0}$ 的充要条件是 $\boldsymbol{J}_i^k(\lambda_i)\to\boldsymbol{0}$. 由于

$$\boldsymbol{J}_i^k(\lambda_i)=\begin{bmatrix}\lambda_i^k & C_k^1\lambda_i^{k-1} & \cdots & C_k^{m_i-1}\lambda_i^{k-m_i+1}\\ & \lambda_i^k & \ddots & \vdots\\ & & \ddots & C_k^1\lambda_i^{k-1}\\ & & & \lambda_i^k\end{bmatrix}$$

其中规定 $C_k^l=0(l>k)$. 因此当 $|\lambda_i|<1$ 时，有 $C_k^l\lambda^{k-l}\to 0(l=0,1,2,\cdots,m_i-1)$，因此

$$\boldsymbol{J}_i^k(\lambda_i)\to\boldsymbol{0}$$

反之，若存在某个特征值 $|\lambda_j|\geqslant 1$，则 λ_j^k 不趋于零，所以 $\boldsymbol{J}_i^k(\lambda_i)$ 不趋于零矩阵，从而可知 $\boldsymbol{J}^k$ 也不趋于零矩阵，这与 $\boldsymbol{J}^k\to\boldsymbol{0}$ 的假设矛盾.

因此 $\boldsymbol{J}^k\to\boldsymbol{0}$ 的充要条件是 $|\lambda_i|<1,(i=1,2,\cdots,r)$. □

对给定的矩阵 $\mathbf{A}$，当 $k\to\infty$ 时，虽然不能根据 $\rho(\mathbf{A})^k$ 确切地给出 $\mathbf{A}^k$ 的各元素的变化情况，然而，对任意矩阵范数 $\|\ \|$，序列 $\{\|\mathbf{A}^k\|\}$ 具有下述渐渐性质.

推论　设 $\|\ \|$ 是 $R^{n\times n}$ 上的矩阵范数. 则对所有 $\mathbf{A}\in R^{n\times n}$，有

$$\rho(\mathbf{A})=\lim_{k\to\infty}\|\mathbf{A}^k\|^{1/k}$$

证明　因为 $\rho(\mathbf{A})^k=\rho(\mathbf{A}^k)\leqslant\|\mathbf{A}^k\|$，所以，对 $k=1,2,\cdots$，有 $\rho(\mathbf{A})\leqslant\|\mathbf{A}^k\|^{1/k}$. 对任意 $\varepsilon>0$，矩阵 $\boldsymbol{B}\equiv[\rho(\mathbf{A})+\varepsilon]^{-1}\mathbf{A}$ 的谱半径严格小于 1，因此，当 $k\to\infty$ 时，$\boldsymbol{B}^k\to\boldsymbol{0}$，即 $\|\boldsymbol{B}^k\|\to 0$. 因此，存在 N，当 $k\geqslant N$ 时，$\|\boldsymbol{B}^k\|\leqslant 1$. 也就是说，当 $k\geqslant N$ 时，$\|\mathbf{A}^k\|\leqslant[\rho(\mathbf{A})+\varepsilon]^k$，即 $\|\mathbf{A}^k\|^{1/k}\leqslant\rho(\mathbf{A})+\varepsilon$. 又对任意 k，有 $\rho(\mathbf{A})\leqslant\|\mathbf{A}^k\|^{1/k}$. 因此，由 ε 的任意性，可以得到 $\lim\limits_{k\to\infty}\|\mathbf{A}^k\|^{1/k}$ 存在，且等于 $\rho(\mathbf{A})$. □

由矩阵范数与谱半径之间的关系，有：

定理 4　$\mathbf{A}^k\to\boldsymbol{0}(k\to\infty)$ 的充分条件是存在某种矩阵范数 $\|\ \|$，使得 $\|\mathbf{A}\|<1$.

证明　因为矩阵的谱半径满足 $\rho(\mathbf{A})\leqslant\|\mathbf{A}\|<1$，由定理 3，可得 $\mathbf{A}^{(k)}\to\boldsymbol{0}$；必要性可由 3.2 节的定理 6 得到. □

例如，对矩阵

$$\mathbf{A}=\begin{bmatrix}\frac{1}{2} & \frac{1}{3}\\ \frac{1}{4} & \frac{1}{5}\end{bmatrix}$$

因为 $\|\mathbf{A}\|_1=0.75<1$，所以 $\mathbf{A}$ 是收敛矩阵.

矩阵级数　级数(特别是幂级数)理论在数学分析中占有重要地位. 在矩阵分析的理论中，矩阵级数的概念也是非常重要的，尤其矩阵的幂级数，它是研究和建立矩阵函数的基础. 在讨论矩阵级数时，自然应该首先定义它的收敛，发散以及和的概念. 这些都与数项级数的相应定义与性质完全类似，现给出如下定义.

$R^{m\times n}$ 中的矩阵序列 $\{\mathbf{A}^{(k)}\}$ 的和 $\mathbf{A}^{(0)}+\mathbf{A}^{(1)}+\cdots+\mathbf{A}^{(k)}+\cdots$ 称为**矩阵级数**，记为 $\sum\limits_{k=0}^{\infty}\mathbf{A}^{(k)}$，即

$$\sum_{k=0}^{\infty}\mathbf{A}^{(k)}=\mathbf{A}^{(0)}+\mathbf{A}^{(1)}+\cdots+\mathbf{A}^{(k)}+\cdots \tag{15.1}$$

记 $\boldsymbol{S}^{(N)}=\sum\limits_{k=0}^{N}\mathbf{A}^{(k)}$，称之为矩阵级数(15.1)的**部分和**. 如果矩阵序列 $\{\boldsymbol{S}^{(N)}\}$ 收敛到

极限为$\boldsymbol{S}$,即$\lim\limits_{N\to\infty}\boldsymbol{S}^{(N)}=\boldsymbol{S}$,那么就称矩阵级数(15.1)**收敛**,且和为$\boldsymbol{S}$,记为$\boldsymbol{S}=\sum\limits_{k=0}^{\infty}\boldsymbol{A}^{(k)}$;不收敛的矩阵级数称为**发散**的.

显然,和$\sum\limits_{k=0}^{\infty}\boldsymbol{A}^{(k)}=\boldsymbol{S}$的意思是,对$i=1,2,\cdots,m;j=1,2,\cdots,n$,有

$$\sum_{k=0}^{\infty}a_{ij}^{(k)}=a_{ij} \tag{15.2}$$

其中a_{ij}是$\boldsymbol{S}$的第i行第j列的元素.

例1 对$k=1,2,\cdots$,有

$$\boldsymbol{A}^{(k)}=\begin{bmatrix}\frac{1}{2^k} & \frac{1}{3\times4^k}\\ 0 & \frac{1}{k(k+1)}\end{bmatrix}$$

研究矩阵级数$\sum\limits_{k=0}^{\infty}\boldsymbol{A}^{(k)}$的收敛性.

解 因为

$$\boldsymbol{S}^{(N)}=\sum_{k=0}^{N}\boldsymbol{A}^{(k)}=\begin{bmatrix}\sum\limits_{k=1}^{N}\frac{1}{2^k} & \sum\limits_{k=1}^{N}\frac{1}{3\times4^k}\\ 0 & \sum\limits_{k=1}^{N}\frac{1}{k(k+1)}\end{bmatrix}=\begin{bmatrix}1-\left(\frac{1}{2}\right)^N & \frac{1}{9}\left[1-\left(\frac{1}{4}\right)^N\right]\\ 0 & \frac{N}{N+1}\end{bmatrix}$$

所以

$$\boldsymbol{S}=\lim_{N\to\infty}\boldsymbol{S}^{(N)}=\begin{bmatrix}1 & 1/9\\ 0 & 1\end{bmatrix}$$

于是由级数收敛定义知,所给级数收敛,且其和就是这里的二阶矩阵$\boldsymbol{S}$.

矩阵级数(15.1)称为**绝对收敛**,如果式(15.2)中左端mn个数项级数都是绝对收敛的.

类似于数值级数,有下面的性质.

性质1 若矩阵级数(15.1)是绝对收敛的,则它一定是收敛的,并且任意调换序列顺序的级数也是收敛的,且和不变.

性质2 矩阵级数$\sum\limits_{k=0}^{\infty}\boldsymbol{A}^{(k)}$为绝对收敛的充要条件是正项级数$\sum\limits_{k=0}^{\infty}\|\boldsymbol{A}^{(k)}\|$收敛.

证明 若$\sum\limits_{k=0}^{\infty}\boldsymbol{A}^{(k)}$是绝对收敛的,则对$N\geqslant0$和任意的$i=1,\cdots,m;j=1,\cdots,n$,存在一个正数$M$,使得

$$\sum_{k=0}^{N} |a_{ij}^{(k)}| < M$$

因此

$$\sum_{k=0}^{N} \|\boldsymbol{A}^{(k)}\|_1 = \sum_{k=0}^{N}\left(\sum_{i=1}^{m}\sum_{j=1}^{n} |a_{ij}^{(k)}|\right) < mnM$$

因此正项级数 $\sum_{k=0}^{\infty} \|\boldsymbol{A}^{(k)}\|$ 是收敛级数. 由矩阵范数的等价性和正项级数的比较判别法知 $\sum_{k=0}^{\infty} \|\boldsymbol{A}^{(k)}\|$ 为收敛级数.

反之,如果 $\sum_{k=0}^{\infty} \|\boldsymbol{A}^{(k)}\|$ 收敛,则 $\sum_{k=0}^{\infty} \|\boldsymbol{A}^{(k)}\|_1$ 收敛. 因此,对 $i=1,\cdots,m;j=1,\cdots,n$,有

$$|a_{ij}^{(k)}| \leqslant \|\boldsymbol{A}^{(k)}\|_1$$

可知式(15.2)是左边 mn 个数项级数中,每一个级数都是绝对收敛的. 因此矩阵级数(15.1)是绝对收敛. □

性质 3　如果 $\sum_{k=0}^{\infty} \boldsymbol{A}^{(k)}$ 是收敛(或绝对收敛)的,则对任意矩阵 $\boldsymbol{P}\in C^{k\times m}$,$\boldsymbol{Q}\in C^{n\times l}$, $\sum_{k=0}^{\infty} \boldsymbol{P}\boldsymbol{A}^{(k)}\boldsymbol{Q}$ 也是收敛(或绝对收敛)的,且

$$\sum_{k=0}^{\infty} \boldsymbol{P}\boldsymbol{A}^{(k)}\boldsymbol{Q} = \boldsymbol{P}\left(\sum_{k=0}^{\infty}\boldsymbol{A}^{(k)}\right)\boldsymbol{Q} \tag{15.3}$$

证明　设 $\sum_{k=0}^{\infty} \boldsymbol{A}^{(k)}$ 收敛,其和为 $\boldsymbol{S}$. 记 $\boldsymbol{S}^{(N)} = \sum_{k=0}^{N} \boldsymbol{A}^{(k)}$,则 $\lim\limits_{n\to\infty}\boldsymbol{S}^{(N)} = \boldsymbol{S}$,于是,当 $N\to\infty$ 时,有

$$\|\boldsymbol{P}\boldsymbol{S}^{(N)}\boldsymbol{Q} - \boldsymbol{P}\boldsymbol{S}\boldsymbol{Q}\| \leqslant \|\boldsymbol{P}\|\ \|\boldsymbol{S}^{(N)} - \boldsymbol{S}\|\ \|\boldsymbol{Q}\| \to 0$$

这就表明 $\sum_{k=0}^{\infty} \boldsymbol{P}\boldsymbol{A}^{(k)}\boldsymbol{Q}$ 是收敛的,并且式(15.3)成立.

如果 $\sum_{k=0}^{\infty} \boldsymbol{A}^{(k)}$ 是绝对收敛的,则由性质 2,级数 $\sum_{k=0}^{\infty} \|\boldsymbol{A}^{(k)}\|$ 是收敛的. 但

$$\|\boldsymbol{P}\boldsymbol{A}^{(k)}\boldsymbol{Q}\| \leqslant \|\boldsymbol{P}\|\ \|\boldsymbol{A}^{(k)}\|\ \|\boldsymbol{Q}\| \leqslant M\|\boldsymbol{A}^{(k)}\|$$

其中 M 是与 k 无关的正数. 从而 $\sum_{k=0}^{\infty} \|\boldsymbol{P}\boldsymbol{A}^{(k)}\boldsymbol{Q}\|$ 也收敛. 故由性质 2, $\sum_{k=0}^{\infty} \boldsymbol{P}\boldsymbol{A}^{(k)}\boldsymbol{Q}$ 是绝对收敛的. □

上面的性质表明给定收敛的矩阵序列,矩阵元素的线性组合也是收敛的. 下面将在以上讨论的基础上,建立矩阵幂级数理论.

幂级数　首先给出幂级数的定义.

给定方阵 $\boldsymbol{A}\in R^{n\times n}$,它的**幂级数**(或 **Neumann 级数**)是

$$\sum_{k=0}^{\infty} \boldsymbol{A}^k = \boldsymbol{I} + \boldsymbol{A} + \cdots + \boldsymbol{A}^k + \cdots \tag{15.4}$$

定理 5　$\{\boldsymbol{A}^k\}$为收敛矩阵序列的充要条件是 $\boldsymbol{A}$ 的幂级数是收敛的，其和为$(\boldsymbol{I}-\boldsymbol{A})^{-1}$.

证明　先证必要性. 因为矩阵级数(15.4)的(i,j)的元素是数项级数

$$\delta_{ij} + (A)_{ij} + (A^2)_{ij} + \cdots + (A^k)_{ij} + \cdots$$

级数(15.4)收敛取决于上面每一个数项级数的收敛，但后者收敛的必要条件是其一般项

$$(\boldsymbol{A}^k)_{ij} \to 0$$

即级数(15.4)收敛的必要条件是

$$\boldsymbol{A}^k = [(\boldsymbol{A}^k)_{ij}] \to \boldsymbol{0}$$

即$\{\boldsymbol{A}^k\}$为收敛矩阵.

现在证充分性. 由 $\boldsymbol{A}^k \to \boldsymbol{0}$ 和定理 3，$\boldsymbol{A}$ 的谱半径小于 1，即 $\boldsymbol{A}$ 的特征值的模小于 1. 因此矩阵 $\boldsymbol{I}-\boldsymbol{A}$ 的特征值都不等于零，$\boldsymbol{I}-\boldsymbol{A}$ 非奇异，从而$(\boldsymbol{I}-\boldsymbol{A})^{-1}$存在. 因为

$$(\boldsymbol{I}+\boldsymbol{A}+\cdots+\boldsymbol{A}^k)(\boldsymbol{I}-\boldsymbol{A}) = \boldsymbol{I}-\boldsymbol{A}^{k+1}$$

所以

$$\boldsymbol{I}+\boldsymbol{A}+\cdots+\boldsymbol{A}^k = (\boldsymbol{I}-\boldsymbol{A})^{-1} - \boldsymbol{A}^{k+1}(\boldsymbol{I}-\boldsymbol{A})^{-1}$$

当 $k\to\infty$时，$\boldsymbol{A}^{k+1}(\boldsymbol{I}-\boldsymbol{A})^{-1}\to\boldsymbol{0}$，因此

$$\boldsymbol{I}+\boldsymbol{A}+\cdots+\boldsymbol{A}^k \to (\boldsymbol{I}-\boldsymbol{A})^{-1}$$ □

下面讨论部分和 $\boldsymbol{I}+\boldsymbol{A}+\boldsymbol{A}^2+\cdots+\boldsymbol{A}^k$ 作为$(\boldsymbol{I}-\boldsymbol{A})^{-1}$逼近近似误差，这是 3.3 节定理 9 的自然结论.

定理 6　给定方阵 $\boldsymbol{A}$，如果存在某个矩阵范数 $\|\ \|$，使得 $\|\boldsymbol{A}\|<1$，则对较大的正整数 k，部分和 $\boldsymbol{I}+\boldsymbol{A}+\boldsymbol{A}^2+\cdots+\boldsymbol{A}^k$ 可以看作$(\boldsymbol{I}-\boldsymbol{A})^{-1}$的近似，其误差为

$$\|(\boldsymbol{I}-\boldsymbol{A})^{-1} - (\boldsymbol{I}+\boldsymbol{A}+\cdots+\boldsymbol{A}^k)\| \leqslant \frac{\|\boldsymbol{A}\|^{k+1}}{1-\|\boldsymbol{A}\|}$$

证明　因为 $\|\boldsymbol{A}\|<1$，所以 $\boldsymbol{A}^k\to\boldsymbol{0}$，$(\boldsymbol{I}-\boldsymbol{A})^{-1}$存在. 又因为

$$(\boldsymbol{I}-\boldsymbol{A})^{-1} - (\boldsymbol{I}+\boldsymbol{A}+\cdots+\boldsymbol{A}^k) = \sum_{i=k+1}^{\infty} \boldsymbol{A}^i$$

所以

$$\left\|\sum_{i=k+1}^{\infty} \boldsymbol{A}^i\right\| \leqslant \sum_{i=k+1}^{\infty} \|A\|^i = \frac{\|\boldsymbol{A}\|^{k+1}}{1-\|\boldsymbol{A}\|}$$ □

现在研究矩阵幂级数 $\sum_{k=0}^{\infty} c_k \boldsymbol{A}^k$ 与对应的纯量幂级数 $\sum_{k=0}^{\infty} c_k z^k$ 之间的关系.

定理 7　设幂级数

$$f(z) = \sum_{k=0}^{\infty} c_k z^k \tag{15.5}$$

的收敛半径为 r，如果方阵 $\boldsymbol{A}$ 满足 $\rho(\boldsymbol{A})<r$，则矩阵幂级数

$$\sum_{k=0}^{\infty} c_k \boldsymbol{A}^k \tag{15.6}$$

是绝对收敛的；如果 $\rho(\boldsymbol{A})>r$，则矩阵幂级数(15.6)是发散的.

证明　(1) 当方阵 $\boldsymbol{A}$ 满足 $\rho(\boldsymbol{A})<r$ 时，选取正数 ε，满足

$$\rho(\boldsymbol{A})+\varepsilon<r$$

根据 3.2 节定理 6，存在矩阵范数 $\|\ \|$，使得 $\|\boldsymbol{A}\| \leqslant \rho(\boldsymbol{A})+\varepsilon$. 从而有

$$\| c_k \boldsymbol{A}^k \| \leqslant | c_k | \ \| \boldsymbol{A} \|^k \leqslant | c_k | \ (\rho(\boldsymbol{A})+\varepsilon)^k$$

因为 $\rho(\boldsymbol{A})+\varepsilon<r$，所以 $\sum\limits_{k=0}^{\infty} c_k(\rho(\boldsymbol{A})+\varepsilon)^k$ 绝对收敛，从而 $\sum\limits_{k=0}^{\infty} \| c_k \boldsymbol{A}^k \|$ 收敛. 根据性质 2，$\sum\limits_{k=0}^{\infty} c_k \boldsymbol{A}^k$ 绝对收敛.

(2) 当 $\rho(\boldsymbol{A})>r$ 时，假设 $\boldsymbol{A}$ 的 n 个特征值(包含重数)为 $\lambda_1, \lambda_2, \cdots, \lambda_n$，若有某个 λ_j 满足 $|\lambda_j|>r$. 根据 1.1 节定理 7(Schur 分解定理)，存在可逆矩阵 $\boldsymbol{X}$，使得

$$\boldsymbol{X}^{-1}\boldsymbol{A}\boldsymbol{X}=\begin{bmatrix} \lambda_1 & b_{12} & \cdots & b_{1n} \\ & \lambda_2 & \cdots & b_{2n} \\ & & \ddots & \vdots \\ & & & \lambda_n \end{bmatrix}=\boldsymbol{B}$$

而 $\sum\limits_{k=0}^{\infty} c_k \boldsymbol{B}^k$ 的对角元素为 $\sum\limits_{k=0}^{\infty} c_k \lambda_i^k (i=1,2,\cdots,n)$. 因为 $|\lambda_j|>r$，所以 $\sum\limits_{k=0}^{\infty} c_k \lambda_j^k$ 发散，从而 $\sum\limits_{k=0}^{\infty} c_k \boldsymbol{B}^k$ 发散. 根据定理 8，$\sum\limits_{k=0}^{\infty} c_k \boldsymbol{A}^k=\sum\limits_{k=0}^{\infty} c_k \boldsymbol{P}\boldsymbol{B}^k\boldsymbol{P}^{-1}$ 也发散. □

根据上面的定理，如果幂级数(15.5)在整个复平面上是收敛的，那么不论 $\boldsymbol{A}$ 是任何矩阵，矩阵幂级数(15.6)都是收敛的.

15.2　矩阵函数

矩阵函数的概念与通常的函数概念一样，它是以 n 阶矩阵为自变量和函数值(因变量)的一类函数. 本节将以定理 7 及矩阵级数和的概念为基础，给出矩阵函数的定义，并讨论有关性质与求和方法.

矩阵函数的定义与性质　如果一元函数 $f(z)$ 能够展开为 z 的幂级数

$$f(z)=\sum_{k=0}^{\infty} c_k z^k, \quad |z|<r$$

其中 $r>0$ 表示该幂级数的收敛半径. 当 n 阶矩阵 $\boldsymbol{A}$ 的谱半径 $\rho(\boldsymbol{A})<r$ 时，把收敛的矩阵幂级数 $\sum\limits_{k=0}^{\infty} c_k \boldsymbol{A}^k$ 的和称为**矩阵函数**，记为 $f(\boldsymbol{A})$，即

$$f(\boldsymbol{A}) = \sum_{k=0}^{\infty} c_k \boldsymbol{A}^k$$

例如,函数

$$e^z = 1 + \frac{z}{1!} + \frac{z^2}{2!} + \frac{z^3}{3!} + \cdots$$

$$\cos z = 1 - \frac{z^2}{2!} + \frac{z^4}{4!} - \cdots$$

$$\sin z = z - \frac{z^3}{3!} + \frac{z^5}{5!} - \cdots$$

在整个复平面上都是收敛的. 于是根据定理 7 可知,对任意矩阵 $\boldsymbol{A} \in C^{n\times n}$,矩阵幂级数

$$\boldsymbol{I} + \frac{\boldsymbol{A}}{1!} + \frac{\boldsymbol{A}^2}{2!} + \frac{\boldsymbol{A}^3}{3!} + \cdots$$

$$\boldsymbol{I} - \frac{\boldsymbol{A}^2}{2!} + \frac{\boldsymbol{A}^4}{4!} - \cdots$$

$$\boldsymbol{A} - \frac{\boldsymbol{A}^3}{3!} + \frac{\boldsymbol{A}^5}{5!} - \cdots$$

都是收敛的,且都有和. 于是有

$$e^{\boldsymbol{A}} = \boldsymbol{I} + \frac{\boldsymbol{A}}{1!} + \frac{\boldsymbol{A}^2}{2!} + \frac{\boldsymbol{A}^3}{3!} + \cdots$$

$$\cos \boldsymbol{A} = \boldsymbol{I} - \frac{\boldsymbol{A}^2}{2!} + \frac{\boldsymbol{A}^4}{4!} - \cdots$$

$$\sin \boldsymbol{A} = \boldsymbol{A} - \frac{\boldsymbol{A}^3}{3!} + \frac{\boldsymbol{A}^5}{5!} - \cdots$$

分别称为矩阵指数函数,矩阵三角函数. 并且由此可以推导下面的一组等式,其中 $\mathrm{i} = \sqrt{-1}$,

$$e^{\mathrm{i}\boldsymbol{A}} = \cos \boldsymbol{A} + i \sin \boldsymbol{A}$$

$$\cos \boldsymbol{A} = \frac{1}{2}(e^{\mathrm{i}\boldsymbol{A}} + e^{-\mathrm{i}\boldsymbol{A}})$$

$$\sin \boldsymbol{A} = \frac{1}{2\mathrm{i}}(e^{\mathrm{i}\boldsymbol{A}} - e^{-\mathrm{i}\boldsymbol{A}})$$

$$\cos(-\boldsymbol{A}) = \cos \boldsymbol{A}$$

$$\sin(-\boldsymbol{A}) = -\sin \boldsymbol{A}$$

值得指出的是,在数学分析中,指数函数具有运算规则 $e^{z_1} e^{z_2} = e^{z_2} e^{z_1} = e^{z_1 + z_2}$;但是在矩阵分析中 $e^{\boldsymbol{A}} e^{\boldsymbol{B}} = e^{\boldsymbol{B}} e^{\boldsymbol{A}} = e^{\boldsymbol{A}+\boldsymbol{B}}$ 一般不再成立. 例如,对矩阵

$$\boldsymbol{A} = \begin{bmatrix} 1 & 1 \\ 0 & 0 \end{bmatrix}, \quad \boldsymbol{B} = \begin{bmatrix} 1 & -1 \\ 0 & 0 \end{bmatrix}$$

简单计算得,$\boldsymbol{A}^2 = \boldsymbol{A}$,$\boldsymbol{B}^2 = \boldsymbol{B}$,即有

$$\boldsymbol{A}=\boldsymbol{A}^2=\boldsymbol{A}^3=\cdots,\quad \boldsymbol{B}=\boldsymbol{B}^2=\boldsymbol{B}^3=\cdots$$

于是

$$\mathrm{e}^{\boldsymbol{A}}=\boldsymbol{I}+(\mathrm{e}-1)\boldsymbol{A}=\begin{bmatrix}\mathrm{e} & \mathrm{e}-1\\0 & 1\end{bmatrix}$$

$$\mathrm{e}^{\boldsymbol{B}}=\boldsymbol{I}+(\mathrm{e}-1)\boldsymbol{B}=\begin{bmatrix}\mathrm{e} & 1-\mathrm{e}\\0 & 1\end{bmatrix}$$

因此

$$\mathrm{e}^{\boldsymbol{A}}\mathrm{e}^{\boldsymbol{B}}=\begin{bmatrix}\mathrm{e}^2 & -(\mathrm{e}-1)^2\\0 & 1\end{bmatrix},\quad \mathrm{e}^{\boldsymbol{B}}\mathrm{e}^{\boldsymbol{A}}=\begin{bmatrix}\mathrm{e}^2 & (\mathrm{e}-1)^2\\0 & 1\end{bmatrix}$$

又由

$$\boldsymbol{A}+\boldsymbol{B}=\begin{bmatrix}2 & 0\\0 & 0\end{bmatrix}$$

可得$(\boldsymbol{A}+\boldsymbol{B})^2=2(\boldsymbol{A}+\boldsymbol{B})$. 于是$(\boldsymbol{A}+\boldsymbol{B})^k=2^{k-1}(\boldsymbol{A}+\boldsymbol{B}),k=1,2,\cdots$. 由此容易推出

$$\mathrm{e}^{\boldsymbol{A}+\boldsymbol{B}}=\boldsymbol{I}+\frac{1}{2}(\mathrm{e}^2-1)(\boldsymbol{A}+\boldsymbol{B})=\begin{bmatrix}\mathrm{e}^2 & 0\\0 & 1\end{bmatrix}$$

可见 $\mathrm{e}^{\boldsymbol{A}}\mathrm{e}^{\boldsymbol{B}}$,$\mathrm{e}^{\boldsymbol{B}}\mathrm{e}^{\boldsymbol{A}}$ 和 $\mathrm{e}^{\boldsymbol{A}+\boldsymbol{B}}$两两互不相等.

虽然如此,对于两个乘积可交换的矩阵,仍有以下定理.

定理 8　如果 $\boldsymbol{AB}=\boldsymbol{BA}$,则 $\mathrm{e}^{\boldsymbol{A}}\mathrm{e}^{\boldsymbol{B}}=\mathrm{e}^{\boldsymbol{B}}\mathrm{e}^{\boldsymbol{A}}=\mathrm{e}^{\boldsymbol{A}+\boldsymbol{B}}$.

证明　因为矩阵加法满足交换律,所以只需证明 $\mathrm{e}^{\boldsymbol{A}}\mathrm{e}^{\boldsymbol{B}}=\mathrm{e}^{\boldsymbol{A}+\boldsymbol{B}}$就行了. 根据矩阵指数函数的表达式可得

$$\begin{aligned}\mathrm{e}^{\boldsymbol{A}}\mathrm{e}^{\boldsymbol{B}}&=\left(\boldsymbol{I}+\boldsymbol{A}+\frac{1}{2!}\boldsymbol{A}^2+\cdots\right)\left(\boldsymbol{I}+\boldsymbol{B}+\frac{1}{2!}\boldsymbol{B}^2+\cdots\right)\\&=\boldsymbol{I}+(\boldsymbol{A}+\boldsymbol{B})+\frac{1}{2!}(\boldsymbol{A}^2+\boldsymbol{AB}+\boldsymbol{BA}+\boldsymbol{B}^2)\\&\quad+\frac{1}{3!}(\boldsymbol{A}^3+3\boldsymbol{A}^2\boldsymbol{B}+3\boldsymbol{AB}^2+\boldsymbol{B}^3)+\cdots\\&=\boldsymbol{I}+(\boldsymbol{A}+\boldsymbol{B})+\frac{1}{2!}(\boldsymbol{A}+\boldsymbol{B})^2+\frac{1}{3!}(\boldsymbol{A}+\boldsymbol{B})^3+\cdots\\&=\mathrm{e}^{\boldsymbol{A}+\boldsymbol{B}}\end{aligned}$$

□

根据上面的定理,特别地,有 $\mathrm{e}^{\boldsymbol{A}}\mathrm{e}^{-\boldsymbol{A}}=\mathrm{e}^{-\boldsymbol{A}}\mathrm{e}^{\boldsymbol{A}}=\boldsymbol{I}$,即$(\mathrm{e}^{\boldsymbol{A}})^{-1}=\mathrm{e}^{-\boldsymbol{A}}$;若 m 为整数,有$(\mathrm{e}^{\boldsymbol{A}})^m=\mathrm{e}^{m\boldsymbol{A}}$.

例 2　设 $\boldsymbol{AB}=\boldsymbol{BA}$,证明

$$\cos(\boldsymbol{A}+\boldsymbol{B})=\cos\boldsymbol{A}\cos\boldsymbol{B}-\sin\boldsymbol{A}\sin\boldsymbol{B}$$
$$\cos(2\boldsymbol{A})=\cos^2\boldsymbol{A}-\sin^2\boldsymbol{A}$$
$$\sin(\boldsymbol{A}+\boldsymbol{B})=\sin\boldsymbol{A}\cos\boldsymbol{B}+\cos\boldsymbol{A}\sin\boldsymbol{B}$$
$$\sin(2\boldsymbol{A})=2\sin\boldsymbol{A}\cos\boldsymbol{A}$$

证明 这里只证明上式中的第一个等式,其余的留作习题.由矩阵三角函数的定义,得

$$\begin{aligned}&\cos(\boldsymbol{A}+\boldsymbol{B})\\&=\frac{1}{2}(\mathrm{e}^{\mathrm{i}(\boldsymbol{A}+\boldsymbol{B})}+\mathrm{e}^{-\mathrm{i}(\boldsymbol{A}+\boldsymbol{B})})\\&=\frac{1}{2}(\mathrm{e}^{\mathrm{i}\boldsymbol{A}}\mathrm{e}^{\mathrm{i}\boldsymbol{B}}+\mathrm{e}^{-\mathrm{i}\boldsymbol{A}}\mathrm{e}^{-\mathrm{i}\boldsymbol{B}})\\&=\frac{1}{2}\left(\frac{(\mathrm{e}^{\mathrm{i}\boldsymbol{A}}+\mathrm{e}^{-\mathrm{i}\boldsymbol{A}})(\mathrm{e}^{\mathrm{i}\boldsymbol{B}}+\mathrm{e}^{-\mathrm{i}\boldsymbol{B}})}{2}+\frac{(\mathrm{e}^{\mathrm{i}\boldsymbol{A}}-\mathrm{e}^{-\mathrm{i}\boldsymbol{A}})(\mathrm{e}^{\mathrm{i}\boldsymbol{B}}-\mathrm{e}^{-\mathrm{i}\boldsymbol{B}})}{2}\right)\\&=\frac{\mathrm{e}^{\mathrm{i}\boldsymbol{A}}+\mathrm{e}^{-\mathrm{i}\boldsymbol{A}}}{2}\frac{\mathrm{e}^{\mathrm{i}\boldsymbol{B}}+\mathrm{e}^{-\mathrm{i}\boldsymbol{B}}}{2}-\frac{\mathrm{e}^{\mathrm{i}\boldsymbol{A}}-\mathrm{e}^{-\mathrm{i}\boldsymbol{A}}}{2\mathrm{i}}\frac{\mathrm{e}^{\mathrm{i}\boldsymbol{B}}-\mathrm{e}^{-\mathrm{i}\boldsymbol{B}}}{2\mathrm{i}}\\&=\cos\boldsymbol{A}\cos\boldsymbol{B}-\sin\boldsymbol{A}\sin\boldsymbol{B}\end{aligned}$$

例 3 设函数 $f(z)=\dfrac{1}{1-z}(|z|<1)$,求矩阵函数 $f(\boldsymbol{A})$.

解 因为对 $|z|<1$,有

$$f(z)=\frac{1}{1-z}=\sum_{k=0}^{\infty}z^k$$

根据矩阵幂级数的定义,当方阵 $\boldsymbol{A}$ 的谱半径 $\rho(\boldsymbol{A})<1$ 时,有

$$f(\boldsymbol{A})=\frac{1}{\boldsymbol{I}-\boldsymbol{A}}=\sum_{k=0}^{\infty}\boldsymbol{A}^k$$

利用定理 6,可得 $f(\boldsymbol{A})=(\boldsymbol{I}-\boldsymbol{A})^{-1}$.

矩阵函数值的求法 现在讨论对已知矩阵 $\boldsymbol{A}$,怎样计算矩阵 $\boldsymbol{A}$ 的函数值问题.

特定系数法 设 n 阶矩阵 $\boldsymbol{A}$ 的特征多项式为 $p(\lambda)=\det(\lambda\boldsymbol{I}-\boldsymbol{A})$.如果首 1 多项式

$$q(\lambda)=\lambda^m+b_1\lambda^{m-1}+\cdots+b_{m-1}\lambda+b_m\quad(1\leqslant m\leqslant n)$$

满足(1) $q(\boldsymbol{A})=\boldsymbol{0}$;(2) $q(\lambda)$整除 $p(\lambda)$. $q(\lambda)$称为矩阵 $\boldsymbol{A}$ 的**最小多项式**,那么 $q(\lambda)$的零点都是 $\boldsymbol{A}$ 的特征值.记 $q(\lambda)$的互异零点为 $\lambda_1,\cdots,\lambda_s$,相应的重数为 $r_1,\cdots,r_s$ $(r_1+\cdots+r_s=m)$,则

$$q^{(l)}(\lambda_i)=0,\quad l=0,1,\cdots,r_i-1;i=1,2,\cdots,s\tag{15.7}$$

其中 $q^{(l)}(\lambda)$表示 $q(\lambda)$的 l 阶导数(下同).设

$$f(z)=\sum_{k=0}^{\infty}c_kz^k=q(z)g(z)+r(z)$$

其中 $r(z)$是次数低于 m 的多项式,于是可由

$$f^{(l)}(\lambda_i)=r^{(l)}(\lambda_i),\quad l=0,1,\cdots,r_i-1;i=1,2,\cdots,s$$

确定出 $r(z)$,利用 $q(\boldsymbol{A})=\boldsymbol{0}$ 可得

$$f(\boldsymbol{A}) = \sum_{k=0}^{\infty} c_k \boldsymbol{A}^k = r(\boldsymbol{A})$$

例 4　设

$$\boldsymbol{A} = \begin{bmatrix} 2 & 0 & 0 \\ 1 & 1 & 1 \\ 1 & -1 & 3 \end{bmatrix}$$

求 $e^{\boldsymbol{A}}$ 与 $e^{t\boldsymbol{A}}(t \in R)$.

解　矩阵 $\boldsymbol{A}$ 的特征多项式为 $p(\lambda)=\det(\lambda \boldsymbol{I}-\boldsymbol{A})=(\lambda-2)^3$，容易验证 $\boldsymbol{A}$ 的最小多项式 $q(\lambda)=(\lambda-2)^2$.

(1) 取 $f(\lambda)=e^{\lambda}$，设 $f(\lambda)=g(\lambda)q(\lambda)+b\lambda+a$，则

$$\begin{cases} f(2)=e^2 \\ f'(2)=e^2 \end{cases} \quad \text{即} \quad \begin{cases} a+2b=e^2 \\ b=e^2 \end{cases}$$

解此方程组得 $a=-e^2$，$b=e^2$. 于是 $r(\lambda)=e^2(\lambda-1)$，从而

$$e^{\boldsymbol{A}}=f(\boldsymbol{A})=r(\boldsymbol{A})=e^2(\boldsymbol{A}-\boldsymbol{I})=e^2\begin{bmatrix} 1 & 0 & 0 \\ 1 & 0 & 1 \\ 1 & -1 & 2 \end{bmatrix}$$

(2) 取 $f(\lambda)=e^{t\lambda}$，设 $f(\lambda)=q(\lambda)g(\lambda)+b\lambda+a$，则有

$$\begin{cases} f(2)=e^{2t} \\ f'(2)=te^{2t} \end{cases} \quad \text{或者} \quad \begin{cases} a+2b=e^{2t} \\ b=te^{2t} \end{cases}$$

解此方程组得 $a=(1-2t)e^{2t}$，$b=te^{2t}$. 于是 $r(\lambda)=e^{2t}[(1-2t)+t\lambda]$，从而

$$e^{t\boldsymbol{A}}=f(\boldsymbol{A})=r(\boldsymbol{A})=e^{2t}[(1-2t)\boldsymbol{I}+t\boldsymbol{A}]=e^{2t}\begin{bmatrix} 1 & 0 & 0 \\ t & 1-t & t \\ t & -t & 1+t \end{bmatrix}$$

数项级数求和法　设首 1 多项式 $q(\lambda)$ 的形式为(15.7)，且满足 $q(\boldsymbol{A})=\boldsymbol{0}$，即

$$\boldsymbol{A}^m+b_1\boldsymbol{A}^{m-1}+\cdots+b_{m-1}\boldsymbol{A}+b_m\boldsymbol{I}=\boldsymbol{0}$$

或

$$\boldsymbol{A}^m = k_0\boldsymbol{I}+k_1\boldsymbol{A}+\cdots+k_{m-1}\boldsymbol{A}^{m-1} \tag{15.8}$$

其中 $k_i=-b_{m-i}$. 由此可以得到

$$\begin{cases} \boldsymbol{A}^{m+1}=k_0^{(1)}\boldsymbol{I}+k_1^{(1)}\boldsymbol{A}+\cdots+k_{m-1}^{(1)}\boldsymbol{A}^{m-1} \\ \qquad\vdots \\ \boldsymbol{A}^{m+l}=k_0^{(l)}\boldsymbol{I}+k_1^{(l)}\boldsymbol{A}+\cdots+k_{m-1}^{(l)}\boldsymbol{A}^{m-1} \\ \qquad\vdots \end{cases}$$

于是

$$
\begin{aligned}
f(\boldsymbol{A}) &= \sum_{k=0}^{\infty} c_k \boldsymbol{A}^k \\
&= (c_0\boldsymbol{I} + c_1\boldsymbol{A} + \cdots + c_{m-1}\boldsymbol{A}^{m-1}) \\
&\quad + c_m(k_0\boldsymbol{I} + k_1\boldsymbol{A} + \cdots + k_{m-1}\boldsymbol{A}^{m-1}) \\
&\quad + \cdots \\
&\quad + c_{m+l}(k_0^{(l)}\boldsymbol{I} + k_1^{(l)}\boldsymbol{A} + \cdots + k_{m-1}^{(l)}\boldsymbol{A}^{m-1}) \\
&\quad + \cdots \\
&= \left(c_0 + \sum_{l=0}^{\infty} c_{m+l}k_0^{(l)}\right)\boldsymbol{I} + \left(c_1 + \sum_{l=0}^{\infty} c_{m+l}k_1^{(l)}\right)\boldsymbol{A} + \cdots \\
&\quad + \left(c_{m-1} + \sum_{l=0}^{\infty} c_{m+l}k_{m-1}^{(l)}\right)\boldsymbol{A}^{m-1} \qquad (15.9)
\end{aligned}
$$

这表明，利用式(15.9)可以将一个矩阵幂级数的求和问题，转化为 m 个数项级数的求和问题. 当式(15.8)中只有少数几个系数不为零时，式(15.9)中需要计算的数项级数也只有少数几个.

例 5　设

$$
\boldsymbol{A} = \begin{bmatrix} \pi & 0 & 0 & 0 \\ 0 & -\pi & 0 & 0 \\ 0 & 0 & 0 & 1 \\ 0 & 0 & 0 & 0 \end{bmatrix}
$$

求 $\sin\boldsymbol{A}$.

解　$p(\lambda) = \det(\lambda\boldsymbol{I} - \boldsymbol{A}) = \lambda^4 - \pi^2\lambda^2$. 由于 $p(\boldsymbol{A}) = \boldsymbol{0}$，所以

$$
\boldsymbol{A}^4 = \pi^2\boldsymbol{A}^2,\ \boldsymbol{A}^5 = \pi^2\boldsymbol{A}^3,\ \boldsymbol{A}^7 = \pi^4\boldsymbol{A}^3, \cdots
$$

于是

$$
\begin{aligned}
\sin\boldsymbol{A} &= \boldsymbol{A} - \frac{1}{3!}\boldsymbol{A}^3 + \frac{1}{5!}\boldsymbol{A}^5 - \frac{1}{7!}\boldsymbol{A}^7 + \frac{1}{9!}\boldsymbol{A}^9 - \cdots \\
&= \boldsymbol{A} - \frac{1}{3!}\boldsymbol{A}^3 + \frac{1}{5!}\pi^2\boldsymbol{A}^3 - \frac{1}{7!}\pi^4\boldsymbol{A}^3 + \frac{1}{9!}\pi^6\boldsymbol{A}^3 - \cdots \\
&= \boldsymbol{A} + \left(-\frac{1}{3!} + \frac{1}{5!}\pi^2 - \frac{1}{7!}\pi^4 + \frac{1}{9!}\pi^6 - \cdots\right)\boldsymbol{A}^3 \\
&= \boldsymbol{A} + \frac{\sin\pi - \pi}{\pi^3}\boldsymbol{A}^3 = \boldsymbol{A} - \pi^{-2}\boldsymbol{A}^3 \\
&= \begin{bmatrix} 0 & 0 & 0 & 0 \\ 0 & 0 & 0 & 0 \\ 0 & 0 & 0 & 1 \\ 0 & 0 & 0 & 0 \end{bmatrix}
\end{aligned}
$$

对角线法　设 $\boldsymbol{A}$ 相似于对角矩阵 $\boldsymbol{D}$，即存在可逆矩阵 $\boldsymbol{X}$，使得

$$\boldsymbol{X}^{-1}\boldsymbol{A}\boldsymbol{X}=\begin{bmatrix}\lambda_1 & & \\ & \ddots & \\ & & \lambda_n\end{bmatrix}$$

则 $\boldsymbol{A}=\boldsymbol{X}\boldsymbol{D}\boldsymbol{X}^{-1},\boldsymbol{A}^2=\boldsymbol{X}\boldsymbol{D}^2\boldsymbol{X}^{-1},\cdots$，于是可得

$$\sum_{k=0}^{N}c_k\boldsymbol{A}^k=\sum_{k=0}^{N}c_k\boldsymbol{X}\boldsymbol{D}^k\boldsymbol{X}^{-1}=\boldsymbol{X}\Big(\sum_{k=0}^{N}c_k\boldsymbol{D}^k\Big)\boldsymbol{X}^{-1}=\boldsymbol{X}\begin{bmatrix}\sum\limits_{k=0}^{N}c_k\lambda_1^k & & \\ & \ddots & \\ & & \sum\limits_{k=0}^{N}c_k\lambda_n^k\end{bmatrix}\boldsymbol{X}^{-1}$$

从而

$$f(\boldsymbol{A})=\sum_{k=0}^{\infty}c_k\boldsymbol{A}^k=\boldsymbol{X}\begin{bmatrix}\sum\limits_{k=0}^{\infty}c_k\lambda_1^k & & \\ & \ddots & \\ & & \sum\limits_{k=0}^{\infty}c_k\lambda_n^k\end{bmatrix}\boldsymbol{X}^{-1}=\boldsymbol{X}\begin{bmatrix}f(\lambda_1) & & \\ & \ddots & \\ & & f(\lambda_n)\end{bmatrix}\boldsymbol{X}^{-1} \tag{15.10}$$

这表明，当 $\boldsymbol{A}$ 与对角矩阵相似时，可以将矩阵幂级数的求和问题转化为求变换矩阵的问题.

例 6　设

$$\boldsymbol{A}=\begin{bmatrix}4 & 6 & 0\\ -3 & -5 & 0\\ -3 & -6 & 1\end{bmatrix}$$

求 $\mathrm{e}^{\boldsymbol{A}},\mathrm{e}^{t\boldsymbol{A}}(t\in R)$ 及 $\cos\boldsymbol{A}$.

解　由 $p(\lambda)=\det(\lambda\boldsymbol{I}-\boldsymbol{A})=(\lambda+2)(\lambda-1)^2$，得对应 $\lambda_1=-2$ 的特征向量是 $\boldsymbol{x}_1=(-1,1,1)^{\mathrm{T}}$；对应 $\lambda_2=\lambda_3=1$ 的两个线性无关的特征向量是 $\boldsymbol{x}_2=(-2,1,0)^{\mathrm{T}}$，$\boldsymbol{x}_3=(0,0,1)^{\mathrm{T}}$. 构造矩阵

$$\boldsymbol{X}=[\boldsymbol{x}_1,\boldsymbol{x}_2,\boldsymbol{x}_3]=\begin{bmatrix}-1 & -2 & 0\\ 1 & 1 & 0\\ 1 & 0 & 1\end{bmatrix}$$

则

$$\boldsymbol{X}^{-1}\boldsymbol{A}\boldsymbol{X}=\begin{bmatrix}-2 & & \\ & 1 & \\ & & 1\end{bmatrix}$$

利用式(15.10),得

$$e^{\boldsymbol{A}}=\boldsymbol{X}\begin{bmatrix}e^{-2} & & \\ & e & \\ & & e\end{bmatrix}\boldsymbol{X}^{-1}=\begin{bmatrix}2e-e^{-2} & 2e-2e^{-2} & 0\\ e-e^{-2} & 2e^{-2}-e & 0\\ e^{-2}-e & e^{-2}-2e & e\end{bmatrix}$$

$$e^{t\boldsymbol{A}}=\boldsymbol{X}\begin{bmatrix}e^{-2t} & & \\ & e^{t} & \\ & & e^{t}\end{bmatrix}\boldsymbol{X}^{-1}=\begin{bmatrix}2e^{t}-e^{-2t} & 2e^{t}-2e^{-2t} & 0\\ e^{-2t}-e^{t} & 2e^{-2t}-e^{t} & 0\\ e^{-2t}-e^{t} & 2e^{-2t}-2e^{t} & e^{t}\end{bmatrix}$$

$$\cos\boldsymbol{A}=\boldsymbol{X}\begin{bmatrix}\cos(-2) & & \\ & \cos 1 & \\ & & \cos 1\end{bmatrix}\boldsymbol{X}^{-1}=\begin{bmatrix}2\cos 1-\cos 2 & 2\cos 1-2\cos 2 & 0\\ \cos 2-\cos 1 & 2\cos 2-\cos 1 & 0\\ \cos 2-\cos 1 & 2\cos 2-2\cos 1 & \cos 1\end{bmatrix}$$

Jordan 标准型法　设 $\boldsymbol{A}$ 的 Jordan 标准型为 $\boldsymbol{J}$,即存在可逆矩阵 $\boldsymbol{X}$,使得

$$\boldsymbol{X}^{-1}\boldsymbol{A}\boldsymbol{X}=\boldsymbol{J}=\begin{bmatrix}\boldsymbol{J}_1 & & \\ & \ddots & \\ & & \boldsymbol{J}_s\end{bmatrix}$$

其中

$$\boldsymbol{J}_i=\begin{bmatrix}\lambda_1 & 1 & & \\ & \ddots & \ddots & \\ & & \lambda_1 & 1\\ & & & \lambda_1\end{bmatrix}\in C^{m_i\times m_i}$$

可求得

$$f(\boldsymbol{J}_i)=\sum_{k=0}^{\infty}c_k\boldsymbol{J}_i^k=\sum_{k=0}^{\infty}c_k\begin{bmatrix}\lambda_i^k & C_k^1\lambda_i^{k-1} & \cdots & C_k^{m_i-1}\lambda_i^{k-m_i+1}\\ & \lambda_i^k & \ddots & \vdots\\ & & \ddots & C_k^1\lambda_i^{k-1}\\ & & & \lambda_i^k\end{bmatrix}$$

$$=\begin{bmatrix}f(\lambda_i) & \frac{1}{1!}f'(\lambda_i) & \cdots & \frac{1}{(m_i-1)!}f^{(m_i-1)}(\lambda_i)\\ & f(\lambda_i) & \ddots & \vdots\\ & & \ddots & \frac{1}{1!}f'(\lambda_i)\\ & & & f(\lambda_i)\end{bmatrix}\tag{15.11}$$

$$f(\boldsymbol{A}) = \sum_{k=0}^{\infty} c_k \boldsymbol{A}^k = \sum_{k=0}^{\infty} c_k \boldsymbol{X}\boldsymbol{J}^k\boldsymbol{X}^{-1} = \boldsymbol{X}\left(\sum_{k=0}^{\infty} c_k \boldsymbol{J}^k\right)\boldsymbol{X}^{-1}$$

$$= \boldsymbol{X}\begin{bmatrix} \sum_{k=0}^{\infty} c_k \boldsymbol{J}_1^k & & \\ & \ddots & \\ & & \sum_{k=0}^{\infty} c_k \boldsymbol{J}_s^k \end{bmatrix}\boldsymbol{X}^{-1} = \boldsymbol{X}\begin{bmatrix} f(\boldsymbol{J}_1) & & \\ & \ddots & \\ & & f(\boldsymbol{J}_s) \end{bmatrix}\boldsymbol{X}^{-1} \quad (15.12)$$

这表明，矩阵幂级数的求和问题可以转化为求矩阵的 Jordan 标准型及变换矩阵的问题.

例如，例 5 中的矩阵 $\boldsymbol{A}$ 是一个 Jordan 标准型，它的三个 Jordan 块为

$$\boldsymbol{J}_1 = \pi, \quad \boldsymbol{J}_2 = -\pi, \quad \boldsymbol{J}_3 = \begin{bmatrix} 0 & 1 \\ 0 & 0 \end{bmatrix}$$

根据式(15.11)，得

$$\sin\boldsymbol{J}_1 = \sin\pi = 0, \quad \sin\boldsymbol{J}_2 = \sin(-\pi) = 0$$

$$\sin\boldsymbol{J}_3 = \begin{bmatrix} \sin 0 & \frac{1}{1!}\cos 0 \\ 0 & \sin 0 \end{bmatrix} = \begin{bmatrix} 0 & 1 \\ 0 & 0 \end{bmatrix}$$

再在式(15.12)中取 $\boldsymbol{X} = \boldsymbol{I}$，得

$$\sin\boldsymbol{A} = \begin{bmatrix} \sin\boldsymbol{J}_1 & & \\ & \sin\boldsymbol{J}_2 & \\ & & \sin\boldsymbol{J}_3 \end{bmatrix} = \begin{bmatrix} 0 & 0 & 0 & 0 \\ 0 & 0 & 0 & 0 \\ 0 & 0 & 0 & 1 \\ 0 & 0 & 0 & 0 \end{bmatrix}$$

15.3　矩阵函数的微积分及其应用

在本节，论述以变量 t 的函数 $a_{ij}(t)(i=1,2,\cdots,m;j=1,2,\cdots,n)$ 为元素的矩阵函数 $\boldsymbol{A}(t) = [a_{ij}(t)]_{m\times n}$ 对 t 的导数(微商)及 $\boldsymbol{A}(t)$ 的积分问题.

矩阵 $\boldsymbol{A}(t)$ 的导数　如果矩阵 $\boldsymbol{A}(t) = [a_{ij}(t)]_{m\times n}$ 的每一个元素 $a_{ij}(t)$ 是变量 t 的可微函数，则称 $\boldsymbol{A}(t)$ **可微**，其**导数**(或**微商**)定义为

$$\boldsymbol{A}'(t) = \frac{\mathrm{d}}{\mathrm{d}t}\boldsymbol{A}(t) = \left[\frac{\mathrm{d}}{\mathrm{d}t}a_{ij}(t)\right]$$

矩阵导数具有一般向量(数值)导数的性质，比如，两个同阶矩阵和的导数等于导数的和，矩阵乘积的导数类似于两个函数乘积导数的规则，即

$$\frac{\mathrm{d}}{\mathrm{d}t}(\boldsymbol{A}(t)\boldsymbol{B}(t)) = \left(\frac{\mathrm{d}}{\mathrm{d}t}\boldsymbol{A}(t)\right)\boldsymbol{B}(t) + \boldsymbol{A}(t)\left(\frac{\mathrm{d}}{\mathrm{d}t}\boldsymbol{B}(t)\right)$$

另外经常用到下面的定理.

定理 9 设 n 阶矩阵 $\boldsymbol{A}$ 与 t 无关,则

$$\frac{\mathrm{d}}{\mathrm{d}t}\mathrm{e}^{t\boldsymbol{A}}=\boldsymbol{A}\mathrm{e}^{t\boldsymbol{A}}=\mathrm{e}^{t\boldsymbol{A}}\boldsymbol{A}$$

$$\frac{\mathrm{d}}{\mathrm{d}t}\cos(t\boldsymbol{A})=-\boldsymbol{A}\sin(t\boldsymbol{A})=-\sin(t\boldsymbol{A})\boldsymbol{A}$$

$$\frac{\mathrm{d}}{\mathrm{d}t}\sin(t\boldsymbol{A})=-\boldsymbol{A}\cos(t\boldsymbol{A})=-\cos(t\boldsymbol{A})\boldsymbol{A}$$

证明 这里只要证明第一个等式,其他的等式证明完全类似. 为证明第一式,首先注意到

$$[\mathrm{e}^{t\boldsymbol{A}}]_{ij}=\sum_{k=0}^{\infty}\frac{1}{k!}t^k[\boldsymbol{A}^k]_{ij}$$

上式右边是 t 的幂级数. 不管 t 取何值,它总是收敛的. 因此,可以逐项微分

$$\frac{\mathrm{d}}{\mathrm{d}t}[\mathrm{e}^{t\boldsymbol{A}}]_{ij}=\sum_{k=1}^{\infty}\frac{1}{(k-1)!}t^{k-1}[\boldsymbol{A}^k]_{ij}$$

于是由定理 7,有

$$\frac{\mathrm{d}}{\mathrm{d}t}\mathrm{e}^{t\boldsymbol{A}}=\sum_{k=1}^{\infty}\frac{1}{(k-1)!}t^{k-1}\boldsymbol{A}^k=\begin{cases}\boldsymbol{A}\displaystyle\sum_{k=1}^{\infty}\frac{1}{(k-1)!}t^{k-1}\boldsymbol{A}^{k-1}=\boldsymbol{A}\mathrm{e}^{t\boldsymbol{A}}\\ \left(\displaystyle\sum_{k=1}^{\infty}\frac{1}{(k-1)!}t^{k-1}\boldsymbol{A}^{k-1}\right)\boldsymbol{A}=\mathrm{e}^{t\boldsymbol{A}}\boldsymbol{A}\end{cases}$$

□

矩阵 $\boldsymbol{A}(t)$ 的积分 如果矩阵 $\boldsymbol{A}(t)$ 的每个元素 $a_{ij}(t)$ 都是区间 $[t_0,t_1]$ 上的可积函数,则定义 $\boldsymbol{A}(t)$ 在 $[t_0,t_1]$ 上的**积分**为

$$\int_{t_0}^{t_1}\boldsymbol{A}(t)\mathrm{d}t=\left[\int_{t_0}^{t_1}a_{ij}(t)\mathrm{d}t\right]$$

容易验证关于矩阵积分,下面的运算规则成立:

$$\int_{t_0}^{t_1}(\boldsymbol{A}(t)+\boldsymbol{B}(t))\mathrm{d}t=\int_{t_0}^{t_1}\boldsymbol{A}(t)\mathrm{d}t+\int_{t_0}^{t_1}\boldsymbol{B}(t)\mathrm{d}t$$

$$\int_{t_0}^{t_1}\boldsymbol{A}(t)\boldsymbol{B}\mathrm{d}t=\left(\int_{t_0}^{t_1}\boldsymbol{A}(t)\mathrm{d}t\right)\boldsymbol{B}\quad(\boldsymbol{B}\text{ 与 }t\text{ 无关})$$

$$\int_{t_0}^{t_1}\boldsymbol{A}\boldsymbol{B}(t)\mathrm{d}t=\boldsymbol{A}\left(\int_{t_0}^{t_1}\boldsymbol{B}(t)\mathrm{d}t\right)\quad(\boldsymbol{A}\text{ 与 }t\text{ 无关})$$

当 $a_{ij}(t)$ 都在 $[t_0,t_1]$ 上连续时,就称 $\boldsymbol{A}(t)$ 在 $[t_0,t_1]$ 上**连续**,且

$$\frac{\mathrm{d}}{\mathrm{d}t}\int_a^t\boldsymbol{A}(s)\mathrm{d}s=\boldsymbol{A}(t)$$

当 $a'_{ij}(t)$ 都在 $[t_0,t_1]$ 上连续时,则

$$\int_a^b\boldsymbol{A}'(t)\mathrm{d}t=\boldsymbol{A}(b)-\boldsymbol{A}(a)$$

矩阵函数在常微分方程组的应用 在(胡茂林,2007)的第九章中,已经通过求解关于旋转矩阵的常微分方程组来计算旋转.下面将具体地介绍矩阵函数在常微分方程组中的应用.

一阶常微分方程组的概念 本节将利用本章已研究的理论来求解常系数一阶线性微分方程组.这个方程组的一般形式是

$$\boldsymbol{x}' = \boldsymbol{A}\boldsymbol{x} + \boldsymbol{b}(t) \tag{15.13}$$

$$\boldsymbol{x}(0) = \boldsymbol{x}_0 \tag{15.14}$$

其中 $\boldsymbol{x}=\boldsymbol{x}(t)$ 是时间变量 t 的 n 维向量函数,$n\times n$ 系数矩阵 $\boldsymbol{A}$ 中的元素 a_{ij} 是常数,向量函数 $\boldsymbol{b}(t)$ 是时间的函数.若 $\boldsymbol{b}(t)=\boldsymbol{0}$,则方程(15.13)称为**齐次方程**,否则称为**非齐次方程**.在方程(15.14)中,$\boldsymbol{x}_0$ 是已知常向量,称为常微分方程组的**初始向量**(或**初始条件**).

一阶线性常系数齐次微分方程组 现在来研究下面齐次方程组的解:

$$\boldsymbol{x}' = \boldsymbol{A}\boldsymbol{x} \tag{15.15}$$

$$\boldsymbol{x}(0) = \boldsymbol{x}_0 \tag{15.16}$$

在数学分析中已经知道,常微分方程 $\frac{\mathrm{d}}{\mathrm{d}t}x(t)=ax(t)$ 满足初始条件 $x(0)=x_0$ 的解是 $x(t)=x_0\mathrm{e}^{at}$,其中 $a\in R$ 是常数.因此方程(15.15)和(15.16)是这个问题的推广.下面来求方程(15.16)的解.

将 $\boldsymbol{x}(t)$ 的分量 $x_i(t)$,$i=1,2,\cdots,n$ 展开为 Maclaurin 级数

$$x_i(t)=x_i(0)+x_i'(0)t+\frac{1}{2!}x_i''(0)t^2+\cdots$$

从而有

$$\boldsymbol{x} = \boldsymbol{x}_0 + t\boldsymbol{x}'(0) + \frac{1}{2!}t^2\boldsymbol{x}''(0) + \cdots \tag{15.17}$$

又由方程(15.15),得

$$\frac{\mathrm{d}^2\boldsymbol{x}}{\mathrm{d}t^2} = \boldsymbol{A}\frac{\mathrm{d}\boldsymbol{x}}{\mathrm{d}t} = \boldsymbol{A}^2\boldsymbol{x},\quad \frac{\mathrm{d}^3\boldsymbol{x}}{\mathrm{d}t^3} = \boldsymbol{A}^2\frac{\mathrm{d}\boldsymbol{x}}{\mathrm{d}t} = \boldsymbol{A}^3\boldsymbol{x},\cdots$$

代入方程(15.17),便得

$$\boldsymbol{x} = \boldsymbol{x}_0 + t\boldsymbol{A}\boldsymbol{x}_0 + \frac{t^2}{2!}\boldsymbol{A}^2\boldsymbol{x}_0 + \cdots = \mathrm{e}^{t\boldsymbol{A}}\boldsymbol{x}_0 \tag{15.18}$$

这就是说,方程(15.15)和(15.16)解的形式是式(15.18).

反之,不难证明式(15.18)确是方程(15.15)和(15.16)的解.事实上,从方程(15.18),并利用求导法则和定理9,就有

$$\boldsymbol{x}'=\frac{\mathrm{d}}{\mathrm{d}t}(\mathrm{e}^{t\boldsymbol{A}}\boldsymbol{x}_0)=\frac{\mathrm{d}}{\mathrm{d}t}(\mathrm{e}^{t\boldsymbol{A}})\boldsymbol{x}_0=\boldsymbol{A}\mathrm{e}^{t\boldsymbol{A}}\boldsymbol{x}_0=\boldsymbol{A}\boldsymbol{x}$$

于是就证明了下面的定理.

定理 10 给定 $\boldsymbol{A}=[a_{ij}]_{n\times n}\in C^{n\times n}$ 是常矩阵,一阶线性常系数齐次微分方程组 $\boldsymbol{x}'=\dfrac{\mathrm{d}\boldsymbol{x}}{\mathrm{d}t}=\boldsymbol{A}\boldsymbol{x}$ 在初始条件是 $\boldsymbol{x}(0)=\boldsymbol{x}_0$ 下存在唯一解 $\boldsymbol{x}=\mathrm{e}^{t\boldsymbol{A}}\boldsymbol{x}_0$.

设 $\boldsymbol{A}=[a_{ij}]_{n\times n}$,考虑向量集合

$$S=\{\boldsymbol{x}(t)\mid\boldsymbol{x}'(t)=\boldsymbol{A}\boldsymbol{x}(t)\}$$

按照向量加法和数与向量乘法的运算规则,S 构成一个向量空间,称为微分方程组 $\boldsymbol{x}'(t)=\boldsymbol{A}\boldsymbol{x}(t)$ 的**解空间**. 由于矩阵函数 $\mathrm{e}^{t\boldsymbol{A}}$ 是可逆的,所以它的 n 个列向量 $\boldsymbol{x}_1(t)$, $\boldsymbol{x}_2(t),\cdots,\boldsymbol{x}_n(t)$ 线性无关. 对于任意的 $\boldsymbol{x}(t)\in S$,根据定理 10,存在向量 $\boldsymbol{a}=(\alpha_1,\alpha_2,\cdots,\alpha_n)^{\mathrm{T}}$,使得

$$\boldsymbol{x}(t)=\alpha_1\boldsymbol{x}_1(t)+\alpha_2\boldsymbol{x}_2(t)+\cdots+\alpha_n\boldsymbol{x}_n(t)\tag{15.19}$$

易见 $\boldsymbol{x}_i(t)\in S(i=1,2,\cdots,n)$,故 $\boldsymbol{x}_1(t),\boldsymbol{x}_2(t),\cdots,\boldsymbol{x}_n(t)$ 是 S 的一个基,称为微分方程组 $\boldsymbol{x}'(t)=\boldsymbol{A}\boldsymbol{x}(t)$ 的**基础解系**,且称式(15.19)为其**一般解**(**或通解**).

例 7 设

$$\boldsymbol{A}=\begin{bmatrix}2&0&0\\1&1&1\\1&-1&3\end{bmatrix}$$

求微分方程组 $\boldsymbol{x}'(t)=\boldsymbol{A}\boldsymbol{x}(t)$ 的基础解系及满足初始条件 $\boldsymbol{x}(0)=(1,1,1)^{\mathrm{T}}$ 的解.

解 在例 4 中已经求出

$$\mathrm{e}^{t\boldsymbol{A}}=\mathrm{e}^{2t}\begin{bmatrix}1&0&0\\t&1-t&t\\t&-t&1+t\end{bmatrix}$$

基础解系为

$$\boldsymbol{x}_1(t)=\begin{bmatrix}\mathrm{e}^{2t}\\t\mathrm{e}^{2t}\\t\mathrm{e}^{2t}\end{bmatrix},\quad\boldsymbol{x}_2(t)=\begin{bmatrix}0\\(1-t)\mathrm{e}^{2t}\\-t\mathrm{e}^{2t}\end{bmatrix},\quad\boldsymbol{x}_3(t)=\begin{bmatrix}0\\t\mathrm{e}^{2t}\\(1+t)\mathrm{e}^{2t}\end{bmatrix}$$

当 $\boldsymbol{x}(0)=(1,1,1)^{\mathrm{T}}$ 时,$\boldsymbol{x}(t)=\mathrm{e}^{t\boldsymbol{A}}\boldsymbol{x}(0)=(\mathrm{e}^{2t},(1+t)\mathrm{e}^{2t},(1+t)\mathrm{e}^{2t})^{\mathrm{T}}$.

根据上面的结果,可以简单地讨论矩阵方程. 设 $\boldsymbol{x}_i=(x_{1i}(t),x_{2i}(t),\cdots,x_{ni}(t))^{\mathrm{T}}(i=1,2,\cdots,n)$ 为方程(15.17)的 n 个线性无关的解向量,将其按列排成如下的矩阵:

$$\boldsymbol{X}=\begin{bmatrix}x_{11}&x_{12}&\cdots&x_{1n}\\x_{21}&x_{22}&\cdots&x_{2n}\\\vdots&\vdots&&\vdots\\x_{n1}&x_{n2}&\cdots&x_{nn}\end{bmatrix}$$

其中 $x_{ij}=x_{ij}(t)(i,j=1,2,\cdots,n)$,称 $\boldsymbol{X}$ 为方程(15.15)的**积分矩阵**. 由方程(15.15)容易推出

$$\frac{\mathrm{d}\boldsymbol{X}}{\mathrm{d}t}=\boldsymbol{A}\boldsymbol{X} \tag{15.20}$$

于是解方程(15.15)就相当于解方程(15.20).由行列式的微分法及方程(15.20)可以证明,积分矩阵的行列式是

$$\det\boldsymbol{X}=\boldsymbol{X}_0\mathrm{e}^{\int_{t_0}^{t_1}\mathrm{tr}\boldsymbol{A}\mathrm{d}t} \tag{15.21}$$

当 $\boldsymbol{A}=\boldsymbol{A}(t)=[a_{ij}(t)]_{n\times n}$时,即方程(15.15)是变系数微分方程组时,式(15.21)仍然成立.称式(15.21)为 **Jacobi 恒等式**.

一阶线性常系数非齐次微分方程组　下面来考虑方程(15.13)的解.类似于一般非齐次方程的求解,先求出一个特解,将方程(15.13)变成方程(15.15),特解是用常向量变易法得到的.

设 $\tilde{\boldsymbol{x}}=\tilde{\boldsymbol{x}}(t)$是方程(15.13)的一个特解,$\boldsymbol{x}=\boldsymbol{x}(t)$是方程(15.13)的一般解(或通解),那么

$$\frac{\mathrm{d}}{\mathrm{d}t}(\boldsymbol{x}-\tilde{\boldsymbol{x}})=\boldsymbol{A}(\boldsymbol{x}-\tilde{\boldsymbol{x}})$$

即 $\boldsymbol{x}-\tilde{\boldsymbol{x}}$ 是方程(15.15)的解.根据定理 10 可得

$$\boldsymbol{x}-\tilde{\boldsymbol{x}}=\mathrm{e}^{t\boldsymbol{A}}\boldsymbol{x}_0$$

也就是

$$\boldsymbol{x}=\mathrm{e}^{t\boldsymbol{A}}\boldsymbol{x}_0+\tilde{\boldsymbol{x}} \tag{15.22}$$

为了确定方程(15.13)的一个特解 $\tilde{\boldsymbol{x}}$,采用**常向量变易法**.设 $\tilde{\boldsymbol{x}}=\mathrm{e}^{t\boldsymbol{A}}\boldsymbol{x}(t)$,其中 $\boldsymbol{x}(t)$为特定向量,代入方程(15.13)可得

$$\frac{\mathrm{d}}{\mathrm{d}t}\tilde{\boldsymbol{x}}=\boldsymbol{A}\mathrm{e}^{t\boldsymbol{A}}\boldsymbol{x}(t)+\mathrm{e}^{t\boldsymbol{A}}\frac{\mathrm{d}}{\mathrm{d}t}\boldsymbol{x}(t)=\boldsymbol{A}\tilde{\boldsymbol{x}}+\mathrm{e}^{t\boldsymbol{A}}\frac{\mathrm{d}}{\mathrm{d}t}\boldsymbol{x}(t)=\boldsymbol{A}\tilde{\boldsymbol{x}}+\boldsymbol{b}(t)$$

从而

$$\mathrm{e}^{t\boldsymbol{A}}\frac{\mathrm{d}}{\mathrm{d}t}\boldsymbol{x}(t)=\boldsymbol{b}(t)$$

由此解得

$$\boldsymbol{x}(t)=\int_{t_0}^{t}\mathrm{e}^{-s\boldsymbol{A}}\boldsymbol{b}(s)\mathrm{d}s$$

故得方程(15.13)的一个特解是

$$\tilde{\boldsymbol{x}}(t)=\mathrm{e}^{t\boldsymbol{A}}\int_{t_0}^{t_1}\mathrm{e}^{-t\boldsymbol{A}}\boldsymbol{A}(s)\mathrm{d}s$$

代入方程(15.21),可得微分方程组(15.13)的一般解

$$\boldsymbol{x}(t)=\mathrm{e}^{t\boldsymbol{A}}\boldsymbol{x}_0+\mathrm{e}^{t\boldsymbol{A}}\int_{t_0}^{t_1}\mathrm{e}^{-s\boldsymbol{A}}\boldsymbol{b}(s)\mathrm{d}s$$

其中 $\boldsymbol{x}_0$ 是任意 n 维常数向量.满足初始条件 $\boldsymbol{x}(t_0)=\boldsymbol{x}_0$ 的解为

$$\boldsymbol{x}(t)=\mathrm{e}^{(t-t_0)\boldsymbol{A}}\boldsymbol{x}_0+\mathrm{e}^{t\boldsymbol{A}}\int_{t_0}^{t_1}\mathrm{e}^{-s\boldsymbol{A}}\boldsymbol{b}(s)\mathrm{d}s \tag{15.23}$$

或记成

$$x(t)=e^{tA}\left(e^{-t_0A}+\int_{t_0}^{t_1}e^{-sA}b(s)ds\right)$$

例 8　设

$$A=\begin{bmatrix}2&0&0\\1&1&1\\1&-1&3\end{bmatrix},\quad b(t)=\begin{bmatrix}e^{2t}\\e^{2t}\\0\end{bmatrix},\quad x(0)=\begin{bmatrix}-1\\1\\0\end{bmatrix}$$

求微分方程组 $x'(t)=Ax(t)+b(t)$ 满足初始条件 $x(0)$ 的解.

解　在例 5 中已经求出

$$e^{tA}=e^{2t}\begin{bmatrix}1&0&0\\t&1-t&t\\t&-t&1+t\end{bmatrix}$$

计算

$$e^{-sA}b(s)=e^{-2s}\begin{bmatrix}1&0&0\\-s&1+s&-s\\-s&s&1-s\end{bmatrix}\begin{bmatrix}e^{2s}\\e^{2s}\\0\end{bmatrix}=\begin{bmatrix}1\\1\\0\end{bmatrix}$$

$$\int_0^t e^{-sA}b(s)ds=\begin{bmatrix}t\\t\\0\end{bmatrix}$$

根据式(15.23)可得

$$x(t)=e^{tA}\left\{\begin{bmatrix}-1\\1\\0\end{bmatrix}+\begin{bmatrix}t\\t\\0\end{bmatrix}\right\}=e^{2t}\begin{bmatrix}1&0&0\\t&1-t&t\\t&-t&1+t\end{bmatrix}\begin{bmatrix}t-1\\t+1\\0\end{bmatrix}=\begin{bmatrix}(t-1)e^{2t}\\(1-t)e^{2t}\\-2te^{2t}\end{bmatrix}$$

习　题　15

1. 设

$$A=\begin{bmatrix}0&c&c\\c&0&c\\c&c&0\end{bmatrix},\quad c\in R$$

讨论 c 取何值时，A 为收敛矩阵.

2. 证明 $e^{iA}=\cos A+i\sin A$.

3. 证明 $e^{A+2\pi iI}=e^{A}$，$\sin(A+2\pi I)=\sin A$.

4. 若 A 为实反对称矩阵，则 e^{A} 为正交矩阵.

5. 设

$$A=\begin{bmatrix}2&1&0\\0&0&1\\0&1&0\end{bmatrix}$$

求 e^{A}，$e^{tA}(t\in R)$，$\sin A$.

6. 设 $f(z)=\ln z$，求 $f(A)$，其中 A 分别为

$$(1)\ A=\begin{bmatrix}1&0&0&0\\1&1&0&0\\0&1&1&0\\0&0&1&1\end{bmatrix};\qquad (2)\ A=\begin{bmatrix}2&0&0&0\\0&2&0&0\\0&0&1&1\\0&0&0&1\end{bmatrix}.$$

7. 若 $A=A(t)=[a_{ij}(t)]_{n\times n}$ 非奇异，证明下面三个等式：

$$\frac{d}{dt}A^{-1}=-A^{-1}\frac{dA}{dt}A^{-1},\quad \frac{d}{dt}(\det A)=\operatorname{tr}\left(\frac{dA}{dt}A\right),\quad \frac{d}{dt}(\ln\det A)=\operatorname{tr}\left(A^{-1}\frac{dA}{dt}A\right)$$

8. 证明 Jacobi 恒等式(15.34).

9. 设

$$A=\begin{bmatrix}3&0&8\\3&-1&6\\-2&0&-5\end{bmatrix}$$

和 $x_0=(1,1,1)^{T}$，求齐次方程组(15.15)的解.

10. 设

$$A=\begin{bmatrix}-2&1&0\\-4&2&0\\1&0&1\end{bmatrix}$$

和 $x_0=(1,1,-1)^{T}$，$b(t)=(1,2,e^{t}-1)^{T}$，求非齐次方程组(15.13)的解.

11. 设 $A=[a_{ij}]_{n\times n}$ 为常数矩阵，$X=[\xi_{ij}(t)]_{n\times n}$，试证明下面的 Cauchy 微分方程组：

$$\frac{dX}{dt}=\frac{A}{t-a}X$$

可化简为

$$\frac{dX}{du}=AX$$

其中 a 是常数，$u=\ln(t-a)$，并进一步证明其通解为

$$X=(t-a)^{A}C$$

其中 C 为 n 阶常数矩阵.

第 16 章 Hadamard 积和 Kronecker 积

本章将介绍矩阵之间的特殊运算，它们在实际中都经常出现. 矩阵的 Hadamard积和直积(或称 Kronecker 积)在矩阵的理论研究和计算方法中都有十分重要的应用. 特别地，运用矩阵的直积，能够将线性矩阵方程转化为线性代数方程组进行讨论或计算.

16.1 矩阵的 Hadamard 积

下面介绍两个矩阵之间的直接乘积.

Hadamard 积 两个 $m\times m$ 矩阵 $\boldsymbol{A}=[a_{ij}]$ 和 $\boldsymbol{B}=[b_{ij}]$ 的 **Hadamard 积**定义为 $[a_{ij}b_{ij}]$，记为 $\boldsymbol{A}\odot\boldsymbol{B}$，即 $\boldsymbol{A}\odot\boldsymbol{B}=[a_{ij}b_{ij}]$. 因此两个同阶矩阵的 Hadamard 积仍然是同阶的.

任何 $m\times n$ 矩阵与 $m\times n$ 零矩阵的 Hadamard 积是 $m\times n$ 的零矩阵；特别地，矩阵 $\boldsymbol{A}=[a_{ij}]_{n\times n}$ 与单位矩阵 $\boldsymbol{I}_n$ 的 Hadamard 积是 $\boldsymbol{A}$ 的对角元素组成的对角矩阵，即

$$\boldsymbol{A}\odot\boldsymbol{I}_n=\boldsymbol{I}_n\odot\boldsymbol{A}=\mathrm{diag}\boldsymbol{A}=\mathrm{diag}(a_{11},a_{22},\cdots,a_{m})$$

Hadamard 积也称 Schur 积. Hadamard 积是矩阵对应元素的乘积，因此具有两个数相乘的所有性质，下面这些性质都是显然的.

(1) 若 $\boldsymbol{A},\boldsymbol{B}$ 均为 $m\times n$ 矩阵，则

$$\boldsymbol{A}\odot\boldsymbol{B}=\boldsymbol{B}\odot\boldsymbol{A}$$
$$(\boldsymbol{A}\odot\boldsymbol{B})^{\mathrm{T}}=\boldsymbol{A}^{\mathrm{T}}\odot\boldsymbol{B}^{\mathrm{T}}$$
$$(\boldsymbol{A}\odot\boldsymbol{B})^{\mathrm{H}}=\boldsymbol{A}^{\mathrm{H}}\odot\boldsymbol{B}^{\mathrm{H}}$$

(2) 若 $\boldsymbol{A},\boldsymbol{B},\boldsymbol{C},\boldsymbol{D}$ 均为 $m\times n$ 矩阵，则

$$\boldsymbol{A}\odot(\boldsymbol{B}\odot\boldsymbol{C})=(\boldsymbol{A}\odot\boldsymbol{B})\odot\boldsymbol{C}=\boldsymbol{A}\odot\boldsymbol{B}\odot\boldsymbol{C}$$
$$(\boldsymbol{A}\pm\boldsymbol{B})\odot\boldsymbol{C}=\boldsymbol{A}\odot\boldsymbol{C}\pm\boldsymbol{B}\odot\boldsymbol{C}$$
$$(\boldsymbol{A}+\boldsymbol{B})\odot(\boldsymbol{C}+\boldsymbol{D})=\boldsymbol{A}\odot\boldsymbol{C}+\boldsymbol{A}\odot\boldsymbol{D}+\boldsymbol{B}\odot\boldsymbol{C}+\boldsymbol{B}\odot\boldsymbol{D}$$

下面介绍矩阵 Hadamard 积的一个主要的结果.

定理 1 若 $n\times n$ 实对称矩阵 $\boldsymbol{A},\boldsymbol{B}$ 是正定的(或半正定)的，则 Hadamard 积 $\boldsymbol{A}\odot\boldsymbol{B}$ 也是正定(或半正定)的.

证明 记矩阵 $\boldsymbol{A}$ 和 $\boldsymbol{B}$ 的特征分解为

$$A=\sum_{i=1}^{n}\lambda_i x_i x_i^{\mathrm{T}} \quad 和 \quad B=\sum_{i=1}^{n}\mu_i y_i y_i^{\mathrm{T}}$$

其中 $\lambda_i,\mu_i\geqslant 0(i=1,\cdots,n)$分别为 A 和 B 的特征值，且 x_i，y_i 分别是对应的单位特征向量. 当矩阵 A 和 B 都是半正定时，若 $\mathrm{rank}A=p$ 和 $\mathrm{rand}B=q$，则 $\lambda_i=0,i=p+1,p+2,\cdots,n$ 和 $\mu_j=0,j=q+1,q+2,\cdots,n$，故 A 和 B 可以分别写成

$$A=v_1v_1^{\mathrm{T}}+v_2v_2^{\mathrm{T}}+\cdots+v_pv_p^{\mathrm{T}}$$

$$B=w_1w_1^{\mathrm{T}}+w_2w_2^{\mathrm{T}}+\cdots+v_qv_q^{\mathrm{T}}$$

其中 $v_i=\lambda_i^{1/2}x_i,w_i=\mu_i^{1/2}/y_i$. 于是

$$A\odot B=\sum_{i=1}^{p}\sum_{j=1}^{q}(v_iv_i^{\mathrm{T}})\odot(w_jw_j^{\mathrm{T}})=\sum_{i=1}^{p}\sum_{j=1}^{q}(v_i\odot w_i)(v_i\odot w_i)^{\mathrm{T}}=\sum_{i=1}^{p}\sum_{j=1}^{q}u_{ij}u_{ij}^{\mathrm{T}}$$

其中 $u_{ij}=v_i\odot w_j$. 上式表明，$A\odot B$ 是秩 1 半正定矩阵 $u_{ij}u_{ij}^{\mathrm{T}}$之和，所以 $A\odot B$ 也是半正定的.

下面证明当 A 和 B 都是正定矩阵时，Hadamard 积 $A\odot B$ 也是正定的. 此时 $p=q=n$，向量组 $v_i(i=1,2,\cdots,n)$和 $w_j(j=1,2,\cdots,n)$都是空间 R^n 的正交基向量. 采用反证法，假设 $A\odot B$ 是奇异矩阵. 于是，存在某个非零向量 $x\in R^n$，使得 $(A\odot B)x=0$，等式两边左乘 x^{T}，得

$$x^{\mathrm{T}}(A\odot B)x=\sum_{i=1}^{n}\sum_{j=1}^{n}x^{\mathrm{T}}(u_{ij}u_{ij}^{\mathrm{T}})x=\sum_{i=1}^{n}\sum_{j=1}^{n}(x^{\mathrm{T}}u_{ij})^2=0$$

因此，上式中的每一项必须等于零，即对 $\forall i,j$，有

$$|x^{\mathrm{T}}u_{ij}|^2=|x^{\mathrm{T}}(v_i\odot w_j)|^2=|(x\odot v_i)^{\mathrm{T}}w_j|^2=0$$

由于 Hadamard 积 $x\odot v_i$ 与所有正交基向量 $w_1,w_2,\cdots,w_n$ 都正交，因此对 $i=1,2,\cdots,n$，有 $x\odot v_i=0$. 因为 $v_i(i=1,2,\cdots,n)$是 R^n 的一组基，所以

$$x=\alpha_1v_1+\alpha_2v_2+\cdots+\alpha_nv_n$$

利用 Hadamard 积的线性性，有 $x\odot v=0$，这是两个向量对应元素之积，因此，向量 x 的所有元素必定是零，即 $x=0$. 这与假设矛盾，由此得 Hadamard 积 $A\odot B$ 一定是非奇异矩阵，因此为正定矩阵. □

下面的推论应用在最优化理论中.

推论(Fejer 定理)　矩阵 $A=[a_{ij}]_{n\times n}$是半正定矩阵当且仅当对所有的半正定矩阵 $B=[b_{ij}]_{n\times n}$，有 $\sum_{i,j=1}^{n}a_{ij}b_{ij}\geqslant 0$.

必要性是定理 1 的自然结果，充分性是因为对任意向量 x，记 $B=xx^{\mathrm{T}}$，则

$$0\leqslant\sum_{i,j=1}^{n}a_{ij}b_{ij}=x^{\mathrm{T}}Ax$$

所以 A 上半正定矩阵.

定理 2　给定 $A,B,C\in C^{m\times n}$，且 $D=\mathrm{diag}(d_1,d_2,\cdots,d_n)$，其中 $d_i=\sum_{j=1}^{n}a_{ij}$，则

$$\mathrm{tr}(\boldsymbol{A}^{\mathrm{T}}(\boldsymbol{B}\odot\boldsymbol{C})) = \mathrm{tr}((\boldsymbol{A}^{\mathrm{T}}\odot\boldsymbol{B}^{\mathrm{T}})\boldsymbol{C}) \tag{16.1}$$

和

$$\boldsymbol{1}^{\mathrm{T}}\boldsymbol{A}^{\mathrm{T}}(\boldsymbol{B}\odot\boldsymbol{C})\boldsymbol{1} = \mathrm{tr}(\boldsymbol{B}^{\mathrm{T}}\boldsymbol{D}\boldsymbol{C}) \tag{16.2}$$

其中 $\boldsymbol{1}=(1,1,\cdots,1)^{\mathrm{T}}$ 是 $n\times 1$ 求和向量.

证明 因为

$$[\boldsymbol{A}^{\mathrm{T}}(\boldsymbol{B}\odot\boldsymbol{C})]_{ii} = \sum_{k=1}^{n} a_{ki}b_{ki}c_{ki} = [(\boldsymbol{A}^{\mathrm{T}}\odot\boldsymbol{B}^{\mathrm{T}})\boldsymbol{C}]_{ii}$$

所以 $\boldsymbol{A}^{\mathrm{T}}(\boldsymbol{B}\odot\boldsymbol{C})$ 和 $(\boldsymbol{A}^{\mathrm{T}}\odot\boldsymbol{B}^{\mathrm{T}})\boldsymbol{C}$ 具有相同的对角元素,即式(16.1)成立.

由于

$$\boldsymbol{1}^{\mathrm{T}}\boldsymbol{A}^{\mathrm{T}}(\boldsymbol{B}\odot\boldsymbol{C})\boldsymbol{1} = \sum_{i=1}^{n}\sum_{j=1}^{n}\sum_{k=1}^{m} a_{kj}b_{ki}c_{ki} = \sum_{i=1}^{n}\sum_{k=1}^{m} d_k b_{ki}c_{ki} = \mathrm{tr}(\boldsymbol{B}^{\mathrm{T}}\boldsymbol{D}\boldsymbol{C})$$

即式(16.2)成立. □

定理 3 给定矩阵 $\boldsymbol{A},\boldsymbol{B}\in C^{n\times n}$,若 $\boldsymbol{M}$ 是 n 阶对角矩阵 $\boldsymbol{M}=\mathrm{diag}(\mu_1,\mu_2,\cdots,\mu_n)$,记 $\boldsymbol{m}=\boldsymbol{M}\boldsymbol{1}$,则

$$\mathrm{tr}(\boldsymbol{A}\boldsymbol{M}\boldsymbol{B}^{\mathrm{T}}\boldsymbol{M}) = \boldsymbol{m}^{\mathrm{T}}(\boldsymbol{A}\odot\boldsymbol{B})\boldsymbol{m} \tag{16.3}$$

$$\mathrm{tr}(\boldsymbol{A}\boldsymbol{B}^{\mathrm{T}}) = \boldsymbol{1}^{\mathrm{T}}(\boldsymbol{A}\odot\boldsymbol{B})\boldsymbol{1} \tag{16.4}$$

$$(\boldsymbol{M}\boldsymbol{A})\odot(\boldsymbol{B}^{\mathrm{T}}\boldsymbol{M}) = \boldsymbol{M}(\boldsymbol{A}\odot\boldsymbol{B}^{\mathrm{T}})\boldsymbol{M} \tag{16.5}$$

证明 根据迹的定义,有

$$\mathrm{tr}(\boldsymbol{A}\boldsymbol{M}\boldsymbol{B}^{\mathrm{T}}\boldsymbol{M}) = \sum_{i=1}^{n}[\boldsymbol{A}\boldsymbol{M}\boldsymbol{B}^{\mathrm{T}}\boldsymbol{M}]_{ii} = \sum_{i=1}^{n}\sum_{j=1}^{n}\mu_i\mu_j a_{ij}b_{ij} = \boldsymbol{m}^{\mathrm{T}}(\boldsymbol{A}\odot\boldsymbol{B})\boldsymbol{m}$$

在式(16.3)中取 $\boldsymbol{M}=\boldsymbol{I}$ 即得式(16.4). 式(16.5)可以直接计算得到

$$[(\boldsymbol{M}\boldsymbol{A})\odot(\boldsymbol{B}^{\mathrm{T}}\boldsymbol{M})]_{ij} = [\boldsymbol{M}\boldsymbol{A}]_{ij}[\boldsymbol{B}^{\mathrm{T}}\boldsymbol{M}]_{ij}$$

$$=(\mu_i a_{ij})(\mu_j b_{ji}) = \mu_i\mu_j[\boldsymbol{A}\odot\boldsymbol{B}^{\mathrm{T}}]_{ij} = [\boldsymbol{M}(\boldsymbol{A}\odot\boldsymbol{B}^{\mathrm{T}})\boldsymbol{M}]_{ij}$$ □

矩阵向量化 在(胡茂林,2007)的第九章讨论旋转变换时,曾介绍了矩阵转化为向量的运算,下面介绍矩阵和向量之间的相互转化.

若 $\boldsymbol{A}=[a_{ij}]$ 是一个 $m\times n$ 矩阵,则 $\boldsymbol{A}$ 的**向量化函数** $\mathrm{vec}(\boldsymbol{A})$ 是一个 $mn\times 1$ 的向量,其元素是 $\boldsymbol{A}$ 的元素的字典式排序,即

$$\mathrm{vec}(\boldsymbol{A}) = \begin{bmatrix} a_{11} \\ \vdots \\ a_{m1} \\ \vdots \\ a_{1n} \\ \vdots \\ a_{mn} \end{bmatrix}$$

矩阵元素的字典式排序也称**按列堆栈**(column stacking).

对一幅图像进行采样，采样的数据组成一矩阵. 为了传输图像信号，通常先按行扫描，然后将各行数据串接起来. 因此，这是一种典型的**行向量化**，记为$\overline{\text{vec}}(\boldsymbol{A})$.

反过来，一个 $mn\times1$ 向量 $\boldsymbol{a}=(a_1,a_2,\cdots,a_{mn})^{\mathrm{T}}$ 的**矩阵化函数** $\text{unvec}_{m,n}$是一个将 mn 个元素的列向量转化为 $m\times n$ 矩阵的算子，即

$$\text{unvec}_{m,n}(\boldsymbol{a})=\begin{bmatrix} a_1 & a_{m+1} & \cdots & a_{m(n-1)+1} \\ a_2 & a_{m+2} & \cdots & a_{m(n-1)+2} \\ \vdots & \vdots & & \vdots \\ a_m & a_{2m} & \cdots & a_{mn} \end{bmatrix}$$

根据定义，容易证明矩阵的向量化算子 vec 与矩阵迹之间有下面关系：

$$\text{tr}(\boldsymbol{A}^{\mathrm{T}}\boldsymbol{B})=(\text{vec}(\boldsymbol{A}))^{\mathrm{T}}\text{vec}(\boldsymbol{B})$$

$m\times n$ 矩阵 $\boldsymbol{A}$ 和 $\boldsymbol{B}$ 的 Hadamard 积的向量化函数为

$$\text{vec}(\boldsymbol{A}\odot\boldsymbol{B})=\text{vec}(\boldsymbol{A})\odot\text{vec}(\boldsymbol{B})$$

$$\text{vec}(\boldsymbol{A}\odot\boldsymbol{B})=\text{diag}(\text{vec}(\boldsymbol{A}))\text{vec}(\boldsymbol{B})=\text{vec}(\boldsymbol{A})\text{diag}(\text{vec}(\boldsymbol{B}))$$

其中 $\text{diag}(\text{vec}(\boldsymbol{A}))$表示用 $\text{vec}(\boldsymbol{A})$向量元素作为对角元素的对角矩阵.

16.2　直积的概念

矩阵的直积是一个复杂的概念，为直观起见，首先从简单的向量例子开始. 设有二元向量$(x_1,x_2)^{\mathrm{T}}$ 和三元向量$(y_1,y_2,y_3)^{\mathrm{T}}$，它们在二阶矩阵和三阶矩阵

$$\boldsymbol{A}=\begin{bmatrix} a_{11} & a_{12} \\ a_{21} & a_{22} \end{bmatrix},\quad \boldsymbol{B}=\begin{bmatrix} b_{11} & b_{12} & b_{13} \\ b_{21} & b_{22} & b_{23} \\ b_{31} & b_{32} & b_{33} \end{bmatrix}$$

的作用下，分别变成向量$(x_1',x_2')^{\mathrm{T}}$ 和$(y_1',y_2',y_3')^{\mathrm{T}}$，即

$$\begin{pmatrix} x_1' \\ x_2' \end{pmatrix}=\boldsymbol{A}\begin{pmatrix} x_1 \\ x_2 \end{pmatrix},\quad \begin{pmatrix} y_1' \\ y_2' \\ y_3' \end{pmatrix}=\boldsymbol{B}\begin{pmatrix} y_1 \\ y_2 \\ y_3 \end{pmatrix}$$

现在考虑以这两个向量的分量乘积为元素的六元向量

$$\boldsymbol{x}=(x_1y_1,x_1y_2,x_1y_3,x_2y_1,x_2y_2,x_2y_3)^{\mathrm{T}}$$

经过怎样的线性变换可以变成六元向量

$$\boldsymbol{y}=(x_1'y_1',x_1'y_2',x_1'y_3',x_2'y_1',x_2'y_2',x_2'y_3')^{\mathrm{T}}$$

由假设

$$x_i'=a_{i1}x_1+a_{i2}x_2,\quad i=1,2$$

$$y_i'=b_{i1}y_1+b_{i2}y_2+b_{i3}y_3,\quad j=1,2,3$$

故对 $i=1,2;j=1,2,3$，有

$$x_i'y_j' = a_{i1}b_{j1}x_1y_1 + a_{i1}b_{j2}x_1y_2 + a_{i1}b_{j3}x_1y_3 + a_{i2}b_{j1}x_2y_1 + a_{i2}b_{j2}x_2y_2 + a_{i2}b_{j3}x_2y_3$$

于是所求的矩阵为六阶矩阵

$$\begin{bmatrix} a_{11}\boldsymbol{B} & a_{12}\boldsymbol{B} \\ a_{21}\boldsymbol{B} & a_{22}\boldsymbol{B} \end{bmatrix}$$

根据上面的讨论,可以引入矩阵的特殊乘积,称为矩阵直积.它是不同阶矩阵之间的运算.一般,一个 $m\times n$ 矩阵 $\boldsymbol{A}$ 和一个 $p\times q$ 矩阵 $\boldsymbol{B}$ 的直积是一个 $mp\times nq$ 的矩阵.

设 $\boldsymbol{A}=[a_{ij}]\in R^{m\times n}$,$\boldsymbol{B}=[b_{ij}]\in R^{p\times q}$,则称如下的分块矩阵:

$$\boldsymbol{A}\otimes\boldsymbol{B}=\begin{bmatrix} a_{11}\boldsymbol{B} & a_{12}\boldsymbol{B} & \cdots & a_{1n}\boldsymbol{B} \\ a_{21}\boldsymbol{B} & a_{22}\boldsymbol{B} & \cdots & a_{2n}\boldsymbol{B} \\ \vdots & \vdots & & \vdots \\ a_{m1}\boldsymbol{B} & a_{m2}\boldsymbol{B} & \cdots & a_{mn}\boldsymbol{B} \end{bmatrix}\in R^{mp\times nq}$$

为 $\boldsymbol{A}$ 与 $\boldsymbol{B}$ 的直积(或 **Kronecker 积**),记为 $\boldsymbol{A}\otimes\boldsymbol{B}$. 例如,对向量 $\boldsymbol{x},\boldsymbol{y}$,有 $\boldsymbol{x}\otimes\boldsymbol{y}^{\mathrm{T}}=\boldsymbol{x}\boldsymbol{y}^{\mathrm{T}}$.

$\boldsymbol{A}\otimes\boldsymbol{B}$ 是一个 $m\times n$ 的分块矩阵,因此上式可简记为 $\boldsymbol{A}\otimes\boldsymbol{B}=[a_{ij}\boldsymbol{B}]$. Kronecker 积就是在(胡茂林,2007)中,附录 2 中介绍的张量积.

对

$$\boldsymbol{A}=\begin{bmatrix} 1 & 2 \\ 3 & 4 \end{bmatrix},\quad \boldsymbol{B}=\begin{bmatrix} 0 & 0 & 1 \\ 0 & 1 & 0 \\ 1 & 0 & 0 \end{bmatrix}$$

有

$$\boldsymbol{A}\otimes\boldsymbol{B}=\begin{bmatrix} \boldsymbol{B} & 2\boldsymbol{B} \\ 3\boldsymbol{B} & 4\boldsymbol{B} \end{bmatrix}=\begin{bmatrix} 0 & 0 & 1 & 0 & 0 & 2 \\ 0 & 1 & 0 & 0 & 2 & 0 \\ 1 & 0 & 0 & 2 & 0 & 0 \\ 0 & 0 & 3 & 0 & 0 & 4 \\ 0 & 3 & 0 & 0 & 4 & 0 \\ 3 & 0 & 0 & 4 & 0 & 0 \end{bmatrix}$$

$$\boldsymbol{B}\otimes\boldsymbol{A}=\begin{bmatrix} 0\boldsymbol{A} & 0\boldsymbol{A} & \boldsymbol{A} \\ 0\boldsymbol{A} & \boldsymbol{A} & 0\boldsymbol{A} \\ \boldsymbol{A} & 0\boldsymbol{A} & 0\boldsymbol{A} \end{bmatrix}=\begin{bmatrix} 0 & 0 & 0 & 0 & 1 & 2 \\ 0 & 0 & 0 & 0 & 3 & 4 \\ 0 & 0 & 1 & 2 & 0 & 0 \\ 0 & 0 & 3 & 4 & 0 & 0 \\ 1 & 2 & 0 & 0 & 0 & 0 \\ 3 & 4 & 0 & 0 & 0 & 0 \end{bmatrix}$$

这个例子表明直积没有交换率,即 $\boldsymbol{A}\otimes\boldsymbol{B}\neq\boldsymbol{B}\otimes\boldsymbol{A}$.

可以简单地验证矩阵的直积具有分配律,结合律(包括数乘),另外还有下列的性质.

(1) $(\boldsymbol{A}\otimes\boldsymbol{B})\otimes\boldsymbol{C}=\boldsymbol{A}\otimes(\boldsymbol{B}\otimes\boldsymbol{C})$.

事实上,由于

$$[\boldsymbol{A}\otimes\boldsymbol{B}]_{ij}=a_{ij}\boldsymbol{B}=\begin{bmatrix}a_{ij}b_{11} & \cdots & a_{ij}b_{1q}\\ \vdots & & \vdots\\ a_{ij}b_{p1} & \cdots & a_{ij}b_{pq}\end{bmatrix}$$

得

$$[\boldsymbol{A}\otimes\boldsymbol{B}]_{ij}\otimes\boldsymbol{C}=\begin{bmatrix}a_{ij}b_{11}\boldsymbol{C} & \cdots & a_{ij}b_{1q}\boldsymbol{C}\\ \vdots & & \vdots\\ a_{ij}b_{p1}\boldsymbol{C} & \cdots & a_{ij}b_{pq}\boldsymbol{C}\end{bmatrix}=a_{ij}(\boldsymbol{B}\otimes\boldsymbol{C})$$

因此

$$(\boldsymbol{A}\otimes\boldsymbol{B})\otimes\boldsymbol{C}=\begin{bmatrix}[\boldsymbol{A}\otimes\boldsymbol{B}]_{11}\otimes\boldsymbol{C} & \cdots & [\boldsymbol{A}\otimes\boldsymbol{B}]_{1n}\otimes\boldsymbol{C}\\ \vdots & \vdots & \\ [\boldsymbol{A}\otimes\boldsymbol{B}]_{m1}\otimes\boldsymbol{C} & \cdots & [\boldsymbol{A}\otimes\boldsymbol{B}]_{mn}\otimes\boldsymbol{C}\end{bmatrix}$$

$$=\begin{bmatrix}a_{11}(\boldsymbol{B}\otimes\boldsymbol{C}) & \cdots & a_{1n}(\boldsymbol{B}\otimes\boldsymbol{C})\\ \vdots & \vdots & \\ a_{m1}(\boldsymbol{B}\otimes\boldsymbol{C}) & \cdots & a_{mn}(\boldsymbol{B}\otimes\boldsymbol{C})\end{bmatrix}$$

$$=\boldsymbol{A}\otimes(\boldsymbol{B}\otimes\boldsymbol{C})$$

(2) 设 $\boldsymbol{A}\in R^{m\times n}$,$\boldsymbol{B}\in R^{n\times k}$,$\boldsymbol{C}\in R^{p\times q}$,$\boldsymbol{D}\in R^{q\times r}$,则

$$(\boldsymbol{A}\otimes\boldsymbol{C})(\boldsymbol{B}\otimes\boldsymbol{D})=(\boldsymbol{AB})\otimes(\boldsymbol{CD})$$

事实上,由于

$$[\text{左端}]_{ij}=[a_{i1}\boldsymbol{C},\cdots,a_{in}\boldsymbol{C}]\begin{bmatrix}b_{1j}\boldsymbol{D}\\ \vdots\\ b_{mj}\boldsymbol{D}\end{bmatrix}=\sum_{k=1}^{n}a_{ik}\boldsymbol{C}b_{kj}\boldsymbol{D}$$

$$=(\sum_{k=1}^{n}a_{ik}b_{kj})\boldsymbol{CD}=[\boldsymbol{AB}]_{ij}[\boldsymbol{CD}]=[\text{右端}]_{ij}$$

其中$[\boldsymbol{AB}]_{ij}$表示 $\boldsymbol{AB}$ 的第 i 行第 j 列元素,所以等式成立.

利用上面的结果,还可以推导下面的性质.

(3) 设 $\boldsymbol{A}\in R^{m\times m}$和 $\boldsymbol{B}\in R^{n\times n}$都可逆,则$(\boldsymbol{A}\otimes\boldsymbol{B})^{-1}=\boldsymbol{A}^{-1}\otimes\boldsymbol{B}^{-1}$.

(4) 设 $\boldsymbol{A}\in R^{m\times m}$和 $\boldsymbol{B}\in R^{m\times n}$都是上三角(或下三角)矩阵,则 $\boldsymbol{A}\otimes\boldsymbol{B}$ 也是上三角(或下三角)矩阵.

(5) $(\boldsymbol{A}\otimes\boldsymbol{B})^{\mathrm{T}}=\boldsymbol{A}^{\mathrm{T}}\otimes\boldsymbol{B}^{\mathrm{T}}$.

(6) 设 $\boldsymbol{A}\in R^{m\times m}$和 $\boldsymbol{B}\in R^{n\times n}$都是正交矩阵, 则 $\boldsymbol{A}\otimes\boldsymbol{B}$ 也是正交矩阵.

对于在 R^{l} 上的二元多项式

$$f(x,y)=\sum_{i,j=0}^{l}\alpha_{ij}x^iy^j$$

及矩阵 $\boldsymbol{A}\in R^{m\times m}$ 和 $\boldsymbol{B}\in R^{n\times n}$，定义 mn 阶矩阵

$$f(\boldsymbol{A},\boldsymbol{B})=\sum_{i,j=0}^{l}\alpha_{ij}\boldsymbol{A}^i\otimes\boldsymbol{B}^j$$

其中 $\boldsymbol{A}^0=\boldsymbol{I}_m,\boldsymbol{B}^0=\boldsymbol{I}_n$.

定理 4 设 $\boldsymbol{A}\in R^{m\times m},\boldsymbol{B}\in R^{n\times n}$ 的特征值分别为 $\lambda_1,\lambda_2,\cdots,\lambda_m$ 和 $\mu_1,\mu_2,\cdots,\mu_n$，则 $f(\boldsymbol{A},\boldsymbol{B})$ 的全体的特征值为 $f(\lambda_i,\mu_j)(i=1,2,\cdots,m;j=1,2,\cdots,n)$.

证明 对于矩阵 $\boldsymbol{A}$ 与 $\boldsymbol{B}$，根据 Schur 定理，存在可逆矩阵 $\boldsymbol{P}\in C^{m\times m}$ 与 $\boldsymbol{Q}\in C^{n\times n}$，使

$$\boldsymbol{P}^{-1}\boldsymbol{A}\boldsymbol{P}=\begin{bmatrix}\lambda_1 & & *\\ & \ddots & \\ & & \lambda_n\end{bmatrix}=\boldsymbol{T}_1,\quad \boldsymbol{Q}^{-1}\boldsymbol{B}\boldsymbol{Q}=\begin{bmatrix}\mu_1 & & *\\ & \ddots & \\ & & \mu_n\end{bmatrix}=\boldsymbol{T}_2$$

根据性质(3)和(4)，$\boldsymbol{P}\otimes\boldsymbol{Q}$ 可逆，$\boldsymbol{T}_1^i\otimes\boldsymbol{T}_2^j$ 是上三角矩阵. 因为

$$(\boldsymbol{P}\otimes\boldsymbol{Q})^{-1}(\boldsymbol{A}^i\otimes\boldsymbol{B}^j)(\boldsymbol{P}\otimes\boldsymbol{Q})=(\boldsymbol{P}^{-1}\boldsymbol{A}^i\boldsymbol{P})\otimes(\boldsymbol{Q}^{-1}\boldsymbol{B}^j\boldsymbol{Q})=\boldsymbol{T}_1^i\otimes\boldsymbol{T}_2^j$$

所以

$$(\boldsymbol{P}\otimes\boldsymbol{Q})^{-1}f(\boldsymbol{A},\boldsymbol{B})(\boldsymbol{P}\otimes\boldsymbol{Q})=f(\boldsymbol{T}_1,\boldsymbol{T}_2)$$

也是上三角矩阵. 因为

$$\boldsymbol{T}_1^i\otimes\boldsymbol{T}_2^j=\begin{bmatrix}\lambda_1^iT_2^j & & *\\ & \ddots & \\ & & \lambda_m^iT_2^j\end{bmatrix},\quad \lambda_k^iT_2^j=\begin{bmatrix}\lambda_k^i\mu_1^j & & *\\ & \ddots & \\ & & \lambda_k^i\mu_n^j\end{bmatrix}$$

故 $f(\boldsymbol{T}_1,\boldsymbol{T}_2)$ 的对角线元素，即 $f(\boldsymbol{A},\boldsymbol{B})$ 的特征值为 $f(\lambda_k,\mu_s)(k=1,2,\cdots,m;j=1,2,\cdots,n)$. □

推论 1 设 $\boldsymbol{A}\in R^{m\times m},\boldsymbol{B}\in R^{n\times n}$ 的特征值分别为 $\lambda_1,\lambda_2,\cdots,\lambda_m$ 和 $\mu_1,\mu_2,\cdots,\mu_n$，则 $\boldsymbol{A}\otimes\boldsymbol{B}$ 的全体特征值为 $\lambda_i\mu_j(i=1,2,\cdots,m;j=1,2,\cdots,n)$.

推论 2 设 $\boldsymbol{A}\in R^{m\times m},\boldsymbol{B}\in R^{n\times n}$，则 $\det(\boldsymbol{A}\otimes\boldsymbol{B})=(\det\boldsymbol{A})^n(\det\boldsymbol{B})^m$.

证明 由推论 1 可得

$$\begin{aligned}\det(\boldsymbol{A}\otimes\boldsymbol{B})&=\prod_{i=1}^{m}\Big(\prod_{j=1}^{n}\lambda_i\mu_j\Big)=\prod_{i=1}^{m}\Big(\lambda_i^n\prod_{j=1}^{n}\mu_j\Big)\\&=\prod_{i=1}^{m}\lambda_i^n\Big(\prod_{j=1}^{n}\mu_j\Big)^m=(\det\boldsymbol{A})^n(\det\boldsymbol{B})^m\end{aligned}$$ □

推论 3 设 $\boldsymbol{A}\in R^{m\times m},\boldsymbol{B}\in R^{n\times n}$，则 $\mathrm{tr}(\boldsymbol{A}\otimes\boldsymbol{B})=(\mathrm{tr}\boldsymbol{A})(\mathrm{tr}\boldsymbol{B})$.

证明 由推论 1 可得

$$\mathrm{tr}(\boldsymbol{A}\otimes\boldsymbol{B})=\sum_{i=1}^{m}\sum_{j=1}^{n}\lambda_i\mu_j=\sum_{i=1}^{m}\lambda_i\sum_{j=1}^{n}\mu_j=(\mathrm{tr}\boldsymbol{A})(\mathrm{tr}\boldsymbol{B})$$ □

关于矩阵的直积的秩和相似性，还有下列性质.

(7) $\text{rank}(\boldsymbol{A}\otimes\boldsymbol{B})=\text{rank}(\boldsymbol{A})\text{rank}(\boldsymbol{B})$.

假设 $\text{rank}\boldsymbol{A}=r_1$，$\text{rank}\boldsymbol{B}=r_2$. 根据矩阵的初等变换理论，对矩阵 $\boldsymbol{A}$，存在满秩矩阵 $\boldsymbol{P}_1$ 和 $\boldsymbol{Q}_1$，使得

$$\boldsymbol{A}=\boldsymbol{P}_1\boldsymbol{A}_1\boldsymbol{Q}_1,\quad \boldsymbol{A}_1=\begin{bmatrix}\boldsymbol{I}_{r_1} & \boldsymbol{0}\\ \boldsymbol{0} & \boldsymbol{0}\end{bmatrix}$$

对矩阵 $\boldsymbol{B}$，存在满秩矩阵 $\boldsymbol{P}_2$ 和 $\boldsymbol{Q}_2$，使得

$$\boldsymbol{B}=\boldsymbol{P}_2\boldsymbol{B}_1\boldsymbol{Q}_2,\quad \boldsymbol{B}_1=\begin{bmatrix}\boldsymbol{I}_{r_2} & \boldsymbol{0}\\ \boldsymbol{0} & \boldsymbol{0}\end{bmatrix}$$

由性质(5)，有

$$\boldsymbol{A}\otimes\boldsymbol{B}=(\boldsymbol{P}_1\boldsymbol{A}_1\boldsymbol{Q}_1)\otimes(\boldsymbol{P}_2\boldsymbol{B}_1\boldsymbol{Q}_2)=(\boldsymbol{P}_1\otimes\boldsymbol{P}_2)(\boldsymbol{A}_1\otimes\boldsymbol{A}_2)(\boldsymbol{Q}_1\otimes\boldsymbol{Q}_2)$$

再由性质(6) 知，$\boldsymbol{P}_1\otimes\boldsymbol{P}_2$ 与 $\boldsymbol{Q}_1\otimes\boldsymbol{Q}_2$ 都是满秩矩阵，而矩阵乘以满秩矩阵后，其秩不变，故有

$$\text{rank}(\boldsymbol{A}\otimes\boldsymbol{B})=\text{rank}(\boldsymbol{A}_1\otimes\boldsymbol{B}_1)$$

而

$$\boldsymbol{A}_1\otimes\boldsymbol{B}_1=\left[\begin{array}{ccc:c}\boldsymbol{B}_1 & & & \boldsymbol{0}\\ & \ddots & & \boldsymbol{0}\\ & & \boldsymbol{B}_1 & \boldsymbol{0}\\ \hdashline \boldsymbol{0} & \boldsymbol{0} & \boldsymbol{0} & \boldsymbol{0}\end{array}\right]$$

因此 $\text{rank}(\boldsymbol{A}_1\otimes\boldsymbol{B}_1)=r_1r_2$，即 $\text{rank}(\boldsymbol{A}\otimes\boldsymbol{B})=\text{rank}(\boldsymbol{A})\text{rank}(\boldsymbol{B})$.

(8) 设 $\boldsymbol{A}\in R^{m\times m}$，$\boldsymbol{B}\in R^{n\times n}$，则 $\boldsymbol{A}\otimes\boldsymbol{B}$ 与 $\boldsymbol{B}\otimes\boldsymbol{A}$ 是相似的.

首先由性质 3 可知，$\boldsymbol{A}\otimes\boldsymbol{B}=(\boldsymbol{A}\otimes\boldsymbol{I}_n)(\boldsymbol{I}_m\otimes\boldsymbol{B})$. 对 mn 阶矩阵

$$\boldsymbol{A}\otimes\boldsymbol{I}_n=[a_{ij}\boldsymbol{I}_n]=\begin{bmatrix}a_{11} & & & a_{1m} & & \\ & \ddots & & \cdots & \ddots & \\ & & a_{11} & & & a_{1m}\\ & \vdots & & \ddots & \vdots & \\ a_{m1} & & & a_{mm} & & \\ & \ddots & & \cdots & \ddots & \\ & & a_{m1} & & & a_{mm}\end{bmatrix}$$

同时调换它的行和列的序号，则可以相似变换到为

$$\begin{bmatrix}a_{11} & \cdots & a_{1m} & & & & \\ \vdots & & \vdots & & & & \\ a_{m1} & \cdots & a_{mm} & & & & \\ & & & \ddots & & & \\ & & & & a_{11} & \cdots & a_{1m}\\ & & & & a_{m1} & \cdots & a_{mm}\end{bmatrix}=\boldsymbol{I}_n\otimes\boldsymbol{A}$$

这样的调换过程可描述为：存在置换矩阵 $\boldsymbol{P}$，使得

$$\boldsymbol{P}^{-1}(\boldsymbol{A}\otimes\boldsymbol{I}_n)\boldsymbol{P}=\boldsymbol{I}_n\otimes\boldsymbol{A}$$

同样，把从 $\boldsymbol{A}\otimes\boldsymbol{I}_n$ 变为 $\boldsymbol{I}_n\otimes\boldsymbol{A}$ 时所使用的行与列的调换方式施用于 $\boldsymbol{I}_m\otimes\boldsymbol{B}$，就使得 $\boldsymbol{I}_m\otimes\boldsymbol{B}$ 变为 $\boldsymbol{B}\otimes\boldsymbol{I}_m$，即 $\boldsymbol{P}^{-1}(\boldsymbol{B}\otimes\boldsymbol{I}_m)\boldsymbol{P}=\boldsymbol{I}_m\otimes\boldsymbol{B}$. 于是

$$\begin{aligned}\boldsymbol{A}\otimes\boldsymbol{B}&=(\boldsymbol{A}\otimes\boldsymbol{I}_n)(\boldsymbol{I}_m\otimes\boldsymbol{B})=\boldsymbol{P}(\boldsymbol{I}_n\otimes\boldsymbol{A})\boldsymbol{P}^{-1}\boldsymbol{P}(\boldsymbol{B}\otimes\boldsymbol{I}_m)\boldsymbol{P}^{-1}\\&=\boldsymbol{P}(\boldsymbol{I}_n\otimes\boldsymbol{A})(\boldsymbol{B}\otimes\boldsymbol{I}_m)\boldsymbol{P}^{-1}=\boldsymbol{P}(\boldsymbol{B}\otimes\boldsymbol{A})\boldsymbol{P}^{-1}\end{aligned}$$

即 $\boldsymbol{A}\otimes\boldsymbol{B}$ 相似于 $\boldsymbol{B}\otimes\boldsymbol{A}$.

16.3 线性矩阵方程的可解性

在系统控制工程领域，经常遇到如下问题：给定矩阵 $\boldsymbol{A}\in R^{m\times m}$，$\boldsymbol{B}\in R^{n\times n}$ 和 $\boldsymbol{F}\in R^{m\times n}$，求解下面矩阵方程：

$$\boldsymbol{AX}+\boldsymbol{XB}=\boldsymbol{F} \tag{16.6}$$

其中 $\boldsymbol{X}\in R^{m\times n}$. 式(16.6) 称为**矩阵方程**，一般形式的线性矩阵方程可表示为

$$\sum_{i=1}^{l}\boldsymbol{A}_i\boldsymbol{X}\boldsymbol{B}_i=\boldsymbol{F} \tag{16.7}$$

其中 $\boldsymbol{A}_i\in R^{m\times p}$，$\boldsymbol{B}_i\in R^{q\times n}$，$\boldsymbol{F}\in R^{m\times n}$ 为已知矩阵，而 $\boldsymbol{X}\in R^{p\times q}$ 为未知矩阵.

求解矩阵方程的思想是将它转化为关于未知矩阵 $\boldsymbol{X}$ 元素的线性方程组. 下面基于矩阵的直积，研究矩阵方程(16.7) 的可解性问题.

矩阵乘积到矩阵向量乘积的转化　首先考虑两个向量相乘的情形. 对 $\boldsymbol{a}\in R^m$，$\boldsymbol{b}\in R^n$，则

$$\mathrm{vec}(\boldsymbol{b}\boldsymbol{a}^{\mathrm{T}})=\boldsymbol{a}\otimes\boldsymbol{b}$$

现在两个矩阵相乘的情形. 若 $\boldsymbol{A}\in R^{m\times n}$，$\boldsymbol{B}\in R^{n\times p}$，记 $\boldsymbol{B}$ 的 p 个列向量为 $\boldsymbol{b}_1,\boldsymbol{b}_2,\cdots,\boldsymbol{b}_p$，则

$$\boldsymbol{AB}=[\boldsymbol{Ab}_1,\cdots,\boldsymbol{Ab}_p]$$

因此

$$\mathrm{vec}(\boldsymbol{AB})=\begin{bmatrix}\boldsymbol{Ab}_1\\\boldsymbol{Ab}_2\\\vdots\\\boldsymbol{Ab}_p\end{bmatrix}$$

即

$$\mathrm{vec}(\boldsymbol{AB})=\mathrm{diag}(\boldsymbol{A},\boldsymbol{A},\cdots,\boldsymbol{A})\mathrm{vec}(\boldsymbol{B})$$

或等价于

$$\mathrm{vec}(\boldsymbol{AB})=(\boldsymbol{I}_p\otimes\boldsymbol{A})\mathrm{vec}(\boldsymbol{B}) \tag{16.8}$$

上面的结论可以推广到三个矩阵相乘的情况. 将三个矩阵相乘 $\boldsymbol{ABC}$ 转化到关

于矩阵与中间矩阵 $\boldsymbol{B}$ 的元素组成的向量的乘积.

定理 5　若 $\boldsymbol{A} \in R^{m\times n}, \boldsymbol{B} \in R^{n\times p}, \boldsymbol{C} \in R^{p\times q}$,则

$$\mathrm{vec}(\boldsymbol{ABC}) = (\boldsymbol{C}^{\mathrm{T}} \otimes \boldsymbol{A})\mathrm{vec}(\boldsymbol{B}) \tag{16.9}$$

证明　因为 $\boldsymbol{B} = \boldsymbol{BI}_p$,所以

$$\boldsymbol{B} = \sum_{j=1}^{p} \boldsymbol{b}_j \boldsymbol{e}_j^{\mathrm{T}}$$

其中 $\boldsymbol{e}_j^{\mathrm{T}}$ 是 $\boldsymbol{I}_p$ 的行向量. 根据算子 vec 的线性性和直积的性质 2,有

$$\begin{aligned}
\mathrm{vec}(\boldsymbol{ABC}) &= \mathrm{vec}\Big[\boldsymbol{A}\Big(\sum_j \boldsymbol{b}_j \boldsymbol{e}_j^{\mathrm{T}}\Big)\boldsymbol{C}\Big] = \sum_j (\boldsymbol{A}\boldsymbol{b}_j \boldsymbol{e}_j^{\mathrm{T}}\boldsymbol{C}) \\
&= \sum_j [(\boldsymbol{C}^{\mathrm{T}}\boldsymbol{e}_j) \otimes (\boldsymbol{A}\boldsymbol{b}_j)] = \sum_j [(\boldsymbol{C}^{\mathrm{T}} \otimes \boldsymbol{A})(\boldsymbol{e}_j \otimes \boldsymbol{b}_j)] \\
&= \sum_j (\boldsymbol{C}^{\mathrm{T}} \otimes \boldsymbol{A})\mathrm{vec}(\boldsymbol{b}_j \boldsymbol{e}_j^{\mathrm{T}}) = (\boldsymbol{C}^{\mathrm{T}} \otimes \boldsymbol{A})\mathrm{vec}\Big(\sum_j \boldsymbol{b}_j \boldsymbol{e}_j^{\mathrm{T}}\Big) \\
&= (\boldsymbol{C}^{\mathrm{T}} \otimes \boldsymbol{A})\mathrm{vec}(\boldsymbol{B})
\end{aligned}$$

□

在式(16.9) 中,取 $\boldsymbol{C} = \boldsymbol{I}_p$,得到式(16.8);若取 $\boldsymbol{A} = \boldsymbol{I}_n$,则得到与式(16.8) 对称的结果

$$\mathrm{vec}(\boldsymbol{BC}) = (\boldsymbol{C}^{\mathrm{T}} \otimes \boldsymbol{I}_n)\mathrm{vec}(\boldsymbol{B})$$

矩阵方程的求解　在上面的基础上,可以用一般线性方程组的理论来讨论矩阵方程的可解性. 首先考虑简单的矩阵方程. 给定矩阵 $\boldsymbol{A} \in R^{m\times n}, \boldsymbol{F} \in R^{m\times p}$,求满足下式的矩阵 $\boldsymbol{X} \in R^{n\times p}$:

$$\boldsymbol{AX} = \boldsymbol{F}$$

记 $\boldsymbol{f} = \mathrm{vec}\boldsymbol{F}$ 和 $\boldsymbol{x} = \mathrm{vec}\boldsymbol{X}$,根据式(16.8),这个方程组可以转化为

$$(\boldsymbol{I}_p \otimes \boldsymbol{A})\boldsymbol{x} = \boldsymbol{f}$$

现在将上面的结论推广到方程(16.7). 根据式(16.7),单个矩阵方程 $\boldsymbol{AXB} = \boldsymbol{F}$ 等价于线性方程组$(\boldsymbol{B}^{\mathrm{T}} \otimes \boldsymbol{A})\boldsymbol{x} = \boldsymbol{f}$. 因此,对矩阵方程(16.7) 有下面的结论.

定理 6　方程(16.7) 有解的充要条件是 $\mathrm{vec}(\boldsymbol{F}) \in R\Big(\sum_{i=1}^{l} \boldsymbol{B}_i^{\mathrm{T}} \otimes \boldsymbol{A}_i\Big)$,其中 $R(\boldsymbol{A})$ 表示矩阵 $\boldsymbol{A}$ 的列空间.

证明　$\sum_{i=1}^{l} \boldsymbol{A}_i\boldsymbol{X}\boldsymbol{B}_i = \boldsymbol{F}$ 有解$\Leftrightarrow \mathrm{vec}\Big(\sum_{i=1}^{l} \boldsymbol{A}_i\boldsymbol{X}\boldsymbol{B}_i\Big) = \mathrm{vec}(\boldsymbol{F})$ 有解

$$\Leftrightarrow \Big(\sum_{i=1}^{l} \boldsymbol{B}_i^{\mathrm{T}} \otimes \boldsymbol{A}_i\Big)\mathrm{vec}(\boldsymbol{X}) = \mathrm{vec}(\boldsymbol{F}) \text{ 有解}$$

$$\Leftrightarrow \mathrm{vec}(\boldsymbol{F}) \in R\Big(\sum_{i=1}^{l} \boldsymbol{B}_i^{\mathrm{T}} \otimes \boldsymbol{A}_i\Big)$$

□

定理 7　设 $\boldsymbol{A} \in R^{m\times m}, \boldsymbol{B} \in R^{n\times n}$ 的特征值分别为 $\lambda_1, \lambda_2, \cdots, \lambda_m$ 和 $\mu_1, \mu_2, \cdots, \mu_n$,则方程(16.6) 有唯一解的充要条件是 $\lambda_i + \mu_j \neq 0 (i = 1, 2, \cdots, m; j = 1, 2, \cdots, n)$.

证明　　$\boldsymbol{AX} + \boldsymbol{XB} = \boldsymbol{F}$ 有唯一解

$$\Leftrightarrow \mathrm{vec}(\boldsymbol{AX}+\boldsymbol{XB})=\mathrm{vec}(\boldsymbol{F}) \text{ 有唯一解}$$
$$\Leftrightarrow (\boldsymbol{I}_n\otimes \boldsymbol{A}+\boldsymbol{B}^{\mathrm{T}}\otimes \boldsymbol{I}_m)\mathrm{vec}(\boldsymbol{X})=\mathrm{vec}(\boldsymbol{F}) \text{ 有唯一解 } \mathrm{vec}(\boldsymbol{X})$$
$$\Leftrightarrow \det(\boldsymbol{I}_n\otimes \boldsymbol{A}+\boldsymbol{B}^{\mathrm{T}}\otimes \boldsymbol{I}_m)\neq 0$$

记 $f(x,y)=x^1y^0+x^0y^1$，因为 $\boldsymbol{B}^{\mathrm{T}}$ 与 $\boldsymbol{B}$ 的特征值完全相同，则由定理 4 知，$f(\boldsymbol{A},\boldsymbol{B}^{\mathrm{T}})=\boldsymbol{I}_n\otimes \boldsymbol{A}+\boldsymbol{B}^{\mathrm{T}}\otimes \boldsymbol{I}_m$ 的特征值为 $f(\lambda_i,\mu_j)=\lambda_i+\mu_j$. 所以对 $i=1,2,\cdots,m;j=1,2,\cdots,n$，有

$$\det(\boldsymbol{I}_n\otimes \boldsymbol{A}+\boldsymbol{B}^{\mathrm{T}}\otimes \boldsymbol{I}_m)\neq 0\Leftrightarrow \lambda_i+\mu_j\neq 0$$ □

由定理 7 知，若 $\boldsymbol{A}\in R^{m\times m}$，$\boldsymbol{B}\in R^{n\times n}$ 的特征值分别为 $\lambda_1,\lambda_2,\cdots,\lambda_m$ 和 $\mu_1,\mu_2,\cdots,\mu_n$，则齐次方程 $\boldsymbol{AX}+\boldsymbol{XB}=\boldsymbol{0}$ 有非零解的充要条件是存在 i_0 和 j_0，使得 $\lambda_{i0}+\mu_{j0}=0$. 特别地，对 m 阶矩阵 $\boldsymbol{A}$，齐次方程 $\boldsymbol{AX}-\boldsymbol{XA}=\boldsymbol{0}$ 一定存在非零解.

例 1 给定 $\boldsymbol{A}\in R^{m\times m}$，$\boldsymbol{B}\in R^{n\times n}$，$\boldsymbol{F}\in R^{m\times n}$，如果 $\boldsymbol{A}$ 与 $\boldsymbol{B}$ 无公共特征值，则 $\begin{bmatrix}\boldsymbol{A} & \boldsymbol{F}\\ \boldsymbol{0} & \boldsymbol{B}\end{bmatrix}$ 相似于 $\begin{bmatrix}\boldsymbol{A} & \boldsymbol{0}\\ \boldsymbol{0} & \boldsymbol{B}\end{bmatrix}$.

证明 记 $\boldsymbol{P}=\begin{bmatrix}\boldsymbol{I}_m & \boldsymbol{X}\\ \boldsymbol{0} & \boldsymbol{I}_n\end{bmatrix}$，$\boldsymbol{X}\in R^{m\times n}$，待定，则

$$\boldsymbol{P}^{-1}=\begin{bmatrix}\boldsymbol{I}_m & -\boldsymbol{X}\\ \boldsymbol{0} & \boldsymbol{I}_n\end{bmatrix},\quad \boldsymbol{P}^{-1}\begin{bmatrix}\boldsymbol{A} & \boldsymbol{F}\\ \boldsymbol{0} & \boldsymbol{B}\end{bmatrix}\boldsymbol{P}=\begin{bmatrix}\boldsymbol{A} & \boldsymbol{F}+\boldsymbol{XB}-\boldsymbol{AX}\\ \boldsymbol{0} & \boldsymbol{B}\end{bmatrix}$$

因为 $\boldsymbol{A}$ 与 $\boldsymbol{B}$ 无公共特征值，所以 $\lambda_i(\boldsymbol{A})+\mu_j(-\boldsymbol{B})\neq 0$. 由定理 7，方程 $\boldsymbol{AX}+\boldsymbol{X}(-\boldsymbol{B})=\boldsymbol{F}$ 有唯一解 $\boldsymbol{X}\in R^{m\times n}$，于是

$$\boldsymbol{P}=\begin{bmatrix}\boldsymbol{I}_m & \boldsymbol{X}\\ \boldsymbol{0} & \boldsymbol{I}_n\end{bmatrix},\quad \boldsymbol{P}^{-1}\begin{bmatrix}\boldsymbol{A} & \boldsymbol{F}\\ \boldsymbol{0} & \boldsymbol{B}\end{bmatrix}\boldsymbol{P}=\begin{bmatrix}\boldsymbol{A} & \boldsymbol{0}\\ \boldsymbol{0} & \boldsymbol{B}\end{bmatrix}$$

类似于定理 7 的证明，有以下的结论.

定理 8 设 $\boldsymbol{A}\in R^{m\times m}$，$\boldsymbol{B}\in R^{n\times n}$ 的特征值分别为 $\lambda_1,\lambda_2,\cdots,\lambda_m$ 和 $\mu_1,\mu_2,\cdots,\mu_n$，则：

(1) 方程 $\sum\limits_{i=0}^{l}\boldsymbol{A}^i\boldsymbol{XB}^i=\boldsymbol{F}$ 存在唯一解的充要条件是

$$1+(\lambda_i\mu_i)+\cdots+(\lambda_i\mu_i)^l\neq 0(i=1,2,\cdots,m;j=1,2,\cdots,n)$$

(2) 齐次方程 $\sum\limits_{k=0}^{l}\boldsymbol{A}^k\boldsymbol{XB}^k=\boldsymbol{0}$ 存在非零解的充要条件是存在 i_0 与 j_0，使得

$$1+(\lambda_{i_0}\mu_{j_0})+\cdots+(\lambda_{i_0}\mu_{j_0})^l\neq 0$$

最后，基于矩阵函数给出方程(16.6) 唯一解的表达式.

引理 设 $\boldsymbol{A}\in R^{m\times m}$，$\boldsymbol{B}\in R^{n\times n}$，$\boldsymbol{F}\in R^{m\times n}$，如果 $\boldsymbol{A}$ 与 $\boldsymbol{B}$ 的特征值的实部都小于零，则积分 $\int_0^{+\infty}\mathrm{e}^{\boldsymbol{A}t}\boldsymbol{F}\mathrm{e}^{\boldsymbol{B}t}\mathrm{d}t$ 存在.

证明 设 $\boldsymbol{A}$ 的特征值为 $\lambda_1,\lambda_2,\cdots,\lambda_m$，根据矩阵的 Jordan 标准型理论. 存在可

逆矩阵 $\boldsymbol{P} \in C^{m\times m}$，使得

$$\boldsymbol{P}^{-1}\boldsymbol{A}\boldsymbol{P} = \begin{bmatrix} \lambda_1 & \delta_1 & & & \\ & \ddots & \ddots & & \\ & & \lambda_{m-1} & \delta_{m-1} \\ & & & \lambda_m \end{bmatrix}$$

其中 $\delta_i = 0$ 或 1. 按照式(15.12) 可写出

$$\mathrm{e}^{\boldsymbol{A}t} = \boldsymbol{P}\begin{bmatrix} \mathrm{e}^{\lambda_1 t} & & \\ & \ddots & \\ & & \mathrm{e}^{\lambda_m t} \end{bmatrix}\boldsymbol{T}_A\boldsymbol{P}^{-1} \tag{16.10}$$

其中 $\boldsymbol{T}_A$ 表示单位上三角矩阵，它的非零元素的形式为 $\alpha t^k(0\leqslant k\leqslant m,\alpha\in R)$.

设 $\boldsymbol{B}$ 的特征值为 $\mu_1,\mu_2,\cdots,\mu_n$，类似于式(16.10)，有

$$\mathrm{e}^{\boldsymbol{B}t} = \boldsymbol{Q}\begin{bmatrix} \mathrm{e}^{\mu_1 t} & & \\ & \ddots & \\ & & \mathrm{e}^{\mu_m t} \end{bmatrix}\boldsymbol{T}_B\boldsymbol{Q}^{-1}$$

其中矩阵 $\boldsymbol{Q}\in C^{n\times n}$ 可逆，$\boldsymbol{T}_B$ 也表示单位上三角矩阵，它的非零元素的形式为 βt^k $(0\leqslant k\leqslant n,\beta\in R)$.

因为

$$\mathrm{e}^{\boldsymbol{A}t}\boldsymbol{F}\mathrm{e}^{\boldsymbol{B}t} = \boldsymbol{P}\begin{bmatrix} \mathrm{e}^{\lambda_1 t} & & \\ & \ddots & \\ & & \mathrm{e}^{\lambda_m t} \end{bmatrix}\boldsymbol{T}_A\boldsymbol{P}^{-1}\boldsymbol{F}\boldsymbol{Q}\begin{bmatrix} \mathrm{e}^{\mu_1 t} & & \\ & \ddots & \\ & & \mathrm{e}^{\mu_m t} \end{bmatrix}\boldsymbol{T}_B\boldsymbol{Q}^{-1}$$

的右边乘积矩阵的元素都是因子 $\mathrm{e}^{(\lambda_1+\mu_1)t}$ 的关于 t 的多项式倍数的组合，且积分 $\int_0^{+\infty} t^k\mathrm{e}^{(\lambda_i+\mu_j)t}\mathrm{d}t\,(k\geqslant 0)$ 都存在，所以积分 $\int_0^{+\infty}\mathrm{e}^{\boldsymbol{A}t}\boldsymbol{F}\mathrm{e}^{\boldsymbol{B}t}\mathrm{d}t$ 存在. □

定理 9　设 $\boldsymbol{A}\in C^{m\times m}$，$\boldsymbol{B}\in C^{n\times n}$，$\boldsymbol{F}\in C^{m\times n}$，且 $\boldsymbol{A}$ 与 $\boldsymbol{B}$ 的特征值之和不等于零，那么，如果积分 $\int_0^{+\infty}\mathrm{e}^{\boldsymbol{A}t}\boldsymbol{F}\mathrm{e}^{\boldsymbol{B}t}\mathrm{d}t$ 存在，则方程(16.5)的存在唯一解：

$$\boldsymbol{X} = -\int_0^{+\infty}\mathrm{e}^{\boldsymbol{A}t}\boldsymbol{F}\mathrm{e}^{\boldsymbol{B}t}\mathrm{d}t$$

证明　记 $\boldsymbol{Y}(t)=\mathrm{e}^{\boldsymbol{A}t}\boldsymbol{F}\mathrm{e}^{\boldsymbol{B}t}$，则

$$\frac{\mathrm{d}\boldsymbol{Y}(t)}{\mathrm{d}t} = \boldsymbol{A}\boldsymbol{Y}(t)+\boldsymbol{Y}(t)\boldsymbol{B},\quad \boldsymbol{Y}(t)\big|_{t=0}=\boldsymbol{F}$$

由积分 $\int_0^{+\infty}\boldsymbol{Y}(t)\mathrm{d}t$ 存在知，$\lim\limits_{t\to+\infty}\boldsymbol{Y}(t)=\boldsymbol{0}$. 上式两端积分，得

$$\boldsymbol{Y}(t)\Big|_0^{+\infty} = \boldsymbol{A}\Big(\int_0^{+\infty}\boldsymbol{Y}(t)\mathrm{d}t\Big)+\Big(\int_0^{+\infty}\boldsymbol{Y}(t)\mathrm{d}t\Big)\boldsymbol{B}$$

即

$$-\boldsymbol{F}=\boldsymbol{A}(-\boldsymbol{X})+(-\boldsymbol{X})\boldsymbol{B}$$

也就是 $\boldsymbol{AX}+\boldsymbol{XB}=\boldsymbol{F}$.

由引理 1,若 $\boldsymbol{A}\in R^{m\times m}$ 与 $\boldsymbol{B}\in R^{n\times n}$ 的特征值满足

$$\mathrm{Re}(\lambda_i)<0(i=1,\cdots,m),\quad \mathrm{Re}(\mu_j)<0(j=1,\cdots,n)$$

则积分 $\int_0^{+\infty}\mathrm{e}^{\boldsymbol{A}t}\boldsymbol{F}\mathrm{e}^{\boldsymbol{B}t}\mathrm{d}t$ 存在. 再由定理 9,得方程(16.6)的唯一解为

$$\boldsymbol{X}=-\int_0^{+\infty}\mathrm{e}^{\boldsymbol{A}t}\cdot\boldsymbol{F}\mathrm{e}^{\boldsymbol{B}t}\mathrm{d}t.$$ □

特别地,若 $\boldsymbol{A}\in R^{m\times m}$ 的特征值满足 $\mathrm{Re}(\lambda_i)<0(i=1,\cdots,m)$,则方程 $\boldsymbol{A}^{\mathrm{T}}\boldsymbol{X}+\boldsymbol{XA}=-\boldsymbol{F}$ 的唯一解为 $\boldsymbol{X}=\int_0^{+\infty}\mathrm{e}^{\boldsymbol{A}^{\mathrm{T}}t}\boldsymbol{F}\mathrm{e}^{\boldsymbol{A}t}\mathrm{d}t$. 进一步,如果 $\boldsymbol{F}\in R^{m\times m}$ 是正定矩阵,则解矩阵 $\boldsymbol{X}$ 也是正定的.

解的存在性是显然的,$\boldsymbol{X}$ 正定性是因为:对 $\boldsymbol{0}\neq\boldsymbol{x}\in C^n$,因为矩阵 $\mathrm{e}^{\boldsymbol{A}t}$ 可逆,所以 $\mathrm{e}^{\boldsymbol{A}t}\boldsymbol{x}\neq\boldsymbol{0}$,可得

$$(\mathrm{e}^{\boldsymbol{A}t}\boldsymbol{x})^{\mathrm{T}}\boldsymbol{F}(\mathrm{e}^{\boldsymbol{A}t}\boldsymbol{x})>0$$

从而有

$$\boldsymbol{x}^{\mathrm{T}}\boldsymbol{X}\boldsymbol{x}=\int_0^{+\infty}(\mathrm{e}^{\boldsymbol{A}t}\boldsymbol{x})^{\mathrm{T}}\boldsymbol{F}(\mathrm{e}^{\boldsymbol{A}t}\boldsymbol{x})\mathrm{d}t>0$$

故 $\boldsymbol{X}$ 是正定矩阵.

习 题 16

1. 若 $\boldsymbol{A}\in R^{m\times n},\boldsymbol{B}\in R^{p\times q}$,证明对任意矩阵范数 $\|\ \|$,有 $\|\boldsymbol{A}\otimes\boldsymbol{B}\|=\|\boldsymbol{A}\|\|\boldsymbol{B}\|$.
2. 设 $\boldsymbol{A}^2=\boldsymbol{A},\boldsymbol{B}^2=\boldsymbol{B}$,证明 $(\boldsymbol{A}\otimes\boldsymbol{B})^2=\boldsymbol{A}\otimes\boldsymbol{B}$.
3. 设 $\boldsymbol{A}$ 和 $\boldsymbol{B}$ 都是(半)正定矩阵,证明 $\boldsymbol{A}\otimes\boldsymbol{B}$ 也是(半)正定矩阵.
4. 设 $\boldsymbol{A},\boldsymbol{B}\in C^{m\times m}$ 它们的特征向量分别为 $\boldsymbol{x},\boldsymbol{y}$,证明 $\boldsymbol{x}\otimes\boldsymbol{y}$ 是 $\boldsymbol{A}\otimes\boldsymbol{B}$ 特征向量.
5. 设 $\boldsymbol{A}\in C^{m\times m}$ 的特征值为 $\lambda_1,\cdots,\lambda_n$,证明 $\boldsymbol{B}=(\boldsymbol{1}\boldsymbol{1}^{\mathrm{T}})\otimes\boldsymbol{A}$ 的特征值是 $n\lambda_1,\cdots,n\lambda_n$,且是 $m(n-1)$ 重零,其中 $\boldsymbol{1}=(1,\cdots,1)^{\mathrm{T}}\in R^n$
6. 证明:两个反 Hermite 矩阵的直积是 Hermite 矩阵.
7. 设 $\boldsymbol{A},\boldsymbol{B}\in C^{m\times m}$ 都是半正定矩阵,证明方程

$$\sum_{k=0}^{l}\boldsymbol{A}^k\boldsymbol{X}\boldsymbol{B}^k=\boldsymbol{F}$$

存在唯一解.

8. 设 $\boldsymbol{A},\boldsymbol{B}\in C^{m\times m}$ 的特征值都是实数,证明方程 $\boldsymbol{X}+\boldsymbol{AXB}+\boldsymbol{A}^2\boldsymbol{XB}^2=\boldsymbol{F}$ 存在唯一解.
9. 使用矩阵函数方法求解方程 $\boldsymbol{AX}+\boldsymbol{XA}=\boldsymbol{I}$,其中

$$\boldsymbol{A}=\begin{bmatrix}-1&0&0\\0&-1&0\\-1&2&2\end{bmatrix}$$

第 17 章　非 负 矩 阵

在计算机科学、经济数学、概率论以及系统稳定性分析等领域，经常遇到一类特殊的矩阵，即非负矩阵. 这些矩阵的元素都是非负的，比如，一幅图像就对应一个非负矩阵；关于非负矩阵的结构有一些很强的结果，这是一般矩阵所没有的. 本章将介绍非负矩阵的某些性质，包括著名的关于正矩阵的 Perron 定理和不可约非负矩阵的 Frobenius 定理，这是非负矩阵的中心理论. 在实际应用中，矩阵的逆是非负矩阵也有重要的作用，称为单调矩阵，也将介绍这类矩阵.

17.1　非负矩阵的基本概念

本节主要讨论非负矩阵的简单性质，更详细的内容在 17.2 节介绍. 首先给出有关的概念.

不等式的推广　下面，将实数的不等式概念推广到矩阵和向量.

如果 n 阶实矩阵 $\boldsymbol{A}=[a_{ij}]$ 的每个元素都是非负的，即 $a_{ij}\geqslant 0(i,j=1,2,\cdots,n)$，则称 $\boldsymbol{A}$ 为**非负矩阵**，记为 $\boldsymbol{A}\geqslant\boldsymbol{0}$；若每个元素都是正数，即 $a_{ij}>0(i,j=1,2,\cdots,n)$，则称 $\boldsymbol{A}$ 为**正矩阵**，记为 $\boldsymbol{A}>\boldsymbol{0}$. 给定两个 n 阶实矩阵 $\boldsymbol{A}=[a_{ij}]$ 和 $\boldsymbol{B}=[b_{ij}]$，如果 $\boldsymbol{A}-\boldsymbol{B}\geqslant\boldsymbol{0}$（或 $>\boldsymbol{0}$），则记 $\boldsymbol{A}\geqslant\boldsymbol{B}$（或 $\boldsymbol{A}>\boldsymbol{B}$）.

对 R^n 中的向量可以类似地定义. 对向量 $\boldsymbol{x}$，如果它的每一个分量都是非负的，则称为**非负向量**，记为 $\boldsymbol{x}\geqslant\boldsymbol{0}$；如果每个分量都是正数，称为**正向量**，记为 $\boldsymbol{x}>\boldsymbol{0}$.

对 $\boldsymbol{A}=[a_{ij}]\in R^{n\times n}$，以其元素的绝对值 $|a_{ij}|$ 为元素的非负矩阵记为 $|\boldsymbol{A}|$，即 $|\boldsymbol{A}|=[|a_{ij}|]$.

因为 $|\boldsymbol{A}|$ 是对 $\boldsymbol{A}$ 的元素取绝对值，具有一般实数取绝对值的性质. 下面介绍与矩阵运算有关的性质. 这些结论主要是基于矩阵与向量的乘法定义.

(1) $|\boldsymbol{A}\boldsymbol{x}|\leqslant|\boldsymbol{A}||\boldsymbol{x}|$.

(2) $|\boldsymbol{A}\boldsymbol{B}|\leqslant|\boldsymbol{A}||\boldsymbol{B}|$.

(3) 对 $m=1,2,\cdots$，有 $|\boldsymbol{A}|^m\leqslant|\boldsymbol{A}|^m$.

(4) 如果 $|\boldsymbol{A}|\leqslant|\boldsymbol{B}|$，则 $\|\boldsymbol{A}\|_2\leqslant\|\boldsymbol{B}\|_2$.

(5) $\|\boldsymbol{A}\|_2=\|\,|\boldsymbol{A}|\,\|_2$.

显然，最后两个论断对任意矩阵范数都成立，这里给出向量诱导 l^2 范数只是一个特例. 基于这些简单关系，可以得到关于矩阵谱半径的不等式.

定理 1　设 $\boldsymbol{A},\boldsymbol{B}\in R^{n\times n}$，如果 $|\boldsymbol{A}|\leqslant\boldsymbol{B}$，则 $\rho(\boldsymbol{A})\leqslant\rho(|\boldsymbol{A}|)\leqslant\rho(\boldsymbol{B})$.

证明 由性质(2),对 $m=1,2,\cdots$,有

$$|\boldsymbol{A}^m|\leqslant|\boldsymbol{A}|^m\leqslant\boldsymbol{B}^m$$

由性质(4)和(5),对 $m=1,2,\cdots$,下面不等式成立:

$$\|\boldsymbol{A}^m\|_2\leqslant\|\,|\boldsymbol{A}|^m\,\|_2\leqslant\|\boldsymbol{B}^m\|_2$$

即有

$$\|\boldsymbol{A}^m\|_2^{1/m}\leqslant\|\,|\boldsymbol{A}|^m\,\|_2^{1/m}\leqslant\|\boldsymbol{B}\|_2^{1/m}$$

根据第 15 章定理 3,$\rho(A)=\lim\limits_{m\to\infty}\|\boldsymbol{A}^m\|_2^{1/m}$,令 $m\to\infty$,得

$$\rho(\boldsymbol{A})\leqslant\rho(|\boldsymbol{A}|)\leqslant\rho(\boldsymbol{B})$$ □

由此,对任意非负矩阵 $\boldsymbol{A},\boldsymbol{B}\in R^{n\times n}$,如果 $\boldsymbol{0}\leqslant\boldsymbol{A}\leqslant\boldsymbol{B}$,则 $\rho(\boldsymbol{A})\leqslant\rho(\boldsymbol{B})$. 如果 $\boldsymbol{A}\geqslant\boldsymbol{0}$,对 $\boldsymbol{A}$ 的任一主子式 $\tilde{\boldsymbol{A}}$,用零元素补充 $\tilde{\boldsymbol{A}}$ 使得与 $\boldsymbol{A}$ 大小相同,由定理 1,$\rho(\tilde{\boldsymbol{A}})\leqslant\rho(\boldsymbol{A})$;特别地,$\max\limits_{1\leqslant i\leqslant n}a_{ii}\leqslant\rho(\boldsymbol{A})$. 虽然这个结论只对非负矩阵成立,但是对非对称矩阵的谱半径来说,这个下界是有意义的.

下面将对任意的非负矩阵 $\boldsymbol{A}$,构造满足 $\boldsymbol{A}\leqslant\boldsymbol{B}$ 的特殊矩阵 $\boldsymbol{B}$;然后基于定理 1 给出非负矩阵谱半径较好的上、下界. 首先介绍有关特殊矩阵的结论.

引理 1 给定矩阵 $\boldsymbol{0}\leqslant\boldsymbol{A}\in R^{n\times n}$,如果 $\boldsymbol{A}$ 的每个行和(或列和)都是常数,则 $\rho(\boldsymbol{A})=\|\boldsymbol{A}\|_\infty$(或 $\rho(\boldsymbol{A})=\|\boldsymbol{A}\|_1$).

证明 因为对任意的矩阵范数 $\|\ \|$,有 $\rho(\boldsymbol{A})\leqslant\|\boldsymbol{A}\|$. 现在证明相反不等式成立,对行和都是常数的矩阵,记 λ 是行和常数,则 λ 和 $\boldsymbol{x}=(1,\cdots,1)^{\mathrm{T}}$ 是 $\boldsymbol{A}$ 的特征对,即 $\boldsymbol{Ax}=\lambda\boldsymbol{x}$. 两边取 l^∞ 范数,得

$$\|\boldsymbol{Ax}\|_\infty\leqslant|\lambda|\,\|\boldsymbol{x}\|_\infty\leqslant\rho(\boldsymbol{A})\,\|\boldsymbol{x}\|_\infty$$

因此,$\|\boldsymbol{A}\|_\infty\leqslant\rho(\boldsymbol{A})$. 所以 $\rho(\boldsymbol{A})=\|\boldsymbol{A}\|_\infty$.

类似地,对 $\boldsymbol{A}^{\mathrm{T}}$ 进行相同的证明,就可以得到列和的结论. □

由引理 1,有下面的关于非负矩阵谱半径的上、下界的定理.

定理 2 给定矩阵 $\boldsymbol{0}\leqslant\boldsymbol{A}\in R^{n\times n}$,有

$$\min_{1\leqslant i\leqslant n}\sum_{j=1}^n a_{ij}\leqslant\rho(\boldsymbol{A})\leqslant\min_{1\leqslant i\leqslant n}\sum_{j=1}^n a_{ij}\quad\text{和}\quad\min_{1\leqslant j\leqslant n}\sum_{i=1}^n a_{ij}\leqslant\rho(\boldsymbol{A})\leqslant\min_{1\leqslant j\leqslant n}\sum_{i=1}^n a_{ij}$$

证明 只需要证明第一个不等式的左边,其余证明类似. 证明的关键是构造行和是 $\min\limits_{1\leqslant i\leqslant n}\sum\limits_{j=1}^n a_{ij}$ 矩阵的 $\boldsymbol{B}$,且 $\boldsymbol{A}\geqslant\boldsymbol{B}\geqslant\boldsymbol{0}$. 记 $\alpha=\min\limits_{1\leqslant i\leqslant n}\sum\limits_{j=1}^n a_{ij}$,如果 $\alpha=0$,取 $\boldsymbol{B}=\boldsymbol{0}$;如果 $\alpha>0$, 取 $b_{ij}=\alpha a_{ij}(\sum\limits_{j=1}^n a_{ij})^{-1}$,即 $\boldsymbol{B}$ 是行和为 α 的矩阵. 根据引理 1,$\rho(\boldsymbol{B})=\alpha$,而 $\rho(\boldsymbol{B})\leqslant\rho(\boldsymbol{A})$,得到第一个不等式的左边不等式. 类似地,取 α 为矩阵 $\boldsymbol{A}$ 的行和最大的,构造 $\boldsymbol{0}\leqslant\boldsymbol{A}\leqslant\boldsymbol{B}$ 的 $\boldsymbol{B}$,可以得到 $\rho(\boldsymbol{A})$ 的上界.

对 $\boldsymbol{A}^{\mathrm{T}}$ 应用行和的结论便得到列和界. □

定理 2 说明非负矩阵的谱半径位于最小行(或列)和与最大行(或列)和之间;

特别地，如果 $\boldsymbol{A}>\boldsymbol{0}$，或者 $\boldsymbol{A}$ 是不可约非负矩阵，有 $\rho(\boldsymbol{A})>0$.

因为对任意可逆矩阵 $\boldsymbol{X}$，有 $\rho(\boldsymbol{X}^{-1}\boldsymbol{A}\boldsymbol{X})=\rho(\boldsymbol{A})$，所以可以通过引入一些自由参数来加强定理 2 的结论. 记 $\boldsymbol{X}=\mathrm{diag}(d_1,\cdots,d_n)$，其中 $d_1>0(i=1,\cdots,n)$，则当 $\boldsymbol{A}\geqslant\boldsymbol{0}$ 时，$\boldsymbol{X}^{-1}\boldsymbol{A}\boldsymbol{X}\geqslant\boldsymbol{0}$. 因此，对 $\boldsymbol{X}^{-1}\boldsymbol{A}\boldsymbol{X}=[a_{ij}d_jd_i^{-1}]$，运用定理 2，便得到更一般的结论.

定理 3　给定非负矩阵 $\boldsymbol{A}\in R^{n\times n}$，对任意正向量 $(d_1,\cdots,d_n)^{\mathrm{T}}\in R^n$，有

$$\min_{1\leqslant i\leqslant n}\frac{1}{d_i}\sum_{j=1}^{n}a_{ij}d_j\leqslant\rho(\boldsymbol{A})\leqslant\max_{1\leqslant i\leqslant n}\frac{1}{d_i}\sum_{j=1}^{n}a_{ij}d_j$$

和

$$\min_{1\leqslant j\leqslant n}d_j\sum_{i=1}^{n}\frac{a_{ij}}{d_i}\leqslant\rho(\boldsymbol{A})\leqslant\max_{1\leqslant j\leqslant n}d_j\sum_{i=1}^{n}\frac{a_{ij}}{d_i}$$

由定理 3，对非负矩阵 $\boldsymbol{A}\in R^{n\times n}$ 和正向量 $\boldsymbol{x}\in R^n$，如果存在 $\alpha,\beta\geqslant0$，使得 $\alpha\boldsymbol{x}\leqslant\boldsymbol{A}\boldsymbol{x}\leqslant\beta\boldsymbol{x}$，即 $\alpha\leqslant\min\limits_{1\leqslant i\leqslant n}x_i^{-1}\sum\limits_{j=1}^{n}a_{ij}x_j$ 和 $\max\limits_{1\leqslant i\leqslant n}x_i^{-1}\sum\limits_{j=1}^{n}a_{ij}x_j\leqslant\beta$，则 $\alpha\leqslant\rho(\boldsymbol{A})\leqslant\beta$. 进一步，如果 $\alpha\boldsymbol{x}<\boldsymbol{A}\boldsymbol{x}<\beta\boldsymbol{x}$，则 $\alpha<\rho(\boldsymbol{A})<\beta$.

如果非负矩阵 $\boldsymbol{A}\in R^{m\times n}$ 有正的特征向量，即 $\boldsymbol{A}\boldsymbol{x}=\lambda\boldsymbol{x}$，且 $\boldsymbol{x}>\boldsymbol{0}$. 因此，$\lambda\geqslant0$，且 $\lambda\boldsymbol{x}\leqslant\boldsymbol{A}\boldsymbol{x}\leqslant\lambda\boldsymbol{x}$. 利用上面的结论，$\lambda\leqslant\rho(\boldsymbol{A})\leqslant\lambda$，即这个特征向量对应的特征值是 $\rho(\boldsymbol{A})$. 基于此，对有正的特征向量的非负矩阵 $\boldsymbol{A}\in R^{n\times n}$，谱半径可以通过极大极小(或极小极大)泛函来计算

$$\rho(\boldsymbol{A})=\max_{\boldsymbol{x}>\boldsymbol{0}}\min_{1\leqslant i\leqslant n}\frac{1}{x_i}\sum_{j=1}^{n}a_{ij}x_j=\min_{\boldsymbol{x}>\boldsymbol{0}}\max_{1\leqslant i\leqslant n}\frac{1}{x_i}\sum_{j=1}^{n}a_{ij}x_j\tag{17.1}$$

这个结论还可以推广为：对所有 $m,i=1,2,\cdots,n$，有

$$\sum_{j=1}^{n}a_{ij}^{(m)}\leqslant\left(\frac{\max\limits_{1\leqslant k\leqslant n}x_k}{\min\limits_{1\leqslant k\leqslant n}x_k}\right)\rho(\boldsymbol{A})^m\quad 和\quad\left(\frac{\min\limits_{1\leqslant k\leqslant n}x_k}{\max\limits_{1\leqslant k\leqslant n}x_k}\right)\rho(\boldsymbol{A})^m\leqslant\sum_{j=1}^{n}a_{ij}^{(m)}\tag{17.2}$$

其中 $a_{ij}^{(m)}$ 是对应矩阵 $\boldsymbol{A}^m$ 中的元素.

事实上，由 $\boldsymbol{A}\boldsymbol{x}=\rho(\boldsymbol{A})\boldsymbol{x}$，得 $\boldsymbol{A}^m\boldsymbol{x}=\rho(\boldsymbol{A})^m\boldsymbol{x}$，且 $\boldsymbol{A}^m\geqslant\boldsymbol{0}$，因此，对 $i=1,2,\cdots,n$，有

$$\rho(\boldsymbol{A})^m\max_{1\leqslant k\leqslant n}x_k\geqslant\rho(\boldsymbol{A}^m)x_i=[\boldsymbol{A}^m\boldsymbol{x}]_i=\sum_{j=1}^{n}a_{ij}^{(m)}x_j\geqslant(\min_{1\leqslant k\leqslant n}x_k)\sum_{j=1}^{n}a_{ij}^{(m)}$$

因为 $\boldsymbol{x}>\boldsymbol{0}$，两边除以 $\min\limits_{1\leqslant k\leqslant n}x_k$，即得到所需的上界. 类似地，对 $i=1,2,\cdots,n$，有

$$\min_{1\leqslant k\leqslant n}x_k\rho(\boldsymbol{A})^m\leqslant\rho(\boldsymbol{A}^m)x_i=[\boldsymbol{A}^m\boldsymbol{x}]_i=\sum_{j=1}^{n}a_{ij}^{(m)}x_j\leqslant(\max_{1\leqslant k\leqslant n}x_k)\sum_{j=1}^{n}a_{ij}^{(m)}$$

两边除以 $\max\limits_{1\leqslant k\leqslant n}x_k$，得到所需的下界.

单调矩阵　下面考虑矩阵的逆是非负矩阵的情形. 给定可逆矩阵 $\boldsymbol{A}\in R^{n\times n}$ 和向量 $\boldsymbol{b}\in R^n$，考虑线性方程组 $\boldsymbol{A}\boldsymbol{x}=\boldsymbol{b}$ 的求解问题. 唯一解当然是 $\boldsymbol{x}=\boldsymbol{A}^{-1}\boldsymbol{b}$. 然而，如果 $\boldsymbol{b}$ 是不确定的，只有界定向量 $\boldsymbol{b}_1,\boldsymbol{b}_2\in R^n$，使得 $\boldsymbol{b}_1\leqslant\boldsymbol{b}\leqslant\boldsymbol{b}_2$，对解 $\boldsymbol{x}$ 能得到什么结论？根据 $\boldsymbol{A}$ 的条件数，当然可以给出扰动分析. 如果 $\boldsymbol{A}^{-1}$ 是非负矩阵，对解向量，能

给出精确的界

$$A^{-1}b_1 \leqslant A^{-1}b = x \leqslant A^{-1}b_2$$

矩阵 $A \in R^{n\times n}$ 称为**单调矩阵**，如果 A 是非奇异的，且逆矩阵 $A^{-1} \geqslant 0$.

例如，矩阵

$$A = \begin{bmatrix} 1 & -\frac{1}{2} & \frac{1}{8} \\ 0 & 1 & -\frac{1}{2} \\ 0 & 0 & 1 \end{bmatrix}$$

的逆矩阵为

$$A^{-1} = \begin{bmatrix} 1 & \frac{1}{2} & \frac{1}{8} \\ 0 & 1 & \frac{1}{2} \\ 0 & 0 & 1 \end{bmatrix} \geqslant 0$$

因此，矩阵 A 是单调矩阵.

矩阵 A 是单调矩阵的充分必要条件是对 $x \in R^n$，从 $Ax \geqslant 0$ 推出 $x \geqslant 0$.

事实上，因为 A 是单调矩阵，所以有 $A^{-1} \geqslant 0$；若 $Ax \geqslant 0$，则必有 $A^{-1}Ax \geqslant 0$，从而 $x \geqslant 0$. 反之，首先证明 A 是非奇异的. 若 $Ax=0$ 有解 x，则 $Ax = A(-x) = 0$，因此 $x \geqslant 0$ 和 $x \leqslant 0$，即 $x=0$，因此 $Ax=0$ 只有非零解，A 是非奇异的. 记 A^{-1} 的第 j 列为 b_j，则由 $Ab_j = e_j \geqslant 0$，得 $b_j \geqslant 0$，即 b_j 是非负向量，故 $A^{-1} \geqslant 0$. 因此 A 是单调矩阵.

单调矩阵总是与一类特殊矩阵相联系. 单调矩阵称为 **M-矩阵**，如果它的所有非对角线元素非正.

下面讨论判断矩阵 $A \in R^{n\times n}$ 是 M-矩阵的准则，它们都是容易验证的充分条件.

对给定非负矩阵 $B \in R^{n\times n}$，如果 $\rho(B) < 1$，则矩阵 $I-B$ 是 M-矩阵.

事实上，由 $\rho(B) < 1$，矩阵 $I-B$ 是非奇异的，且

$$(I-B)^{-1} = I + B + B^2 + \cdots$$

因为 $B \geqslant 0$，所以 $I-B \geqslant 0$. $I-B$ 的非对角线元素显然是非正的，因此 $I-B$ 是 M-矩阵.

反过来也成立，即如果 $I-B$ 是 M-矩阵，则 $\rho(B) < 1$. 对 $\lambda \in \sigma(B)$，存在非零向量 x，使得 $\lambda x = Bx$. 由 $B \geqslant 0$，得 $|\lambda||x| \leqslant B|x|$，即 $(I-B)|x| \leqslant (1-|\lambda|)|x|$. 由 $(I-B)^{-1} \geqslant 0$，得

$$|x| \leqslant (1-|\lambda|)(I-B)^{-1}|x|$$

因为 $|x| \geqslant 0$ 和 $(I-B)^{-1} \geqslant 0$，推出 $|\lambda| < 1$. 由于 λ 是 B 的任意特征向量，所以 $\rho(B) < 1$.

对给定的矩阵，根据谱半径判断是否是 M-矩阵毕竟不太方便，下面给出根据

矩阵元素的判别方法，有关结论是关于对角占优矩阵的.

给定 $\boldsymbol{A}=[a_{ij}]\in R^{n\times n}$，且假设对 $i=1,\cdots,n,a_{ii}>0$，当 $i\neq j$ 时，$a_{ij}<0$. 如果 $\boldsymbol{A}$ 是严格对角占优的，即对 $i=1,2,\cdots,n$，有

$$a_{ii}>\sum_{j=1,j\neq i}^{n}|a_{ij}|$$

或如果 $\boldsymbol{A}$ 是不可约的，且对 $i=1,2,\cdots,n$，有

$$a_{ii}\geqslant\sum_{j=1,j\neq i}^{n}|a_{ij}|$$

其中至少有一个严格不等式成立，则 $\boldsymbol{A}$ 是 M-矩阵.

事实上，对强对角占优矩阵，记 $\boldsymbol{D}=\mathrm{diag}\{a_{11},\cdots,a_{nn}\}$ 和 $\boldsymbol{B}=\boldsymbol{I}-\boldsymbol{D}^{-1}\boldsymbol{A}$. 注意到 $\boldsymbol{B}$ 的主对角线上的元素为零，且 $\boldsymbol{B}\geqslant\boldsymbol{0}$. 由 $\boldsymbol{A}$ 是强对角占优的，得对 $i=1,2,\cdots,n$，有

$$\sum_{j=1}^{n}|b_{ij}|<1$$

由 Gersgorin 定理(见 10.1 节定理 3)，得 $\rho(\boldsymbol{B})<1$. 因此 $\boldsymbol{D}^{-1}\boldsymbol{A}=\boldsymbol{I}-\boldsymbol{B}$ 是 M—矩阵，由此，$\boldsymbol{A}$ 也是 M-矩阵.

对第二个假设，根据 10.1 节最后的讨论，也可以得到 $\rho(\boldsymbol{B})<1$.

17.2　正矩阵和非负矩阵

本节将介绍正矩阵理论中，最重要的 Perron 定理，关于非负不可约矩阵的 Frobenius 定理将在下一节介绍；然后，将正矩阵的有关结论推广到非负矩阵. 首先从结论比较简单的正矩阵开始.

正矩阵的模最大特征问题　与非负矩阵相比，正矩阵的相关理论是简单且优美的，其中主要结论是 Perron 在 1607 年做出的. 下面的定理可以看作前面讨论的非负矩阵有正的特征向量的逆命题.

定理 4　给定正矩阵 $\boldsymbol{A}\in R^{n\times n}$，则 $\rho(\boldsymbol{A})>0,\rho(\boldsymbol{A})$ 是 $\boldsymbol{A}$ 的一个特征值，且存在正向量 $\boldsymbol{x}$，满足 $\boldsymbol{Ax}=\rho(\boldsymbol{A})\boldsymbol{x}$.

证明　设 λ 是正矩阵 $\boldsymbol{A}\in R^{n\times n}$ 取得最大模的特征值，即 $\boldsymbol{Ax}=\lambda\boldsymbol{x}$，且 $|\lambda|=\rho(\boldsymbol{A})$，则

$$\rho(\boldsymbol{A})|\boldsymbol{x}|=|\lambda||\boldsymbol{x}|=|\lambda\boldsymbol{x}|=|\boldsymbol{Ax}|\leqslant|\boldsymbol{A}||\boldsymbol{x}|$$

记 $\boldsymbol{y}=\boldsymbol{A}|\boldsymbol{x}|-\rho(\boldsymbol{A})|\boldsymbol{x}|\geqslant\boldsymbol{0}$. 因为 $|\boldsymbol{x}|\geqslant\boldsymbol{0}$ 且 $\boldsymbol{x}\neq\boldsymbol{0}$，所以 $\boldsymbol{A}|\boldsymbol{x}|>\boldsymbol{0}$，由定理 2，$\rho(\boldsymbol{A})>0$. 现在证明 $\boldsymbol{y}=\boldsymbol{0}$. 如果 $\boldsymbol{y}\neq\boldsymbol{0}$，记 $\boldsymbol{z}=\boldsymbol{A}|\boldsymbol{x}|>\boldsymbol{0}$，有 $\boldsymbol{0}<\boldsymbol{Ay}=\boldsymbol{Az}-\rho(\boldsymbol{A})\boldsymbol{z}$，即 $\boldsymbol{Az}>\rho(\boldsymbol{A})\boldsymbol{z}$. 利用定理 2，得 $\rho(\boldsymbol{A})>\rho(\boldsymbol{A})$，矛盾，因此 $\boldsymbol{y}=\boldsymbol{0}$. 因此

$$\boldsymbol{A}|\boldsymbol{x}|=\rho(\boldsymbol{A})|\boldsymbol{x}|\tag{17.3}$$

其中 $|\boldsymbol{x}|=\rho(\boldsymbol{A})^{-1}\boldsymbol{A}|\boldsymbol{x}|>\boldsymbol{0}$.　□

上面得到了正矩阵的第一个基本结论. 只要稍微加强讨论,就可以得到 $\boldsymbol{A}$ 的对应模最大特征值的不同特征向量分量之间关系.

对正矩阵 $\boldsymbol{A}\in R^{n\times n}$,如果 λ 是 $\boldsymbol{A}$ 的模为 $\rho(\boldsymbol{A})$ 的特征值,则 $|\boldsymbol{Ax}|=|\lambda\boldsymbol{x}|=\rho(\boldsymbol{A})|\boldsymbol{x}|$,其中 $\boldsymbol{x}\neq\boldsymbol{0}$. 由式(17.3),对每个 $k=1,\cdots,n$,有

$$\rho(\boldsymbol{A})\mid x_k\mid=\mid\lambda\mid\mid x_k\mid=\mid\lambda x_k\mid=\left|\sum_{p=1}^{n}a_{kp}x_p\right|$$

$$\leqslant\sum_{p=1}^{n}\mid a_{kp}\mid\mid x_p\mid=\sum_{p=1}^{n}a_{kp}\mid x_p\mid=\rho(\boldsymbol{A})\mid x_k\mid$$

因此,其中的唯一不等式一定是等式,非零复数 $a_{kp}x_p,p=1,\cdots,n$ 都位于复平面的同一条射线上. 记它们的共同辐角为 θ,则对 $p=1,\cdots,n$,有 $\mathrm{e}^{-\mathrm{i}\theta}a_{kp}x_p>0$. 因为 $a_{kp}>0$,所以 $\mathrm{e}^{-\mathrm{i}\theta}\boldsymbol{x}>\boldsymbol{0}$. 因此,正矩阵 $\boldsymbol{A}$ 的模最大特征值对应的特征向量 $\boldsymbol{x}$ 满足

$$\mathrm{e}^{-\mathrm{i}\theta}\boldsymbol{x}=\mid\boldsymbol{x}\mid>\boldsymbol{0}\tag{17.4}$$

现在说明模最大的特征值就是谱半径 $\rho(\boldsymbol{A})$. 如果 $\boldsymbol{Ax}=\lambda\boldsymbol{x}$,其中 $\boldsymbol{x}\neq\boldsymbol{0}$,且 $|\lambda|=\rho(\boldsymbol{A})$. 根据式(17.4),存在 $\theta\in R$,使得 $\boldsymbol{y}=\mathrm{e}^{-\mathrm{i}\theta}\boldsymbol{x}>\boldsymbol{0}$,所以 $\boldsymbol{Ay}=\lambda\boldsymbol{y}$. 由定理 3 后面的讨论,$\lambda=\rho(\boldsymbol{A})$. 根据谱半径的定义,对 $\boldsymbol{A}$ 的所有特征值 λ,有 $|\lambda|\leqslant\rho(\boldsymbol{A})$. 因此,对正矩阵 $\boldsymbol{A}$,如果 $\lambda\neq\rho(\boldsymbol{A})$,则

$$\mid\lambda\mid<\rho(\boldsymbol{A})\tag{17.5}$$

式(17.5)说明正矩阵只有唯一的模最大特征值 $\rho(\boldsymbol{A})$,即如果 $\boldsymbol{A}>\boldsymbol{0}$,则 $\rho(\boldsymbol{A})$ 是 $\boldsymbol{A}$ 的唯一模最大特征值. 下面说明 $\rho(\boldsymbol{A})$ 是几何重数是 1 的特征值,即对应于 $\rho(\boldsymbol{A})$ 的特征空间的维数是 1. 实际上,$\rho(\boldsymbol{A})$ 的代数重数也是 1.

假设非零向量 $\boldsymbol{w}$ 和 $\boldsymbol{z}$ 是属于正矩阵 $\boldsymbol{A}\in R^{n\times n}$ 谱半径 $\rho(\boldsymbol{A})$ 的特征向量,即 $\boldsymbol{Aw}=\rho(\boldsymbol{A})\boldsymbol{w}$ 和 $\boldsymbol{Az}=\rho(\boldsymbol{A})\boldsymbol{z}$. 根据式(17.4),存在实数 θ_1 和 θ_2,使得

$$\boldsymbol{x}=\mathrm{e}^{-\mathrm{i}\theta_1}\boldsymbol{z}>\boldsymbol{0}\quad 和\quad \boldsymbol{y}=\mathrm{e}^{-\mathrm{i}\theta_1}\boldsymbol{w}>\boldsymbol{0}$$

记 $\beta=\min\limits_{1\leqslant i\leqslant n}y_ix_i^{-1}$ 和 $\boldsymbol{r}=\boldsymbol{y}-\beta\boldsymbol{x}$. 则 $\boldsymbol{r}\geqslant\boldsymbol{0}$,且 $\boldsymbol{r}$ 至少有一个分量为 0,因此,$\boldsymbol{r}$ 不是正向量. 又因为

$$\boldsymbol{Ar}=\boldsymbol{Ay}-\beta\boldsymbol{Ax}=\rho(\boldsymbol{A})\boldsymbol{y}-\beta\rho(\boldsymbol{A})\boldsymbol{x}=\rho(\boldsymbol{A})\boldsymbol{r}$$

所以,如果 $\boldsymbol{r}\neq\boldsymbol{0}$,由定理 4,$\boldsymbol{r}=\rho(\boldsymbol{A})^{-1}\boldsymbol{Ar}>\boldsymbol{0}$. 这与 $\boldsymbol{r}$ 不是正向量矛盾,因此 $\boldsymbol{r}=\boldsymbol{0}$,即 $\boldsymbol{y}=\beta\boldsymbol{x}$,由此得 $\boldsymbol{w}=\beta\mathrm{e}^{\mathrm{i}(\theta_2-\theta_1)}\boldsymbol{z}$,$\boldsymbol{w}$ 和 $\boldsymbol{z}$ 是线性相关的.

因此对正矩阵 $\boldsymbol{A}\in R^{n\times n}$,则存在唯一向量 $\boldsymbol{x}$,使得

$$\boldsymbol{Ax}=\rho(\boldsymbol{A})\boldsymbol{x},\boldsymbol{x}\neq\boldsymbol{0}\ 且\sum_{i=1}^{n}x_i=1$$

唯一单特征向量 $\boldsymbol{x}$ 通常称为 $\boldsymbol{A}$ 的 **Perron 向量**,$\rho(\boldsymbol{A})$ 称为 $\boldsymbol{A}$ 的 **Perron 根**. 如果 $\boldsymbol{A}$ 是正矩阵,则 $\boldsymbol{A}^{\mathrm{T}}$ 当然也是,所以,上述所有结果也适用于 $\boldsymbol{A}^{\mathrm{T}}$. $\boldsymbol{A}^{\mathrm{T}}$ 的 Perron 向量称为 $\boldsymbol{A}$ 的**左 Perron 向量**.

矩阵幂的收敛分析　在数值分析和概率论中的 Markov 链的理论和应用研究

中，经常需要对矩阵进行幂运算，现在来研究当 $m\to\infty$ 时，幂 $\boldsymbol{A}^m$ 的变化过程. 下面讨论一般矩阵极限的基本性质.

给定 $\boldsymbol{A}\in R^{n\times n}$，$\lambda\in C$ 是 $\boldsymbol{A}$ 的特征值，如果右特征向量 $\boldsymbol{x}$ 和左特征向量 $\boldsymbol{y}$ 满足 $\boldsymbol{x}^{\mathrm{T}}\boldsymbol{y}=1$，记 $\boldsymbol{L}=\boldsymbol{x}\boldsymbol{y}^{\mathrm{T}}$，则 $\boldsymbol{L}$ 具有下面的性质：

(1) $\boldsymbol{L}\boldsymbol{x}=\boldsymbol{x}$ 和 $\boldsymbol{y}^{\mathrm{T}}\boldsymbol{L}=\boldsymbol{y}$.

(2) 对 $m=1,2,\cdots$，$\boldsymbol{L}^m=\boldsymbol{L}$.

(3) 对 $m=1,2,\cdots$，$\boldsymbol{A}^m\boldsymbol{L}=\boldsymbol{L}\boldsymbol{A}^m=\lambda^m\boldsymbol{L}$.

(4) $\boldsymbol{L}(\boldsymbol{A}-\lambda\boldsymbol{L})=\boldsymbol{0}$.

(5) 对 $m=1,2,\cdots$，$(\boldsymbol{A}-\lambda\boldsymbol{L})^m=\boldsymbol{A}^m-\lambda^m\boldsymbol{L}$.

(6) $\boldsymbol{A}-\lambda\boldsymbol{L}$ 的每个非零特征值也是 $\boldsymbol{A}$ 的特征值.

(7) 如果 $\lambda\neq0$ 的几何重数是 1，则 λ 不是 $\boldsymbol{A}-\lambda\boldsymbol{L}$ 的特征值，即 $\lambda\boldsymbol{I}-(\boldsymbol{A}-\lambda\boldsymbol{L})$ 是可逆矩阵.

性质(1)－(5)都是显然的，读者可以自己验证. 现在证明性质(6). 如果 $\mu\neq0$ 是 $\boldsymbol{A}-\lambda\boldsymbol{L}$ 的特征值，假设 $\boldsymbol{z}\neq\boldsymbol{0}$ 是对应的特征向量，则由性质(4)，得

$$\boldsymbol{L}(\boldsymbol{A}-\lambda\boldsymbol{L})\boldsymbol{z}=\boldsymbol{0}\boldsymbol{z}=\boldsymbol{0}=\mu\boldsymbol{L}\boldsymbol{z}$$

由 $\mu\neq0$ 得 $\boldsymbol{L}\boldsymbol{z}=\boldsymbol{0}$，因此 $(\boldsymbol{A}-\lambda\boldsymbol{L})\boldsymbol{z}=\boldsymbol{A}\boldsymbol{z}=\mu\boldsymbol{z}$.

现在用反证法证明性质(7). 根据性质(6)，如果 $\boldsymbol{w}$ 是 $\boldsymbol{A}-\lambda\boldsymbol{L}$ 对应 λ 的特征向量，则 $\boldsymbol{w}$ 也是 $\boldsymbol{A}$ 对应 λ 的特征向量. 因为 λ 的几何重数是 1，所以，存在 $\alpha\neq0$，使得 $\boldsymbol{w}=\alpha\boldsymbol{x}$. 另外

$$\lambda\boldsymbol{w}=(\boldsymbol{A}-\lambda\boldsymbol{L})\boldsymbol{w}=(\boldsymbol{A}-\lambda\boldsymbol{L})\alpha\boldsymbol{x}=\lambda\alpha\boldsymbol{x}-\lambda\alpha\boldsymbol{x}=\boldsymbol{0}$$

因为 $\lambda\neq0$ 和 $\boldsymbol{w}\neq\boldsymbol{0}$，所以这是不可能的. 这个矛盾证明了性质(7).

在上面的性质基础下，如果 $|\lambda|=\rho(\boldsymbol{A})>0$ 是 $\boldsymbol{A}$ 的单特征值，且 $\boldsymbol{A}$ 的特征值排序为

$$|\lambda_1|\leqslant|\lambda_2|\leqslant\cdots\leqslant|\lambda_{n-1}|<|\lambda_n|=|\lambda|=\rho(\boldsymbol{A})$$

则

(8) $\rho(\boldsymbol{A}-\lambda\boldsymbol{L})\leqslant|\lambda_{n-1}|<\rho(\boldsymbol{A})$.

(9) 当 $m\to\infty$ 时，$(\lambda^{-1}\boldsymbol{A})^m=\boldsymbol{L}+(\lambda^{-1}\boldsymbol{A}-\boldsymbol{L})^m\to\boldsymbol{L}$.

(10) 对满足 $|\lambda_{n-1}|/\rho(\boldsymbol{A})<r<1$ 的 r，存在常数 $C=C(r,\boldsymbol{A})$，使得对 $m=1,2,\cdots$，

$$\|(\lambda^{-1}\boldsymbol{A})^m-\boldsymbol{L}\|_\infty<Cr^m$$

事实上，根据性质(6)，知道 $\boldsymbol{A}-\lambda\boldsymbol{L}$ 的特征值或是 $\boldsymbol{A}$ 的特征值或是零，因此，要么存在 $\boldsymbol{A}$ 的特征值 λ_k，使得 $\rho(\boldsymbol{A}-\lambda\boldsymbol{L})=|\lambda_k|$，要么 $\rho(\boldsymbol{A}-\lambda\boldsymbol{L})=0$. 根据 $\boldsymbol{A}$ 的特征值的排序，$|\lambda_n|=|\lambda|=\rho(\boldsymbol{A})$，性质(7)说明 $\rho(\boldsymbol{A})$ 不是 $\boldsymbol{A}-\lambda\boldsymbol{L}$ 的特征值. 因此，两种情形都有

$$\rho(\boldsymbol{A}-\lambda\boldsymbol{L})\leqslant|\lambda_{n-1}|$$

因此可以得到(8)中的不等式.

性质(9)的证明. 由(8)的结论,得

$$\rho(\lambda^{-1}\boldsymbol{A}-\boldsymbol{L})=\frac{\rho(\boldsymbol{A}-\lambda\boldsymbol{L})}{\rho(\boldsymbol{A})}\leqslant\frac{|\lambda_{n-1}|}{\rho(\boldsymbol{A})}<1$$

因此,基于性质(5),当 $m\to\infty$ 时,

$$(\lambda^{-1}\boldsymbol{A}-\boldsymbol{L})^m=(\lambda^{-1}\boldsymbol{A})^m-\boldsymbol{L}\to\boldsymbol{0}$$

性质(10)的证明. 取 ε 满足

$$\rho(\lambda^{-1}\boldsymbol{A}-\boldsymbol{L})+\varepsilon\leqslant\frac{|\lambda_{n-1}|}{\rho(\boldsymbol{A})}+\varepsilon<r<1$$

根据谱半径和范数之间的关系,对矩阵 $\lambda^{-1}\boldsymbol{A}-\boldsymbol{L}$ 应用 3.12 节定理 6,可以得到(10)中的收敛速度.

正矩阵幂的收敛分析 因为当 $\boldsymbol{A}>\boldsymbol{0}$ 且 $\lambda=\rho(\boldsymbol{A})$ 时,$\boldsymbol{A}$ 满足上面关于一般矩阵的所有假设条件,所以正矩阵具有上面的所有性质. 首先给出最重要的极限结论.

对正矩阵 $\boldsymbol{A}\in R^{n\times n}$,存在着对应于 $\rho(\boldsymbol{A})$ 的右和左正特征向量 $\boldsymbol{x}$ 和 $\boldsymbol{y}$,且假设 $\boldsymbol{x}^{\mathrm{T}}\boldsymbol{y}=1$,记 $\boldsymbol{L}=\boldsymbol{x}\boldsymbol{y}^{\mathrm{T}}$,则

$$\lim_{m\to\infty}[\rho(\boldsymbol{A})^{-1}\boldsymbol{A}]^m=\boldsymbol{L}\tag{17.6}$$

基于式(17.6),可以得到正矩阵 $\boldsymbol{A}\in R^{n\times n}$ 的谱半径 $\rho(\boldsymbol{A})$ 是代数重数为 1 的特征值. 事实上,如果 $\rho=\rho(\boldsymbol{A})$ 是代数重数 $k\geqslant1$ 的特征值,根据 1.1 节 Schur 分解定理 7,可以将 $\boldsymbol{A}$ 分解为 $\boldsymbol{A}=\boldsymbol{U}\boldsymbol{D}\boldsymbol{U}^{\mathrm{T}}$,其中 $\boldsymbol{U}$ 是酉矩阵,$\boldsymbol{D}$ 是主对角线上元素为 $\rho,\cdots,\rho,\lambda_{k+1},\cdots,\lambda_n$ 的上三角矩阵,其中当 $i=k+1,\cdots,n$ 时,$|\lambda_i|<\rho(\boldsymbol{A})$. 因此,由式(17.6),得

$$\boldsymbol{L}=\lim_{m\to\infty}[\rho(\boldsymbol{A})^{-1}\boldsymbol{A}]^m=\boldsymbol{U}\lim_{m\to\infty}\begin{bmatrix}1 & & & & & * \\ & \ddots & & & & \\ & & 1 & & & \\ & & & \frac{\lambda_{k+1}}{\rho} & & \\ & 0 & & & \ddots & \\ & & & & & \frac{\lambda_n}{\rho}\end{bmatrix}\boldsymbol{U}^{\mathrm{T}}=\boldsymbol{U}\begin{bmatrix}1 & & & & & * \\ & \ddots & & & & \\ & & 1 & & & \\ & & & 0 & & \\ & 0 & & & \ddots & \\ & & & & & 0\end{bmatrix}\boldsymbol{U}^{\mathrm{T}}$$

其中对角元 1 重复 k 次. 又因为 L 的秩是 1,所以最后表达式中对角元 1 重复次数只能是 1,即 $k=1$.

现在总结一下关于正矩阵的基本结论.

定理 5(Perron) 对正矩阵 $\boldsymbol{A}\in R^{n\times n}$,有:

(1) $\rho(\boldsymbol{A})>0$,且 $\rho(\boldsymbol{A})$ 是 $\boldsymbol{A}$ 的代数(因而几何)的单特征值.

(2) 存在正向量 $\boldsymbol{x}\in R^n$ 满足 $\boldsymbol{A}\boldsymbol{x}=\rho(\boldsymbol{A})\boldsymbol{x}$.

(3) 对每个 $\lambda\neq\rho(\boldsymbol{A})$ 的特征值,有 $|\lambda|<\rho(\boldsymbol{A})$,即 $\rho(\boldsymbol{A})$ 是唯一的最大模特征值.

(4) 如果 $\boldsymbol{x}$ 和 $\boldsymbol{y}$ 分别是 $\boldsymbol{A}$ 对应于 $\rho(\boldsymbol{A})$ 的右和左正特征向量，且 $\boldsymbol{x}^{\mathrm{T}}\boldsymbol{y}=1$，记 $\boldsymbol{L}=\boldsymbol{x}\boldsymbol{y}^{\mathrm{T}}$，则当 $m\to\infty$ 时，$[\rho(\boldsymbol{A})^{-1}\boldsymbol{A}]^m\to\boldsymbol{L}$.

Perron 定理有许多应用，一个优美且有效的应用是，利用占优非负矩阵的谱半径和主对角元得到了包含矩阵 $\boldsymbol{A}$ 全部特征值的区域.

定理 6　给定矩阵 $\boldsymbol{A}=[a_{ij}]\in R^{n\times n}$ 和非负矩阵 $\boldsymbol{B}=[b_{ij}]\in R^{n\times n}$，且 $\boldsymbol{B}\geqslant|\boldsymbol{A}|$，则 $\boldsymbol{A}$ 的每个特征值位于下面区域中：

$$\bigcup_{i=1}^{n}\{\lambda\in C:|\lambda-a_{ii}|\leqslant\rho(\boldsymbol{B})-b_{ii}\}$$

证明　可以假设 $\boldsymbol{B}>\boldsymbol{0}$；否则可以用矩阵 $\boldsymbol{B}_\varepsilon=[b_{ij}+\varepsilon]$ 代替，其中 $\varepsilon>0$，则 $\boldsymbol{B}_\varepsilon>|\boldsymbol{A}|$，且当 $\varepsilon\to0$ 时，利用矩阵谱半径关于其元素的连续性，得 $\rho(\boldsymbol{B}_\varepsilon)-(b_{ii}+\varepsilon)\to\rho(\boldsymbol{B})-b_{ii}$. 根据 Perron 定理，存在正向量 $\boldsymbol{x}$，满足 $\boldsymbol{B}\boldsymbol{x}=\rho(\boldsymbol{B})\boldsymbol{x}$. 因此对 $i=1,2,\cdots,n$，有

$$\sum_{j=1,j\neq i}^{n}|a_{ij}|x_j\leqslant\sum_{j=1,j\neq i}^{n}b_{ij}x_j=\rho(\boldsymbol{B})x_i-b_{ii}x_i$$

因此，对 $i=1,2,\cdots,n$，有

$$\frac{1}{x_i}\sum_{j=1,j\neq i}^{n}|a_{ij}|x_j\leqslant\rho(\boldsymbol{B})-b_{ii}$$

在式(10.3)中取 $p_i=x_i$，便得到所需的结论. □

定理 5 中的(4)保证极限 $[\rho(\boldsymbol{A})^{-1}\boldsymbol{A}]^m$ 存在，而性质(10)给出了收敛速度的一个上界：对任何满足 $|\lambda_{n-1}|/\rho(\boldsymbol{A})<r<1$ 的 r，都有

$$\|[\rho(\boldsymbol{A})^{-1}\boldsymbol{A}]^m-\boldsymbol{L}\|_\infty<Cr^m$$

其中 λ_{n-1} 是模第二大的特征值，C 是与 $\boldsymbol{A}$ 和 $\boldsymbol{r}$ 有关的正常数. 对这个界，即使 $\rho(\boldsymbol{A})$ 已知或容易估计，但是要想得到基于比值 $|\lambda_{n-1}|/\rho(\boldsymbol{A})$ 的有用的界，计算或估计 $|\lambda_{n-1}|$ 也许是不方便的或近乎不可能的. 在这种情形下，给出一个容易计算的界是很有用的，下面的界属于 Hopf，对任何正矩阵 $\boldsymbol{A}=[a_{ij}]\in R^{n\times n}$，都有

$$\frac{|\lambda_{n-1}|}{\rho(\boldsymbol{A})}\leqslant\frac{M-\mu}{M+\mu}<1$$

其中 $M=\max\limits_{1\leqslant i,j\leqslant n}a_{ij}$，$\mu=\min\limits_{1\leqslant i,j\leqslant n}a_{ij}$.

非负矩阵　因为在实际中，常常遇到不是正矩阵的非负矩阵，例如，随机矩阵. 所以需要将上面的结论推广到矩阵元素不全是正的情形. 人们也许认为，这种推广可通过类似于定理 6 证明中取适当的极限来完成，对矩阵的某些结论这是正确的. 但是，必须注意到对矩阵的有些量，比如，秩和维数，不是矩阵元素的连续函数，因此，有关极限的理论将失效. 在 Perron 定理中可以通过取极限作推广的结论包含在下面一些定理中.

定理 7　对非负矩阵 $\boldsymbol{A}\in R^{n\times n}$，则 $\rho(\boldsymbol{A})$ 是 $\boldsymbol{A}$ 的一个特征值，且存在非负向量 $\boldsymbol{x}\geqslant\boldsymbol{0}$，$\boldsymbol{x}\neq\boldsymbol{0}$，使得 $\boldsymbol{A}\boldsymbol{x}=\rho(\boldsymbol{A})\boldsymbol{x}$.

证明 对任意 $\varepsilon>0$，定义 $\boldsymbol{A}(\varepsilon)=[a_{ij}+\varepsilon]>\boldsymbol{0}$，且 $\boldsymbol{A}(\varepsilon)$ 的 Perron 向量记为 $\boldsymbol{x}(\varepsilon)$，其中 $\boldsymbol{x}(\varepsilon)>\boldsymbol{0}$，且 $\sum\limits_{i=1}^{n}x_i(\varepsilon)=1$. 因为向量集 $\{\boldsymbol{x}(\varepsilon):\varepsilon>0\}$ 包含在紧集 $\{\boldsymbol{x}\in C^n:\|\boldsymbol{x}\|_1\leqslant 1\}$ 中，所以存在单调递减序列 $\varepsilon_1,\varepsilon_2,\cdots$，且 $\lim\limits_{k\to\infty}\varepsilon_k=0$，使得 $\lim\limits_{k\to\infty}\boldsymbol{x}(\varepsilon_k)=\boldsymbol{x}$ 存在. 因为对所有的 $k=1,2,\cdots$，有 $\boldsymbol{x}(\varepsilon_k)>\boldsymbol{0}$，所以 $\boldsymbol{x}=\lim\limits_{k\to\infty}\boldsymbol{x}(\varepsilon_k)\geqslant\boldsymbol{0}$；又因为

$$\sum_{i=1}^{n}x_i=\lim_{k\to\infty}\sum_{i=1}^{n}x_i(\varepsilon_k)=1$$

所以 $\boldsymbol{x}\neq\boldsymbol{0}$. 根据定理 1，对 $k=1,2,\cdots$，有

$$\rho(\boldsymbol{A}(\varepsilon_k))\geqslant\rho(\boldsymbol{A}(\varepsilon_{k+1}))\geqslant\cdots\geqslant\rho(\boldsymbol{A})$$

实数序列 $\{\rho(\boldsymbol{A}(\varepsilon_k))\}_{k=1,2,\cdots}$ 是单调递减序列. 因此，$\lim\limits_{k\to\infty}\rho(\boldsymbol{A}(\varepsilon_k))=\rho$ 存在，且 $\rho\geqslant\rho(\boldsymbol{A})$. 但是由于

$$\boldsymbol{A}\boldsymbol{x}=\lim_{k\to\infty}\boldsymbol{A}(\varepsilon_k)\boldsymbol{x}(\varepsilon_k)=\lim_{k\to\infty}\rho(\boldsymbol{A}(\varepsilon_k))\boldsymbol{x}(\varepsilon_k)=\rho\boldsymbol{x}$$

且 $\boldsymbol{x}\neq\boldsymbol{0}$，所以 ρ 是 $\boldsymbol{A}$ 的特征值，有 $\rho\leqslant\rho(\boldsymbol{A})$. 故 $\rho=\rho(\boldsymbol{A})$. □

定理 8 对非负矩阵 $\boldsymbol{A}\in R^{n\times n}$，如果存在非负非零向量 $\boldsymbol{x}\in R^n$ 和 $\alpha\in R$，使得 $\boldsymbol{A}\boldsymbol{x}\geqslant\alpha\boldsymbol{x}$，则 $\rho(\boldsymbol{A})\geqslant\alpha$.

证明 设 $\boldsymbol{A}=[a_{ij}]$，对 $\varepsilon>0$，记 $\boldsymbol{A}(\varepsilon)=[a_{ij}+\varepsilon]$. 因为 $\boldsymbol{A}(\varepsilon)>\boldsymbol{0}$，所以有正的左 Perron 向量 $\boldsymbol{y}(\varepsilon)$，即 $\boldsymbol{y}(\varepsilon)^{\mathrm{T}}\boldsymbol{A}(\varepsilon)=\rho(\boldsymbol{A}(\varepsilon))\boldsymbol{y}(\varepsilon)$. 由 $\boldsymbol{A}\boldsymbol{x}-\alpha\boldsymbol{x}\geqslant\boldsymbol{0}$，得

$$\boldsymbol{A}(\varepsilon)\boldsymbol{x}-\alpha\boldsymbol{x}>\boldsymbol{A}\boldsymbol{x}-\alpha\boldsymbol{x}\geqslant\boldsymbol{0}$$

因此

$$\boldsymbol{y}(\varepsilon)^{\mathrm{T}}[\boldsymbol{A}(\varepsilon)\boldsymbol{x}-\alpha\boldsymbol{x}]=[\rho(\boldsymbol{A}(\varepsilon))-\alpha]\boldsymbol{y}(\varepsilon)^{\mathrm{T}}\boldsymbol{x}\geqslant\boldsymbol{0}$$

因为 $\boldsymbol{y}(\varepsilon)^{\mathrm{T}}\boldsymbol{x}>0$，所以对 $\varepsilon>0$，有 $\rho(\boldsymbol{A}(\varepsilon))-\alpha\geqslant 0$. 而当 $\varepsilon\to 0$ 时，$\rho(\boldsymbol{A}(\varepsilon))\to\rho(\boldsymbol{A})$，所以 $\rho(\boldsymbol{A})\geqslant\alpha$. □

对非负矩阵 $\boldsymbol{A}\in R^{n\times n}$，对任意的非负非零向量 $\boldsymbol{x}$，记 $\alpha=\min\limits_{x_i\neq 0}\sum\limits_{j=1}^{n}a_{ij}x_j/x_i$，则 $\boldsymbol{A}\boldsymbol{x}\geqslant\alpha\boldsymbol{x}$. 根据定理 8，$\alpha\leqslant\rho(\boldsymbol{A})$. 又由定理 7，如果取 $\boldsymbol{x}$ 为定理中的特征向量，则上界 $\alpha=\rho(\boldsymbol{A})$ 可达到. 因此

$$\rho(\boldsymbol{A})=\max_{\boldsymbol{x}\geqslant\boldsymbol{0},\boldsymbol{x}\neq\boldsymbol{0}}\ \min_{1\leqslant i\leqslant n,x_i\neq 0}\frac{1}{x_i}\sum_{j=1}^{n}a_{ij}x_j$$

注意上述结论对 min max 一般不成立. 如果添加具有正的特征向量假设条件，利用非负矩阵正的特征向量对应的特征值是谱半径，可以稍微强化定理 8，得到向量 $\boldsymbol{x}$ 的进一步信息.

定理 9 如果非负矩阵 $\boldsymbol{A}\in R^{n\times n}$ 有正的左特征向量，且存在 $\boldsymbol{x}\geqslant\boldsymbol{0},\boldsymbol{x}\neq\boldsymbol{0}$，使得 $\boldsymbol{A}\boldsymbol{x}\geqslant\rho(\boldsymbol{A})\boldsymbol{x}$，则 $\boldsymbol{A}\boldsymbol{x}=\rho(\boldsymbol{A})\boldsymbol{x}$.

证明 设 $\boldsymbol{y}>\boldsymbol{0}$ 是对应于 $\rho(\boldsymbol{A})$ 的左特征向量，即 $\boldsymbol{A}^{\mathrm{T}}\boldsymbol{y}=\rho(\boldsymbol{A})\boldsymbol{y}$，由假设，得

$$\boldsymbol{y}^{\mathrm{T}}[\boldsymbol{A}\boldsymbol{x}-\rho(\boldsymbol{A})\boldsymbol{x}]=\rho(\boldsymbol{A})\boldsymbol{y}^{\mathrm{T}}\boldsymbol{x}-\rho(\boldsymbol{A})\boldsymbol{y}^{\mathrm{T}}\boldsymbol{x}=\boldsymbol{0}$$

因此,$\boldsymbol{Ax}-\rho(\boldsymbol{A})\boldsymbol{x}=\boldsymbol{0}$. □

当把 Perron 定理 6 推广到非负矩阵,如果不添加条件,不可能得到比定理 7 更好的结果.

对非负矩阵 $\boldsymbol{A}\in R^{n\times n}$,非负特征值 $\rho(\boldsymbol{A})$称为 $\boldsymbol{A}$ 的 **Perron 根**. 因为属于非负矩阵的 Perron 根的特征向量未必是唯一的,所以不同于 $\boldsymbol{A}$ 是正矩阵的情形,对于一般的非负矩阵没有关于"Perron 向量"的确定概念. 例如,非负矩阵 $\boldsymbol{A}=\boldsymbol{I}$,相对于 Perron 根 $\rho(\boldsymbol{A})=1$,每个非负向量都是特征向量.

17.3　不可约非负矩阵和素矩阵

本节来研究一些特殊的非负矩阵,其中不可约非负矩阵和素矩阵是重要的两类. 不可约非负矩阵的结论一般类似于正矩阵,Frobenius 定理就是 Perron 定理的推广. 然后,简单介绍了素矩阵和随机矩阵.

不可约非负矩阵　任何对正矩阵证明的结论,通常都可以推广到不可约非负矩阵,这是一个非常有用的法则.

显然,如果 $\boldsymbol{A}\geqslant\boldsymbol{0}$,则对任意的整数 k,有 $\boldsymbol{A}^k\geqslant\boldsymbol{0}$. 如果矩阵 $\boldsymbol{A}$ 的非零元素非常稠密,则对大的 k,应该有 $\boldsymbol{A}^k>\boldsymbol{0}$. 下面的定理就是这样的结论.

定理 10　非负矩阵 $\boldsymbol{A}\in R^{n\times n}$是不可约矩阵的充分必要条件是$(\boldsymbol{I}+\boldsymbol{A})^{n-1}>\boldsymbol{0}$.

证明　任取非零非负向量 $\boldsymbol{y}$,记

$$\boldsymbol{z}=(\boldsymbol{I}+\boldsymbol{A})\boldsymbol{y}=\boldsymbol{y}+\boldsymbol{Ay}$$

因为 $\boldsymbol{A}\geqslant\boldsymbol{0}$,所以 $\boldsymbol{Ay}\geqslant\boldsymbol{0}$,$\boldsymbol{z}$ 的非零元素的个数不少于 $\boldsymbol{y}$ 中的非零个数. 现在证明,如果 $\boldsymbol{y}$ 不是正向量,$\boldsymbol{z}$ 的非零元素的个数至少比 $\boldsymbol{y}$ 中的非零个数多一. 假设置换矩阵 $\boldsymbol{P}$ 使得 $\boldsymbol{Py}=(\boldsymbol{u}^{\mathrm{T}},\boldsymbol{0}^{\mathrm{T}})^{\mathrm{T}}$,其中 $\boldsymbol{u}>\boldsymbol{0}$. 由 $\boldsymbol{PP}^{\mathrm{T}}=\boldsymbol{I}$,得

$$\boldsymbol{Pz}=\begin{pmatrix}\boldsymbol{u}\\\boldsymbol{0}\end{pmatrix}+\boldsymbol{PAP}^{\mathrm{T}}\begin{pmatrix}\boldsymbol{u}\\\boldsymbol{0}\end{pmatrix}\tag{17.7}$$

对 $\boldsymbol{z}$ 和 $\boldsymbol{PAP}^{\mathrm{T}}$ 进行与 $\boldsymbol{y}$ 一致的分划

$$\boldsymbol{z}=\begin{pmatrix}\boldsymbol{v}\\\boldsymbol{w}\end{pmatrix},\quad \boldsymbol{PAP}^{\mathrm{T}}=\begin{bmatrix}\boldsymbol{A}_{11}&\boldsymbol{A}_{12}\\\boldsymbol{A}_{21}&\boldsymbol{A}_{22}\end{bmatrix}$$

则由式(17.7),得 $\boldsymbol{v}=\boldsymbol{u}+\boldsymbol{A}_{11}\boldsymbol{u}$ 和 $\boldsymbol{w}=\boldsymbol{A}_{21}\boldsymbol{u}$. 因为矩阵 $\boldsymbol{PAP}^{\mathrm{T}}$ 是非负的,且不可约,即有 $\boldsymbol{A}_{11}\geqslant\boldsymbol{0}$,$\boldsymbol{A}_{21}\geqslant\boldsymbol{0}$,$\boldsymbol{A}_{21}\neq\boldsymbol{0}$. 所以,$\boldsymbol{v}>\boldsymbol{0}$和 $\boldsymbol{w}\geqslant\boldsymbol{0}$. 由 $\boldsymbol{u}>\boldsymbol{0}$,得 $\boldsymbol{w}\neq\boldsymbol{0}$. 因此,$\boldsymbol{z}$ 至少比 $\boldsymbol{y}$ 多一个正元素.

如果$(\boldsymbol{I}+\boldsymbol{A})\boldsymbol{y}$ 不是正向量,则从$(\boldsymbol{I}+\boldsymbol{A})\boldsymbol{z}=(\boldsymbol{I}+\boldsymbol{A})^2\boldsymbol{y}$ 开始,重复以上讨论,$(\boldsymbol{I}+\boldsymbol{A})^2\boldsymbol{y}$至少比 $\boldsymbol{y}$ 多二个正元素. 继续这个过程,至多有 $n-1$ 步,使得对任意的 $\boldsymbol{y}\geqslant\boldsymbol{0}$,$\boldsymbol{y}\neq\boldsymbol{0}$,有

$$(\boldsymbol{I}+\boldsymbol{A})^{n-1}\boldsymbol{y}>\boldsymbol{0}$$

□

□ 此时还需要这样一些简单的结果. 如果$A\in R^{n\times n}$的特征值为$\lambda_1,\cdots,\lambda_n$. 则$I+A$的特征值是$\lambda_1+1,\cdots,\lambda_n+1$,而由

$$\rho(I+A)=\max_{1\leqslant i\leqslant n}|\lambda_i+1|\leqslant\max_{1\leqslant i\leqslant n}|\lambda_i|+1=\rho(A)+1$$

得$\rho(I+A)\leqslant 1+\rho(A)$;进一步,如果$A\geqslant 0$,根据定理7,$\rho(A)+1$是$I+A$的特征值,则$\rho(I+A)=1+\rho(A)$.

因为如果λ是A的特征值,则λ^k是A^k的特征值. 由定理7知,$\rho(A)$是A的特征值,所以,$\rho^k(A)$是A^k的最大模特征值. 对非负矩阵$A\in R^{n\times n}$,如果存在$k\geqslant 1$,使得$A^k>0$,则由定理8知,$\rho^k(A)$是A^k的单特征值,因此$\rho(A)$是A的代数单特征值.

现在将Perron定理推广到非负不可约矩阵,这是基于Frobenius的工作.

定理11(Frobenius) 设$A\in R^{n\times n}$是不可约非负矩阵. 则:

(1) $\rho(A)>0$;

(2) $\rho(A)$是A的特征值;

(3) 存在正向量x,满足$Ax=\rho(A)x$;

(4) $\rho(A)$是A的代数(因此几何)单重特征值.

证明 定理3说明,即使在比不可约更弱的条件下,(1)仍然成立. 根据定理7,(2)对所有非负矩阵成立,同时存在满足$Ax=\rho(A)x$的非负向量x. 另外

$$(I+A)^{n-1}x=[1+\rho(A)]^{n-1}x$$

又由引理5知,矩阵$(I+A)^{n-1}$是正的,而x是非负非零向量,因此,向量$(I+A)^{n-1}x$一定是正的. 因此

$$x=[1+\rho(A)]^{n-1}(I+A)^{n-1}x>0$$

为了证明(4),利用引理6可证,如果$\rho(A)$是A的重特征值,则$1+\rho(A)=\rho(I+A)$是$I+A$的重特征值. 但是$I+A\geqslant 0$,且根据引理5,$(I+A)^{n-1}>0$,因此由引理7可知,$1+\rho(A)$一定是$I+A$的单特征值. □

该定理保证,不可约非负矩阵对应于Perron根的特征空间是一维的,因此可以定义向量的欧氏范数为1的正特征向量为**Perron向量**.

因为不可约非负矩阵有正特征向量,所以式(17.1)和式(17.2)的结论可以应用于这类矩阵,其中特别重要的是谱半径的变分特征式(17.1). 另外,A^{T}不可约的充要条件是A不可约,所以不可约非负矩阵也有正的左特征向量. 因此,定理9对不可约非负矩阵成立. 这个事实在定理1的下述推广中是关键的.

定理12 设$A,B\in R^{n\times n}$,如果A是不可约非负矩阵,且$A\geqslant|B|$,则$\rho(A)\geqslant\rho(B)$. 进一步,如果$\rho(A)=\rho(B)$,又$\lambda=e^{i\varphi}\rho(B)$是$B$的特征值,则存在$\theta_1,\cdots,\theta_n\in R$,满足$B=e^{i\varphi}DAD^{-1}$,其中$D=\mathrm{diag}(e^{-i\theta_1},\cdots,e^{-i\theta_n})$.

证明 由定理1,如果$A\geqslant|B|$,则$\rho(A)\geqslant\rho(B)$. 如果$\rho(A)=\rho(B)$,则存在$x\neq 0$,使得$Bx=\lambda x$,且$|\lambda|=\rho(B)=\rho(A)$,因此

$$\rho(A)|x|=|\lambda x|=|Bx|\leqslant|B||x|\leqslant A|x|$$

因为 $\boldsymbol{A}$ 是不可约矩阵，所以，根据定理 11，$\boldsymbol{A}|\boldsymbol{x}|=\rho(\boldsymbol{A})|\boldsymbol{x}|$. 因而 $|\boldsymbol{Bx}|=|\boldsymbol{B}||\boldsymbol{x}|=\boldsymbol{A}|\boldsymbol{x}|$. 定理 11 的(3)和(4)说明 $|\boldsymbol{x}|>\boldsymbol{0}$，又由 $|\boldsymbol{B}|\leqslant\boldsymbol{A}$ 和 $|\boldsymbol{B}||\boldsymbol{x}|=\boldsymbol{A}|\boldsymbol{x}|$，可得 $|\boldsymbol{B}|=\boldsymbol{A}$. 定义 $\theta_k\in R$ 为 $\mathrm{e}^{-\mathrm{i}\theta_k}=x_k/|x_k|$，$k=1,\cdots,n$，且记 $\boldsymbol{D}=\mathrm{diag}(\mathrm{e}^{\mathrm{i}\theta_1},\cdots,\mathrm{e}^{\mathrm{i}\theta_n})$，如果 $\lambda=\mathrm{e}^{-\mathrm{i}\varphi}\rho(\boldsymbol{A})$，则 $\boldsymbol{x}=\boldsymbol{D}|\boldsymbol{x}|$，且 $\lambda\boldsymbol{x}=\mathrm{e}^{\mathrm{i}\varphi}\rho(\boldsymbol{A})\boldsymbol{D}|\boldsymbol{x}|=\boldsymbol{BD}|\boldsymbol{x}|=\boldsymbol{Bx}$. 因此

$$\mathrm{e}^{-\mathrm{i}\varphi}\boldsymbol{D}^{-1}\boldsymbol{BD}|\boldsymbol{x}|=\rho(\boldsymbol{A})|\boldsymbol{x}|=\boldsymbol{A}|\boldsymbol{x}|$$

又因为 $|\boldsymbol{x}|>\boldsymbol{0}$，$|\mathrm{e}^{-\mathrm{i}\varphi}\boldsymbol{D}^{-1}\boldsymbol{BD}|=\boldsymbol{A}$，所以 $\boldsymbol{B}=\mathrm{e}^{\mathrm{i}\varphi}\boldsymbol{DAD}^{-1}$. □

当 $\boldsymbol{A}>\boldsymbol{0}$ 时，由 Perron 定理 6，$\rho(\boldsymbol{A})$ 是 $\boldsymbol{A}$ 的最大模的唯一特征值. 当 $\boldsymbol{A}\geqslant\boldsymbol{0}$ 时，虽然可能存在多个有最大模的特征值，但是，矩阵 $\boldsymbol{A}$ 的特征值具有特殊的形式——它们都位于一个规则的图形中.

推论 1　如果不可约非负矩阵 $\boldsymbol{A}\in R^{n\times n}$ 有 k 个互不相同的最大模特征值 $\rho(\boldsymbol{A})$. 则每个特征值的代数重数是 1，且这些最大模特征值正好是 k 次单位根与 $\rho(\boldsymbol{A})$ 的乘积，即

$$\mathrm{e}^{2\pi\mathrm{i}p/k}\rho(\boldsymbol{A}),\quad p=0,1,\cdots,k-1$$

进一步，对 $\boldsymbol{A}$ 的任意特征值 λ，$\mathrm{e}^{2\pi\mathrm{i}p/k}\lambda$，$p=0,1,\cdots,k-1$ 都是 $\boldsymbol{A}$ 的特征值.

这个推论的证明比较复杂，读者可以参考(Horn et al.，1999).

推论 1 说明如果不可约的矩阵 $\boldsymbol{A}\geqslant\boldsymbol{0}$ 有 $k>1$ 个最大模特征值，则 $\boldsymbol{A}$ 的每个非零特征值都位于复平面上中心为原点的一个圆上，这个圆恰好经过 $\boldsymbol{A}$ 的 k 个特征值，且它们在整个圆上都保持相同的间隔. 特别地，k 是 $\boldsymbol{A}$ 的非零特征值的个数因子. 因此，n 是素数的 $n\times n$ 非奇异不可约非负矩阵，要么有 n 个不同的特征值，或有 n 个模最大特征值.

推论 2　给定不可约非负矩阵 $\boldsymbol{A}\in R^{n\times n}$，记 $\boldsymbol{A}^m=[a_{ij}^{(m)}]$，$m=1,2,\cdots$. 如果 $\boldsymbol{A}$ 正好存在 $k>1$ 最大模的特征值，则当 m 不是 k 的整数倍时，对 $i=1,2,\cdots,n$，有 $a_{ii}^{(m)}=0$. 特别地，$a_{ii}=0$.

证明　利用推论 1，选取 $\boldsymbol{A}$ 的一个最大模特征值 $\lambda=\mathrm{e}^{\mathrm{i}\varphi}\rho(\boldsymbol{A})$，其中 $\varphi=2\pi/k$. 于是，只要 m 不是 k 的整数倍，$\mathrm{e}^{\mathrm{i}m\varphi}$ 就不是正实数. 利用定理 12，且取 $\boldsymbol{B}=\boldsymbol{A}$ 和 $\lambda=\mathrm{e}^{\mathrm{i}\varphi}\rho(\boldsymbol{A})$，得出 $\boldsymbol{A}=\mathrm{e}^{\mathrm{i}\varphi}\boldsymbol{DAD}^{-1}$，所以对 $i=1,2,\cdots,n$，和 $m=1,2,3,\cdots$，有

$$\boldsymbol{A}^m=\mathrm{e}^{\mathrm{i}m\varphi}\boldsymbol{DA}^m\boldsymbol{D}^{-1}\quad 和\quad a_{ii}^{(m)}=\mathrm{e}^{\mathrm{i}m\varphi}a_{ii}^{(m)}$$

如果 $\mathrm{e}^{\mathrm{i}m\varphi}$ 不是正实数，且 $a_{ii}^{(m)}>0$，则上面的第二等式不可能成立，因此，当 m 不是 k 的倍数时，对所有 $i=1,2,\cdots,n$，一定有 $a_{ii}^{(m)}=0$. □

注意存在着比推论更强的结论：如果 $\boldsymbol{A}\geqslant\boldsymbol{0}$ 是不可约矩阵，且有 $k>1$ 个具有极大模的特征值，则存在置换矩阵 $\boldsymbol{P}$，使得

$$\boldsymbol{PAP}^{\mathrm{T}}=\begin{bmatrix}\boldsymbol{0}&\boldsymbol{A}_{12}&\cdots&\boldsymbol{0}\\\vdots&\boldsymbol{0}&\ddots&\vdots\\\boldsymbol{0}&\vdots&\ddots&\boldsymbol{A}_{k-1,k}\\\boldsymbol{A}_{k1}&\boldsymbol{0}&\cdots&\boldsymbol{0}\end{bmatrix}$$

其中 k 个主对角零子块是方阵，而所列出的诸子块 $\boldsymbol{A}_{ij}$ 可以是零矩阵. 特别地，所有主对角元 a_{ii} 必须是零，见（Varga，2000）.

为了得到在推论 1 中所描述的最大模特征值的规则图形，尽管不可约假设是本质的，但是在一般情形下，仍然可以得到某些信息.

推论 3 如果 $\boldsymbol{A}\in R^{n\times n}$，$\boldsymbol{A}\geqslant\boldsymbol{0}$，$\rho(\boldsymbol{A})>0$，且 λ 是 $\boldsymbol{A}$ 的满足 $|\lambda|=\rho(\boldsymbol{A})$ 的特征值，则 $\lambda/\rho(\boldsymbol{A})=\mathrm{e}^{\mathrm{i}\varphi}$ 是单位根，存在 k，$1\leqslant k\leqslant n$，使得 $\mathrm{e}^{\mathrm{i}k\varphi}=1$，且对 $p=0,1,\cdots,k-1$，$\mathrm{e}^{\mathrm{i}p\varphi}\rho(\boldsymbol{A})$ 都是 $\boldsymbol{A}$ 的特征值.

证明 如果 $\boldsymbol{A}$ 是不可约的，则结论可由推论 1 得到. 如果 $\boldsymbol{A}$ 是可约的，则 $\boldsymbol{A}$ 可经置换相似变成分块上三角形式

$$\begin{bmatrix} \boldsymbol{A}_1 & & & * \\ & \boldsymbol{A}_2 & & \\ & & \ddots & \\ \boldsymbol{0} & & & \boldsymbol{A}_r \end{bmatrix}$$

其中 $\boldsymbol{A}_i$ 是不可约方阵或零矩阵. $\boldsymbol{A}$ 的特征值是各对角子矩阵 $\boldsymbol{A}_1,\cdots,\boldsymbol{A}_r$ 的特征值的并，且每个 $\boldsymbol{A}_j$ 的最大模特征值集合的结构由推论 1 给出. □

素矩阵 实际问题中，在 Perron 定理中可能用得最多的结果是极限理论. 定理 11 的证明说明，没有把极限理论应用于不可约矩阵的仅有假设条件是谱半径为唯一的模最大特征值. 比如，$\boldsymbol{A}=\begin{bmatrix}0&1\\1&0\end{bmatrix}$是有两个最大模特征值的非负不可约矩阵，且 $\lim\limits_{m\to\infty}\boldsymbol{A}^m$ 不存在，所以对不可约矩阵类做进一步的限制是必要的；这样做的最直接方法是假设所需要的条件.

非负矩阵 $\boldsymbol{A}\in R^{n\times n}$ 称为**素矩阵**（或**本原矩阵**），如果 $\boldsymbol{A}$ 是不可约的，且只有一个最大模特征值.

素矩阵是 Frobenius 于 1912 年给出的. 现在，采用与一般矩阵的相同论述可直接得到下述极限理论.

定理 13 假设 $\boldsymbol{A}\in R^{m\times n}$ 是素矩阵，如果 $\boldsymbol{x}>\boldsymbol{0}$，$\boldsymbol{y}>\boldsymbol{0}$ 分别是 $\rho(\boldsymbol{A})$ 的右、左特征向量，且 $\boldsymbol{x}^{\mathrm{T}}\boldsymbol{y}=1$，记 $\boldsymbol{L}=\boldsymbol{x}\boldsymbol{y}^{\mathrm{T}}$. 则

$$\lim_{m\to\infty}[\rho(\boldsymbol{A})^{-1}\boldsymbol{A}]^m=\boldsymbol{L}>\boldsymbol{0}$$

另外，如果 λ_{n-1} 是 $\boldsymbol{A}$ 的特征值，且对每个特征值 $\lambda\neq\rho(\boldsymbol{A})$，有 $|\lambda|\leqslant|\lambda_{n-1}|$；又如果 $|\lambda_{n-1}|/\rho(\boldsymbol{A})<r<1$，则存在常数 $C=C(r,\boldsymbol{A})$，对 $m=1,2,\cdots$，有

$$\|[\rho(\boldsymbol{A})^{-1}\boldsymbol{A}]^m-\boldsymbol{L}\|_\infty\leqslant Cr^m$$

现在已经把 Perron 定理的所有结论从正矩阵推广到素矩阵. 但是，实际中仍然需要解决验证一个非负矩阵的素性问题. 从理论上讲，可能希望不直接计算特征值就能做到这一点. 下面的素性特征诱导出几个有用的准则，虽然在计算上，这并

不是有效的检验法.

定理 14　如果 $\boldsymbol{A}\in R^{n\times n}$ 是非负的，则 $\boldsymbol{A}$ 是素矩阵当且仅当存在 $m\geqslant 1$，使得 $\boldsymbol{A}^m>\boldsymbol{0}$.

证明　如果 $\boldsymbol{A}\geqslant\boldsymbol{0}$，且 $\boldsymbol{A}^m>\boldsymbol{0}$，则 $\boldsymbol{A}$ 一定是不可约的，否则，$\boldsymbol{A}^m$ 是可约的，这与 $\boldsymbol{A}^m$ 是正矩阵矛盾. 由 $\boldsymbol{A}^m$ 的模最大特征值的唯一性，可以得到 $\boldsymbol{A}$ 的模最大特征值的唯一性. 因此，$\boldsymbol{A}$ 是素矩阵. 反之，如果 $\boldsymbol{A}$ 是素矩阵，则根据定理 13，有 $\lim\limits_{m\to\infty}[\rho(\boldsymbol{A})^{-1}\boldsymbol{A}]^m=\boldsymbol{L}>\boldsymbol{0}$，因此存在 $m\geqslant 1$，使得 $[\rho(\boldsymbol{A})^{-1}\boldsymbol{A}]^m>\boldsymbol{0}$. □

下面讨论具有正主对角元的不可约非负矩阵，这些结果在许多场合都是有用的.

如果不可约非负矩阵 $\boldsymbol{A}\in R^{n\times n}$ 的所有主对角元都是正的，记 $\alpha=\min\limits_{1\leqslant i\leqslant n}a_{ii}$ 和 $\boldsymbol{B}=\boldsymbol{A}-\mathrm{diag}(a_{11},a_{22},\cdots,a_{nn})$. 因为 $\boldsymbol{A}$ 是不可约的，所以 $\boldsymbol{B}$ 也是不可约非负矩阵，且 $\boldsymbol{A}\geqslant\alpha\boldsymbol{I}+\boldsymbol{B}=\alpha[\boldsymbol{I}+(1/\alpha)\boldsymbol{B}]$，所以，$\boldsymbol{A}^{n-1}\geqslant\alpha^{n-1}[\boldsymbol{I}+(1/\alpha)\boldsymbol{B}]^{n-1}>\boldsymbol{0}$. 即 $\boldsymbol{A}$ 是素矩阵.

虽然不可约矩阵的幂是可约的，但是素矩阵的幂都是素矩阵. 这是因为对充分大的 k，$\boldsymbol{A}^k$ 的幂是正的，所以对任意 k，$\boldsymbol{A}^k$ 也是正的. 假设对某个 k，$\boldsymbol{A}^k$ 是可约的，则 $\boldsymbol{A}^k$ 的所有幂也是可约的，因而不可能是正的. 因为这与 $\boldsymbol{A}$ 的所有充分大的幂是正的事实矛盾，所以对 $\boldsymbol{A}$ 的任意次幂都不可能是可约的.

从计算上考虑，定理 17 不是验证素性的有效方法，因为没有给出要计算幂的上界. 如果已知 m 使得 $\boldsymbol{A}^m>\boldsymbol{0}$，则可以进行 m 次以上的运算来确定，计算量是 mn^3 flops；但是，如果不知道这个正幂，什么时候终止计算呢？下述定理给出的有限界回答了这个问题.

定理 15　设 $\boldsymbol{A}\in R^{n\times n}$ 是非负矩阵，如果 $\boldsymbol{A}$ 是素矩阵，则存在正数 $k\leqslant(n-1)n^n$，满足 $\boldsymbol{A}^k>\boldsymbol{0}$.

证明　因为 $\boldsymbol{A}$ 是不可约的，则在 $G(\boldsymbol{A})$ 中存在从节点 v_1 回到 v_1 的有向道路；这样的最短道路的长 $k_1\leqslant n$. 所以矩阵 $\boldsymbol{A}^{k_1}$ 在(1,1)位置的元素是正的，并且 $\boldsymbol{A}^{k_1}$ 的任意幂也有正的(1,1)元. 因为 $\boldsymbol{A}$ 是素的，所以 $\boldsymbol{A}^{k_1}$ 一定是不可约的，所以在 $G(\boldsymbol{A}^{k_1})$ 中一定存在从结点 v_2 回到 v_2 的有向道路；这样的最短道路的长 $k_2\leqslant n$. 因此矩阵 $\boldsymbol{A}^{k_1k_2}$ 在(1,1)和(2,2)位置的元素都是正的. 这个过程可沿主对角线继续进行下去，直到得到矩阵 $\boldsymbol{A}^{k_1k_2\cdots k_n}$(其中每个 $k_i\leqslant n$)为止，这个矩阵是不可约的，且有正的对角元，因此，$[\boldsymbol{A}^{k_1k_2\cdots k_n}]^{n-1}>0$. 因此

$$k_1k_2\cdots k_n(n-1)\leqslant n\cdot n\cdots n(n-1)=n^n(n-1)$$

定理证毕. □

如果 $\boldsymbol{A}$ 是给定的素矩阵，使 $\boldsymbol{A}^k>\boldsymbol{0}$ 的最小 k 称为 $\boldsymbol{A}$ 的**本原指标**，记为 $\gamma(\boldsymbol{A})$. 已经看到，如果 $\boldsymbol{A}$ 有正对角元，则 $\gamma(\boldsymbol{A})\leqslant n-1$，而在一般情形下有 $\gamma(\boldsymbol{A})\leqslant n^n(n-1)$，这个界可以得到显著改进.

定理 16　设 $\boldsymbol{A}\in R^{n\times n}$ 是非负素矩阵，且假设 $G(\boldsymbol{A})$ 中的最短简单有向回路的

长度是 s,则

$$A^{n+s(n-2)}>0$$

即 $\gamma(A)\leqslant n+s(n-2)$.

定理的一个推论是 Wielandt 的著名结果,它给出了一般的素矩阵的本原指标的准确的上界.

推论　非负矩阵 $A\in R^{n\times n}$ 是素矩阵当且仅当 $A^{n^2-2n+2}>0$.

定理 17　设 $A\in R^{n\times n}$ 是不可约非负矩阵,且假设 A 有 d 个正对角元,$1\leqslant d\leqslant n$. 则

$$A^{2n-d-1}>0$$

即 $\gamma(A)\leqslant 2n-d-1$.

如果想验证一个给定非负矩阵是素的,则可以验证该矩阵是不可约的,且满足 Wielandt 条件推论. 在实际中出现的矩阵常常有特殊的结构,使人们容易看出相应的有向图是不是强连接的. 另外,如果所有主对角元是正的,则该矩阵一定是素的. 但是,如果矩阵很大,且没有特殊的结构或其元素没有什么对称性,或者所有主对角元是零,则可能需要利用引理 5 或推论 5 来验证不可约或素性. 在这两种情形下,如果将所述矩阵反复平方若干次,直到所得到的幂超过临界值(分别为 $n-1$ 或 n^2-2n+2)为止,则矩阵乘法所需要的次数将大大缩小. 例如,如果 $n=10$,则计算 $(I+A)^2$,$(I+A)^4$,$(I+A)^8$ 和 $(I+A)^{16}$ 足以验证不可约性;这是 4 次矩阵乘法而不是直接应用引理 5 所需要的 8 次乘法. 类似地,如果 A 是非负的,则计算 A^2,A^4,A^8,A^{16},A^{32},A^{64} 和 A^{128} 足以验证素性,这是 7 次矩阵乘法,而不是 81 次乘法.

随机矩阵　随机矩阵通常出现在 Markov 链的研究中,以及经济学和运筹学等领域的数学模型中. 对所有行和是 1 的非负矩阵 A 称为**(行)随机矩阵**. 随机矩阵的每一行可以看成是 n 个点的样本空间上的离散概率分布. 矩阵的转置是行随机矩阵的称为**列随机矩阵**.

$R^{n\times n}$ 中的随机矩阵的集合是紧凸集,并且具有简单而又重要的性质. 记 $\boldsymbol{1}=(1,\cdots,1)^{\mathrm{T}}$,则非负矩阵 $A\in R^{n\times n}$ 当且仅当 $A\boldsymbol{1}=\boldsymbol{1}$. 因此,随机矩阵具有一个特殊的正的公共特征向量,随机矩阵的判定是容易的. 由定理 2,$\rho(A)=1$. 我们知道,有正的特征向量的非负矩阵具有许多特殊的性质,因此随机矩阵也具有这些性质. 利用素矩阵的主要结论(定理 13),有:

定理 18　如果 $A\in R^{n\times n}$ 是不可约随机矩阵,则极限 $\lim\limits_{k\to\infty}A^k$ 存在的充分必要条件是 A 是素矩阵.

随机矩阵 A 称为**双随机矩阵**,如果它的转置 A^{T} 也是随机矩阵,即所有行和和列和都是 1. 非负矩阵 $A\in R^{n\times n}$ 是双随机矩阵,当且仅当 $A\boldsymbol{1}=\boldsymbol{1}$ 和 $A^{\mathrm{T}}\boldsymbol{1}=\boldsymbol{1}$. 双随机矩阵的集合是 $R^{n\times n}$ 中的紧凸集. 凸集就是集合中任何两点的连线段在结合中,即若 $\boldsymbol{x},\boldsymbol{y}\in C$,则对 $\theta\in[0,1]$,有 $\theta\boldsymbol{x}+(1-\theta)\boldsymbol{y}\in C$. 对凸集的进一步讨论,可以参考

丛书《优化算法》.

置换矩阵是双随机矩阵的一个特殊子类. 下面的内容说明,任一双随机矩阵可以表示成有限个置换矩阵的凸组合,即对$\forall \boldsymbol{x}\in C$,存在有限个置换矩阵$\boldsymbol{P}_1,\cdots,\boldsymbol{P}_k$,使得$\boldsymbol{x}=\theta_1\boldsymbol{P}_1+\cdots+\theta_k\boldsymbol{P}_k$,其中$\theta_1+\cdots+\theta_k=1,\theta_1,\cdots,\theta_k\in[0,1]$. 因此,置换矩阵是基本的双随机矩阵. 下面介绍的 Birkhoff 定理将基于这样的事实——紧凸集$\boldsymbol{C}$中的每个点是$\boldsymbol{C}$的各端点的凸组合,而双随机矩阵集合中的端点恰好是置换矩阵.

所谓凸集$\boldsymbol{C}$的端点就是不能在任意不同两点的连线段的内部,即不能用其他点的凸组合来表示:如果$\boldsymbol{x}=\theta\boldsymbol{y}+(1-\theta)\boldsymbol{z}$,其中$\boldsymbol{y},\boldsymbol{z}\in C$和$\theta\in(0,1)$,则$\boldsymbol{y}=\boldsymbol{z}=\boldsymbol{x}$. 事实上,如果置换矩阵$\boldsymbol{P}=(1-\theta)\boldsymbol{B}+\theta\boldsymbol{C}$,其中$0<\theta<1$,且$\boldsymbol{B}$和$\boldsymbol{C}$是双随机矩阵. 由对应元素相等,$p_{ij}=(1-\theta)b_{ij}+\theta c_{ij}$. 因此与$\boldsymbol{P}$的零元素对应的$\boldsymbol{B}$和$\boldsymbol{C}$的元素都是零,而$\boldsymbol{B}$和$\boldsymbol{C}$是双随机矩阵,因此$\boldsymbol{B}$和$\boldsymbol{C}$中的非零元素一定是1,即$\boldsymbol{B}$和$\boldsymbol{C}$是置换矩阵. 这证明了每个置换矩阵是双随机矩阵集合的端点.

下面证明任何非置换矩阵的双随机矩阵不在端点上,为此,证明任何非置换矩阵的双随机矩阵都可以表示成两个随机矩阵的组合. 如果双随机矩阵$\boldsymbol{A}$不是置换矩阵,则一定存在一行,比如第i行,至少含有两个非零元素. 在该行中选取一非零元素$a_{i_1j_1}$,其中$0<a_{i_ij_1}<1$. 由于$0<a_{i_ij_1}<1$,且第j_1列的所有(非零)元的和是1,因此第j_1列中一定有另一个非零元$a_{i_2j_1}$,$i_2\neq i_1$,且$0<a_{i_2j_1}<1$. 同理,$a_{i_2j_1}$所在的第i_2行中,一定有非零元素$a_{i_2j_2}$,$j_2\neq j_1$,且$0<a_{i_2j_2}<1$. 将这个过程继续下去,且依次进行排序,则经过有限步,最初选定的元素会再次被选到. 这个过程中,所选元素组成的序列是$\boldsymbol{A}$的元素的有限序列,且其中每对先相邻元在同一行或同一列交替出现,序列的个数是偶的(不包含第二次出现的$a_{i_1j_1}$);记a是这个序列中的最小元素. 构造所有行和与列和是0的矩阵$\boldsymbol{B}\in R^{n\times n}$,在序列的第一元出现的位置为1,在第二元出现的位置为-1,第三、四元所在的位置依次为$1,-1$,以此类推,交替地选取±1;而在其他位置为0,记$\boldsymbol{A}_+=\boldsymbol{A}+a\boldsymbol{B}$和$\boldsymbol{A}_-=\boldsymbol{A}-a\boldsymbol{B}$. 因为$a$是序列中的最小元,所以$\boldsymbol{A}_+,\boldsymbol{A}_-$都是非负矩阵. 又由于$\boldsymbol{B}$的行和与列和都是0,所以,$\boldsymbol{A}_+,\boldsymbol{A}_-$是双随机矩阵. 由于$\boldsymbol{A}=\dfrac{1}{2}\boldsymbol{A}_++\dfrac{1}{2}\boldsymbol{A}_-$,且$\boldsymbol{A}_+\neq\boldsymbol{A}_-$. 所以,$\boldsymbol{A}$不在双随机集合的端点上.

上面的讨论说明双随机矩阵集合的端点是置换矩阵,而紧凸集中的每个点都可以表示成端点的凸组合,因此有:

定理 19(Birkhoff)　矩阵$\boldsymbol{A}\in R^{n\times n}$是双随机矩阵的充分必要条件是存在$N$个置换矩阵$\boldsymbol{P}_1,\cdots,\boldsymbol{P}_N\in R^{n\times n}$和正数$\alpha_1,\cdots,\alpha_N\in R$,且$\alpha_1+\cdots+\alpha_N=1$,使得$\boldsymbol{A}=\alpha_1\boldsymbol{P}_1+\cdots+\alpha_N\boldsymbol{P}_N$.

因为在$R^{n\times n}$中只有$n!$个互不相同的置换矩阵,Birkhoff 定理说明任何双随机矩阵可以表示成至多$N=n!$个置换矩阵的凸组合. 更详细的分析说明,所需置换

矩阵不超过 $N=n^2-2n+2$ 个.

随机矩阵的应用将在丛书《数据分析和处理》中介绍.

习 题 17

1. 如果 $\boldsymbol{A}\geqslant \boldsymbol{0}$,且存在 k,使得 $\boldsymbol{A}^k>\boldsymbol{0}$,证明 $\rho(\boldsymbol{A})>0$.

2. 如果 $\boldsymbol{A}\geqslant \boldsymbol{0}$,且 $\boldsymbol{A}\neq \boldsymbol{0}$. 证明 $\rho(\boldsymbol{A})\geqslant 0$.

3. 如果 $\boldsymbol{A}\geqslant \boldsymbol{0}$ 有正的特征向量,证明 $\boldsymbol{A}$ 相似于行和为常数的非负矩阵.

4. 假设 $\boldsymbol{x},\boldsymbol{y}$ 分别是 $\boldsymbol{A}>\boldsymbol{0}$ 和 $\boldsymbol{A}^{\mathrm{T}}$ 的 Perron 向量,证明 $\boldsymbol{x}^{\mathrm{T}}\boldsymbol{y}>0$.

5. 如果 $\boldsymbol{A}>\boldsymbol{0}$,分析当 $m\to\infty$ 时,$\boldsymbol{A}^m$ 的变化趋势.

6. 如果正矩阵是非奇异的,证明其逆矩阵可能不是非负的. 如果非负矩阵 $\boldsymbol{A}$ 是非奇异的,证明:仅当 $\boldsymbol{A}$ 的每一列恰有一个非零元时,其逆矩阵是非负的.

7. 如果 $\boldsymbol{A}\geqslant \boldsymbol{0}$,且存在 $k\geqslant 1$,使得 $\boldsymbol{A}^k>\boldsymbol{0}$,证明 $\boldsymbol{A}$ 有正的特征向量.

8. 如果 $\boldsymbol{A}\geqslant \boldsymbol{0}$ 有非负特征向量 $\boldsymbol{x}$,其中有 $r\geqslant 1$ 个正分量和 $n-r$ 个零元素,证明:$\boldsymbol{A}$ 经置换相似于 $\begin{bmatrix}\boldsymbol{B} & \boldsymbol{C}\\ \boldsymbol{0} & \boldsymbol{D}\end{bmatrix}$,其中 $\boldsymbol{B}\in R^{r\times r}$,$\boldsymbol{C}\in R^{r\times(n-r)}$,$\boldsymbol{D}\in R^{(n-r)\times(n-r)}$ 均为非负矩阵,且 $\boldsymbol{B}$ 有正的特征向量;如果 $r<n$,证明 $\boldsymbol{A}$ 一定是可约矩阵.

9. 如果 $\boldsymbol{A}\geqslant \boldsymbol{0}$,证明:存在与 $\boldsymbol{A}$ 乘积可交换的正矩阵 $\boldsymbol{B}$ 的充要条件是 $\boldsymbol{A}$ 有正的左和右特征向量.

10. 矩阵非负三对角矩阵的所有特征值都是实的.

11. 假设 $\boldsymbol{A}\geqslant \boldsymbol{0}$,$\rho(\boldsymbol{A})>0$ 是 $\boldsymbol{A}$ 的特征值,对应的特征向量 $\boldsymbol{x}$ 是非零的非负向量. 证明:如果 $\boldsymbol{x}$ 不是正的,则 $\boldsymbol{A}$ 是可约的. 如果 $\boldsymbol{x}$ 是正的,$\boldsymbol{A}$ 是否一定是不可约的?

12. 假设 $\boldsymbol{A}\geqslant \boldsymbol{0}$ 是不可约的,且 $\boldsymbol{B}\geqslant \boldsymbol{0}$ 与 $\boldsymbol{A}$ 乘积可交换. 如果 $\boldsymbol{x}$ 是 $\boldsymbol{A}$ 的 Perron 向量,证明 $\boldsymbol{B}\boldsymbol{x}=\rho(\boldsymbol{B})\boldsymbol{x}$.

13. 设 $\boldsymbol{A}\geqslant \boldsymbol{0}$,考虑在最小二乘下 $\boldsymbol{A}$ 的秩 1 最佳逼近问题,即求秩一矩阵 $\boldsymbol{X}\in R^{n\times n}$,使得

$$\|\boldsymbol{A}-\boldsymbol{X}\|_2=\min\{\|\boldsymbol{A}-\boldsymbol{Y}\|_2: \boldsymbol{Y}\in R^{n\times n}, \mathrm{rank}\boldsymbol{Y}=1\}$$

假设 $\boldsymbol{A}\boldsymbol{A}^{\mathrm{T}}$ 的 Perron 根是单根,证明:最佳逼近 $\boldsymbol{X}$ 是非负的,且 $\boldsymbol{X}=\sqrt{\rho(\boldsymbol{A}\boldsymbol{A}^{\mathrm{T}})}\,\boldsymbol{v}\boldsymbol{w}^{\mathrm{T}}$,$\boldsymbol{v},\boldsymbol{w}$ 是分别对应于 $\rho(\boldsymbol{A}\boldsymbol{A}^{\mathrm{T}})$ Perron 根的左、右非负单位特征向量.

14. 验证下面矩阵的双随机性,并分别证明它们的极限存在:

$$\boldsymbol{A}=\begin{bmatrix}\frac{2}{3} & \frac{1}{3} & 0\\ 0 & \frac{1}{2} & \frac{1}{2}\\ \frac{1}{3} & 0 & \frac{2}{3}\end{bmatrix},\quad \boldsymbol{B}=\begin{bmatrix}\frac{1}{3} & \frac{1}{3} & \frac{1}{3}\\ \frac{2}{3} & \frac{1}{3} & 0\\ 0 & \frac{1}{3} & \frac{2}{3}\end{bmatrix}$$

15. 证明如果非负矩阵 $\boldsymbol{A}\in R^{n\times n}$ 有正的特征向量 $\boldsymbol{x}=(x_1,\cdots,x_n)^{\mathrm{T}}$,记 $\boldsymbol{X}=\mathrm{diag}(x_1,\cdots,x_n)$,则 $\boldsymbol{A}=\lambda\boldsymbol{X}\boldsymbol{B}\boldsymbol{X}^{-1}$,其中 λ 是 $\boldsymbol{x}$ 对应的特征值,$\boldsymbol{B}$ 是随机矩阵.

参 考 文 献

程云鹏，张凯院，徐仲. 2000. 矩阵论. 西安：西北工业大学出版社.

戴华. 2001. 矩阵论. 北京：科学出版社.

胡茂林. 2007. 空间和变换. 北京：科学出版社.

蒋长锦. 2005. 线性代数计算方法. 合肥：中国科学技术大学出版社.

蒋正新，施国梁. 1988. 矩阵理论及其应用. 北京：北京航空学院出版社.

刘慧，袁文燕，姜冬青. 2003. 矩阵论及其应用. 北京：化学工业出版社.

刘万勋，刘长学，华伯浩，郑家栋. 1981. 大型稀疏线性方程组的解法. 北京：国防工业出版社.

史荣昌. 2000. 矩阵分析引论. 北京：北京理工大学出版社.

徐树方. 1995. 矩阵计算的理论与方法. 北京：北京大学出版社.

徐树方，高立，张平文. 2000. 数值线性代数. 北京：北京大学出版社.

徐仲，张凯院，陆全，冷国伟. 2001. 矩阵论简明教程. 北京：科学出版社.

张恭庆，林源渠. 1987. 泛函分析讲义(上册). 北京：北京大学出版社.

张贤达. 2004. 矩阵分析与应用. 北京：清华大学出版社.

Barrett R, et al. 1994. Templates for the Solution of Linear Systems: Building Blocks for Iterative Methods. Philadelphia: SIAM.

Ben-Israel A, Greville T N E. 2002. Generalized Inverses: Theory and Applications. New York: Springer.

Boyd S, Vandenberghe L. 2004. Convex Optimization. London: Cambridge University Press.

Broyden C G, Vespucci M T. 2004. Krylov Solvers for Linear Algebraic Systems. London: Elsevier.

Chen K. 2005. Matrix Preconditioning Techniques and Applications. London: Cambridge University Press.

Cuthill E, McKee J. 1969. Reducing the bandwidth of sparse symmetric matrices. Proceedings of the 24th National Conference of the ACM, New Jersey: Brandon Systems Press: 157—172.

Demmel J, Veselic′ B. 1992. Jacobi's method is more accurate than QR. SIAM J. Matrix Anal. Appl., 19: 1023—1246.

Dhillon I S. 1997. A New O(n) Algorithm for the Symmetric Tridiagonal Eigenvalue/Eigenvector Problem. PhD thesis. Berkeley: University of California.

Dhillon I S, Parlett B N. 2004. Orthogonal eigenvectors and relative gaps. SIAM J. Matrix Anal. Appl., 25(3): 858—899.

Freund R W, Golub G H, Nachtigal N M. 1992. Iterative solution of linear systems. Acta Numerical: 57—100.

Gentle J E. 2007. Matrix Algebra: Theory, Computations, and Applications in Statistics. New York: Springer.

Gibbs N E, Poole W G, Stockmeyer P K. 1976. An algorithm for reducing the bandwidth and profile of a sparse matrix. SIAM J. Numer. Anal., 13: 236—250.

Gilbert J R, Moler C, Schreiber R. 1992. Sparse Matrices in MATLAB: Design and Implementation, SIAM J. Matrix Anal. Appl., 13(1): 333—356.

Golub G H, Van Loan C F. 1989. Matrix Computations (Second Edition). Baltimore: The Johns Hopkins University Press.

Greenbaum A. 1997. Iterative Methods for Solving Linear Systems. Philadelphia: SIAM.

Greville T N E. 1960. Some applications of the pseudoinverse of a matrix. SIAM Review, 8(4): 15—22.

Hageman L A, Young D M. 1981. Applied Iterative Methods. New York: Academic Press.

Hartley R, Zisserman A. 2000. Multiple View Geometry in Computer Vision. London: Cambridge University Press.

Harville D A. 1976. Extension of the Gauss-Markov theorem to include the estimation of random effects. Ann. Staist, 4: 384—395.

Harville D A. 1997. Matrix Algebra from a Statistician's Perspective. New York: Springer.

Henderson H V, Searle S R 1981. On deriving the inverse of a sum of matrices. SIAM Review, 23: 53—60.

Horn R A, Johnson C R. 1985. Matrix Analysis (1, 2). London: Cambridge University Press.

Jain S K, Gunawardena A D. 2003. Linear Algebra: An Interactive Approach. New York: Thomson Learning.

Jennings A. 1977. Matrix Computation for Engineers and Scientists. New York: John Wiley & Sons.

Jin X Q, Wei Y M. 2004. Numerical Linear Algebra and its Applications. Beijing: Science Press.

Lancaster P, Tismenetsky M. 1985. The Theory of Matrices (Second Edition). Florida: Academic Press.

Lawson C L, Hanson R J. 1974. Solving Least Squares Problems. New Jersey: Prentice Hall.

Liu W H, Sherman A H. 1976. Comparative analysis of the Cuthill-McKee and the reverse Cuthill-McKee ordering algorithms for sparse matrices. SIAM J. Numer. Anal., 13(2): 198—213.

Parlett B N, Dhillon I S. 2000. Relatively robust representations of symmetric tridiagonals. Linear Algebra Appl., 309: 121—151.

Parlett B N. 1997. The Symmetric Eigenvalue Problem. Philadelphia: SIAM.

Press W H, Teukolsky S A, Vetterling W T, Flannery B P. 1992. Numerical Recipes in C. London: Cambridge University Press.

Quarteroni A, Sacco R, Saleri F. 2000. Numerical Mathematics. New York: Springer.

Rosen R. 1968. Matrix bandwidth minimization. Proceedings of the 23th National Conference. New Jersey: Brandon Systems Press: 585—595.

Serre D. 2002. Matrices: Theory and Applications. New York: Springer.

Stewart G W. 1979. A Note on the Perturbation of Singular Values. Linear algebra and its applications, 28: 213—216.

Stoer J, Bulirsch R. 1992. Introduction to Numerical Analysis. New York: Springer.

Trefethen L N, Bau D III. 1997. Numerical Linear Algebra. New York: SIAM.

Turing A M. 1948. Rounding-off errors in matrix processes. Q. J. Mech. Appl. Math., 1: 287—308.

Varga R S. 2000. Matrix Iterative Analysis(second edition). New York: Springer.

Watkins D, Sand Elsner L. 1991. Convergence of algorithms of decomposition type for the eigenvalue problem. Linear Algebra Appl., 143: 19—47.

Watkins D. 2002. Fundamentals of Matrix Computations (Second Edition). New York: John Wiley & Sons.

索 引

致　谢

安徽大学数学学院的杨尚骏教授阅读了本书的初稿，并在文字上给出了许多的润色和修改.研究生项俊平同学阅读了部分内容，提出了一些修改意见.我曾以本书的内容给研究生开过课，感谢他们提出了一些有益的建议.

本书写作过程中，得到中华人民共和国科学技术部重大基础前期研究专项973计划(2001CCC02100)、支持计划(074GQA1001)、863计划(07486B1001)，上海市科委重大专项(064SGA1001、074SGA1001的资助.作者同时感谢中国科学院上海微系统与信息技术研究所“中国科学院无线传感网与通信重点实验室”提供良好的办公条件.